NCS 학습모듈에 의한

3D프린터운용기능사

공개문제 모델링 실기 및 연습문제 예제집

김진원 지음

피앤피북

3D프린팅은 3차원 CAD 모델링 데이터를 슬라이서에서 2차원 단면으로 연속 재구성해서 소재를 한 층씩 쌓는 방식으로 제품을 제조하는 기술로서 누구나 상상하고 있는 것을 실제로 구현하게 해 줄 수 있는 혁신적인 기술입니다.

기존 절삭가공(subtractive manufacturing)의 한계를 벗어난 적층제조(additive manufacturing)를 대표하는 3D프린터 산업에서 창의적인 아이디어를 실현하기 위해 시장조사, 제품스캐닝, 디자인 및 3D모델링, 적층 시뮬레이션, 3D 프린터 설정, 제품출력, 후가공 등의 기능 업무를 수행할 숙련된 기능 인력의 양성을 목적으로 한국산업인력공단에서 새롭게 국가기술자격으로 3D프린터운용기능사를 제정했습니다. 3D프린팅 산업이 갖고 있는 잠재적인 가치를 실현하고, 관련 기술 인력의 양성과 산업 발전을 위해 3D프린터운용기능사가 신규 국가기술자격으로 제정되면서 2018년 12월에 자격증 시험이 처음 실시되었습니다.

현재 작업형 실기시험에 주로 사용되는 3D 엔지니어링 소프트웨어로는 CATIA, SolidWorks, UG－NX, Inventor, Fusion360 등이 있으며, 이외에도 다양한 3차원 CAD 프로그램으로 연습할 수 있습니다. 또한 앞으로는 정해진 시간 내에 모델링 작업을 수행해야 하므로 적층 제조에 최적화된 DfAM(Design for Additive Manufacturing) 설계 기법을 가미한 3차원 모델링 작업의 중요성이 대두되고 있는 추세입니다.

본서는 3D프린터운용기능사 자격증을 효율적으로 취득할 수 있도록 아래와 같이 8개의 주요 Part로 구성했습니다. 다양한 예제를 연습함으로써 자격증 실기 준비에 만전을 기할 수 있도록 하였으며, 이론적인 설명보다는 실습 위주의 단계별 모델링 작성을 할 수 있도록 안내합니다.

Part 01 | 3D프린터운용기능사 실기 요강 및 주의사항
Part 02 | 3D프린터운용기능사 슬라이싱
Part 03 | Fusion360을 활용한 공개문제 풀이
Part 04 | Inventor를 활용한 공개문제 풀이
Part 05 | 연습문제
Part 06 | 모의고사

이와 같은 구성으로 3D프린터운용기능사 자격증을 취득하고자 하는 수험생들이 스스로 모델링 연습을 할 수 있도록 하였으며, 3D프린터를 교육하는 학교 및 관련기관에서는 학습 교재로도 활용할 수 있습니다.

아울러 본서가 출판되기까지 많은 격려와 지원을 해주신 메카피아와 피앤피북, 그리고 교육현장에서 후진 양성을 위해 고생하시는 모든 교강사님께 머리 숙여 깊은 감사를 드리며, 부족한 부분은 온오프라인을 통하여 수험생 여러분의 조언과 건의에 경청하도록 하겠습니다.

기타 문의사항은 저자가 운영하고 있는 네이버 카페에 오시면 더욱 많은 기술정보와 필기 및 실기 동영상 강좌 등을 무료로 열람하실 수 있으며, Q&A를 통해 독자들과 적극적으로 소통할 수 있는 창구가 되도록 정성을 다하겠습니다.

2022년

저 자 올림

<네이버 카페>

https://cafe.naver.com/automechas

제1회 3D프린터운용기능사의 작업형 실기시험은 다음과 같이 진행되고 있습니다.

◆ 1과제 : 3D모델링작업 (1시간 정도)
- 주어진 도면과 같은 부품들을 3D모델링하여 어셈블리하고 STP, STL등의 요구사항에 맞는 확장자로 저장하여 제출
- 어셈블리 파일을 슬라이싱 소프트웨어를 사용하여 출력용 G - Code 로 저장하여 제출

◆ 2과제 : 3D프린팅 작업 (2시간 정도)
- 3D프린터 세팅 후 저장매체에 저장된 출력용 G - Code 파일을 3D프린터에 입력하여 출력이 완료되면 서포터 등을 제거하고 작품 제출

PART 01 3D프린터운용기능사 실기 요강 및 주의사항

PART 02 3D프린터운용기능사 슬라이싱

PART 03 Fusion360을 활용한 공개문제 풀이

PART 04 Inventor를 활용한 공개문제 풀이

PART 05 연습문제

PART 06 모의고사

PART

01

3D프린터운용기능사 실기 요강 및 주의사항

국가기술 자격 실기시험문제

자격종목	3D프린터운용기능사	[시험 1] 과제명	3D모델링작업

※ 문제지는 시험종료 후 본인이 가져갈 수 있습니다.

비번호		시험일시		시험장명	

※시험시간 : [시험 1] 1시간

1. 요구사항

※ 지급된 재료 및 시설을 사용하여 아래 작업을 완성하시오.

※ 작업순서는 [가. 3D모델링] → [나. 어셈블리] → [다. 슬라이싱] 순서로 작업하시오.

가. 3D모델링

1) 주어진 도면의 부품①, 부품②를 1:1척도로 3D모델링 하시오.

2) 상호 움직임이 발생하는 부위의 치수 A, B는 수험자가 결정하시오.
(단, 해당부위의 기준치수와 차이를 ±1mm 이하로 하시오.)

3) 도면과 같이 지정된 위치에 부여받은 비번호를 모델링에 각인하시오.
(단, 글자체, 글자 크기, 글자 깊이 등은 별도의 정보가 없으므로 도면과 유사한 모양 및 크기로 작업하시오.
예시) 비번호 2번을 부여받은 경우 2 또는 02와 같이 각인하시오.)

나. 어셈블리

1) 각 부품을 도면과 같이 1:1척도 및 조립된 상태로 어셈블리 하시오.
(단, 도면과 같이 지정된 위치에 부여받은 비번호가 각인되어 있어야 합니다.)

2) 어셈블리 파일은 하나의 조립된 형태로 다음과 같이 저장하시오.

가) '수험자가 사용하는 소프트웨어의 기본 확장자' 및 'STP(STEP) 확장자' 2가지로 저장하시오.
(단, STP 확장자 저장 시 버전이 여러 가지일 경우 상위 버전으로 저장하시오.)

나) 슬라이싱 작업을 위하여 STL 확장자로 저장하시오.
(단, 어셈블리 형상의 움직이는 부분은 출력을 고려하여 움직임 범위 내에서 임의로 이동시킬 수 있습니다.)

다) 파일명은 부여받은 비번호로 저장하시오.

다. 슬라이싱

1) 어셈블리 형상을 1:1척도 및 조립된 상태로 출력할 수 있도록 슬라이싱 하시오.

2) 작업 전 반드시 수험자가 직접 출력할 3D프린터 기종을 확인한 후 슬라이서 소프트웨어의 설정값을 수험자가 결정하여 작업하시오.
(단, 3D프린터의 사양을 고려하여 슬라이서 소프트웨어에서 3D프린팅 출력시간이 1시간 20분 이내가 되도록 설정값을 결정하시오.)

3) 슬라이싱 작업 파일은 다음과 같이 저장하시오.
가) 시험장의 3D프린터로 출력이 가능한 확장자로 저장하시오.
나) 파일명은 부여받은 비번호로 저장하시오.

※ 최종 제출파일 목록

구분	작업명	파일명	비고
1	어셈블리	02.***	확장자 : 수험자 사용 소트트웨어 규격
2		02.STP	채점용(※ 비번호 각인 확인)
3		02.STL	슬라이서 소프트웨어 작업용
4	슬라이싱	02.***	3D프린터 출력용 확장자 : 수험자 사용 소트트웨어 규격

1) 슬라이서 소프트웨어 상 출력예상시간을 시험감독위원에게 확인받고, 최종 제출파일을 지급된 저장매체(USB 또는 SD – card)에 저장하여 제출하시오.
2) 모델링 채점 시 STP확장자 파일을 기준으로 평가하오니, 이를 유의하여 변환하시오.
(단, 시험감독위원이 정확한 평가를 위해 최종 제출파일 목록 외의 수험자가 작업한 다른 파일을 요구할 수 있습니다.).

2. 수험자 유의사항

※ 다음의 유의사항을 고려하여 요구사항을 완성하시오.
※ 다음의 유의사항을 고려하여 요구사항을 완성하시오.

1) 시험 시작 전 장비 이상 유무를 확인합니다.
2) 시험 시작 전 시험감독위원이 지정한 위치에 본인 비번호로 폴더를 생성 후 작업내용을 저장하고, 파일 제출 및 시험 종료 후 저장한 작업내용을 삭제합니다.
3) 인터넷 등 네트워크가 차단된 환경에서 작업합니다.
4) 정전 또는 기계고장을 대비하여 수시로 저장하시기 바랍니다.
(단, 이러한 문제 발생 시 "작업정지시간+5분"의 추가시간을 부여합니다.)
5) 시험 중에는 반드시 시험감독위원의 지시에 따라야 합니다.

6) 다음 사항에 대해서는 채점대상에서 제외하니 특히 유의하시기 바랍니다.

가) 기권

(1) 수험자 본인이 수험 도중 시험에 대한 포기의사를 표하는 경우

(2) 실기시험 과정 중 1개 과정이라도 불참한 경우

나) 실격

(1) 시설 · 장비의 조작 또는 재료의 취급이 미숙하여 위해를 일으킬 것으로 시험감독위원 전원이 합의하여 판단한 경우

(2) 시험 중 봉인을 훼손하거나 저장매체를 주고받는 행위를 할 경우

(3) 시험 중 휴대폰을 소지/사용하거나 인터넷 및 네트워크 환경을 이용할 경우

(4) 3D프린터운용기능사 실기시험 3D모델링작업, 3D프린팅작업 중 하나라도 0점인 과제가 있는 경우

(5) 시험감독위원의 정당한 지시에 불응한 경우

다) 미완성

(1) 시험시간 내에 작품을 제출하지 못한 경우

(2) 요구사항의 최종 제출파일 목록(어셈블리, 슬라이싱)을 1가지라도 제출하지 않은 경우

라) 오작

(1) 슬라이싱 소프트웨어 설정 상 출력 예상시간이 1시간 20분을 초과하는 경우

(2) 어셈블리 STP파일에 비번호 각인을 누락하거나 다른 비번호를 각인한 경우

(3) 어셈블리 STP파일에 비번호 각인을 지정된 위치에 하지 않은 경우

(4) 채점용 어셈블리 형상을 1:1척도로 제출하지 않은 경우

(5) 채점용 어셈블리 형상을 조립된 상태로 제출하지 않은 경우

(6) 모델링 형상 치수가 1개소라도 ±2mm를 초과하도록 작업한 경우

3. 지급재료 목록

			자격종목		3D프린터운용기능사
일련번호	재료명	규격	단위	수량	비고
1	저장매체 (USB 또는 SD－card)	16GB 이상	개	1	1인당

국가기술 자격 실기시험문제

자격종목	3D프린터운용기능사	[시험 2] 과제명	3D프린팅작업

※ 문제지는 시험종료 후 본인이 가져갈 수 있습니다.

비번호		시험일시		시험장명	

※시험시간 : [시험 2] 2시간

1. 요구사항

※ 지급된 재료 및 시설을 사용하여 아래 작업을 완성하시오.

※ 작업순서는 가. 3D프린터 세팅 → 나. 3D프린팅 → 다. 후처리 순서 순서로 작업시간의 구분 없이 작업하시오.

가. 3D프린터 세팅

1) 노즐, 베드 등에 이물질을 제거하여 출력 시 방해요소가 없도록 세팅하시오.
2) PLA 필라멘트 장착 여부 등 소재의 이상여부를 점검하고 정상 작동하도록 세팅하시오.
3) 베드 레벨링 기능 등을 활용하여 베드 위치를 세팅하시오.
   ※ 별도의 샘플 프로그램을 작성하여 출력테스트를 할 수 없습니다.

나. 3D프린팅

1) 출력용 파일을 3D프린터로 수험자가 직접 입력하시오.
   (단, 무선 네트워크를 이용한 데이터 전송 기능은 사용할 수 없습니다.)
2) 3D프린터의 장비 설정값을 수험자가 결정하시오.
3) 설정작업이 완료되면 3D모델링 어셈블리 형상을 1:1척도 및 조립된 상태로 출력하시오.

다. 후처리

1) 출력을 완료한 후 서포트 및 거스러미를 제거하여 제출하시오.
2) 출력 후 노즐 및 베드 등 사용한 3D프린터를 시험 전 상태와 같이 정리하고 감독위원에게 확인받으시오.

2. 수험자 유의사항

※ 다음의 유의사항을 고려하여 요구사항을 완성하시오.

1) 시험 시작 전 장비 이상유무를 확인합니다.
2) 출력용 파일은 1회 이상 출력이 가능하나, 시험시간 내에 작품을 제출해야 합니다.
3) 정전 또는 기계고장을 대비하여 수시로 체크하시기 바랍니다.
   (단, 이러한 문제 발생 시 "작업정지시간+5분"의 추가시간을 부여합니다.)
   (단, 작업 중간부터 재시작이 불가능하다고 시험감독위원이 판단할 경우 3D프린팅작업을 처음부터 다시 시작합니다.)
4) 시험 중 장비에 손상을 가할 수 있으므로 공구 및 재료는 사용 전 관리위원에게 확인을 받으시기 바랍니다.
5) 시험 중에는 반드시 시험감독위원의 지시에 따라야 합니다.
6) 시험 중 날이 있는 공구, 고온의 노즐 등으로부터 위험 방지를 위해 보호장갑을 착용하여야 하며, 미착용 시 채점상의 불이익을 받을 수 있습니다.
7) 3D프린터 출력 중에는 유해가스 차단을 위해 방진마스크를 반드시 착용하여야 하며, 미착용 시 채점상의 불이익을 받을 수 있습니다.
8) 3D프린터 작업은 창문개방, 환풍기 가동 등을 통해 충분한 환기상태를 유지하며 수행하시기 바랍니다.
9) 다음사항에 대해서는 채점대상에서 제외하니 특히 유의하시기 바랍니다.
   가) 기권
      (1) 수험자 본인이 수험 도중 시험에 대한 포기의사를 표하는 경우
      (2) 실기시험 과정 중 1개 과정이라도 불참한 경우
   나) 실격
      (1) 시설 · 장비의 조작 또는 재료의 취급이 미숙하여 위해를 일으킬 것으로 시험감독위원 전원이 합의하여 판단한 경우
      (2) 시험 중 봉인을 훼손하거나 저장매체를 주고받는 행위를 할 경우
      (3) 시험 중 휴대폰을 소지/사용하거나 인터넷 및 네트워크 환경을 이용할 경우
      (4) 수험자가 직접 3D프린터 세팅을 하지 못하는 경우
      (5) 수험자의 확인 미숙으로 3D프린터 설정조건 및 프로그램으로 3D프린팅이 되지 않는 경우
      (6) 서포트를 제거하지 않고 제출한 경우
      (7) 3D프린터운용기능사 실기시험 3D모델링작업, 3D프린팅작업 중 하나라도 0점인 과제가 있는 경우
      (8) 시험감독위원의 정당한 지시에 불응한 경우
   다) 미완성
      (1) 시험시간 내에 작품을 제출하지 못한 경우
   라) 오작
      (1) 도면에 제시된 동작범위를 100% 만족하지 못하거나, 제시된 동작범위를 초과하여 움직이는 경우
      (2) 일부 형상이 누락되었거나, 없는 형상이 포함되어 도면과 상이한 작품
      (3) 형상이 불완전하여 시험감독위원이 합의하여 채점 대상에서 제외된 작품
      (4) 서포트 제거 등 후처리 과정에서 파손된 작품

(5) 3D모델링 어셈블리 형상을 1:1척도 및 조립된 상태로 출력하지 않은 작품
(6) 출력물에 비번호 각인을 누락하거나 다른 비번호를 각인한 작품

3. 지급재료 목록

			자격종목		3D프린터운용기능사
일련번호	재료명	규격	단위	수량	비고
1	저장매체 (USB 또는 SD – card)	16GB 이상	개	1	1인당/3D프린터 기종에 맞는 것
2	3D프린터 필라멘트	검정장 3D프린터 호환용 PLA(백색)/릴타입	롤	1	3인당

02 수험자 지참 준비물

번호	재료명	규격	단위	수량	비고
1	PC(노트북)	비고란 참고	대	1	필요 시 지참
2	니퍼	범용	SET	1	서포트 제거용
3	롱노우즈플라이어	범용	EA	1	서포트 제거용
4	방진마스크	산업안전용	EA	1	
5	보호장갑	서포터 제거용	개	1	
6	칼 혹은 가위	소형	EA	1	서포트 제거용 (아트나이프 가능)
7	테이프/시트	베드 안착용	개	1	탈부착이 용이한 것
8	헤라	플라스틱 등	개	1	출력물 회수용

1. 시험장의 소프트웨어 사용이 어려운 경우, 개인 PC를 지참하여 시험에 응시 가능
(단, PC포맷 및 정품 소프트웨어 설치 여부 등을 감독위원 확인 후 사용가능하며, 시험에서 요구하는 소프트웨어 기능이 모두 포함되어야 함.)
2. 시험장에서는 시험 전, 후를 포함하여 시험 중 인터넷 사용이 불가능하오니 온라인 인증이 필요한 소프트웨어 사용 시 반드시 사전에 인증 완료
(시험 전 인증 불가 등의 문제로 소프트웨어 사용이 어려울 경우, 불이익은 수험자 개인 책임)

03 | 작업형 실기 개인 PC지참 종목 수험자 안내사항

출처 : 산업인력공단

CAD프로그램 등 개인 PC 지참 종목의 실기시험 응시와 관련, 공정한 국가기술자격시험 및 부정행위 예방을 위해 아래와 같이 개인 PC 사용 강화조치를 시행하오니 수험자께서는 동 내용을 숙지하여 시험에 응시하여 주시기 바랍니다.

1. 개인 PC지참 신청 및 수험자 PC검사 동의서 동의 필수

- 개인 PC 사용은 신청 수험자(원서접수 시 PC검사 동의서 및 수험자 준수사항 준수에 동의 필수)에 한해 가능하며, 반드시 PC 포맷 후 시험과 관련된 프로그램만을 설치하여 지정된 입실시간까지 입실하여야 합니다. 개인 PC 사용 수험자는 시험위원의 요구에 따라 정해진 시간에 개인 PC 검사를 받아야 하며, 수험자의 PC검사 결과 아래 내용 미준수 시 즉시 퇴실조치 됩니다. (개인 PC지참 가능 여부는 종목마다 상이하므로 수험자 지참 준비물 사전 확인 필수)

2. 개인 PC지참 수험자 준수사항

① PC포맷 후 시험관련 프로그램만 설치하여 PC검사 시 PC 제출

- PC포맷 인정 기준 : 응시일을 기준으로 응시 7일 전~응시일 PC검사 시작 전까지 포맷 완료

ex) 응시일이 '20.3.28인 수험자의 경우, '20.3.21~3.28 기간 동안 PC검사 전까지 포맷 조치한 PC만 사용 인정

※ PC포맷 인정 기준일 : PC포맷 조치 후 "윈도우 설치 일자"

② 시험 관련 프로그램 외 기타 프로그램 제한(한글, MS오피스 프로그램 모두 삭제)

- 시험에 필요한 프로그램 및 편집 기능이 없는 PDF Viewer만 설치가능하며, LISP, Excel 등 MS Office 프로그램, 기타 편집가능 프로그램 제한
- 종목별 설치 허용 프로그램이 상이하므로 수험표의 지참공구목록 혹은 큐넷 종목별 지참공구목록의 유의사항 반드시 확인
- PC사전 검사 시 모든 LISP/Block, 미리 작성된 Part program(도면, 단축 키 셋업 등)이 발견될 경우 즉각 퇴실 및 당해시험 무효 조치됩니다.
- 시험 중 미리 작성된 Part program 또는 LISP/Block을 사용할 경우 부정행위자로 처리됩니다.
- 제도작업에 필요한 KS 관련 데이터는 시험장에서 파일 형태로 제공되므로 기타 데이터와 관련된 노트 또는 서적을 열람하면 부정행위자로 처리됩니다.

③ 지정된 입실시간까지 반드시 입실 : 입실시간 수험표 참조

④ 시험장 PC에 소프트웨어 지참 · 설치 가능 여부는 종목 · 시험장마다 상이하므로, 반드시 지부(사)에 문의(단, 호환성 및 설치, 출력 등 소프트웨어 지참으로 인해 발생한 모든 문제는 수험자의 책임입니

다)

⑤ 시험장 출력용 PC에 사용을 원하는 CAD 소프트웨어가 없을 경우 PDF 파일 형태로 출력 후 종이로 출력하여야 하며, 폰트 깨짐 등의 문제가 발생할 수 있기 때문에 CAD 사용환경 등을 충분히 숙지하시기 바랍니다.

3. 개인 PC 사용 관련 기타 안내사항

① 개인 PC지참 신청 여부 변경

- 접수완료 후 마이페이지 – 원서접수 내역에서 확인 및 변경 가능하며, 변경은 해당 회별 원서접수 시작일로부터 10일간 가능

ex) 원서접수 시작일이 '20. 3. 2(월)인 경우

개인 PC지참 신청 변경 가능 기간은 '20. 3. 2(월) 10:00~3. 11(수) 24:00

② 개인 PC지참 신청자의 시험 당일 시험장 PC 사용 가능 여부

- 시험 당일 지정된 입실시간까지 시험장에 도착하여 개인 PC검사 시작 전에 개인 PC 사용 의사를 철회하는 경우에 한하여 시험장 PC 사용 가능
- 적용 예외사항

(전기기능장) 개인 PC 지참 필수 종목으로 수험자 지참 PC만 사용 가능

(3D프린터운용기능사) 슬라이서 소프트웨어에 한해 시험장 PC 사용 가능

③ 수험자가 원할 경우 수험자 개인이 사용하는 마우스, 키보드는 지참하여 사용하실 수 있으나 설치 및 호환성 관련 문제가 있을 경우 전적으로 수험자 책임이오니 양지하시기 바랍니다.

※ 시험위원은 부정행위가 의심되는 경우 시험 중 수험자 PC를 재검사할 수 있으며, 부정행위 적발 시 해당 수험자는 3년간 국가기술자격시험의 응시가 제한됩니다.

04 | 모델링 작업 시 프로그램별 주의사항

출처 : 산업인력공단

04-1. Fusion360

stl 파일 저장 시 아래 사항 주의하시기 바랍니다.

메쉬로 저장

선택	1 선택됨
형식	STL(이진)
단위 유형	밀리미터
구조	파일 한 개
메쉬 미리보기	☐
삼각형 수	0
미세 조정	중간

▶ 미세 조정 옵션

▼ 출력

확인 취소

04-2. 인벤터

인벤터는 부품을 저장하지 않으면 조립작업시 에러 발생하므로 저장하시기 바랍니다.

인력공단에 문의시 위와 같은 답변을 받았으니 시험시 감독관에세 문의하시기 바랍니다.

또한 시험지 요구사항에 "시험감독위원이 정확한 평가를 위해 최종 제출파일 목록 외의 수험자가 작업한 다른 파일을 요구할 수 있습니다."는 사항에 기재되어 있습니다.

stl 파일 저장시 아래 사항 주의하시기 바랍니다. 옵션에서 반드시 단위와 해상도 확인 바랍니다.

04-3. 기타 프로그램

프로그램별로 각기 특성에 맞게 옵션을 변경하여 응시 바랍니다.

05 시험순서 및 준비사항

05-1. 제1작업(1시간)

작업명	주의 사항
01. 3D 모델링	01. 수험자 프로그램을 확인하여 사용법을 사전에 숙지한다. 02. 반드시 1:1로 모델링을 한다. 03. 공차가 적용되는 A, B 부를 확인한다. 04. 기준치수와 차이를 ±1mm 이하로 한다. 05. 비번호 각인을 한다.(글자체, 글자 크기, 글자 깊이 등은 도면과 유사한 모양 및 크기로 작업한다.) 06. 저장시 반드시 요구사항에 따른다.
02. 어셈블리	01. 기본 확장자 및 STP(STEP) 확장자 저장시 반드시 1:1로 문제지와 동일한 방향과 각도, 위치가 되도록 조립한다. 02. STL 저장시 어셈블리 형상의 움직이는 부분은 출력을 고려하여 움직임 범위 내에서 임의로 위치나 각도를 변경한다. 03. 저장시 반드시 요구사항에 따른다.
03. 슬라이싱	01. 반드시 1:1로 출력할 수 있도록 슬라이싱을 한다. 02. 3D프린터 기종에 맞게 설정값을 조정하도록 한다. 03. 3D프린팅 출력 예상 시간이 1시간 20분 이내가 되도록 해야만 한다. 04. 저장시 반드시 요구사항에 따른다.

05-2. 제2작업(2시간)

작업명	주의 사항
01. 3D프린터 세팅	01. 노즐, 베드 등에 이물질을 제거한다. 이때 베드에 무리한 힘을 가하지 않도록 한다. 02. PLA 필라멘트 장착 여부 등 소재의 이상 여부를 확인한다. 03. 테스트는 불가능하오니 신중히 출력하도록 한다.
02. 3D프린팅	01. 3D프린터의 장비 설정값을 수험자가 결정하고, 1:1척도 및 조립된 상태로 출력하도록 한다.
03. 후처리	01. 출력을 완료한 후 안전 사항에 유의하면서 서포트 및 거스러미를 제거하여 제출한다. ① 손으로 제거할 수 있는 큰 형상의 지지대는 손으로 제거한다. 지지대를 제거할 때에는 출력물이 손상되지 않도록 주의해서 제거해야 한다. 지지대의 날카로운 부위에 다치지 않도록 주의한다. ② 지지대의 흔적은 공구를 이용해서 이를 제거한다. 공구는 니퍼나 칼 등을 이용한다. 공구를 사용할 때에는 공구의 날카로운 부분에 의해 다치지 않도록 주의한다. 02. 출력 후 시험 전 상태와 같이 정리하고 감독위원에게 확인받는다.

PART

02

3D프린터운용기능사 슬라이싱

01 | CURA4.4

01.

- Cura 4.4 실행

02.

- 불러오기 버튼 클릭하여 *.STL파일 불러오기

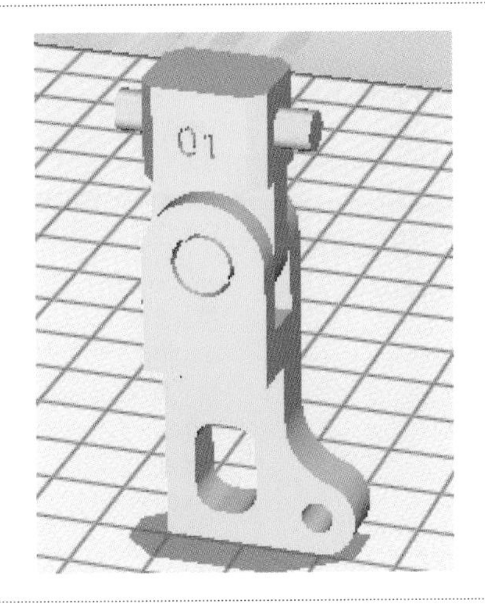

03.

- 프린터 기종을 선택
- 알맞은 기종이 없을 시 프린터 추가하여 기종 선택

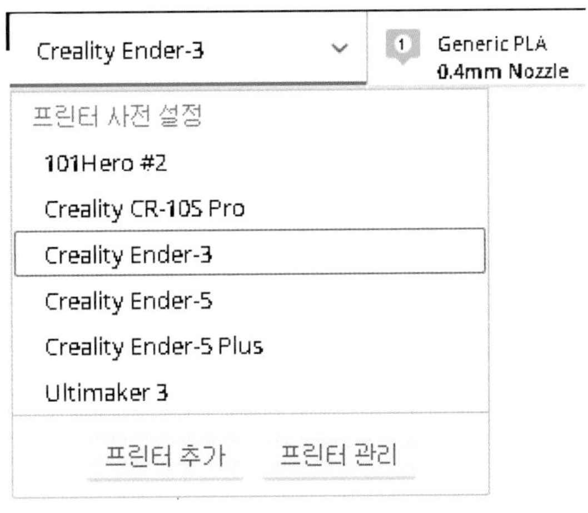

04.

- 재료와 노즐 사이즈 선택

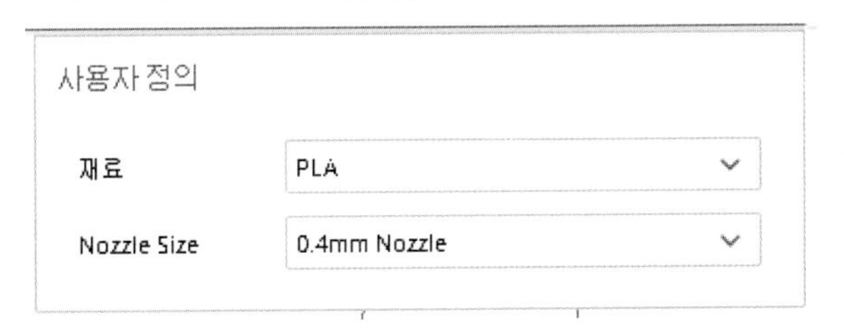

05.

- 위치에 맞게 회전 등 설정
  (모델링 파일에 따라 다름)
- 회전을 통해 출력물을 X축, Y축, Z축으로 회전시킬 수 있으며 출력물의 방향에 따라 Support(지지대) 쌓는 방법도 다름

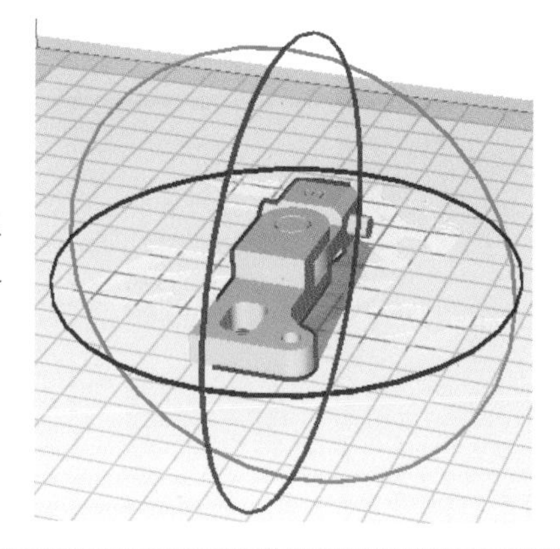

06.

- 설정값을 세팅
  설정값은 장비별, 사용자별, 모델링 방향 등에 따라 다르기 때문에 최적의 입력값을 찾아 수험자가 직접 입력

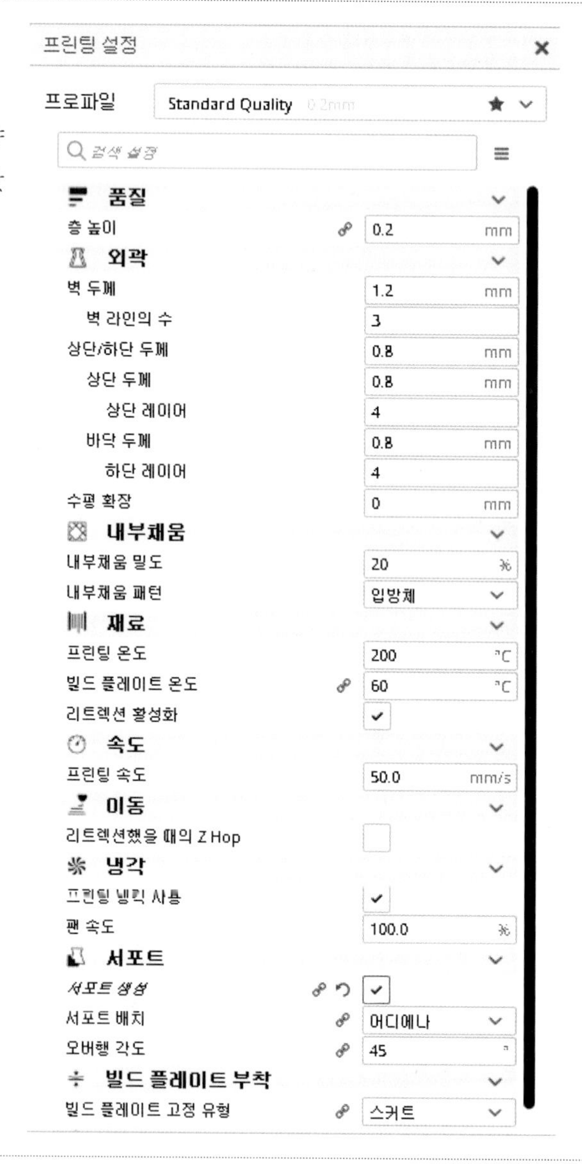

07.

• 미리보기

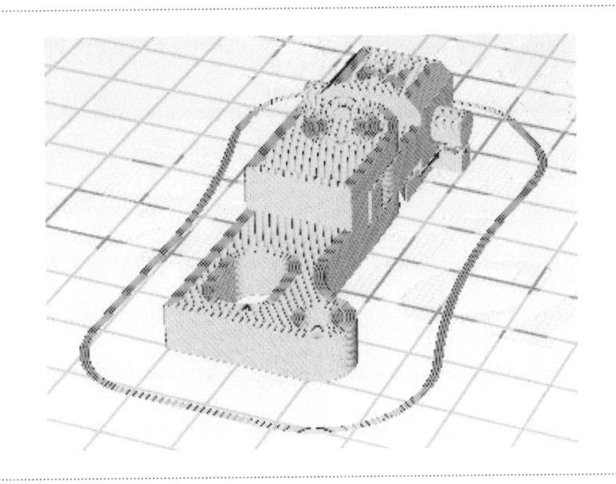

08.

• 우측 하단 시간 확인
• 슬라이싱 소프트웨어 설정상 출력 예상 시간이 1시간 20분을 초과하는 경우는 오작이므로 주의

09.

• 파일 – 내보내기
• 비번호.gcode

02 | 3DWOX

01.

- 3DWOX 실행

02.

- 설정 – 프린터 설정
  프린터 모델 선택

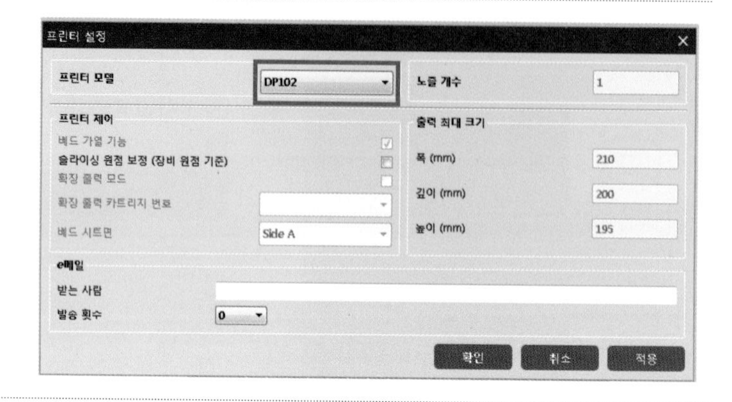

03.

- SETTINGS

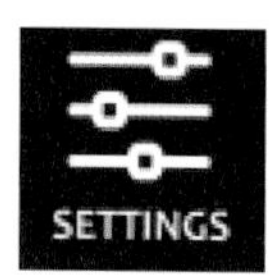

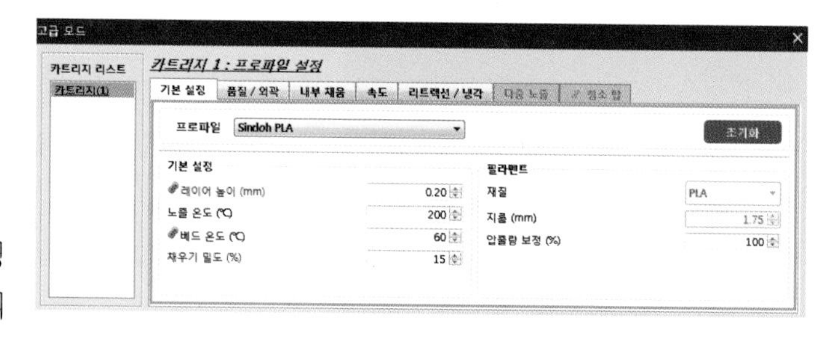

- 설정값은 장비별, 사용자별, 모델링 방향 등에 따라 다르기 때문에 최적의 입력값을 찾아 수험자가 직접 입력

04.

- 파일 – 모델 불러오기

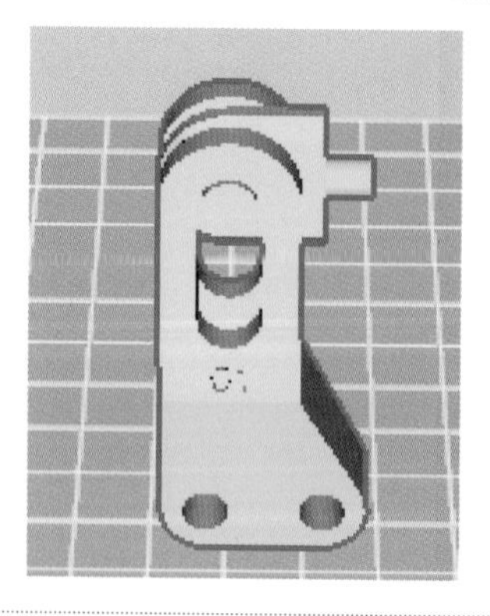

05.

- 회전. 원하는 방향 설정 후 – 적용 – 베드에 붙이기

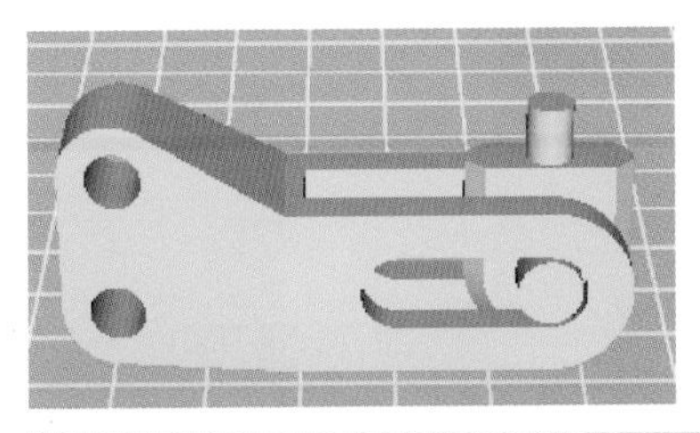

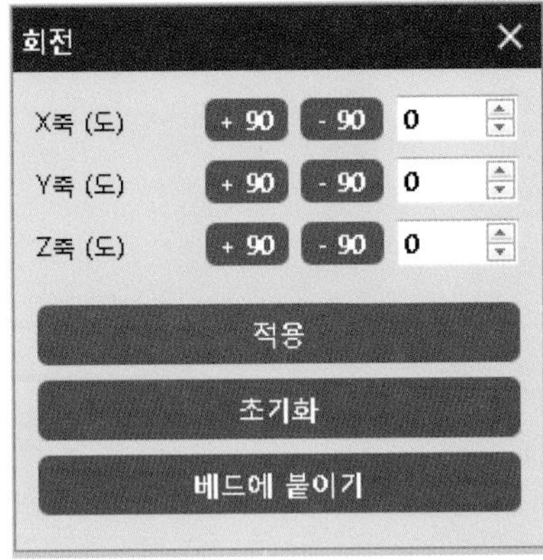

06.

- 슬라이싱

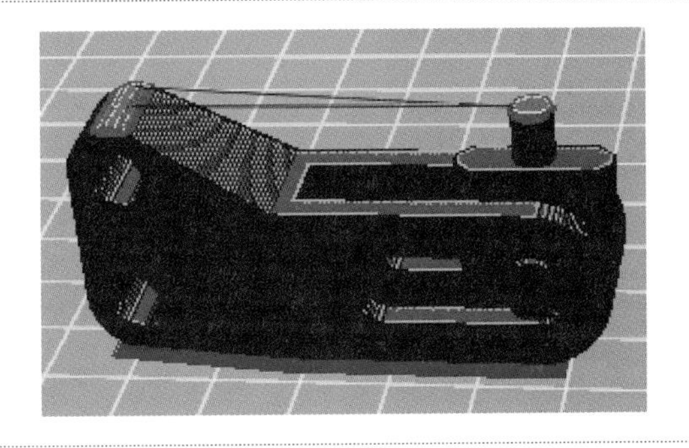

07.

- 우측 상단 시간 확인
- 슬라이싱 소프트웨어 설정상 출력 예상시간이 1시간 20분을 초과하는 경우는 오작이므로 주의

1시간 0분 카트리지(1) : 2.83미터 8.4그램

08.

- Gcode 저장
  비번호.gcode

03 Cubicreator

01.

• 큐비크리에이터 실행

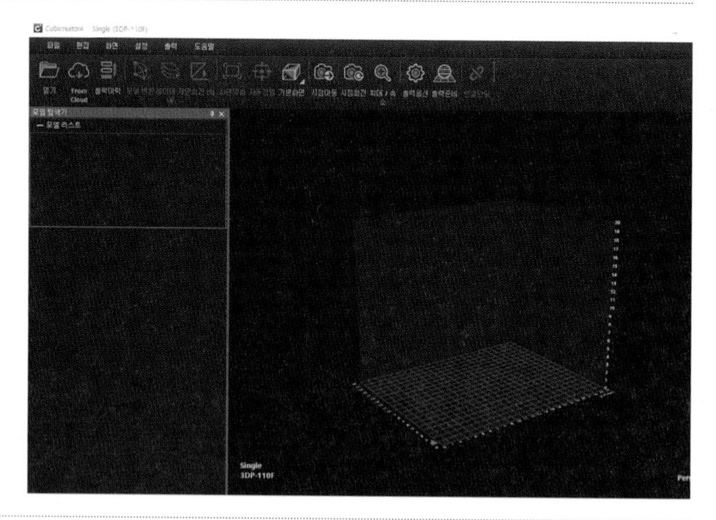

02.

• 사용 프린터 기종선택, 확인
선택창이 뜨지 않을 경우 설정 – 환경설정 – 장비에서 제품 모델설정

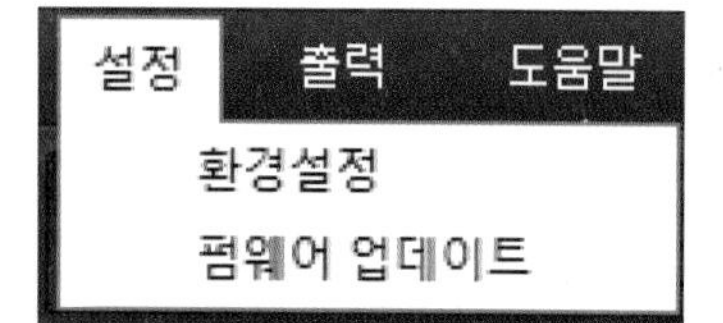

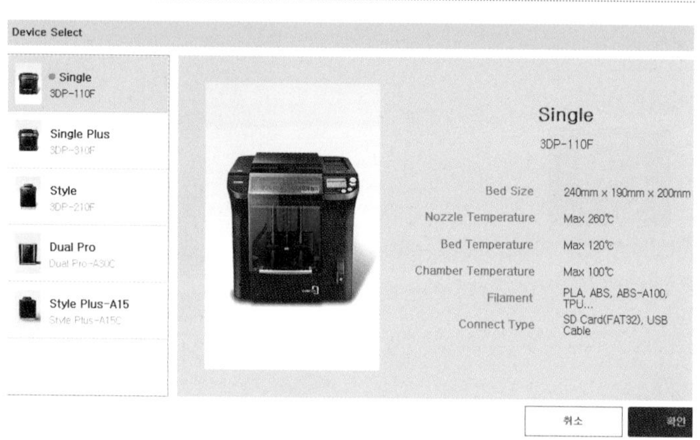

환경설정

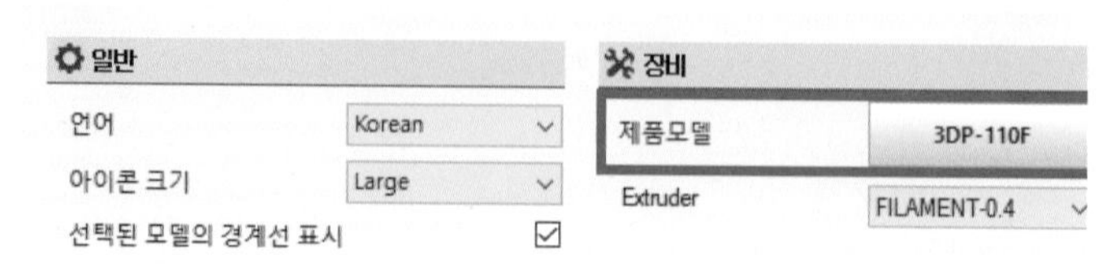

03.

- stl파일 불러오기
  Drag & Drop

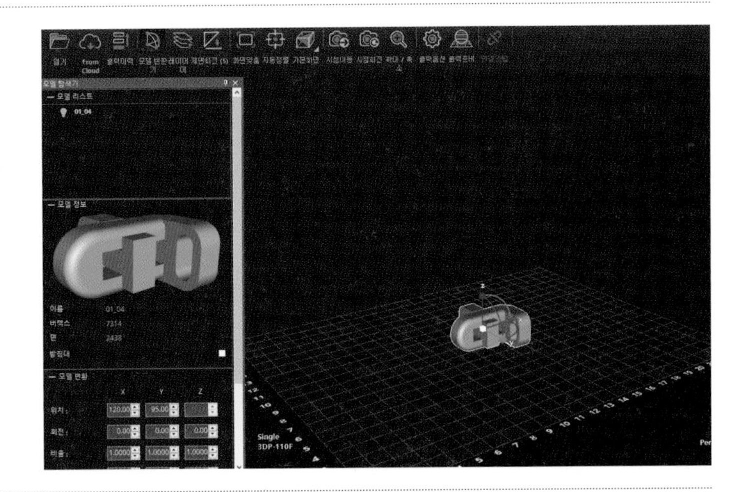

04.

- 출력물을 선택하면 호가 나타나는데 호를 누른 채로 움직이면 회전
  정확한 회전을 위해 좌측 정확한 값 입력

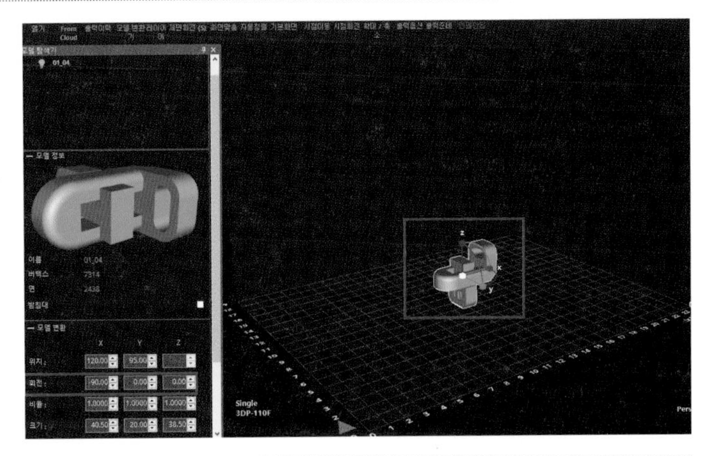

05.

- 베드 아래쪽을 확인하면 빨간색 부분이 베드와 닿는 면임
  만약에 부착이 되어 있지 않는다면 제면회전을 클릭하여 부착시킬 면 선택, 베드 위면 선택

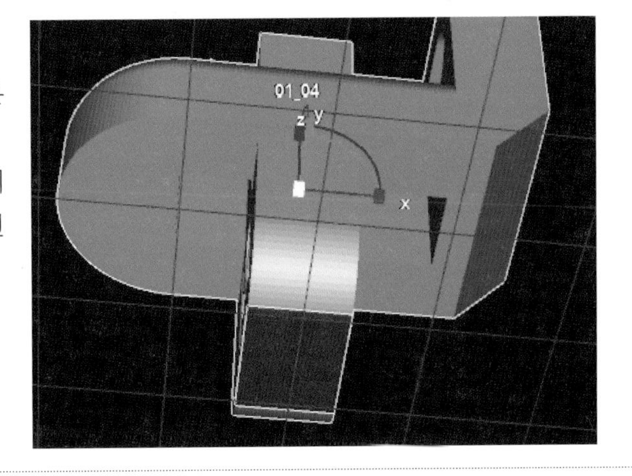

06.

- 출력옵션 클릭
  필라멘트 재질 선택
  FastSpeedSetting 더블클릭, 로드

출력옵션

07.

- 설정값은 장비별, 사용자별, 모델링 방향 등에 따라 다르기 때문에 최적의 입력값을 찾아 수험자가 직접 입력

08.

- 출력준비 클릭
  좌측에 출력시간 확인

09.

- 파일 – gcode로 저장하기

04 | 조립 방향과 출력 방향에 따른 서포트 생성 유무(예시) ◆◆◆

조립 방향과 출력 방향에 따라 서포트 생성이 달라지며 출력시간 또한 변화가 있으므로 최적의 출력조건으로 두 부품을 조립하도록 한다. 서포트의 생성은 후가공에도 영향을 주기 때문에 시험 전에 충분한 연습을 하도록 한다.

04-1. 조립 방향에 따른 서포트 생성

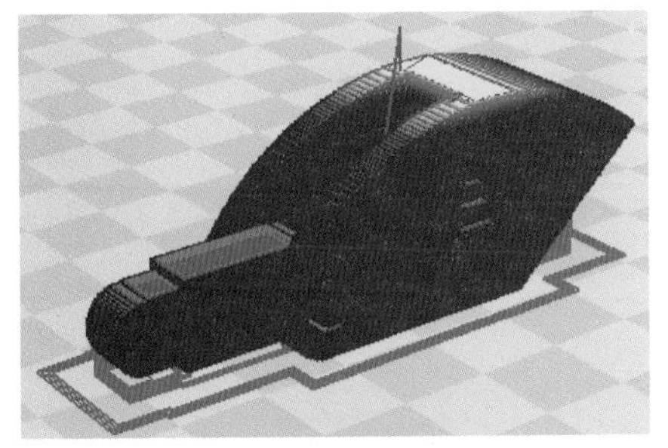

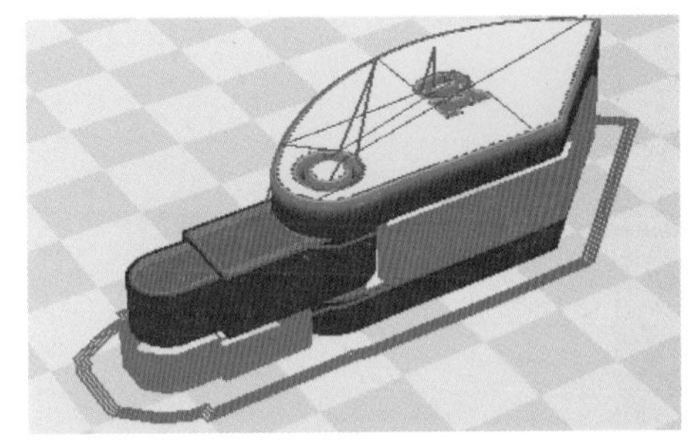

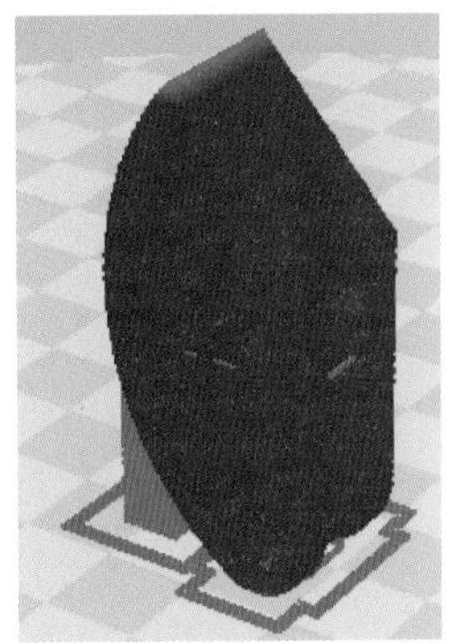

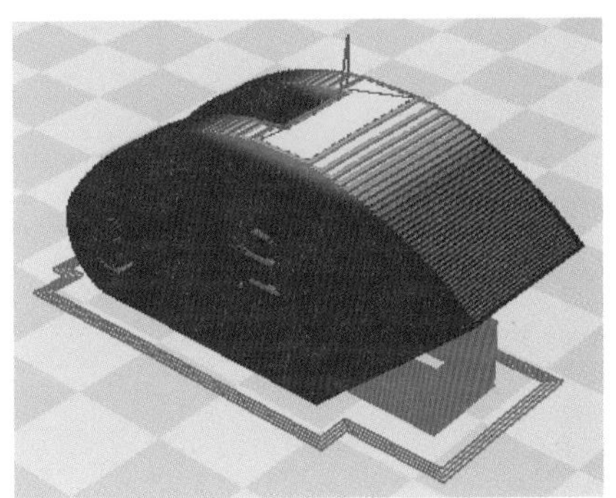

04-2. 출력 방향에 따라 서포트 생성

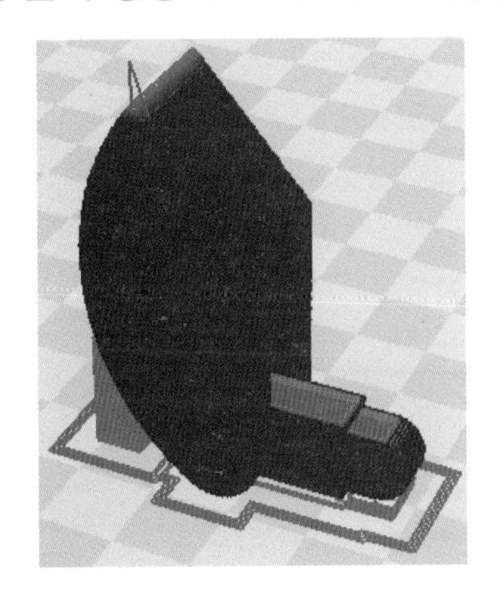

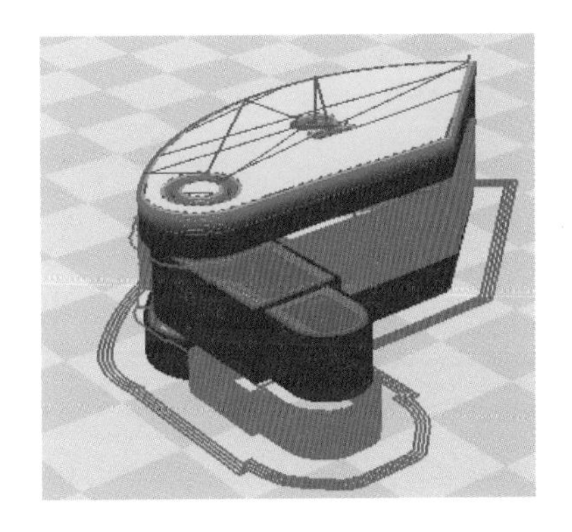

Memo

PART

03

Fusion360을 활용한 공개문제 풀이

01 | 공개 도면 01

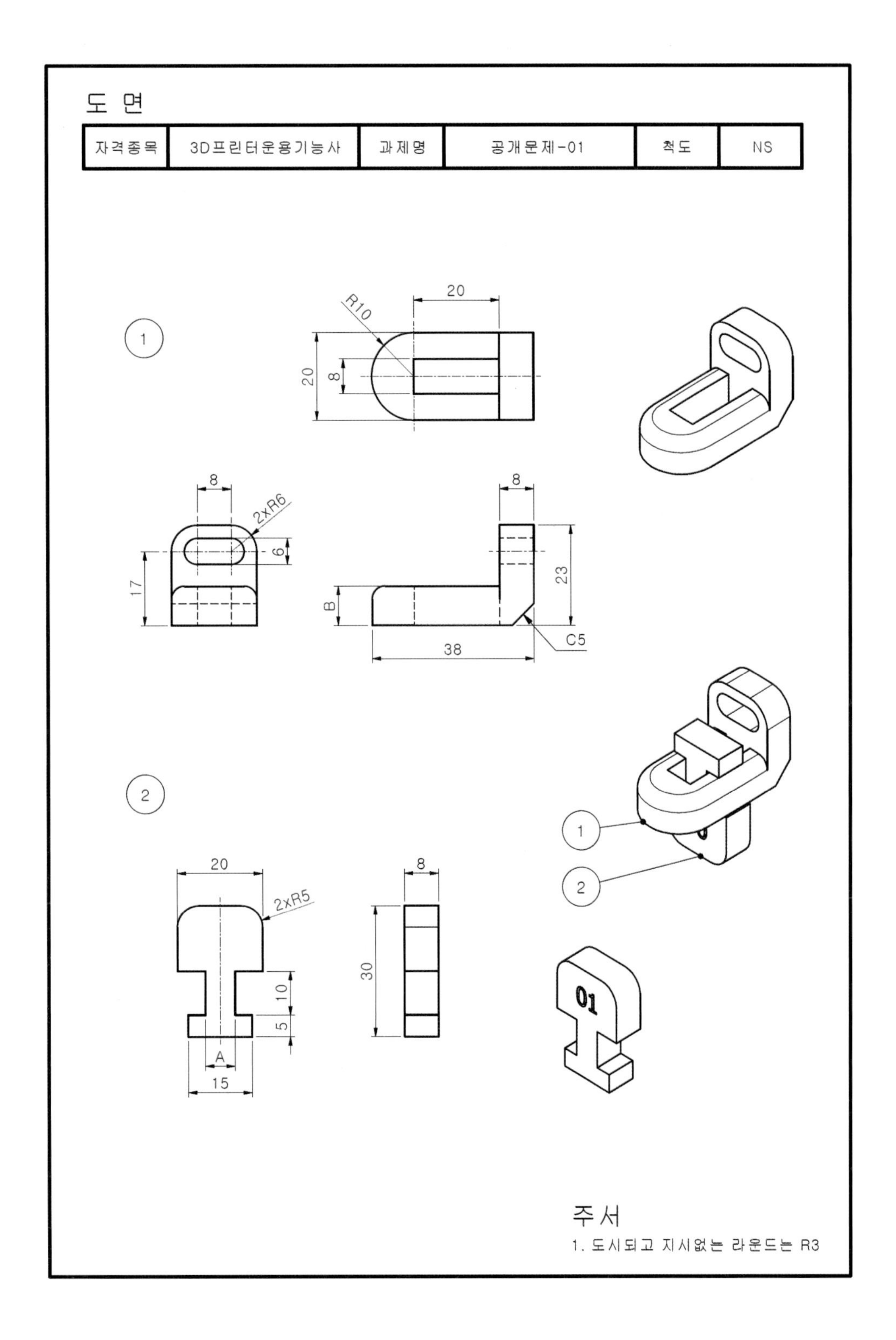

도 면
자격종목
3D프린터운용기능사
과제명
공개문제-01
척도
NS
1
20
R10
20
8
8
2xR6
6
17
8
23
B
38
C5
2
20
2xR5
10
5
A
15
8
30
1
2
01
주서
1. 도시되고 지시없는 라운드는 R3

01.

- 바탕화면에 비번호 폴더 생성
- 조립 – 새 구성요소

02.

- 작성 – 스케치 작성, YZ평면
- 작성 – 스케치 명령을 이용하여 스케치 후 구속조건 기입
- 작성 – 스케치 치수로 수정 (공차적용)

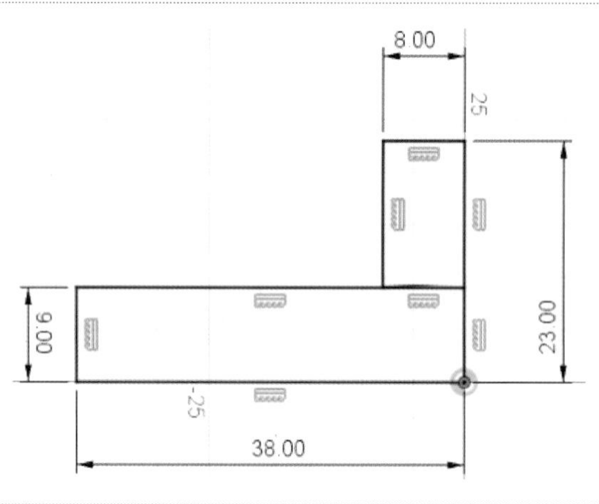

03.

- 스케치 마무리
- 작성 – 돌출
  대칭, 전체거리 20, 새 본체

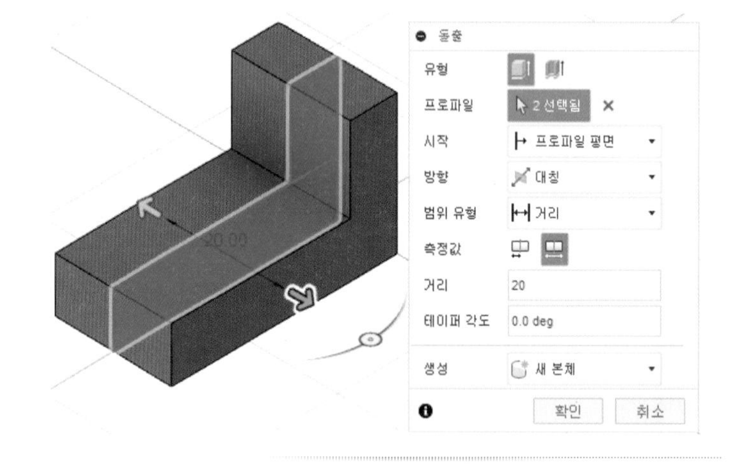

04.

• 수정 – 모깎기, R10

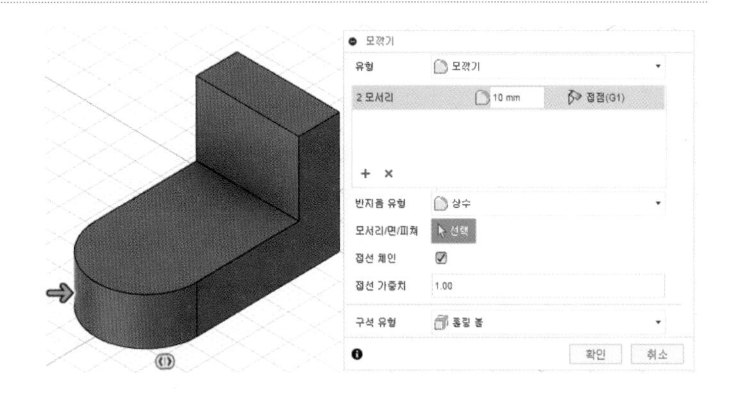

05.

• 수정 – 모깎기, R6

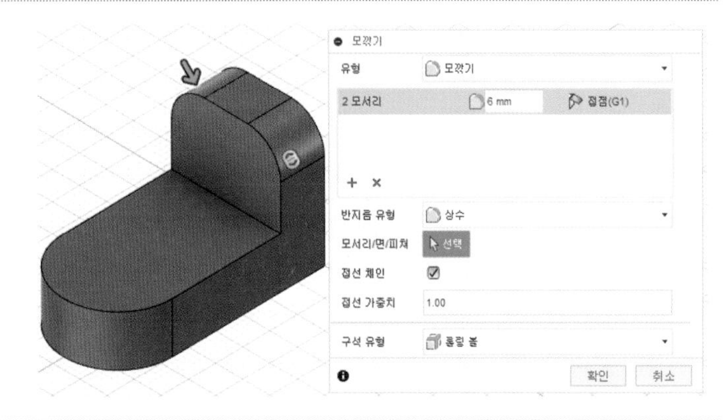

06.

• 작성 – 스케치 작성, 해당평면
• 작성 – 스케치 명령을 이용하여 스케치 후 구속조건 기입
• 작성 – 스케치 치수로 수정

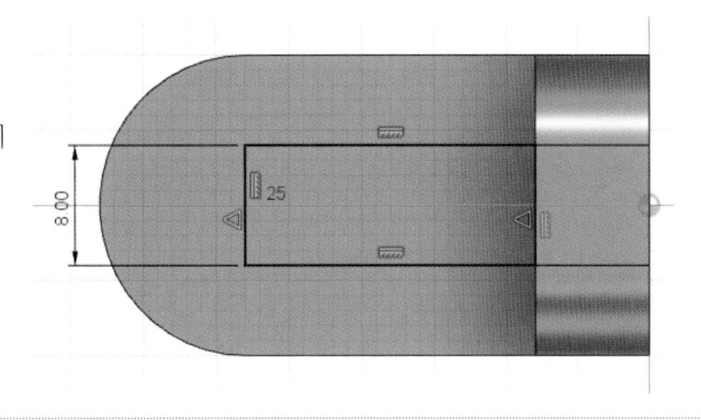

07.

- 스케치 마무리
- 작성 – 돌출
  한쪽 방향, 모두(반전), 잘라내기

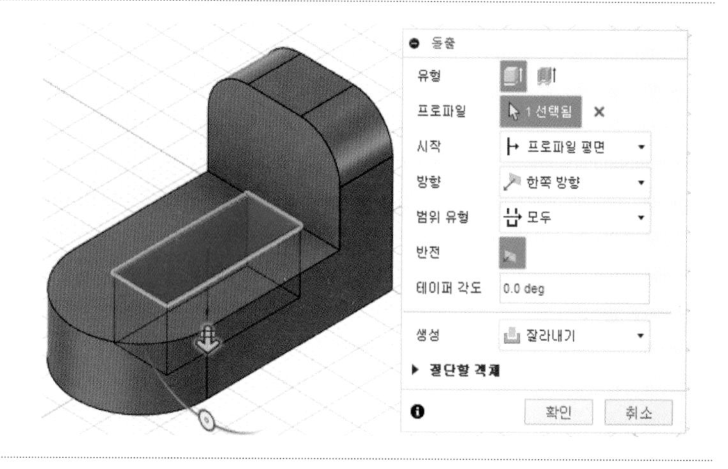

08.

- 작성 – 스케치 작성, 해당평면
- 작성 – 스케치 명령을 이용하여 스케치 후 구속조건 기입
- 작성 – 스케치 치수로 수정

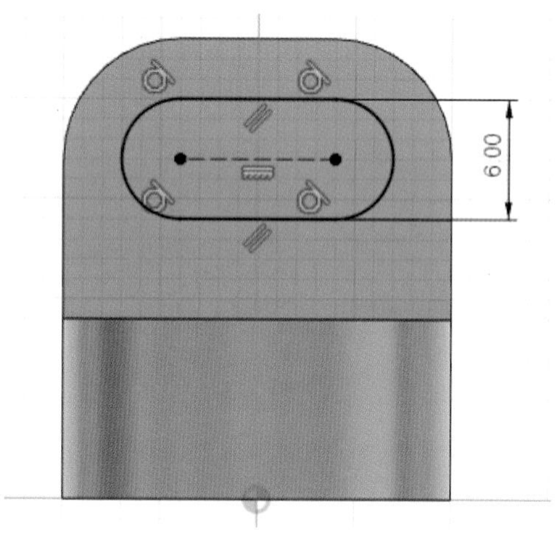

09.

- 스케치 마무리
- 작성 – 돌출
  한쪽 방향, 모두(반전), 잘라내기

10.

- 수정 – 모깎기, R3

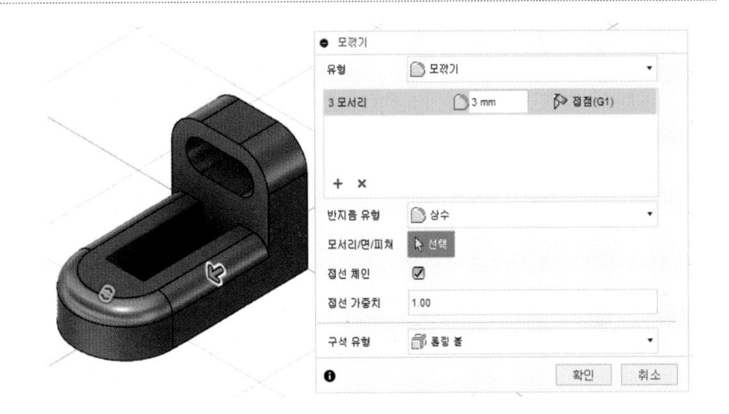

11.

- 수정 – 모따기, C5

12.

- 저장되지 않음 체크 후 조립 – 새 구성요소

13.

- 구성요소1 비활성화
- 작성 – 스케치 작성, XZ평면
- 작성 – 스케치 명령을 이용하여 스케치 후 구속조건 기입
- 작성 – 스케치 치수로 수정 (공차적용)

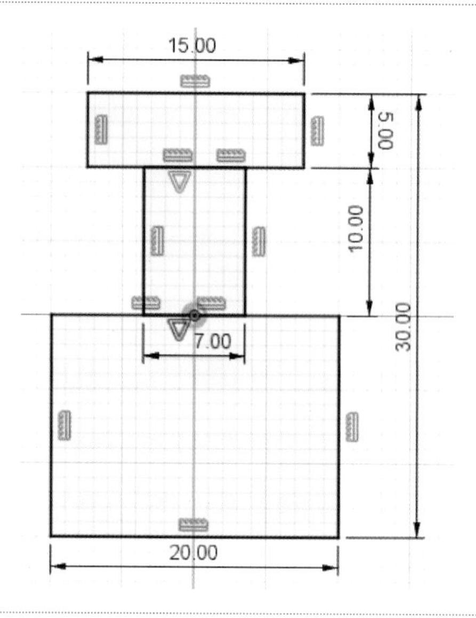

14.

- 스케치 마무리
- 작성 – 돌출
  한쪽 방향, 8, 새 본체

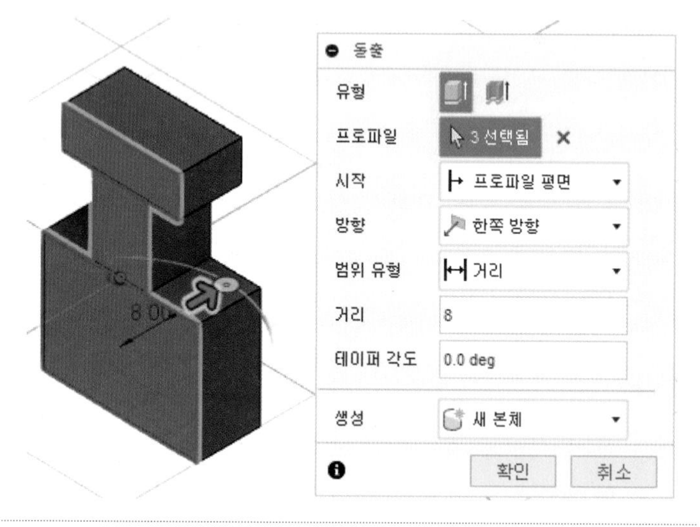

15.

- 수정 – 모깎기, R5

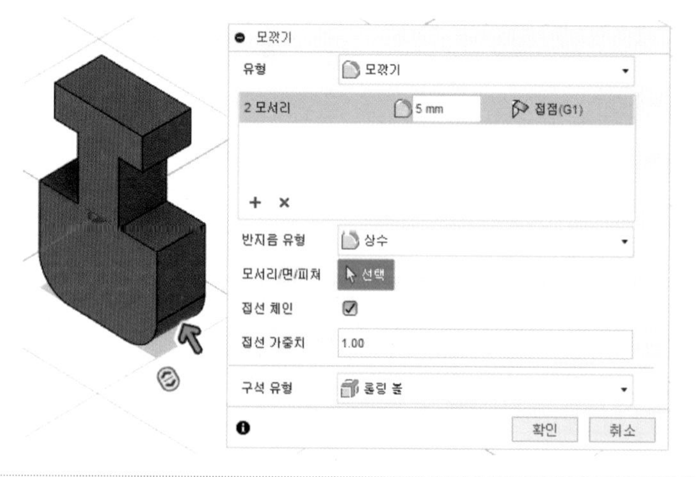

16.

- 작성 – 스케치 작성, 해당평면
- 작성 – 스케치 명령을 이용하여 해당 비번호 기입

참고

크기, 글자체, 깊이 규정 없음

17.

- 스케치 마무리
- 선택 후 작성 – 돌출
  한쪽 방향, 거리 −1, 잘라내기

18.

- 저장되지 않음 체크 후 모든 구성요소 활성화

문서 설정
사용자 뷰
원점
구성요소1:1
구성요소2:1

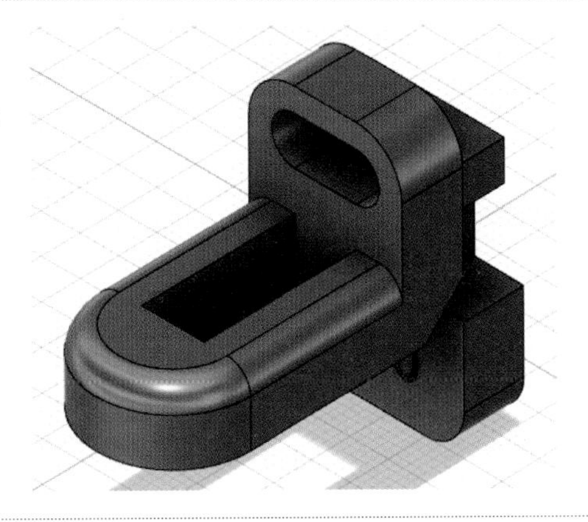

19.

- 구성요소1을 우클릭 후 고정

20.

- 조립 – 접합

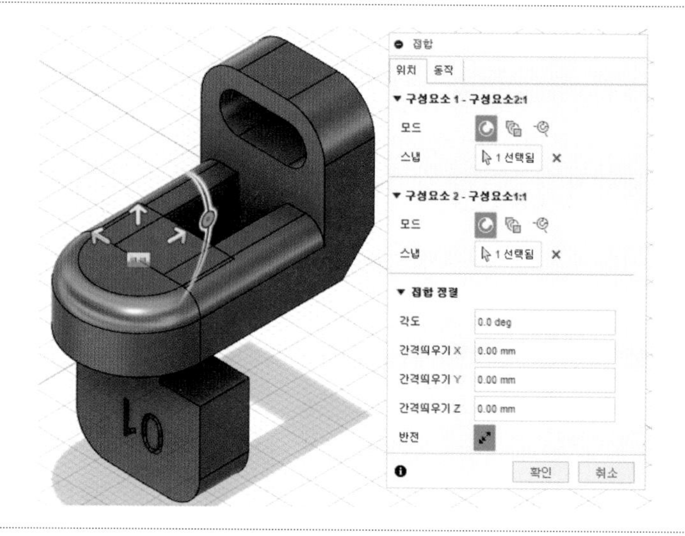

21.

- 접합 정렬 후 조립도에 맞게 완성

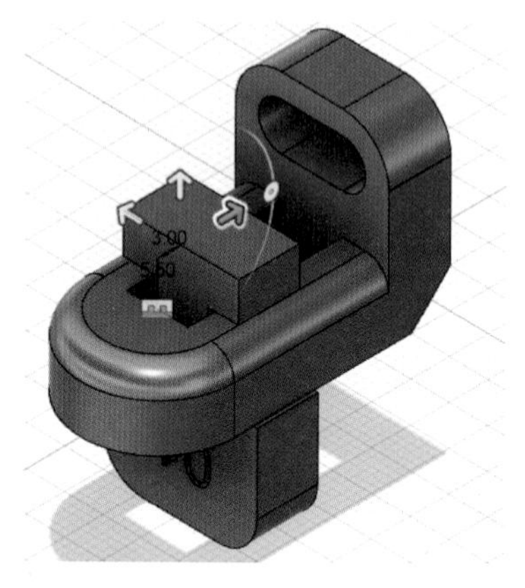

22.

- 저장되지 않음을 우클릭 후 내보내기
- 생성된 비번호 폴더에 비번호.f3d 저장

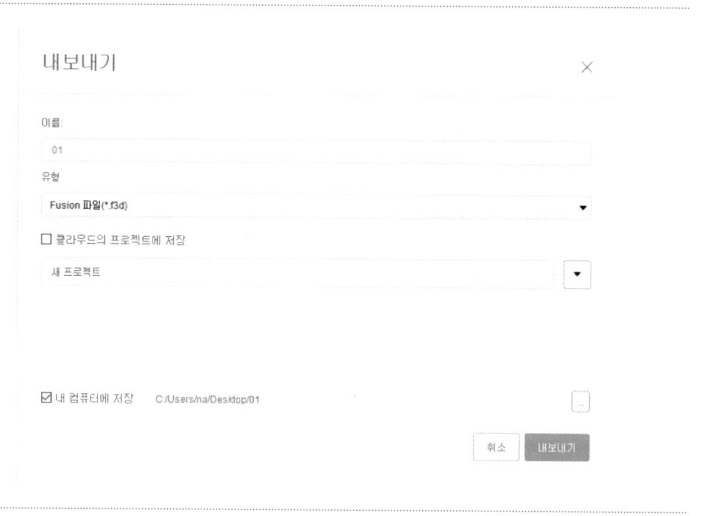

23.

- 저장되지 않음을 우클릭 후 내보내기
- 생성된 비번호 폴더에 비번호.stp 저장

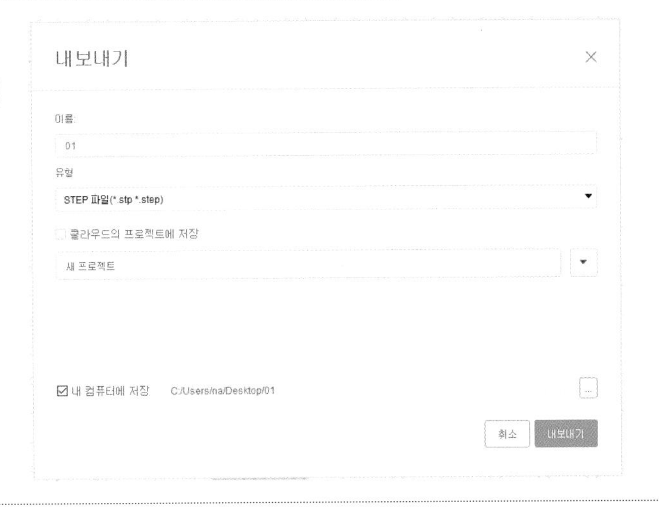

24.

- 출력이 잘 될 위치로 구성요소 회전 및 이동
- 저장되지 않음을 우클릭 후 메쉬로 저장
- 생성된 비번호 폴더에 비번호.stl 저장

25.

- 해당 슬라이싱 프로그램에서 설정값 및 방향 설정 후 저장
  비번호.***

참고

조립 방향, 설정값, 출력방향에 따라 출력 시간이 다릅니다. 수험자가 최적의 조건을 찾으시기 바랍니다.

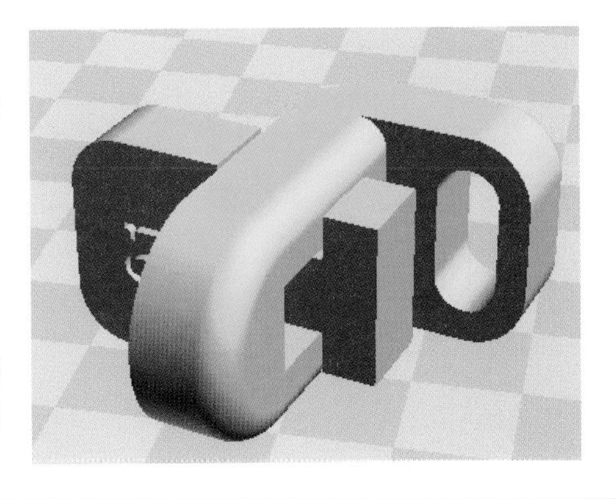

02 | 공개 도면 02

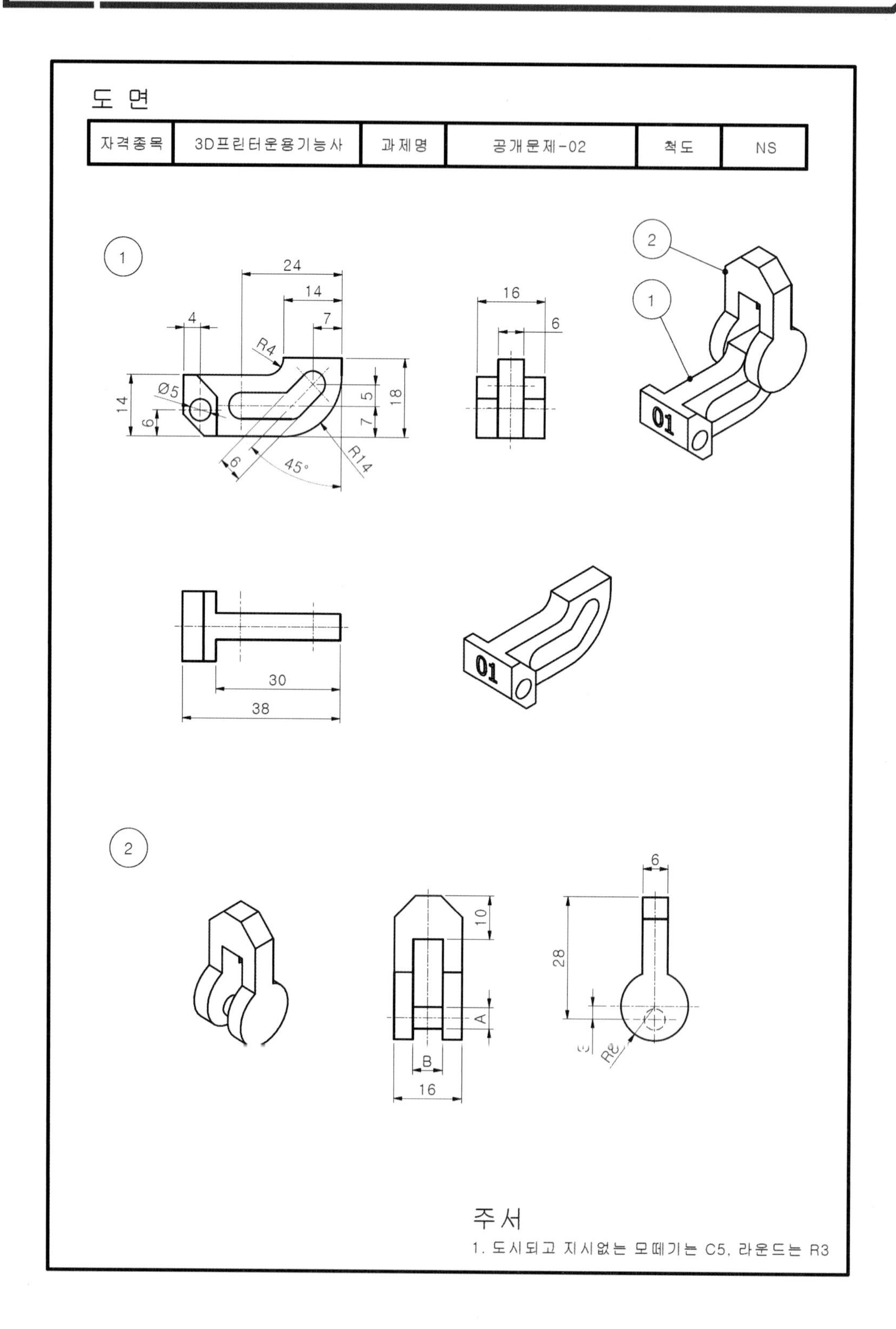

도 면
자격종목
3D프린터운용기능사
과제명
공개문제-02
척도
NS
1
24
14
7
4
R4
Ø5
14
6
5
18
7
6
45°
R14
16
6
2
1
01
30
38
2
6
10
28
A
B
16
주서
1. 도시되고 지시없는 모떼기는 C5, 라운드는 R3

01.

- 바탕화면에 비번호 폴더 생성
- 조립 – 새 구성요소

02.

- 작성 – 스케치 작성, YZ평면
- 작성 – 스케치 명령을 이용하여 스케치 후 구속조건 기입
- 작성 – 스케치 치수로 수정

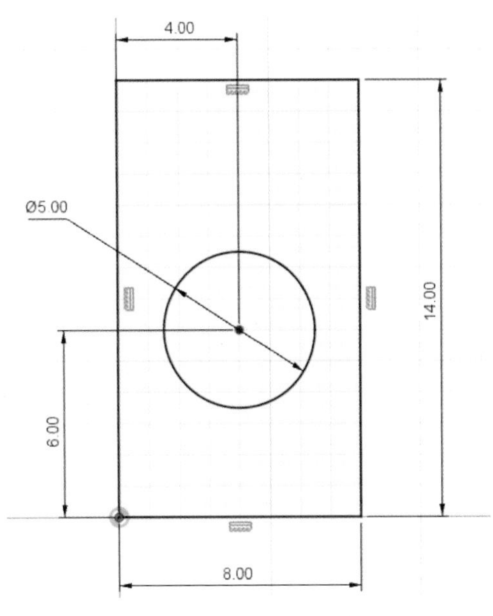

03.

- 스케치 마무리
- 작성 – 돌출
  대칭, 전체거리 16, 새 본체

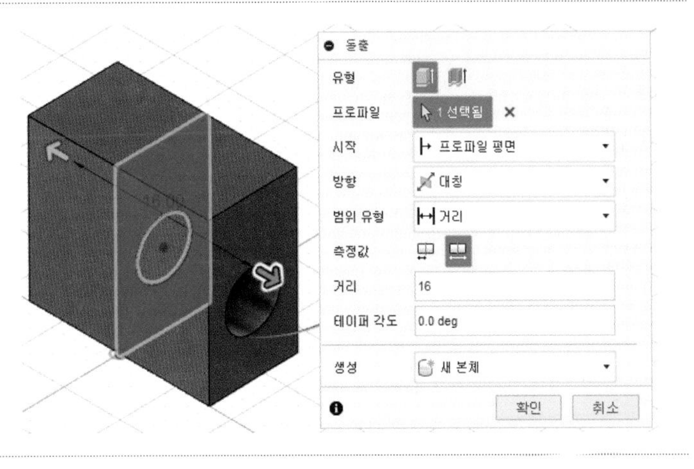

04.

- 작성 – 스케치 작성, YZ평면
- 작성 – 스케치 명령을 이용하여 스케치 후 구속조건 기입
- 작성 – 스케치 치수로 수정

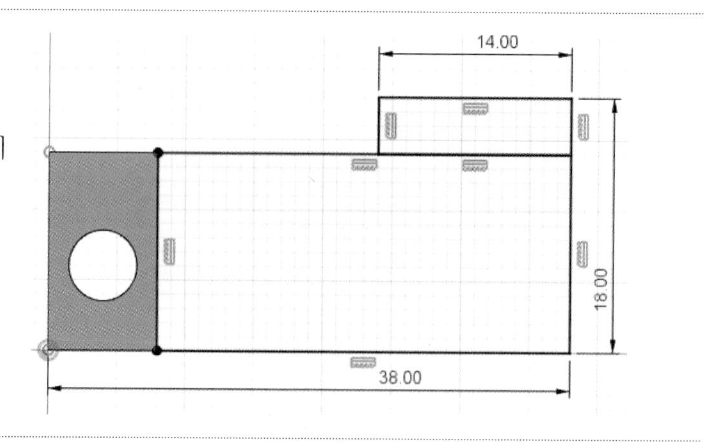

05.

- 스케치 마무리
- 작성 – 돌출
  대칭, 전체거리 6, 접합

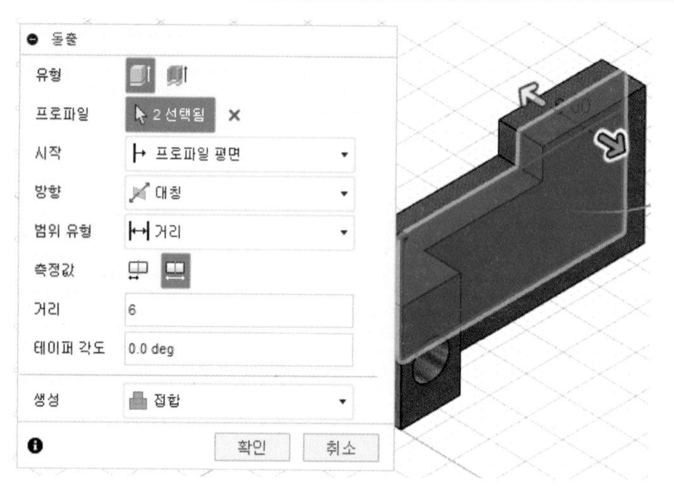

06.

- 수정 – 모깎기, R4

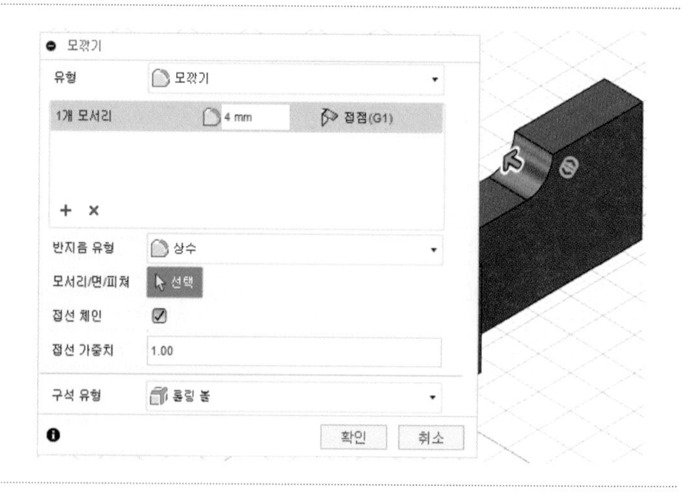

07.

- 수정 – 모깎기, R14

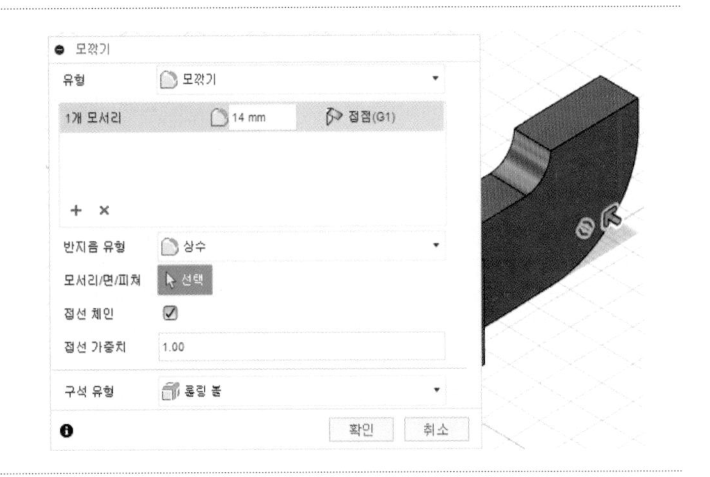

08.

- 작성 – 스케치 작성, 해당평면
- 작성 – 스케치 명령을 이용하여 스케치 후 구속조건 기입
- 작성 – 스케치 치수로 수정

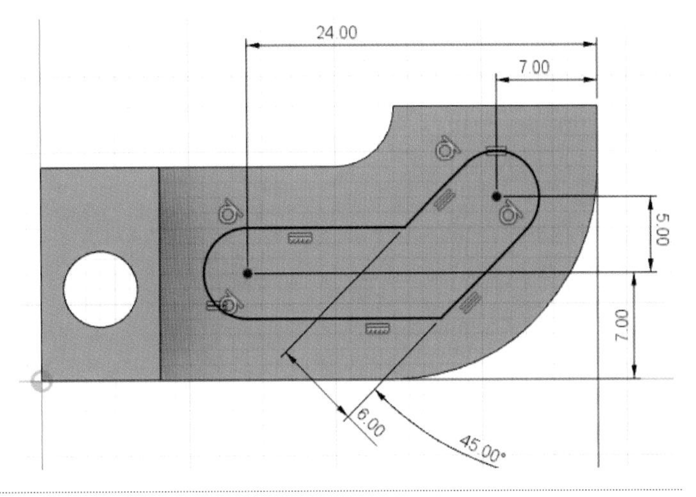

09.

- 스케치 마무리
- 작성 – 돌출
  한쪽 방향, 모두(반전), 잘라내기

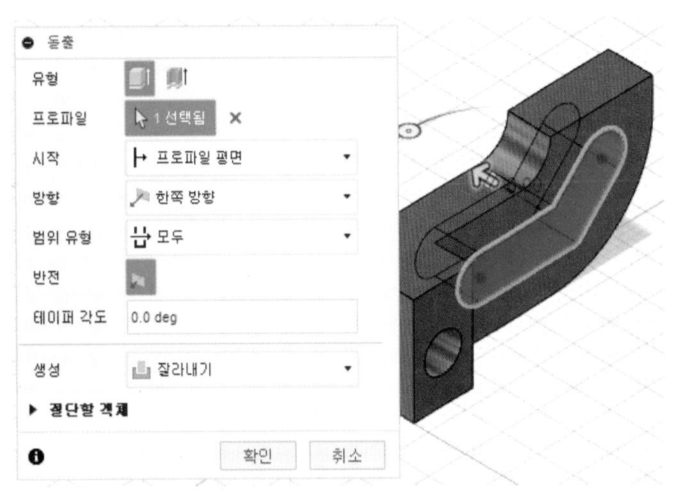

10.

• 수정 – 모깎기, R3

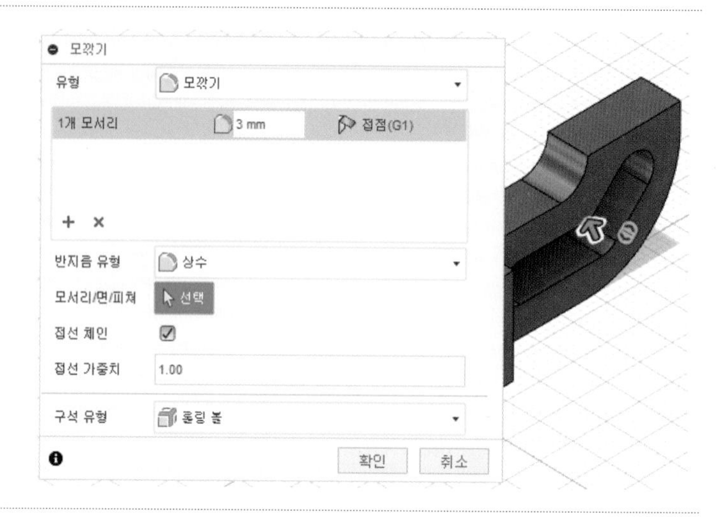

11.

• 수정 – 모따기, C5

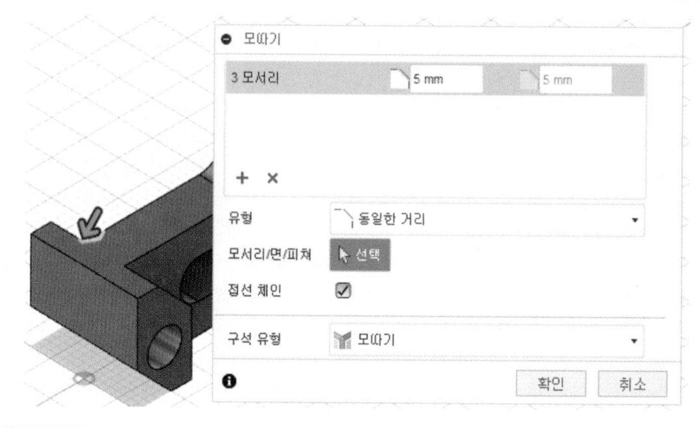

12.

• 작성 – 스케치 작성, 해당평면

• 작성 – 스케치 명령을 이용하여 해당 비번호 기입

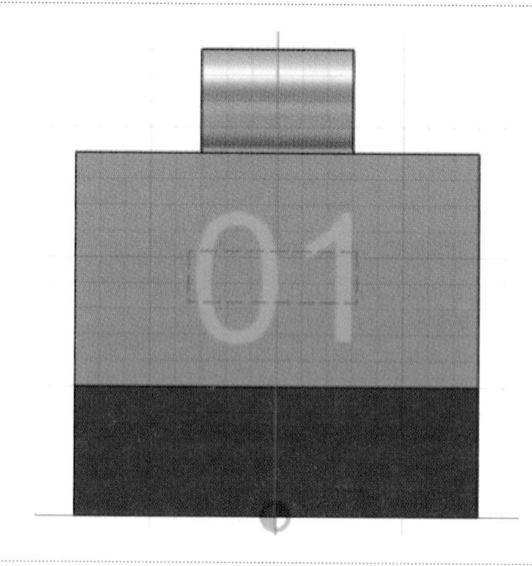

참고

크기, 글자체, 깊이 규정 없음

13.

- 스케치 마무리
- 선택 후 작성 – 돌출
  한쪽 방향, 거리 –1, 잘라내기

14.

- 저장되지 않음 체크 후 조립 – 새 구성요소

15.

- 구성요소1 비활성화
- 작성 – 스케치 작성, YZ평면
- 작성 – 스케치 명령을 이용하여 스케치 후 구속조건 기입
- 작성 – 스케치 치수로 수정

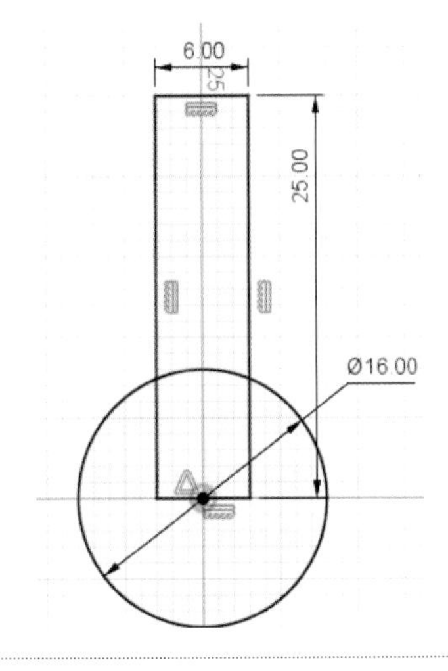

16.

- 스케치 마무리
- 작성 – 돌출
  대칭, 전체거리 16, 새 본체

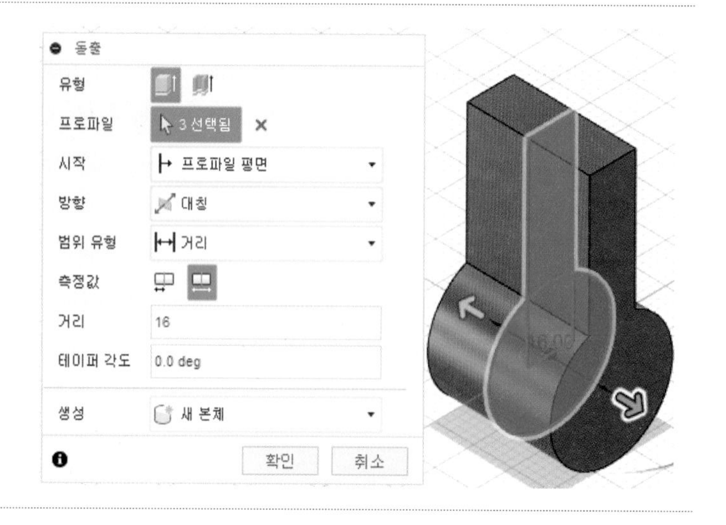

17.

- 작성 – 스케치 작성, YZ평면
- 작성 – 스케치 명령을 이용하여 스케치 후 구속조건 기입
- 작성 – 스케치 치수로 수정

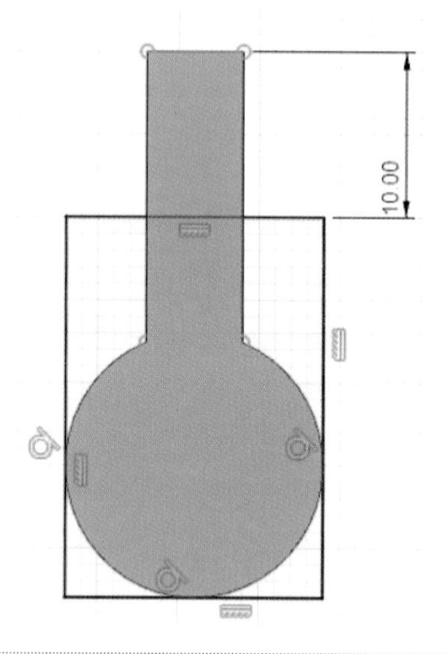

18.

- 스케치 마무리
- 작성 – 돌출
  대칭, 전체거리 7(공차적용), 잘라내기

19.

- 작성 – 스케치 작성, YZ평면
- 작성 – 스케치 명령을 이용하여 스케치 후 구속조건 기입
- 작성 – 스케치 치수로 수정(공차 적용)

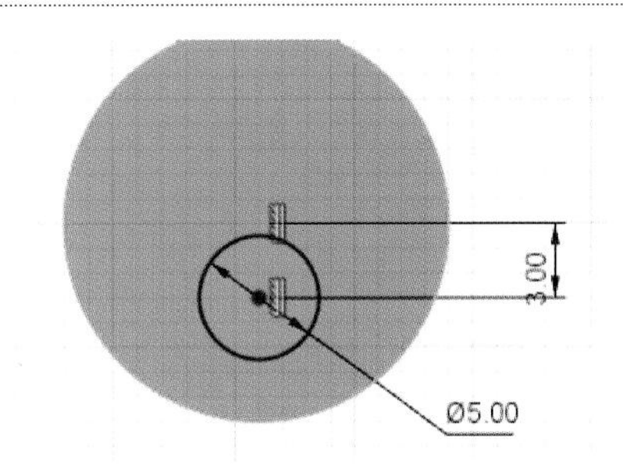

20.

- 스케치 마무리
- 작성 – 돌출
  대칭, 전체거리 7(공차적용), 접합

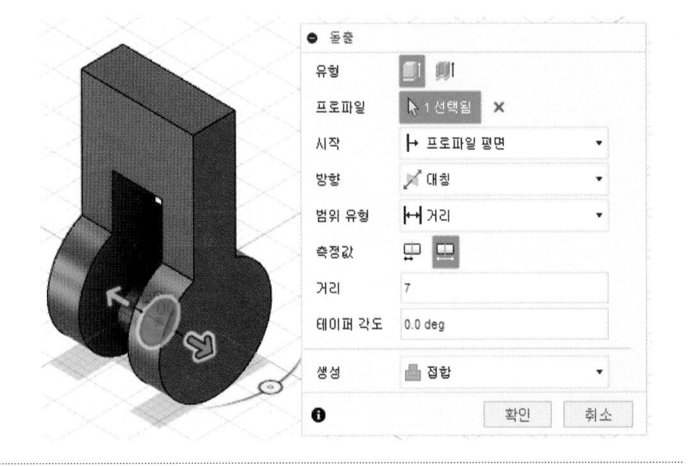

21.

- 수정 – 모따기, C5

22.

- 저장되지 않음 체크 후 모든 구성요소 활성화

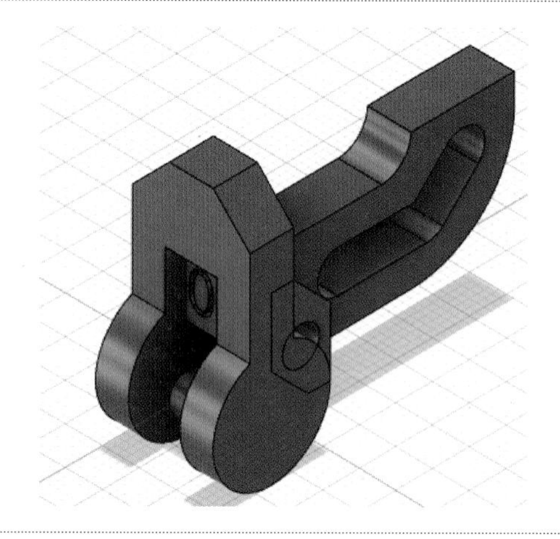

23.

- 구성요소1을 우클릭 후 고정

24.

- 조립 – 접합
- 접합 정렬 후 조립도에 맞게 완성

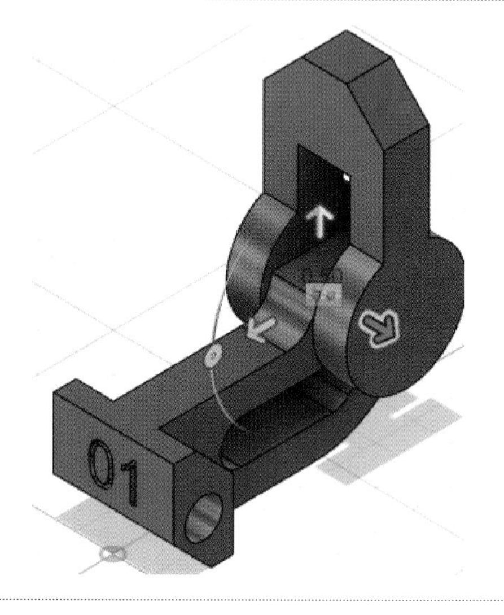

25.

- 저장되지 않음을 우클릭 후 내보내기 생성된 비번호 폴더에 비번호.f3d 저장
- 저장되지 않음을 우클릭 후 내보내기 생성된 비번호 폴더에 비번호.stp 저장
- 출력이 잘 될 위치로 구성요소 회전 및 이동, 저장되지 않음을 우클릭 후 메쉬로 저장. 생성된 비번호 폴더에 비번호.stl 저장

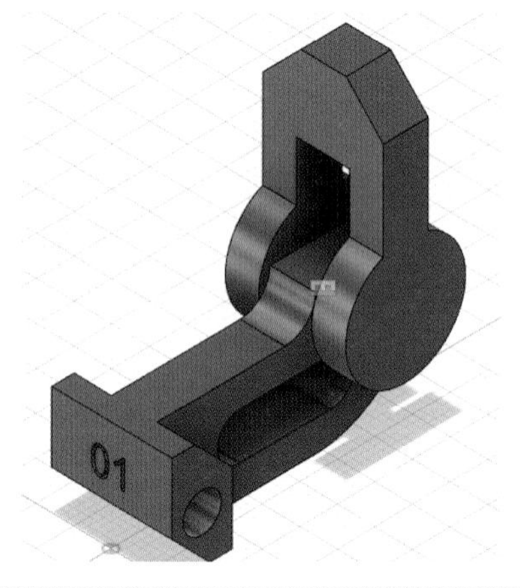

26.

- 해당 슬라이싱 프로그램 설정값 및 출력 방향 설정
- 비번호 폴더에 비번호.*** 저장

참고

조립 방향, 설정값, 출력방향에 따라 출력 시간이 다릅니다. 수험자가 최적의 조건을 찾으시기 바랍니다.

03 | 공개 도면 03

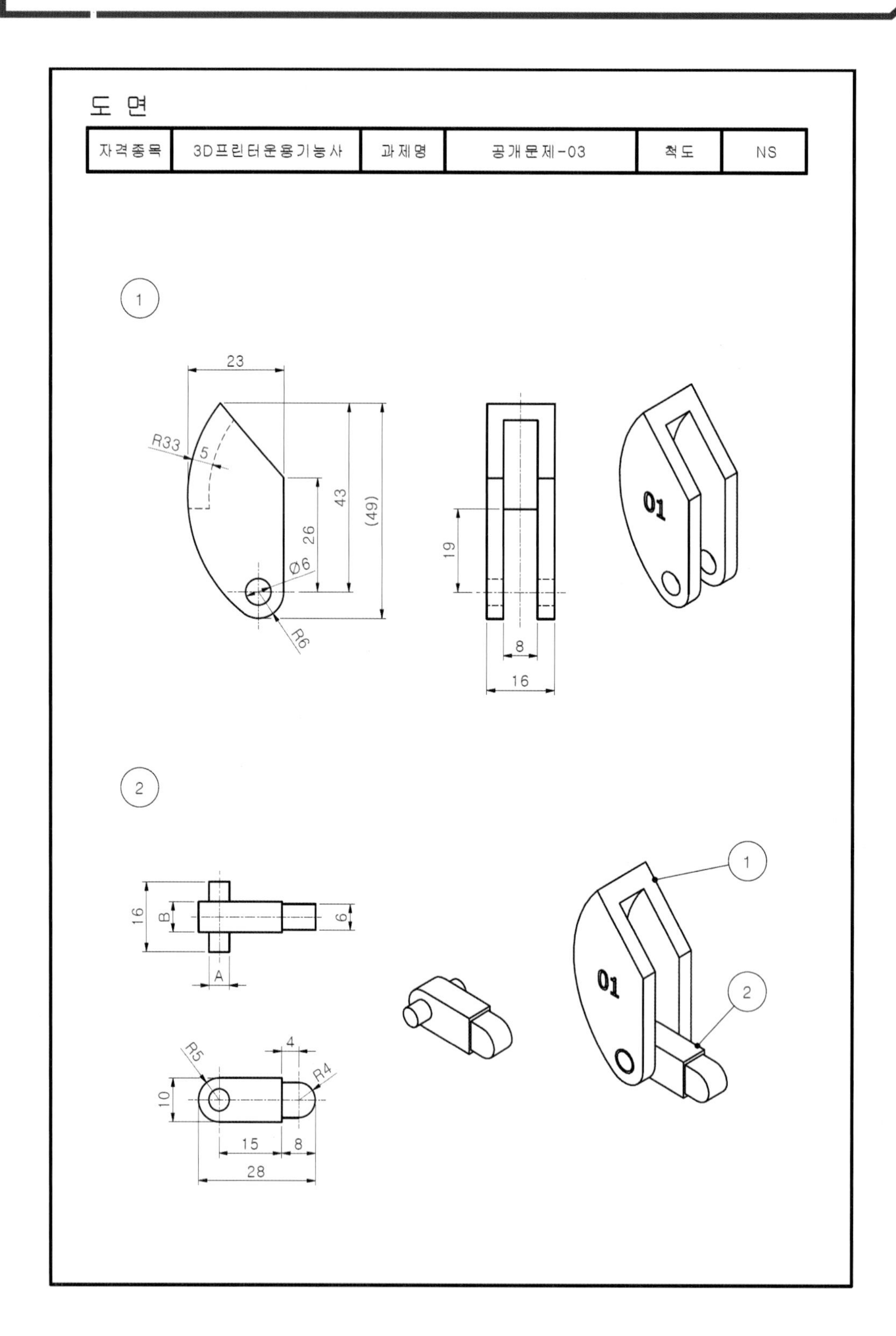
도 면
자격종목
3D프린터운용기능사
과제명
공개문제-03
척도
NS
1
23
R33
5
43
(49)
26
Ø6
R6
19
8
16
01
2
16
B
6
A
R5
4
R4
10
15
8
28
1
01
2

01.

- 바탕화면에 비번호 폴더 생성
- 조립 – 새 구성요소

02.

- 작성 – 스케치 작성, XZ평면
- 작성 – 스케치 명령을 이용하여 스케치 후 구속조건 기입
- 작성 – 스케치 치수로 수정

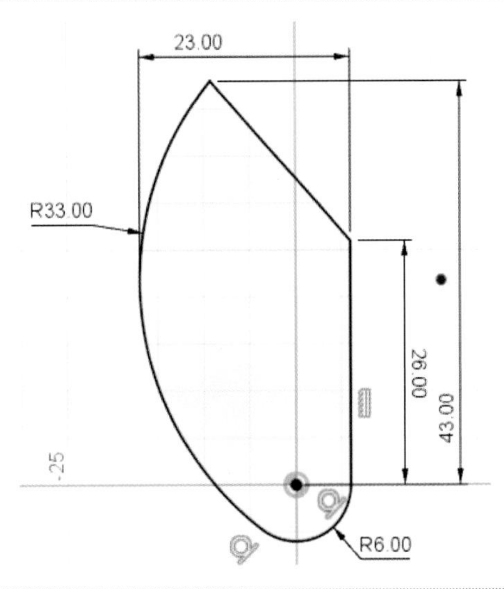

03.

- 스케치 마무리
- 작성 – 돌출
  대칭, 전체거리 16, 새 본체

04.

- 작성 – 스케치 작성, XZ평면
- 작성 – 스케치 명령을 이용하여 스케치 후 구속조건 기입
- 작성 – 스케치 치수로 수정

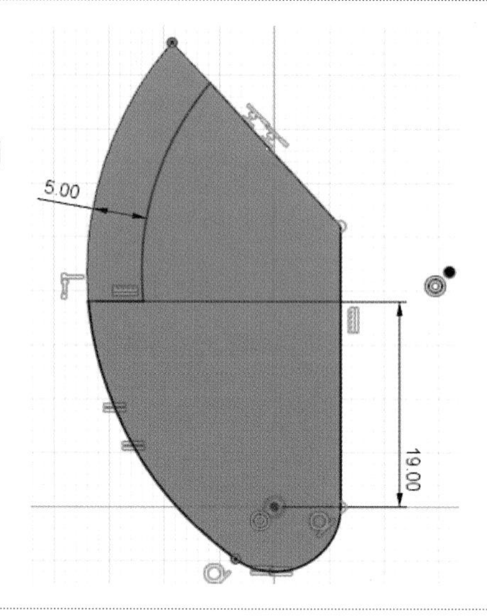

05.

- 스케치 마무리
- 작성 – 돌출
  대칭, 전체거리 8, 잘라내기

06.

- 작성 – 스케치 작성, 해당평면
- 작성 – 스케치 명령을 이용하여 스케치 후 구속조건 기입
- 작성 – 스케치 치수로 수정

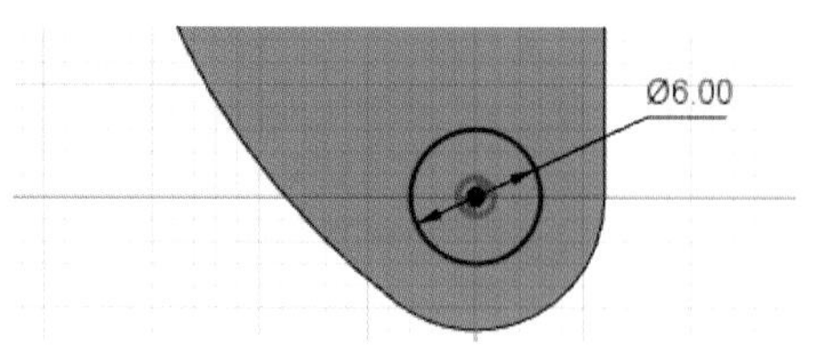

07.

- 스케치 마무리
- 작성 – 돌출
  한쪽 방향, 모두(반전), 잘라내기

08.

- 작성 – 스케치 작성, 해당평면
- 작성 – 스케치 명령을 이용하여 해당 비번호 기입

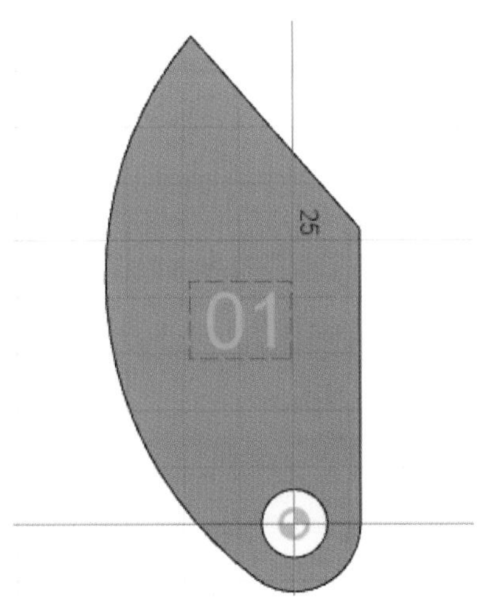

참고

크기, 글자체, 깊이 규정 없음

09.

- 스케치 마무리
- 선택 후 작성 – 돌출
  한쪽방향, 거리 –1, 잘라내기

10.

- 저장되지 않음 체크 후 조립 – 새 구성요소

11.

- 구성요소1 비활성화
- 작성 – 스케치 작성, XZ평면
- 작성 – 스케치 명령을 이용하여 스케치 후 구속조건 기입
- 작성 – 스케치 치수로 수정

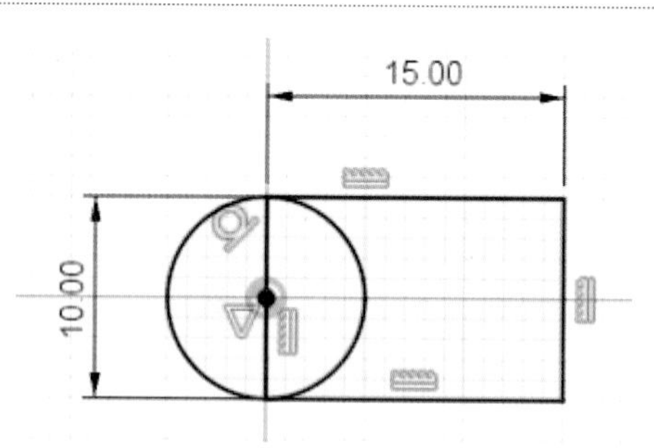

12.

- 스케치 마무리
- 작성 – 돌출
  대칭, 전체거리 7(공차적용), 새 본체

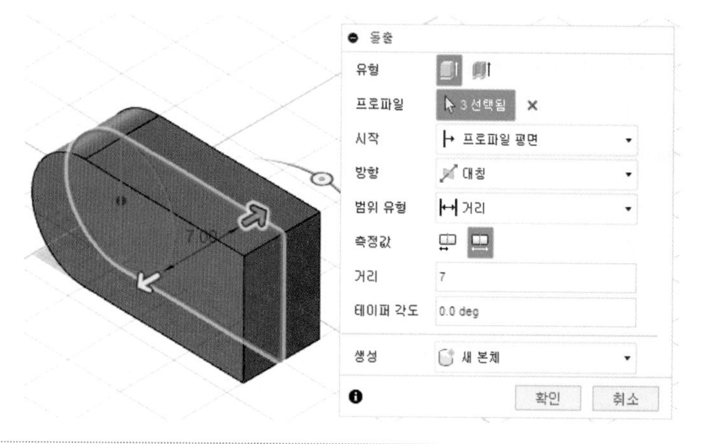

13.

- 작성 – 스케치 작성, XZ평면
- 작성 – 스케치 명령을 이용하여 스케치 후 구속조건 기입
- 작성 – 스케치 치수로 수정(공차적용)

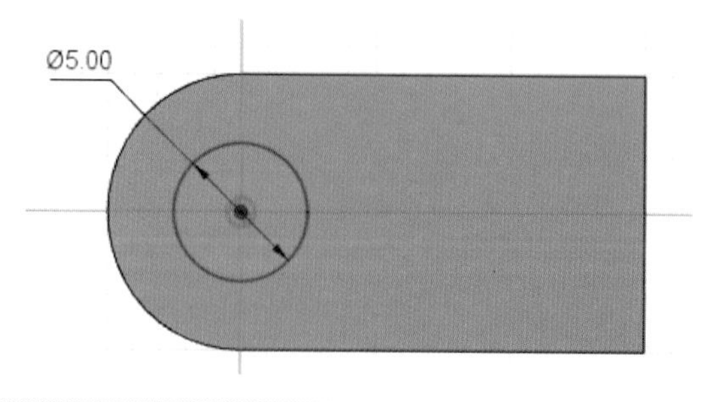

14.

- 스케치 마무리
- 작성 – 돌출
  대칭, 전체거리 16, 접합

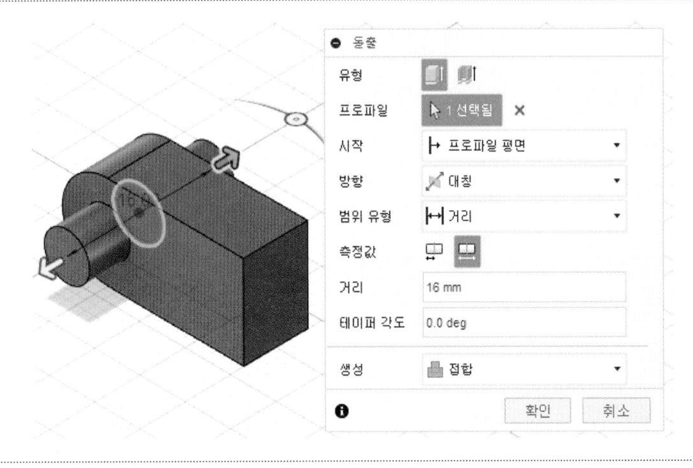

15.

- 작성 – 스케치 작성, XZ평면
- 작성 – 스케치 명령을 이용하여 스케치 후 구속조건 기입
- 작성 – 스케치 치수로 수정

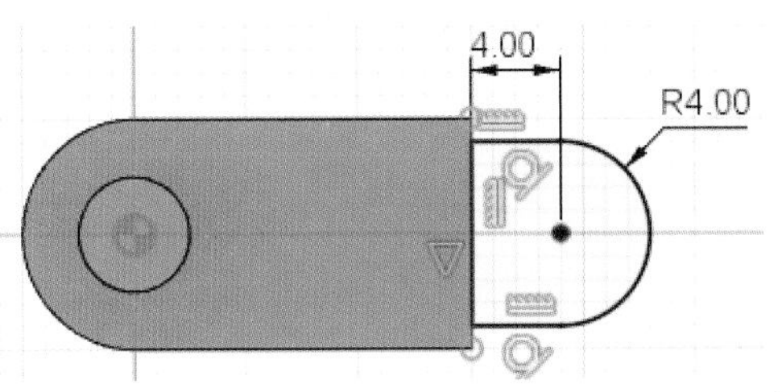

16.

- 스케치 마무리
- 작성 – 돌출
  대칭, 전체거리 6, 접합

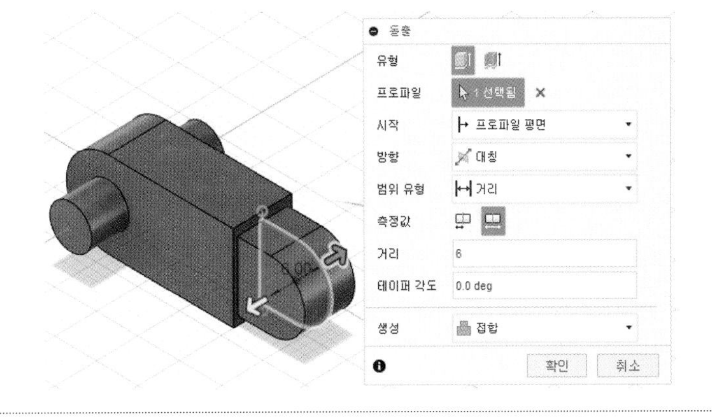

17.

- 저장되지 않음 체크 후 모든 구성요소 활성화

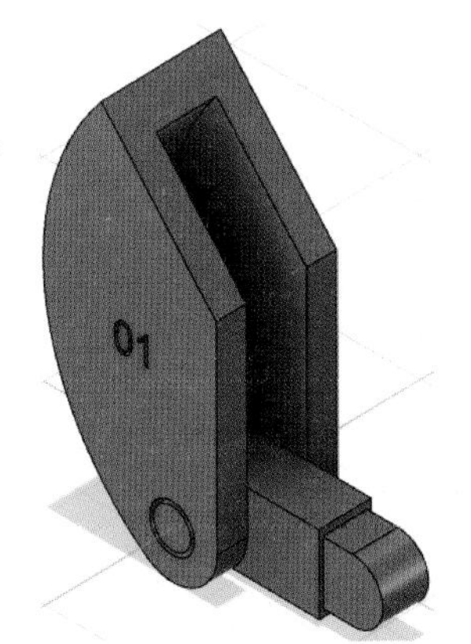

18.

- 구성요소1을 우클릭 후 고정

19.

- 조립 – 접합, 완성

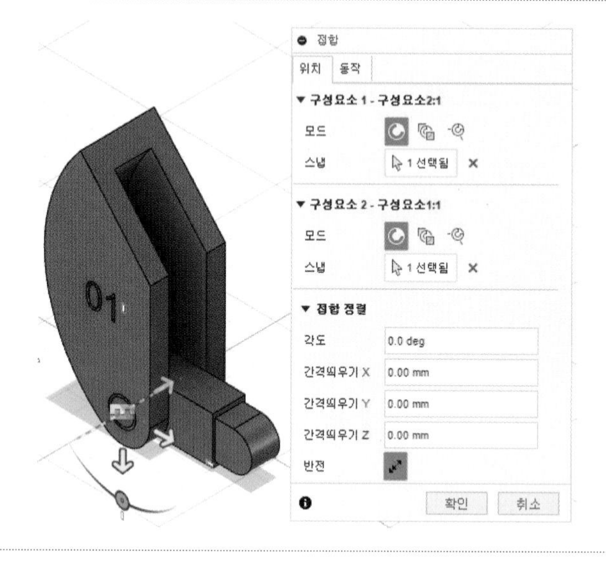

20.

- 저장되지 않음을 우클릭 후 내보내기 생성된 비번호 폴더에 비번호.f3d 저장
- 저장되지 않음을 우클릭 후 내보내기 생성된 비번호 폴더에 비번호.stp 저장
- 출력이 잘 될 위치로 구성요소 회전 및 이동, 저장되지 않음을 우클릭 후 메쉬로 저장. 생성된 비번호 폴더에 비번호.stl 저장

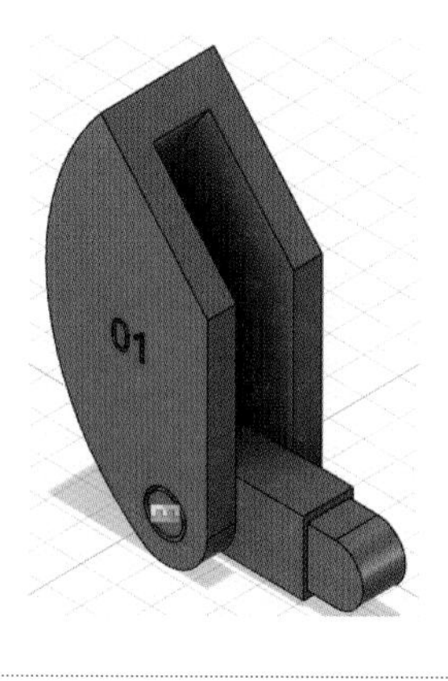

21.

- 해당 슬라이싱 프로그램 설정값 및 출력 방향 설정
- 비번호 폴더에 비번호.*** 저장

참고

조립 방향, 설정값, 출력방향에 따라 출력 시간이 다릅니다. 수험자가 최적의 조건을 찾으시기 바랍니다.

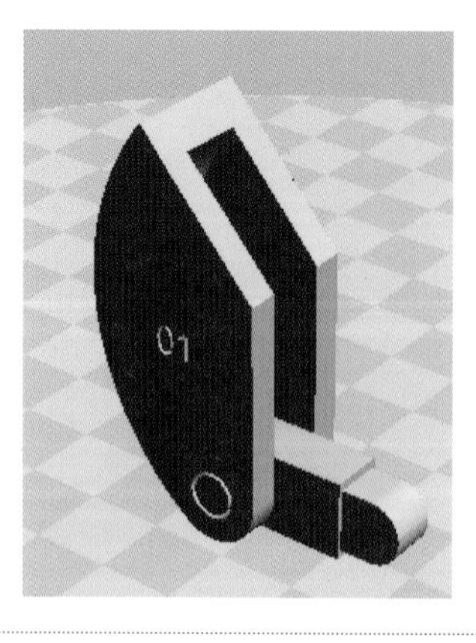

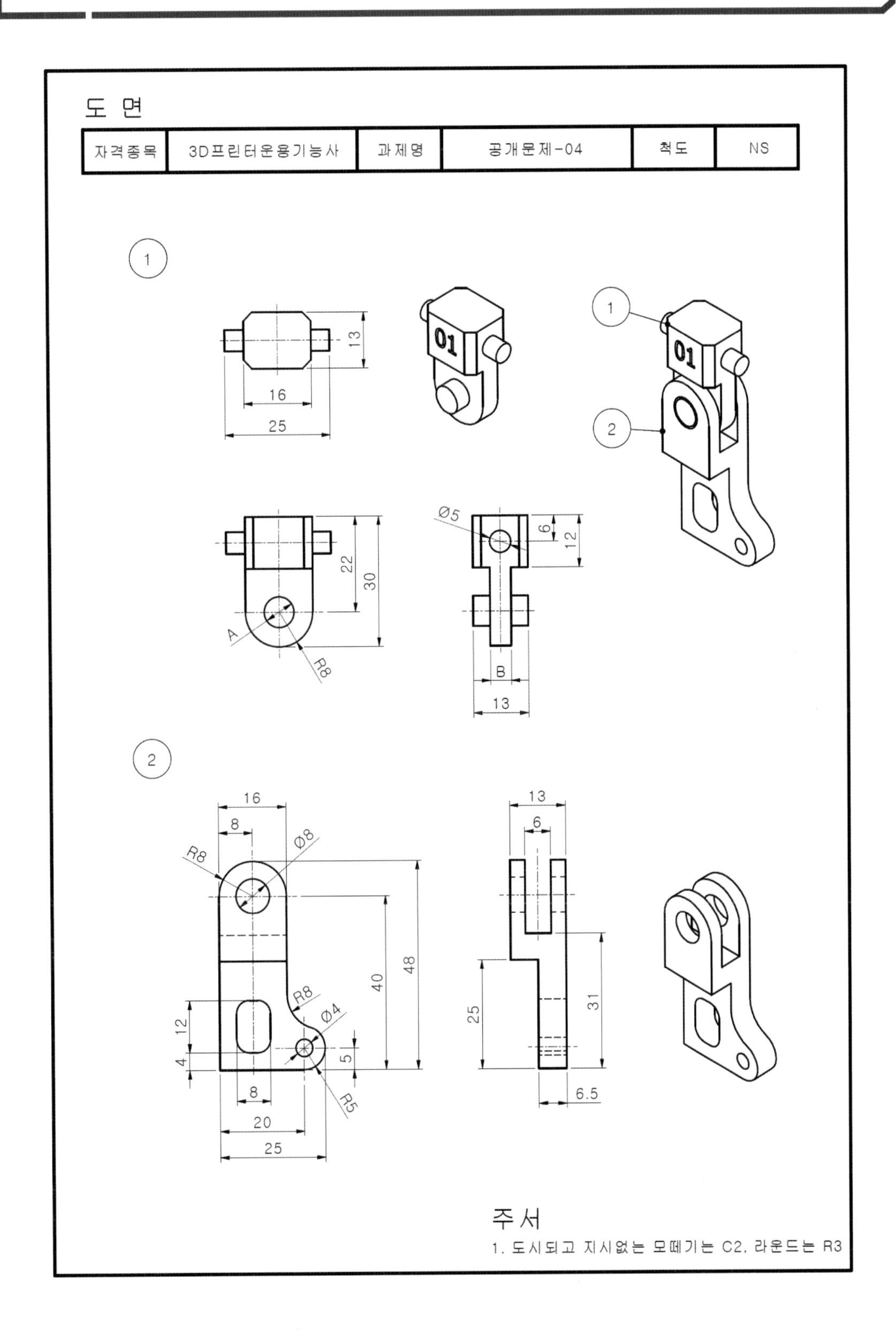

도 면
자격종목
3D프린터운용기능사
과제명
공개문제-04
척도
NS
1
2
01
16
25
13
22
30
A
R8
Ø5
6
12
B
13
8
Ø8
40
48
R8
Ø4
12
4
5
R5
20
31
25
6.5
주서
1. 도시되고 지시없는 모떼기는 C2, 라운드는 R3

01.

- 바탕화면에 비번호 폴더 생성
- 조립 – 새 구성요소

02.

- 작성 – 스케치 작성, XZ평면
- 작성 – 스케치 명령을 이용하여 스케치 후 구속조건 기입
- 작성 – 스케치 치수로 수정

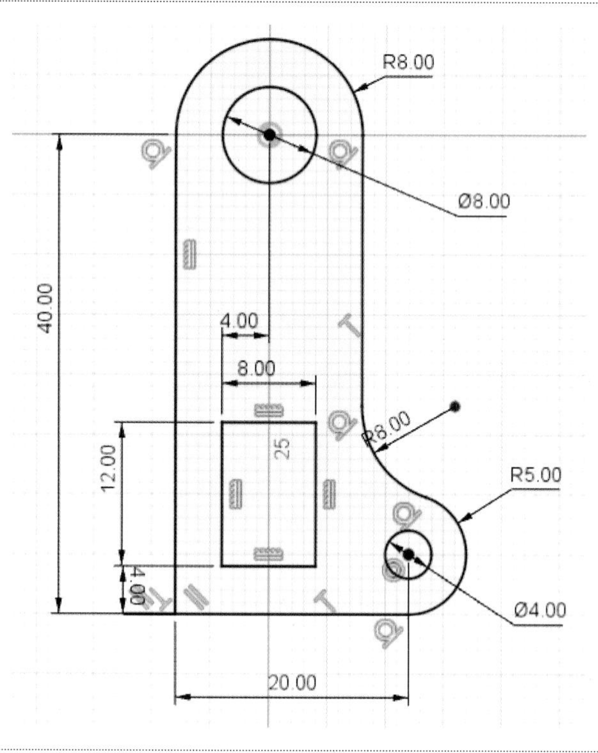

03.

- 스케치 마무리
- 작성 – 돌출
  대칭, 전체거리 13, 새 본체

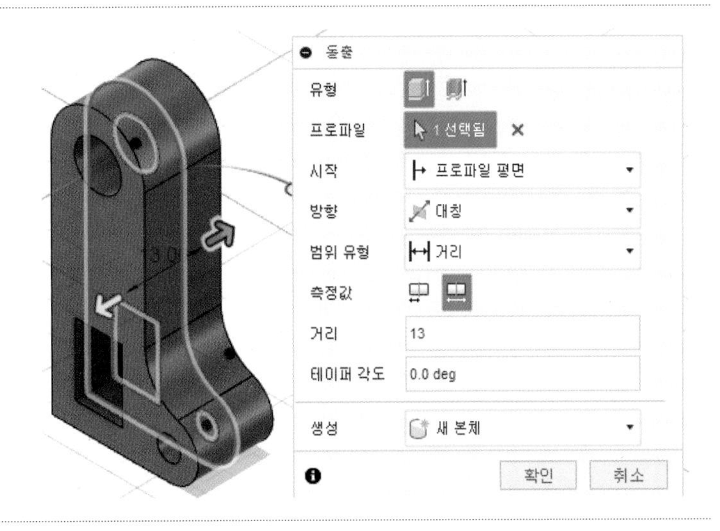

04.

- 수정 – 모깎기, R3

05.

- 작성 – 스케치 작성, XZ평면
- 작성 – 스케치 명령을 이용하여 스케치 후 구속조건 기입
- 작성 – 스케치 치수로 수정

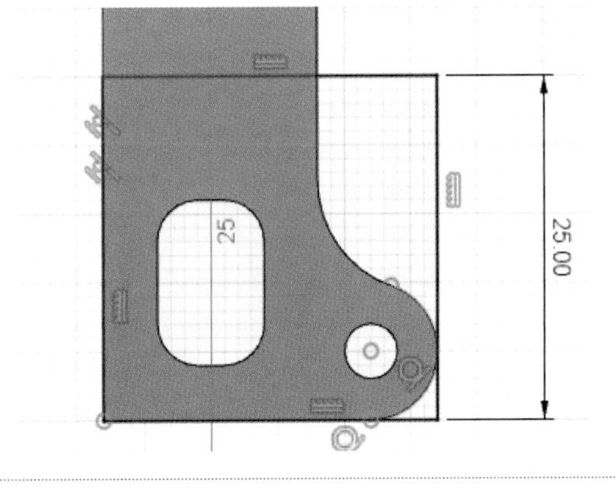

06.

- 스케치 마무리
- 작성 – 돌출
  한쪽 방향, 모두(반전), 잘라내기

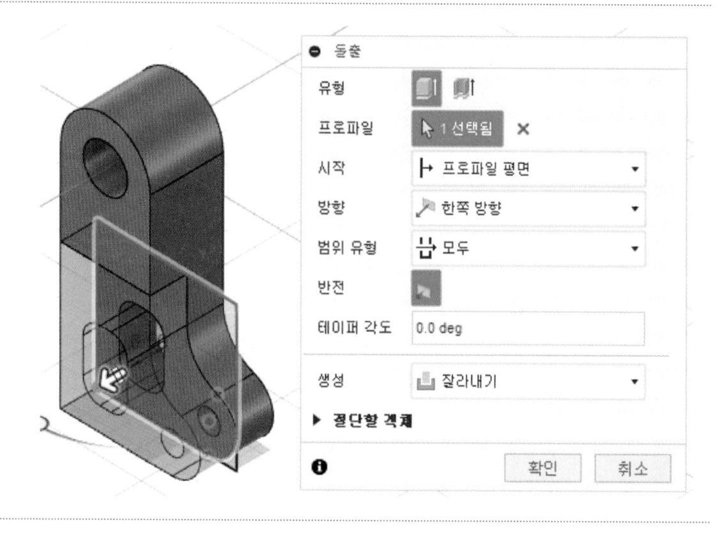

07.

- 작성 – 스케치 작성, XZ평면
- 작성 – 스케치 명령을 이용하여 스케치 후 구속조건 기입
- 작성 – 스케치 치수로 수정

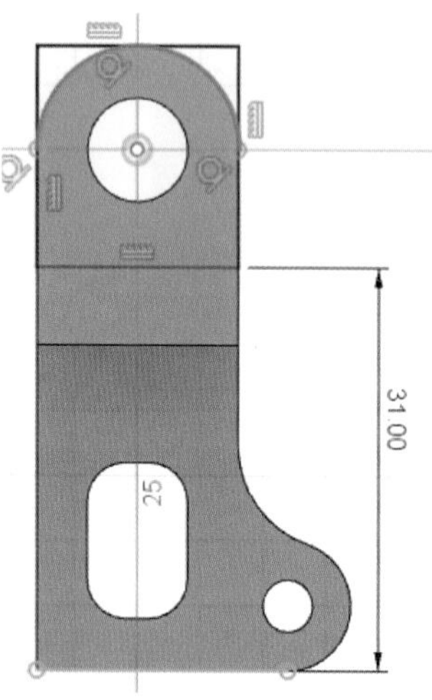

08.

- 스케치 마무리
- 작성 – 돌출
  대칭, 전체거리 6, 잘라내기

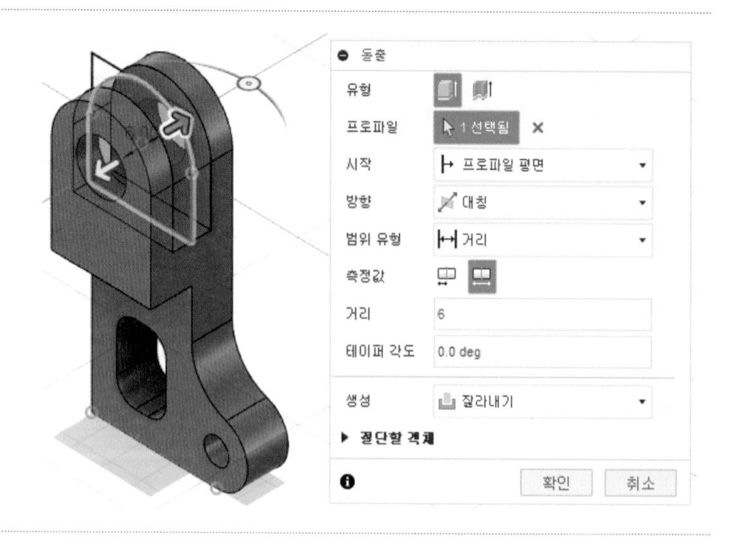

09.

- 저장되지 않음 체크 후 조립 – 새 구성요소

10.

- 구성요소1 비활성화
- 작성 – 스케치 작성, XZ평면
- 작성 – 스케치 명령을 이용하여 스케치 후 구속조건 기입
- 작성 – 스케치 치수로 수정

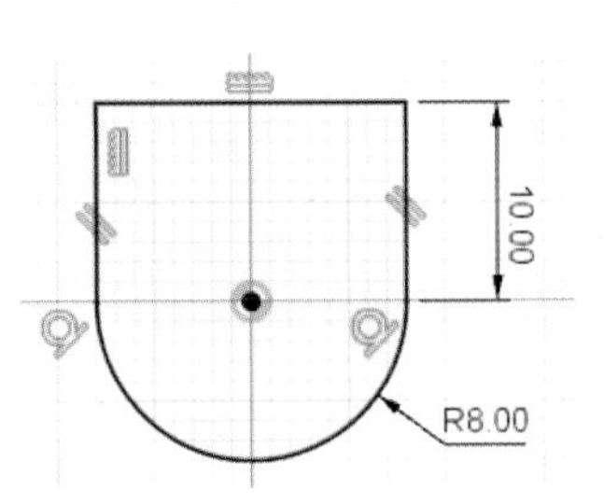

11.

- 스케치 마무리
- 작성 – 돌출
  대칭, 전체거리 5(공차적용), 새 본체

12.

- 작성 – 스케치 작성, XZ평면
- 작성 – 스케치 명령을 이용하여 스케치 후 구속조건 기입
- 작성 – 스케치 치수로 수정

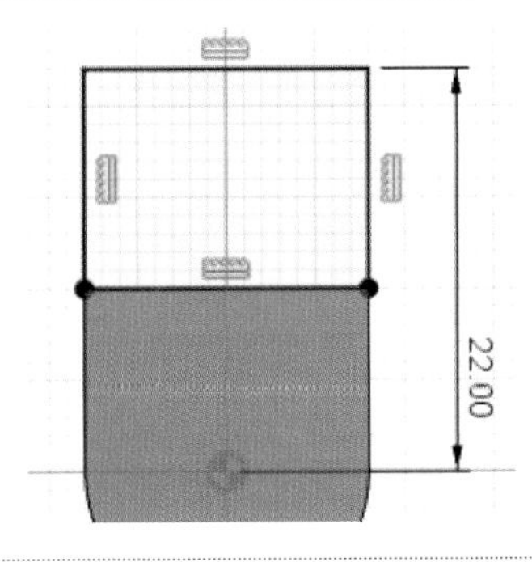

13.

• 스케치 마무리
• 작성 – 돌출
  대칭, 전체거리 13, 접합

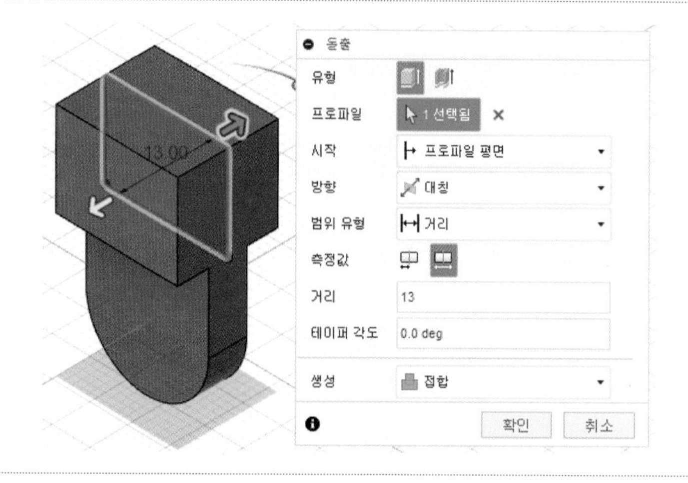

14.

• 작성 – 스케치 작성, XZ평면
• 작성 – 스케치 명령을 이용하여 스케치 후 구속조건 기입
• 작성 – 스케치 치수로 수정(공차 적용)

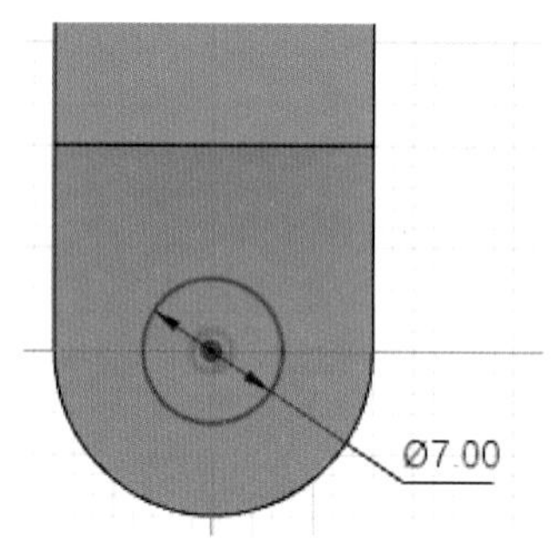

15.

• 스케치 마무리
• 작성 – 돌출
  대칭, 전체거리 13, 접합

16.

- 작성 – 스케치 작성, YZ평면
- 작성 – 스케치 명령을 이용하여 스케치 후 구속조건 기입
- 작성 – 스케치 치수로 수정

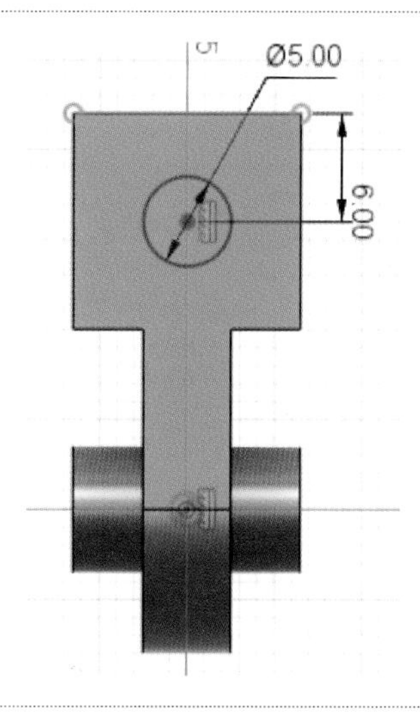

17.

- 스케치 마무리
- 작성 – 돌출
  대칭, 전체거리 25, 접합

18.

- 수정 – 모따기, C2

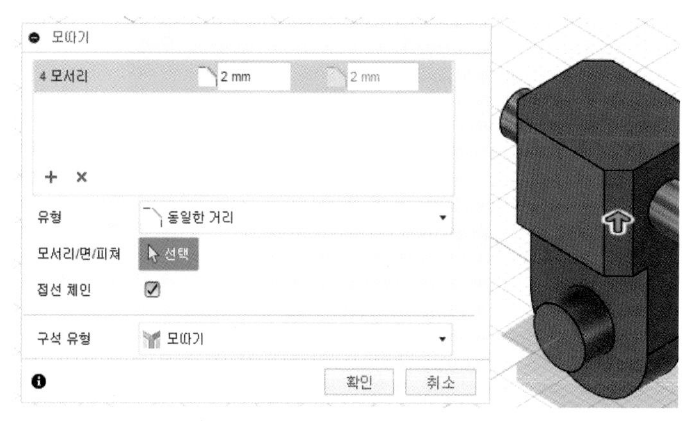

19.

- 작성 – 스케치 작성, 해당평면
- 작성 – 스케치 명령을 이용하여 해당 비번호 기입

참고

크기, 글자체, 깊이 규정 없음

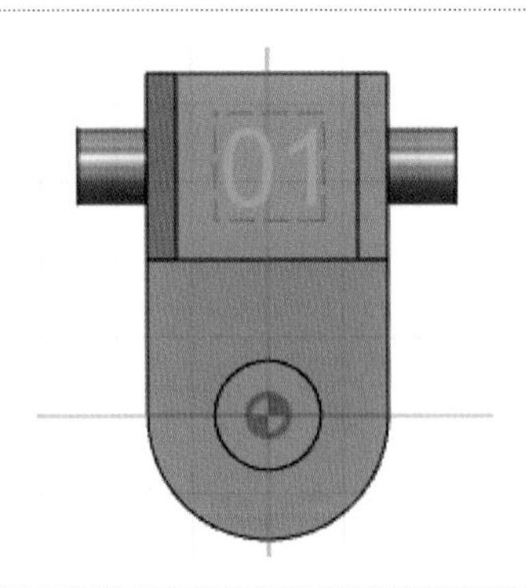

20

- 스케치 마무리
- 선택 후 작성 – 돌출
  한쪽 방향, 거리 –1, 잘라내기

21.

- 저장되지 않음 체크 후 모든 구성요소 활성화

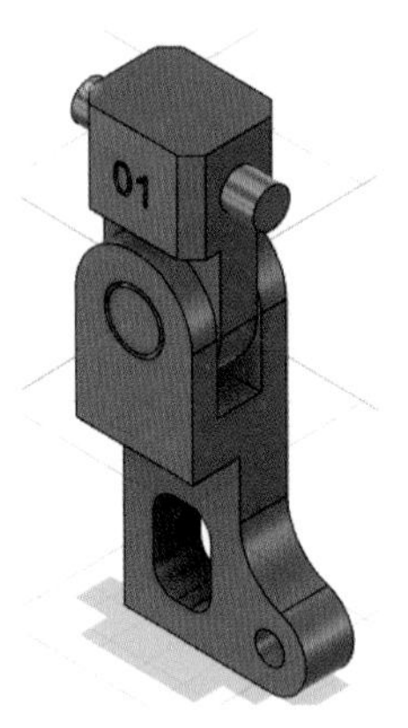

22.

- 구성요소1을 우클릭 후 고정

23.

- 조립 – 접합, 완성

24.

- 저장되지 않음을 우클릭 후 내보내기 생성된 비번호 폴더에 비번호.f3d 저장
- 저장되지 않음을 우클릭 후 내보내기 생성된 비번호 폴더에 비번호.stp 저장
- 출력이 잘 될 위치로 구성요소 회전 및 이동, 저장되지 않음을 우클릭 후 메쉬로 저장. 생성된 비번호 폴더에 비번호.stl 저장

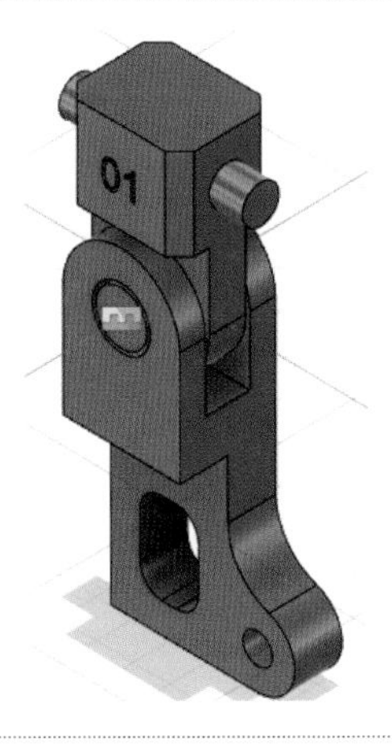

25.

- 해당 슬라이싱 프로그램 설정값 및 출력 방향 설정
- 비번호 폴더에 비번호.*** 저장

참고

조립 방향, 설정값, 출력방향에 따라 출력 시간이 다릅니다. 수험자가 최적의 조건을 찾으시기 바랍니다.

05 | 공개 도면 05

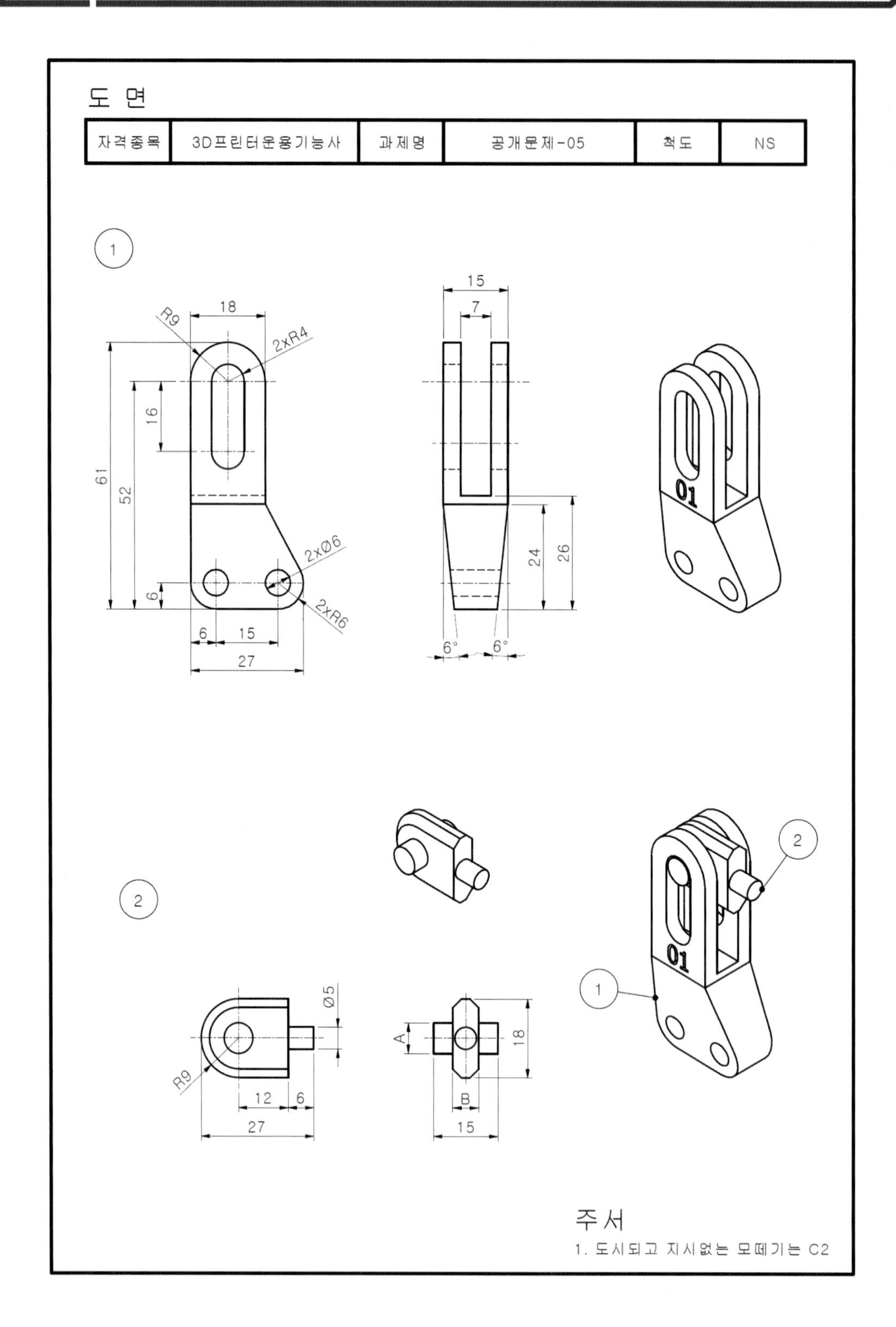
도 면
자격종목
3D프린터운용기능사
과제명
공개문제-05
척도
NS
1
R9
18
2xR4
16
61
52
6
2xØ6
2xR6
6
15
27
15
7
24
26
6°
6°
01
2
Ø5
R9
12
6
27
A
18
B
15
1
2
01
주서
1. 도시되고 지시없는 모떼기는 C2

01.

- 바탕화면에 비번호 폴더 생성
- 조립 – 새 구성요소

02.

- 작성 – 스케치 작성, XZ평면
- 작성 – 스케치 명령을 이용하여 스케치 후 구속조건 기입
- 작성 – 스케치 치수로 수정

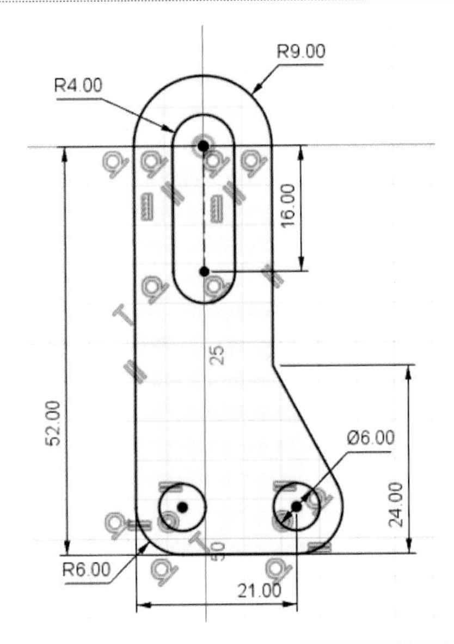

03.

- 스케치 마무리
- 작성 – 돌출
  대칭, 전체거리 15, 새 본체

04.

- 작성 – 스케치 작성, XZ평면
- 작성 – 스케치 명령을 이용하여 스케치 후 구속조건 기입
- 작성 – 스케치 치수로 수정

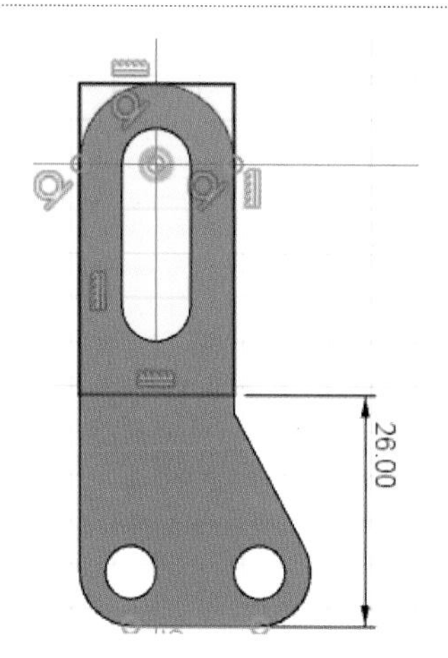

05.

- 스케치 마무리
- 작성 – 돌출
  대칭, 전체거리 7, 잘라내기

06.

- 작성 – 스케치 작성, YZ평면
- 작성 – 스케치 명령을 이용하여 스케치 후 구속조건 기입
- 작성 – 스케치 치수로 수정

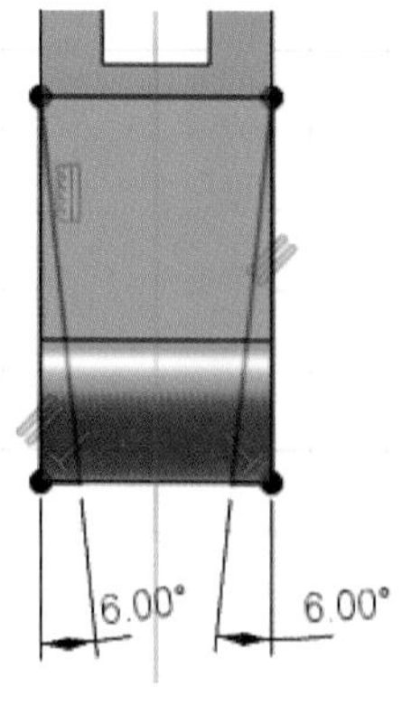

07.

- 스케치 마무리
- 작성 – 돌출
  대칭, 모두, 잘라내기

08.

- 작성 – 스케치 작성, 해당평면
- 작성 – 스케치 명령을 이용하여 해당 비번호 기입

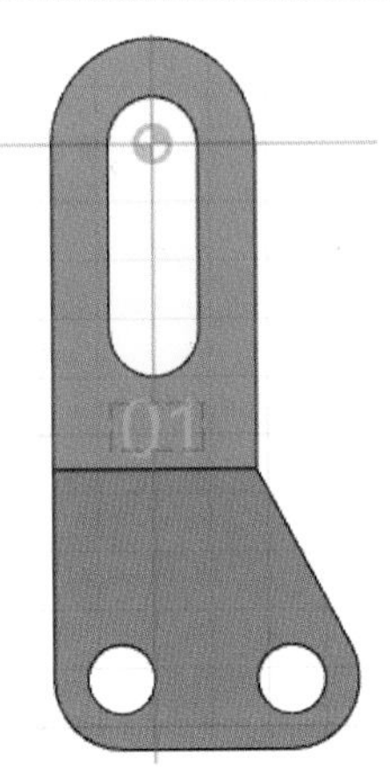

참고

크기, 글자체, 깊이 규정 없음

09.

- 스케치 마무리
- 선택 후 작성 – 돌출
  한쪽 방향, 거리 –1, 잘라내기

10.

- 저장되지 않음 체크 후 조립 – 새 구성요소

11.

- 구성요소1 비활성화
- 작성 – 스케치 작성, XZ평면
- 작성 – 스케치 명령을 이용하여 스케치 후 구속조건 기입
- 작성 – 스케치 치수로 수정(공차 적용)

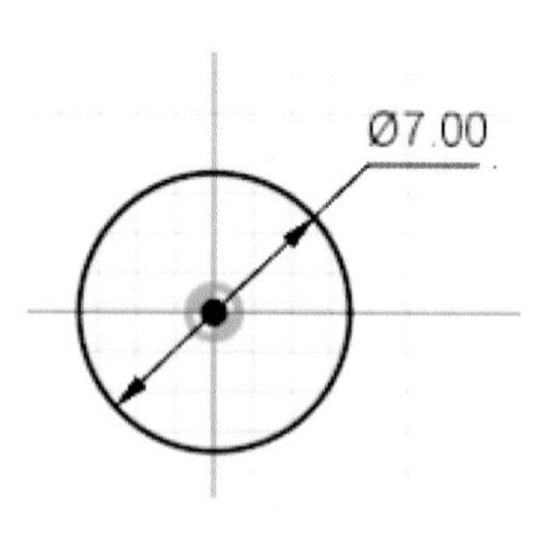

12.

- 스케치 마무리
- 작성 – 돌출
  대칭, 전체거리 15, 새 본체

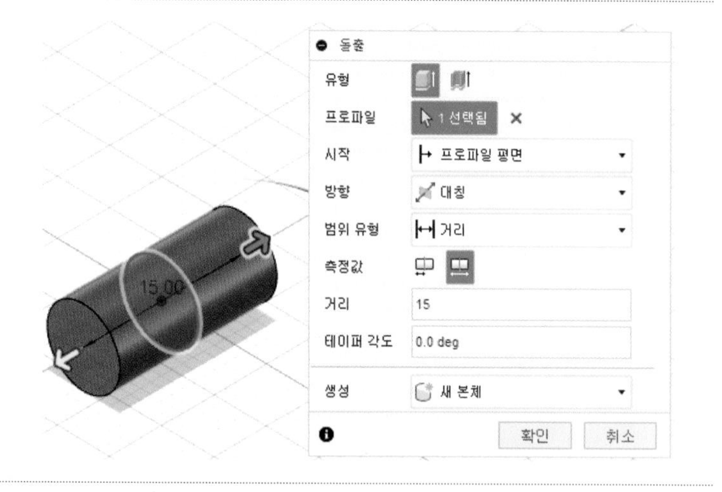

13.

- 작성 – 스케치 작성, XZ평면
- 작성 – 스케치 명령을 이용하여 스케치 후 구속조건 기입
- 작성 – 스케치 치수로 수정

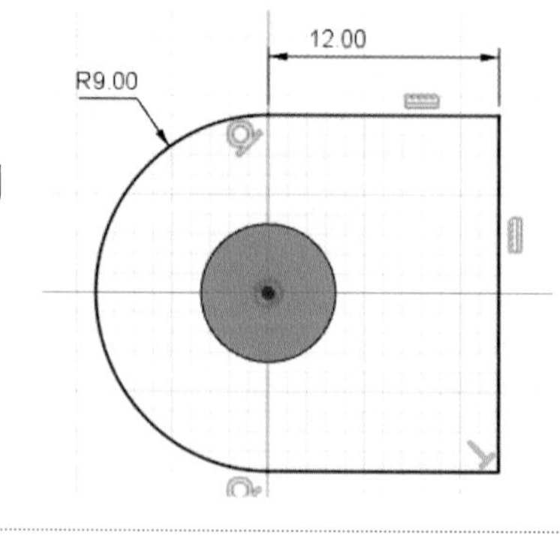

14.

- 스케치 마무리
- 작성 – 돌출
  대칭, 6(공차적용), 접합

15.

- 작성 – 스케치 작성, 해당평면
- 작성 – 스케치 명령을 이용하여 스케치 후 구속조건 기입
- 작성 – 스케치 치수로 수정

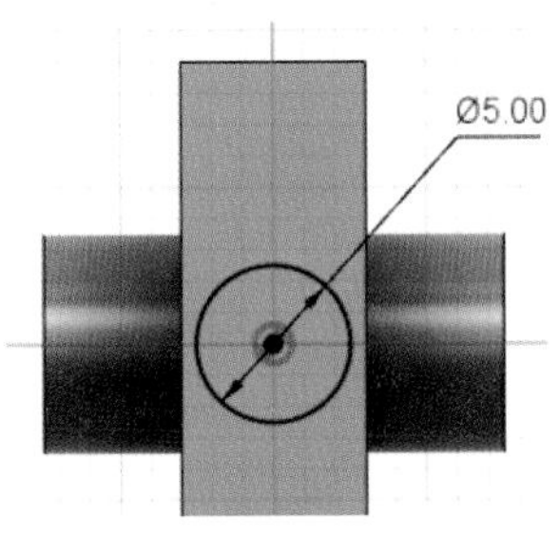

16.

- 스케치 마무리
- 작성 – 돌출
  한쪽 방향, 거리 6, 접합

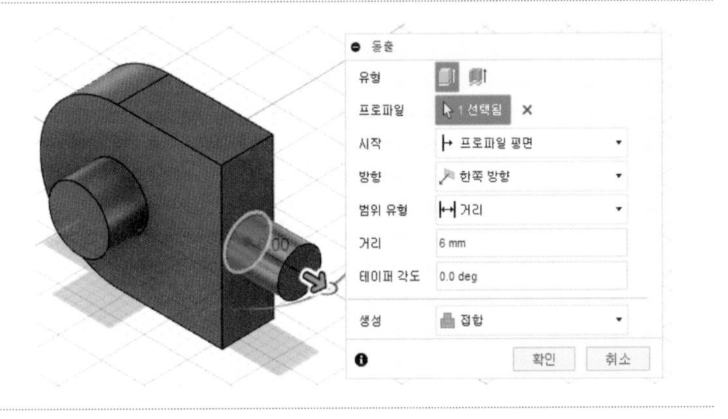

17.

- 수정 – 모따기, C2

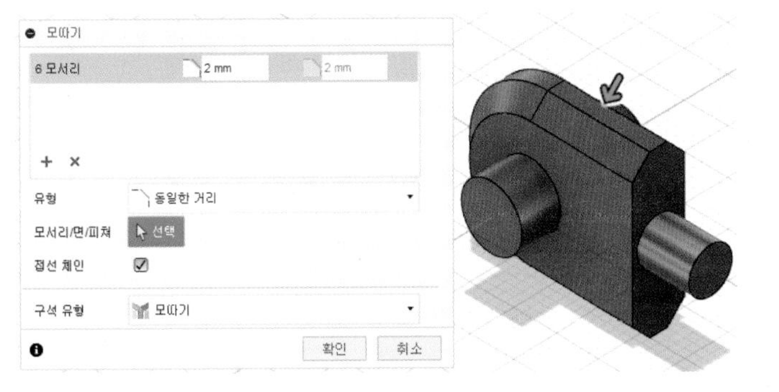

18.

- 저장되지 않음 체크 후 모든 구성요소 활성화

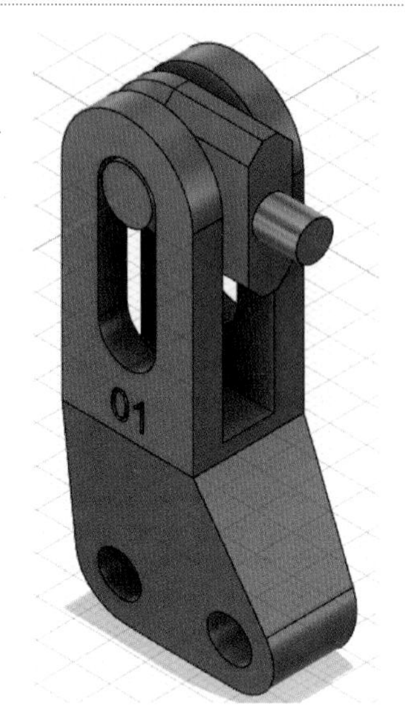

19.

- 구성요소1을 우클릭 후 고정

20.

- 조립 – 접합, 완성

21.

- 저장되지 않음을 우클릭 후 내보내기 생성된 비번호 폴더에 비번호.f3d 저장
- 저장되지 않음을 우클릭 후 내보내기 생성된 비번호 폴더에 비번호.stp 저장
- 출력이 잘 될 위치로 구성요소 회전 및 이동, 저장되지 않음을 우클릭 후 메쉬로 저장. 생성된 비번호 폴더에 비번호.stl 저장

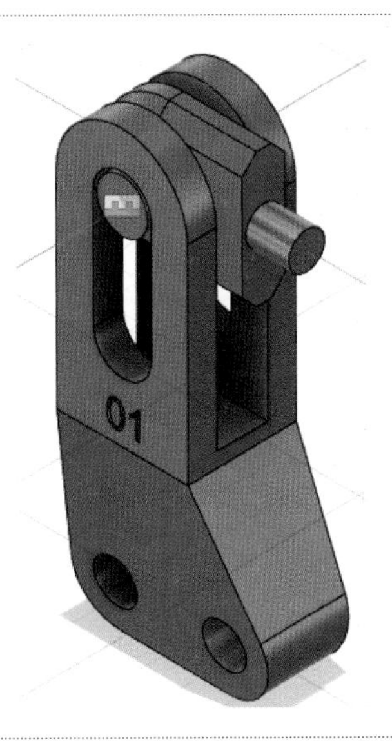

22.

- 해당 슬라이싱 프로그램 설정값 및 출력 방향 설정
- 비번호 폴더에 비번호.*** 저장

참고

조립 방향, 설정값, 출력방향에 따라 출력 시간이 다릅니다. 수험자가 최적의 조건을 찾으시기 바랍니다.

06 | 공개 도면 06

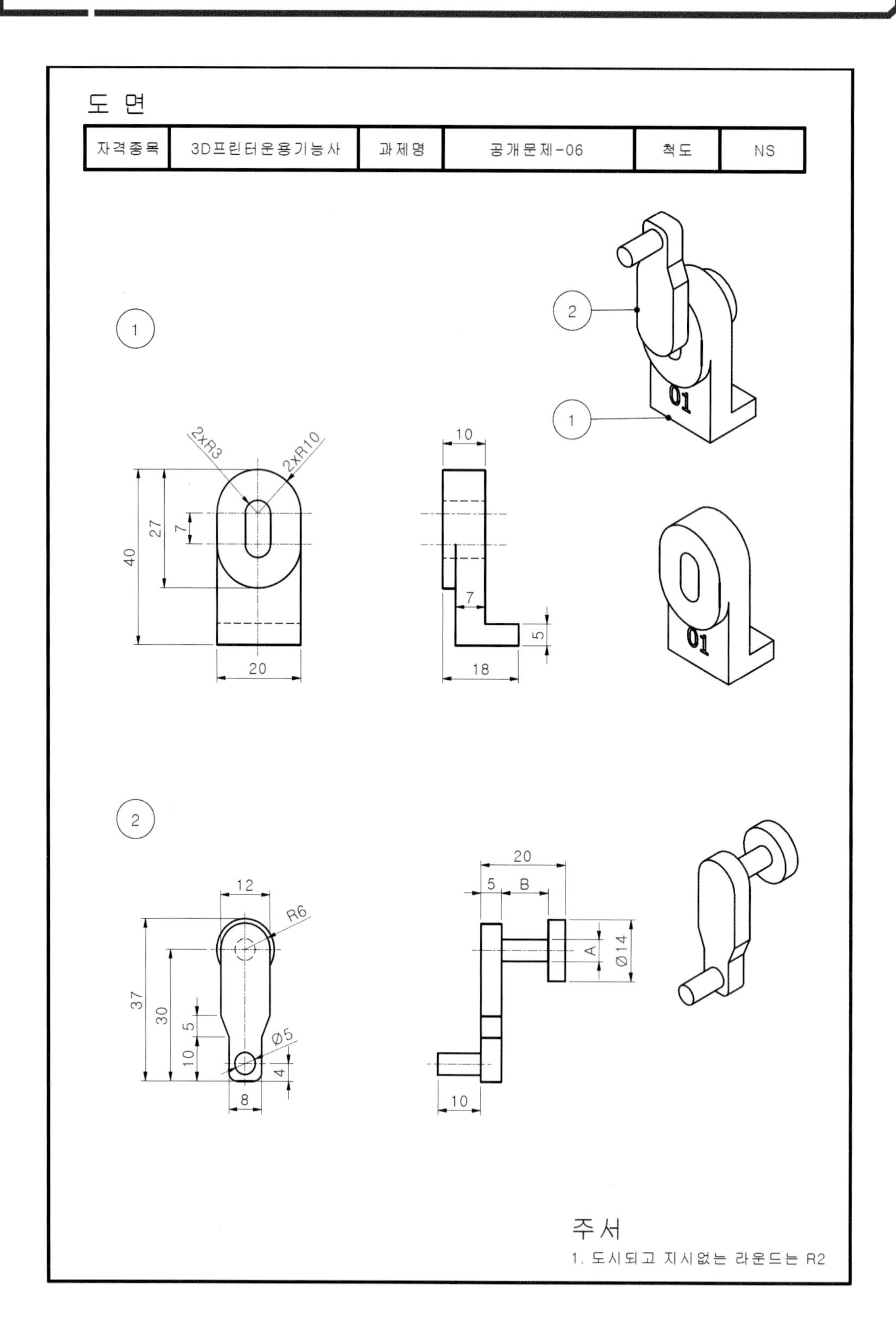

도 면
자격종목
3D프린터운용기능사
과제명
공개문제-06
척도
NS
1
2
2xR3
2xR10
40
27
7
20
10
7
5
18
01
12
R6
37
30
5
10
Ø5
4
8
20
5
B
A
Ø14
10
주서
1. 도시되고 지시없는 라운드는 R2

01.

- 바탕화면에 비번호 폴더 생성
- 조립 – 새 구성요소

02.

- 작성 – 스케치 작성, YZ평면
- 작성 – 스케치 명령을 이용하여 스케치 후 구속조건 기입
- 작성 – 스케치 치수로 수정

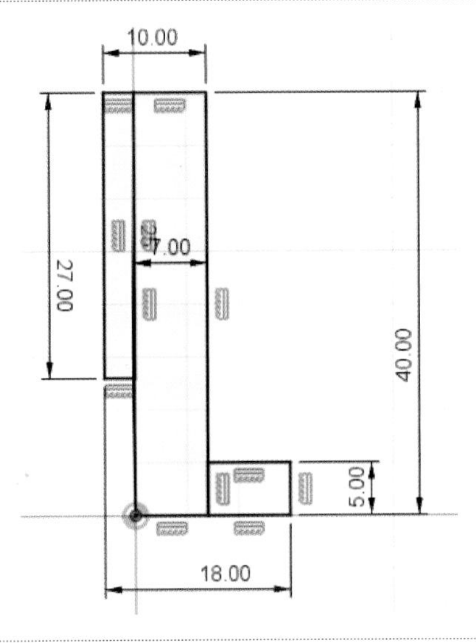

03.

- 스케치 마무리
- 작성 – 돌출
  대칭, 전체거리 20, 새 본체

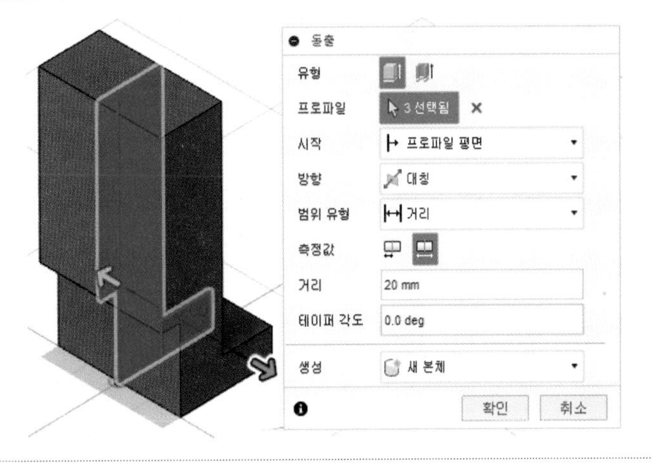

04.

- 수정 – 모깎기, R10

05.

- 작성 – 스케치 작성, 해당평면
- 작성 – 스케치 명령을 이용하여 스케치 후 구속조건 기입
- 작성 – 스케치 치수로 수정

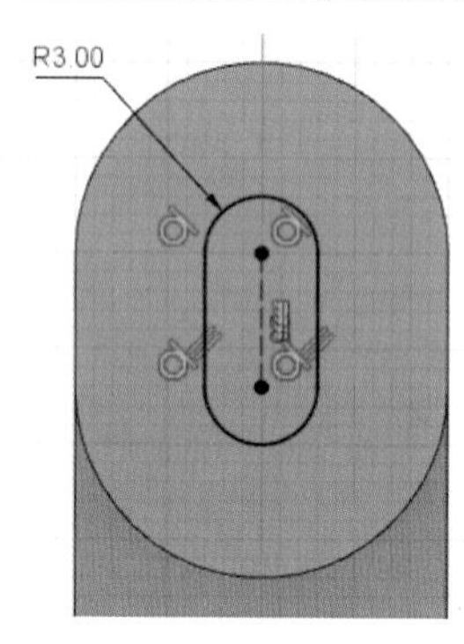

06.

- 스케치 마무리
- 작성 – 돌출
  한쪽방향, 모두(반전), 잘라내기

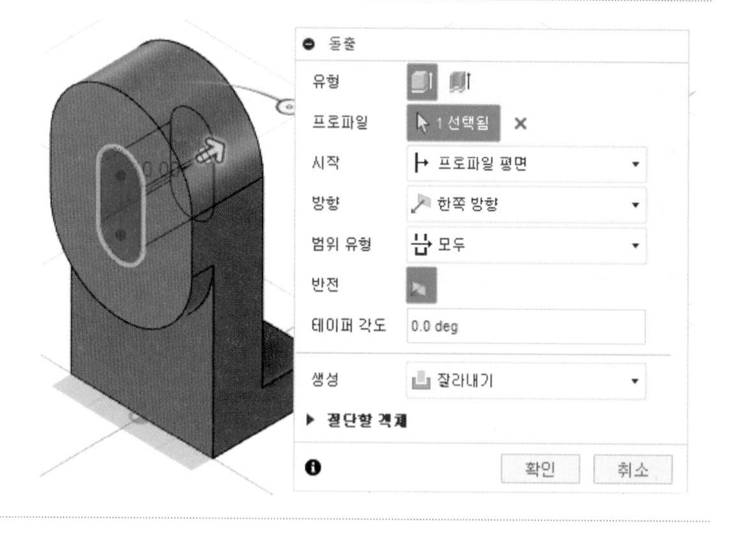

07.

- 작성 – 스케치 작성, 해당평면
- 작성 – 스케치 명령을 이용하여 해당 비번호 기입

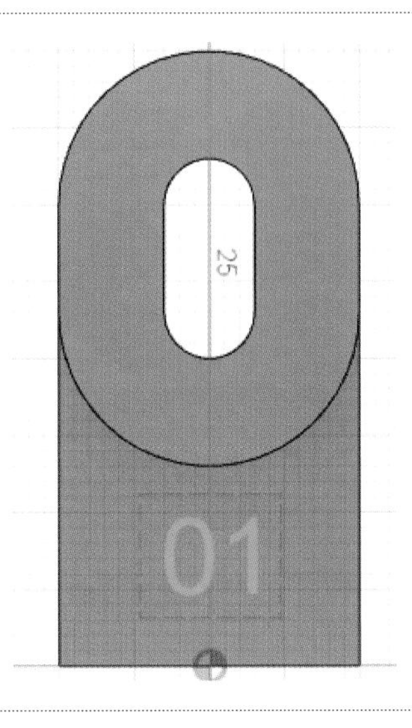

참고

크기, 글자체, 깊이 규정 없음

08.

- 스케치 마무리
- 선택 후 작성 – 돌출
  한쪽 방향, 거리 –1, 잘라내기

09.

- 저장되지 않음 체크 후 조립 – 새 구성 요소

10.

- 구성요소1 비활성화
- 작성 – 스케치 작성, YZ평면
- 작성 – 스케치 명령을 이용하여 스케치 후 구속조건 기입
- 작성 – 스케치 치수로 수정(공차 적용)

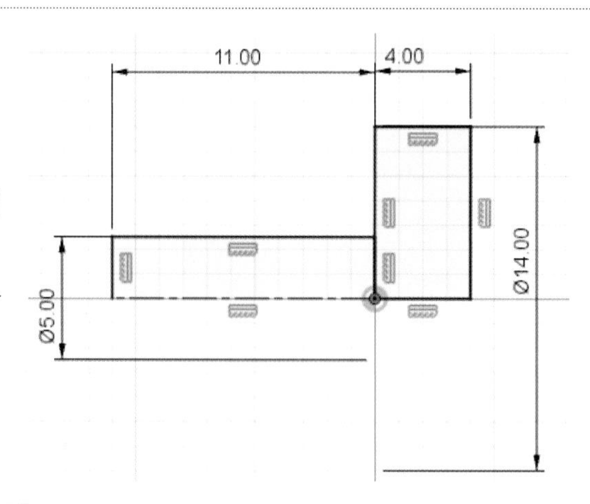

11.

- FINISH Sketch
- 작성 – 회전
  각도, 360°, 한쪽 방향, 새 본체

12.

- 작성 – 스케치 작성, 해당평면
- 작성 – 스케치 명령을 이용하여 스케치 후 구속조건 기입
- 작성 – 스케치 치수로 수정

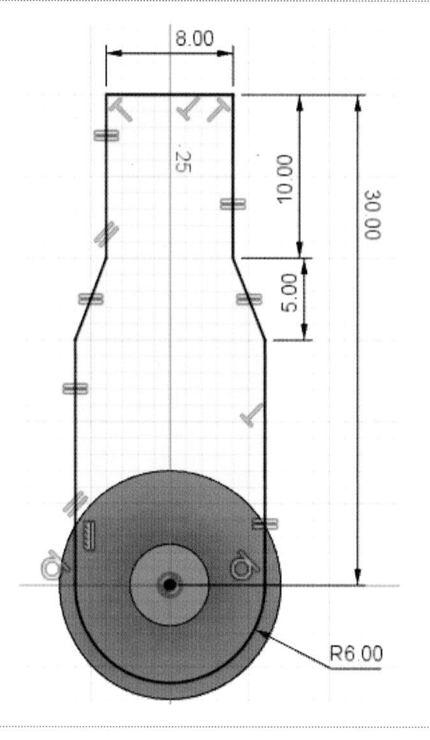

13.

- 스케치 마무리
- 작성 – 돌출
  한쪽 방향, 거리 5, 접합

14.

- 작성 – 스케치 작성, 해당평면
- 작성 – 스케치 명령을 이용하여 스케치 후 구속조건 기입
- 작성 – 스케치 치수로 수정

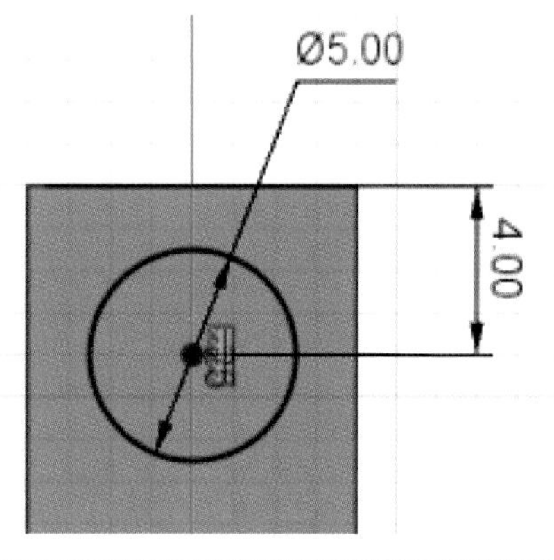

15.

- 스케치 마무리
- 작성 – 돌출
  한쪽 방향, 거리 10, 접합

16.

• 수정 – 모깎기, R2

17.

• 저장되지 않음 체크 후 모든 구성요소 활성화

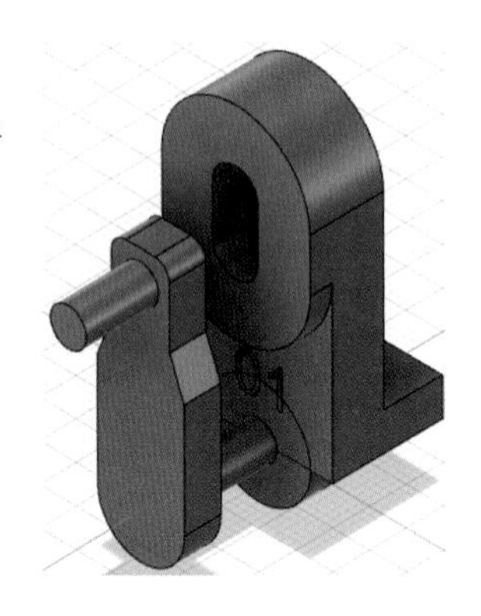

18.

• 구성요소1을 우클릭 후 고정

19.

• 조립 – 접합
• 접합 정렬 후 완성

20.

- 저장되지 않음을 우클릭 후 내보내기 생성된 비번호 폴더에 비번호.f3d 저장
- 저장되지 않음을 우클릭 후 내보내기 생성된 비번호 폴더에 비번호.stp 저장
- 출력이 잘 될 위치로 구성요소 회전 및 이동, 저장되지 않음을 우클릭 후 메쉬로 저장. 생성된 비번호 폴더에 비번호.stl 저장

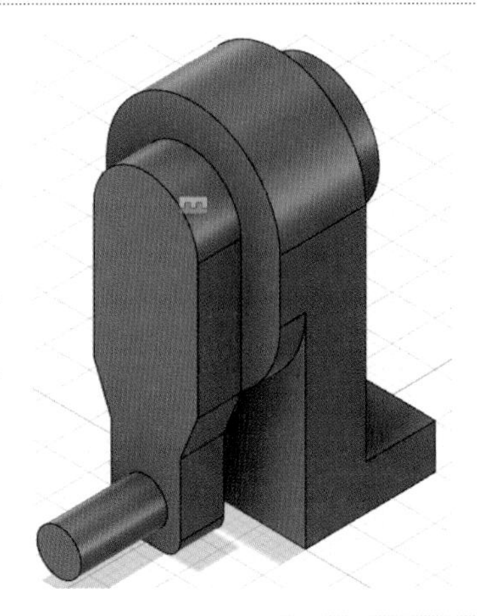

21.

- 해당 슬라이싱 프로그램 설정값 및 출력 방향 설정
- 비번호 폴더에 비번호.*** 저장

참고

조립 방향, 설정값, 출력방향에 따라 출력 시간이 다릅니다. 수험자가 최적의 조건을 찾으시기 바랍니다.

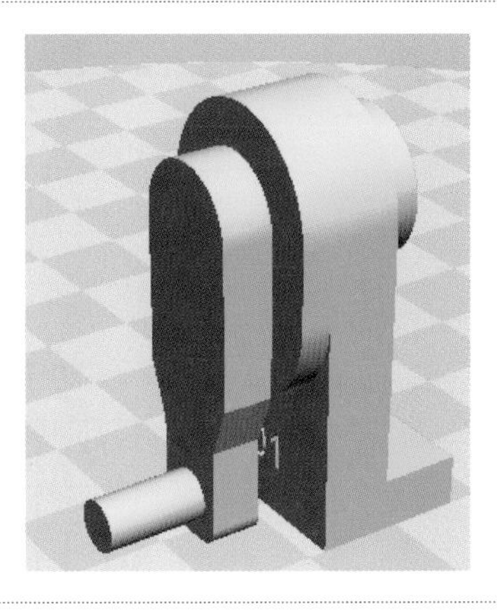

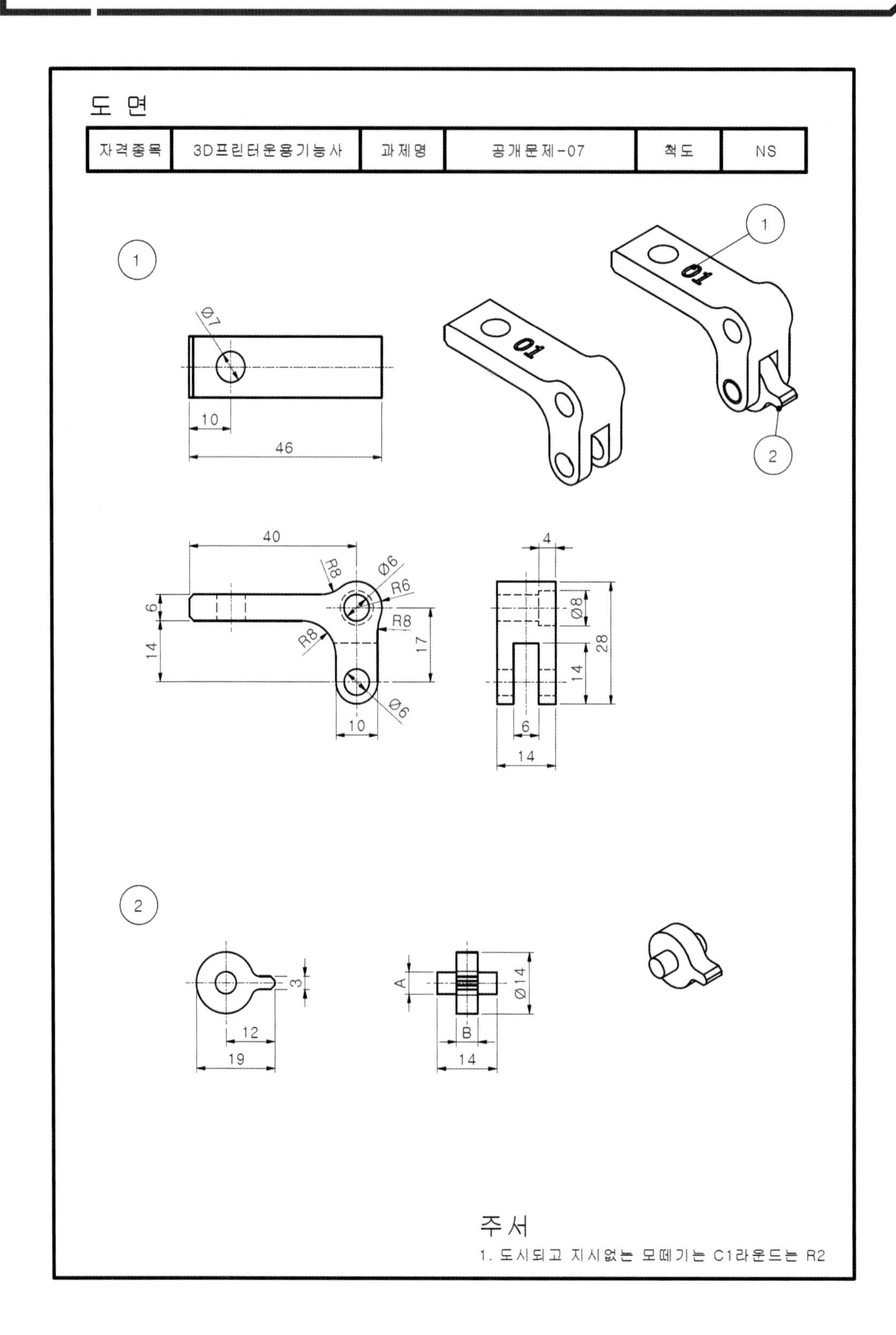
도 면
자격종목
3D프린터운용기능사
과제명
공개문제-07
척도
NS
1
01
2
Ø7
10
46
40
R8
Ø6
R6
R8
R8
6
14
17
Ø6
10
4
Ø8
28
14
6
14
3
12
19
A
Ø14
B
14
주서
1. 도시되고 지시없는 모떼기는 C1라운드는 R2

01.

- 바탕화면에 비번호 폴더 생성
- 조립 – 새 구성요소

02.

- 작성 – 스케치 작성, XZ평면
- 작성 – 스케치 명령을 이용하여 스케치 후 구속조건 기입
- 작성 – 스케치 치수로 수정

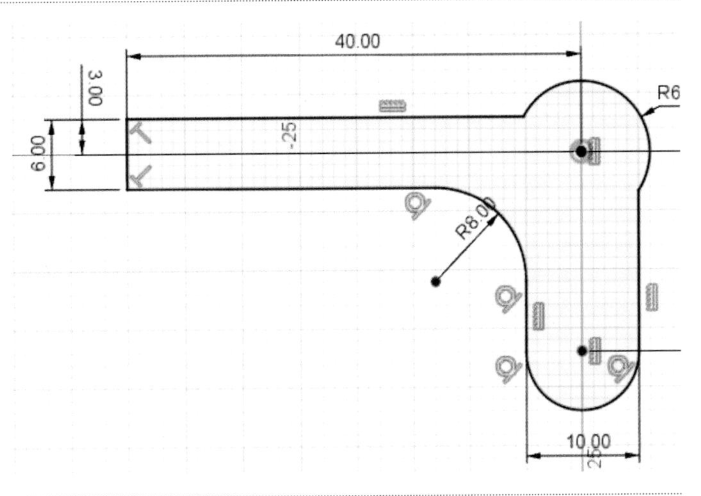

03.

- 스케치 마무리
- 작성 – 돌출
  대칭, 전체거리 14, 새 본체

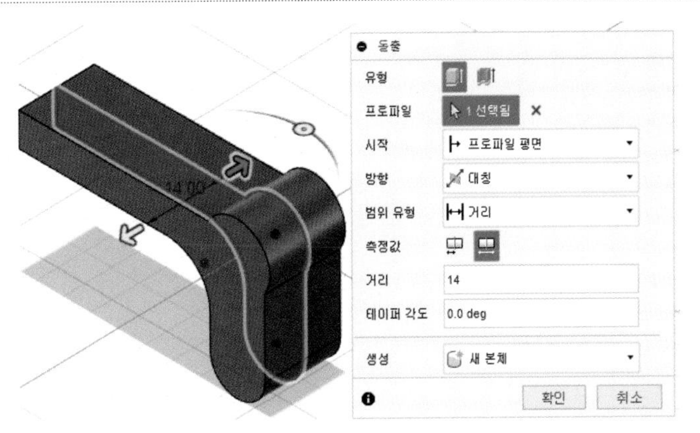

04.

- 작성 – 스케치 작성, XZ평면
- 작성 – 스케치 명령을 이용하여 스케치 후 구속조건 기입
- 작성 – 스케치 치수로 수정

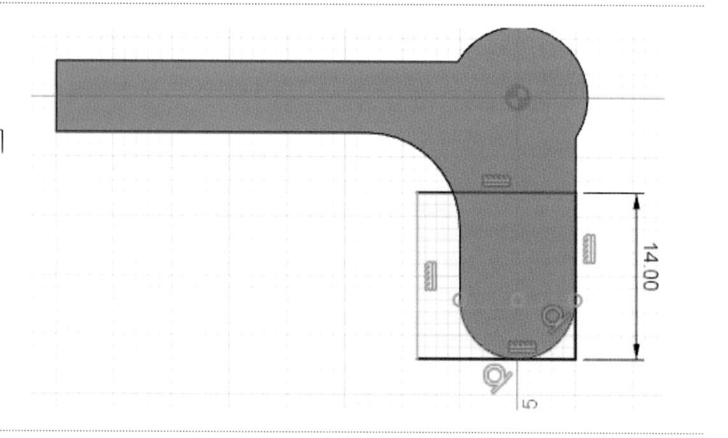

05.

- 스케치 마무리
- 작성 – 돌출
  대칭, 전체거리 6, 잘라내기

06.

- 수정 – 모깎기, R8

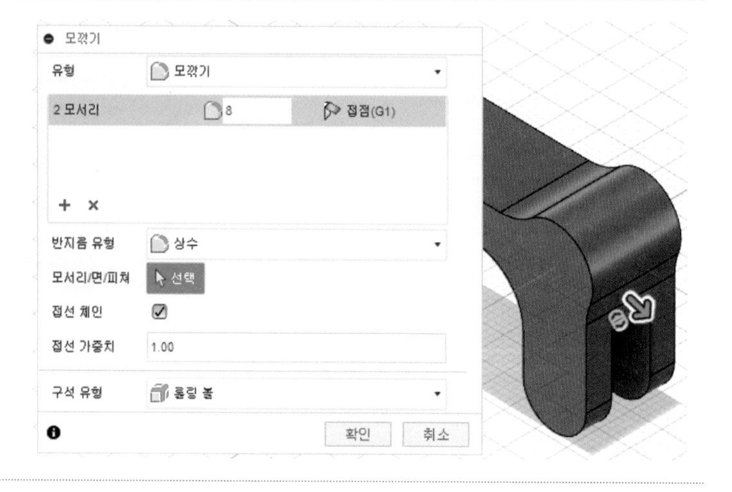

07.

• 작성 – 스케치 작성, 해당평면
• 작성 – 스케치 명령을 이용하여 스케치 후 구속조건 기입
• 작성 – 스케치 치수로 수정

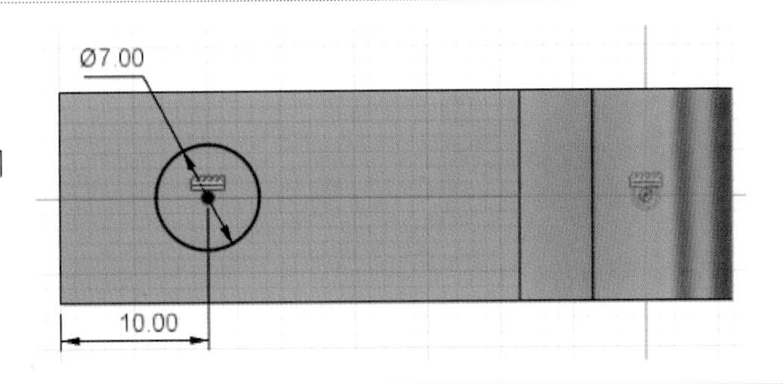

08.

• 스케치 마무리
• 작성 – 돌출
한쪽 방향, 모두(반전), 잘라내기

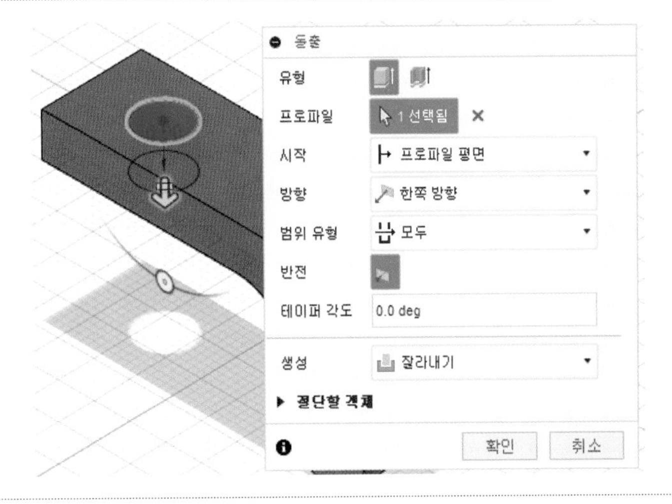

09.

• 수정 – 모따기, C1

10.

• 작성 – 스케치 작성, 해당평면
• 작성 – 스케치 명령을 이용하여 해당 비번호 기입

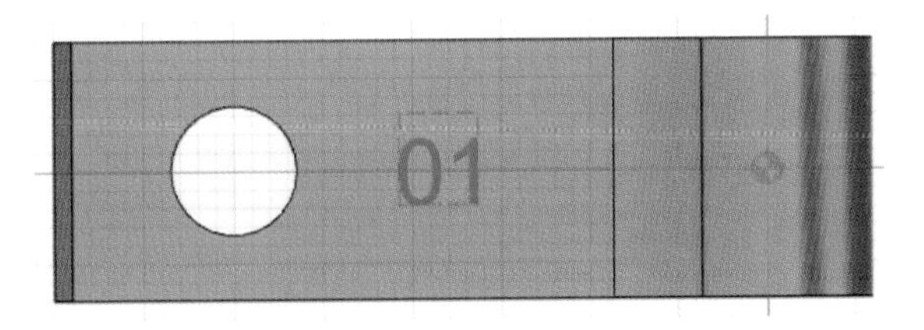

참고

크기, 글자체, 깊이 규정 없음

11.

- 스케치 마무리
- 선택 후 작성－돌출
  한쪽 방향, 거리 －1, 잘라내기

12.

- 작성－스케치 작성, 해당평면
- 작성－스케치 명령을 이용하여 스케치 후 구속조건 기입
- 작성－스케치 치수로 수정

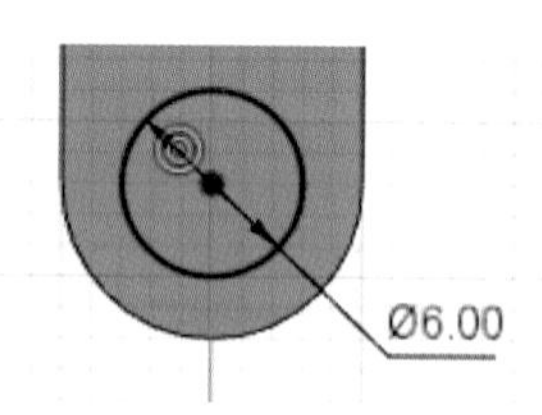

13.

- 스케치 마무리
- 작성－돌출
  한쪽 방향, 모두(반전), 잘라내기

14.

- 작성－스케치 작성, 해당평면
- 작성－스케치 명령을 이용하여 스케치 후 구속조건 기입

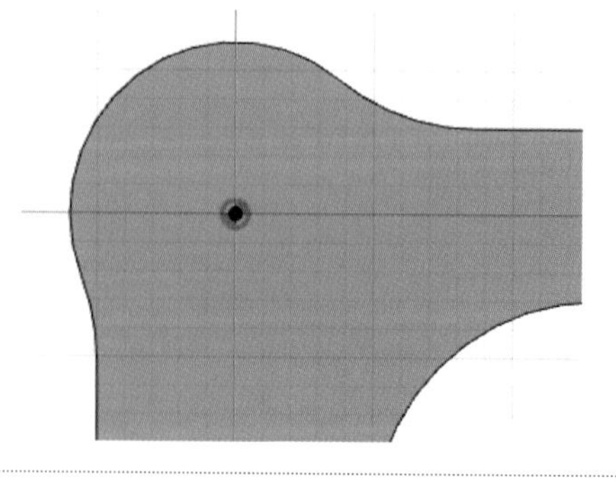

15.

- 스케치 마무리
- 작성 – 구멍

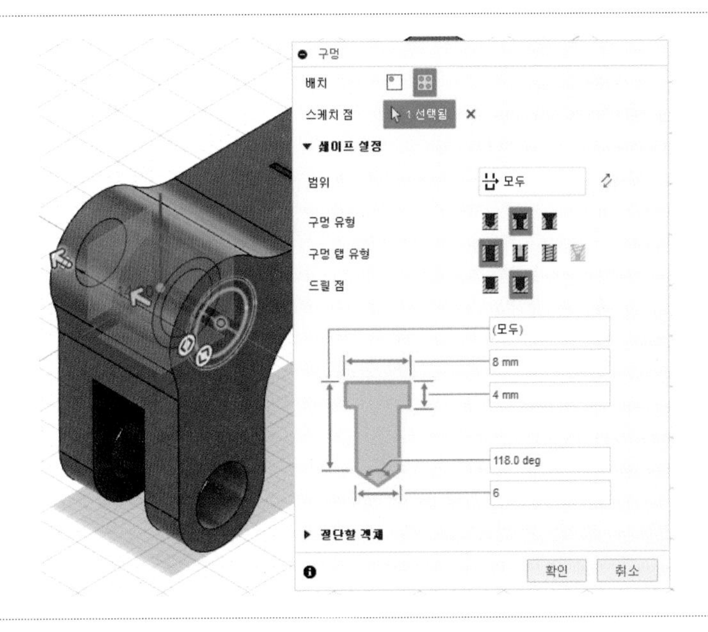

16.

- 저장되지 않음 체크 후 조립 – 새 구성요소

17.

- 구성요소1 비활성화
- 작성 – 스케치 작성, XZ평면
- 작성 – 스케치 명령을 이용하여 스케치 후 구속조건 기입
- 작성 – 스케치 치수로 수정

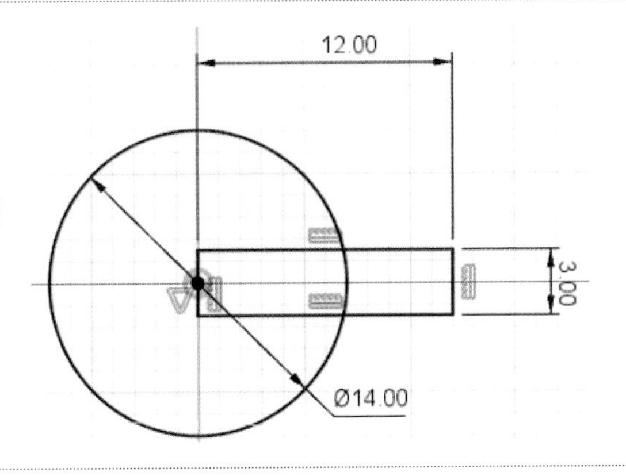

18.

- 스케치 마무리
- 작성 – 돌출
  대칭, 전체거리 5(공차적용), 새 본체

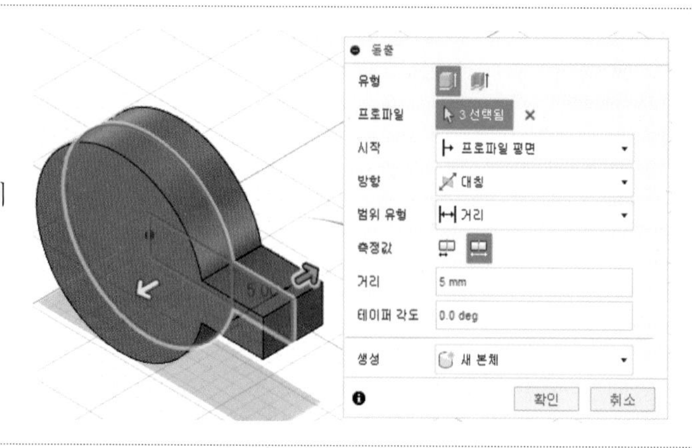

19.

- 작성 – 스케치 작성, XZ평면
- 작성 – 스케치 명령을 이용하여 스케치 후 구속조건 기입
- 작성 – 스케치 치수로 수정(공차적용)

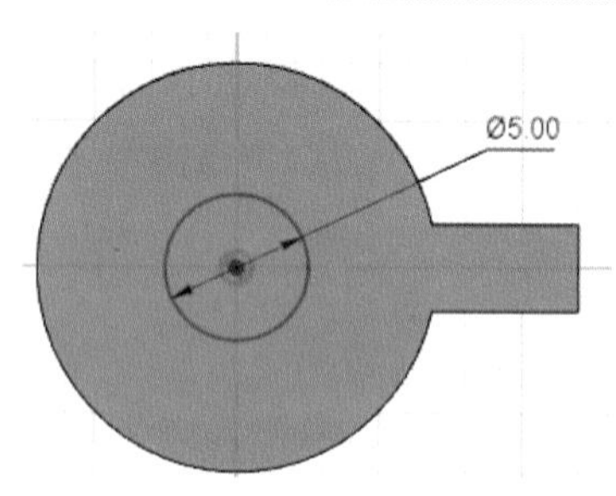

20.

- 스케치 마무리
- 작성 – 돌출
  대칭, 전체거리 14, 접합

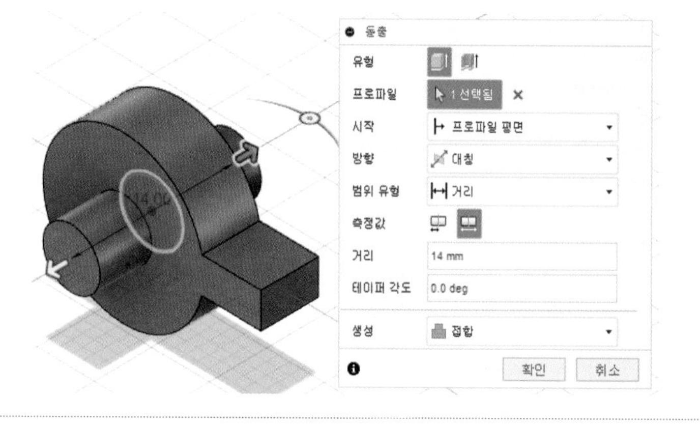

21.

- 수정 – 모깎기, R2

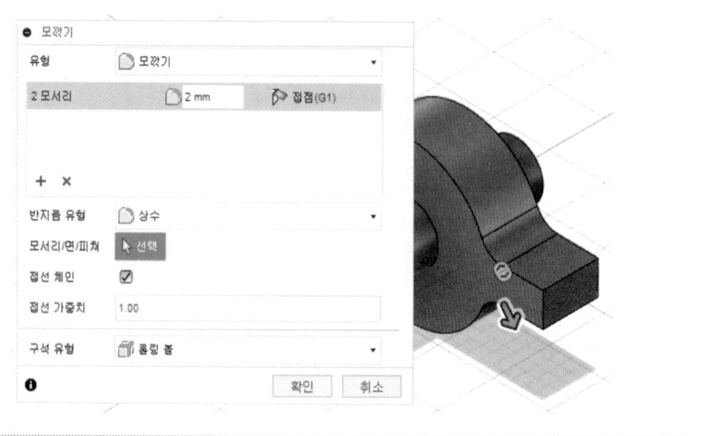

22.

• 수정 – 모따기, C1

23.

• 저장되지 않음 체크 후 모든 구성요소 활성화

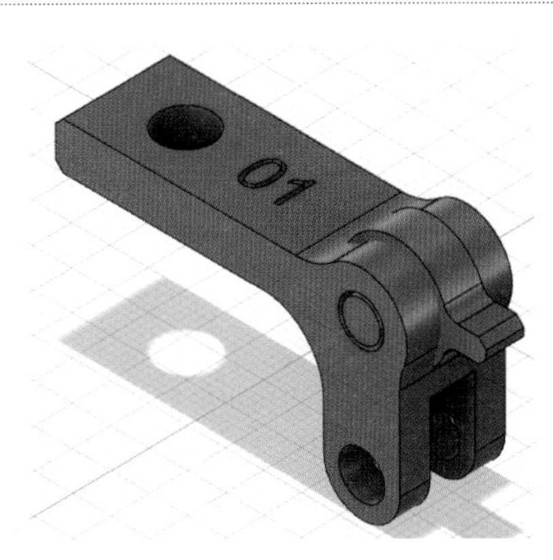

24.

• 구성요소1을 우클릭 후 고정

25.

• 조립 – 접합, 완성

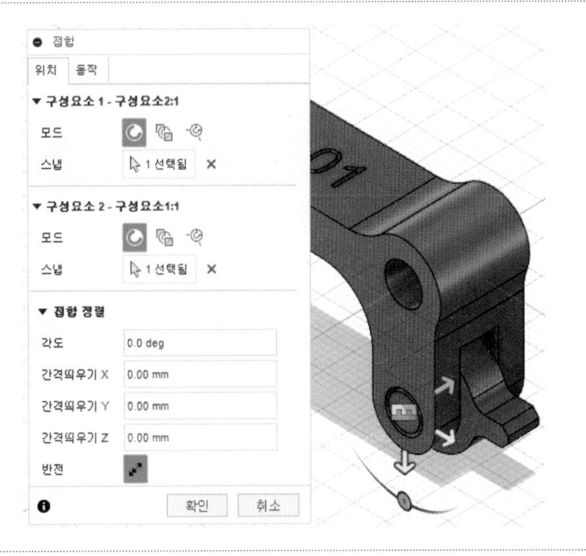

26.

- 저장되지 않음을 우클릭 후 내보내기 생성된 비번호 폴더에 비번호.f3d 저장
- 저장되지 않음을 우클릭 후 내보내기 생성된 비번호 폴더에 비번호.stp 저장
- 출력이 잘 될 위치로 구성요소 회전 및 이동, 저장되지 않음을 우클릭 후 메쉬로 저장. 생성된 비번호 폴더에 비번호.stl 저장

27.

- 해당 슬라이싱 프로그램 설정값 및 출력 방향 설정
- 비번호 폴더에 비번호.*** 저장

참고

조립 방향, 설정값, 출력방향에 따라 출력 시간이 다릅니다. 수험자가 최적의 조건을 찾으시기 바랍니다.

08 | 공개 도면 08

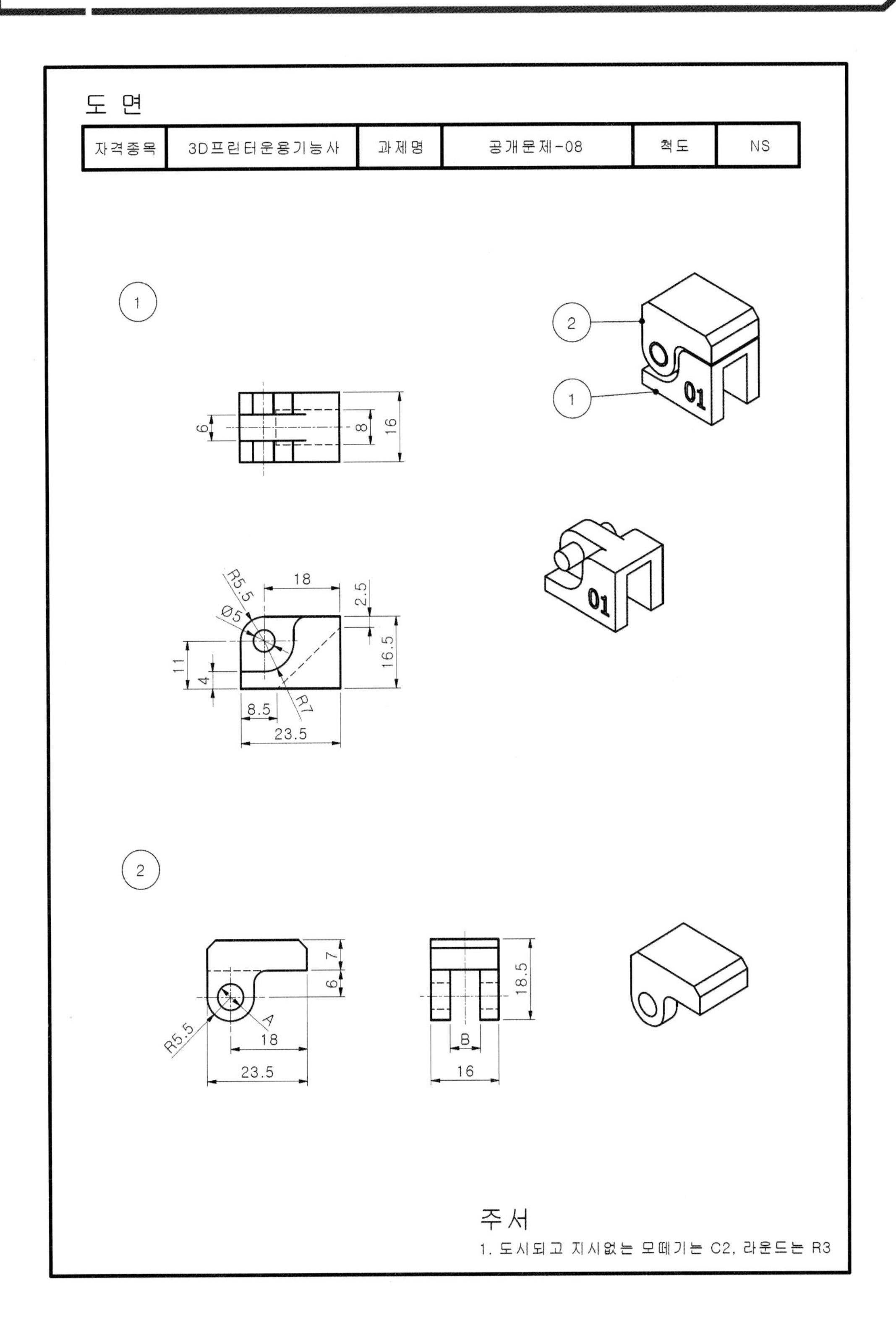

도 면
자격종목
3D프린터운용기능사
과제명
공개문제-08
척도
NS
1
2
1
01
01
6
8
16
R5.5
18
2.5
Ø5
11
4
16.5
8.5
R7
23.5
2
7
6
R5.5
A
18
23.5
18.5
B
16
주서
1. 도시되고 지시없는 모떼기는 C2, 라운드는 R3

01.

- 바탕화면에 비번호 폴더 생성
- 조립 – 새 구성요소

02.

- 작성 – 스케치 작성, XZ평면
- 작성 – 스케치 명령을 이용하여 스케치 후 구속조건 기입
- 작성 – 스케치 치수로 수정

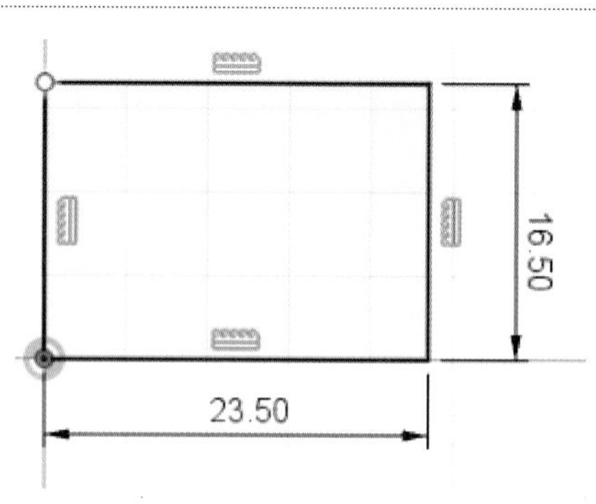

03.

- 스케치 마무리
- 작성 – 돌출
  대칭, 전체거리 16, 새 본체

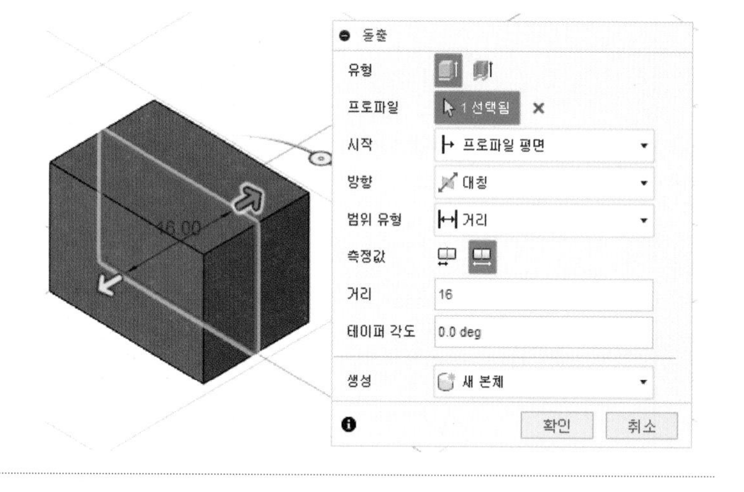

04.

• 작성 – 스케치 작성, 해당평면
• 작성 – 스케치 명령을 이용하여 스케치 후 구속조건 기입
• 작성 – 스케치 치수로 수정

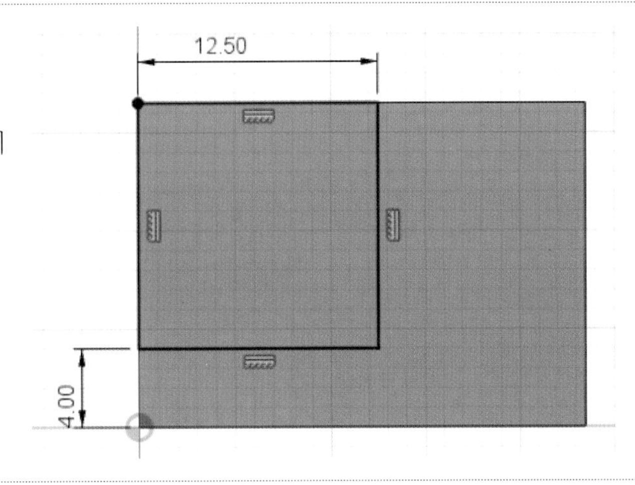

05.

• 스케치 마무리
• 작성 – 돌출
  한쪽 방향, 거리 −5, 잘라내기

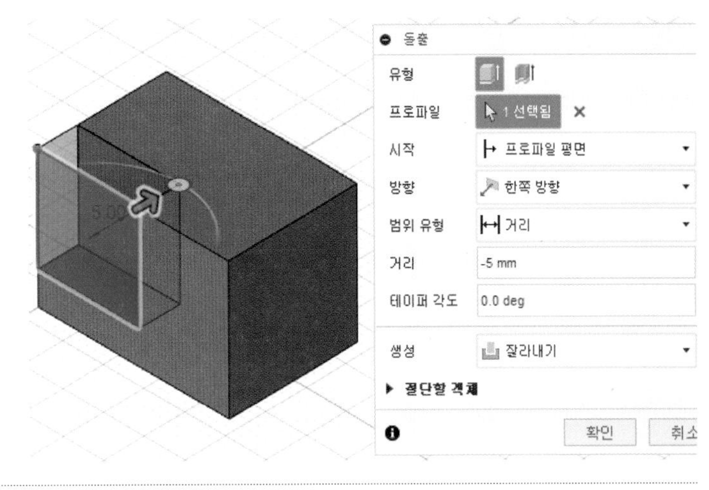

06.

• 작성 – 미러

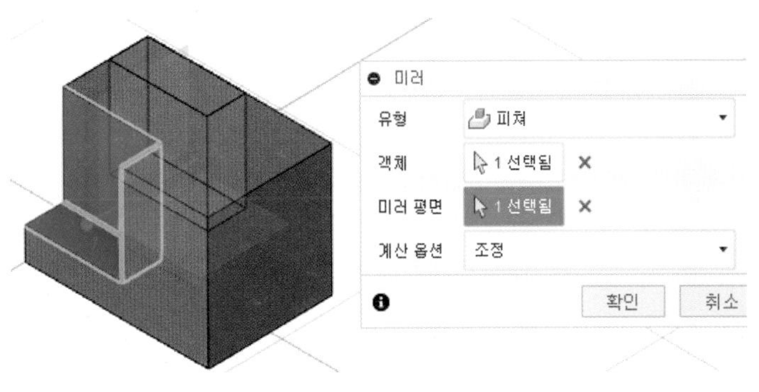

07.

• 수정 – 모깎기, R5.5

08.

• 수정 – 모깎기, R7

09.

• 수정 – 모깎기, R3

10.

- 작성 – 스케치 작성, XZ평면
- 작성 – 스케치 명령을 이용하여 스케치 후 구속조건 기입
- 작성 – 스케치 치수로 수정

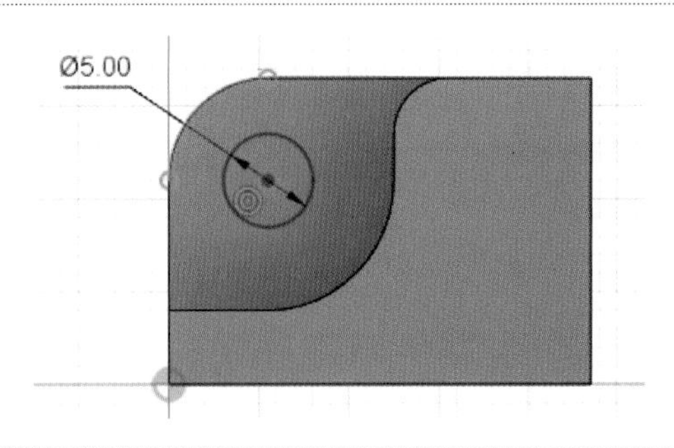

11.

- 스케치 마무리
- 작성 – 돌출
  대칭, 전체거리 16, 접합

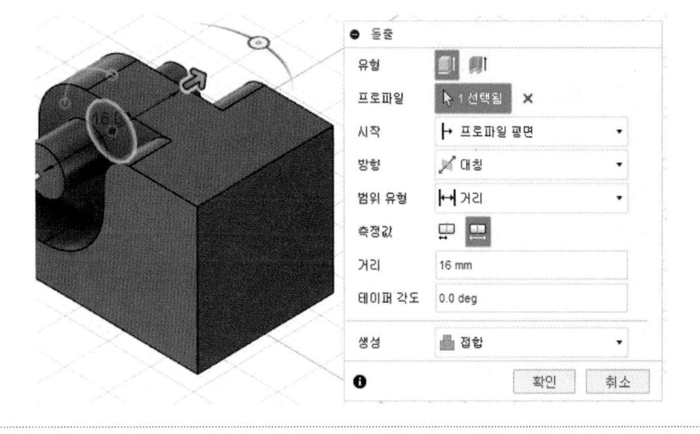

12.

- 작성 – 스케치 작성, XZ평면
- 작성 – 스케치 명령을 이용하여 스케치 후 구속조건 기입
- 작성 – 스케치 치수로 수정

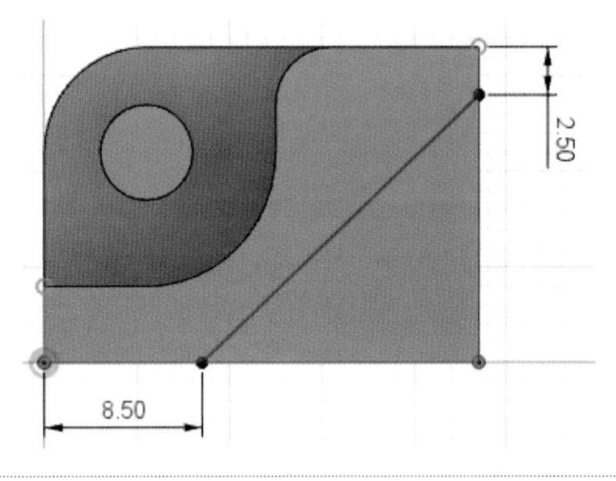

13.

- 스케치 마무리
- 작성 – 돌출
  대칭, 전체거리 8, 잘라내기

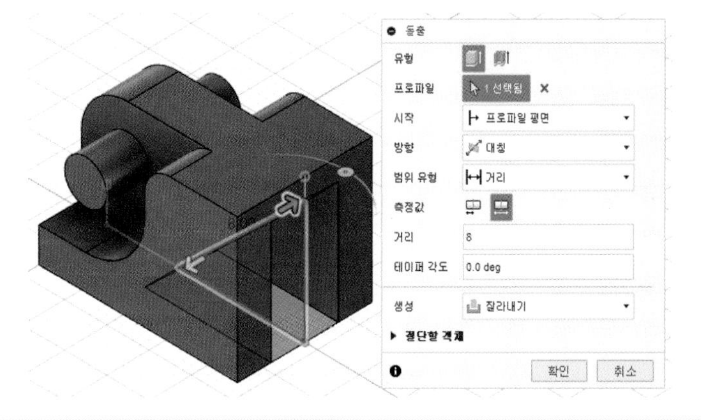

14.

- 작성 – 스케치 작성, 해당평면
- 작성 – 스케치 명령을 이용하여 해당 비번호 기입

참고

크기, 글자체, 깊이 규정 없음

15.

- 스케치 마무리
- 선택 후 작성 – 돌출
  한쪽 방향, 거리 –1, 잘라내기

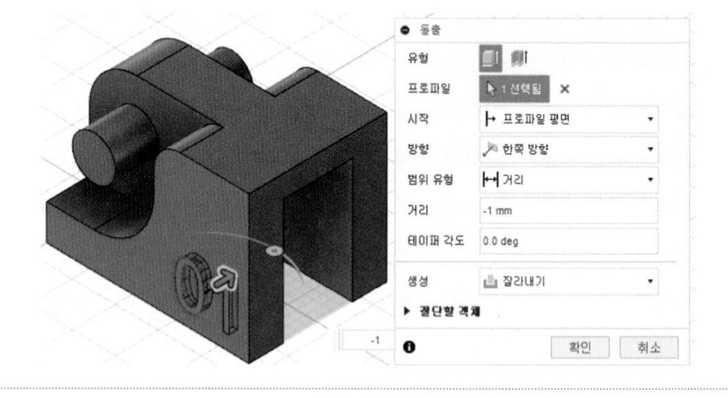

16.

- 저장되지 않음 체크 후 조립 – 새 구성요소

17.

- 구성요소1 비활성화
- 작성 – 스케치 작성, XZ평면
- 작성 – 스케치 명령을 이용하여 스케치 후 구속조건 기입
- 작성 – 스케치 치수로 수정(공차 적용)

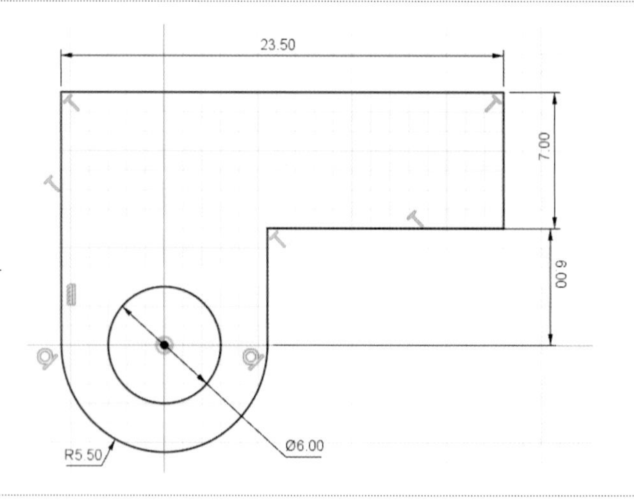

18.

- 스케치 마무리
- 작성 – 돌출
  대칭, 전체거리 16, 새 본체

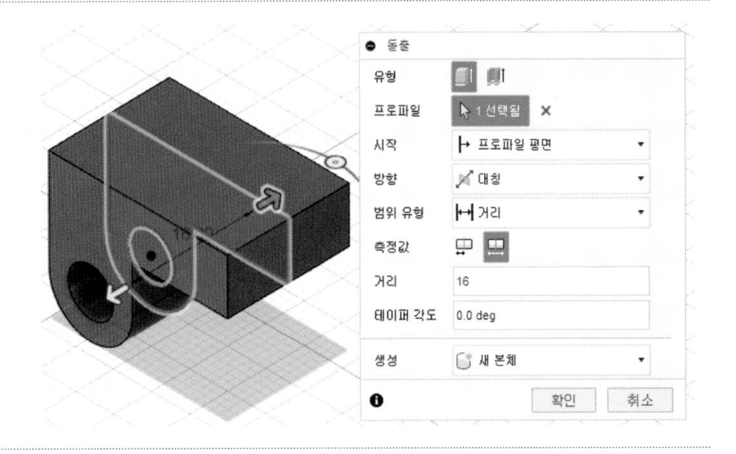

19.

- 작성 – 스케치 작성, XZ평면
- 작성 – 스케치 명령을 이용하여 스케치 후 구속조건 기입
- 작성 – 스케치 치수로 수정

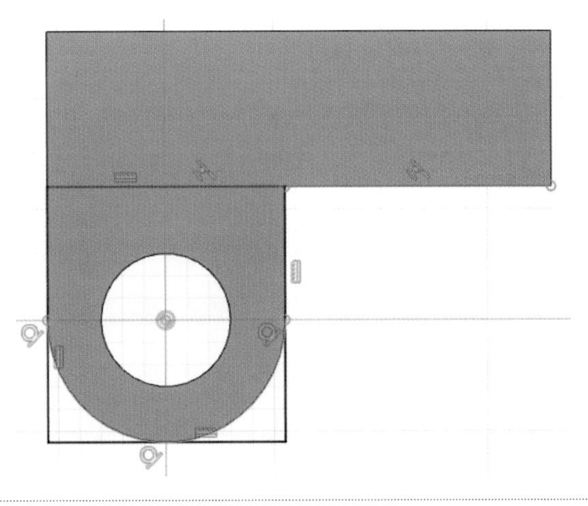

20.

- 스케치 마무리
- 작성 – 돌출
  대칭, 전체거리 7(공차적용), 잘라내기

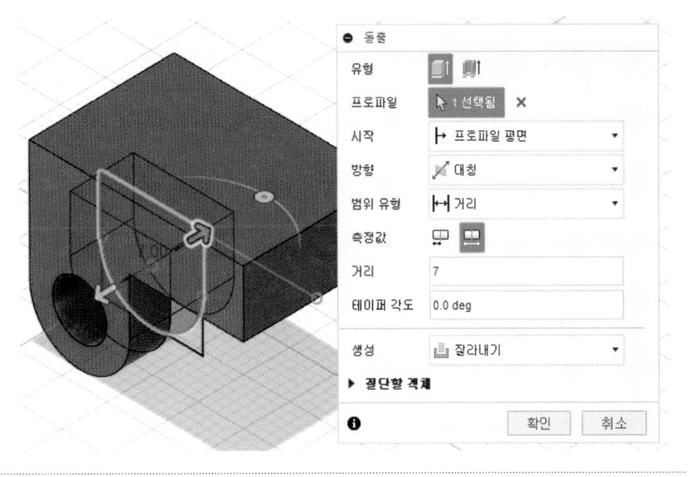

21.

• 수정 – 모깎기, R3

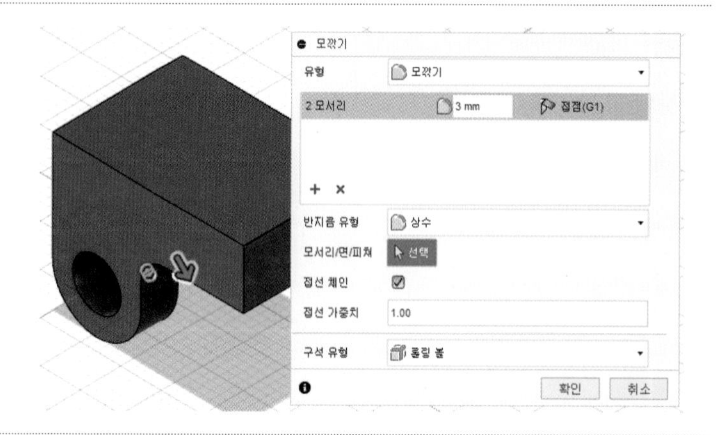

22.

• 수정 – 모따기, C2

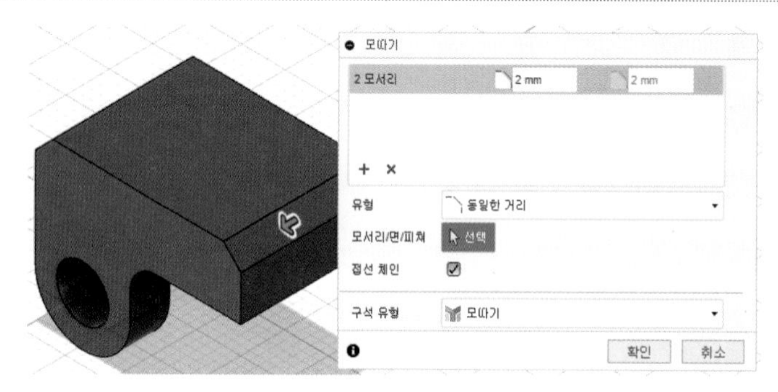

23.

• 저장되지 않음 체크 후 모든 구성요소 활성화

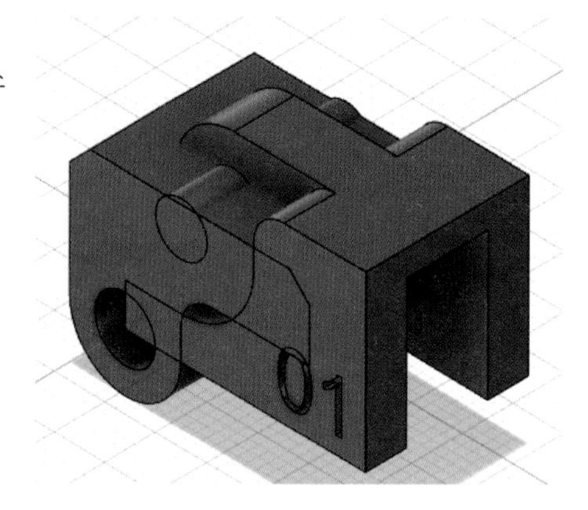

24

• 구성요소1을 우클릭 후 고정

25.

- 조립 – 접합, 완성

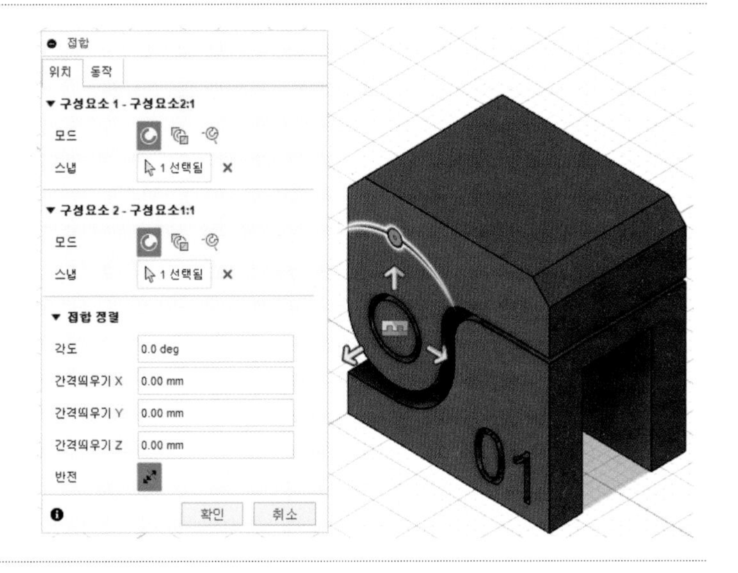

26.

- 저장되지 않음을 우클릭 후 내보내기 생성된 비번호 폴더에 비번호.f3d 저장
- 저장되지 않음을 우클릭 후 내보내기 생성된 비번호 폴더에 비번호.stp 저장
- 출력이 잘 될 위치로 구성요소 회전 및 이동, 저장되지 않음을 우클릭 후 메쉬로 저장. 생성된 비번호 폴더에 비번호.stl 저장

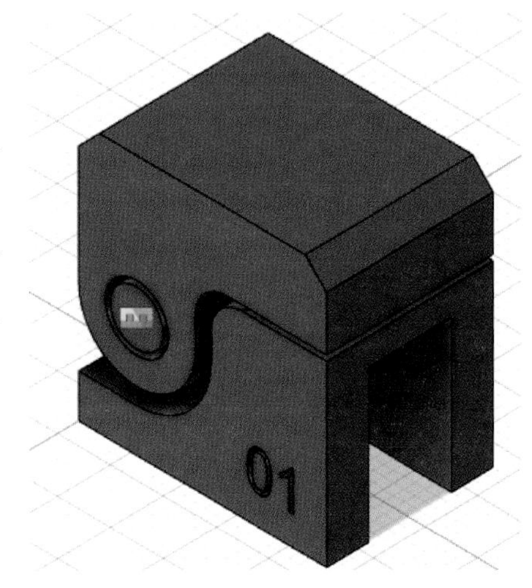

27.

- 해당 슬라이싱 프로그램 설정값 및 출력 방향 설정
- 비번호 폴더에 비번호.*** 저장

참고

조립 방향, 설정값, 출력방항에 따라 출력 시간이 다릅니다. 수험자가 최적의 조건을 찾으시기 바랍니다.

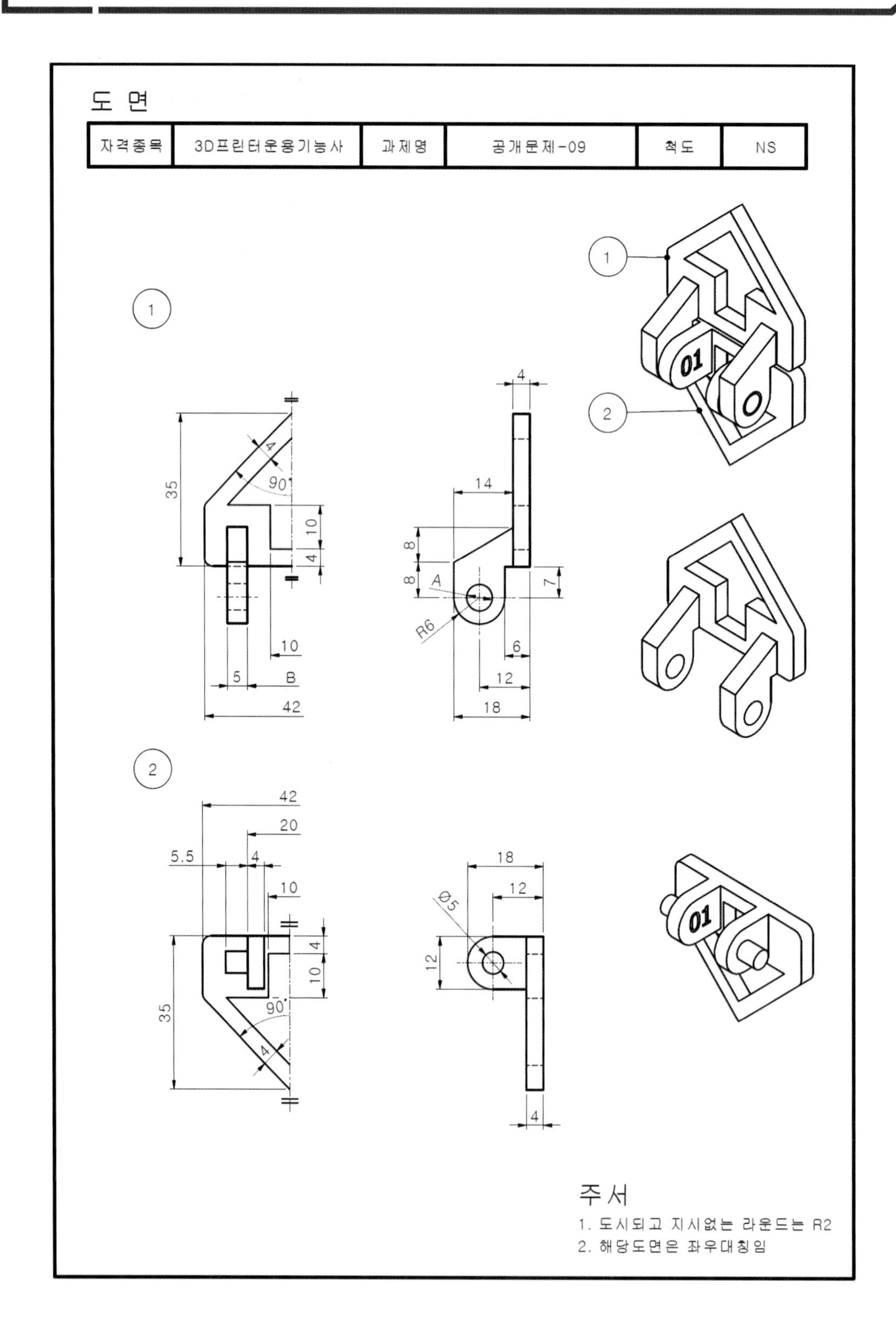
도 면
자격종목
3D프린터운용기능사
과제명
공개문제-09
척도
NS
1
2
35
4
90°
10
4
10
5
B
42
14
8
8
A
R6
7
6
12
18
01
42
20
5.5
4
10
18
12
Ø5
12
35
90°
4
10
4
주 서
1. 도시되고 지시없는 라운드는 R2
2. 해당도면은 좌우대칭임

01.

- 바탕화면에 비번호 폴더 생성
- 조립 – 새 구성요소

02.

- 작성 – 스케치 작성, XZ평면
- 작성 – 스케치 명령을 이용하여 스케치 후 구속조건 기입
- 작성 – 스케치 치수로 수정

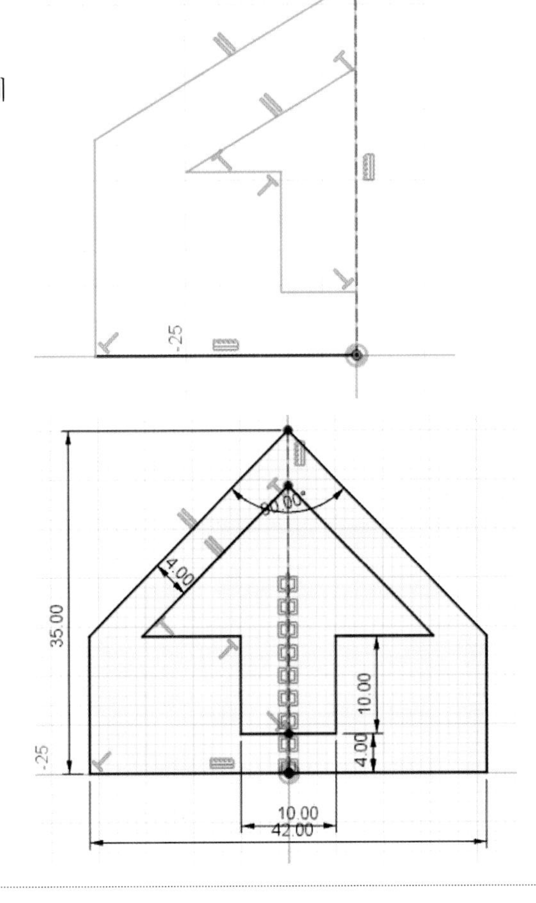

03.

- 스케치 마무리
- 작성 – 돌출
  한쪽 방향, 거리 4, 새 본체

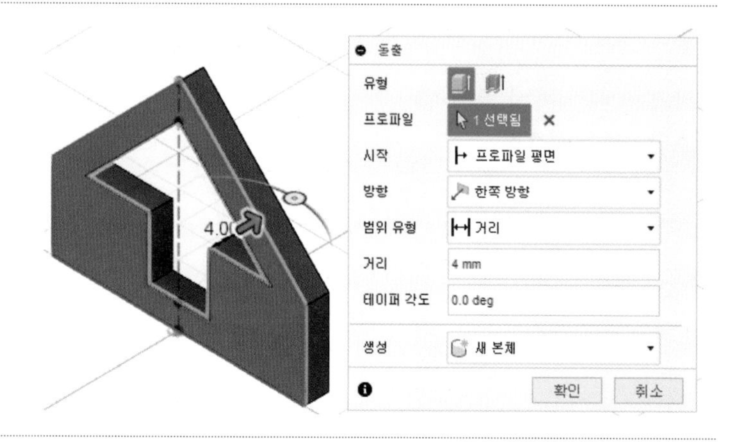

04.

- 수정 – 모깎기, R2

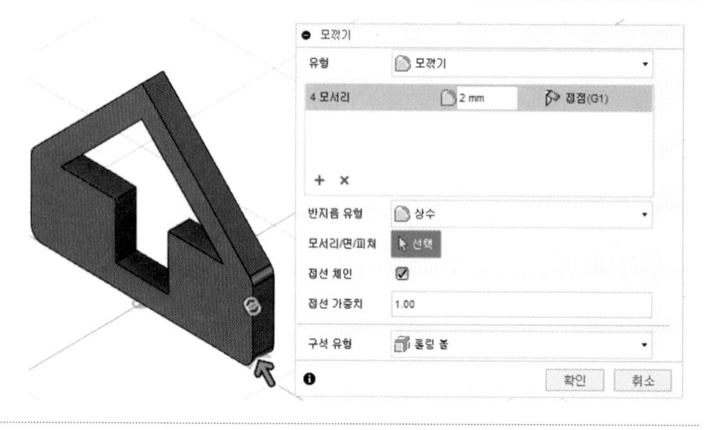

05.

- 구성요소1을 XY평면으로 미러

06.

• 구성요소1을 활성화
구성요소2를 비활성화

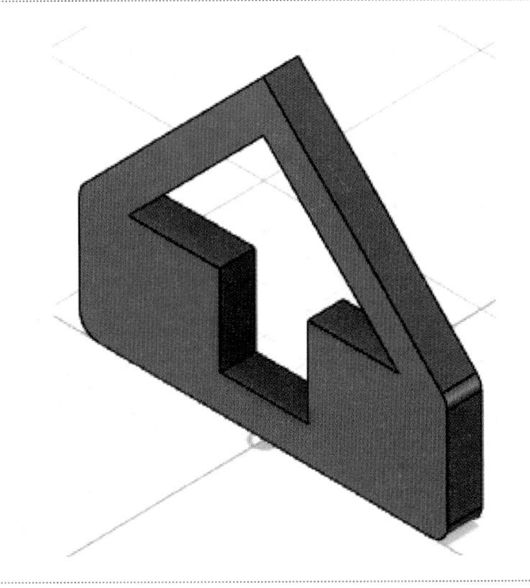

07.

• 작성 – 스케치 작성, YZ평면
• 작성 – 스케치 명령을 이용하여 스케치 후 구속조건 기입
• 작성 – 스케치 치수로 수정(공차적용)

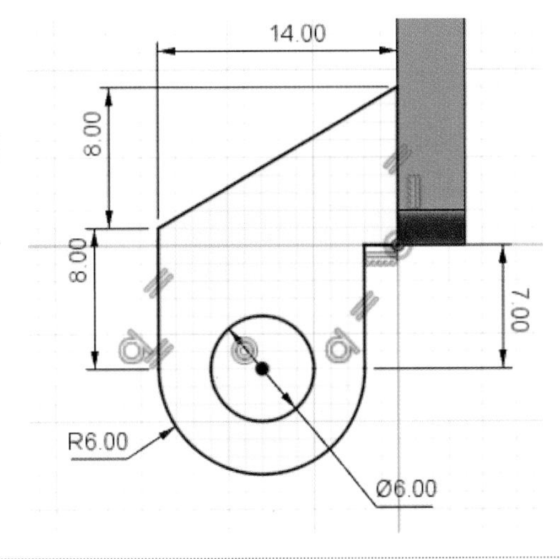

08.

• 스케치 마무리
• 작성 – 돌출
대칭, 전체거리 31(공차적용), 접합

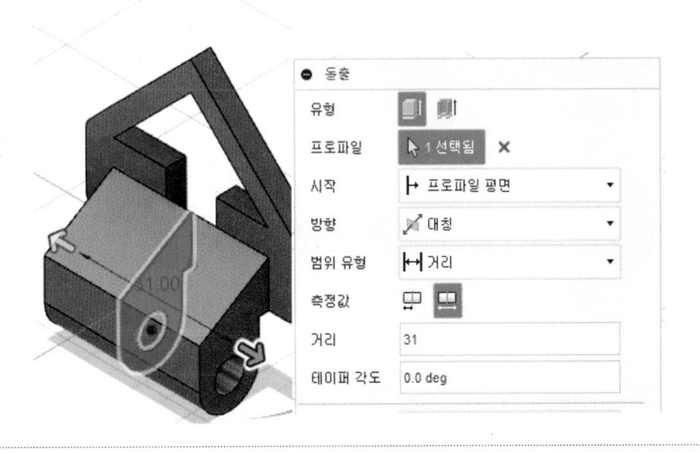

09.

- 스케치 활성화
- 작성 – 돌출
  대칭, 전체거리 21(공차적용), 잘라내기

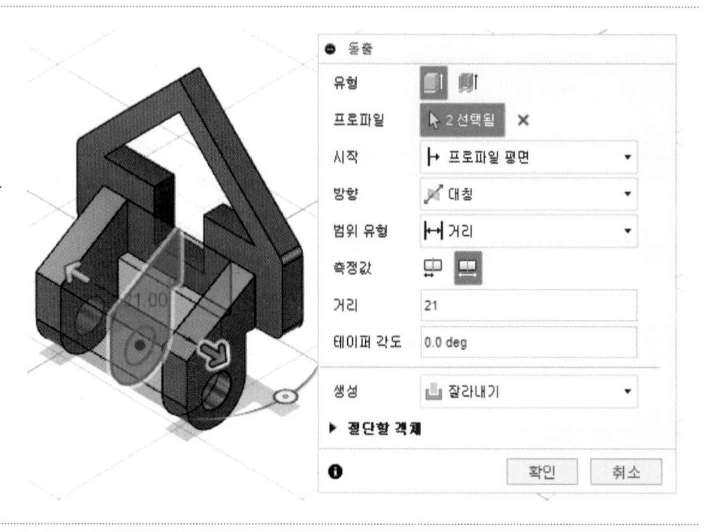

10.

- 스케치 비활성화
- 구성요소1 비활성화
- 미러한 구성요소 활성화

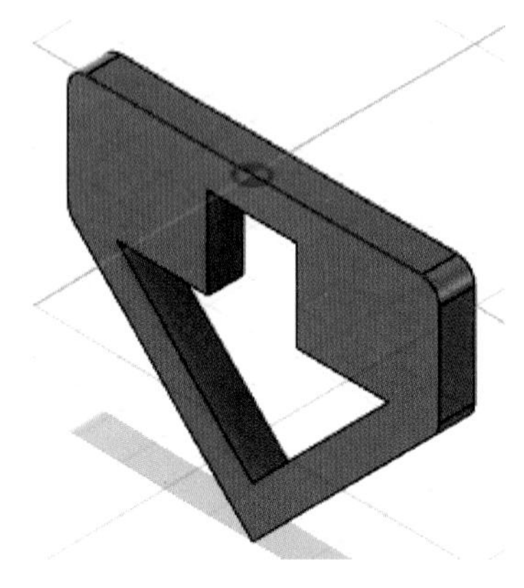

11.

- 작성 – 스케치 작성, YZ평면
- 작성 – 스케치 명령을 이용하여 스케치 후 구속조건 기입
- 작성 – 스케치 치수로 수정

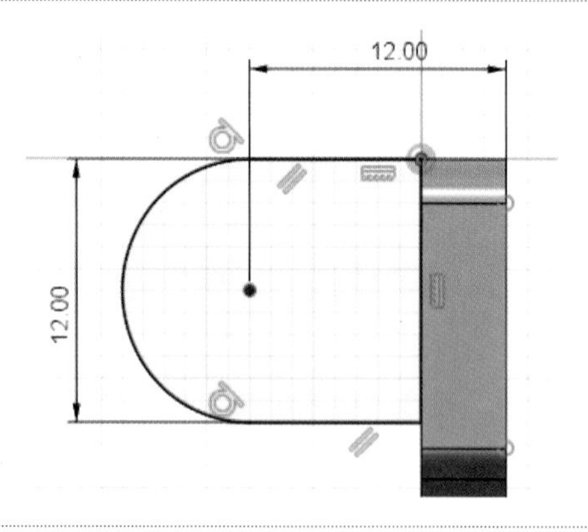

12.

- 스케치 마무리
- 작성 – 돌출
  대칭, 전체거리 20, 접합

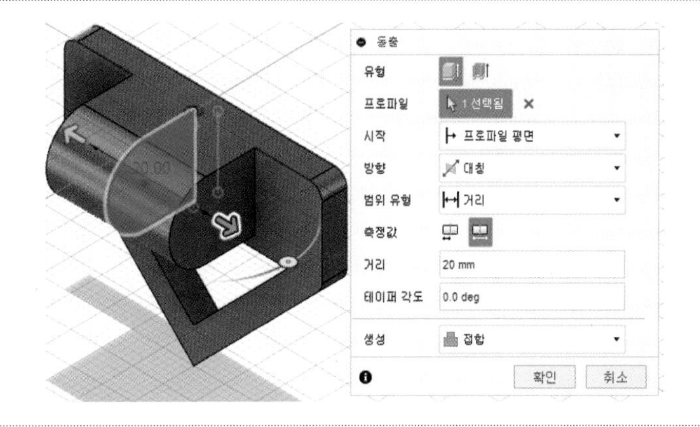

13.

- 스케치를 활성화
- 작성 – 돌출
  대칭, 전체거리 12, 잘라내기

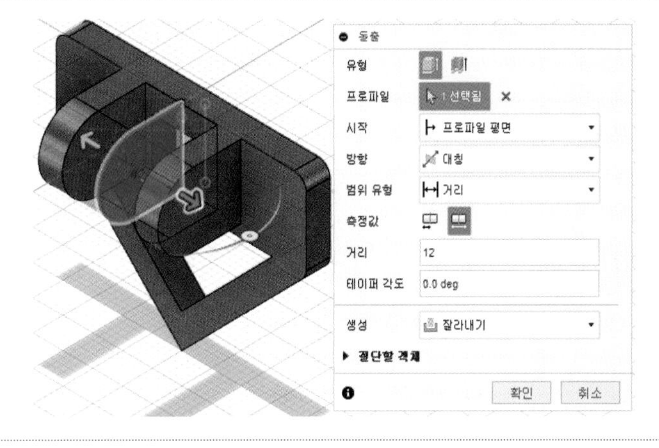

14.

- 스케치를 비활성화
- 작성 – 스케치 작성, 해당평면
- 작성 – 스케치 명령을 이용하여 스케치 후 구속조건 기입
- 작성 – 스케치 치수로 수정

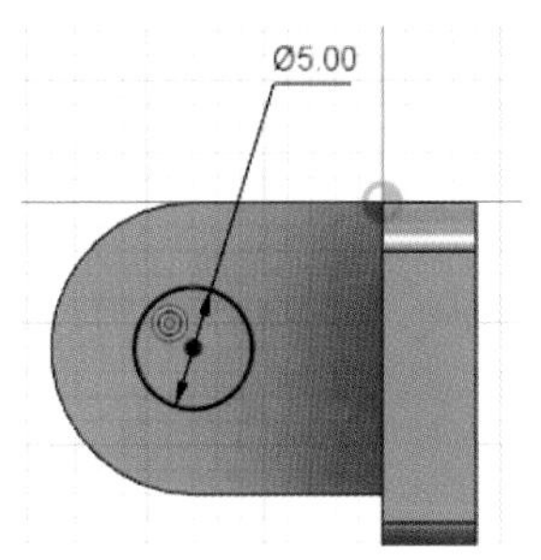

15.

- 스케치 마무리
- 작성 – 돌출
  한쪽 방향, 거리 5.5, 접합

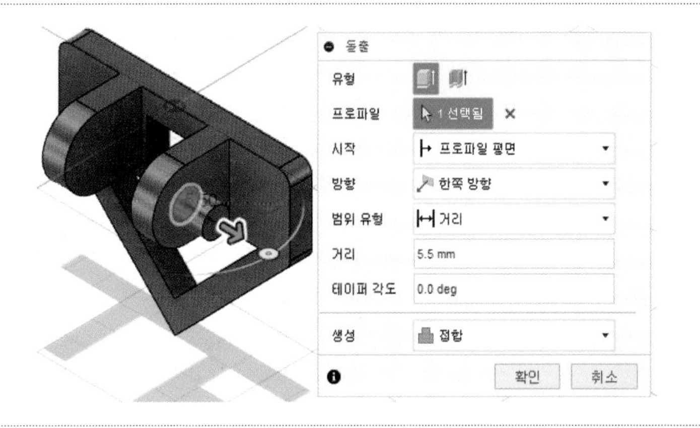

16.

- 생성된 객체를 YZ평면으로 미러

17.

- 작성 – 스케치 작성, 해당평면
- 작성 – 스케치 명령을 이용하여 해당 비번호 기입

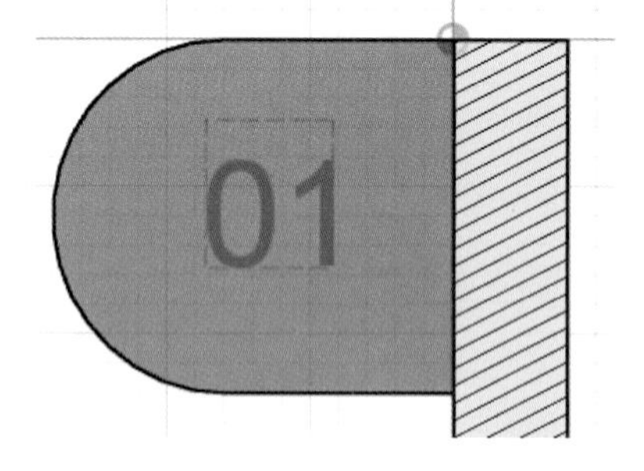

참고

크기, 글자체, 깊이 규정 없음

18.

- 스케치 마무리
- 선택 후 작성 – 돌출
  한쪽 방향, 거리 –1, 잘라내기

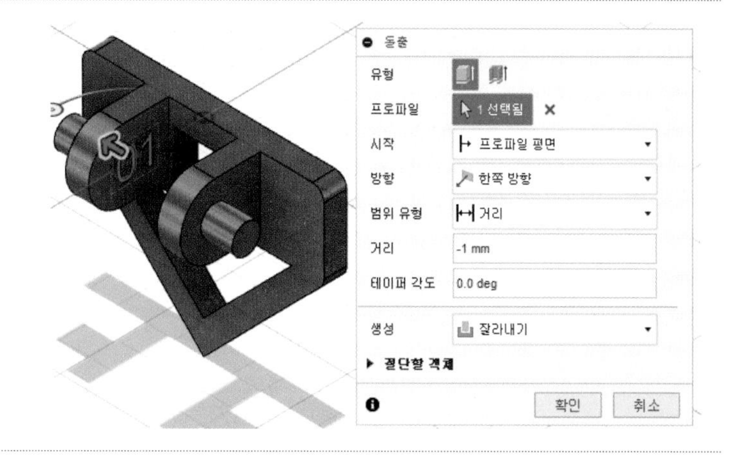

19.

• 저장되지 않음 체크 후 모든 구성요소 활성화

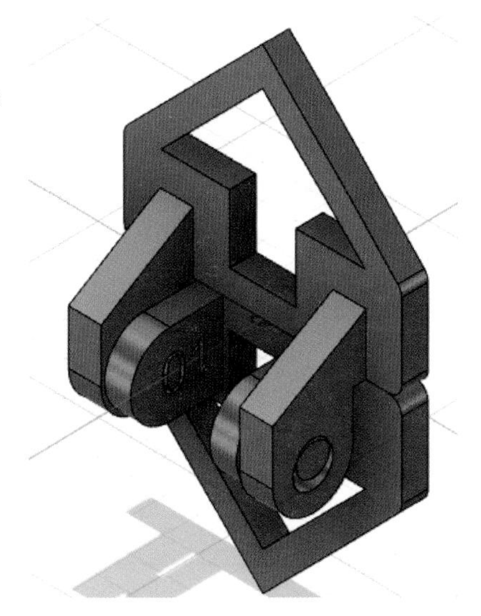

20.

• 구성요소1을 우클릭 후 고정

21.

• 조립 – 접합, 완성

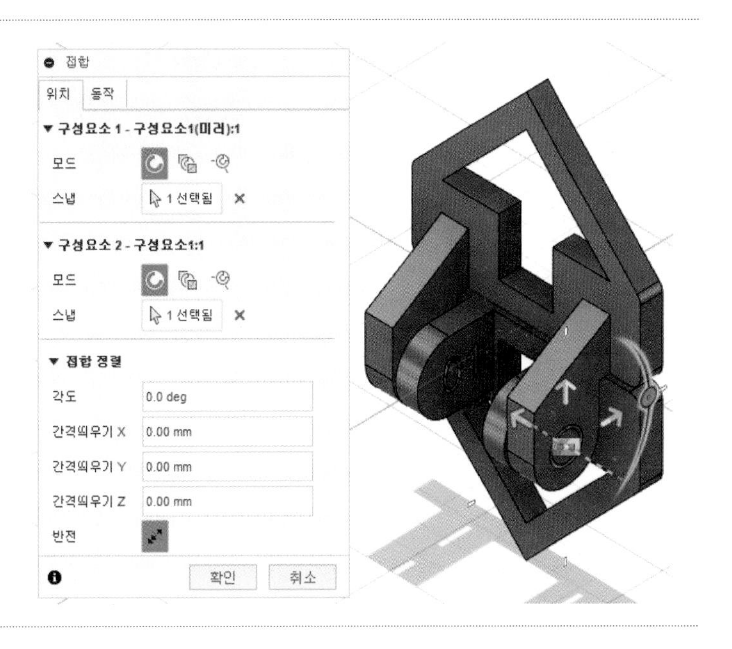

22.

- 저장되지 않음을 우클릭 후 내보내기 생성된 비번호 폴더에 비번호.f3d 저장
- 저장되지 않음을 우클릭 후 내보내기 생성된 비번호 폴더에 비번호.stp 저장
- 출력이 잘 될 위치로 구성요소 회전 및 이동, 저장되지 않음을 우클릭 후 메쉬로 저장. 생성된 비번호 폴더에 비번호.stl 저장

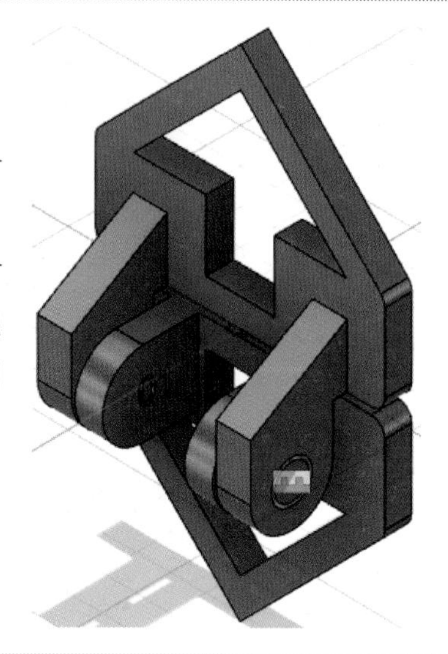

23.

- 해당 슬라이싱 프로그램 설정값 및 출력 방향 설정
- 비번호 폴더에 비번호.*** 저장

참고

조립 방향, 설정값, 출력방향에 따라 출력 시간이 다릅니다. 수험자가 최적의 조건을 찾으시기 바랍니다.

10 | 공개 도면 10

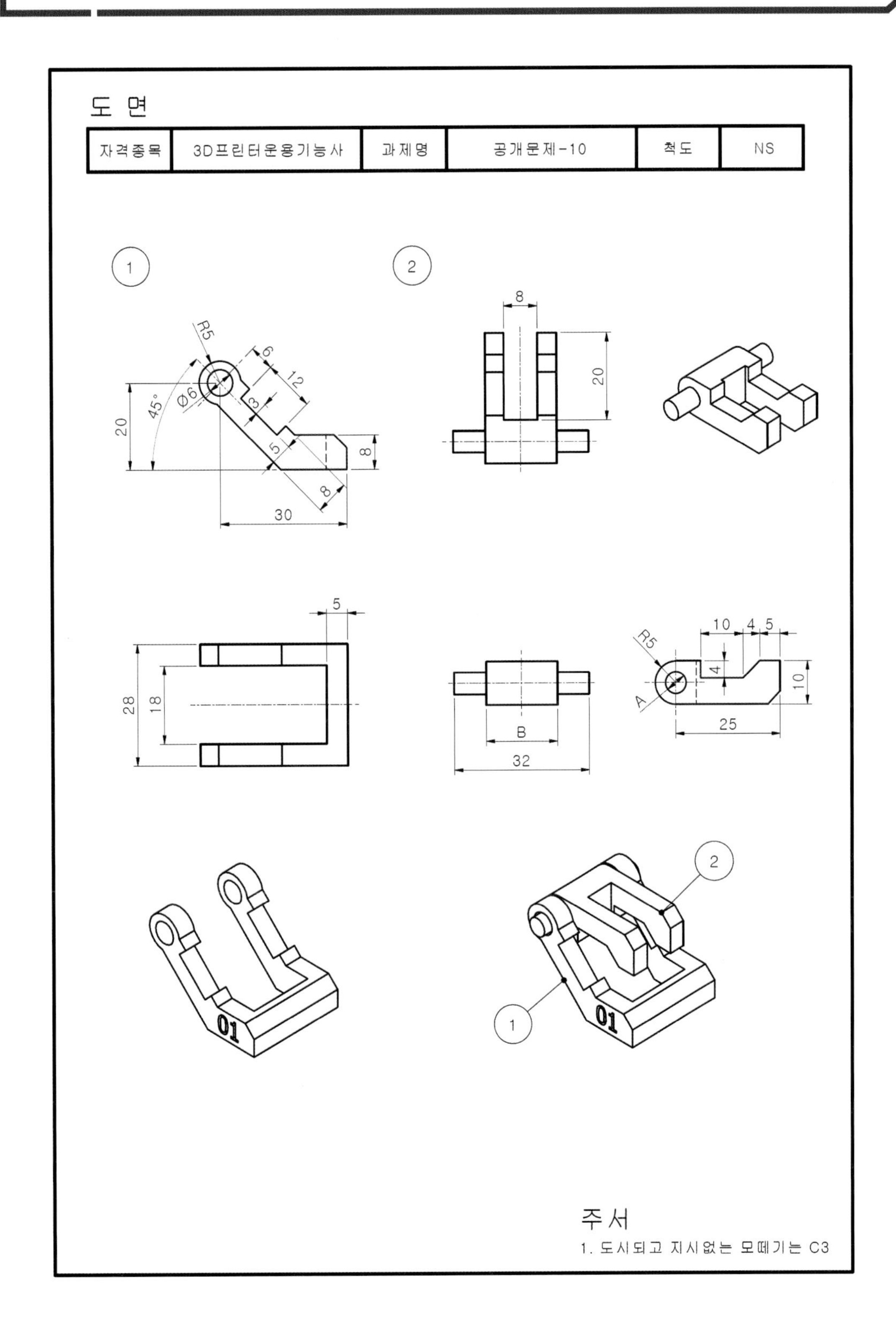

도 면
자격종목
3D프린터운용기능사
과제명
공개문제-10
척도
NS
1
2
R5
6
12
Ø6
3
45°
20
5
8
8
30
8
20
5
28
18
B
32
R5
10
4
5
4
10
A
25
01
01
2
1
주 서
1. 도시되고 지시없는 모떼기는 C3

01.

- 바탕화면에 비번호 폴더 생성
- 조립 – 새 구성요소

02.

- 작성 – 스케치 작성, XZ평면
- 작성 – 스케치 명령을 이용하여 스케치 후 구속조건 기입
- 작성 – 스케치 치수로 수정

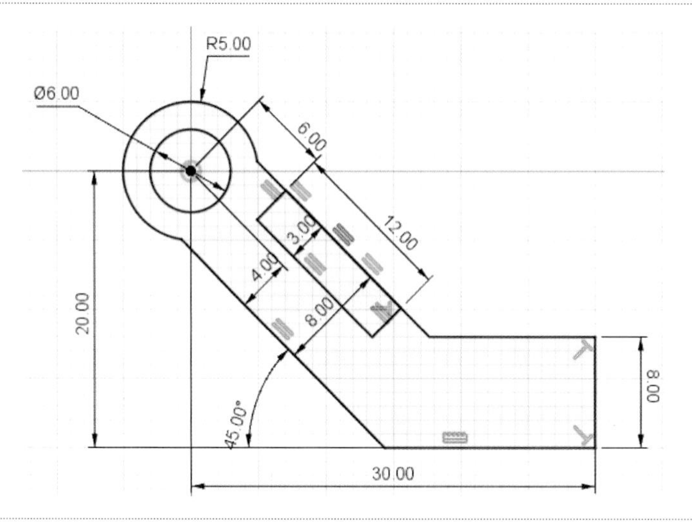

03.

- 스케치 마무리
- 작성 – 돌출
  대칭, 전체거리 28, 새 본체

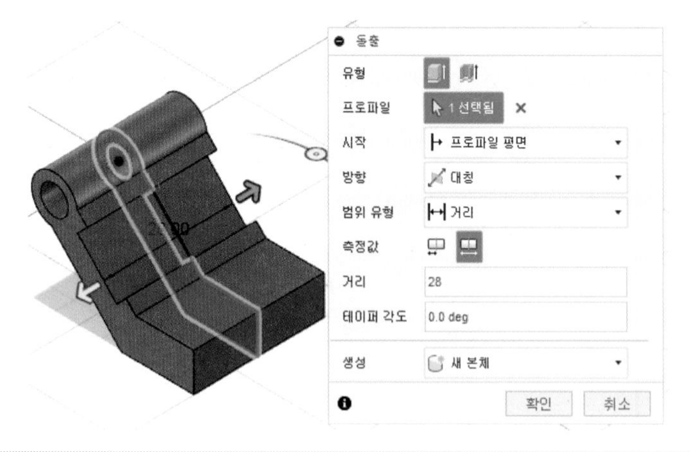

04.

- 작성 – 스케치 작성, XZ평면
- 작성 – 스케치 명령을 이용하여 스케치 후 구속조건 기입
- 작성 – 스케치 치수로 수정

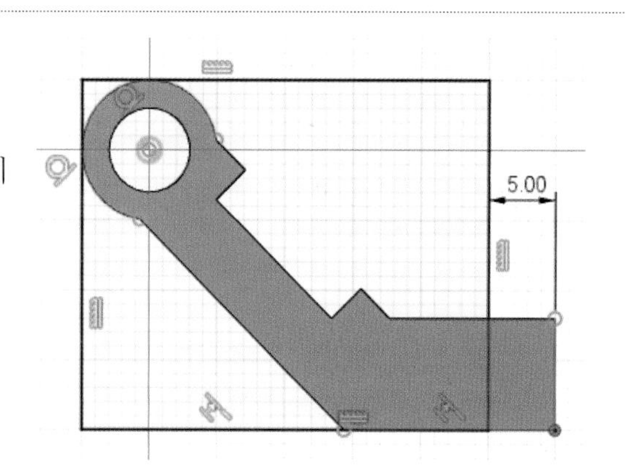

05.

- 스케치 마무리
- 작성 – 돌출
  대칭, 전체거리 18, 잘라내기

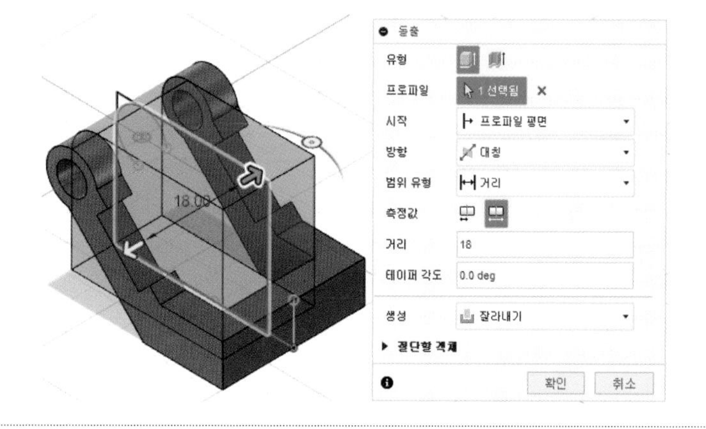

06.

- 수정 – 모따기, C3

07.

- 작성 – 스케치 작성, 해당평면
- 작성 – 스케치 명령을 이용하여 해당 비번호 기입

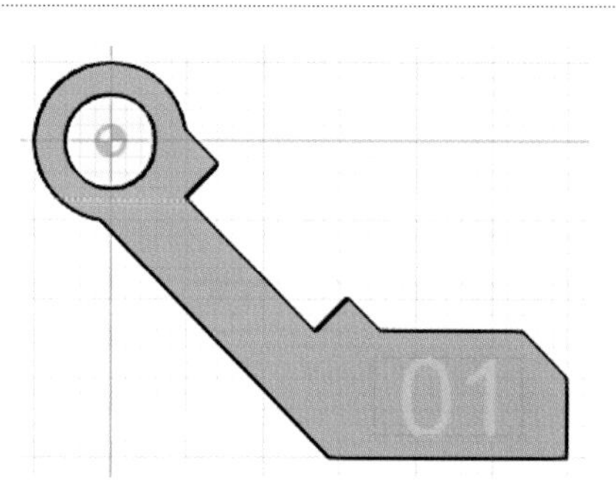

크기, 글자체, 깊이 규정 없음

08.

- 스케치 마무리
- 선택 후 작성 – 돌출
  한쪽 방향, 거리 –1, 잘라내기

09.

- 저장되지 않음 체크 후 조립 – 새 구성요소

10.

- 구성요소1 비활성화
- 작성 – 스케치 작성, XZ평면
- 작성 – 스케치 명령을 이용하여 스케치 후 구속조건 기입
- 작성 – 스케치 치수로 수정

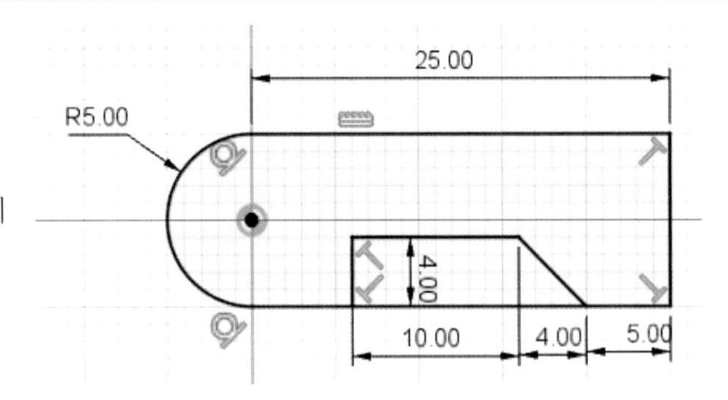

11.

- 스케치 마무리
- 작성 – 돌출
  대칭, 전체거리 17(공차적용), 새 본체

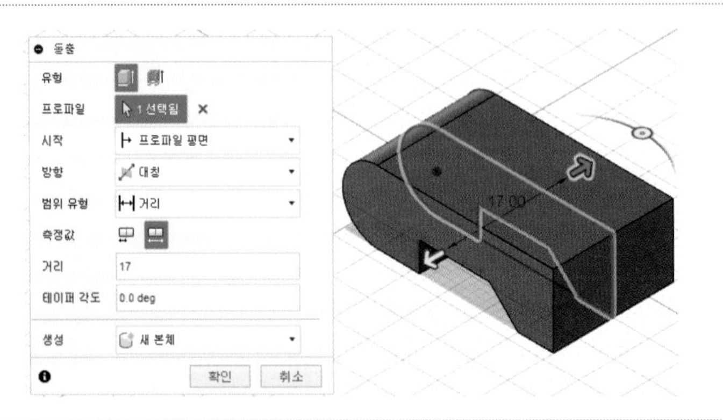

12.

- 작성 – 스케치 작성, XZ평면
- 작성 – 스케치 명령을 이용하여 스케치 후 구속조건 기입
- 작성 – 스케치 치수로 수정(공차 적용)

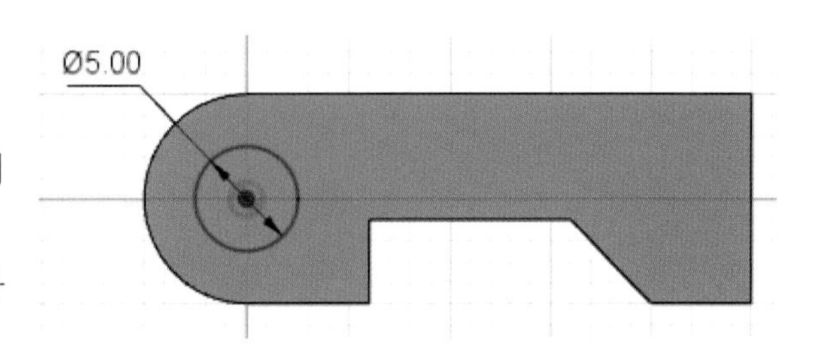

13.

- 스케치 마무리
- 작성 – 돌출
  대칭, 전체거리 32, 접합

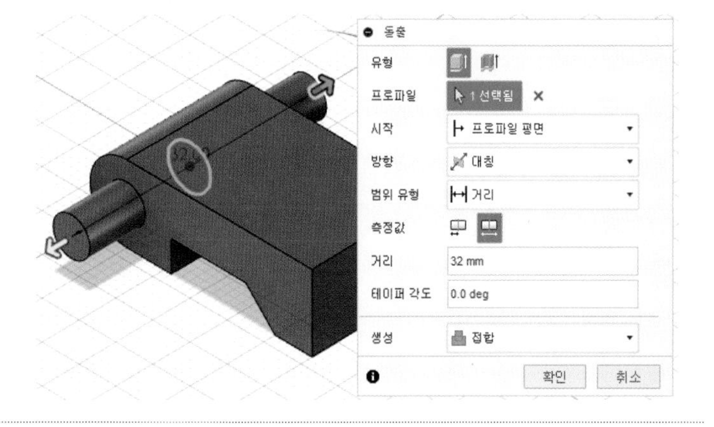

14.

- 작성 – 스케치 작성, XZ평면
- 작성 – 스케치 명령을 이용하여 스케치 후 구속조건 기입
- 작성 – 스케치 치수로 수정

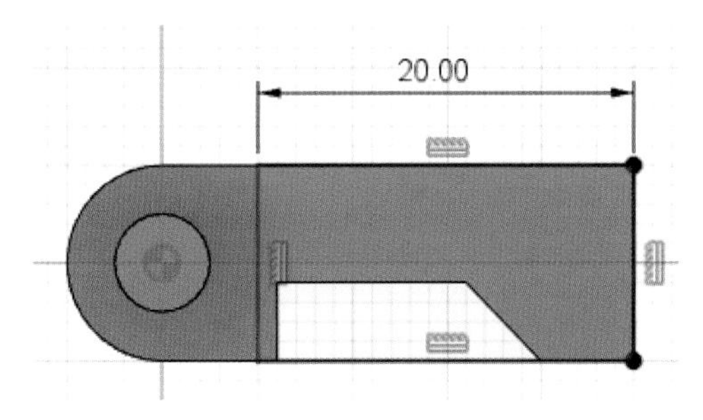

15.

- 스케치 마무리
- 작성 – 돌출
  대칭, 전체거리 8, 잘라내기

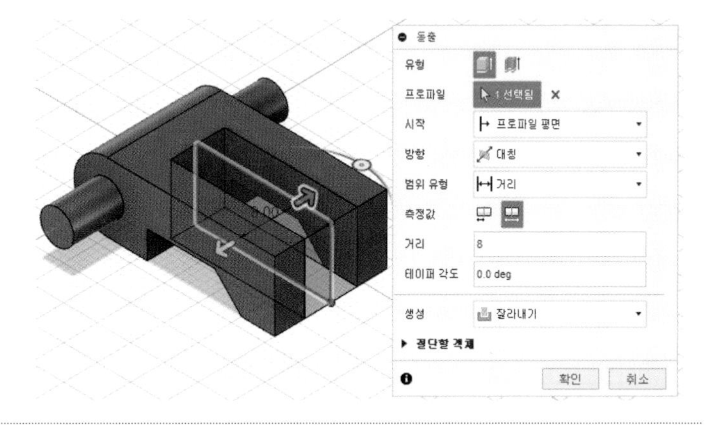

16.

- 수정 – 모따기, C3

17.

- 저장되지 않음 체크 후 모든 구성요소 활성화

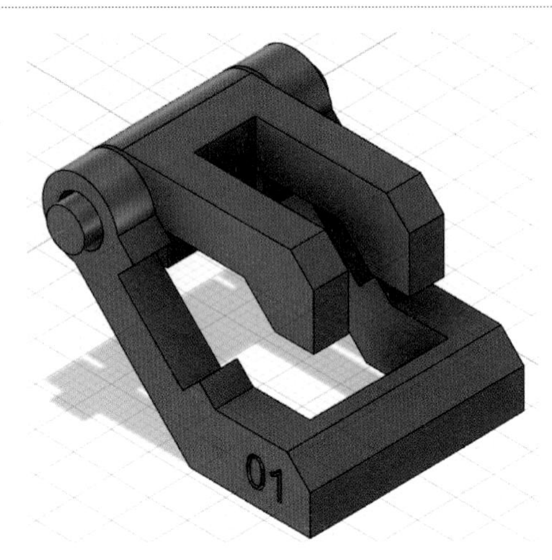

18.

- 구성요소1을 우클릭 후 고정

19.

- 조립 – 접합
- 접합 정렬 후 조립도에 맞게 완성

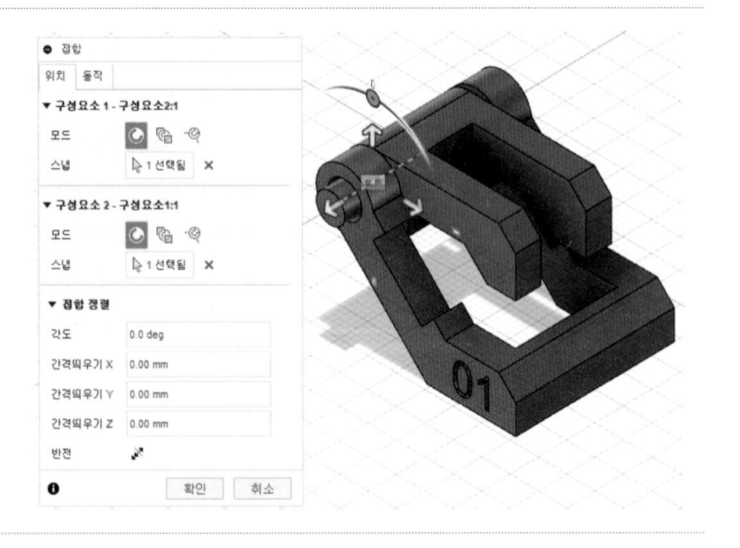

20

- 저장되지 않음을 우클릭 후 내보내기 생성된 비번호 폴더에 비번호.f3d 저장
- 저장되지 않음을 우클릭 후 내보내기 생성된 비번호 폴더에 비번호.stp 저장
- 출력이 잘 될 위치로 구성요소 회전 및 이동, 저장되지 않음을 우클릭 후 메쉬로 저장. 생성된 비번호 폴더에 비번호.stl 저장

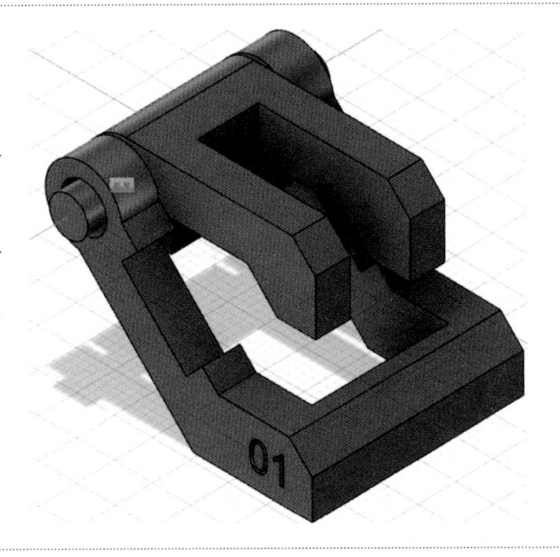

21.

- 해당 슬라이싱 프로그램 설정값 및 출력 방향 설정
- 비번호 폴더에 비번호.*** 저장

참고

조립 방향, 설정값, 출력방향에 따라 출력 시간이 다릅니다. 수험자가 최적의 조건을 찾으시기 바랍니다.

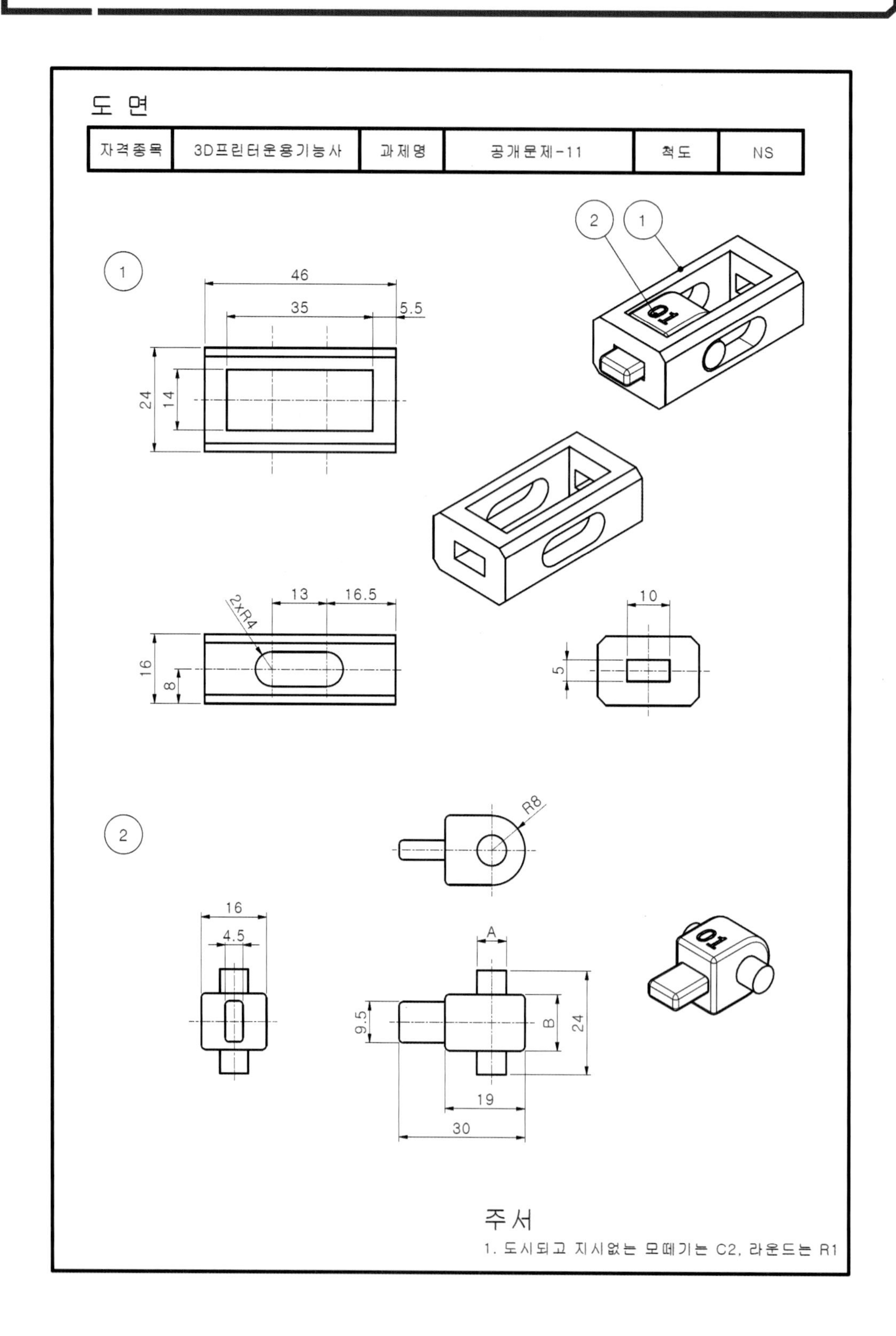
도 면
자격종목
3D프린터운용기능사
과제명
공개문제-11
척도
NS
1
2
46
35
5.5
24
14
13
16.5
2xR4
16
8
10
5
R8
4.5
A
9.5
B
24
19
30
01
주서
1. 도시되고 지시없는 모떼기는 C2, 라운드는 R1

01.

- 바탕화면에 비번호 폴더 생성
- 조립 – 새 구성요소

02.

- 작성 – 스케치 작성, XY평면
- 작성 – 스케치 명령을 이용하여 스케치 후 구속조건 기입
- 작성 – 스케치 치수로 수정

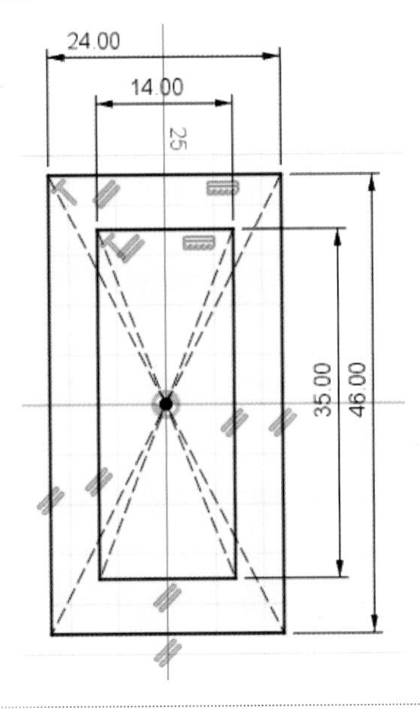

03.

- 스케치 마무리
- 작성 – 돌출
  대칭, 전체거리 16, 새 본체

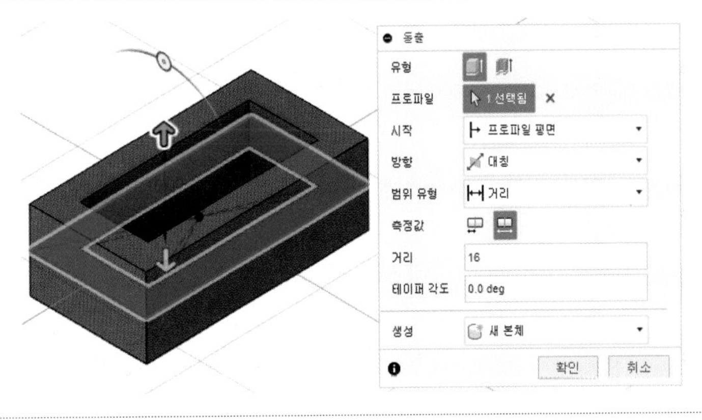

04.

- 작성 – 스케치 작성, YZ평면
- 작성 – 스케치 명령을 이용하여 스케치 후 구속조건 기입
- 작성 – 스케치 치수로 수정

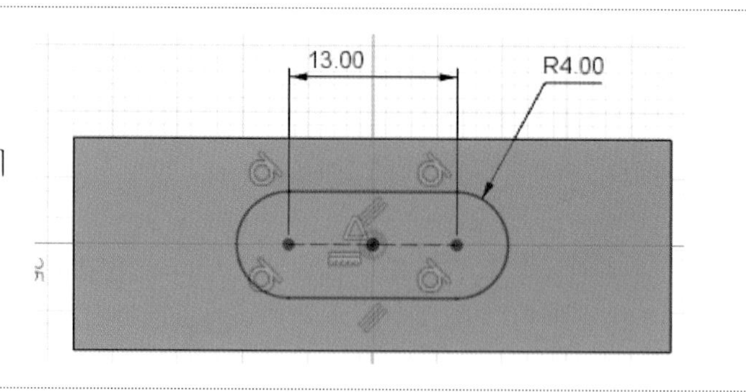

05.

- 스케치 마무리
- 작성 – 돌출
  대칭, 모두, 잘라내기

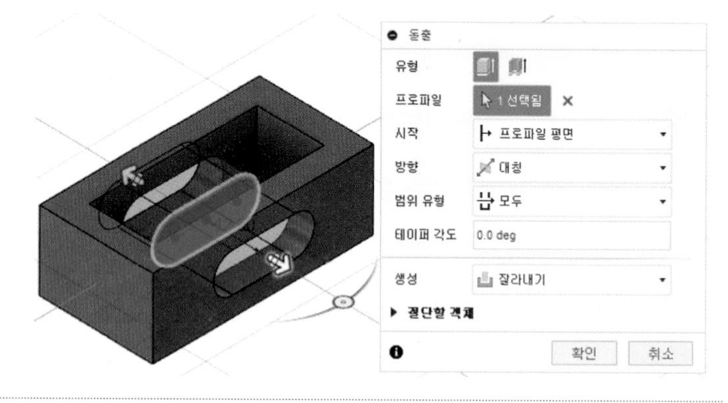

06.

- 작성 – 스케치 작성, XZ평면
- 작성 – 스케치 명령을 이용하여 스케치 후 구속조건 기입
- 작성 – 스케치 치수로 수정

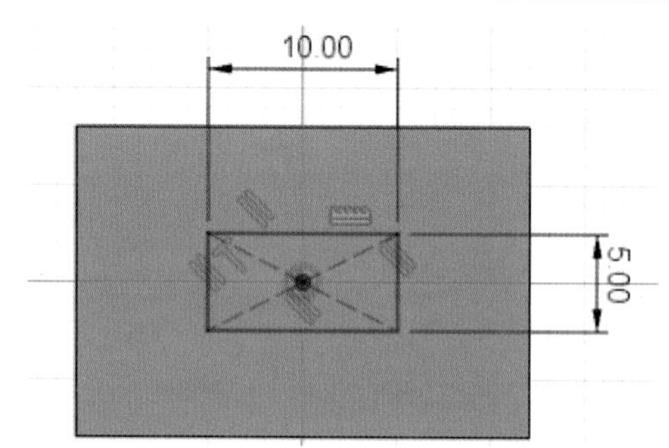

07.

- 스케치 마무리
- 작성 – 돌출
  대칭, 모두, 잘라내기

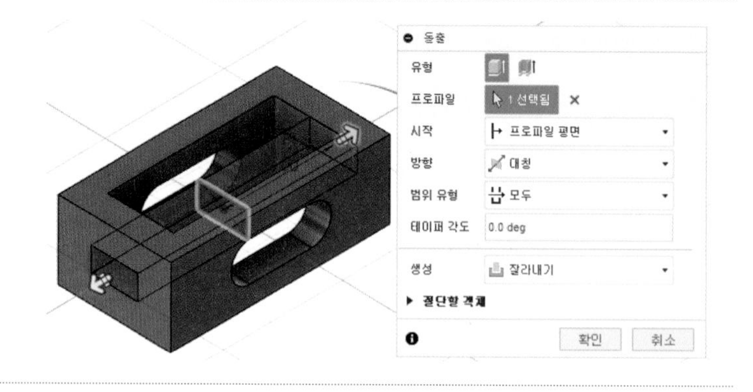

08.

• 수정 – 모따기, C2

09.

• 저장되지 않음 체크 후 조립 – 새 구성요소

10.

• 구성요소1 비활성화
• 작성 – 스케치 작성, YZ평면
• 작성 – 스케치 명령을 이용하여 스케치 후 구속조건 기입
• 작성 – 스케치 치수로 수정(공차 적용)

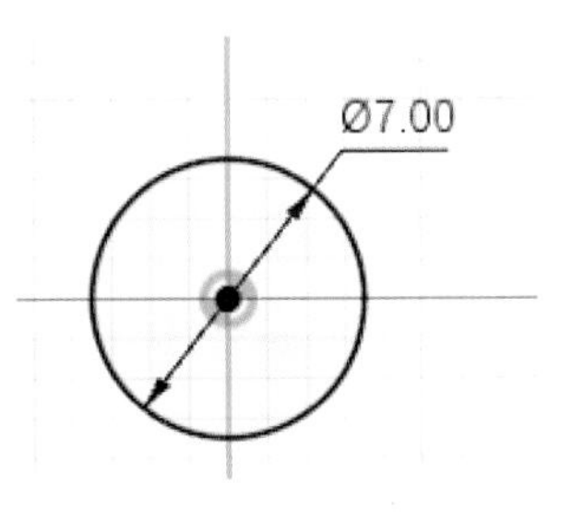

11.

• 스케치 마무리
• 작성 – 돌출
대칭, 전체거리 24, 새 본체

12.

- 작성 – 스케치 작성, YZ평면
- 작성 – 스케치 명령을 이용하여 스케치 후 구속조건 기입
- 작성 – 스케치 치수로 수정

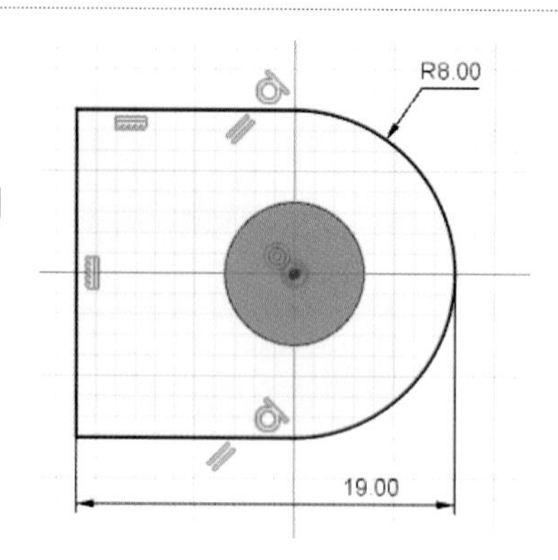

13.

- 스케치 마무리
- 작성 – 돌출
  대칭, 전체거리 13(공차적용), 접합

14.

- 작성 – 스케치 작성, 해당평면
- 작성 – 스케치 명령을 이용하여 스케치 후 구속조건 기입
- 작성 – 스케치 치수로 수정

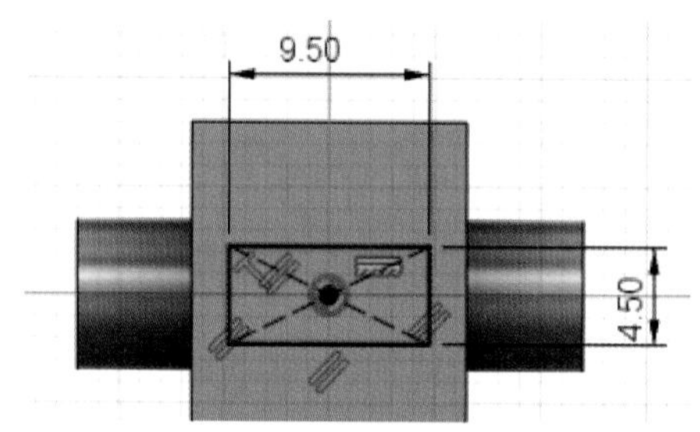

15.

- 스케치 마무리
- 작성 – 돌출
  한쪽방향, 거리 11, 접합

16.

• 수정 – 모깎기, R1

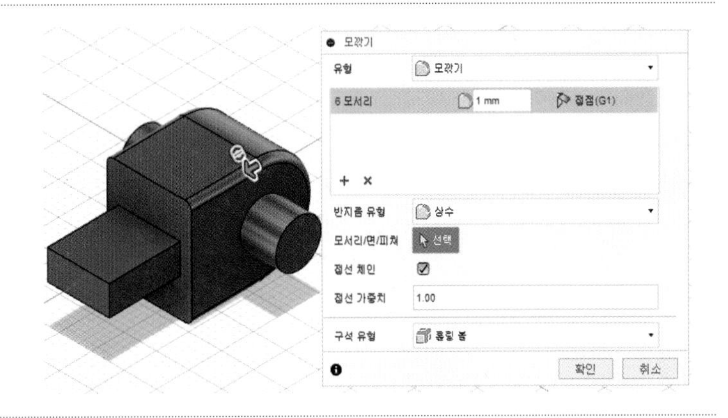

17.

• 수정 – 모깎기, R1

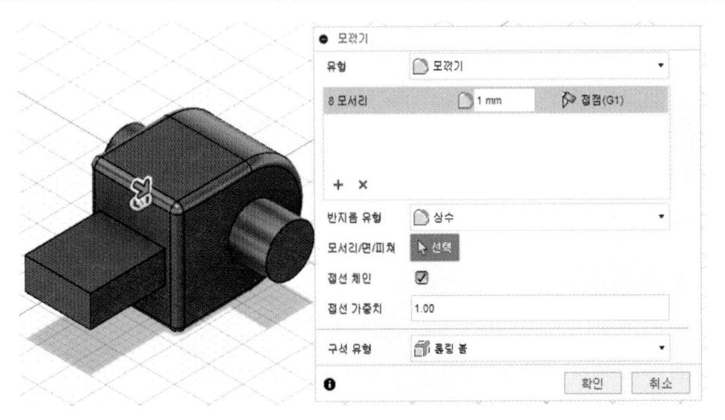

18.

• 수정 – 모깎기, R1

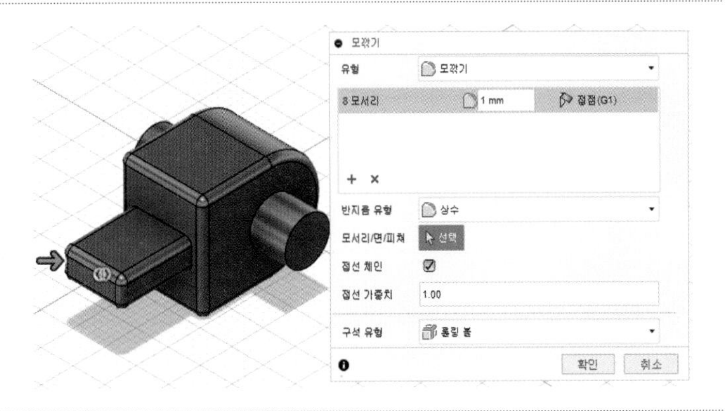

19.

• 작성 – 스케치 작성, 해당평면
• 작성 – 스케치 명령을 이용하여 해당 비번호 기입

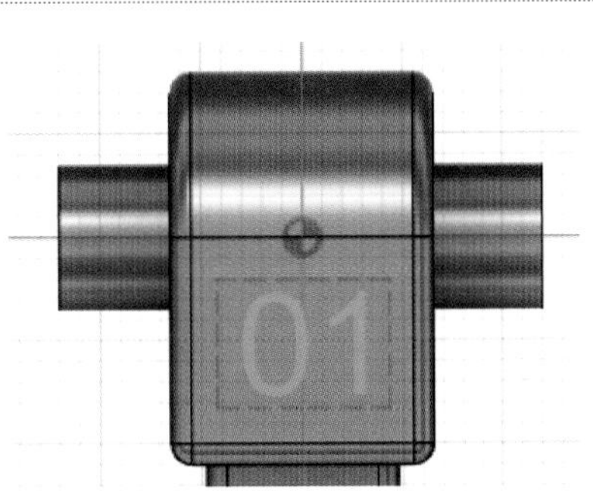

크기, 글자체, 깊이 규정 없음

20

- 스케치 마무리
- 선택 후 작성 – 돌출
  한쪽방향, 거리 –1, 잘라내기

21.

- 저장되지 않음 체크 후 모든 구성요소 활성화

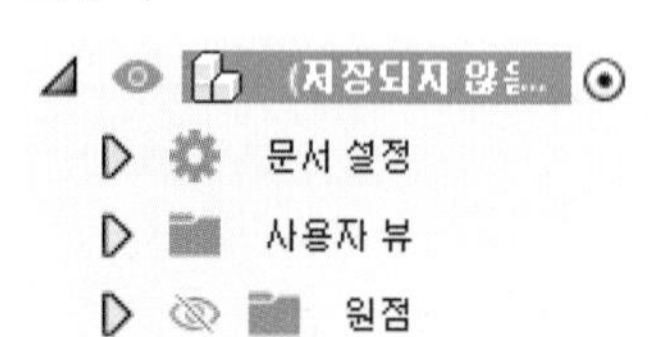

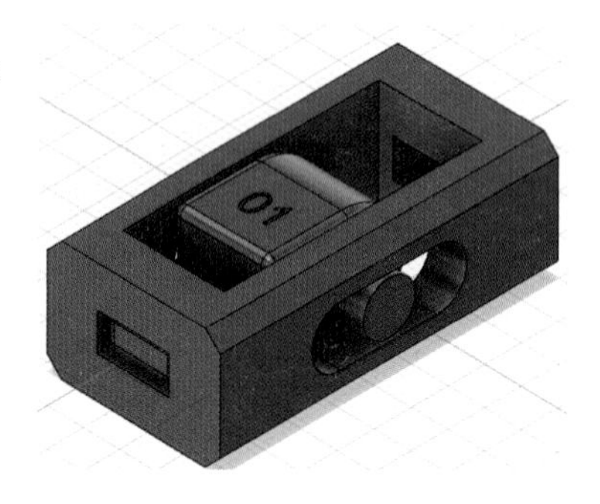

22.

- 구성요소1을 우클릭 후 고정

23.

- 조립 – 접합, 완성

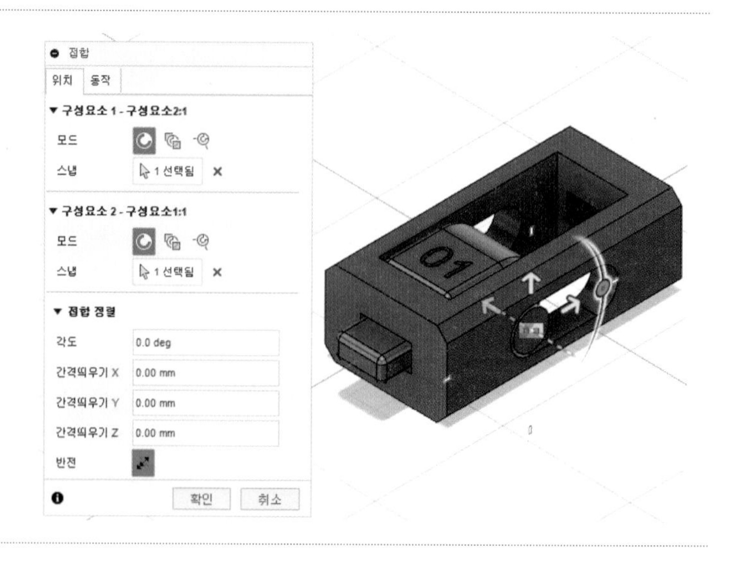

24.

- 저장되지 않음을 우클릭 후 내보내기 생성된 비번호 폴더에 비번호.f3d 저장
- 저장되지 않음을 우클릭 후 내보내기 생성된 비번호 폴더에 비번호.stp 저장
- 출력이 잘 될 위치로 구성요소 회전 및 이동, 저장되지 않음을 우클릭 후 메쉬로 저장. 생성된 비번호 폴더에 비번호.stl 저장

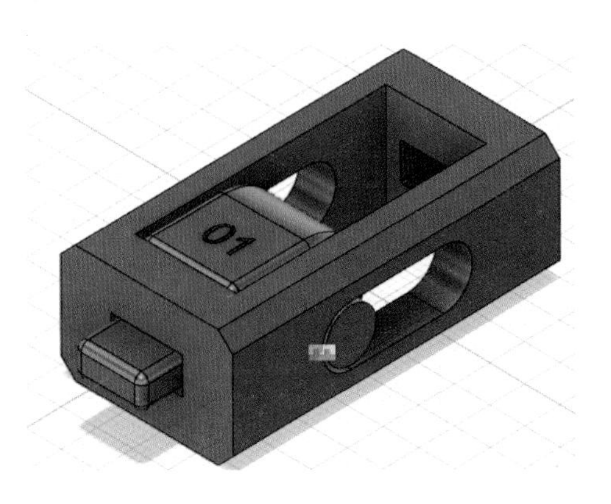

25.

- 해당 슬라이싱 프로그램 설정값 및 출력 방향 설정
- 비번호 폴더에 비번호.*** 저장

참고

조립 방향, 설정값, 출력방향에 따라 출력 시간이 다릅니다. 수험자가 최적의 조건을 찾으시기 바랍니다.

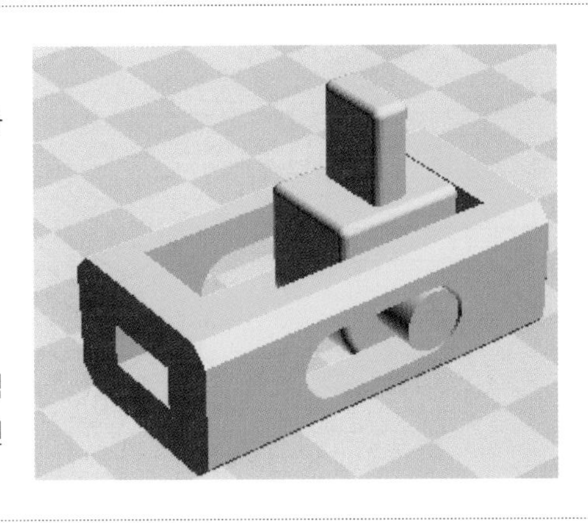

12 | 공개 도면 12

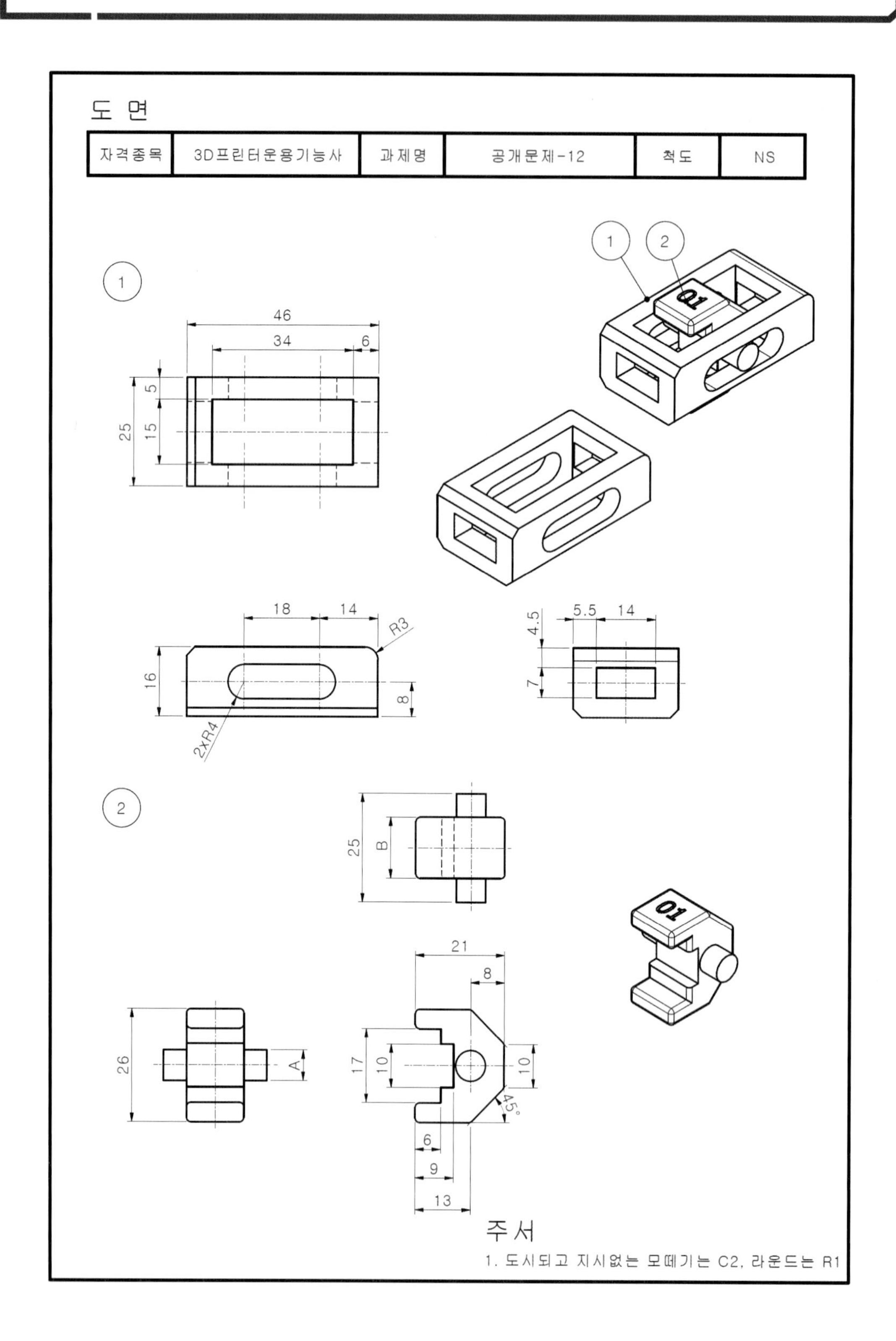

도 면
자격종목
3D프린터운용기능사
과제명
공개문제-12
척도
NS
1
2
46
34
6
25
5
15
18
14
R3
16
8
2xR4
5.5
14
4.5
7
B
26
A
21
8
17
10
10
45°
6
9
13
01
주서
1. 도시되고 지시없는 모떼기는 C2, 라운드는 R1

01.

- 바탕화면에 비번호 폴더 생성
- 조립 – 새 구성요소

02.

- 작성 – 스케치 작성, YZ평면
- 작성 – 스케치 명령을 이용하여 스케치 후 구속조건 기입
- 작성 – 스케치 치수로 수정

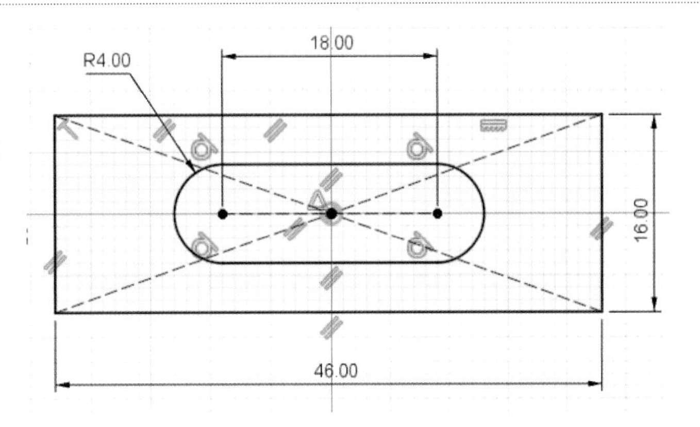

03.

- 스케치 마무리
- 작성 – 돌출
  대칭, 전체거리 25, 새 본체

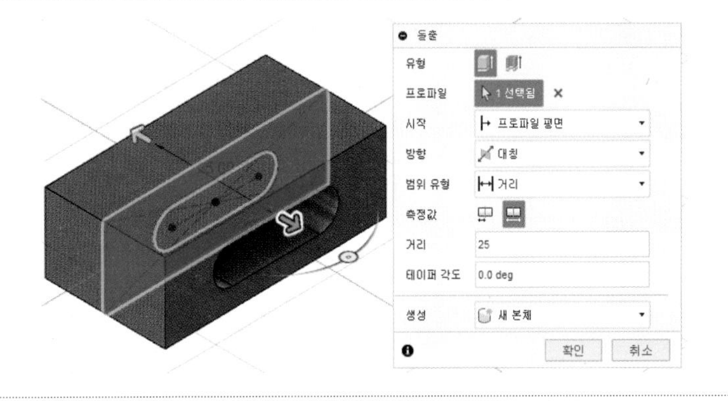

04.

- 작성 – 스케치 작성, 해당평면
- 작성 – 스케치 명령을 이용하여 스케치 후 구속조건 기입
- 작성 – 스케치 치수로 수정

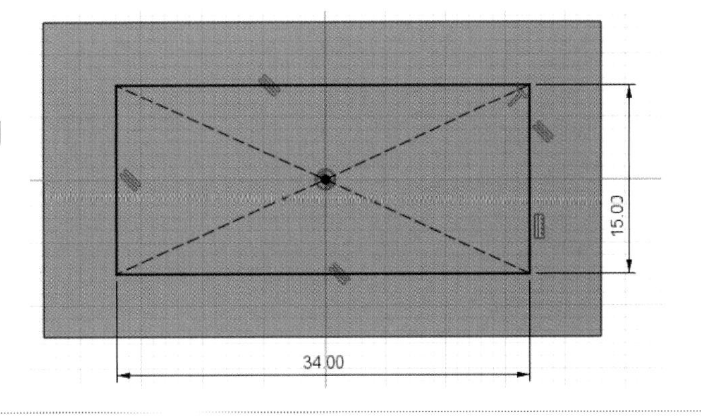

05.

- 스케치 마무리
- 작성 – 돌출
  한쪽 방향, 모두(반전), 잘라내기

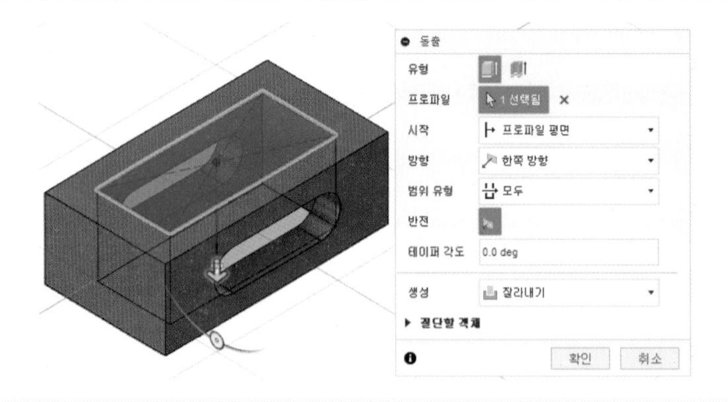

06.

- 작성 – 스케치 작성, 해당평면
- 작성 – 스케치 명령을 이용하여 스케치 후 구속조건 기입
- 작성 – 스케치 치수로 수정

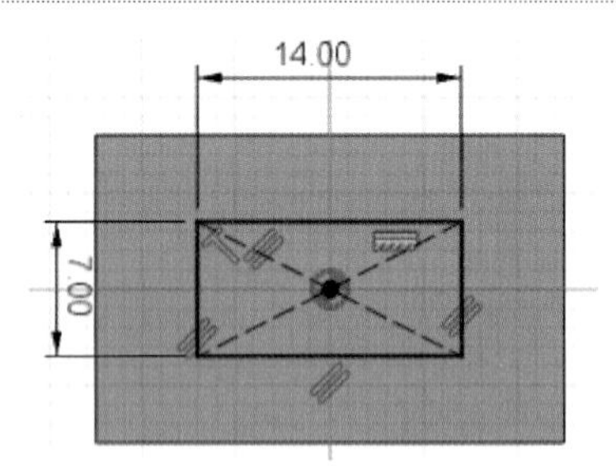

07.

- 스케치 마무리
- 작성 – 돌출
  한쪽 방향, 모두(반전), 잘라내기

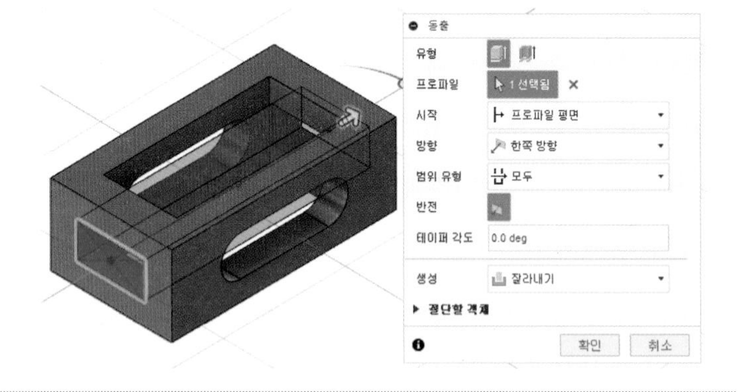

08.

- 수정 – 모깎기, R3

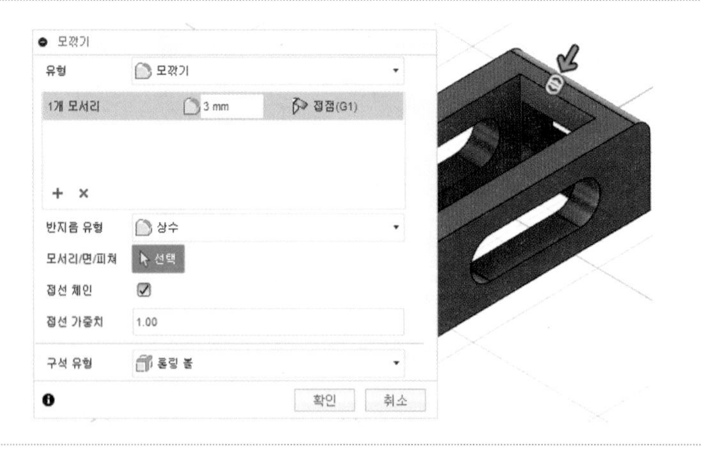

09.

• 수정 – 모따기, C2

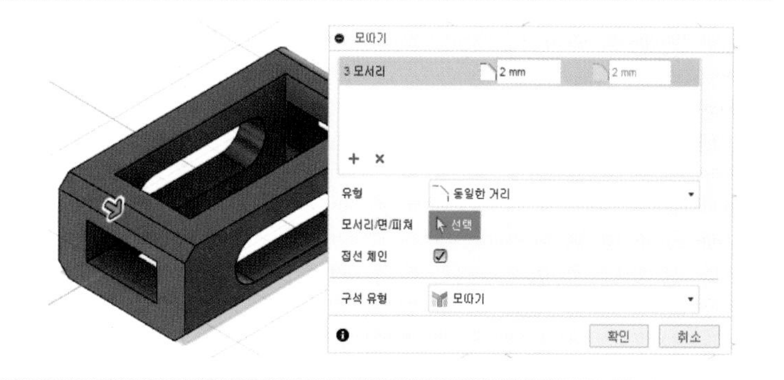

10.

• 저장되지 않음 체크 후 조립 – 새 구성요소

11.

• 구성요소1 비활성화
• 작성 – 스케치 작성, YZ평면
• 작성 – 스케치 명령을 이용하여 스케치 후 구속조건 기입
• 작성 – 스케치 치수로 수정(공차 적용)

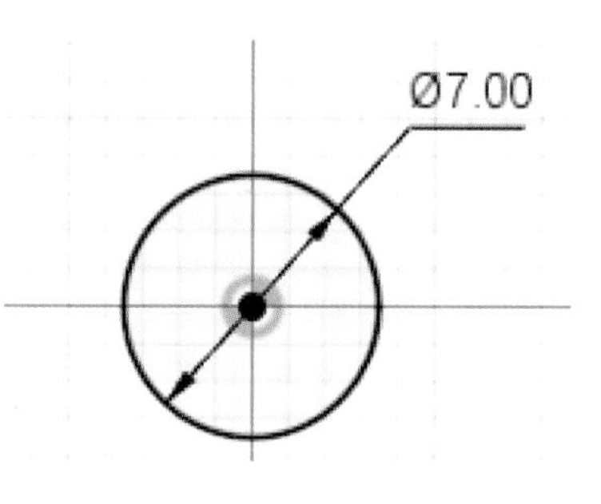

12.

• 스케치 마무리
• 작성 – 돌출
대칭, 전체거리 25, 새 본체

13.

- 작성 – 스케치 작성, YZ평면
- 작성 – 스케치 명령을 이용하여 스케치 후 구속조건 기입
- 작성 – 스케치 치수로 수정

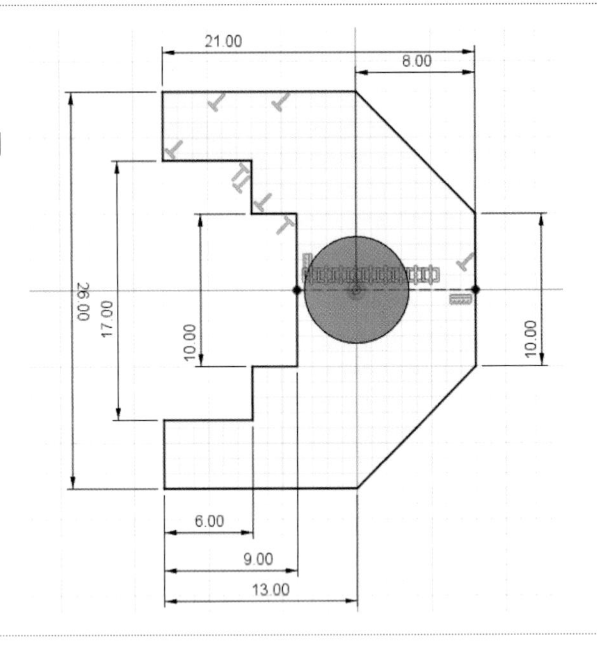

14.

- 스케치 마무리
- 작성 – 돌출
  대칭, 전체거리 14(공차적용), 접합

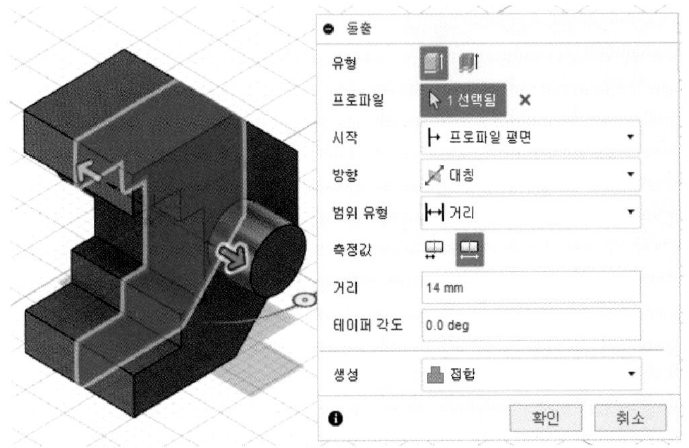

15.

- 수정 – 모깎기, R1

16.

- 작성 – 스케치 작성, 해당평면
- 작성 – 스케치 명령을 이용하여 해당 비번호 기입

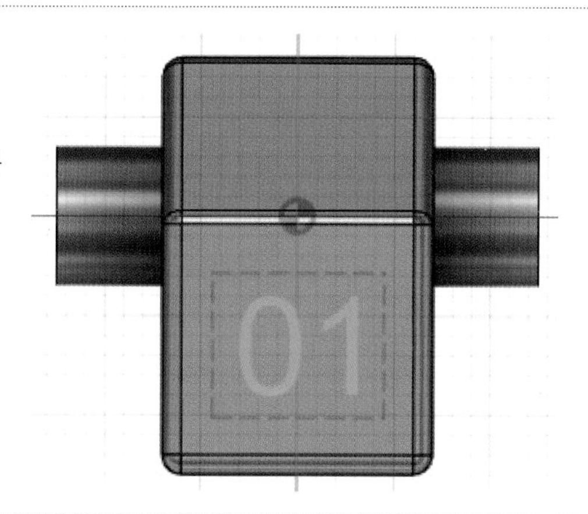

참고

크기, 글자체, 깊이 규정 없음

17.

- 스케치 마무리
- 선택 후 작성 – 돌출
  한쪽 방향, 거리 –1, 잘라내기

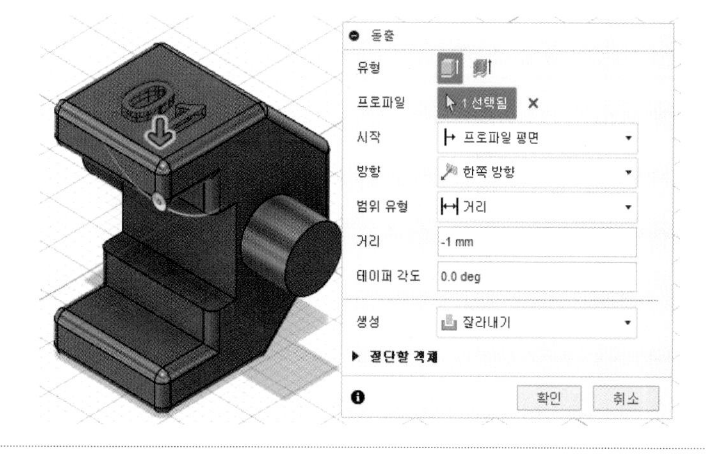

18.

- 저장되지 않음 체크 후 모든 구성요소 활성화

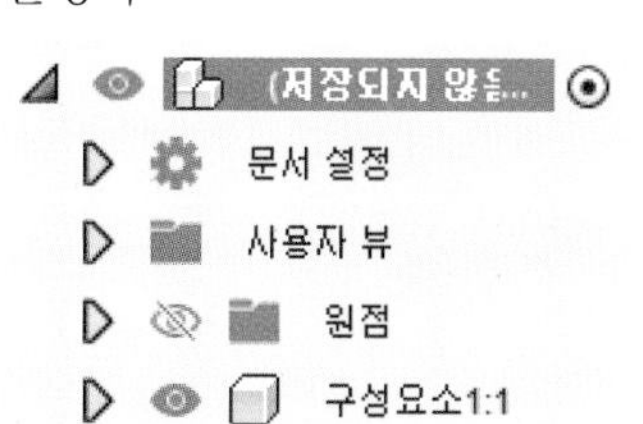

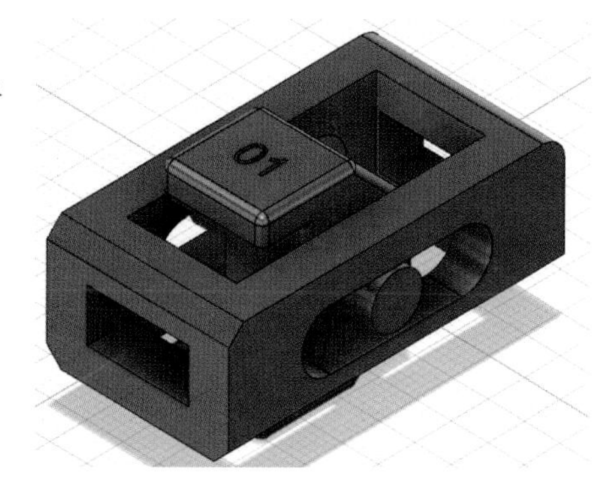

19.

- 구성요소1을 우클릭 후 고정

20.

- 조립 – 접합
- 접합 정렬 후 조립도에 맞게 완성

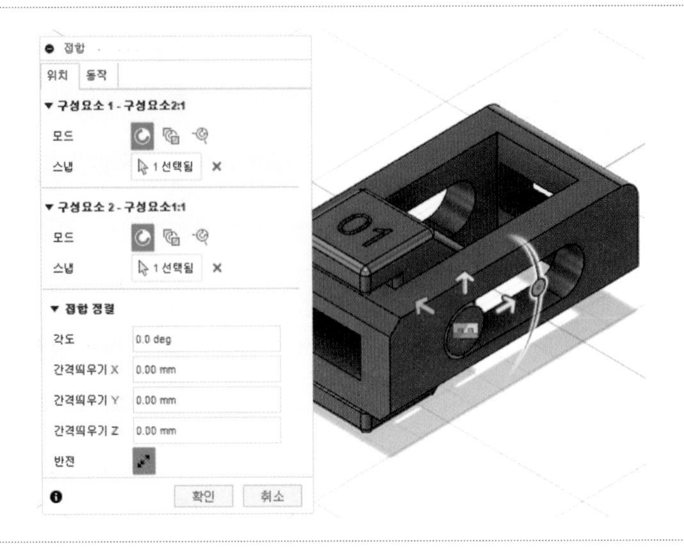

21.

- 저장되지 않음을 우클릭 후 내보내기 생성된 비번호 폴더에 비번호.f3d 저장
- 저장되지 않음을 우클릭 후 내보내기 생성된 비번호 폴더에 비번호.stp 저장
- 출력이 잘 될 위치로 구성요소 회전 및 이동, 저장되지 않음을 우클릭 후 메쉬로 저장. 생성된 비번호 폴더에 비번호.stl 저장

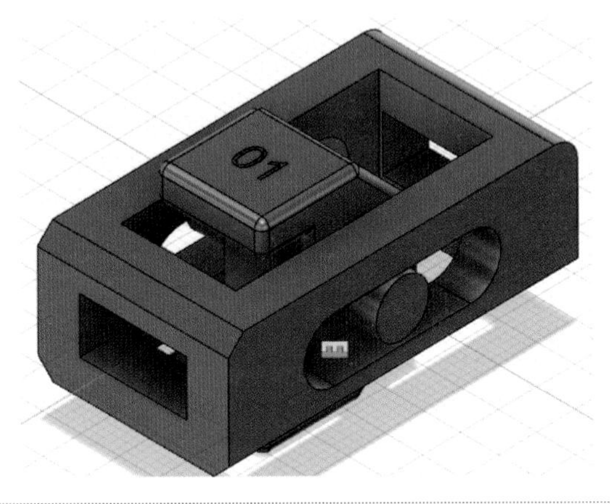

22.

- 해당 슬라이싱 프로그램 설정값 및 출력 방향 설정
- 비번호 폴더에 비번호.*** 저장

참고

조립 방향, 설정값, 출력방향에 따라 출력 시간이 다릅니다. 수험자가 최적의 조건을 찾으시기 바랍니다.

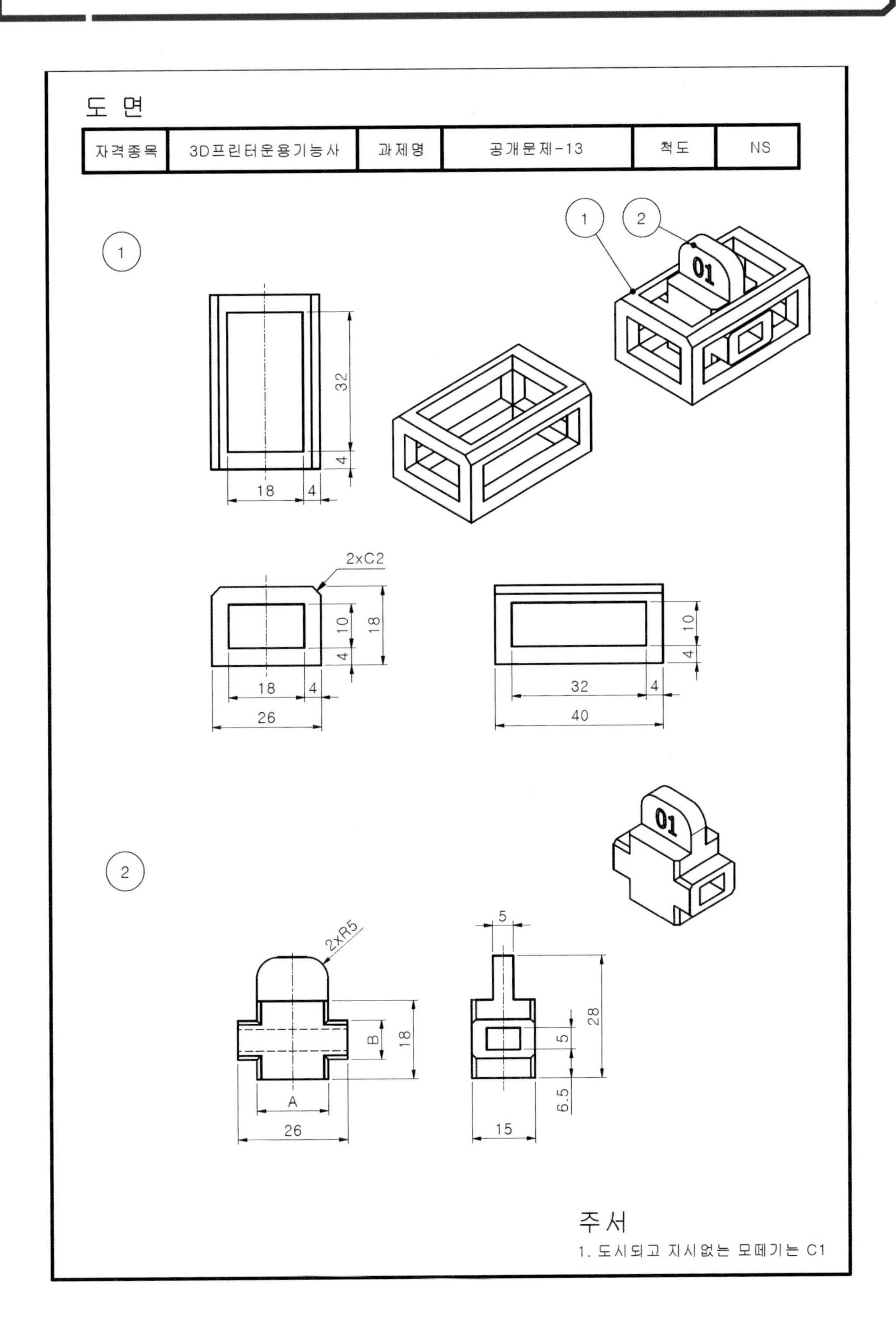
도 면
자격종목
3D프린터운용기능사
과제명
공개문제-13
척도
NS
1
2
01
32
4
18
2xC2
10
26
40
2xR5
B
A
5
28
6.5
15
주서
1. 도시되고 지시없는 모떼기는 C1

01.

- 바탕화면에 비번호 폴더 생성
- 조립 – 새 구성요소

02.

- 작성 – 스케치 작성, YZ평면
- 작성 – 스케치 명령을 이용하여 스케치 후 구속조건 기입
- 작성 – 스케치 치수로 수정

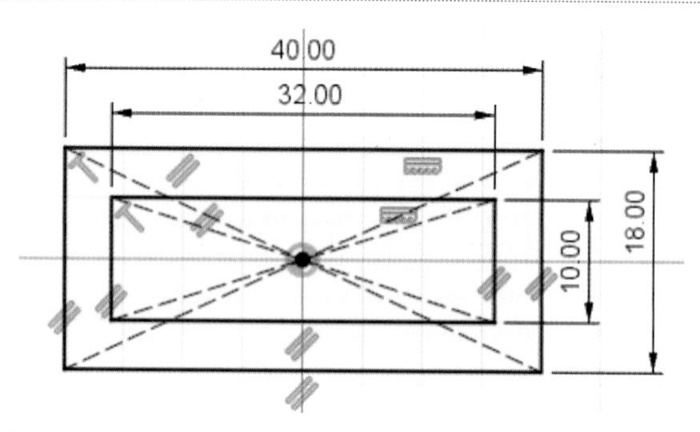

03.

- 스케치 마무리
- 작성 – 돌출
  대칭, 전체거리 26, 새 본체

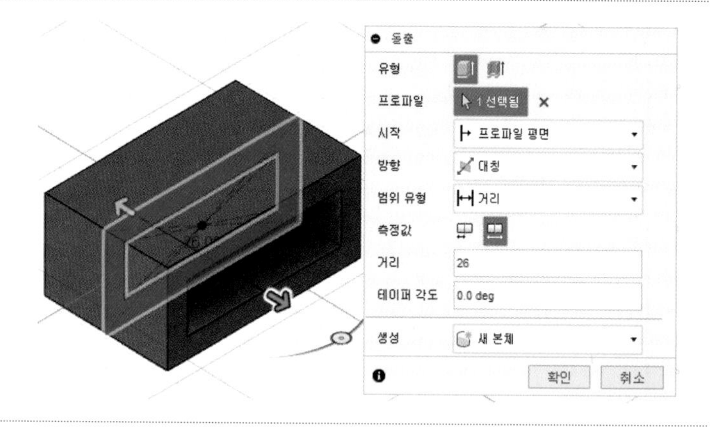

04.

- 작성 – 스케치 작성, XY평면
- 작성 – 스케치 명령을 이용하여 스케치 후 구속조건 기입
- 작성 – 스케치 치수로 수정

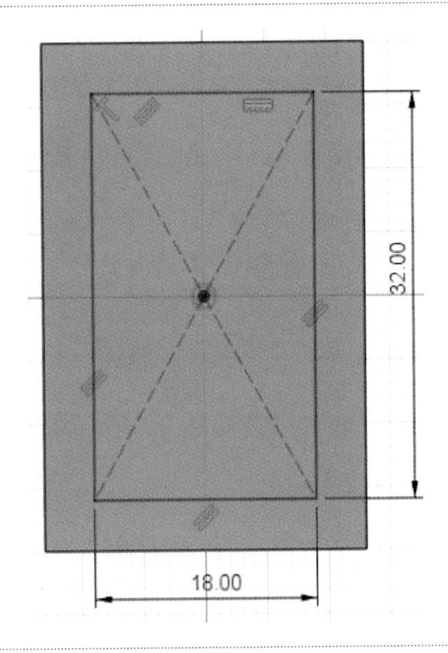

05.

- 스케치 마무리
- 작성 – 돌출
  대칭, 모두, 잘라내기

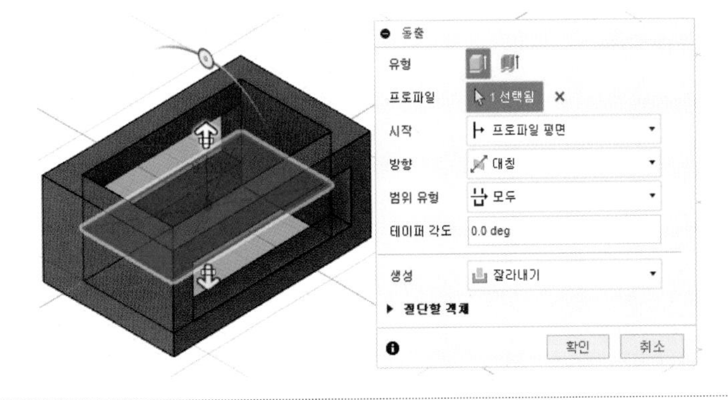

06.

- 작성 – 스케치 작성, XZ평면
- 작성 – 스케치 명령을 이용하여 스케치 후 구속조건 기입
- 작성 – 스케치 치수로 수정

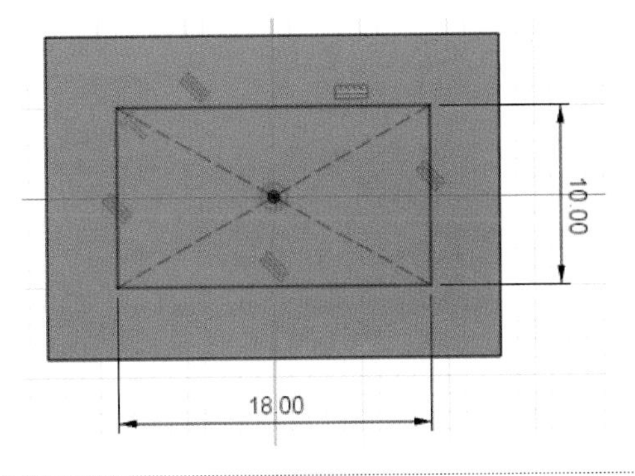

07.

- 스케치 마무리
- 작성 – 돌출
  대칭, 모두, 잘라내기

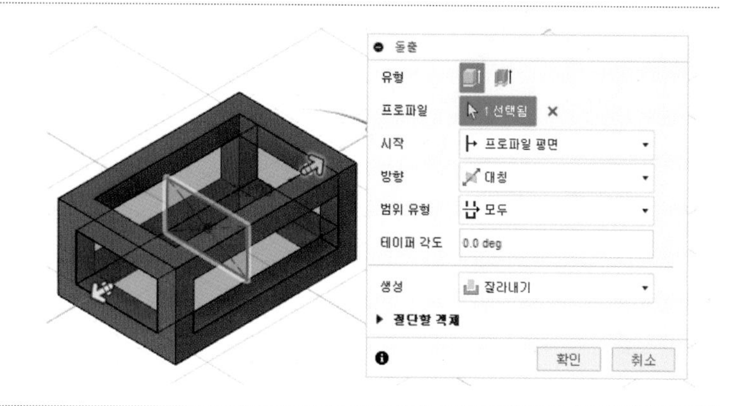

08.

- 수정 – 모따기, C5

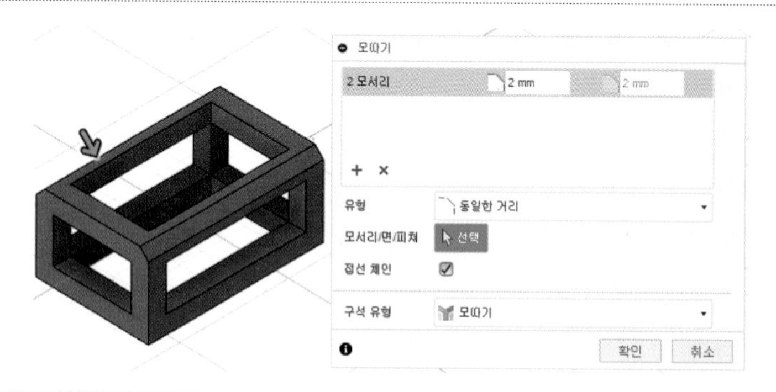

09.

- 저장되지 않음 체크 후 조립 – 새 구성요소

10.

- 구성요소1 비활성화
- 작성 – 스케치 작성, XZ평면
- 작성 – 스케치 명령을 이용하여 스케치 후 구속조건 기입
- 작성 – 스케치 치수로 수정(공차 적용)

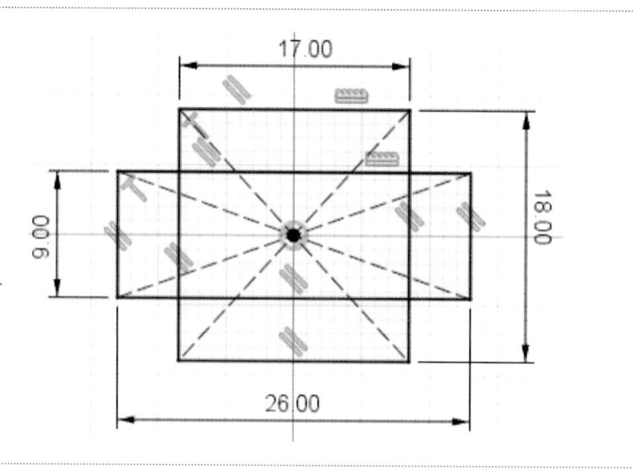

11.

- 스케치 마무리
- 작성 – 돌출

  대칭, 전체거리 15, 새 본체

12.

- 작성 – 스케치 작성, XZ평면
- 작성 – 스케치 명령을 이용하여 스케치 후 구속조건 기입
- 작성 – 스케치 치수로 수정

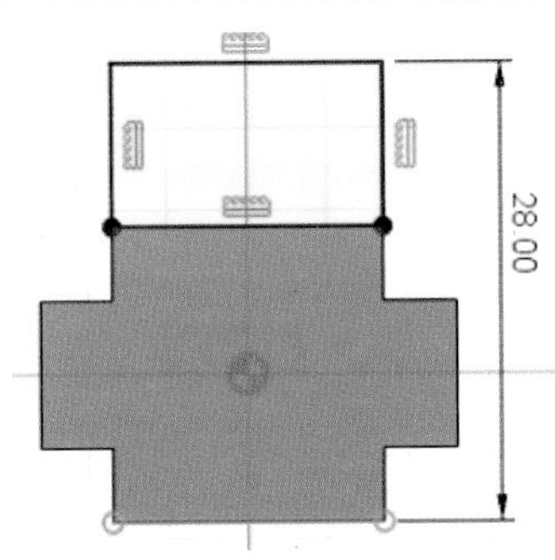

13.

- 스케치 마무리
- 작성 – 돌출

  대칭, 전체거리 5, 접합

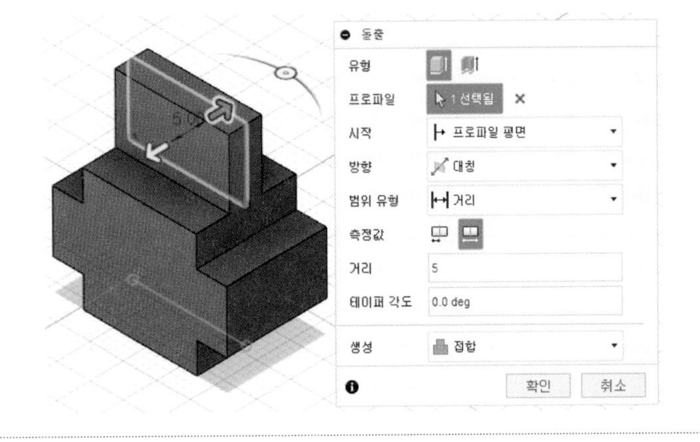

14.

- 작성 – 스케치 작성, YZ평면
- 작성 – 스케치 명령을 이용하여 스케치 후 구속조건 기입
- 작성 – 스케치 치수로 수정

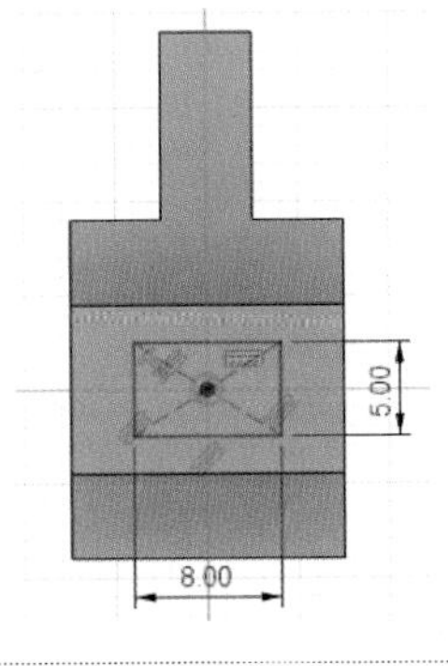

15.

- 스케치 마무리
- 작성 – 돌출
  대칭, 모두, 잘라내기

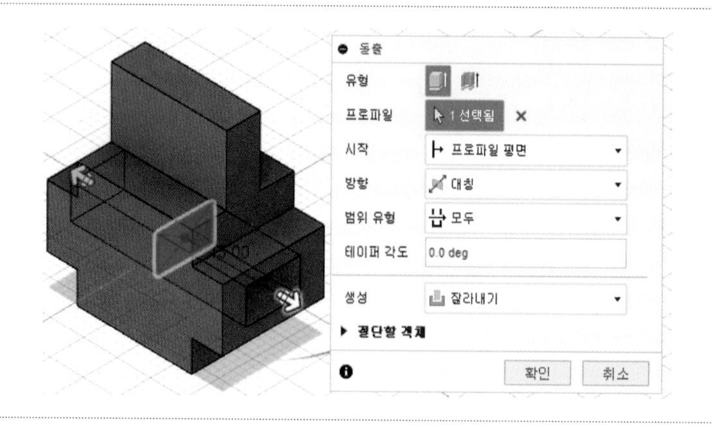

16.

- 수정 – 모깎기, R5

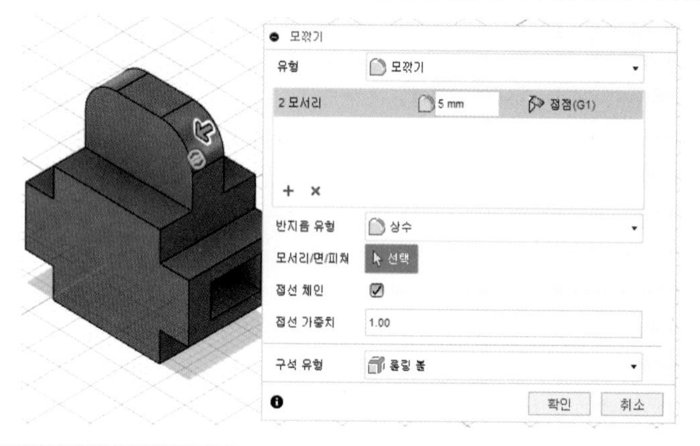

17.

- 수정 – 모따기, C1

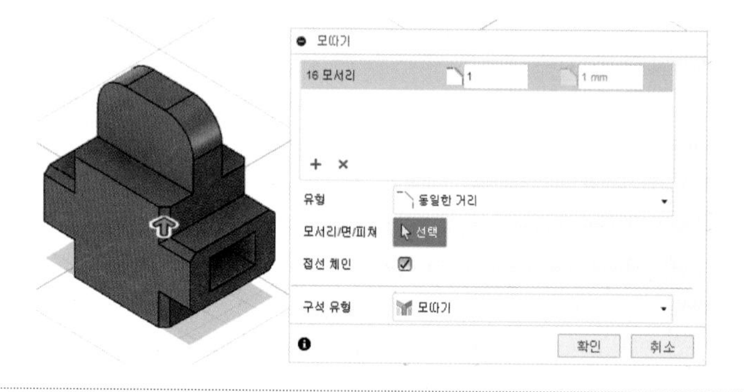

18.

- 작성 – 스케치 작성, 해당평면
- 작성 – 스케치 명령을 이용하여 해당 비번호 기입

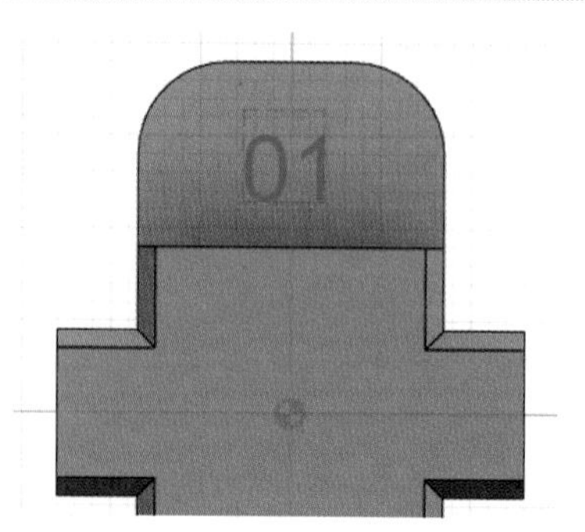

크기, 글자체, 깊이 규정 없음

19.

- 스케치 마무리
- 선택 후 작성 – 돌출
  한쪽 방향, 거리 −1, 잘라내기

20.

- 저장되지 않음 체크 후 모든 구성요소 활성화

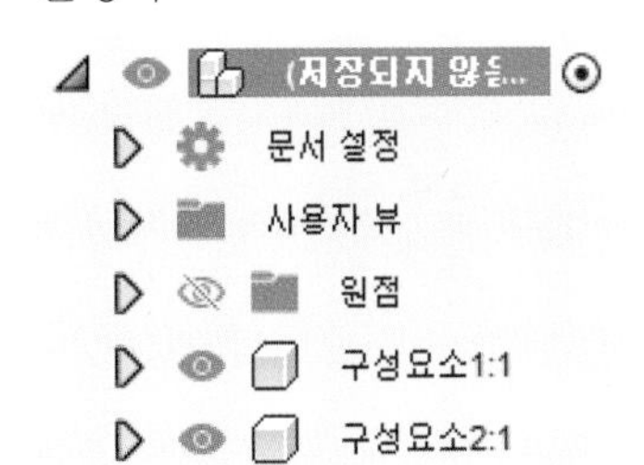

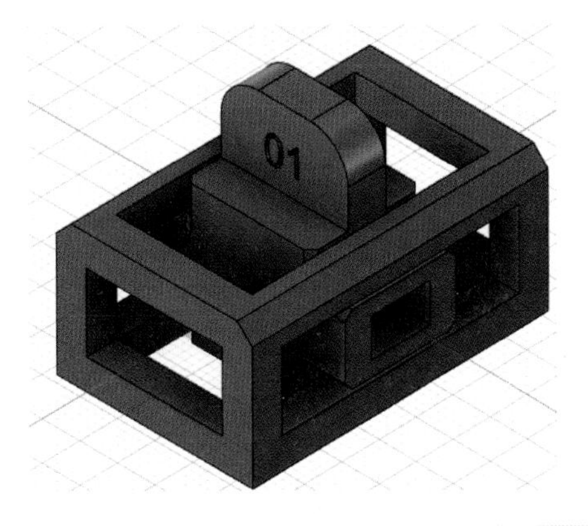

21.

- 구성요소1을 우클릭 후 고정

22.

- 조립 – 접합
- 접합 정렬 후 조립도에 맞게 완성

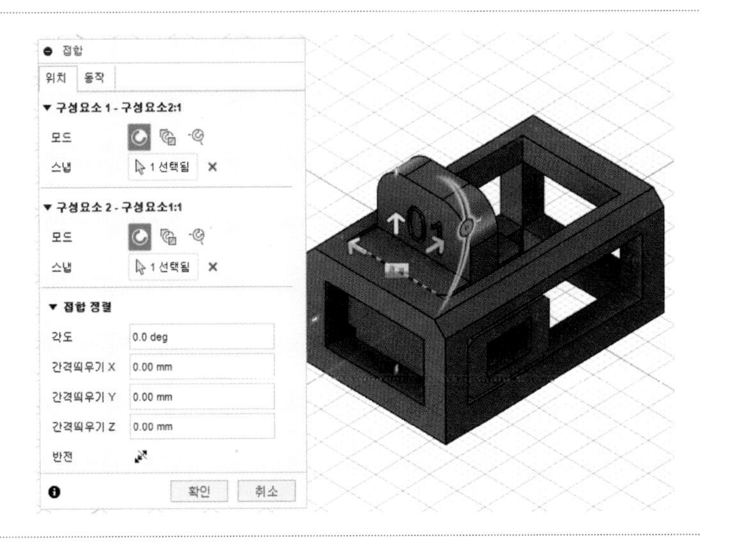

23.

- 저장되지 않음을 우클릭 후 내보내기 생성된 비번호 폴더에 비번호.f3d 저장
- 저장되지 않음을 우클릭 후 내보내기 생성된 비번호 폴더에 비번호.stp 저장
- 출력이 잘 될 위치로 구성요소 회전 및 이동, 저장되지 않음을 우클릭 후 메쉬로 저장. 생성된 비번호 폴더에 비번호.stl 저장

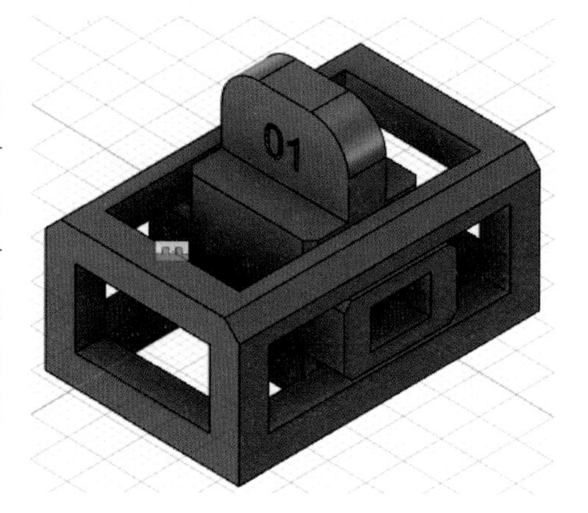

24.

- 해당 슬라이싱 프로그램 설정값 및 출력 방향 설정
- 비번호 폴더에 비번호.*** 저장

참고

조립 방향, 설정값, 출력방향에 따라 출력시간이 다릅니다. 수험자가 최적의 조건을 찾으시기 바랍니다.

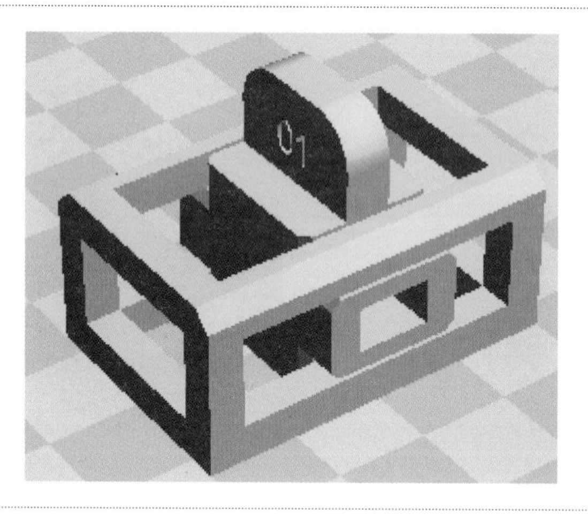

14 공개 도면 14

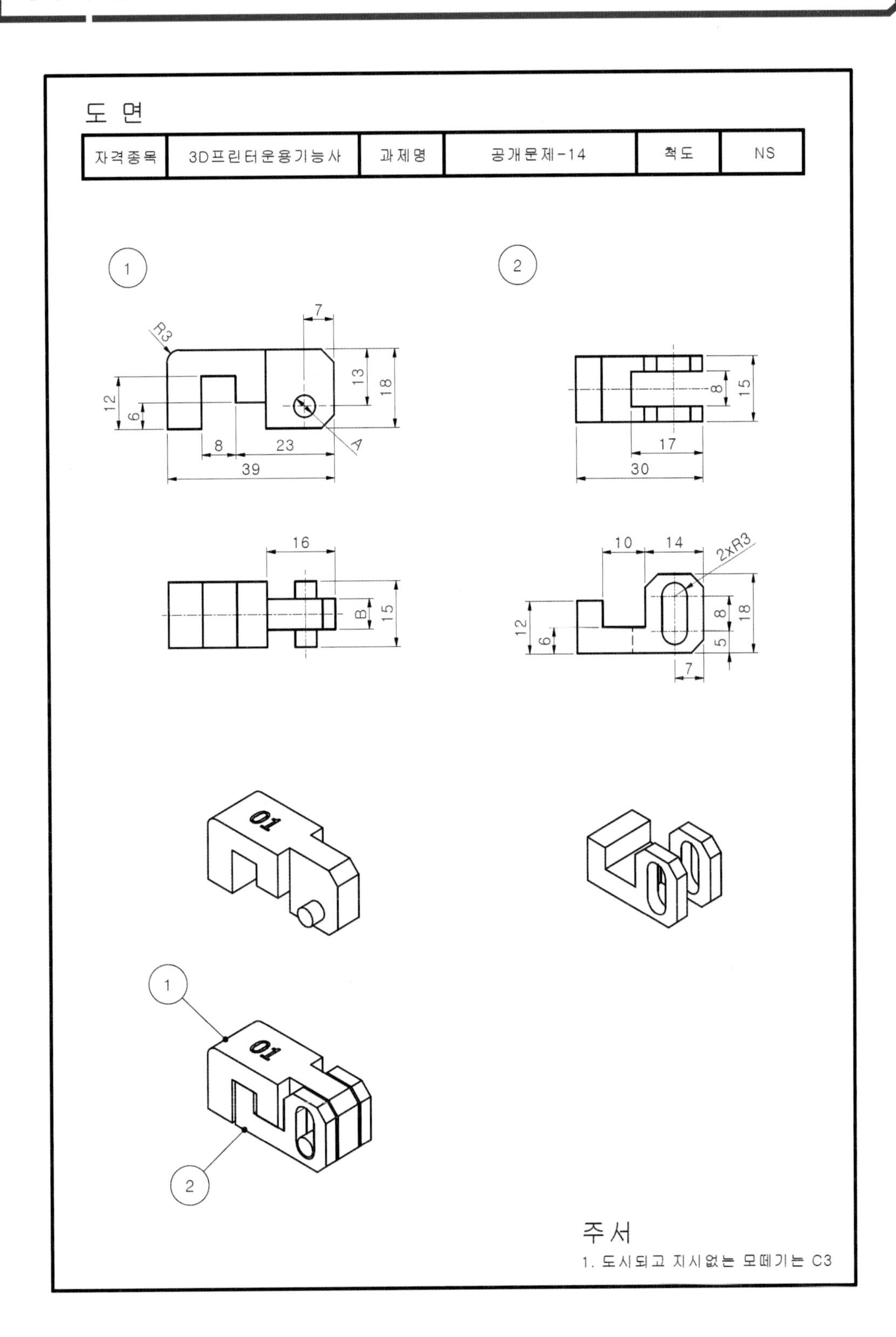
도 면
자격종목
3D프린터운용기능사
과제명
공개문제-14
척도
NS
1
2
R3
7
13
18
12
6
8
23
39
A
15
17
30
16
B
10
14
2xR3
5
01
주서
1. 도시되고 지시없는 모떼기는 C3

01.

- 바탕화면에 비번호 폴더 생성
- 조립 – 새 구성요소

02.

- 작성 – 스케치 작성, XZ평면
- 작성 – 스케치 명령을 이용하여 스케치 후 구속조건 기입
- 작성 – 스케치 치수로 수정

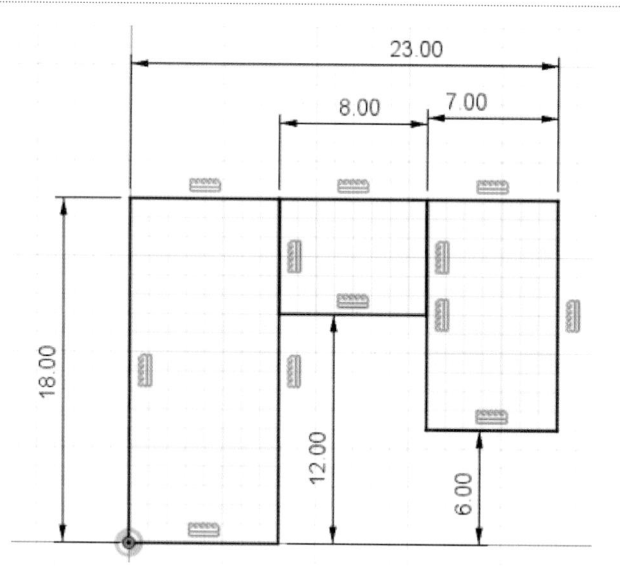

03.

- 스케치 마무리
- 작성 – 돌출
  대칭, 전체거리 15, 새 본체

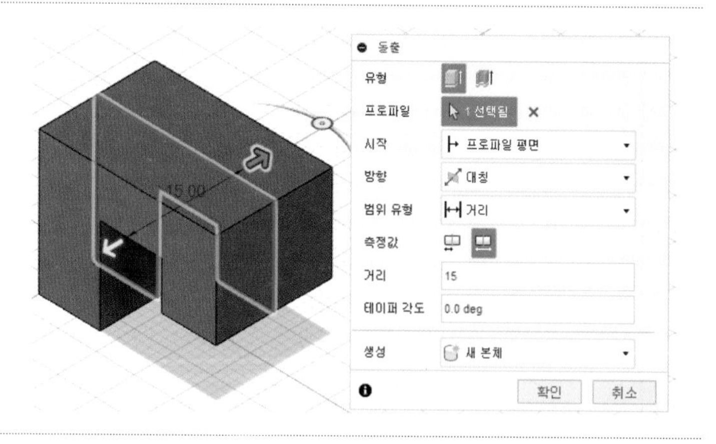

04.

- 작성 – 스케치 작성, YZ평면
- 작성 – 스케치 명령을 이용하여 스케치 후 구속조건 기입
- 작성 – 스케치 치수로 수정

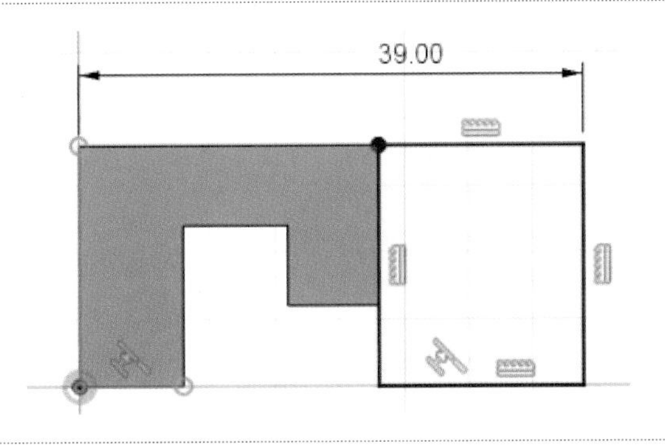

05.

- 스케치 마무리
- 작성 – 돌출
  대칭, 전체거리 7(공차적용), 접합

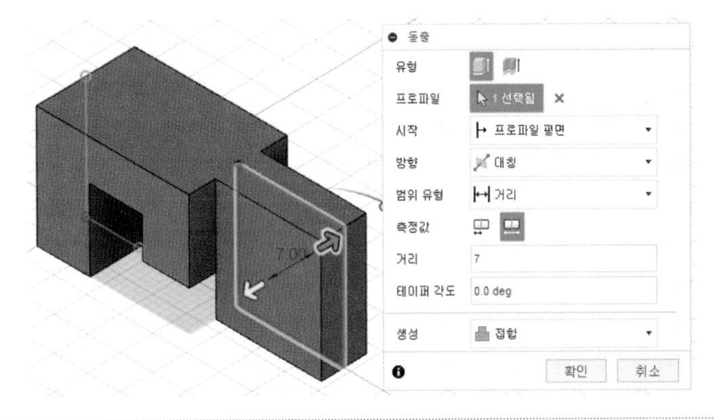

06.

- 작성 – 스케치 작성, XZ평면
- 작성 – 스케치 명령을 이용하여 스케치 후 구속조건 기입
- 작성 – 스케치 치수로 수정(공차적용)

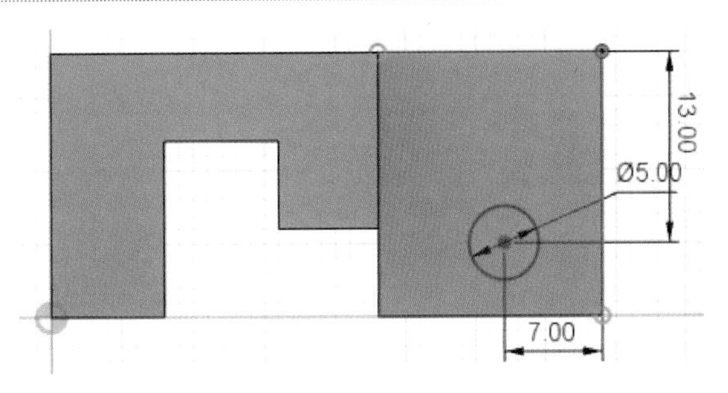

07.

- 스케치 마무리
- 작성 – 돌출
  대칭, 전체거리 15, 접합

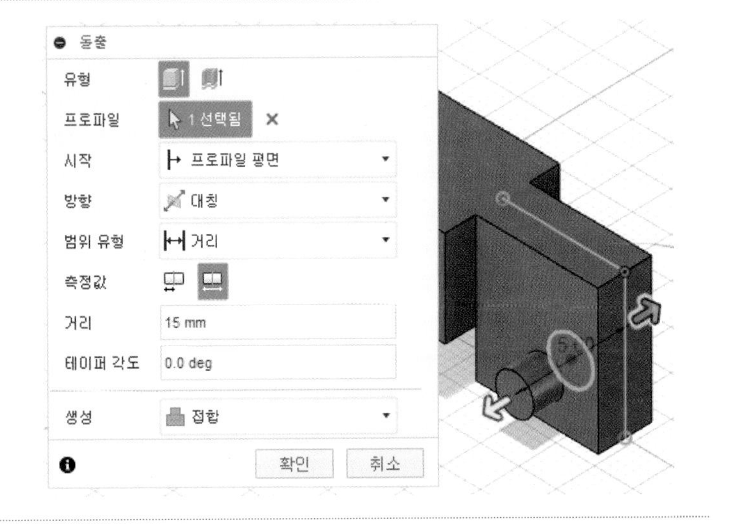

08.

- 수정 – 모깎기, R3

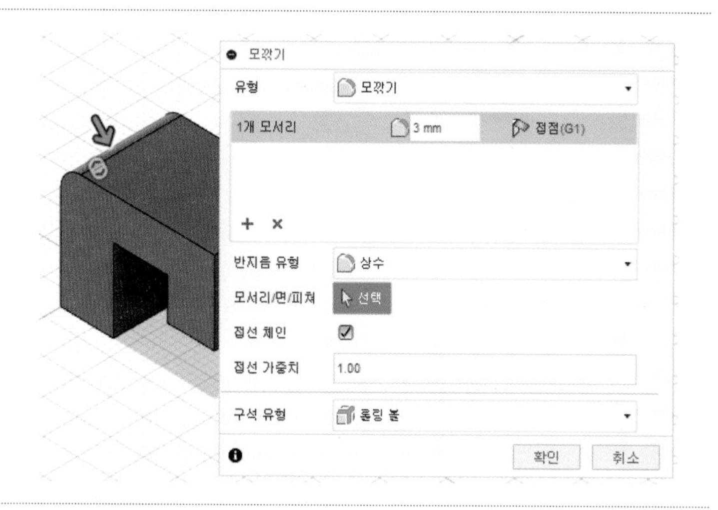

09.

- 수정 – 모따기, C3

10.

- 작성 – 스케치 작성, 해당평면
- 작성 – 스케치 명령을 이용하여 해당 비번호 기입

참고

크기, 글자체, 깊이 규정 없음

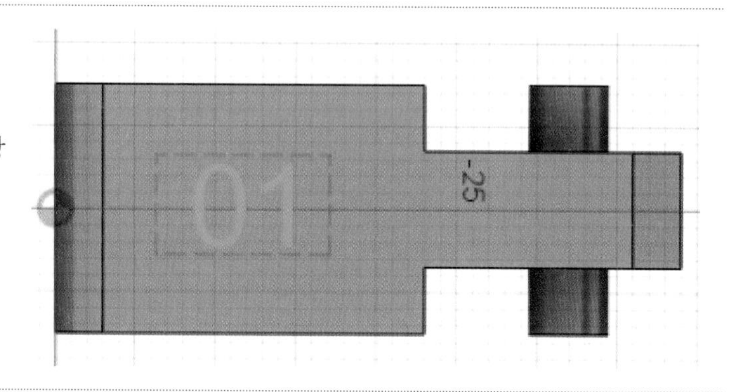

11.

- 스케치 마무리
- 선택 후 작성 – 돌출
  한쪽 방향, 거리 –1, 잘라내기

12.

- 저장되지 않음 체크 후 조립 – 새 구성요소

13.

- 구성요소1 비활성화
- 작성 – 스케치 작성, XZ평면
- 작성 – 스케치 명령을 이용하여 스케치 후 구속조건 기입
- 작성 – 스케치 치수로 수정

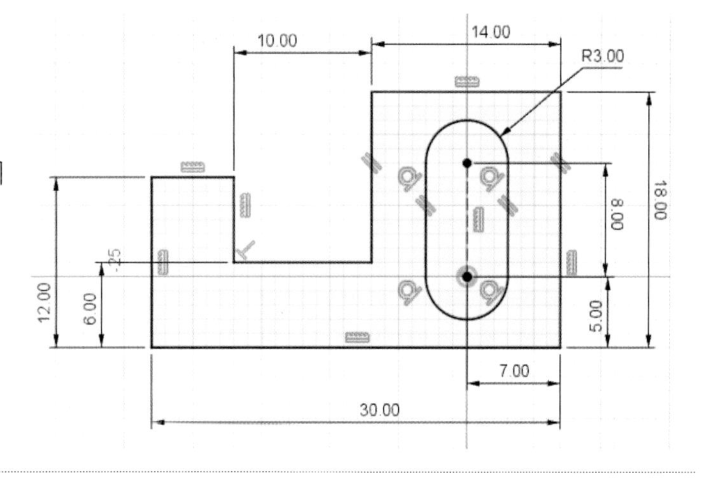

14.

- 스케치 마무리
- 작성 – 돌출
  대칭, 전체거리 15, 새 본체

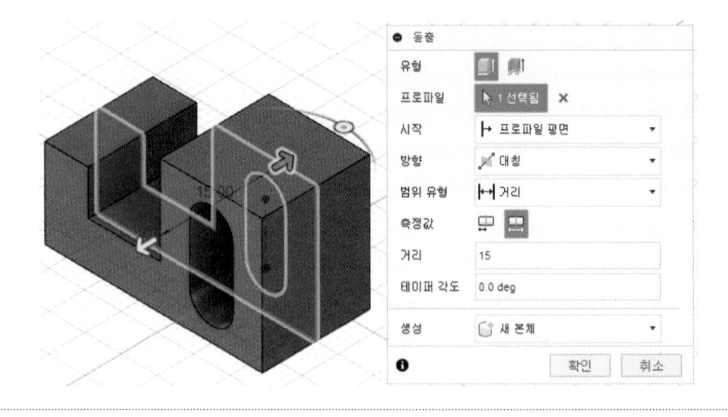

15.

- 작성 – 스케치 작성, XZ평면
- 작성 – 스케치 명령을 이용하여 스케치 후 구속조건 기입
- 작성 – 스케치 치수로 수정

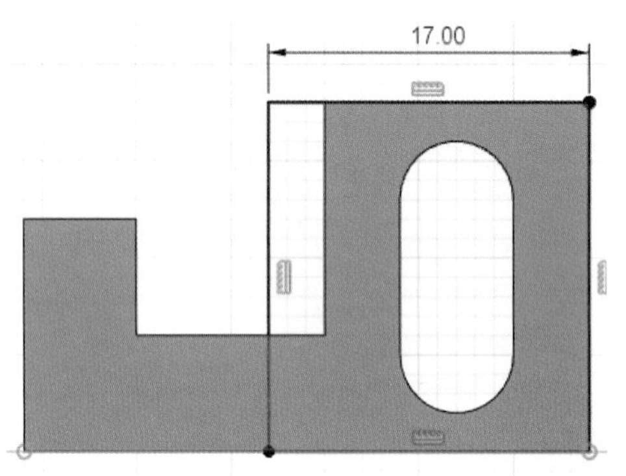

16.

- 스케치 마무리
- 작성 – 돌출
  대칭, 전체거리 8, 잘라내기

17.

- 수정 – 모따기, C3

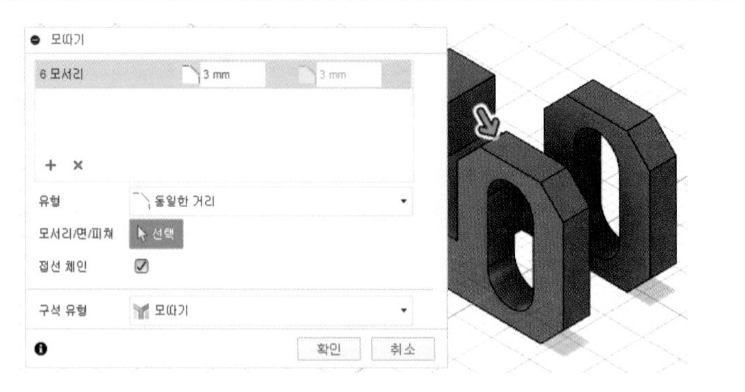

18.

- 저장되지 않음 체크 후 모든 구성요소 활성화

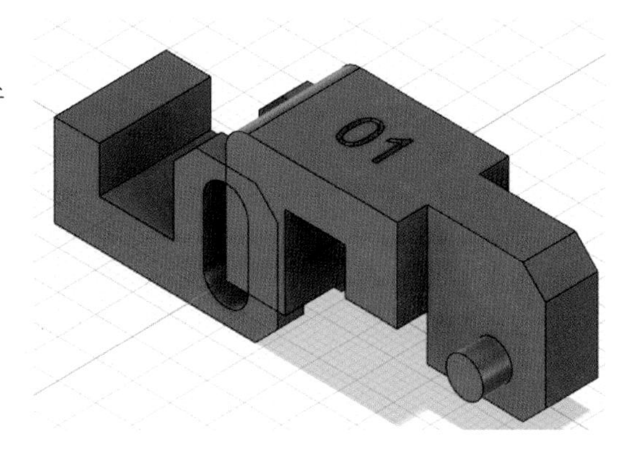

19.

- 구성요소1을 우클릭 후 고정

20.

- 조립 – 접합, 완성

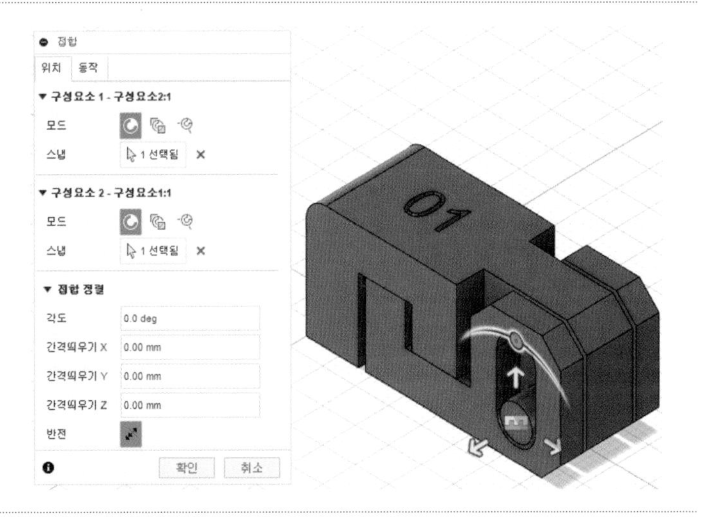

21.

- 저장되지 않음을 우클릭 후 내보내기 생성된 비번호 폴더에 비번호.f3d 저장
- 저장되지 않음을 우클릭 후 내보내기 생성된 비번호 폴더에 비번호.stp 저장
- 출력이 잘 될 위치로 구성요소 회전 및 이동, 서장되지 않음을 우클릭 후 메쉬로 저장. 생성된 비번호 폴더에 비번호.stl 저장

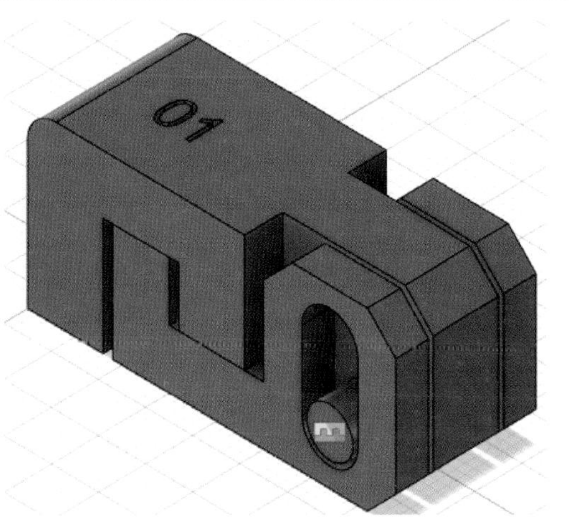

22.

- 해당 슬라이싱 프로그램 설정값 및 출력 방향 설정
- 비번호 폴더에 비번호.*** 저장

참고

조립 방향, 설정값, 출력방향에 따라 출력 시간이 다릅니다. 수험자가 최적의 조건을 찾으시기 바랍니다.

15 | 공개 도면 15

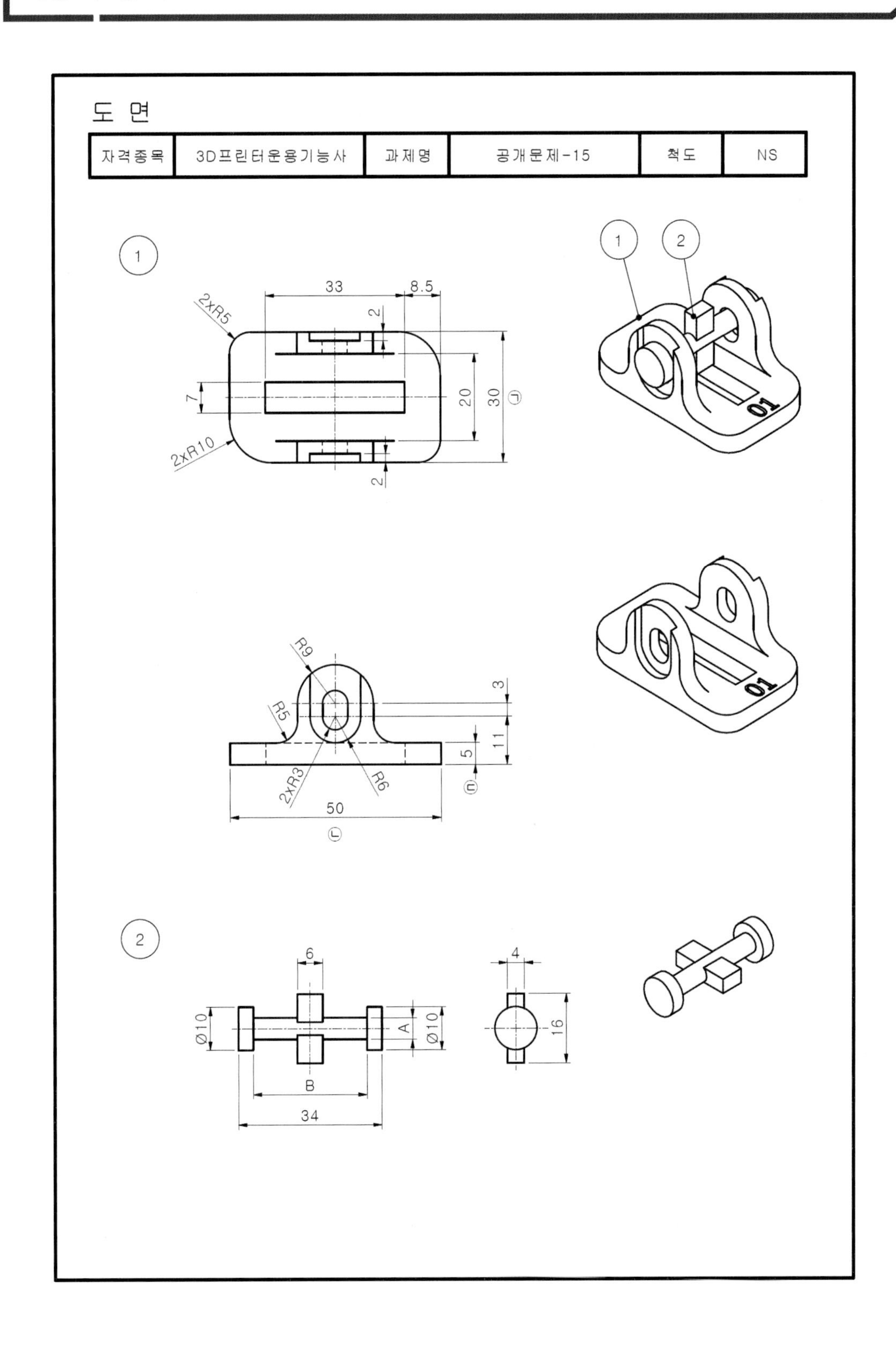

도 면
자격종목
3D프린터운용기능사
과제명
공개문제-15
척도
NS
1
2
33
8.5
2xR5
2
7
20
30
㉠
2xR10
01
R9
3
R5
11
5
㉡
2xR3
R6
50
㉢
6
4
Ø10
A
Ø10
16
B
34

01.

- 바탕화면에 비번호 폴더 생성
- 조립 – 새 구성요소

02.

- 작성 – 스케치 작성, XY평면
- 작성 – 스케치 명령을 이용하여 스케치 후 구속조건 기입
- 작성 – 스케치 치수로 수정

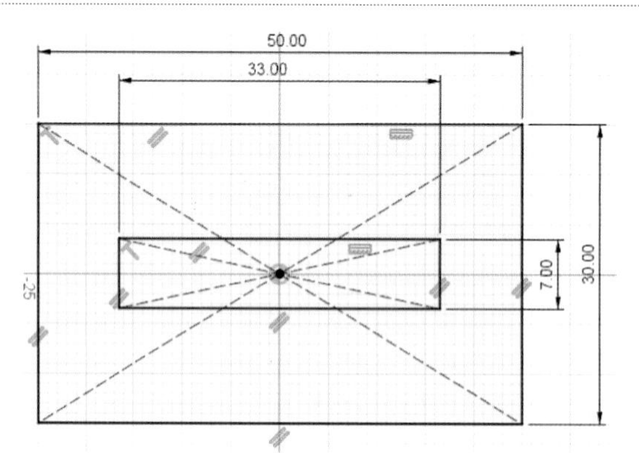

03.

- 스케치 마무리
- 작성 – 돌출
  한쪽 방향, 거리 5, 새 본체

04.

- 작성 – 스케치 작성, 해당평면
- 작성 – 스케치 명령을 이용하여 스케치 후 구속조건 기입
- 작성 – 스케치 치수로 수정

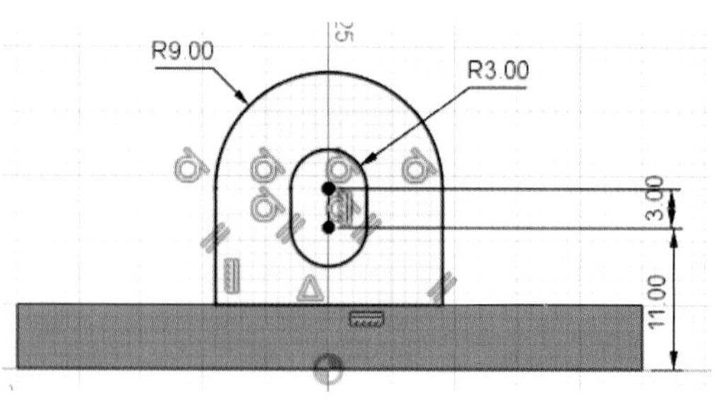

05.

- 스케치 마무리
- 작성 – 돌출
  한쪽 방향, 거리 -5, 접합

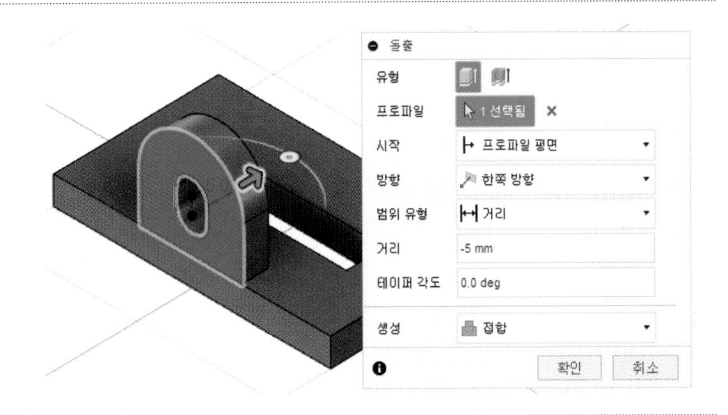

06.

- 작성 – 스케치 작성, 해당평면
- 작성 – 스케치 명령을 이용하여 스케치 후 구속조건 기입
- 작성 – 스케치 치수로 수정

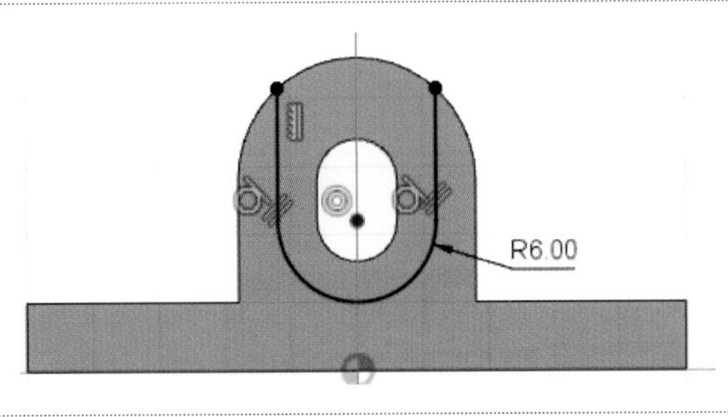

07.

- 스케치 마무리
- 작성 – 돌출
  한쪽 방향, 거리 -2, 잘라내기

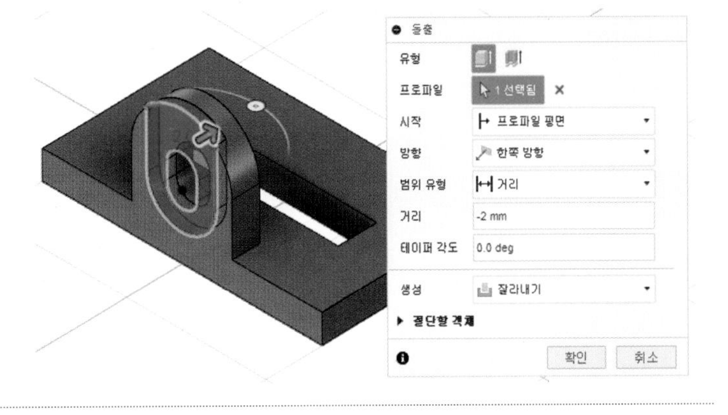

08.

- 수정 – 모깎기, R5

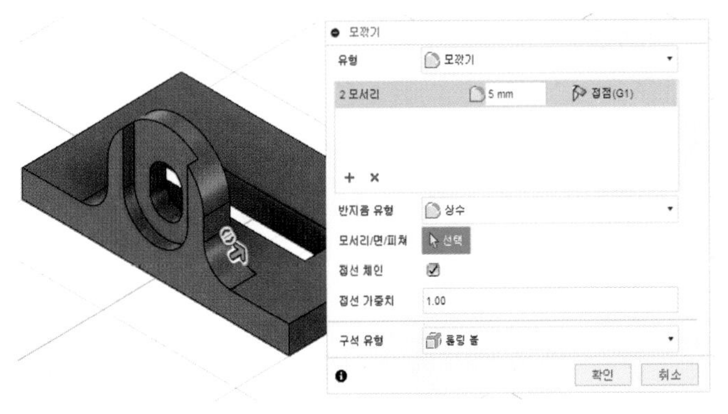

09.

• 작성 – 미러

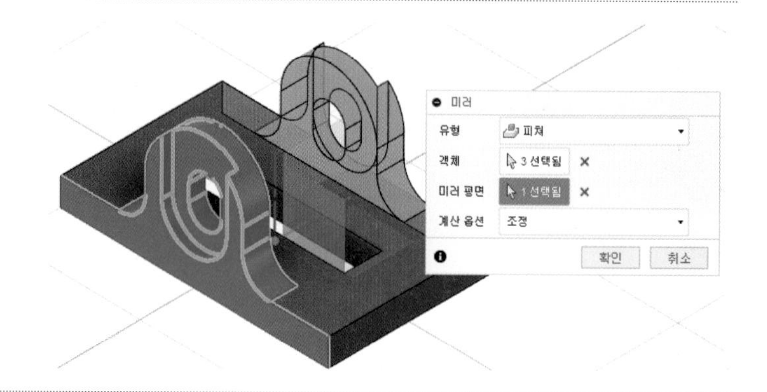

10.

• 수정 – 모깎기, R5, R10

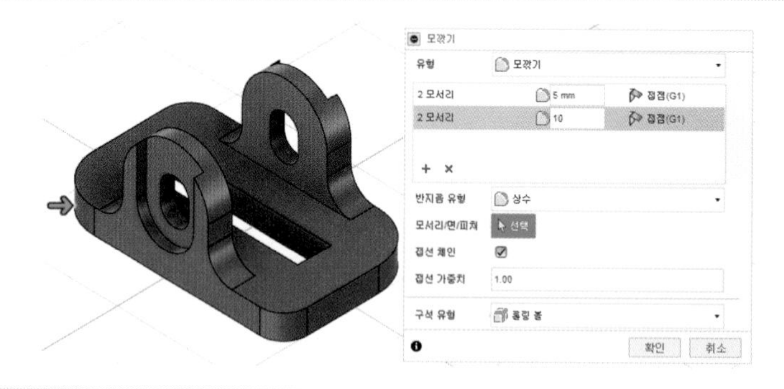

11.

• 작성 – 스케치 작성, 해당평면
• 작성 – 스케치 명령을 이용하여 해당 비번호 기입

참고

크기, 글자체, 깊이 규정 없음

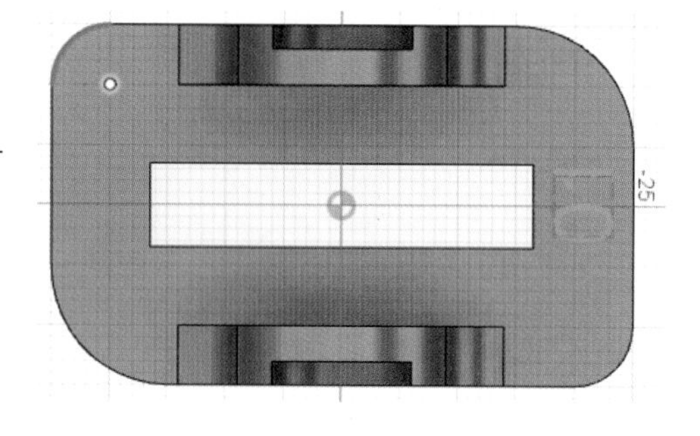

12.

• 스케치 마무리
• 선택 후 작성 – 돌출
 한쪽 방향, 거리 –1, 잘라내기

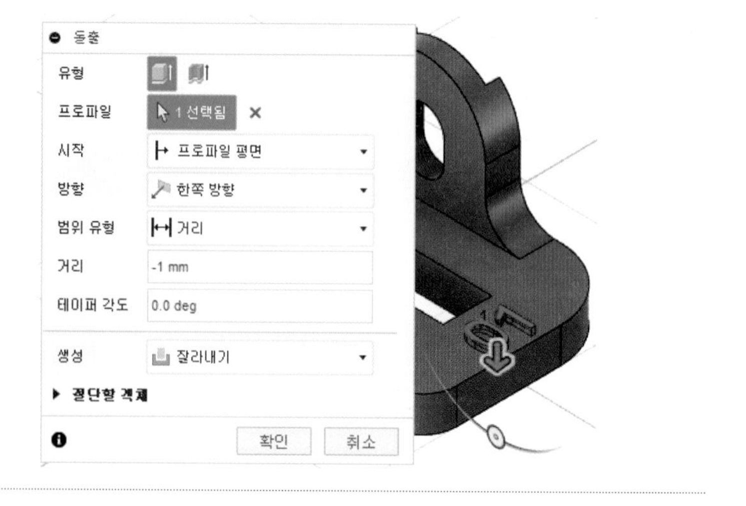

13.

- 저장되지 않음 체크 후 조립 – 새 구성요소

14.

- 구성요소1 비활성화
- 작성 – 스케치 작성, XZ평면
- 작성 – 스케치 명령을 이용하여 스케치 후 구속조건 기입
- 작성 – 스케치 치수로 수정(공차적용)

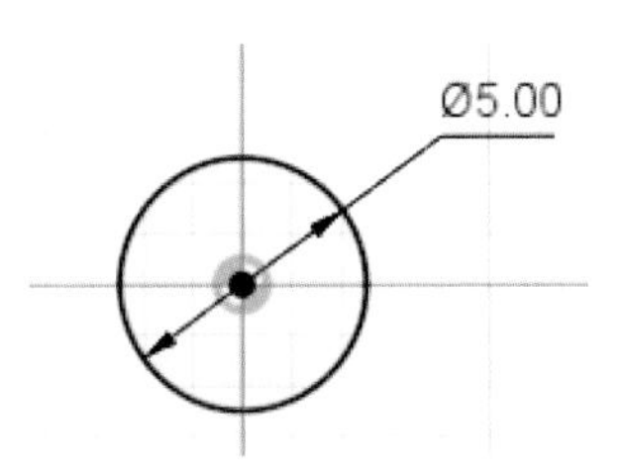

15.

- 스케치 마무리
- 작성 – 돌출

  대칭, 전체거리 27(공차적용), 새 본체

16.

- 작성 – 스케치 작성, 해당평면
- 작성 – 스케치 명령을 이용하여 스케치 후 구속조건 기입
- 작성 – 스케치 치수로 수정

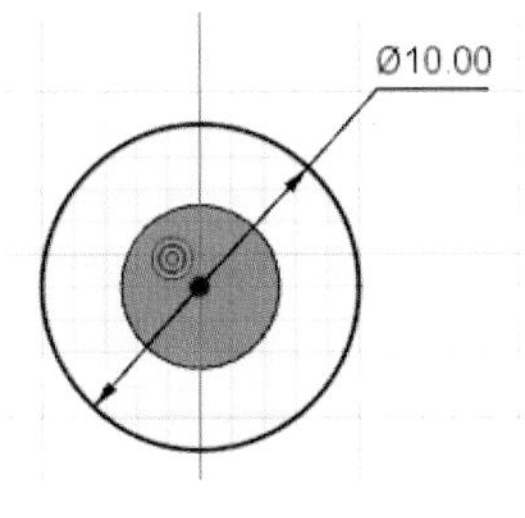

17.

- 스케치 마무리
- 작성 – 돌출

  한쪽 방향, 거리 3.5, 접합

18.

- 작성 – 미러

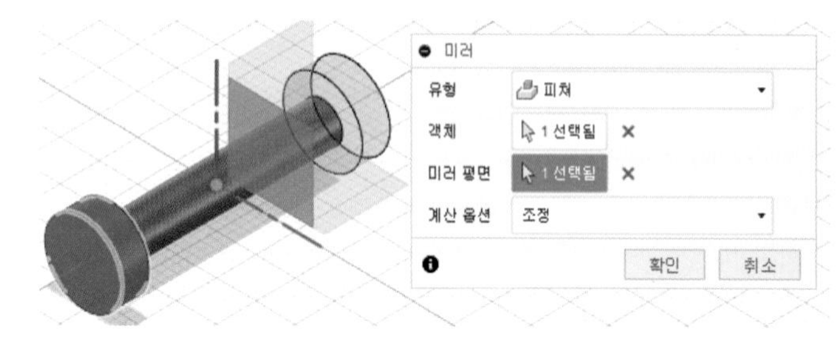

19.

- 작성 – 스케치 작성, YZ평면
- 작성 – 스케치 명령을 이용하여 스케치 후 구속조건 기입
- 작성 – 스케치 치수로 수정

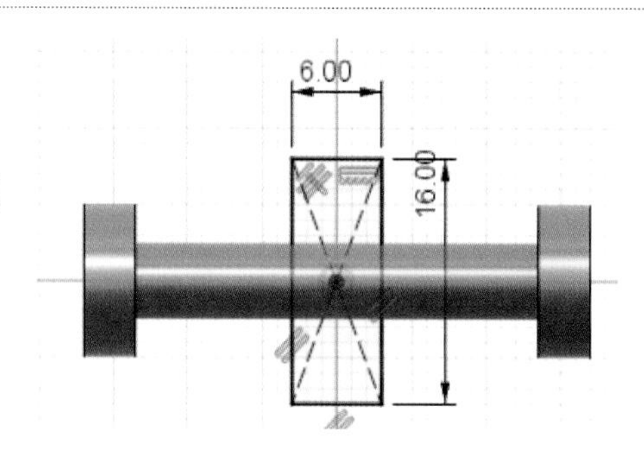

20.

- 스케치 마무리
- 작성 – 돌출

  대칭, 전체거리 4, 접합

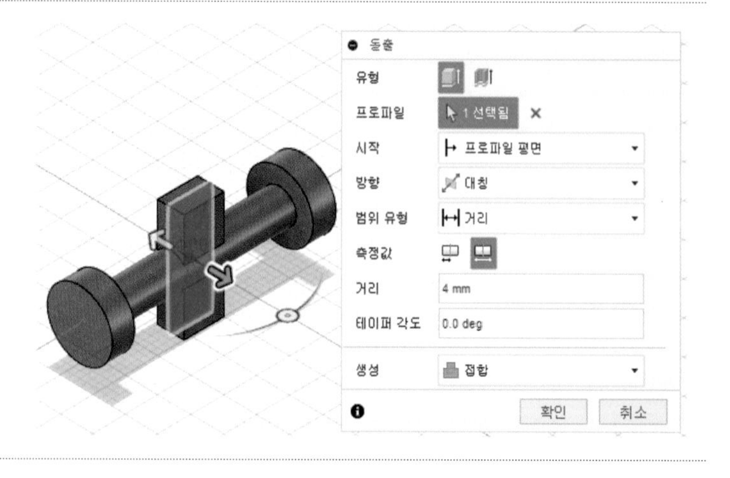

21.

- 저장되지 않음 체크 후 모든 구성요소 활성화

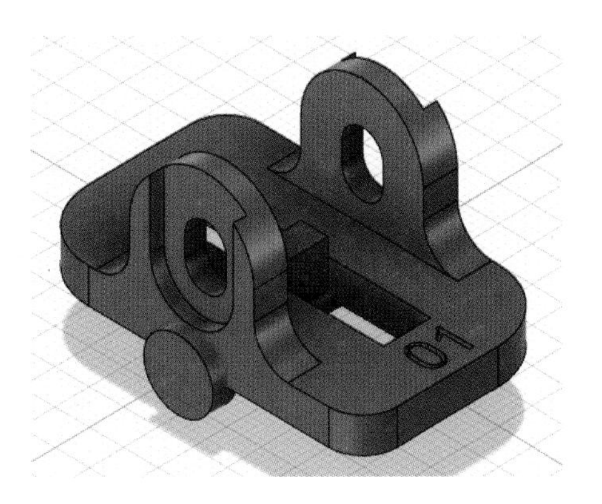

22

- 구성요소1을 우클릭 후 고정

23.

- 조립 – 접합
- 접합 정렬 후 조립도에 맞게 완성

24.

- 저장되지 않음을 우클릭 후 내보내기 생성된 비번호 폴더에 비번호.f3d 저장
- 저장되지 않음을 우클릭 후 내보내기 생성된 비번호 폴더에 비번호.stp 저장
- 출력이 잘 될 위치로 구성요소 회전 및 이동, 저장되지 않음을 우클릭 후 메쉬로 저장. 생성된 비번호 폴더에 비번호.stl 저장

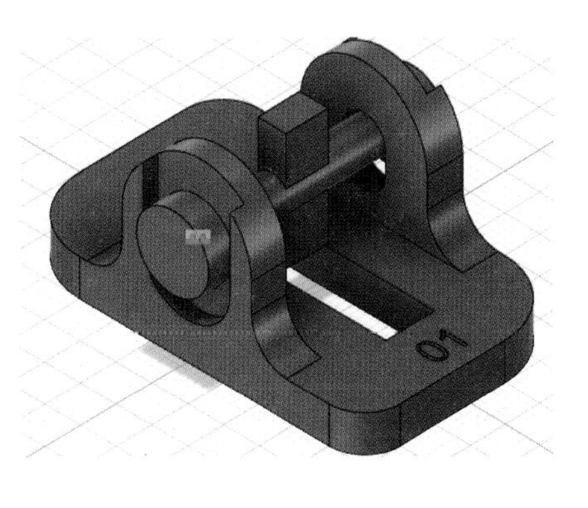

25.

• 해당 슬라이싱 프로그램 설정값 및 출력 방향 설정
• 비번호 폴더에 비번호.*** 저장

참고

조립 방향, 설정값, 출력 방향에 따라 출력 시간이 다릅니다. 수험자가 최적의 조건을 찾으시기 바랍니다.

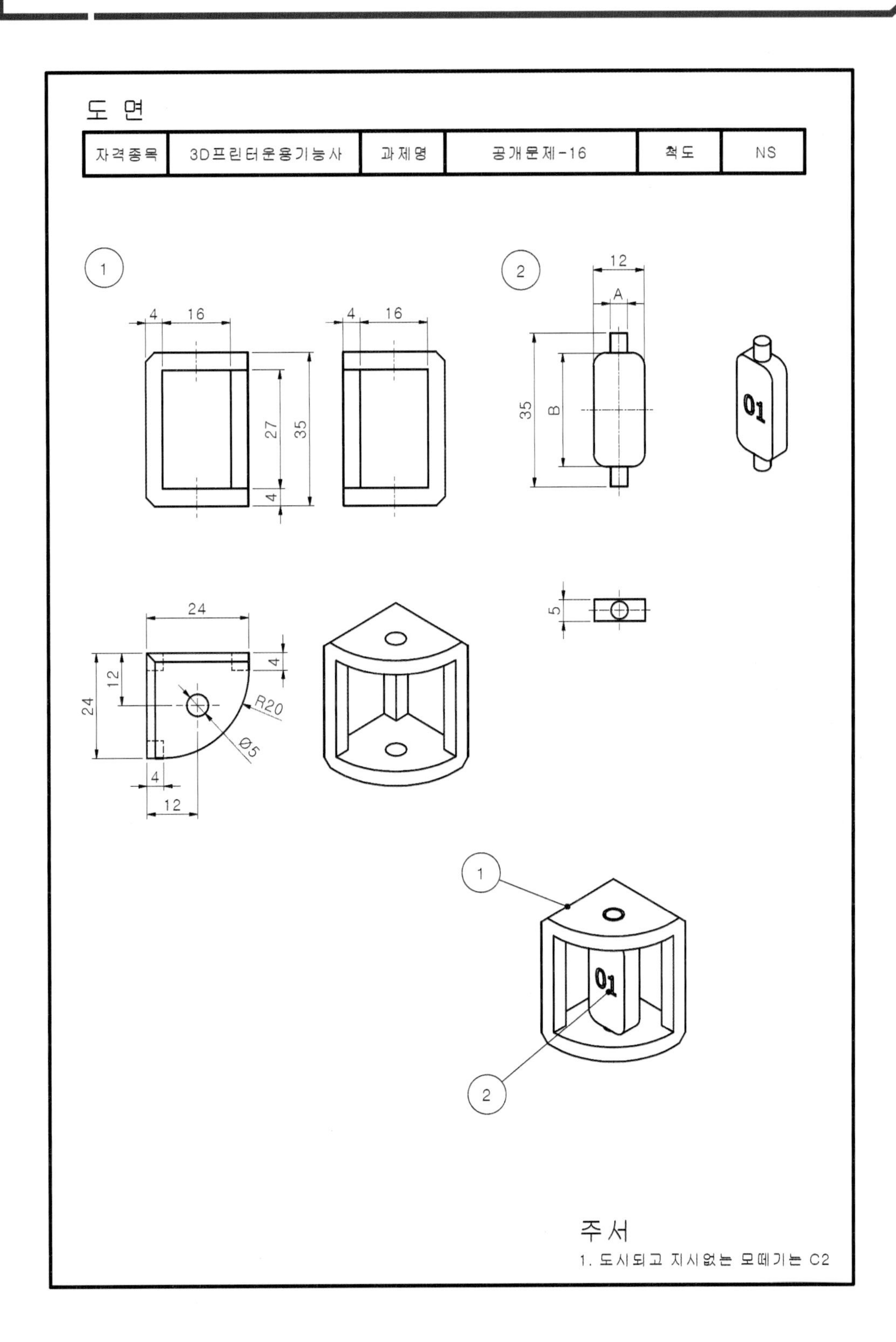
도 면
자격종목
3D프린터운용기능사
과제명
공개문제-16
척도
NS
1
2
4
16
27
35
4
12
A
B
01
24
12
24
R20
Ø5
4
12
5
주서
1. 도시되고 지시없는 모떼기는 C2

01.

- 바탕화면에 비번호 폴더 생성
- 조립 – 새 구성요소

02.

- 작성 – 스케치 작성, XY평면
- 작성 – 스케치 명령을 이용하여 스케치 후 구속조건 기입
- 작성 – 스케치 치수로 수정

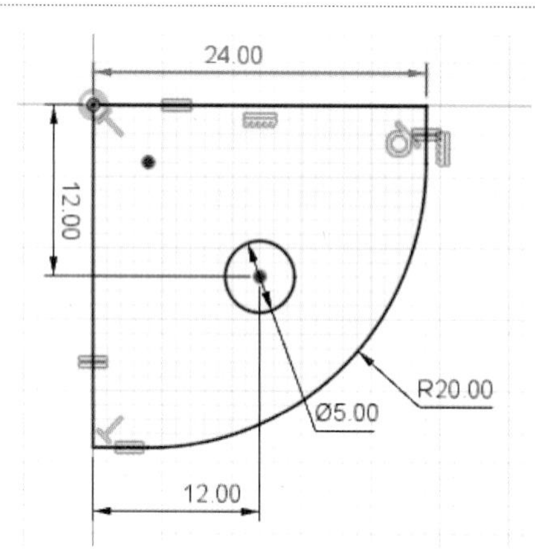

03.

- 스케치 마무리
- 작성 – 돌출
  대칭, 전체거리 35, 새 본체

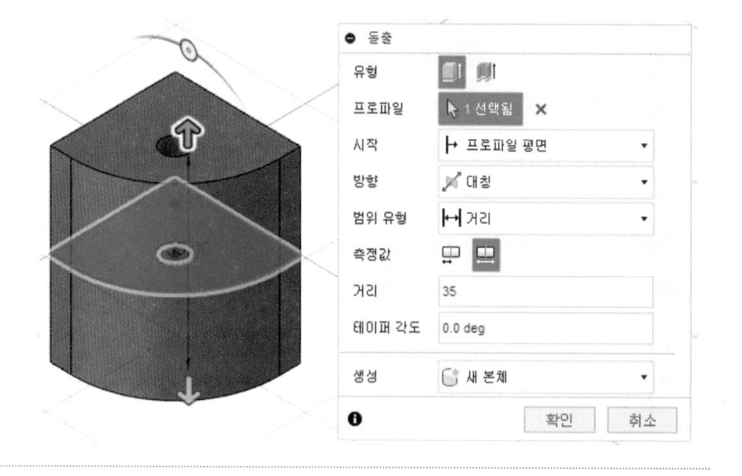

04.

- 스케치1을 활성화
- 작성 – 돌출
  대칭, 전체거리 27, 잘라내기

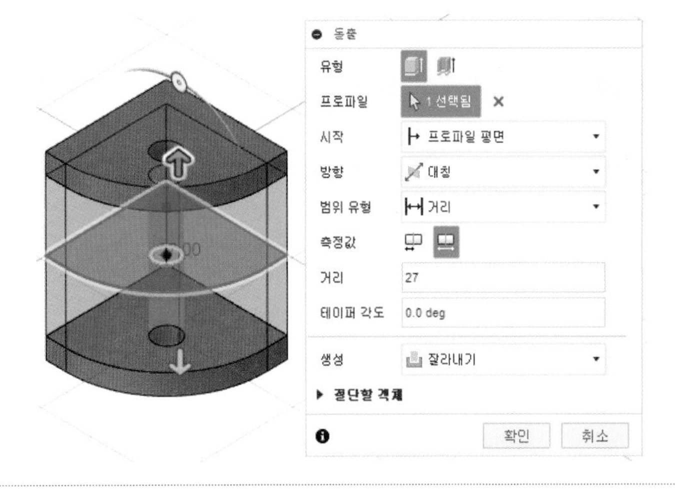

05.

- 스케치1을 비활성화
- 작성 – 스케치 작성, 해당평면
- 작성 – 스케치 명령을 이용하여 스케치 후 구속조건 기입
- 작성 – 스케치 치수로 수정

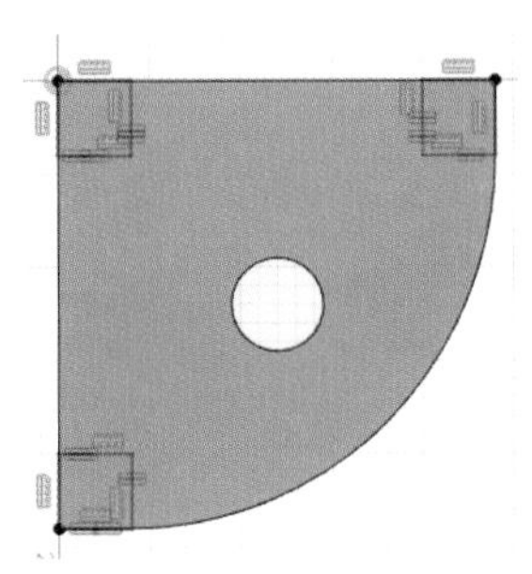

06.

- 스케치 마무리
- 작성 – 돌출
  한쪽 방향, 거리 27, 접합

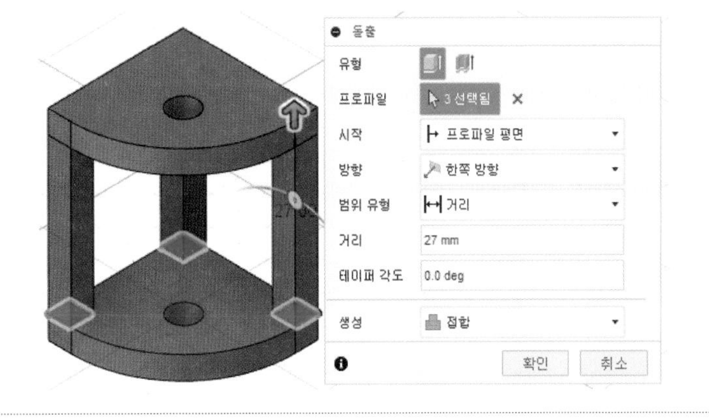

07.

- 수정 – 모따기, C2

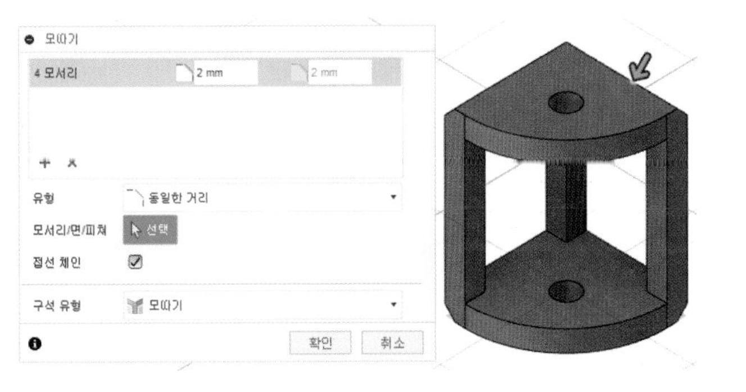

08.

- 저장되지 않음 체크 후 조립 – 새 구성요소

09.

- 구성요소1 비활성화
- 작성 – 스케치 작성, XY평면
- 작성 – 스케치 명령을 이용하여 스케치 후 구속조건 기입
- 작성 – 스케치 치수로 수정(공차 적용)

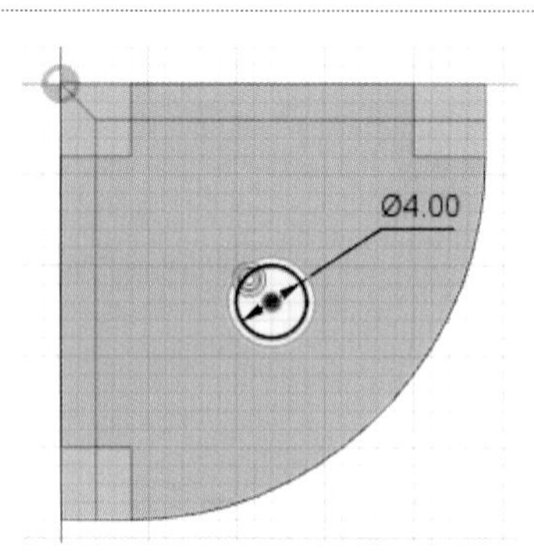

10.

- 스케치 마무리
- 작성 – 돌출
  대칭, 전체거리 35, 새 본체

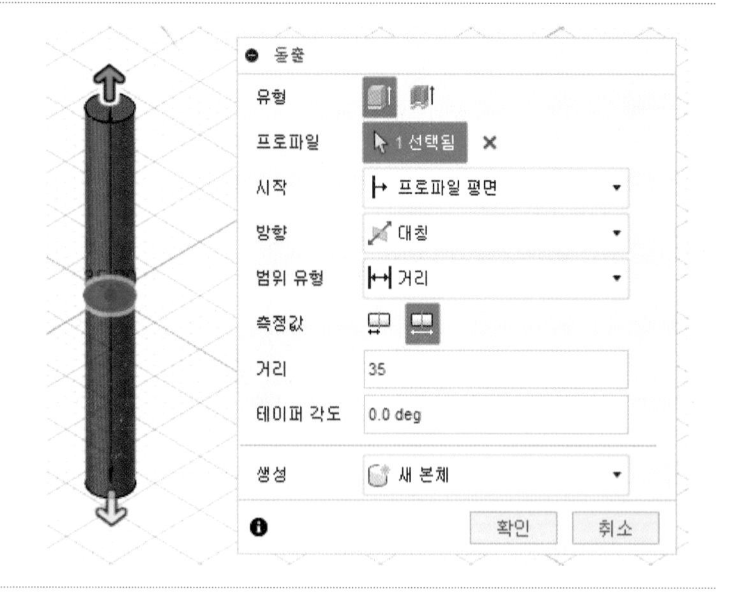

11.

- 작성 – 스케치 작성, XY평면
- 작성 – 스케치 명령을 이용하여 스케치 후 구속조건 기입
- 작성 – 스케치 치수로 수정

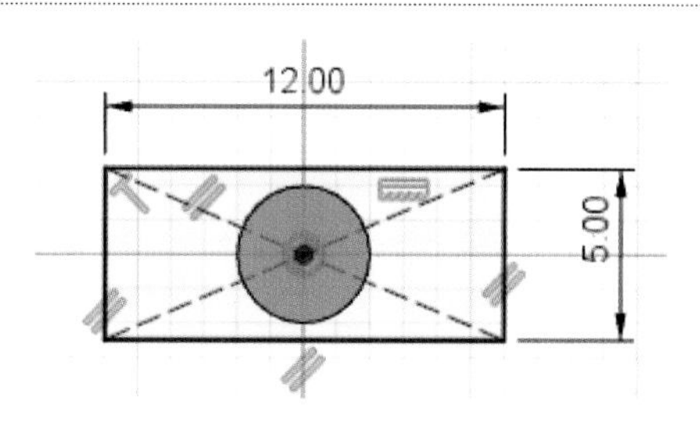

12.

- 스케치 마무리
- 작성 – 돌출
  대칭, 전체거리 26(공차적용), 접합

13.

- 수정 – 모깎기, R3

14.

- 작성 – 스케치 작성, 해당평면
- 작성 – 스케치 명령을 이용하여 해당 비번호 기입

참고

크기, 글자체, 깊이 규정 없음

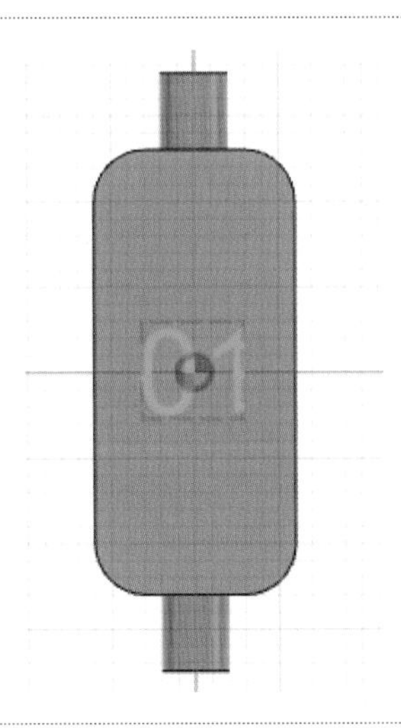

15.

- 스케치 마무리
- 선택 후 작성 – 돌출
  한쪽 방향, 거리 –1, 잘라내기

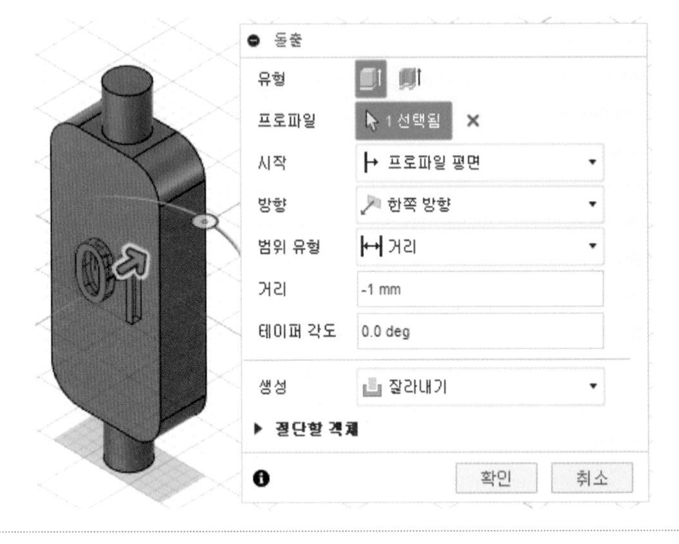

16.

- 저장되지 않음 체크 후 모든 구성요소 활성화

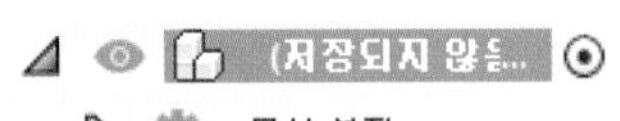

문서 설정
사용자 뷰
원점
구성요소1:1
구성요소2:1

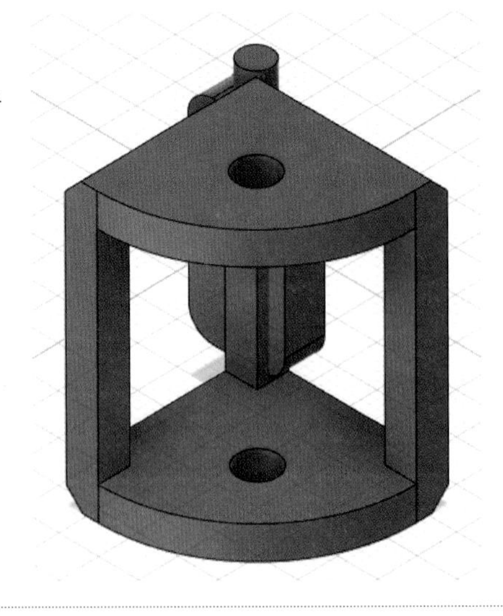

17.

- 구성요소1을 우클릭 후 고정

18.

- 조립 – 접합, 완성

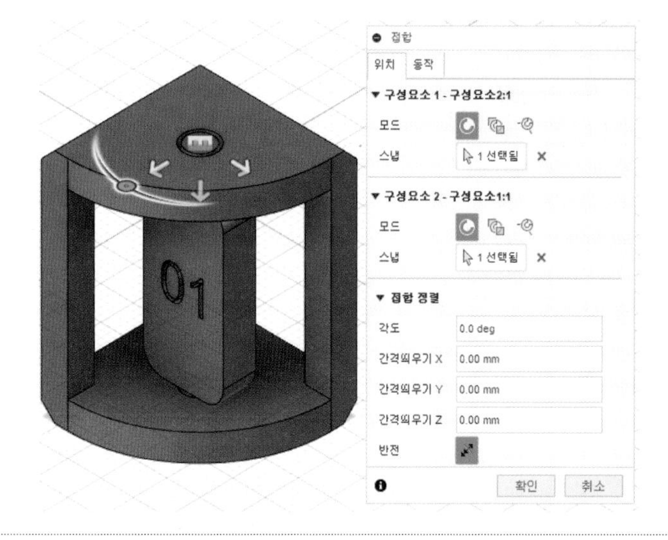

19.

- 저장되지 않음을 우클릭 후 내보내기 생성된 비번호 폴더에 비번호.f3d 저장
- 저장되지 않음을 우클릭 후 내보내기 생성된 비번호 폴더에 비번호.stp 저장
- 출력이 잘 될 위치로 구성요소 회전 및 이동, 저장되지 않음을 우클릭 후 메쉬로 저장. 생성된 비번호 폴더에 비번호.stl 저장

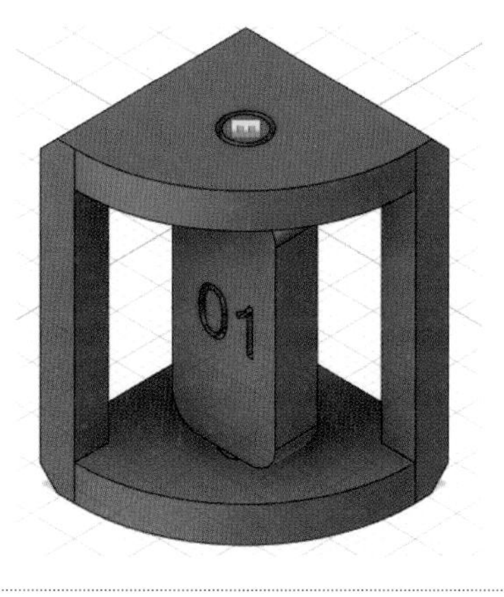

20.

- 해당 슬라이싱 프로그램 설정값 및 출력 방향 설정
- 비번호 폴더에 비번호.*** 저장

참고

조립 방향, 설정값, 출력방향에 따라 출력시간이 다릅니다. 수험자가 최적의 조건을 찾으시기 바랍니다.

17 공개 도면 17

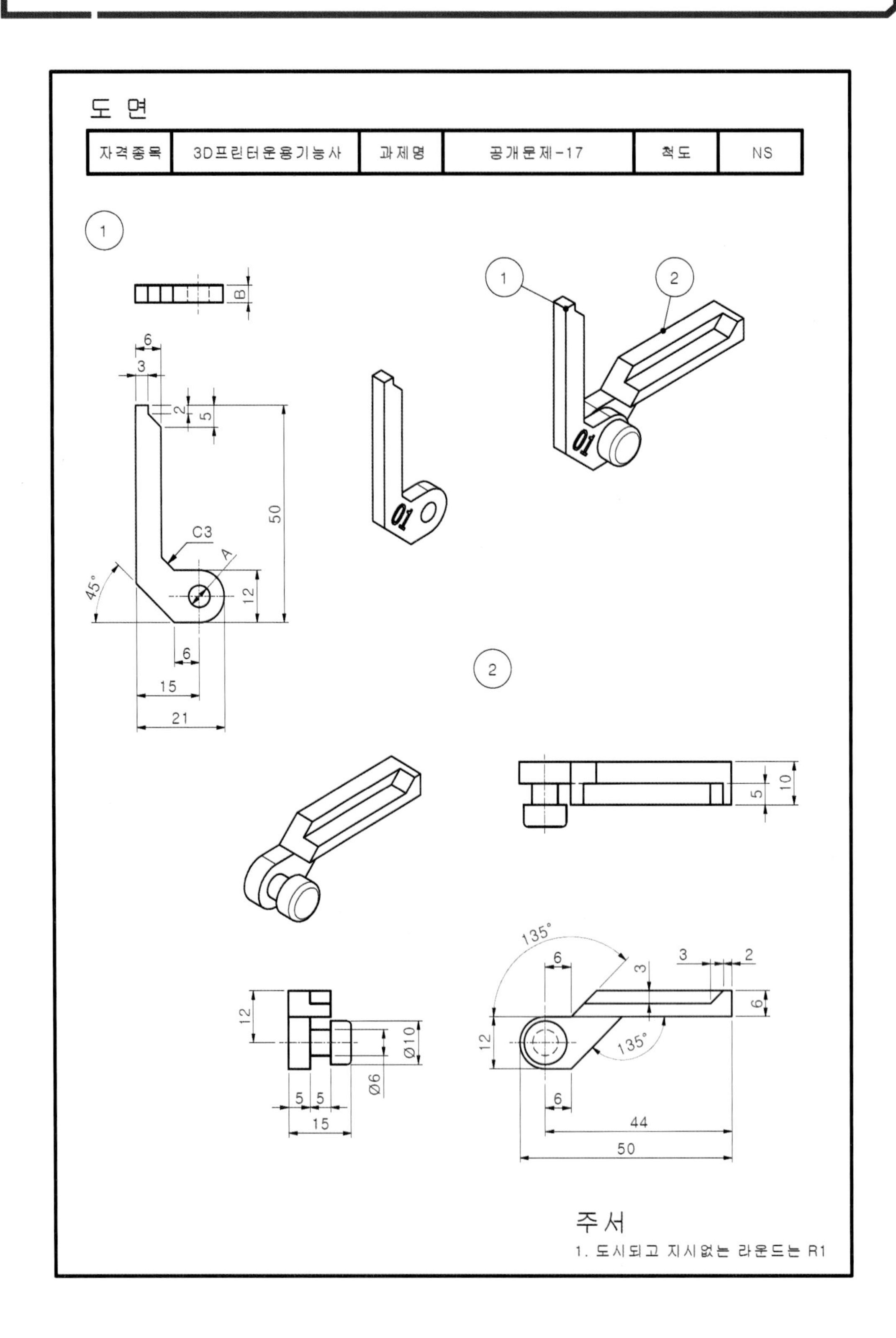

01.

- 바탕화면에 비번호 폴더 생성
- 조립 – 새 구성요소

02.

- 작성 – 스케치 작성, YZ평면
- 작성 – 스케치 명령을 이용하여 스케치 후 구속조건 기입
- 작성 – 스케치 치수로 수정(공차적용)

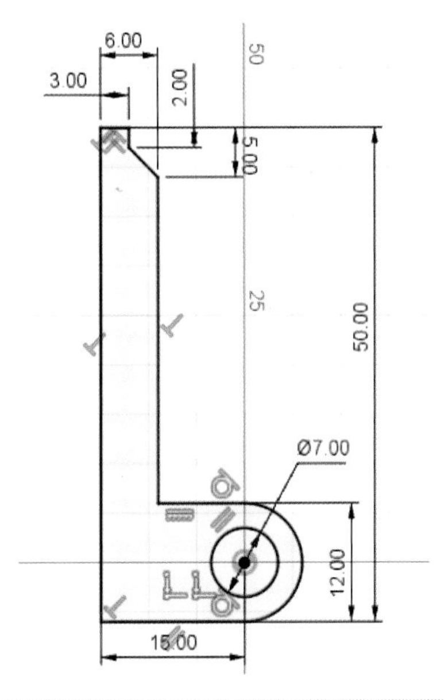

03.

- 스케치 마무리
- 작성 – 돌출
  한쪽 방향, 거리 4(공차적용), 새 본체

04.

• 수정 – 모따기, C3

05.

• 수정 – 모따기, C9

06.

• 작성 – 스케치 작성, 해당평면
• 작성 – 스케치 명령을 이용하여 해당 비번호 기입

참고

크기, 글자체, 깊이 규정 없음

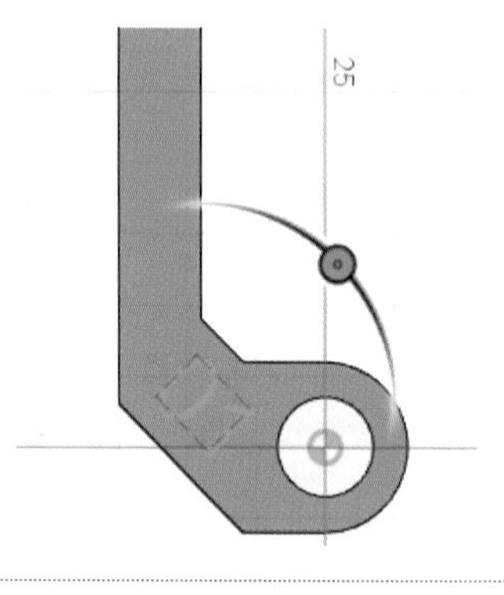

07.

- 스케치 마무리
- 선택 후 작성 – 돌출
  한쪽 방향, 거리 –1, 잘라내기

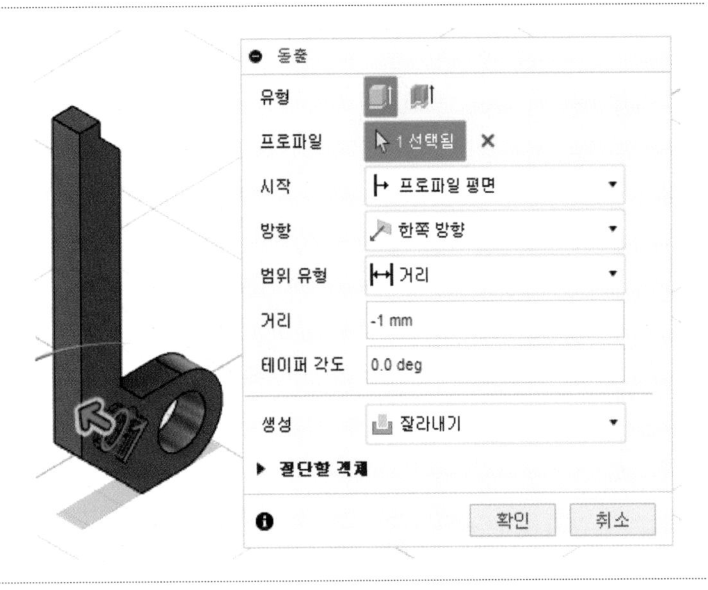

08.

- 저장되지 않음 체크 후 조립 – 새 구성요소

09.

- 구성요소1 비활성화
- 작성 – 스케치 작성, YZ평면
- 작성 – 스케치 명령을 이용하여 스케치 후 구속조건 기입
- 작성 – 스케치 치수로 수정

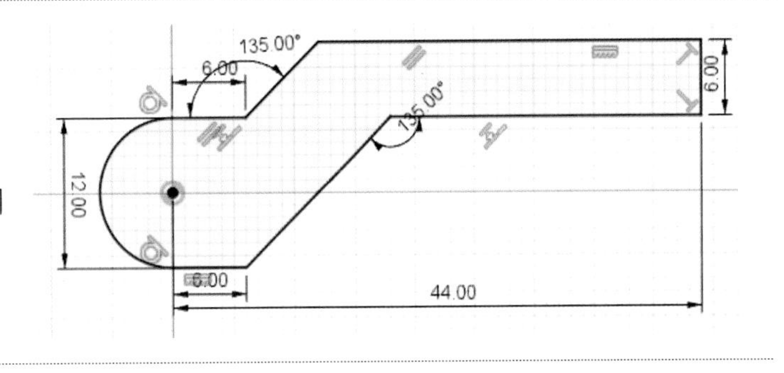

10.

- 스케치 마무리
- 작성 – 돌출
  한쪽 방향, 거리 5, 새 본체

11.

- 작성 – 스케치 작성, 해당평면
- 작성 – 스케치 명령을 이용하여 스케치 후 구속조건 기입
- 작성 – 스케치 치수로 수정

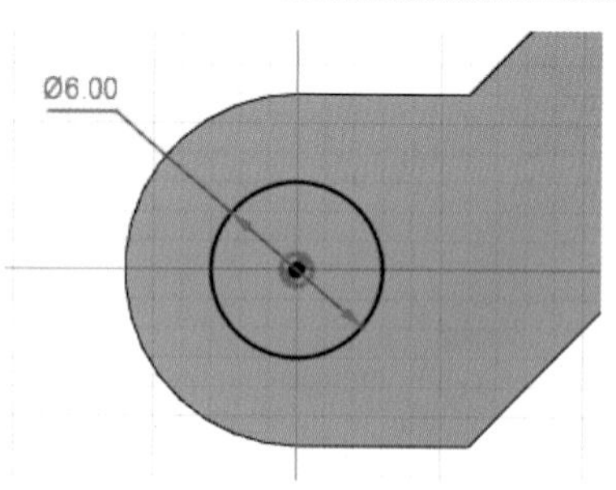

12.

- 스케치 마무리
- 작성 – 돌출
  한쪽 방향, 거리 5, 접합

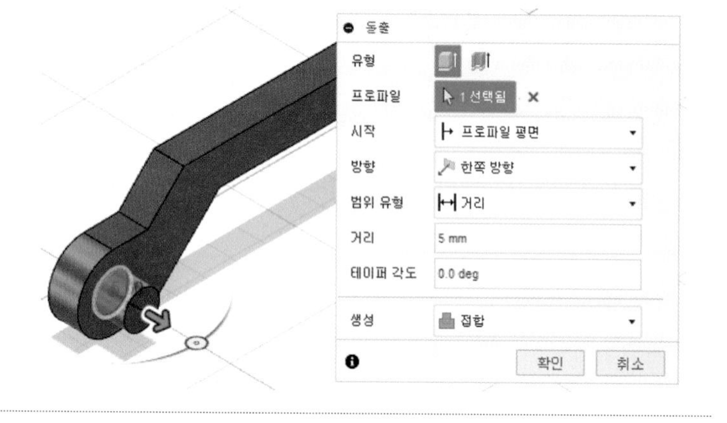

13.

- 작성 – 스케치 작성, 해당평면
- 작성 – 스케치 명령을 이용하여 스케치 후 구속조건 기입
- 작성 – 스케치 치수로 수정

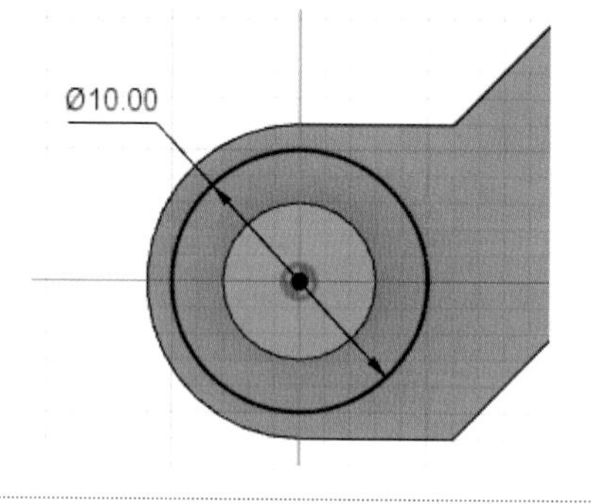

14.

- 스케치 마무리
- 작성 – 돌출
  한쪽 방향, 거리 5, 접합

15.

- 수정 – 모깎기, R1

16.

- 작성 – 스케치 작성, 해당평면
- 작성 – 스케치 명령을 이용하여 스케치 후 구속조건 기입
- 작성 – 스케치 치수로 수정

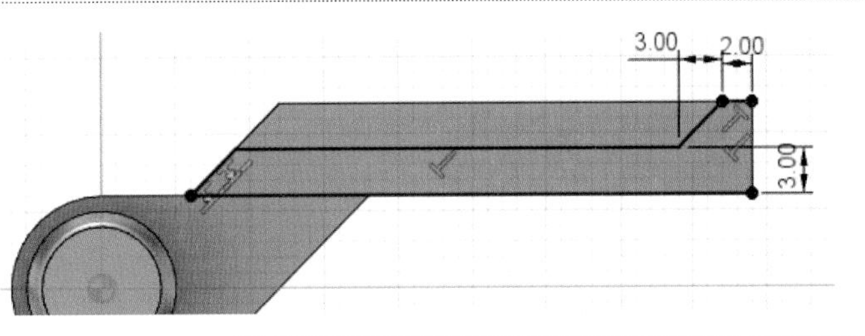

17.

- 스케치 마무리
- 작성 – 돌출
  한쪽 방향, 거리 5, 접합

18.

- 저장되지 않음 체크 후 모든 구성요소 활성화

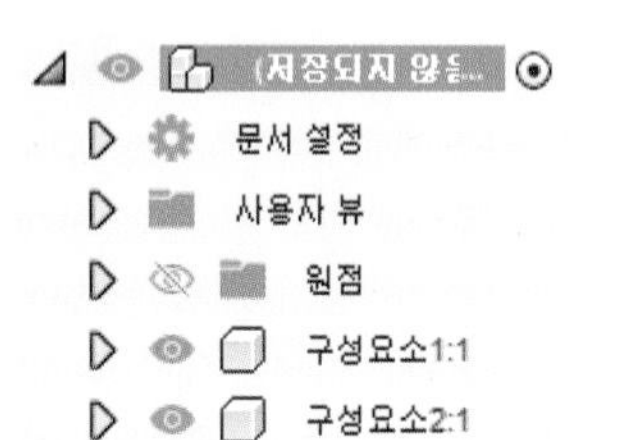

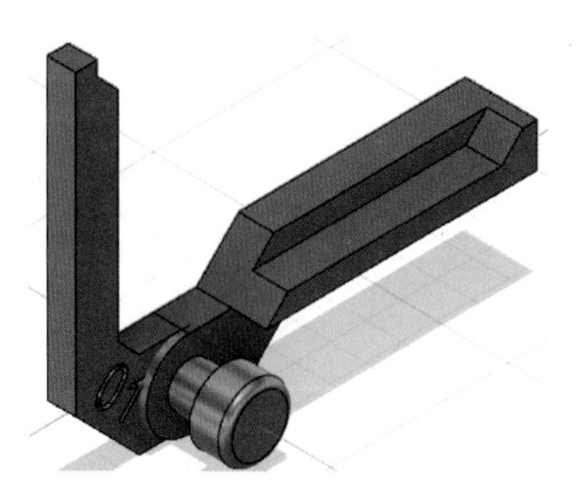

19.

- 구성요소1을 우클릭 후 고정

20.

- 조립 – 접합
- 접합 정렬 후 조립도에 맞게 완성

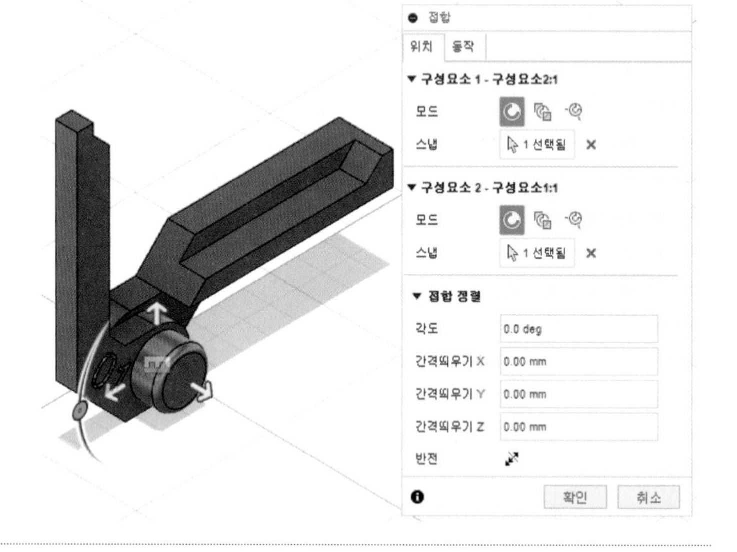

21.

- 저장되지 않음을 우클릭 후 내보내기 생성된 비번호 폴더에 비번호.f3d 저장
- 저장되지 않음을 우클릭 후 내보내기 생성된 비번호 폴더에 비번호.stp 저장
- 출력이 잘 될 위치로 구성요소 회전 및 이동, 저장되지 않음을 우클릭 후 메쉬로 저장. 생성된 비번호 폴더에 비번호.stl 저장

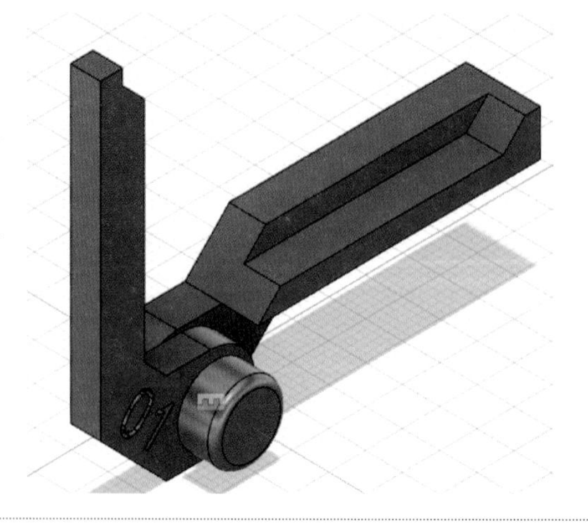

22.

- 해당 슬라이싱 프로그램 설정값 및 출력 방향 설정
- 비번호 폴더에 비번호.*** 저장

참고

조립 방향, 설정값, 출력방향에 따라 출력 시간이 다름.

18 | 공개 도면 18

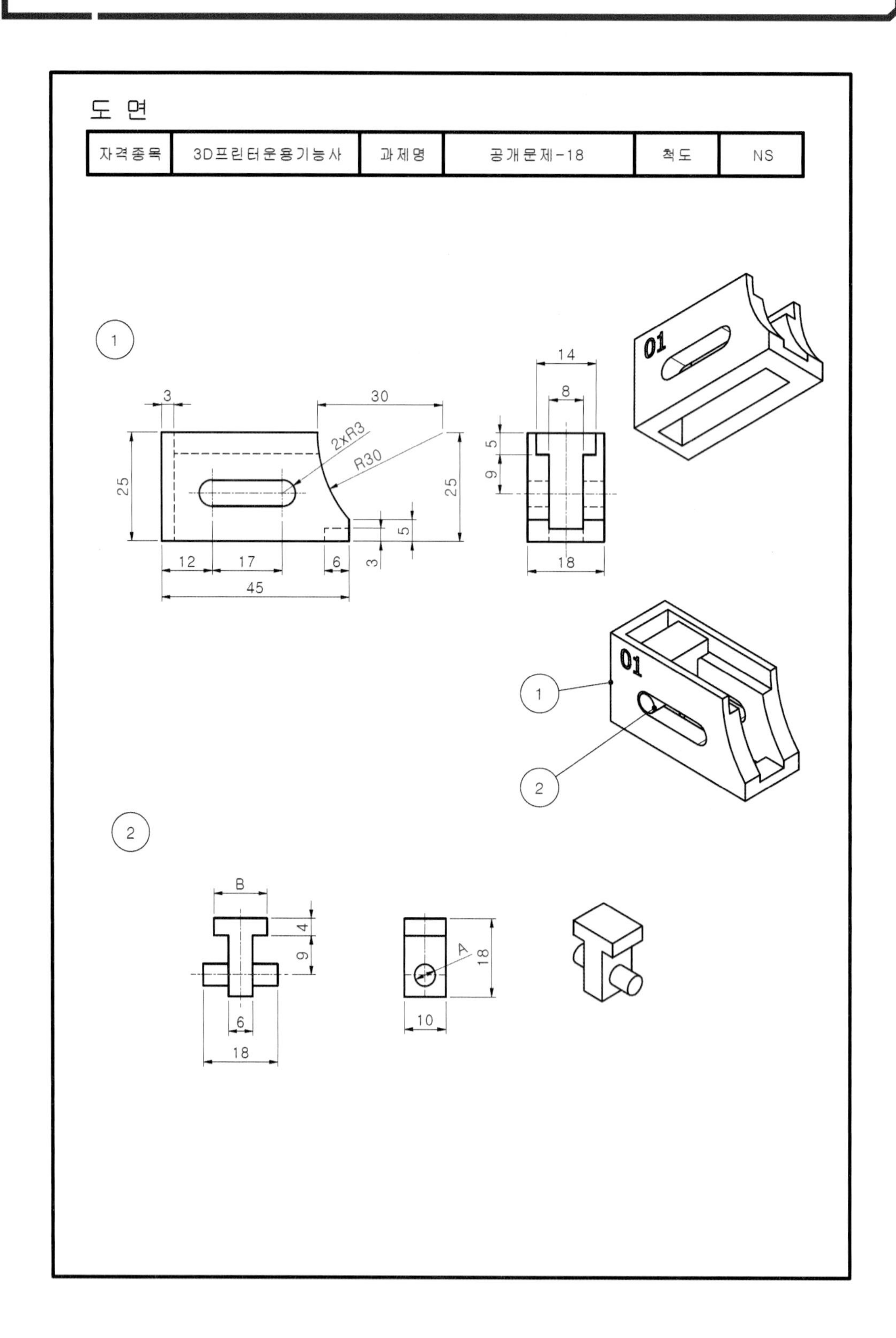

도 면
자격종목
3D프린터운용기능사
과제명
공개문제-18
척도
NS
1
2
3
30
2xR3
R30
25
12
17
6
45
5
14
8
9
18
01
B
4
A
10

01.

- 바탕화면에 비번호 폴더 생성
- 조립 – 새 구성요소

02.

- 작성 – 스케치 작성, XZ평면
- 작성 – 스케치 명령을 이용하여 스케치 후 구속조건 기입
- 작성 – 스케치 치수로 수정

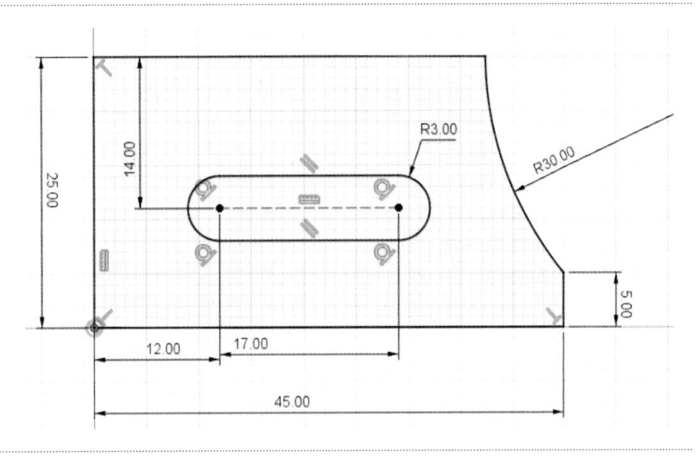

03.

- 스케치 마무리
- 작성 – 돌출
  대칭, 전체거리 18, 새 본체

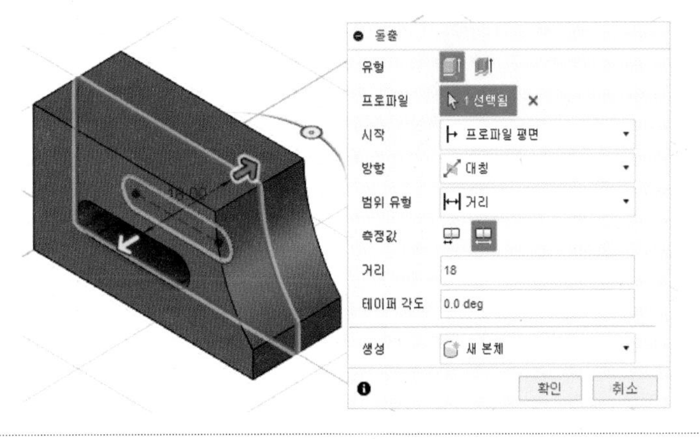

04.

- 작성 – 스케치 작성, 해당평면
- 작성 – 스케치 명령을 이용하여 스케치 후 구속조건 기입
- 작성 – 스케치 치수로 수정

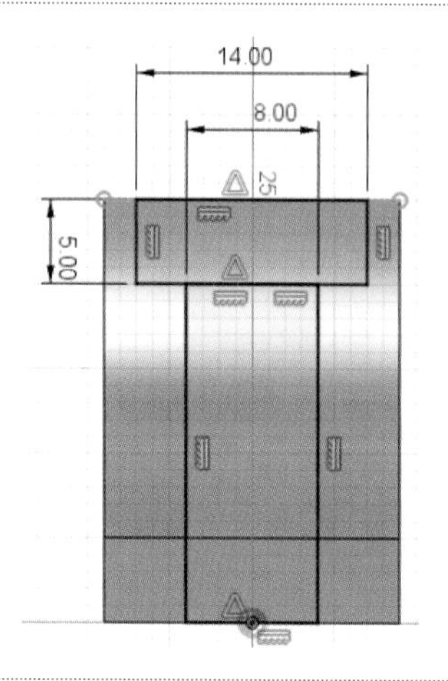

05.

- 스케치 마무리
- 작성 – 돌출
  한쪽 방향, 거리 -42, 잘라내기

06.

- 작성 – 스케치 작성, 해당평면
- 작성 – 스케치 명령을 이용하여 스케치 후 구속조건 기입
- 작성 – 스케치 치수로 수정

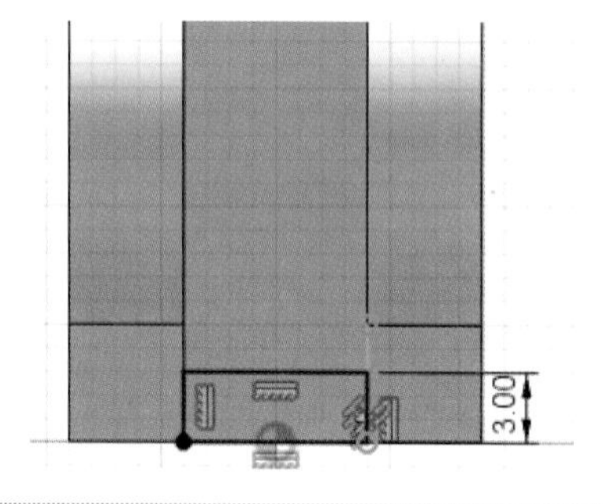

07.

- 스케치 마무리
- 작성 – 돌출
  한쪽방향, 거리 -6, 접합

08.

- 작성 – 스케치 작성, 해당평면
- 작성 – 스케치 명령을 이용하여 해당 비번호 기입

참고

크기, 글자체, 깊이 규정 없음

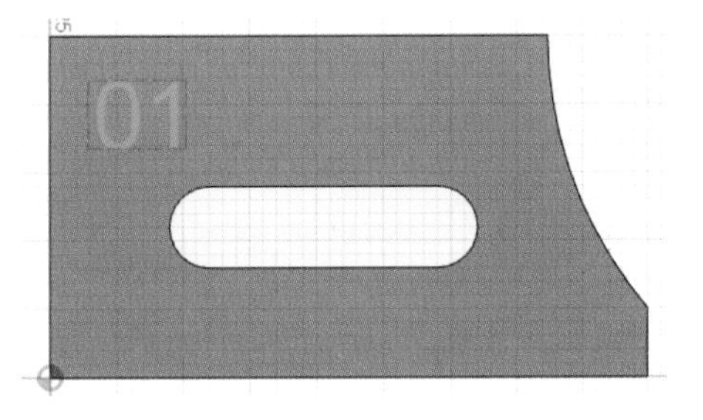

09.

- 스케치 마무리
- 선택 후 작성 – 돌출
  한쪽 방향, 거리 –1, 잘라내기

10.

- 저장되지 않음 체크 후 조립 – 새 구성요소

11.

- 구성요소1 비활성화
- 작성 – 스케치 작성, YZ평면
- 작성 – 스케치 명령을 이용하여 스케치 후 구속조건 기입
- 작성 – 스케치 치수로 수정(공차 적용)

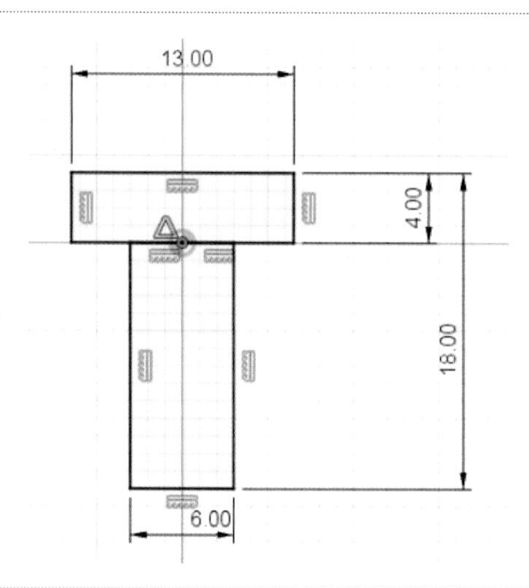

12.

- 스케치 마무리
- 작성 – 돌출
  한쪽 방향, 거리 10, 접합

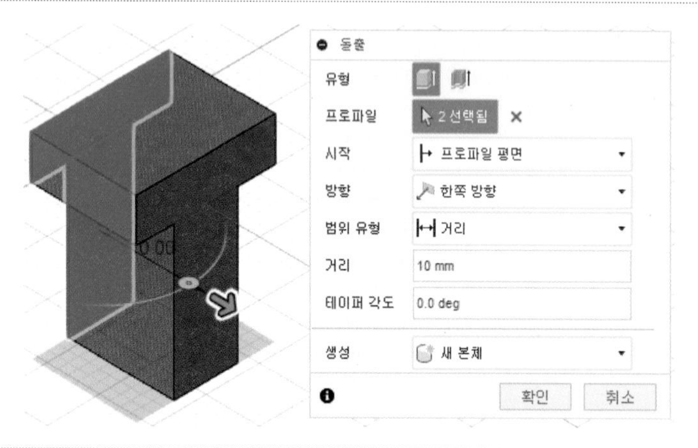

13.

- 작성 – 스케치 작성, XZ평면
- 작성 – 스케치 명령을 이용하여 스케치 후 구속조건 기입
- 작성 – 스케치 치수로 수정(공차 적용)

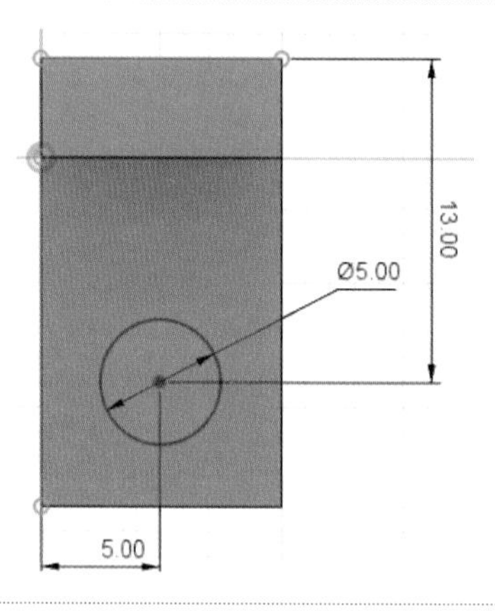

14.

- 스케치 마무리
- 작성 – 돌출
  대칭, 전체거리 18, 합집합

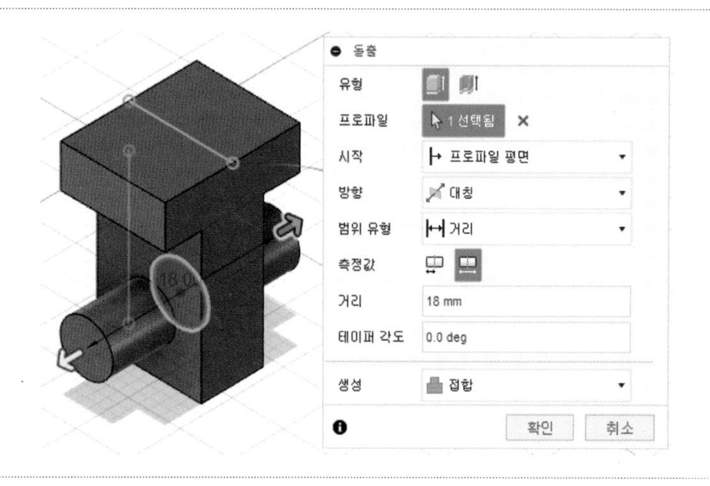

15.

- 저장되지 않음 체크 후 모든 구성요소 활성화

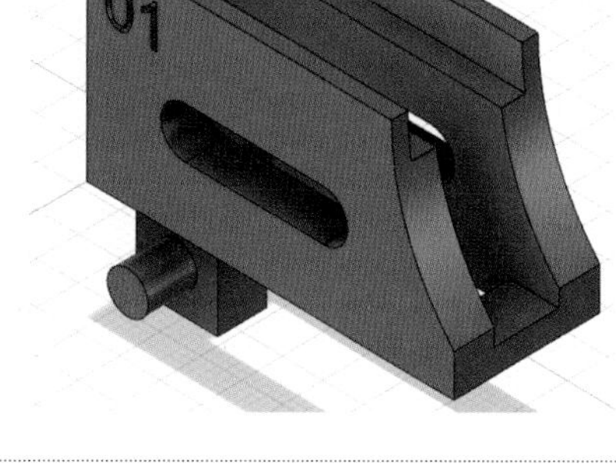

16.

- 구성요소1을 우클릭 후 고정

17.

- 조립 – 접합
- 접합 정렬 후 조립도에 맞게 완

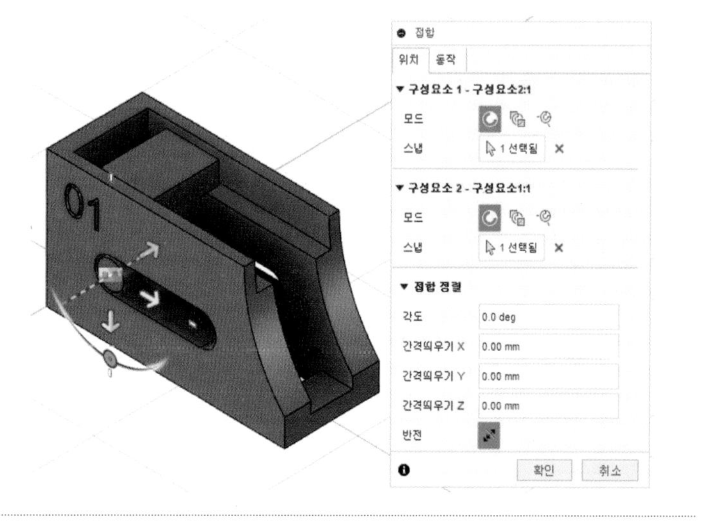

18.

- 저장되지 않음을 우클릭 후 내보내기 생성된 비번호 폴더에 비번호.f3d 저장
- 저장되지 않음을 우클릭 후 내보내기 생성된 비번호 폴더에 비번호.stp 저장
- 출력이 잘 될 위치로 구성요소 회전 및 이동, 저장되지 않음을 우클릭 후 메쉬로 저장. 생성된 비번호 폴더에 비번호.stl 저장

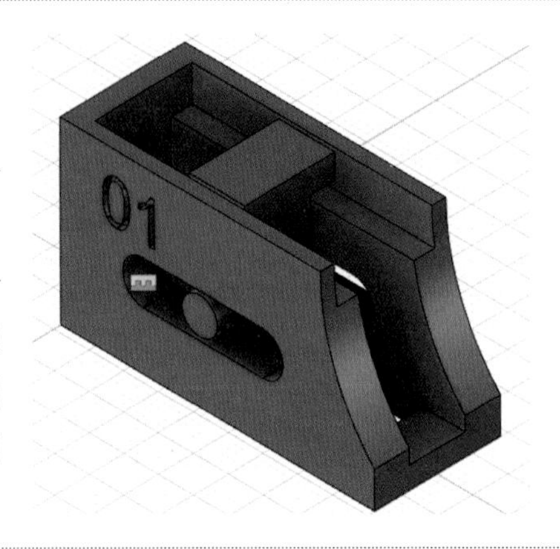

19.

- 해당 슬라이싱 프로그램 설정값 및 출력 방향 설정
- 비번호 폴더에 비번호.*** 저장

참고

조립 방향, 설정값, 출력방향에 따라 출력 시간이 다릅니다. 수험자가 최적의 조건을 찾으시기 바랍니다.

19 | 공개 도면 19(유사)

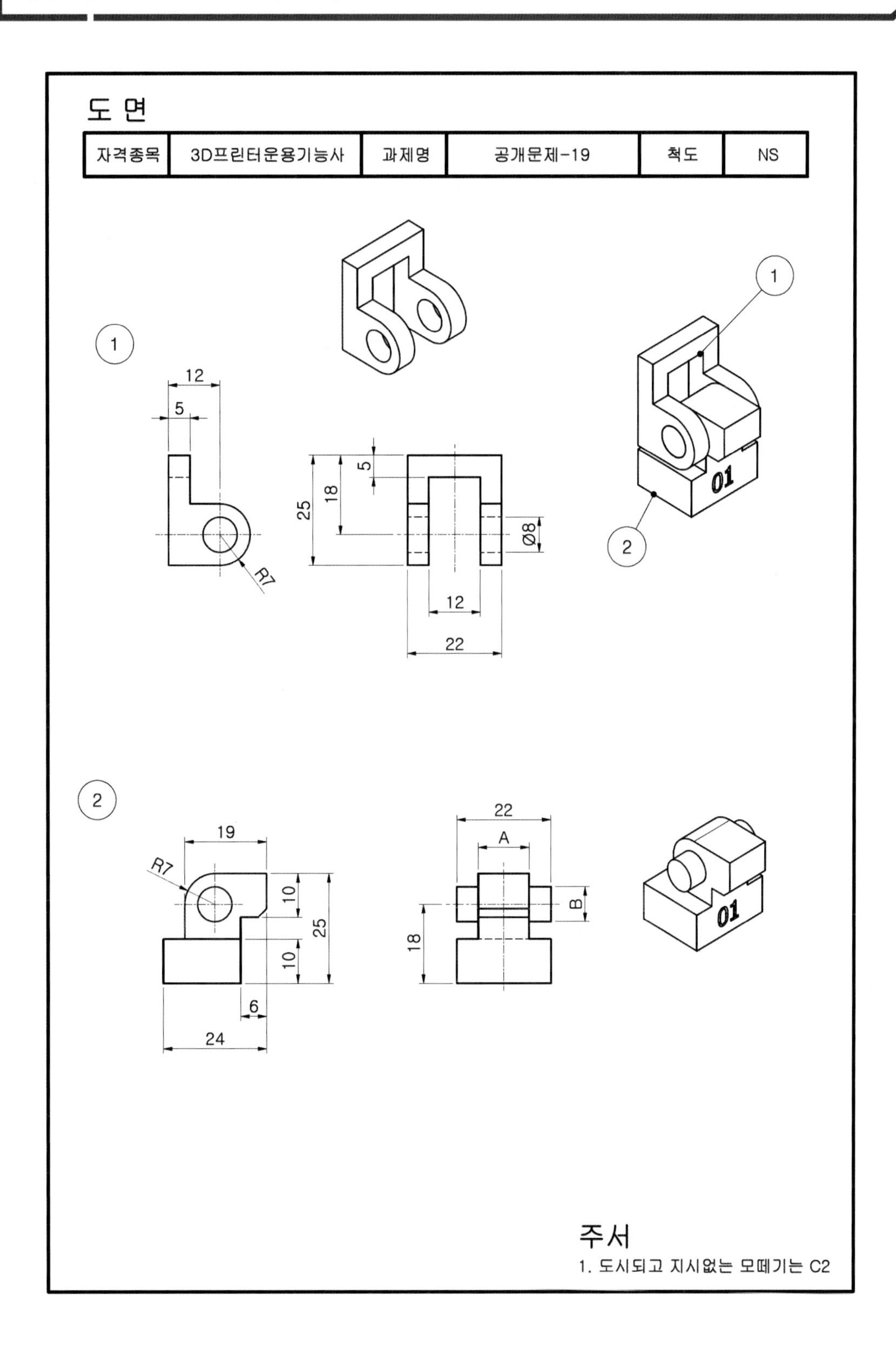
도 면
자격종목
3D프린터운용기능사
과제명
공개문제-19
척도
NS
1
12
5
R7
25
18
5
Ø8
12
22
01
2
19
R7
10
25
10
6
24
22
A
B
18
주서
1. 도시되고 지시없는 모떼기는 C2

01.

- 바탕화면에 비번호 폴더 생성
- 조립 – 새 구성요소

02.

- 작성 – 스케치 작성, XZ평면
- 작성 – 스케치 명령을 이용하여 스케치 후 구속조건 기입
- 작성 – 스케치 치수로 수정

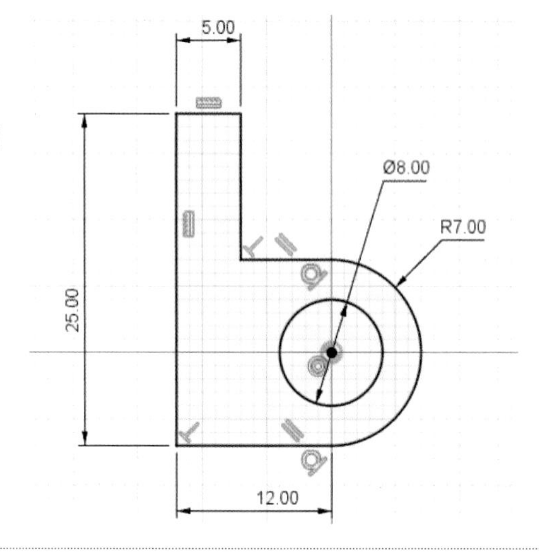

03.

- 스케치 마무리
- 작성 – 돌출
  대칭, 전체거리 22, 새 본체

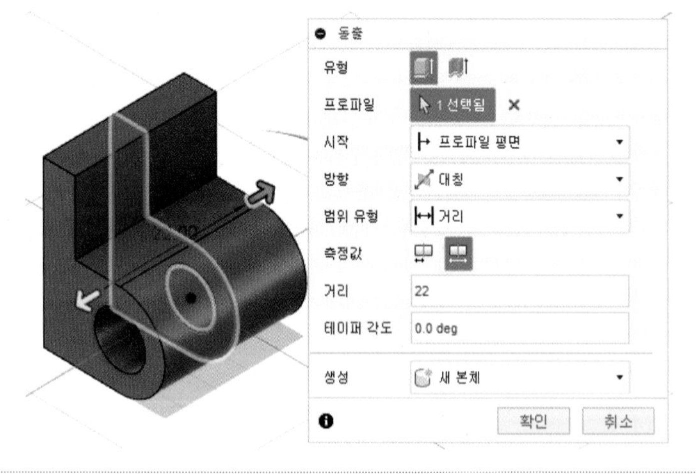

04.

- 작성 – 스케치 작성, XZ평면
- 작성 – 스케치 명령을 이용하여 스케치 후 구속조건 기입
- 작성 – 스케치 치수로 수정

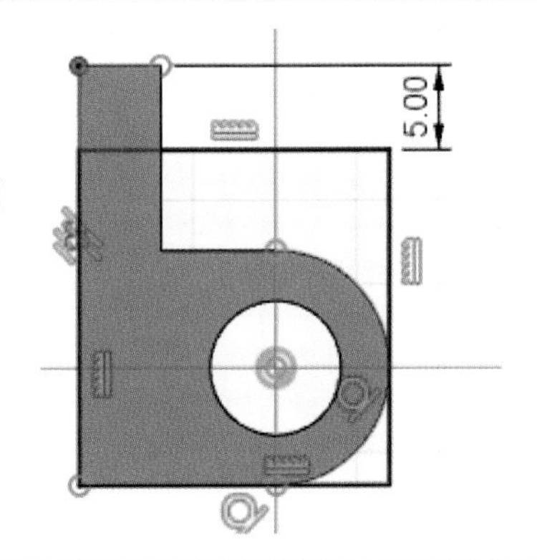

05.

- 스케치 마무리
- 작성 – 돌출
  대칭, 전체거리 12, 잘라내기

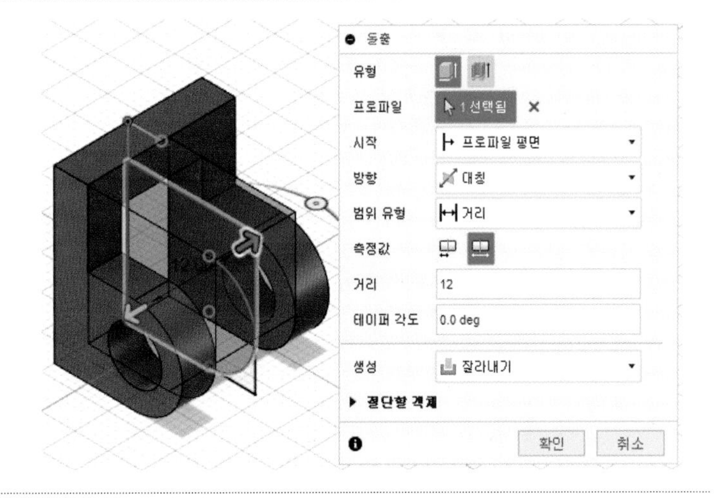

06.

- 저장되지 않음 체크 후 조립 – 새 구성요소

07.

- 구성요소1 비활성화
- 작성 – 스케치 작성, XZ평면
- 작성 – 스케치 명령을 이용하여 스케치 후 구속조건 기입
- 작성 – 스케치 치수로 수정

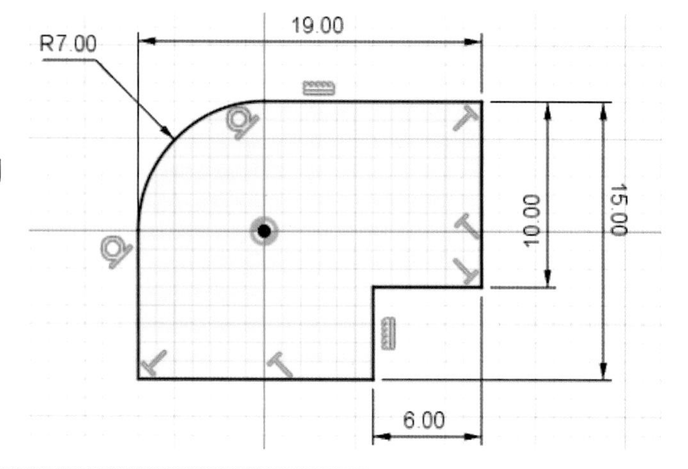

08.

- 스케치 마무리
- 작성 – 돌출
  대칭, 전체거리 11(공차적용), 새 본체

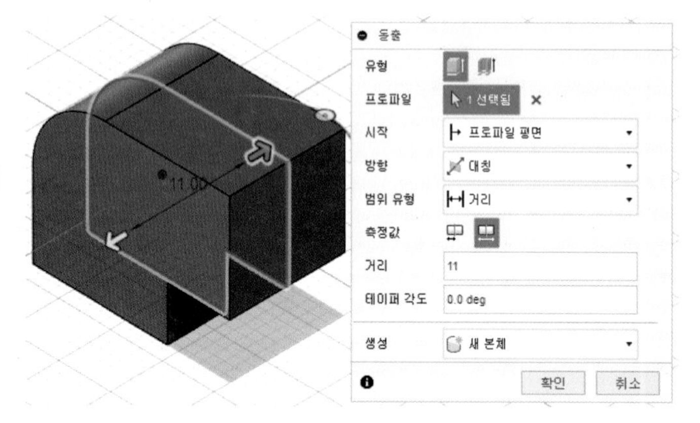

09.

- 작성 – 스케치 작성, XZ평면
- 작성 – 스케치 명령을 이용하여 스케치 후 구속조건 기입
- 작성 – 스케치 치수로 수정

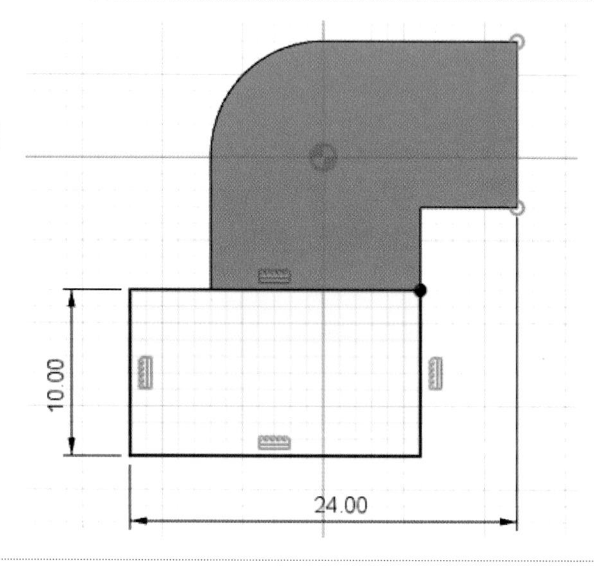

10.

- 스케치 마무리
- 작성 – 돌출
  대칭, 전체거리 22, 접합

11.

- 작성 – 스케치 작성, XZ평면
- 작성 – 스케치 명령을 이용하여 스케치 후 구속조건 기입
- 작성 – 스케치 치수로 수정(공차적용)

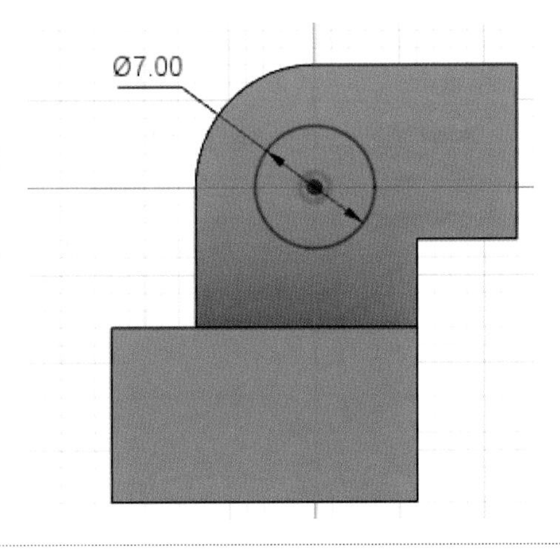

12.

- 스케치 마무리
- 작성 – 돌출
  대칭, 전체거리 22, 접합

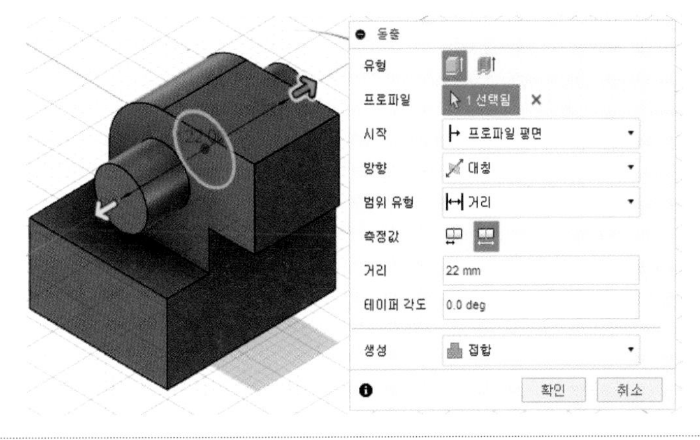

13.

• 수정 – 모따기, C2

14.

• 작성 – 스케치 작성, 해당평면

• 작성 – 스케치 명령을 이용하여 해당 비번호 기입

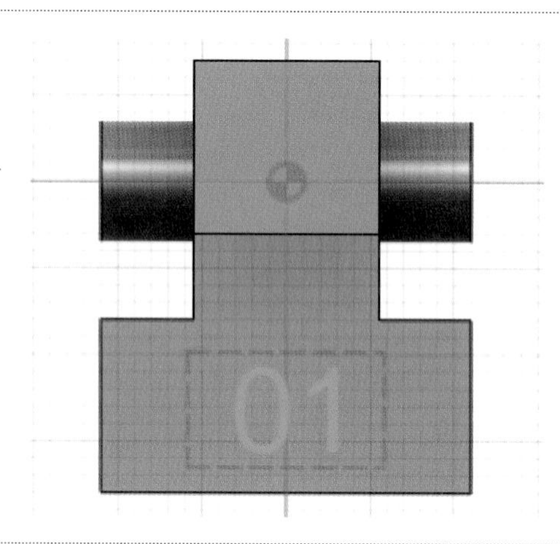

참고

크기, 글자체, 깊이 규정 없음

15.

• 스케치 마무리

• 선택 후 작성 – 돌출
  한쪽 방향, 거리 –1, 잘라내기

16.

• 저장되지 않음 체크 후 모든 구성요소 활성화

문서 설정
사용자 뷰
원점
구성요소1:1
구성요소2:1

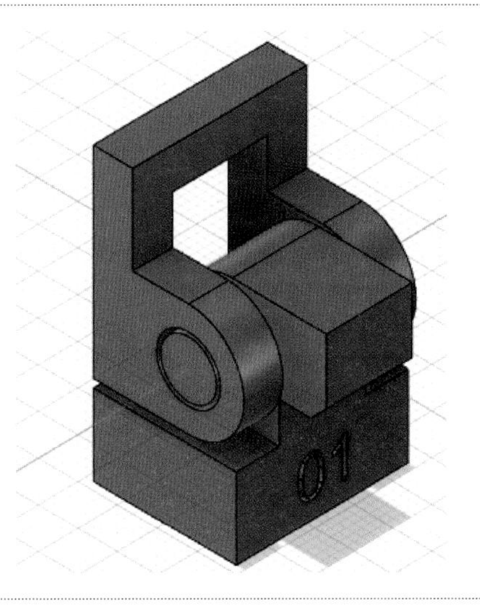

17.

• 구성요소1을 우클릭 후 고정

18.

• 조립 – 접합, 완성

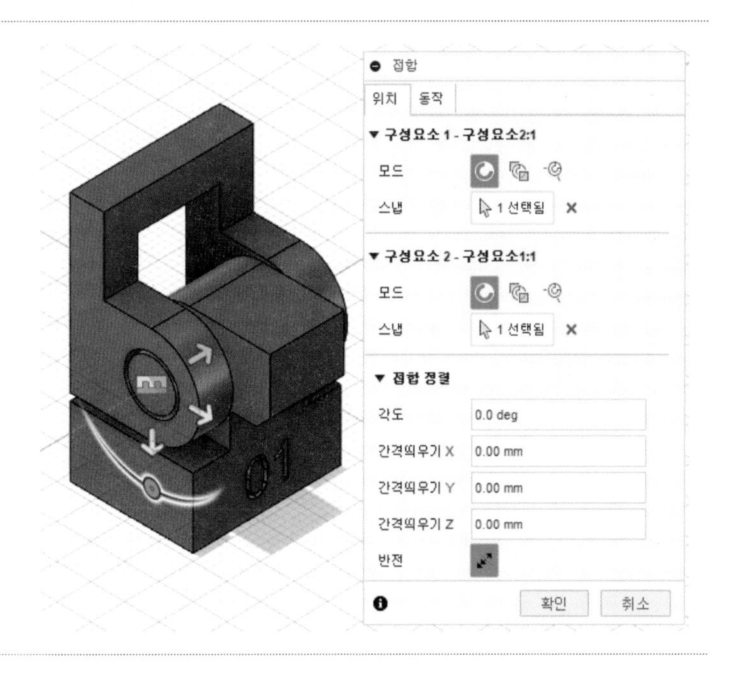

19.

- 저장되지 않음을 우클릭 후 내보내기 생성된 비번호 폴더에 비번호.f3d 저장
- 저장되지 않음을 우클릭 후 내보내기 생성된 비번호 폴더에 비번호.stp 저장
- 출력이 잘 될 위치로 구성요소 회전 및 이동, 저장되지 않음을 우클릭 후 메쉬로 저장. 생성된 비번호 폴더에 비번호.stl 저장

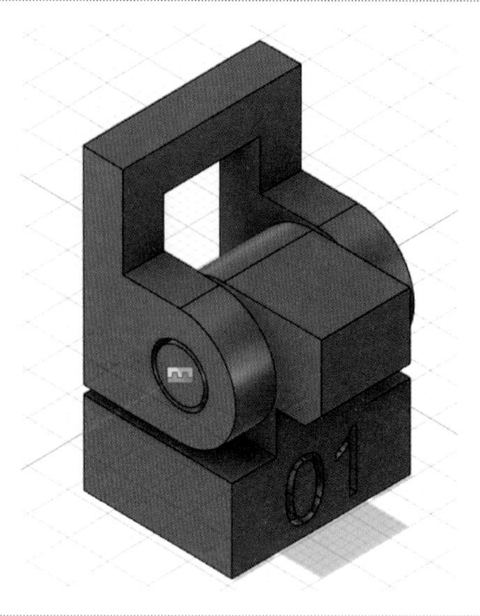

20.

- 해당 슬라이싱 프로그램 설정값 및 출력 방향 설정
- 비번호 폴더에 비번호.*** 저장

참고

조립 방향, 설정값, 출력방향에 따라 출력 시간이 다릅니다. 수험자가 최적의 조건을 찾으시기 바랍니다.

20 | 공개 도면 20(유사)

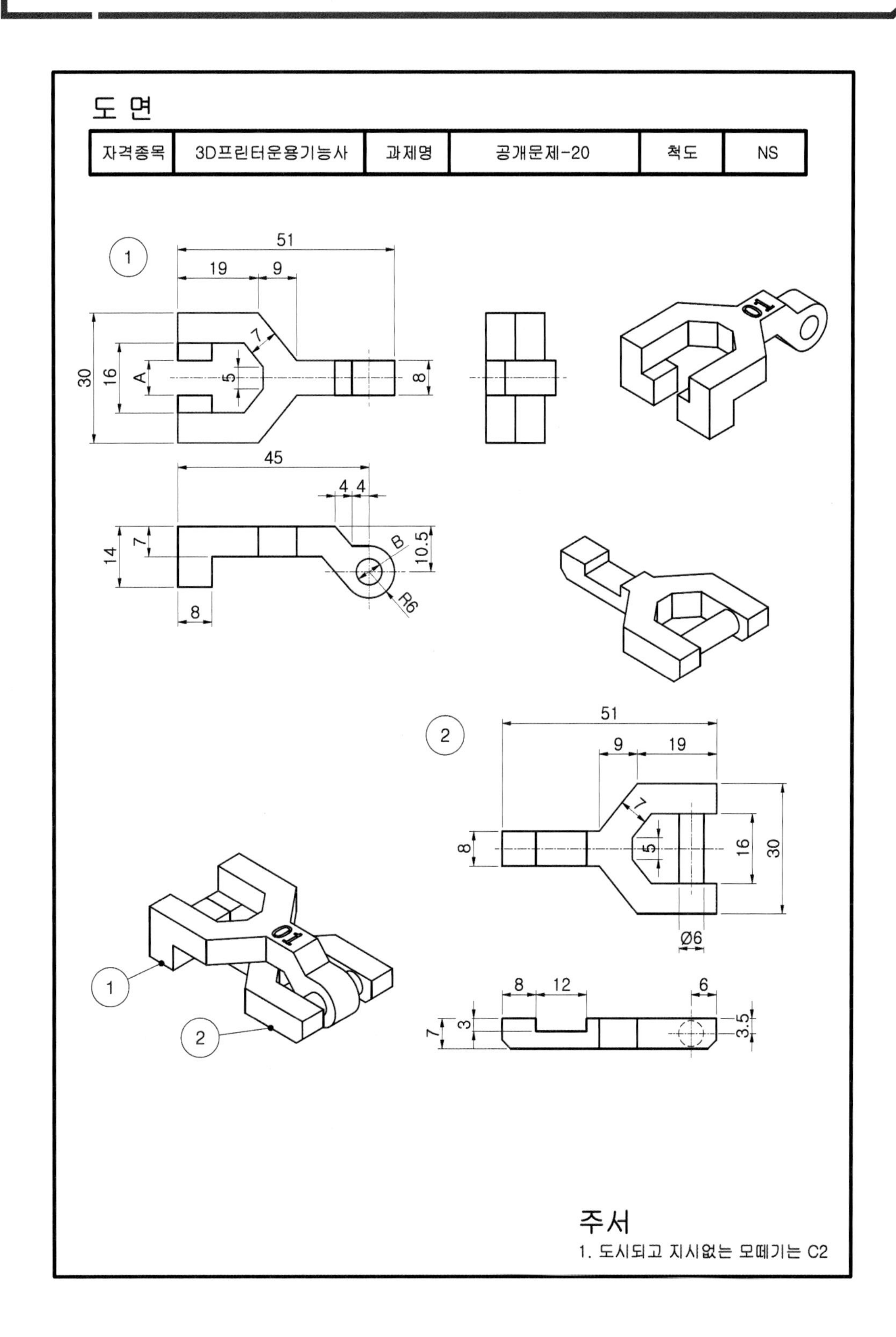

자격종목	3D프린터운용기능사	과제명	공개문제-20	척도	NS

01.

• 바탕화면에 비번호 폴더 생성
• 조립 – 새 구성요소

02.

• 작성 – 스케치 작성, XY평면
• 작성 – 스케치 명령을 이용하여 스케치 후 구속조건 기입
• 작성 – 스케치 치수로 수정

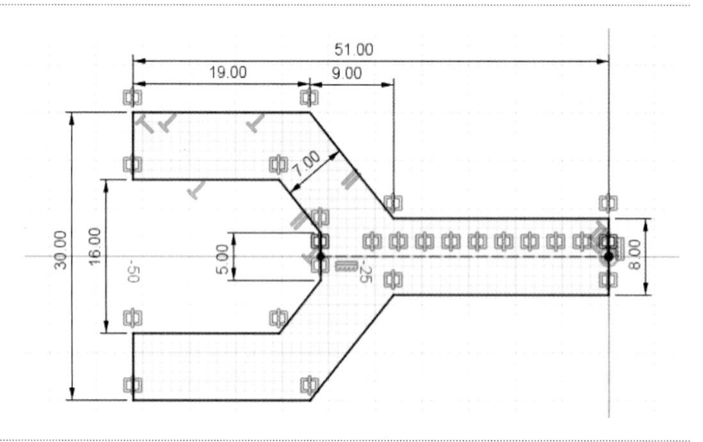

03.

• 스케치 마무리
• 작성 – 돌출
한쪽 방향, 거리 16.5, 새 본체

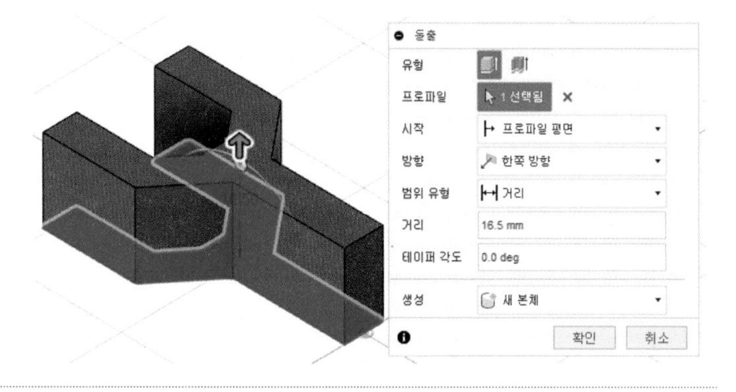

04.

• 작성 – 스케치 작성, 해당평면
• 작성 – 스케치 명령을 이용하여 스케치 후 구속조건 기입
• 작성 – 스케치 치수로 수정(공차 적용)

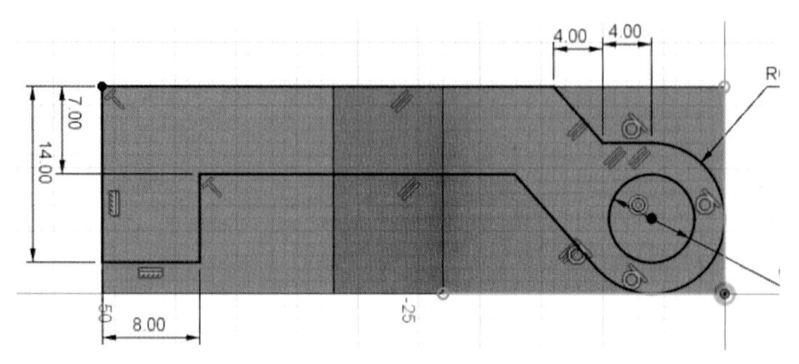

05.

- 작성 – 돌출
  한쪽 방향, 모두(반전), 교차

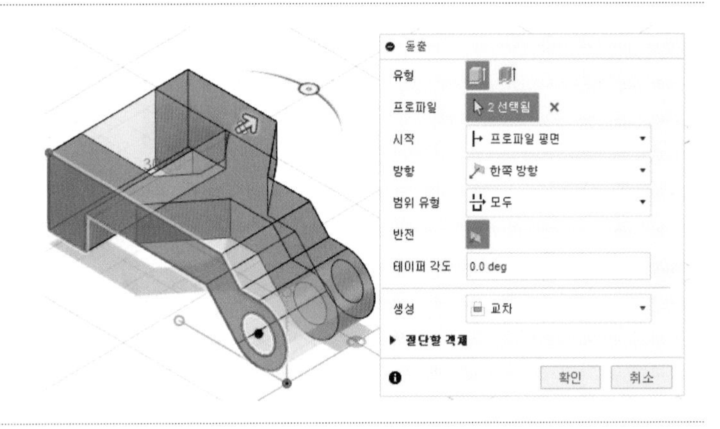

06.

- 작성 – 스케치 작성, 해당평면
- 작성 – 스케치 명령을 이용하여 스케치 후 구속조건 기입

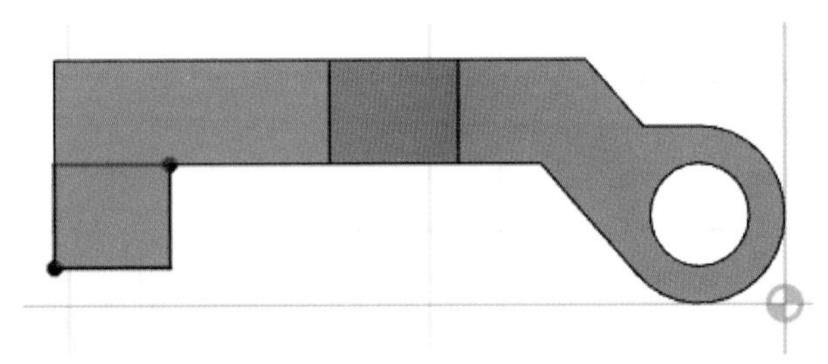

07.

- 작성 – 돌출
  한쪽 방향, 거리 3.5(공차적용), 접합

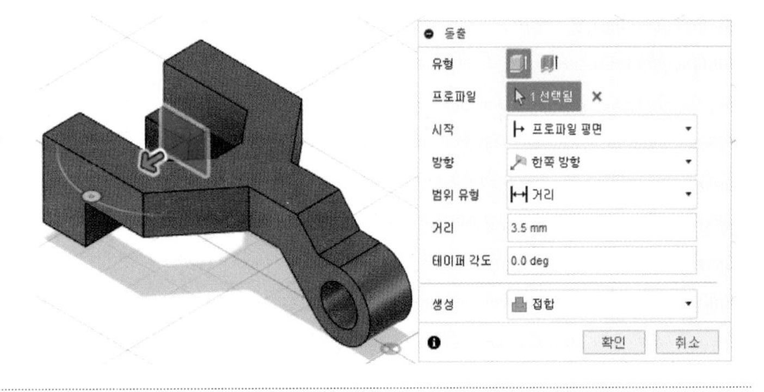

08.

- 작성 – 미러

09.

- 작성 – 스케치 작성, 해당평면
- 작성 – 스케치 명령을 이용하여 해당 비번호 기입

참고

크기, 글자체, 깊이 규정 없음

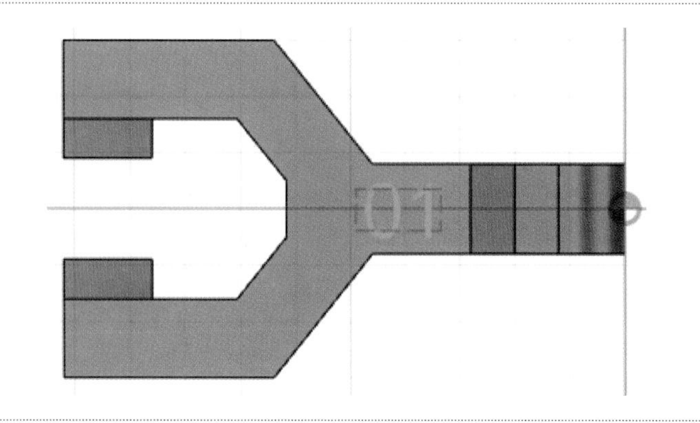

10.

- 스케치 마무리
- 선택 후 작성 – 돌출
  한쪽 방향, 거리 –1, 잘라내기

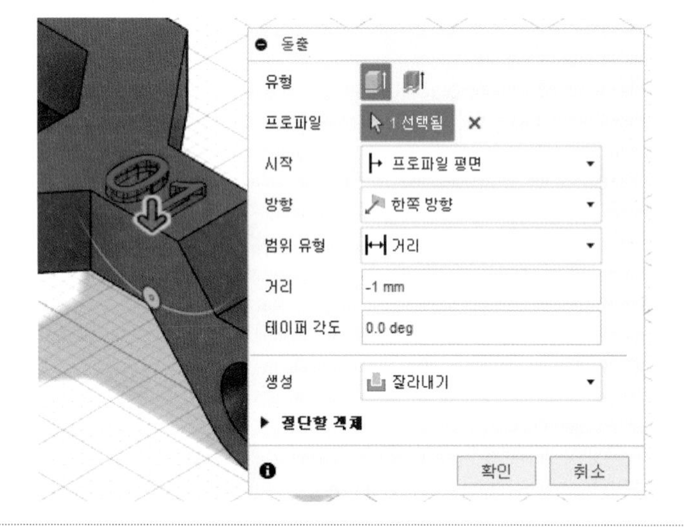

11.

- 저장되지 않음 체크 후 조립 – 새 구성 요소

12.

- 구성요소1 비활성화
- 작성 – 스케치 작성, XY평면
- 작성 – 스케치 명령을 이용하여 스케치 후 구속조건 기입
- 작성 – 스케치 치수로 수정

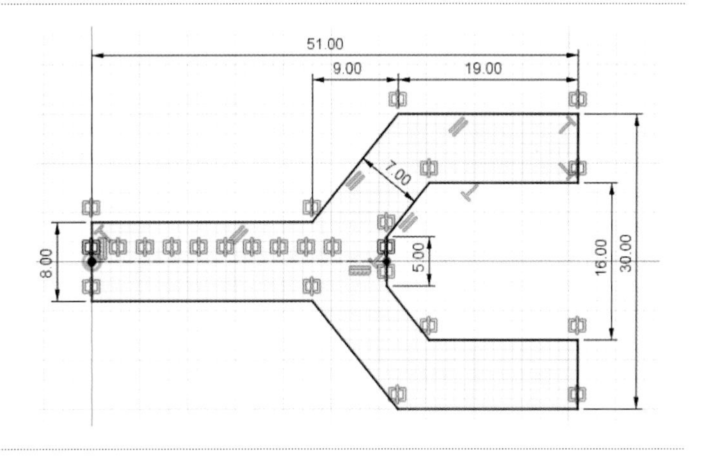

13.

- 스케치 마무리
- 작성 – 돌출
  돌출, 한쪽 방향, 거리 7, 새 본체

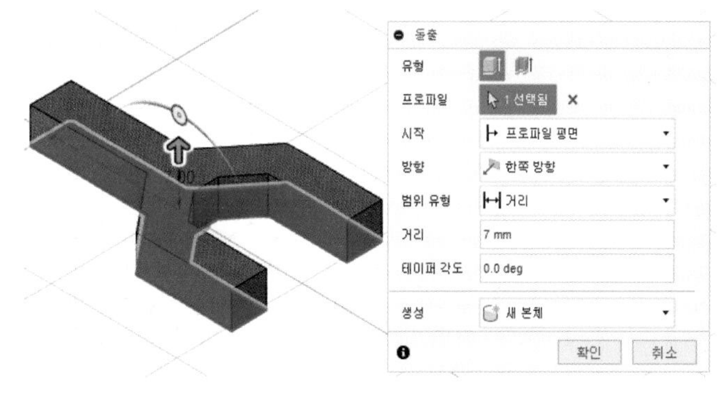

14.

- 작성 – 스케치 작성, 해당평면
- 작성 – 스케치 명령을 이용하여 스케치 후 구속조건 기입
- 작성 – 스케치 치수로 수정

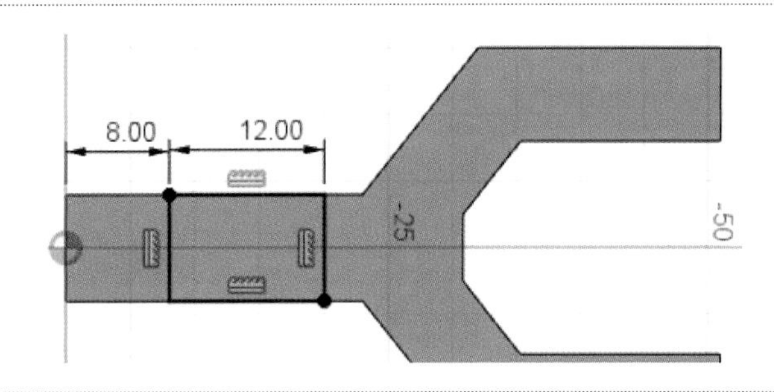

15.

- 스케치 마무리
- 작성 – 돌출
  돌출, 한쪽 방향, 거리 –3, 잘라내기

16.

- 수정 – 모따기, C2

17.

- 작성 – 스케치 작성, XZ평면
- 작성 – 스케치 명령을 이용하여 스케치 후 구속조건 기입
- 작성 – 스케치 치수로 수정

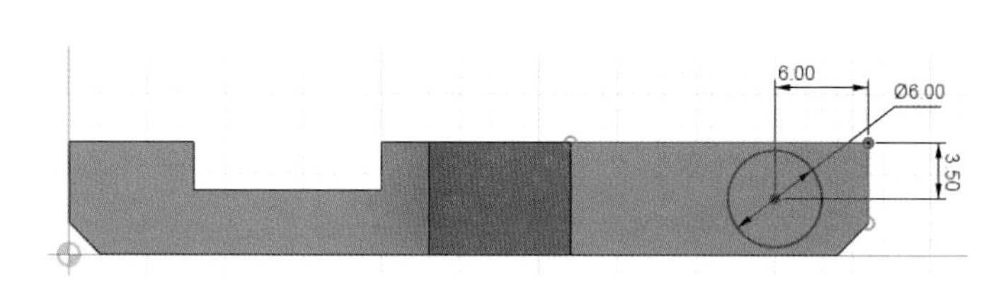

18.

- 스케치 마무리
- 작성 – 돌출
  돌출, 대칭, 전체거리 16, 접합

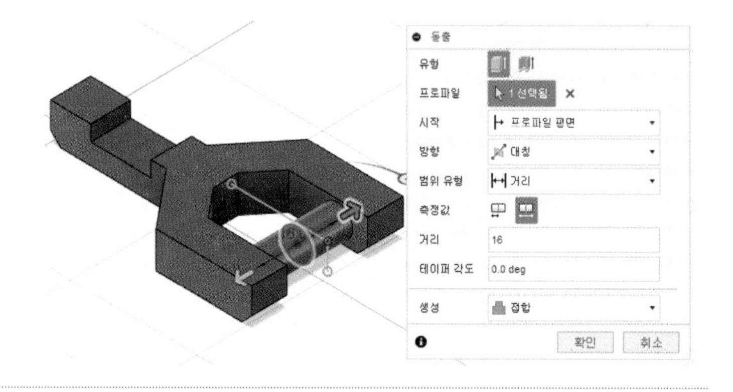

19.

- 저장되지 않음 체크 후 모든 구성요소 활성화

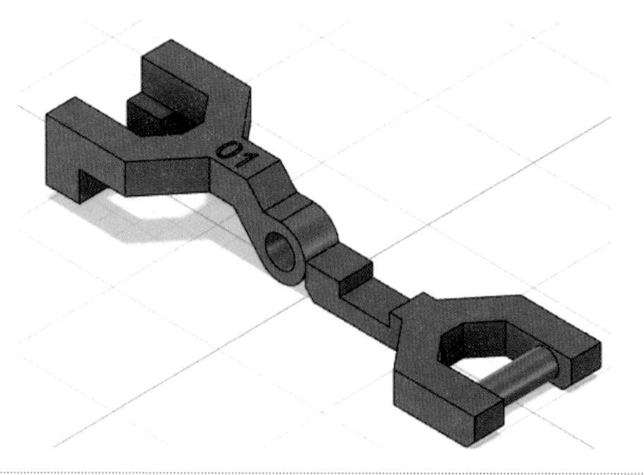

20.

- 구성요소1을 우클릭 후 고정

21.

- 조립 – 접합
- 접합 정렬 후 조립도에 맞게 완성

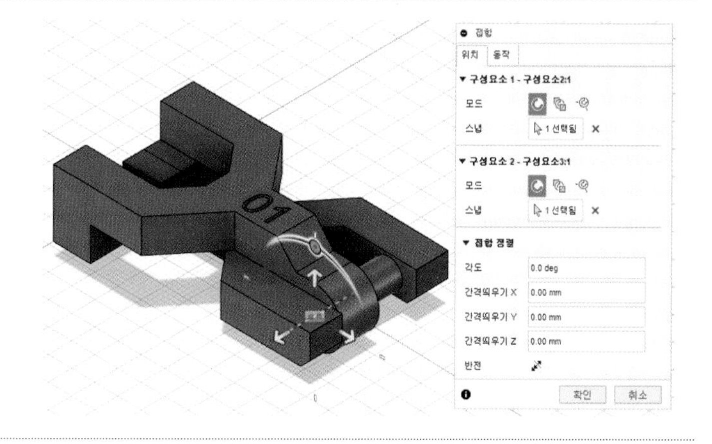

22.

- 저장되지 않음을 우클릭 후 내보내기 생성된 비번호 폴더에 비번호.f3d 저장
- 저장되지 않음을 우클릭 후 내보내기 생성된 비번호 폴더에 비번호.stp 저장
- 출력이 잘 될 위치로 구성요소 회전 및 이동, 저장되지 않음을 우클릭 후 메쉬로 저장. 생성된 비번호 폴더에 비번호.stl 저장

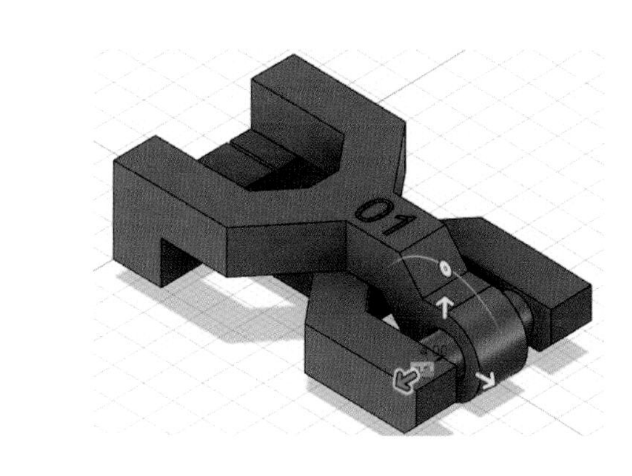

23.

- 해당 슬라이싱 프로그램 설정값 및 출력 방향 설정
- 비번호 폴더에 비번호.*** 저장

참고

조립 방향, 설정값, 출력방향에 따라 출력 시간이 다릅니다. 수험자가 최적의 조건을 찾으시기 바랍니다.

21 | 공개 도면 21(유사)

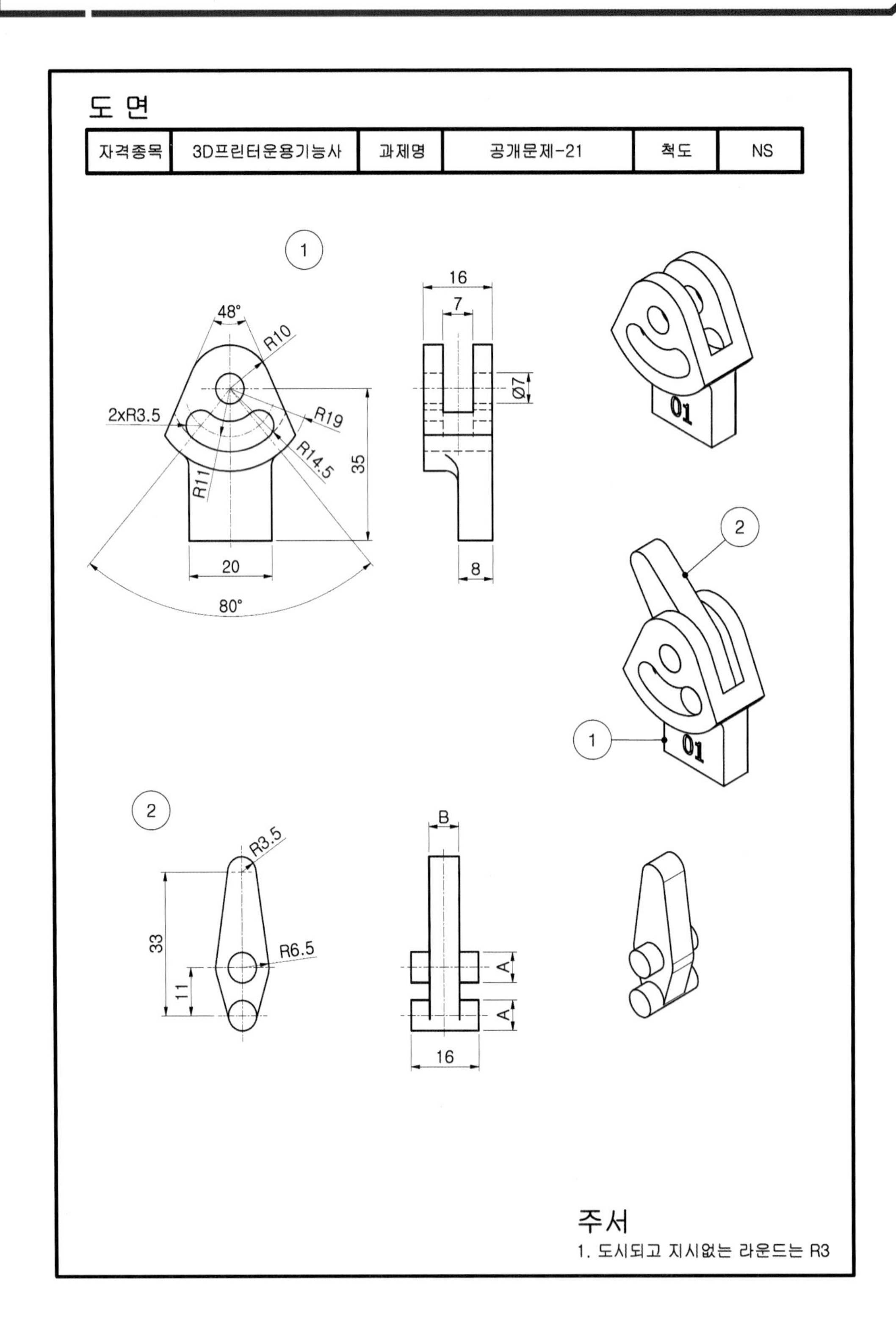

도 면
자격종목
3D프린터운용기능사
과제명
공개문제-21
척도
NS
1
48°
R10
2xR3.5
R19
R14.5
R11
35
20
80°
16
7
Ø7
8
2
01
2
R3.5
33
R6.5
11
B
A
A
16
주서
1. 도시되고 지시없는 라운드는 R3

01.

- 바탕화면에 비번호 폴더 생성
- 조립 – 새 구성요소

02.

- 작성 – 스케치 작성, XZ평면
- 작성 – 스케치 명령을 이용하여 스케치 후 구속조건 기입
- 작성 – 스케치 치수로 수정

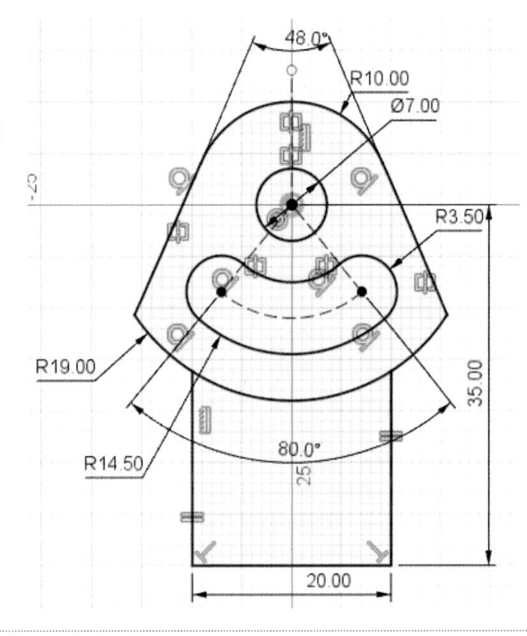

03.

- 스케치 마무리
- 작성 – 돌출
  대칭, 전체거리 16, 새 본체

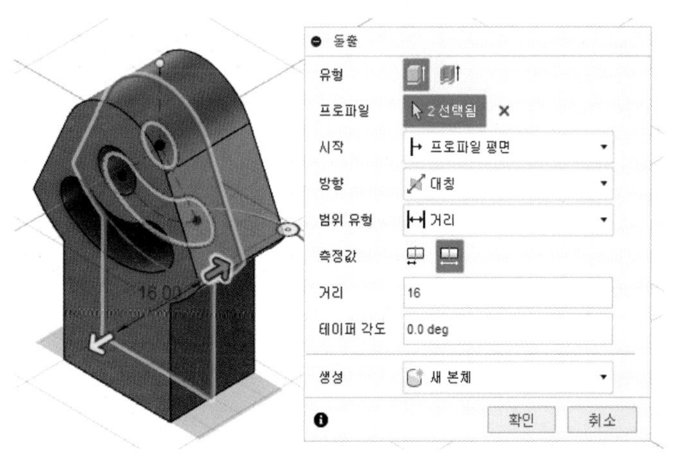

04.

- 스케치 활성화
- 작성 – 돌출
  한쪽 방향, 모두(반전), 잘라내기

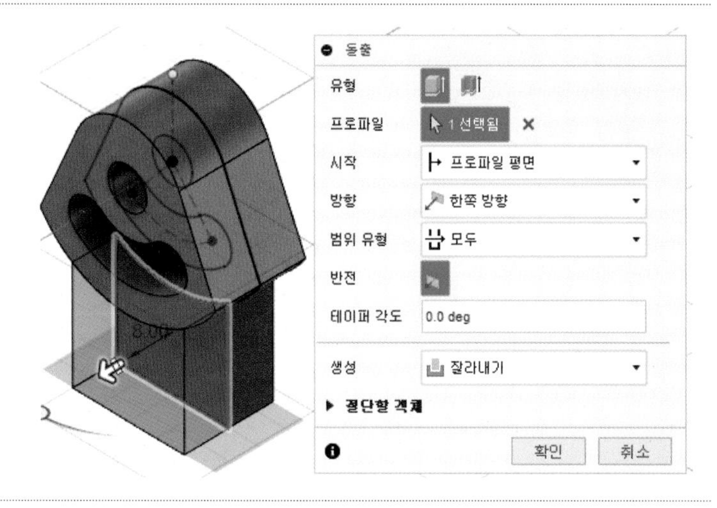

05.

- 작성 – 스케치 작성, XZ평면
- 작성 – 스케치 명령을 이용하여 스케치 후 구속조건 기입

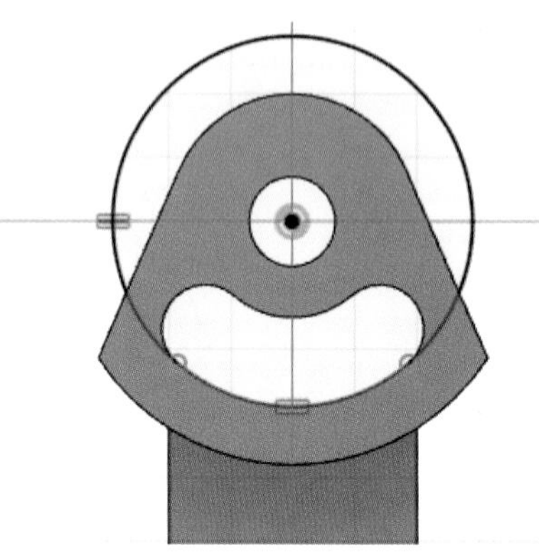

06.

- 스케치 마무리
- 작성 – 돌출
  대칭, 전체거리 7, 잘라내기

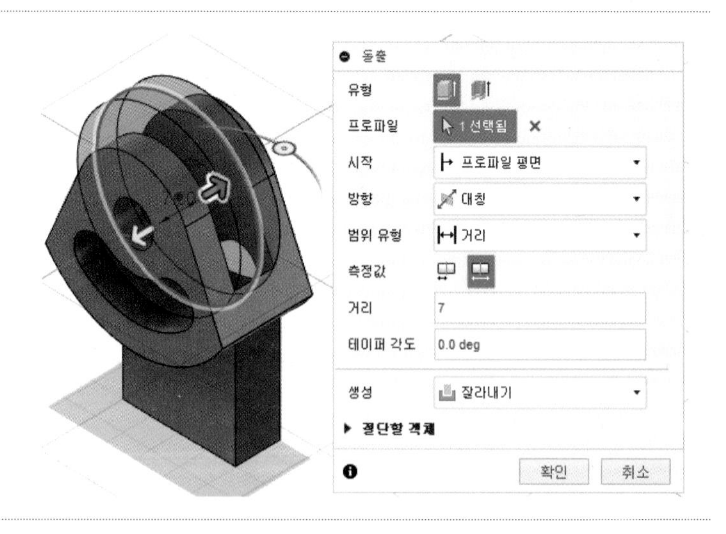

07.

• 수정 – 모깎기, R3

08.

• 작성 – 스케치 작성, 해당평면
• 작성 – 스케치 명령을 이용하여 해당 비번호 기입

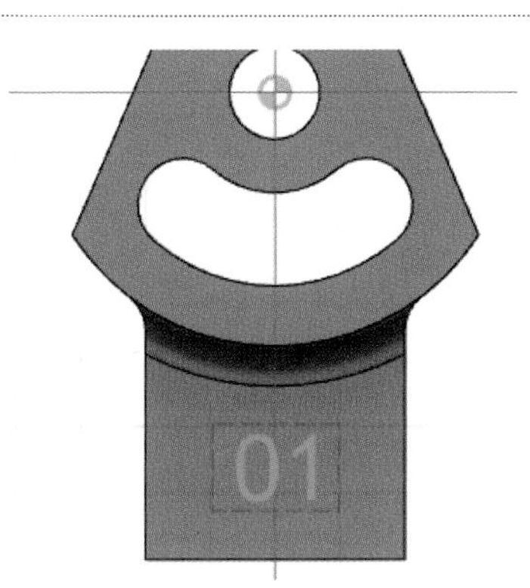

참고

크기, 글자체, 깊이 규정 없음

09.

• 스케치 마무리
• 선택 후 작성 – 돌출
  한쪽 방향, 거리 –1, 잘라내기

10.

• 저장되지 않음 체크 후 조립 – 새 구성 요소

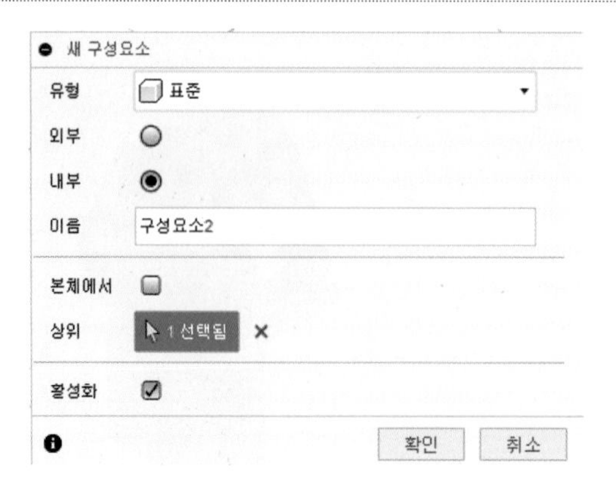

11.

• 구성요소1 비활성화
• 작성 – 스케치 작성, XZ평면
• 작성 – 스케치 명령을 이용하여 스케치 후 구속조건 기입
• 작성 – 스케치 치수로 수정

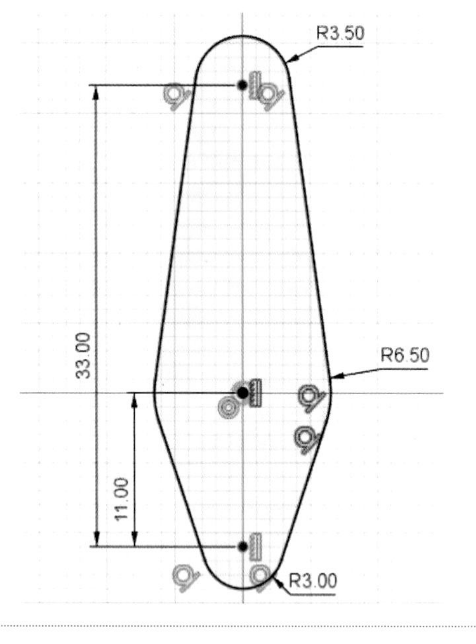

12.

• 스케치 마무리
• 작성 – 돌출
대칭, 전체거리 6(공차적용), 새 본체

13.

- 작성 – 스케치 작성, XZ평면
- 작성 – 스케치 명령을 이용하여 스케치 후 구속조건 기입
- 작성 – 스케치 치수로 수정(공차 적용)

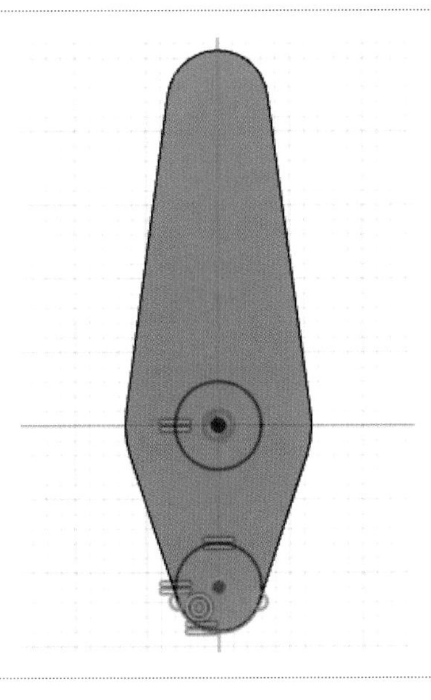

14.

- 스케치 마무리
- 작성 – 돌출
  대칭, 전체거리 16, 접합

15.

- 저장되지 않음 체크 후 모든 구성요소 활성화

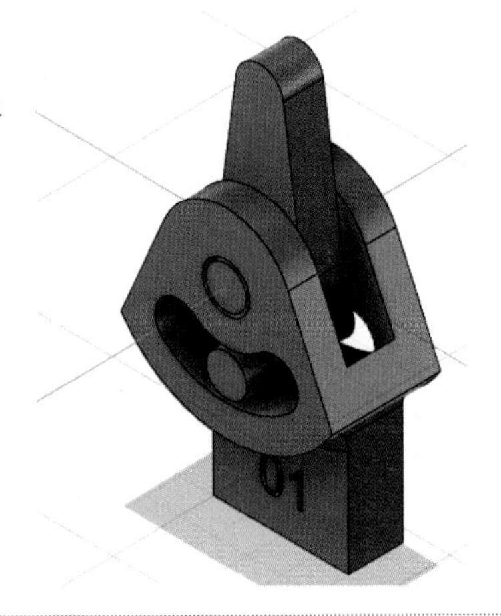

16.

- 구성요소1을 우클릭 후 고정

17.

- 조립 – 접합
- 접합 정렬 후 조립도에 맞게 완성

18.

- 저장되지 않음을 우클릭 후 내보내기 생성된 비번호 폴더에 비번호.f3d 저장
- 저장되지 않음을 우클릭 후 내보내기 생성된 비번호 폴더에 비번호.stp 저장
- 출력이 잘 될 위치로 구성요소 회전 및 이동, 저장되지 않음을 우클릭 후 메쉬로 저장. 생성된 비번호 폴더에 비번호.stl 저장

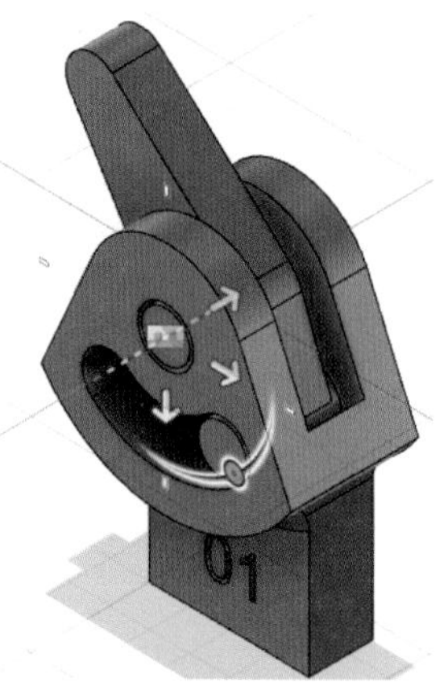

19.

- 해당 슬라이싱 프로그램 설정값 및 출력 방향 설정
- 비번호 폴더에 비번호.*** 저장

참고

조립 방향, 설정값, 출력방향에 따라 출력 시간이 다릅니다. 수험자가 최적의 조건을 찾으시기 바랍니다.

PART

04

Inventor를 활용한 공개문제 풀이

01 | 공개 도면 01

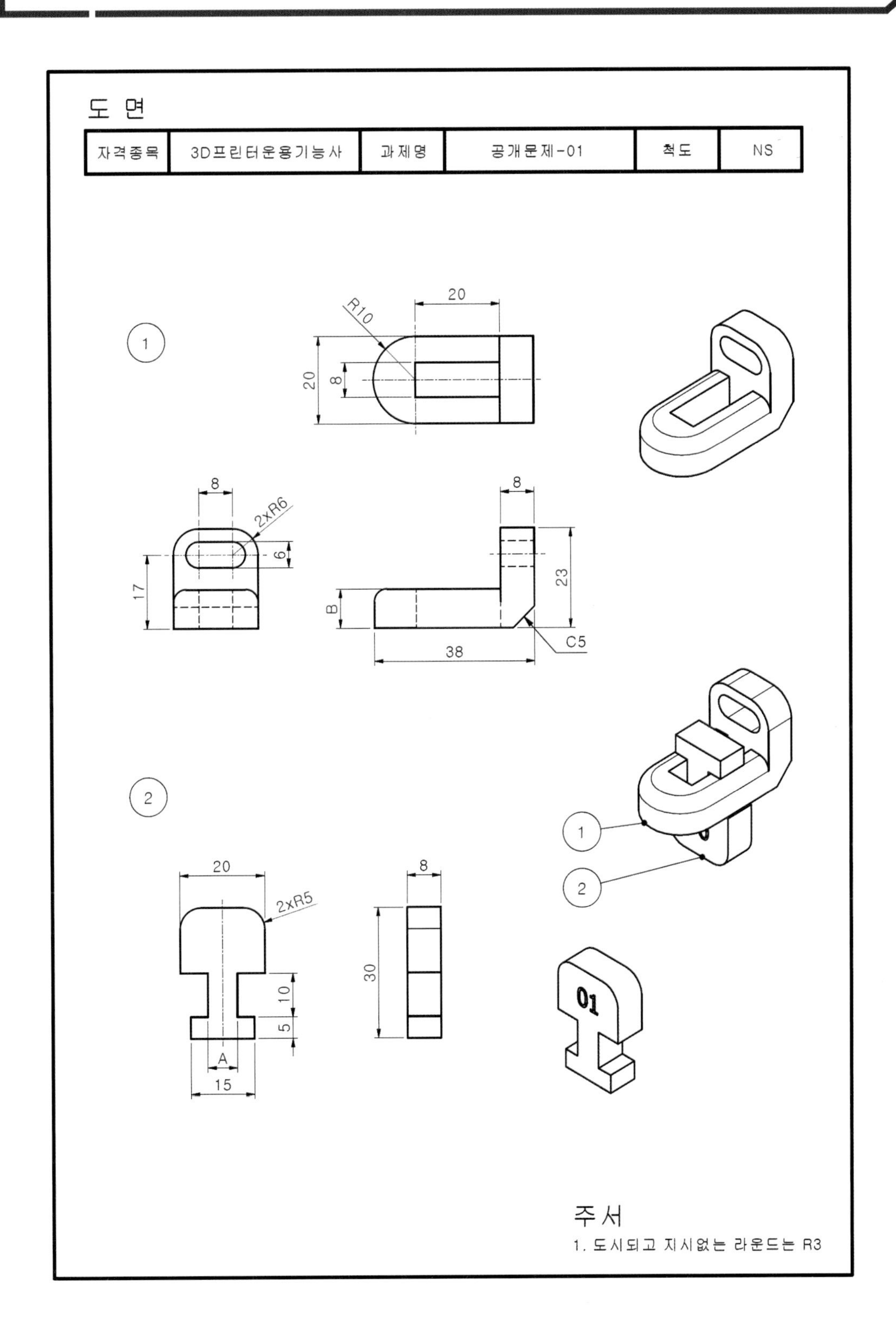

도 면
자격종목
3D프린터운용기능사
과제명
공개문제-01
척도
NS
1
R10
20
20
8
8
2xR6
6
17
8
23
B
38
C5
2
20
2xR5
10
5
A
15
8
30
1
2
01
주서
1. 도시되고 지시없는 라운드는 R3

01.

• 바탕화면에 비번호 폴더 생성
• 새파일 – Standard(mm).ipt

02.

• YZ평면 우클릭 새 스케치
• 스케치 작성(공차적용)
• 구속조건

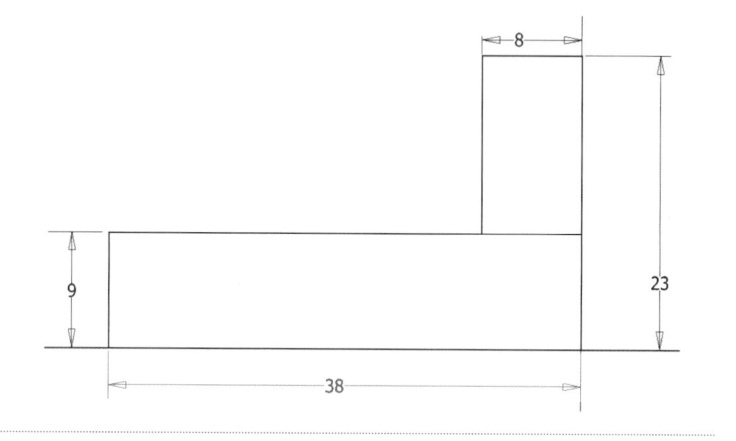

03.

• 스케치 마무리
• 돌출, 새 솔리드, 거리 20, 대칭

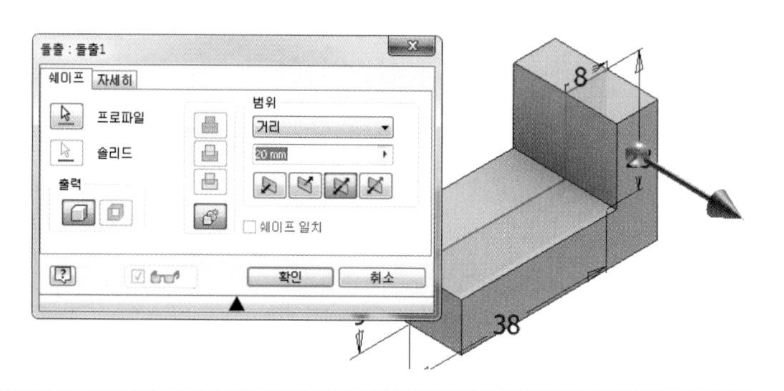

04.

• 모깎기, R10

05.

• 모깎기, R6

06.

• 해당평면에 새 스케치
• 스케치 작성
• 구속조건

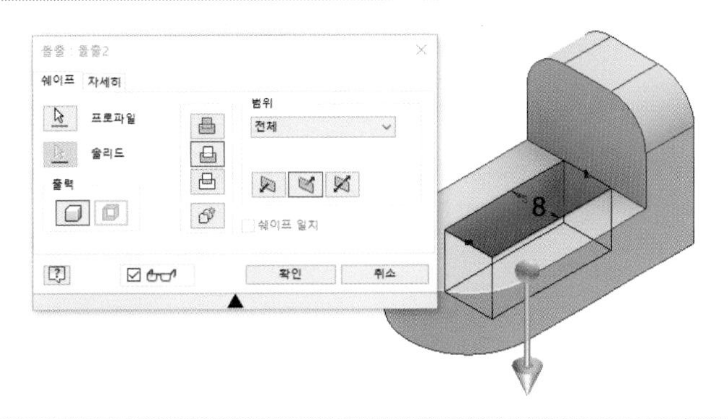

07.

• 스케치 마무리
• 돌출, 차집합, 전체

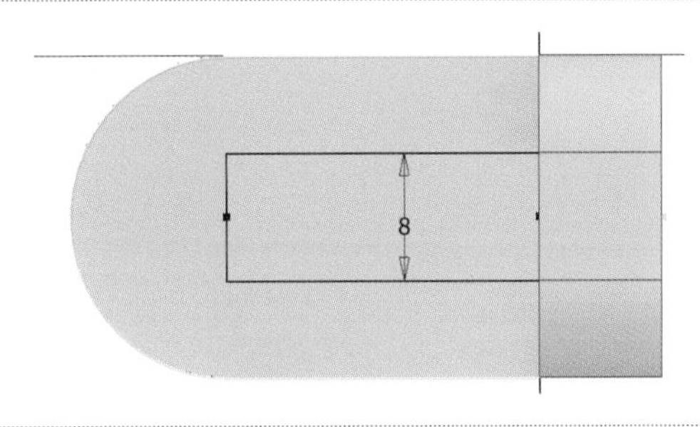

08.

• 해당평면에 새 스케치
• 스케치 작성
• 구속조건

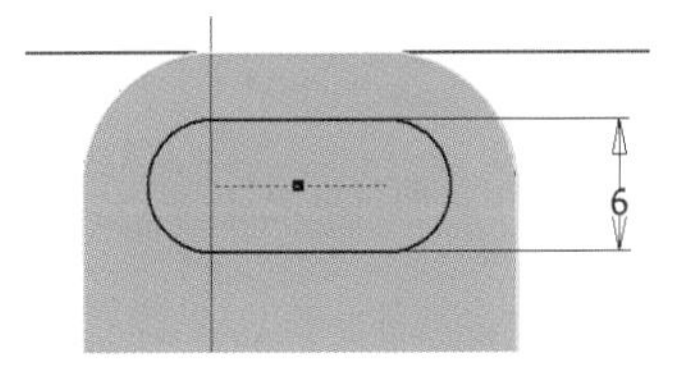

09.

• 스케치 마무리
• 돌출, 차집합, 전체

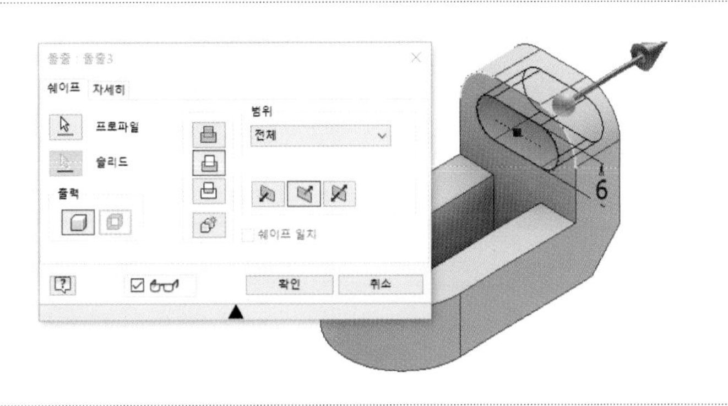

10.

- 모따기, C5

11.

- 모깎기, R3

12.

- 생성된 비번호 폴더에 비번호－1.ipt 저장

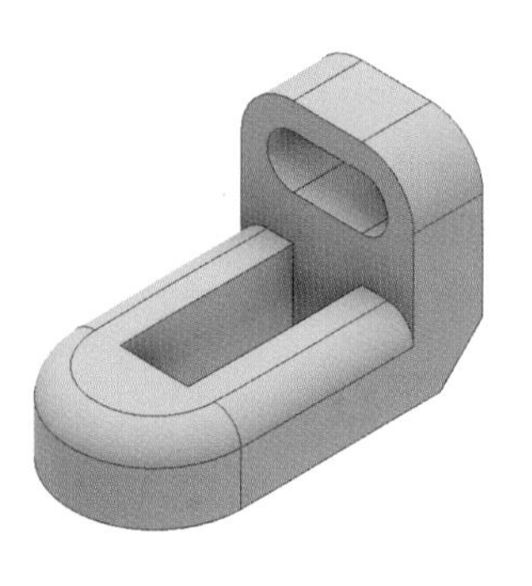

참고

인력공단에 문의 결과 요구사항에서는 부품은 저장하지 않으나 조립을 할 수 없기 때문에 저장해야 함. 시험시 감독관에게 문의 바람.

13.

- 새파일－Standard(mm).ipt

14.

- XZ평면 우클릭 새 스케치
- 스케치 작성(공차적용)
- 구속조건

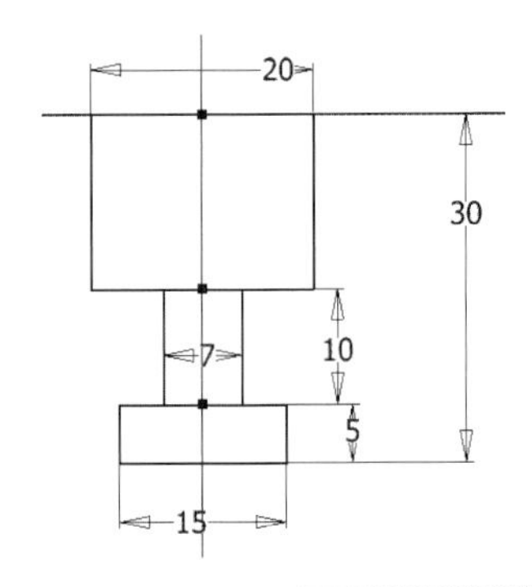

15.

- 스케치 마무리
- 돌출, 새 솔리드, 거리 8, 대칭

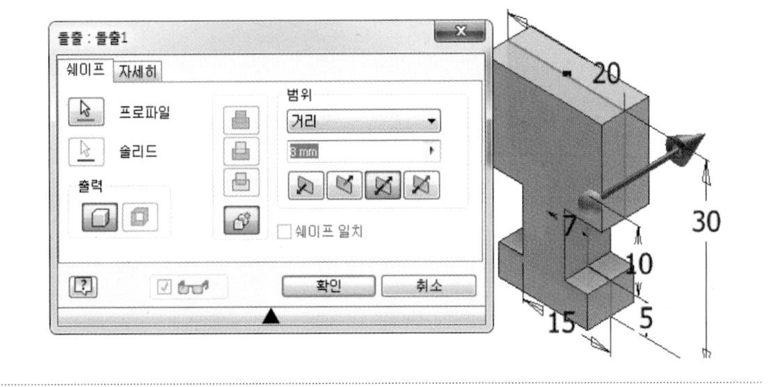

16.

- 모깎기, R5

17.

- 해당평면에 새 스케치
- 문자 작성

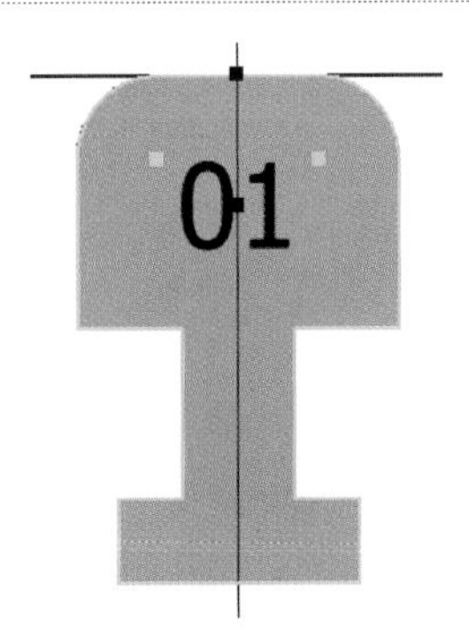

참고

크기, 글자체, 깊이 규정 없음

18.

- 스케치 마무리
- 돌출, 차집합, 거리 1

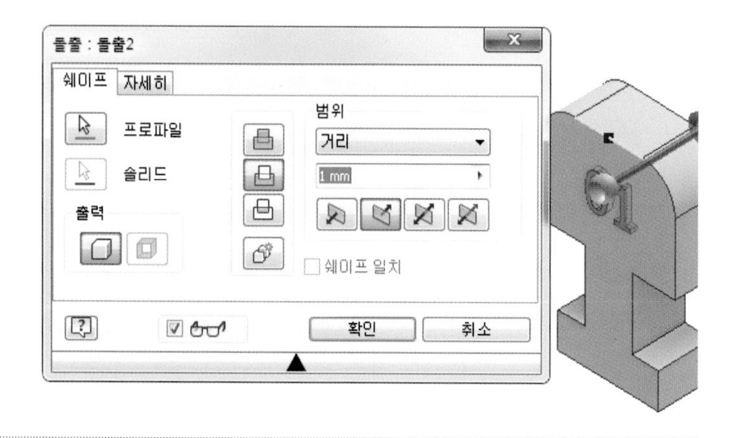

19.

- 생성된 비번호 폴더에 비번호－2.ipt 저장

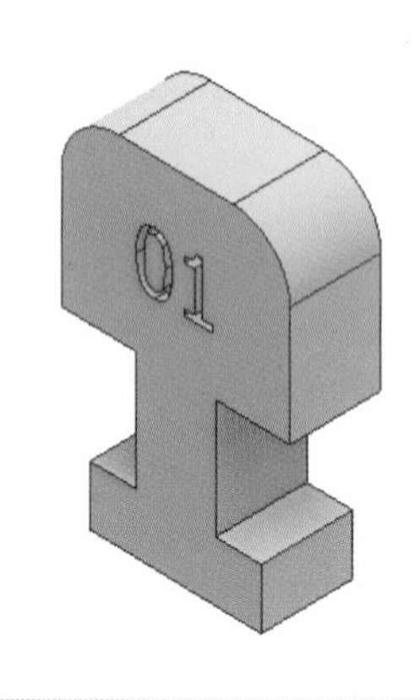

참고

인력공단에 문의 결과 요구사항에서는 부품은 저장하지 않으나 조립을 할 수 없기 때문에 저장해야 함. 시험시 감독관에게 문의 바람.

20.

- 조립 작성

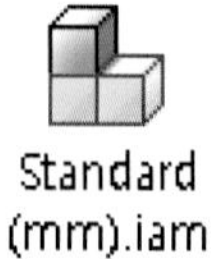

21.

- 2개 부품을 드래그하여 위치
- 1번 부품 고정

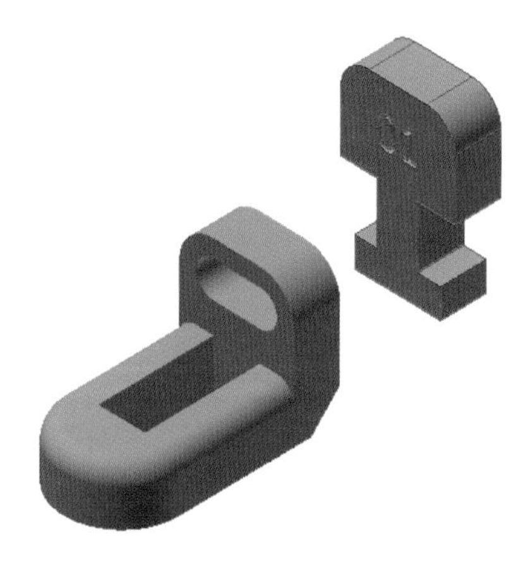

22.

- 조립구속조건 메이트 – 메이트를 이용하여 조립

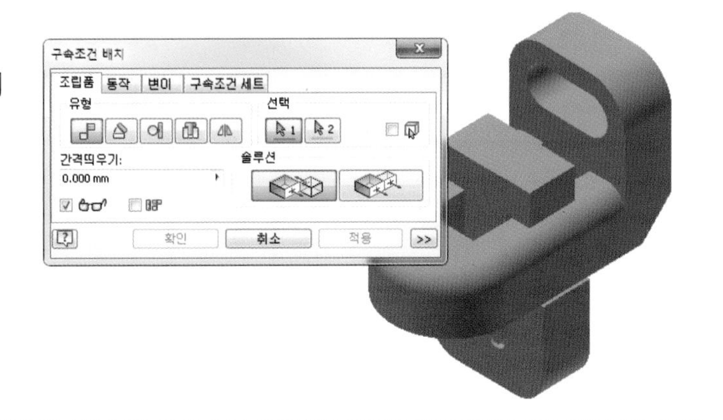

23.

- 생성된 비번호 폴더에 비번호.iam 저장
- 생성된 비번호 폴더에 비번호.stp 저장
- 생성된 비번호 폴더에 출력 고려하여 위치 변경 후 비번호.stl 저장

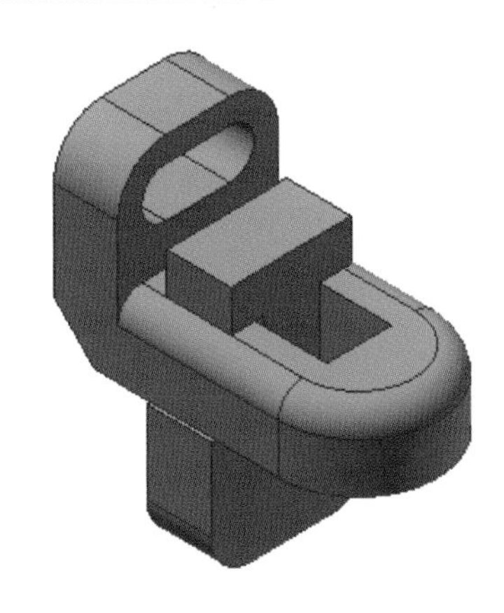

24.

- 해당 슬라이싱 프로그램에서 설정값 및 출력 방향 설정 후 저장 비번호.***

참고

조립 방향, 설정값, 출력방향에 따라 출력 시간이 다릅니다. 수험자가 최적의 조건을 찾으시기 바랍니다.

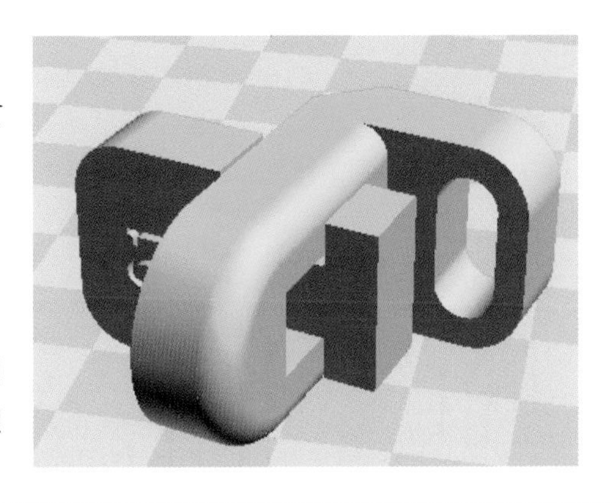

02 공개 도면 02

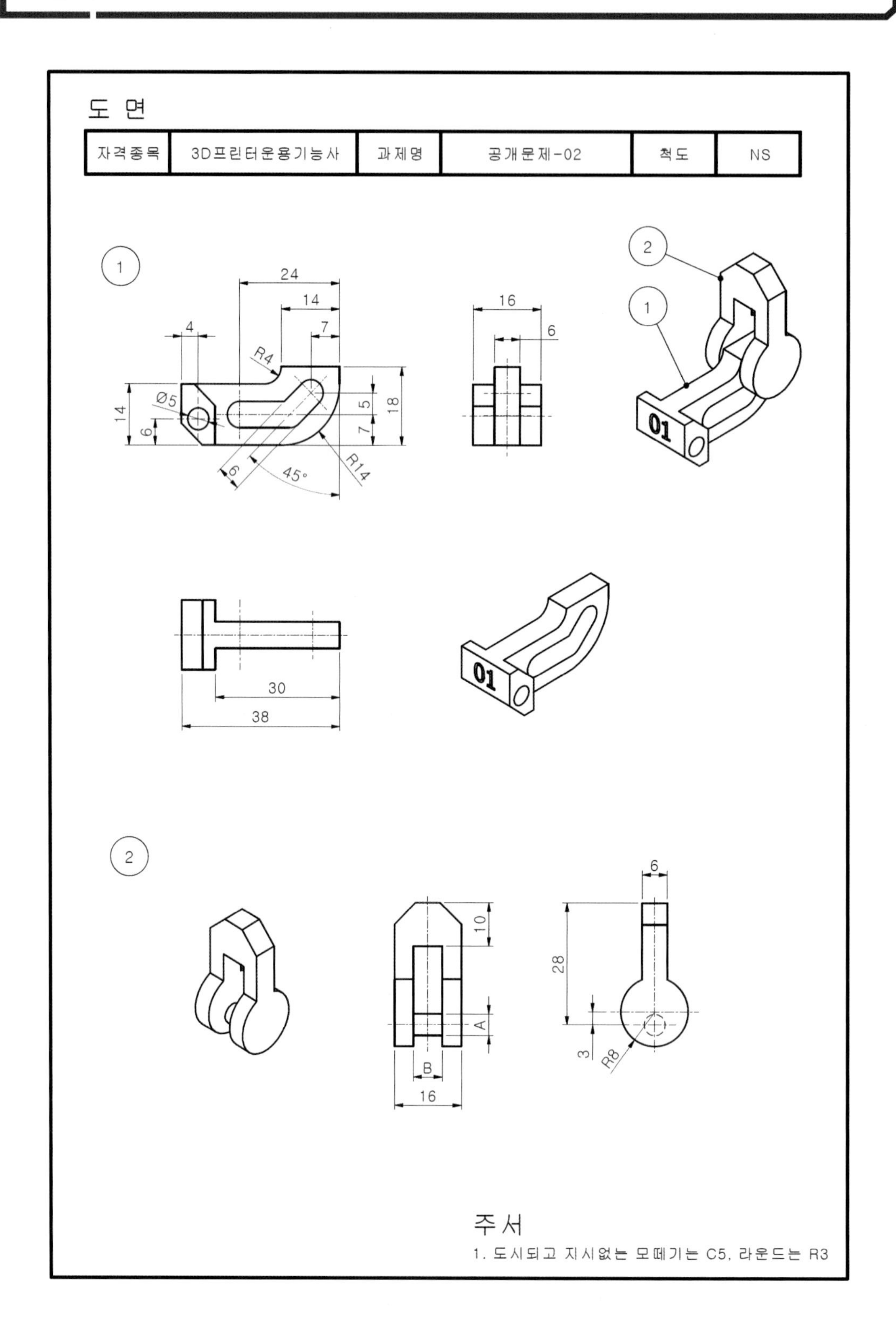

도 면
자격종목
3D프린터운용기능사
과제명
공개문제-02
척도
NS
1
24
14
4
7
R4
Ø5
14
6
5
7
18
6
45°
R14
16
6
2
1
01
30
38
2
10
A
B
16
6
28
3
R8
주 서
1. 도시되고 지시없는 모떼기는 C5, 라운드는 R3

01.

- 바탕화면에 비번호 폴더 생성
- 새파일 – Standard(mm).ipt

02.

- YZ평면 우클릭 새 스케치
- 스케치 작성
- 구속조건

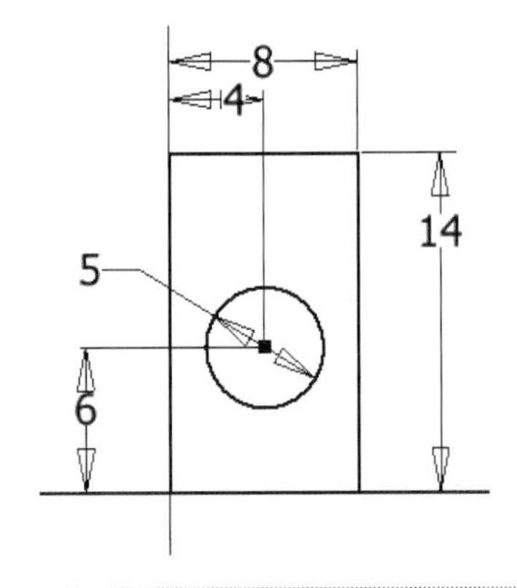

03.

- 스케치 마무리
- 돌출, 새 솔리드, 거리 16, 대칭

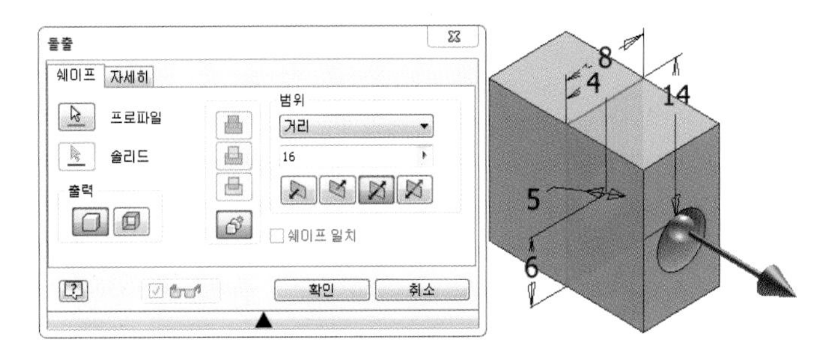

04.

- YZ평면 우클릭 새 스케치
- 스케치 작성
- 구속조건

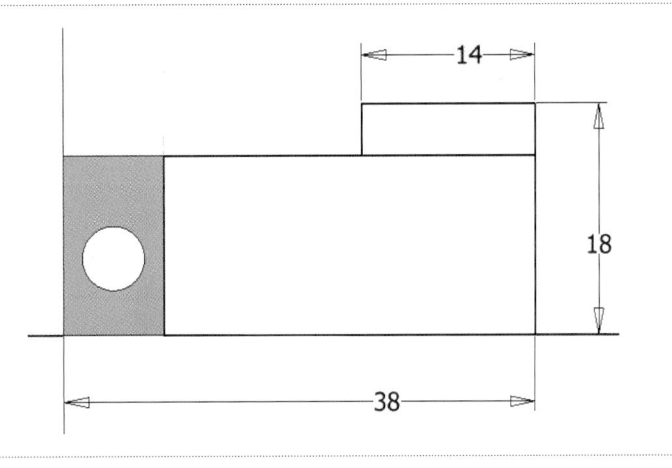

05.

- 스케치 마무리
- 돌출, 접합, 거리 6, 대칭

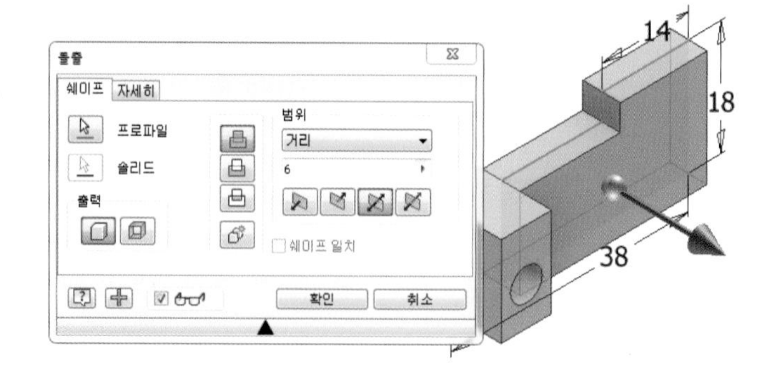

06.

- 모깎기, R4, R14

07.

- 모따기, C5

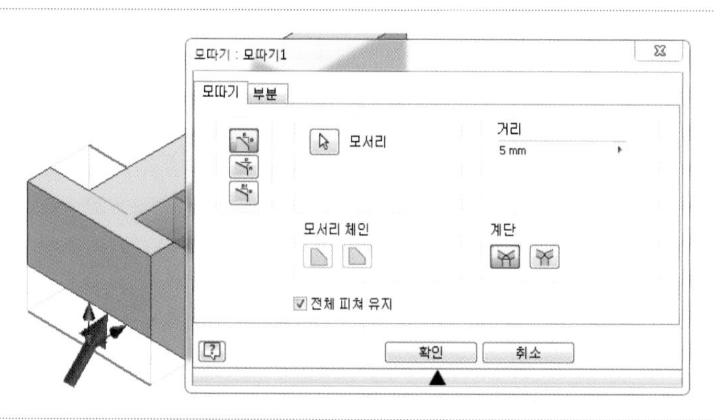

08.

- 해당평면 우클릭 새 스케치
- 스케치 작성
- 구속조건

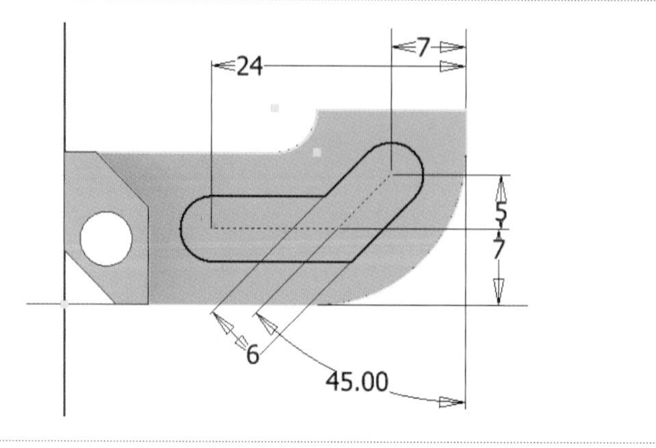

09.

- 스케치 마무리
- 돌출, 차집합, 전체

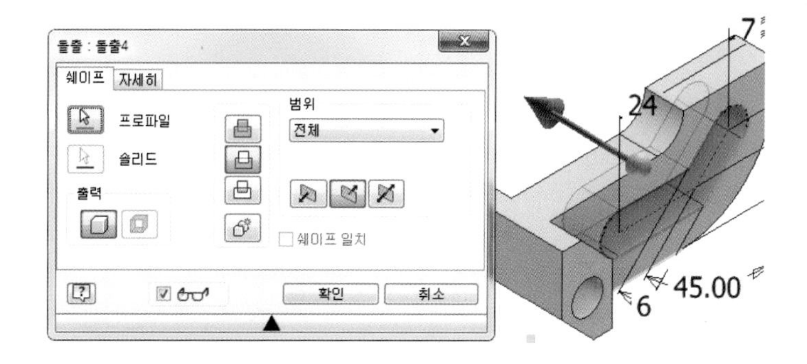

10.

- 모깎기, R3

11.

- 해당평면 우클릭 새 스케치
- 문자 작성

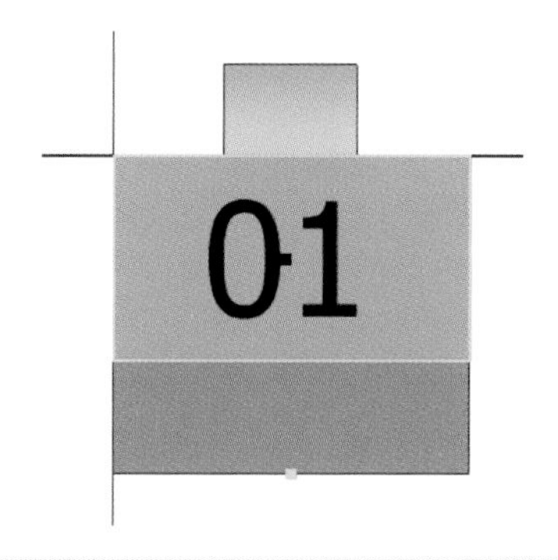

참고

크기, 글자체, 깊이 규정 없음

12.

- 스케치 마무리
- 돌출, 차집합, 거리 1

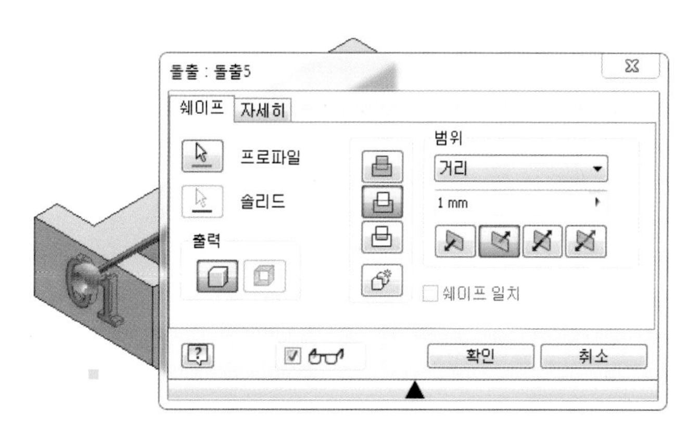

13.

• 생성된 비번호 폴더에 비번호－1.ipt 저장

참고

인력공단에 문의 결과 요구사항에서는 부품은 저장하지 않으나 조립을 할 수 없기 때문에 저장해야 함. 시험시 감독관에게 문의 바람

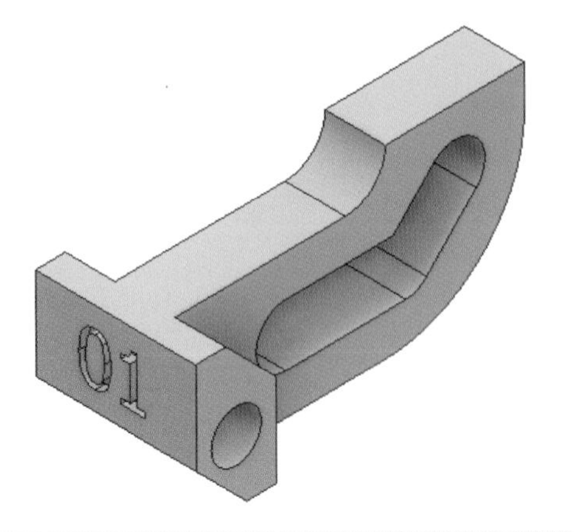

14.

• 새파일－Standard(mm).ipt

15.

• YZ평면 우클릭 새 스케치
• 스케치 작성
• 구속조건

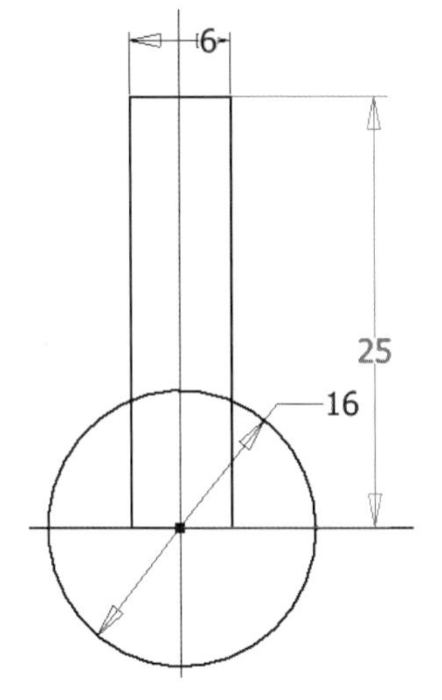

16.

• 스케치 마무리
• 돌출, 새 솔리드, 거리 16, 대칭

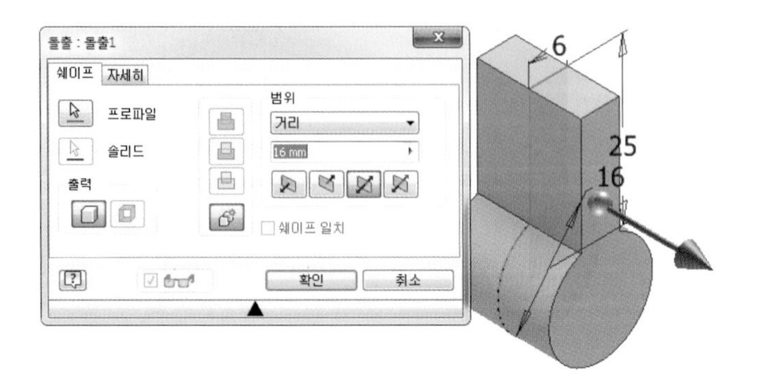

17.

- YZ평면 우클릭 새 스케치
- 스케치 작성
- 구속조건

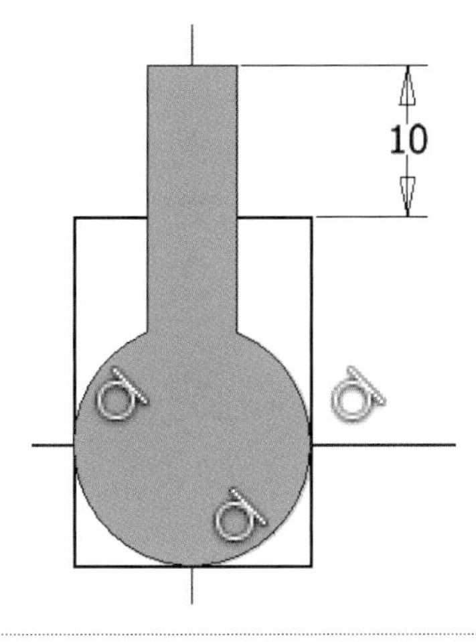

18.

- 스케치 마무리
- 돌출, 차집합, 거리 7(공차적용), 대칭

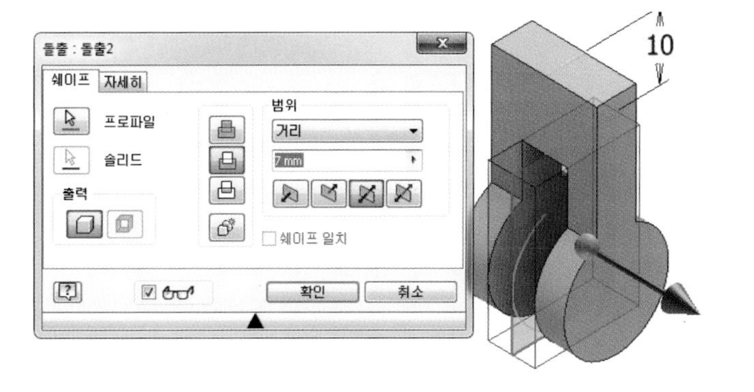

19.

- 모따기, C5

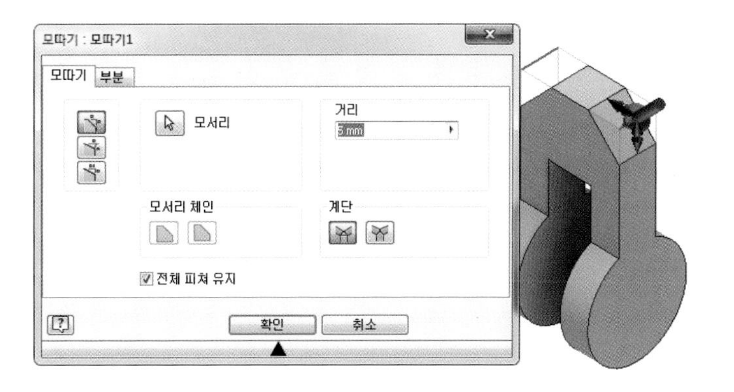

20.

- YZ평면 우클릭 새 스케치
- 스케치 작성(공차 적용)
- 구속조건

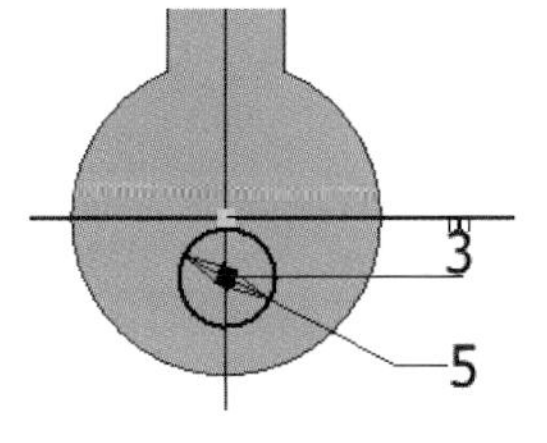

21.

- 스케치 마무리
- 돌출, 접합, 거리 7(공차적용), 대칭

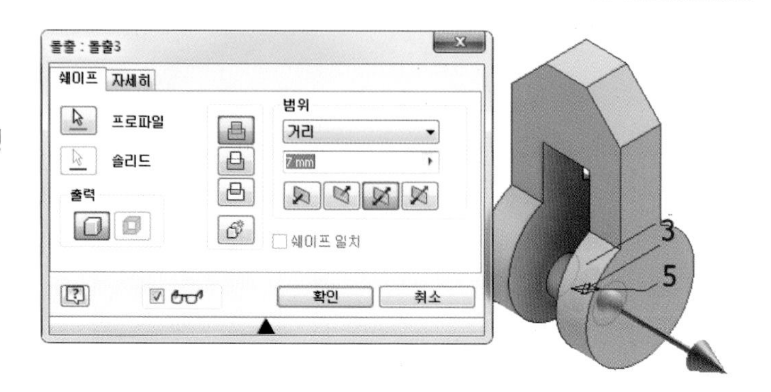

22.

- 생성된 비번호 폴더에 비번호－2.ipt 저장

참고

인력공단에 문의 결과 요구사항에서는 부품은 저장하지 않으나 조립을 할 수 없기 때문에 저장해야 함. 시험시 감독관에게 문의 바람

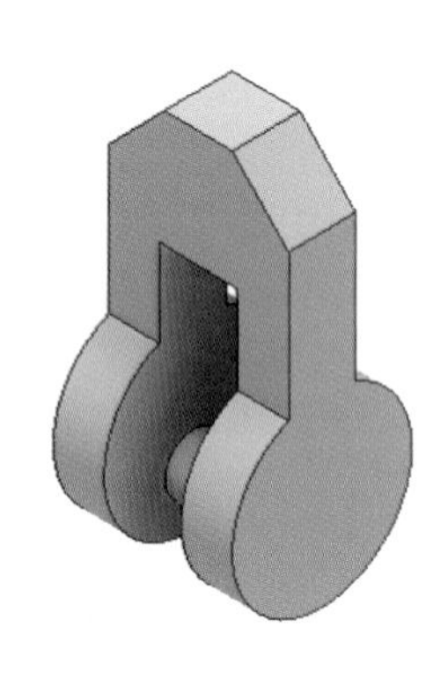

23.

- 조립 작성

Standard (mm).iam

24.

- 2개 부품을 드래그하여 위치
- 1번 부품 고정

25.

- 조립구속조건 메이트 – 메이트를 이용하여 조립

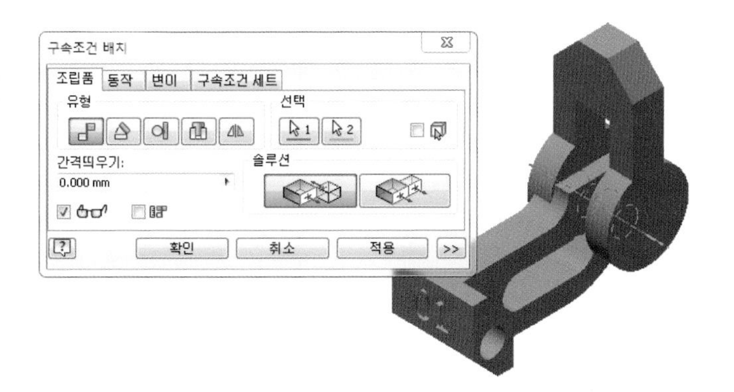

26.

- 조립구속조건 메이트 – 메이트를 이용하여 조립

27.

- 조립구속조건 각도 – 지정각도를 이용하여 조립

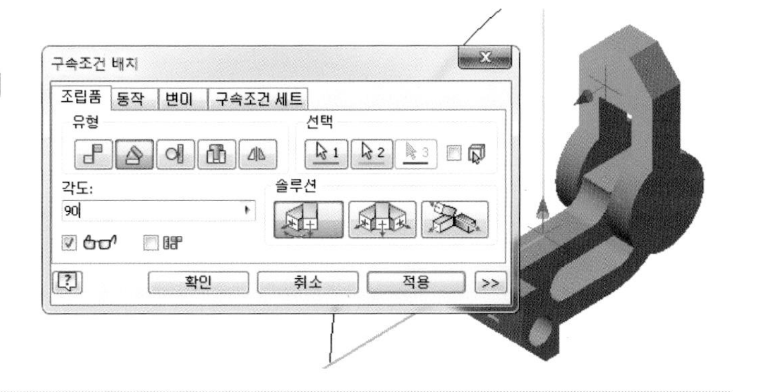

28.

- 생성된 비번호 폴더에 비번호.iam 저장
- 생성된 비번호 폴더에 비번호.stp 저장
- 생성된 비번호 폴더에 출력 고려하여 위치 변경 후 비번호.stl 저장

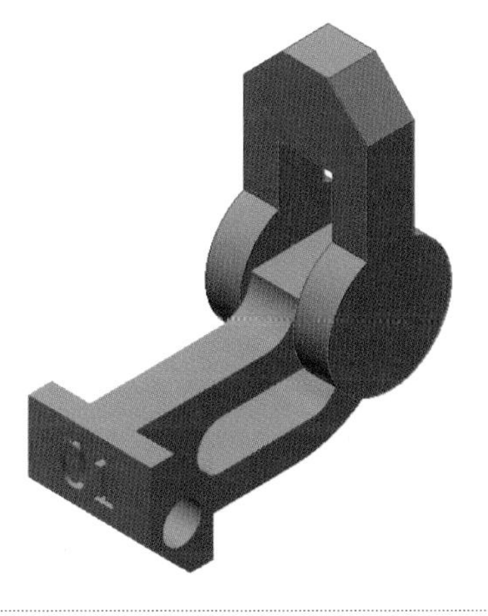

29.

• 해당 슬라이싱 프로그램에서 설정값 및 출력 방향 설정 후 저장 비번호.***

참고

조립 방향, 설정값, 출력방향에 따라 출력 시간이 다릅니다. 수험자가 최적의 조건을 찾으시기 바랍니다.

03 공개 도면 03

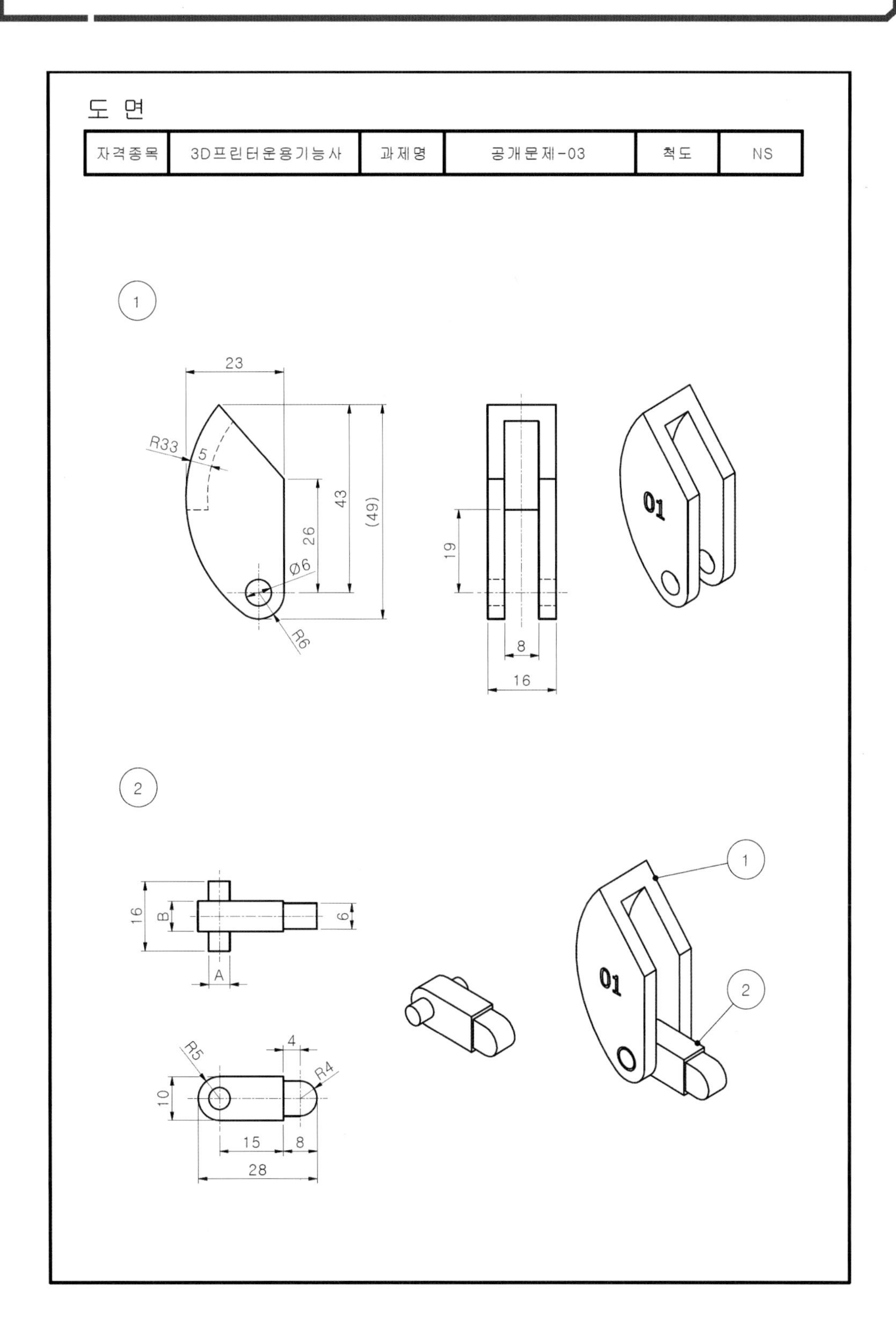
도 면
자격종목
3D프린터운용기능사
과제명
공개문제-03
척도
NS
1
23
R33
5
43
(49)
26
Ø6
R6
19
8
16
01
2
16
B
6
A
R5
4
R4
10
15
8
28
01
1
2

01.

- 바탕화면에 비번호 폴더 생성
- 새파일 – Standard(mm).ipt

02.

- XZ평면 우클릭 새 스케치
- 스케치 작성
- 구속조건

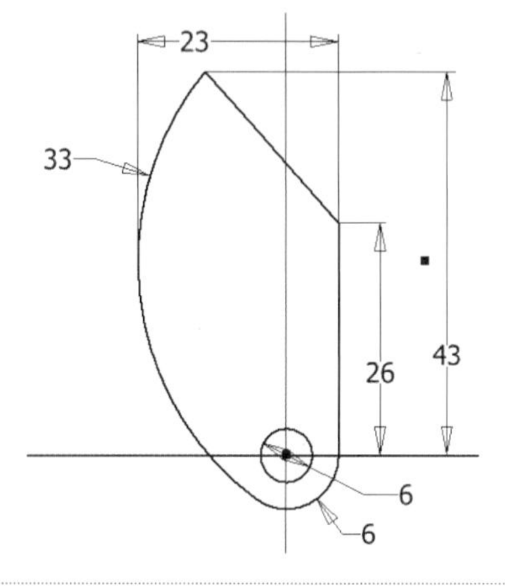

03.

- 스케치 마무리
- 돌출, 새 솔리드, 거리 16, 대칭

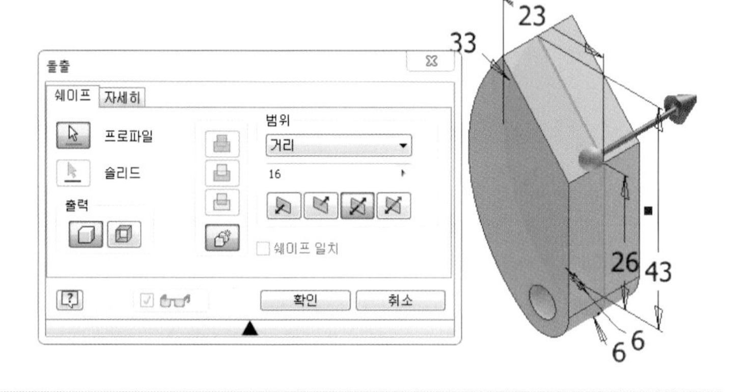

04.

- XZ평면 우클릭 새 스케치
- 스케치 작성
- 구속조건

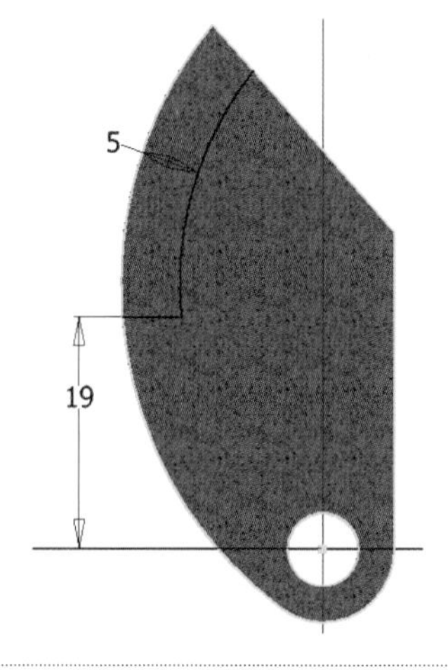

05.

- 스케치 마무리
- 돌출, 차집합, 거리 8, 대칭

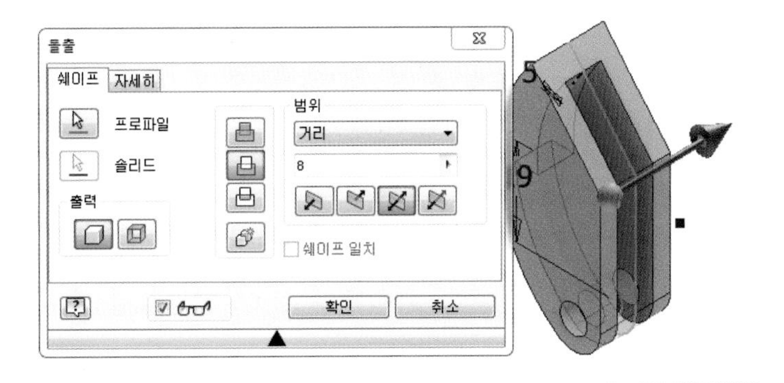

06.

- 해당평면 우클릭 새 스케치
- 문자 작성

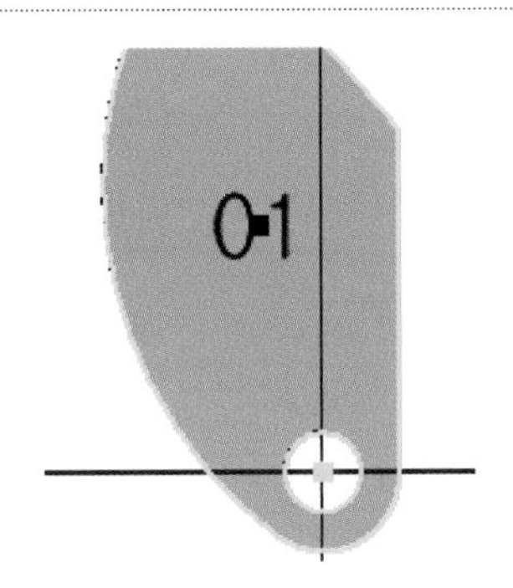

참고

크기, 글자체, 깊이 규정 없음

07.

- 스케치 마무리
- 돌출, 차집합, 거리 1

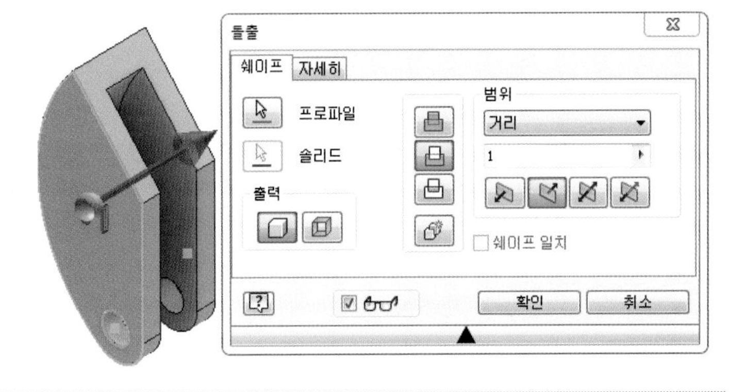

08.

- 생성된 비번호 폴더에 비번호－1.ipt 저장

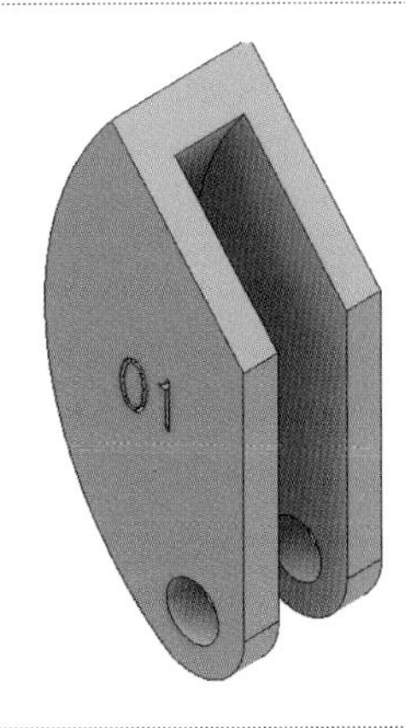

참고

인력공단에 문의 결과 요구사항에서는 부품은 저장하지 않으나 조립을 할 수 없기 때문에 저장해야 함. 시험시 감독관에게 문의 바람.

09.

• 새파일 – Standard(mm).ipt

10.

• XZ평면 우클릭 새 스케치
• 스케치 작성
• 구속조건

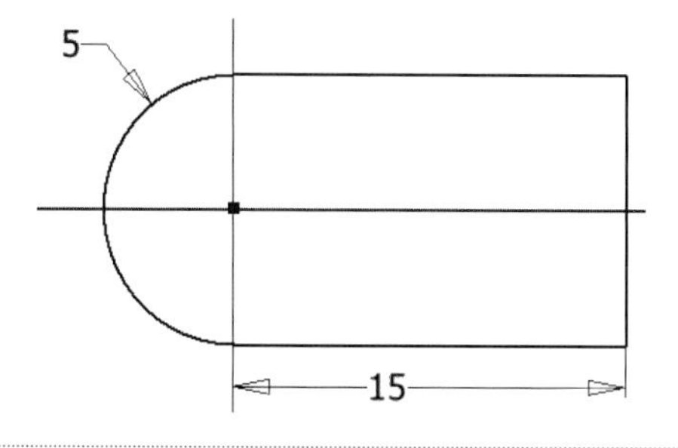

11.

• 스케치 마무리
• 돌출, 새 솔리드, 거리 7(공차적용), 대칭

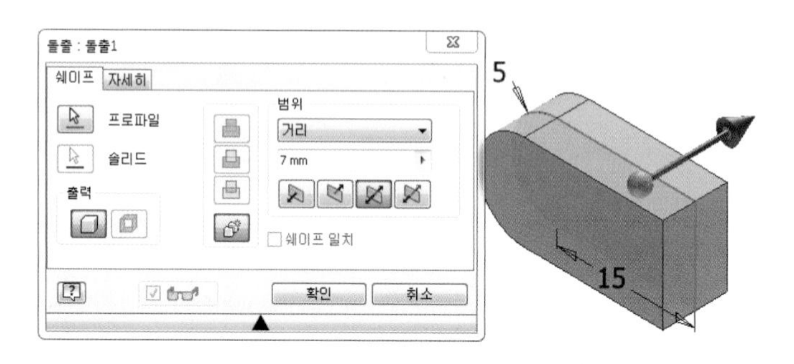

12.

• XZ평면 우클릭 새 스케치
• 스케치 작성
• 구속조건 (공차적용)

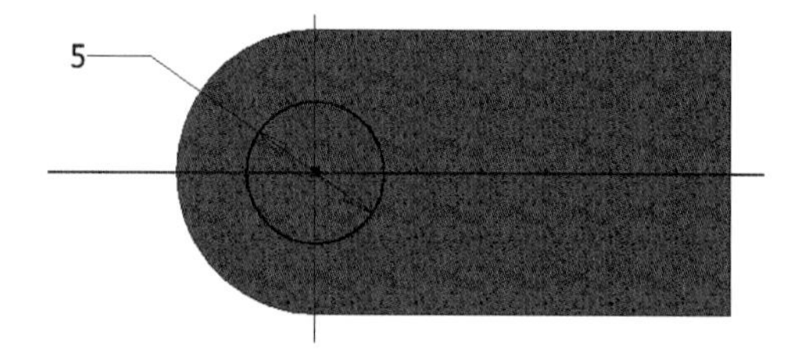

13.

• 스케치 마무리
• 돌출, 접합, 거리 16, 대칭

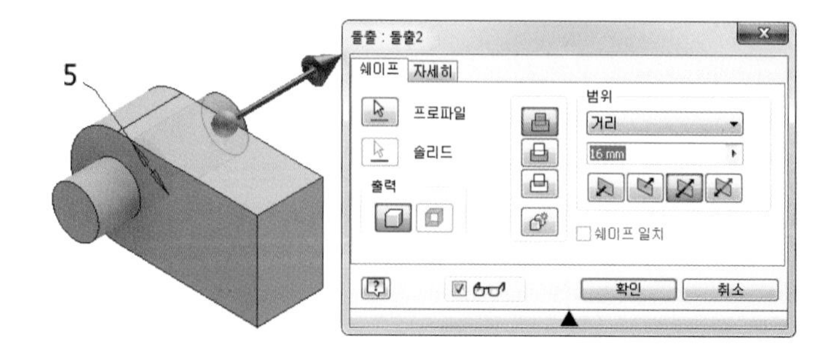

14.

- XZ평면 우클릭 새 스케치
- 스케치 작성
- 구속조건

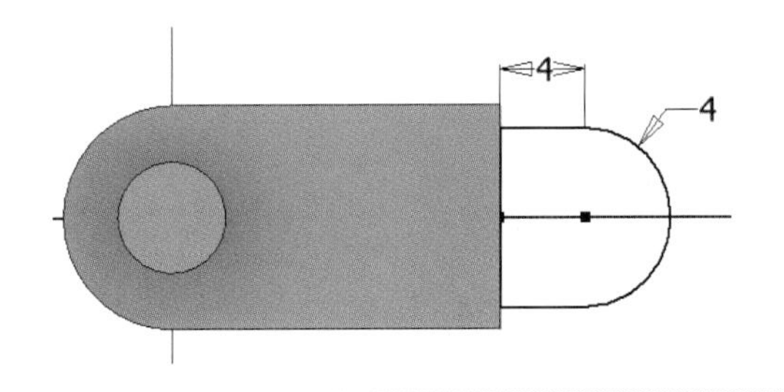

15.

- 스케치 마무리
- 돌출, 접합, 거리 6, 대칭

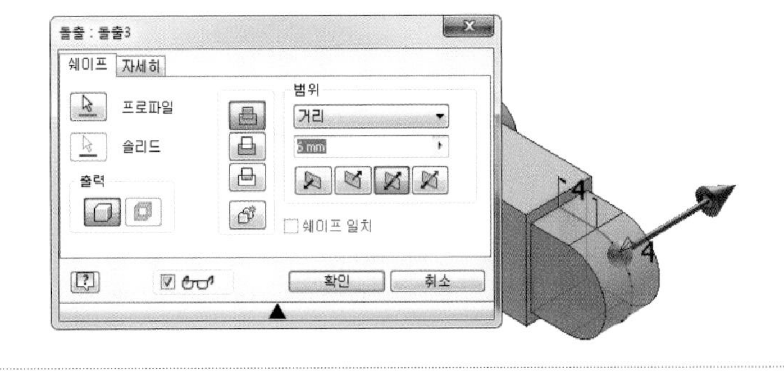

16.

- 생성된 비번호 폴더에 비번호－2.ipt 저장

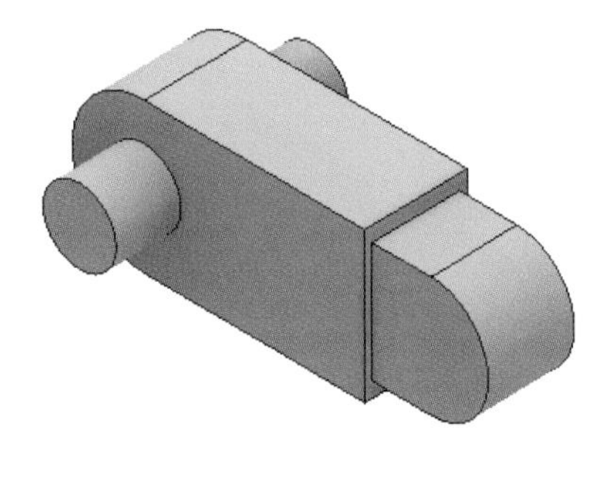

참고

인력공단에 문의 결과 요구사항에서는 부품은 저장하지 않으나 조립을 할 수 없기 때문에 저장해야 함. 시험시 감독관에게 문의 바람.

17.

- 조립 작성

18.

- 2개 부품을 드래그하여 위치
- 1번 부품 고정

19.

- 조립구속조건 삽입을 이용하여 조립

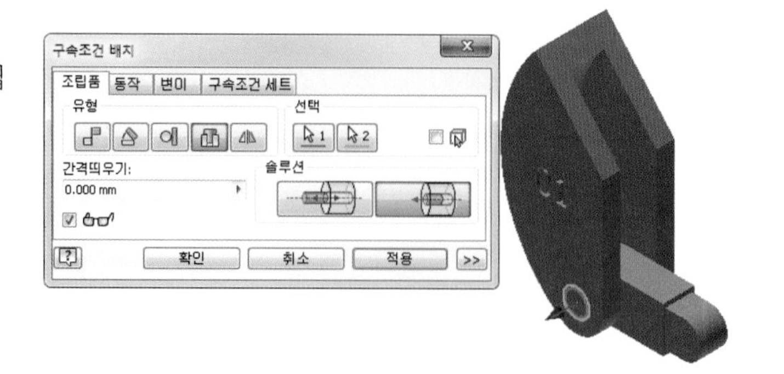

20.

- 각도 – 지정각도 이용하여 조립

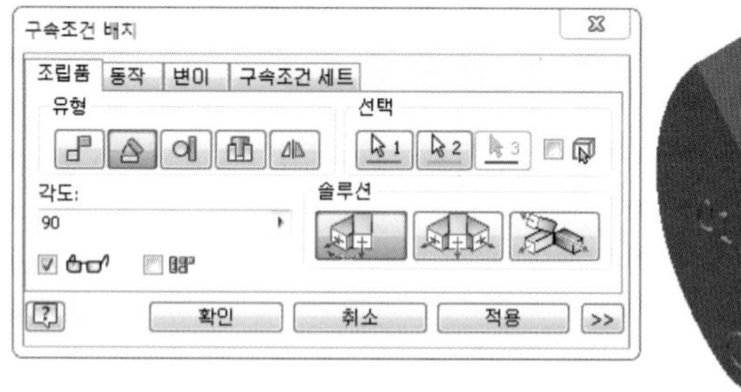

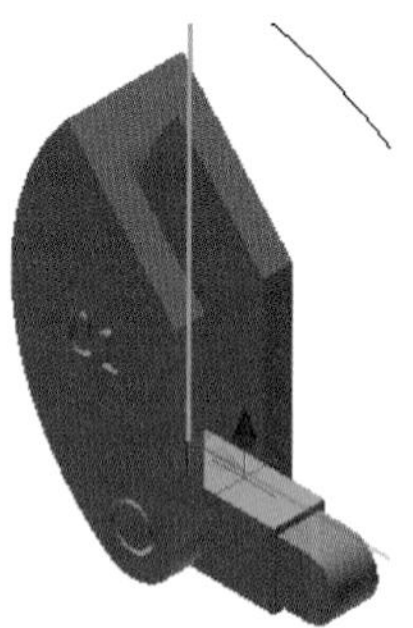

21.

- 생성된 비번호 폴더에 비번호.iam 저장
- 생성된 비번호 폴더에 비번호.stp 저장
- 생성된 비번호 폴더에 출력 고려하여 위치 변경 후 비번호.stl 저장

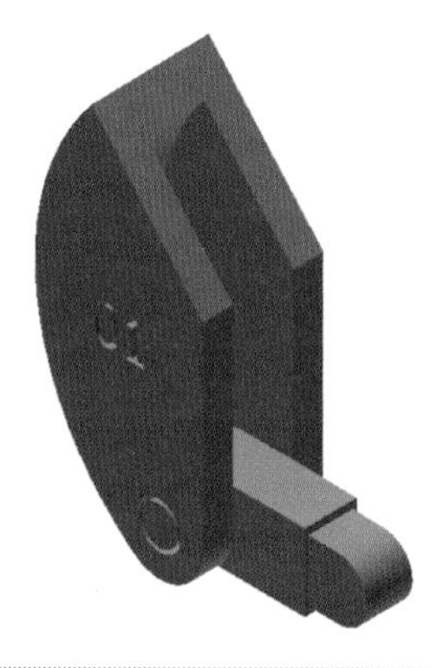

22.

- 해당 슬라이싱 프로그램에서 설정값 및 출력 방향 설정 후 저장
  비번호.***

참고

조립 방향, 설정값, 출력방향에 따라 출력 시간이 다릅니다. 수험자가 최적의 조건을 찾으시기 바랍니다.

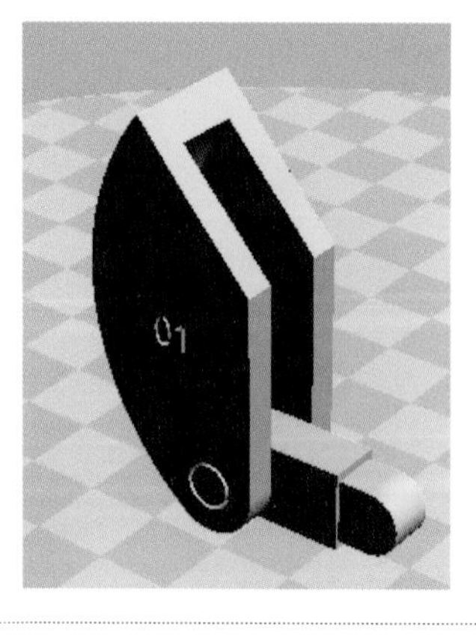

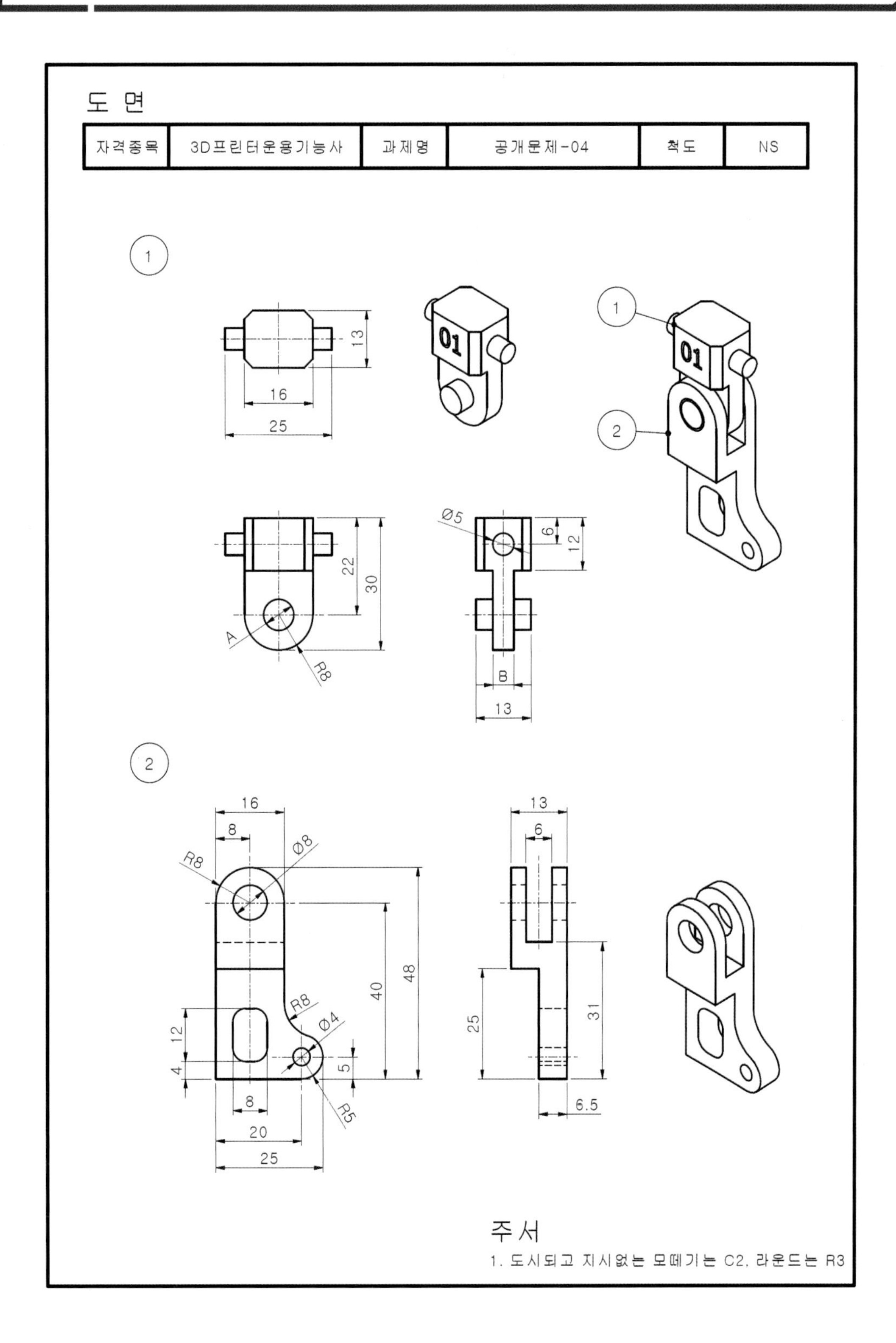
도 면
자격종목
3D프린터운용기능사
과제명
공개문제-04
척도
NS
1
2
01
16
25
13
22
30
A
R8
Ø5
6
12
B
8
Ø8
48
40
R8
Ø4
5
R5
20
12
4
31
6.5
주서
1. 도시되고 지시없는 모떼기는 C2, 라운드는 R3

01.

- 바탕화면에 비번호 폴더 생성
- 새파일 – Standard(mm).ipt

02.

- XZ평면 우클릭 새 스케치
- 스케치 작성
- 구속조건

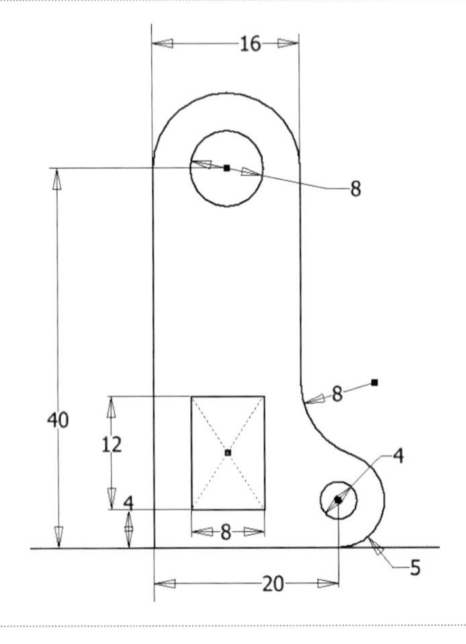

03.

- 스케치 마무리
- 돌출, 새 솔리드, 거리 13, 대칭

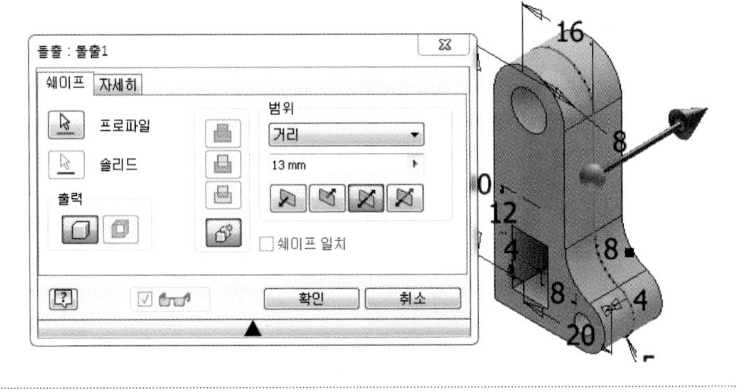

04.

- 모깎기, R3

05.

• 해당평면 우클릭 새 스케치
• 스케치 작성
• 구속조건

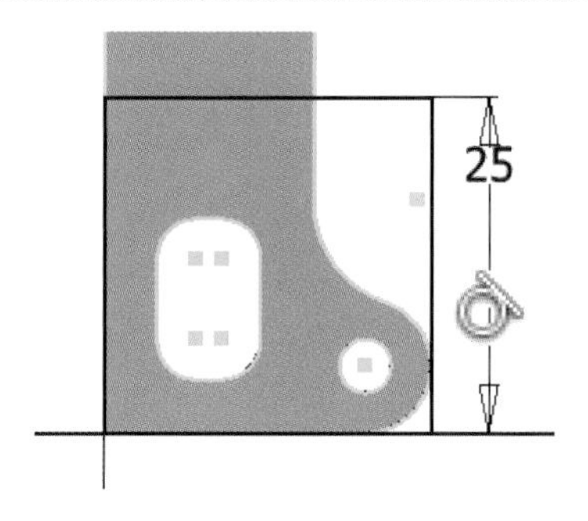

06.

• 스케치 마무리
• 돌출, 차집합, 거리 6.5

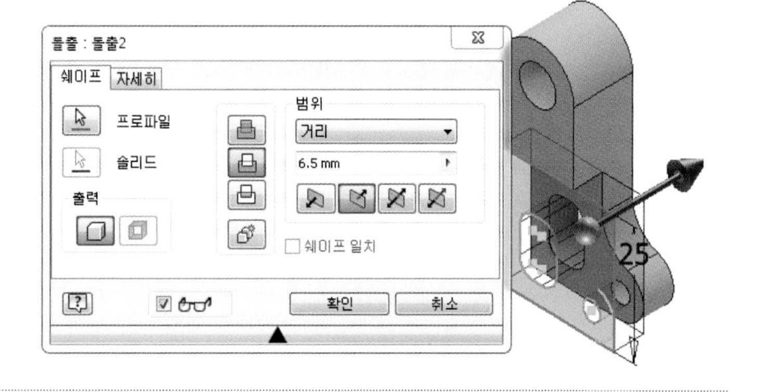

07.

• XZ평면 우클릭 새 스케치
• 스케치 작성
• 구속조건

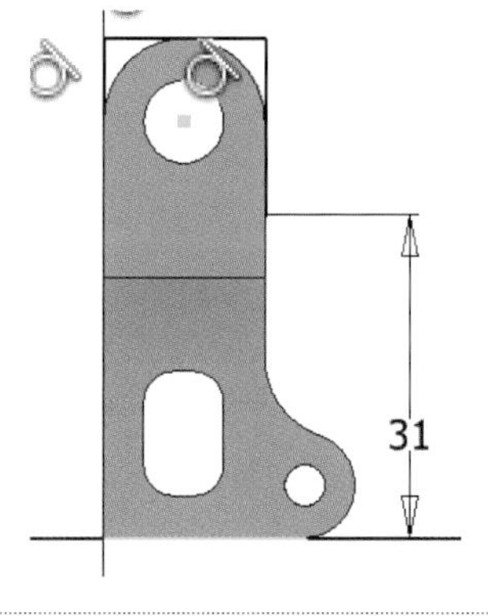

08.

• 스케치 마무리
• 돌출, 차집합, 거리 6, 대칭

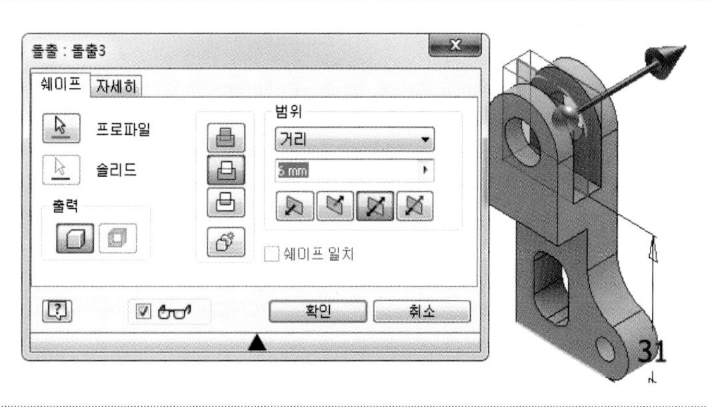

09.

- 생성된 비번호 폴더에 비번호-1.ipt 저장

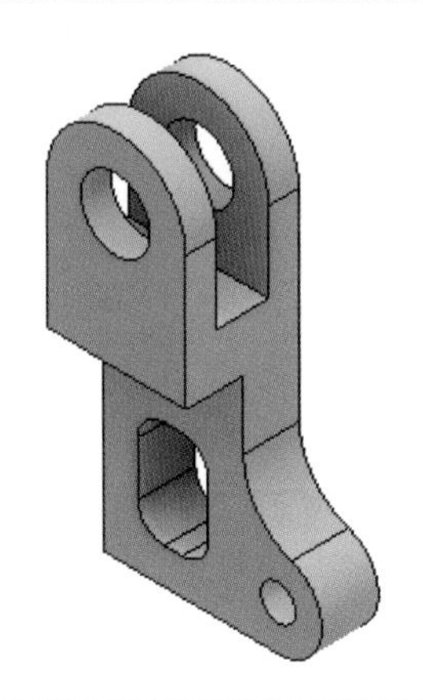

참고

인력공단에 문의 결과 요구사항에서는 부품은 저장하지 않으나 조립을 할 수 없기 때문에 저장해야 함. 시험시 감독관에게 문의 바람.

10.

- 새파일-Standard(mm).ipt

11.

- XY평면 우클릭 새 스케치
- 스케치 작성
- 구속조건

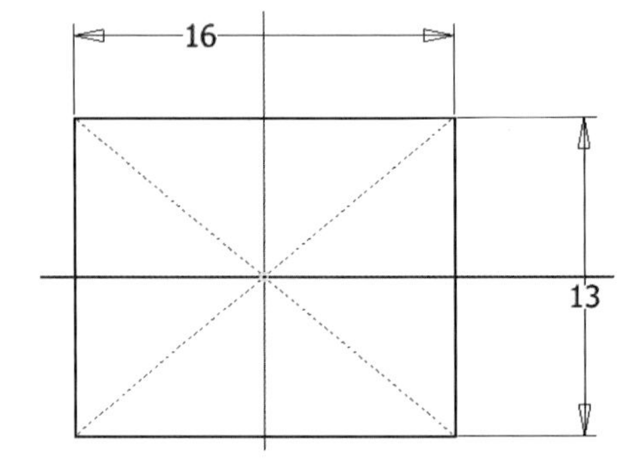

12.

- 스케치 마무리
- 돌출, 새 솔리드, 거리 12

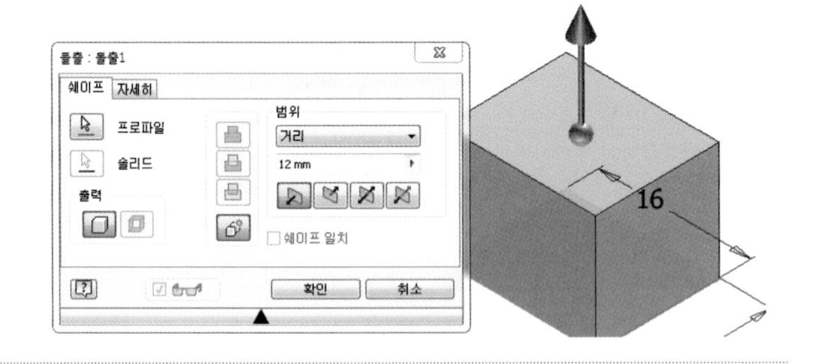

13.

- YZ평면 우클릭 새 스케치
- 스케치 작성
- 구속조건

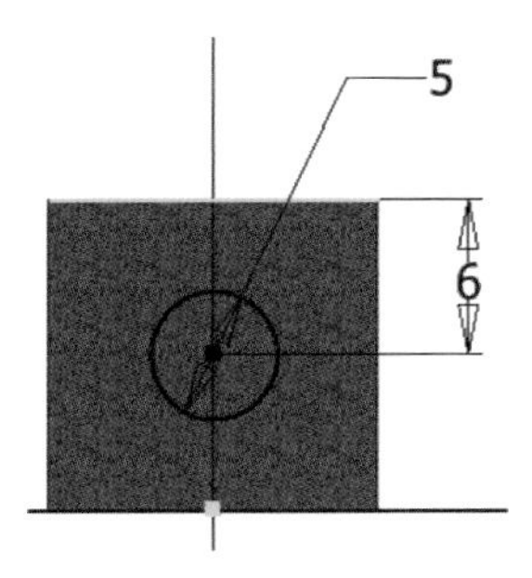

14.

- 스케치 마무리
- 돌출, 접합, 거리 13, 대칭

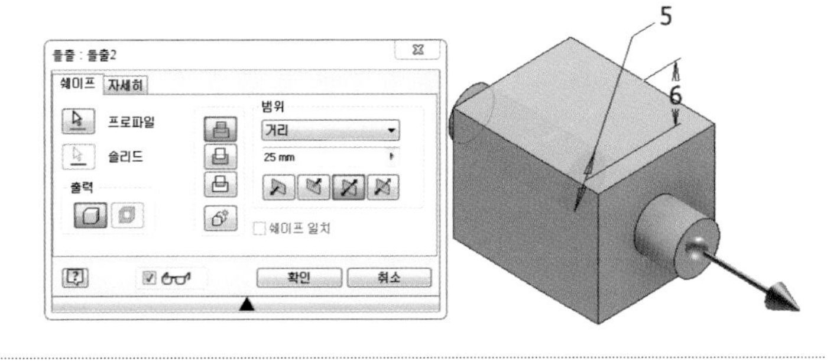

15.

- XZ평면 우클릭 새 스케치
- 스케치 작성
- 구속조건

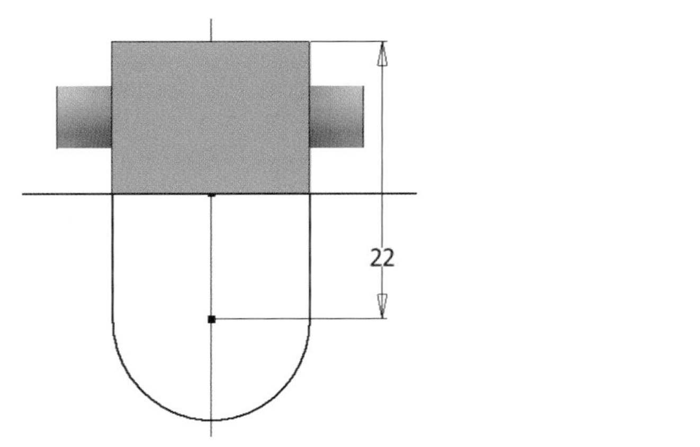

16.

- 스케치 마무리
- 돌출, 접합, 거리 5(공차적용), 대칭

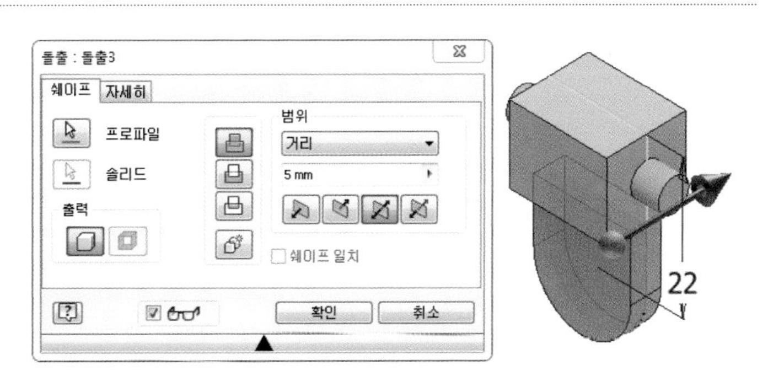

17.

- XZ평면 우클릭 새 스케치
- 스케치 작성(공차적용)
- 구속조건

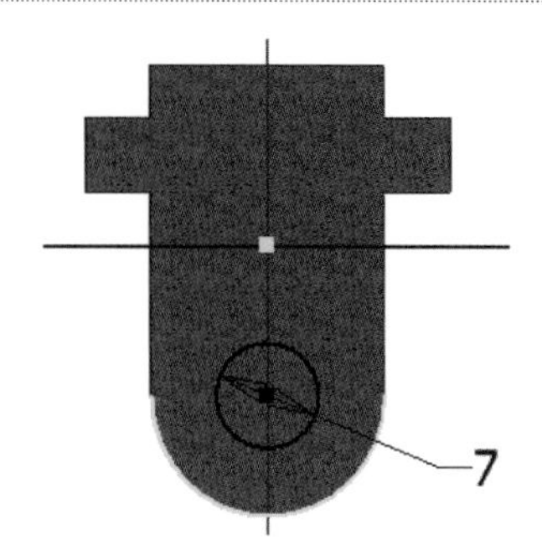

18.

- 스케치 마무리
- 돌출, 접합, 거리 13, 대칭

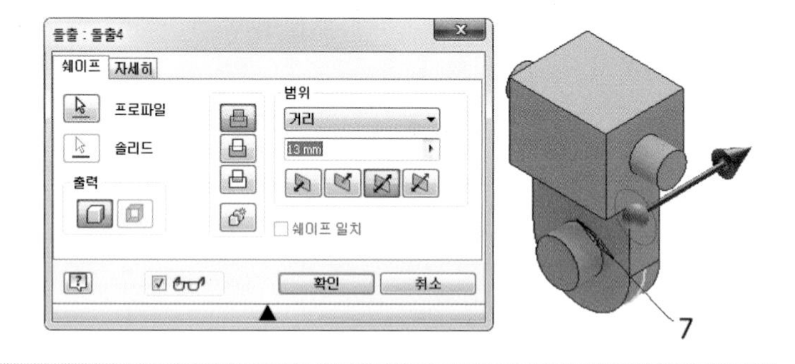

19.

- 모따기, C2

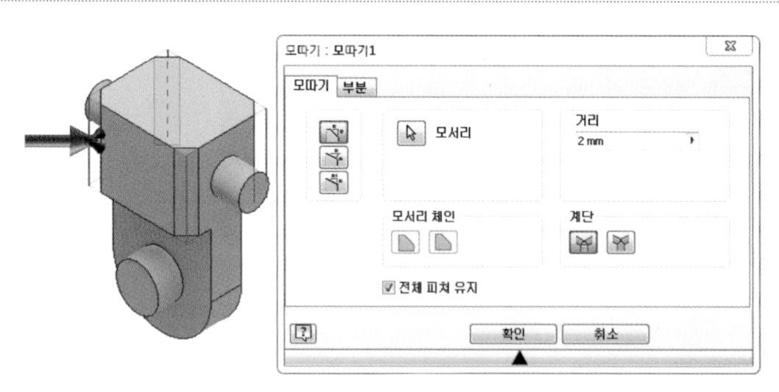

20.

- 해당평면 우클릭 새 스케치
- 문자 작성

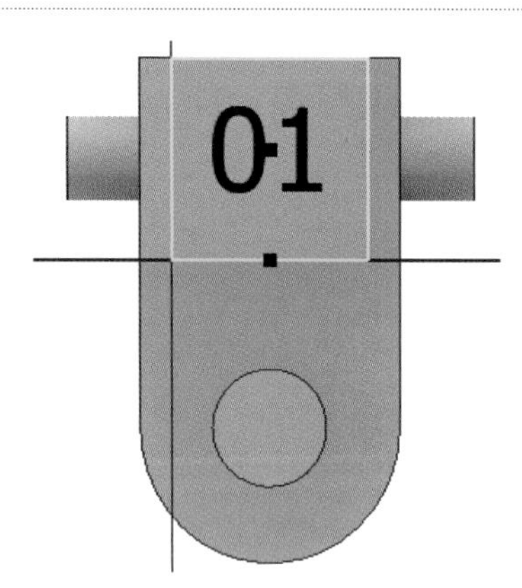

참고

크기, 글자체, 깊이 규정 없음

21.

- 스케치 마무리
- 돌출, 차집합, 거리 1

22.

- 생성된 비번호 폴더에 비번호－2.ipt 저장

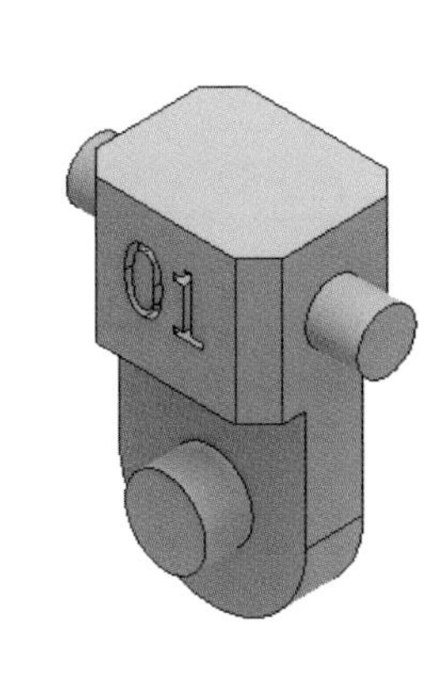

참고

인력공단에 문의 결과 요구사항에서는 부품은 저장하지 않으나 조립을 할 수 없기 때문에 저장해야 함. 시험시 감독관에게 문의 바람.

23.

- 조립 작성

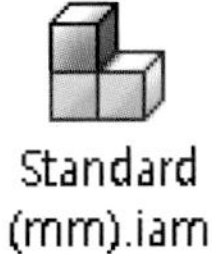

24.

- 2개 부품을 드래그하여 위치
- 1번 부품 고정

25.

- 조립구속조건 삽입을 이용하여 조립

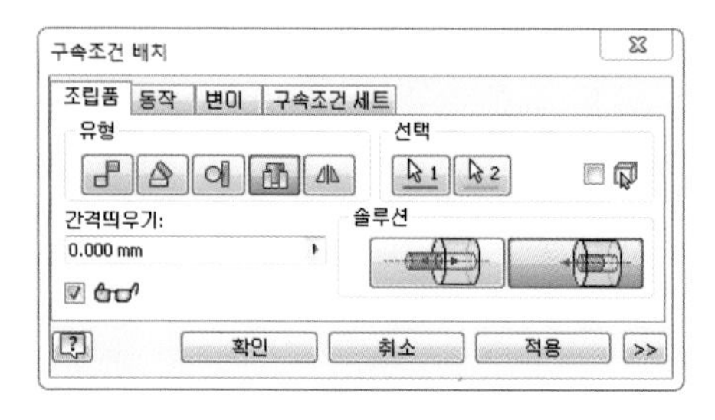

26.

- 조립구속조건 각도 – 지정각도

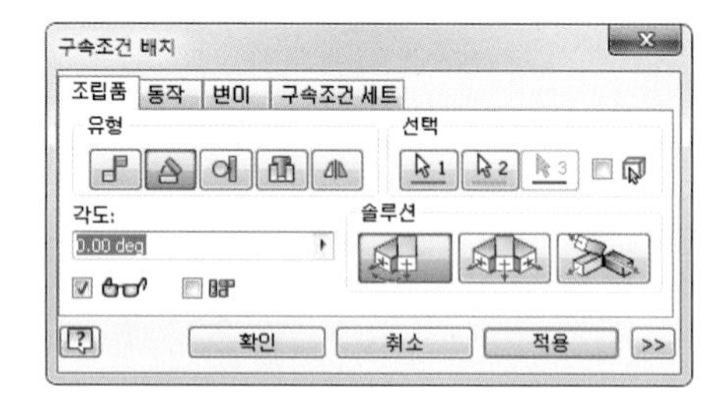

27.

- 생성된 비번호 폴더에 비번호.iam 저장
- 생성된 비번호 폴더에 비번호.stp 저장
- 생성된 비번호 폴더에 출력 고려하여 위치 변경 후 비번호.stl 저장

28.

- 해당 슬라이싱 프로그램에서 설정값 및 출력 방향 설정 후 저장 비번호.***

참고

조립 방향, 설정값, 출력방향에 따라 출력 시간이 다릅니다. 수험자가 최적의 조건을 찾으시기 바랍니다.

05 | 공개 도면 05

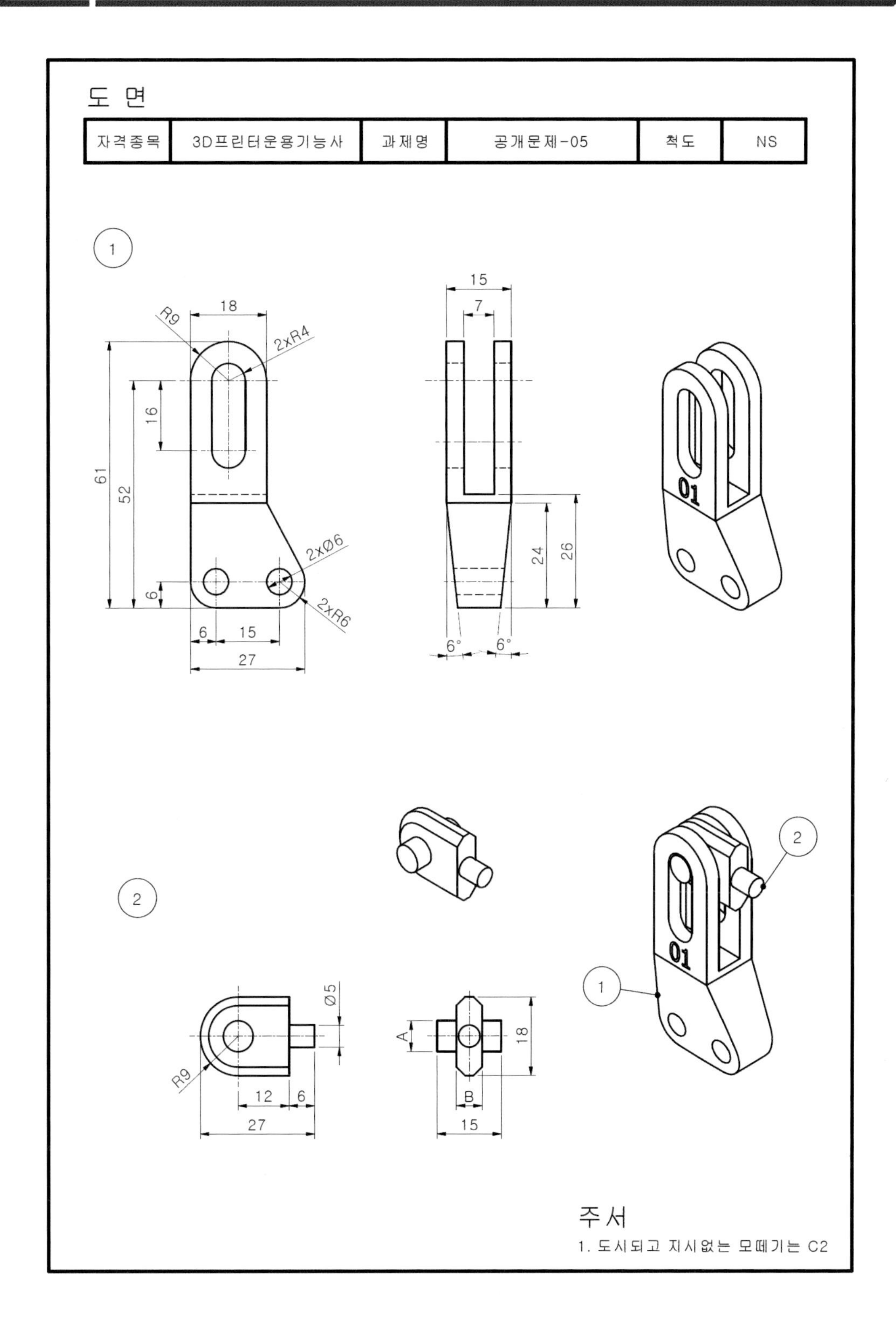
도 면
자격종목
3D프린터운용기능사
과제명
공개문제-05
척도
NS
R9
18
2xR4
16
61
52
6
2xØ6
2xR6
6
15
27
15
7
24
26
6°
6°
01
Ø5
R9
12
6
27
A
18
B
15
주서
1. 도시되고 지시없는 모떼기는 C2

01.

- 바탕화면에 비번호 폴더 생성
- 새파일 – Standard(mm).ipt

02.

????? 삭제?

03.

- XZ평면 우클릭 새 스케치
- 스케치 작성
- 구속조건

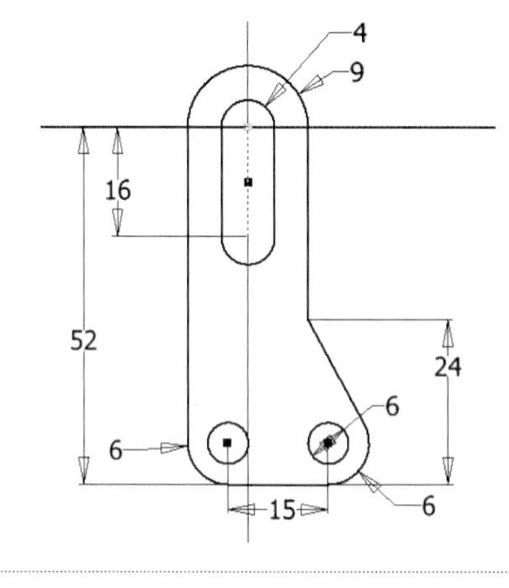

04.

- 스케치 마무리
- 돌출, 새 솔리드, 거리 15, 대칭

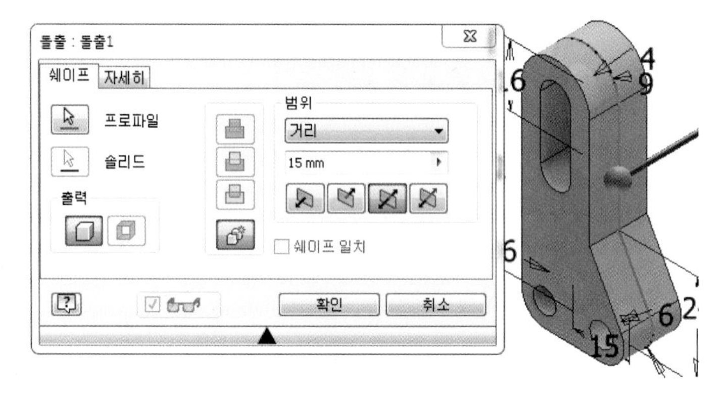

05.

- XZ평면 우클릭 새 스케치
- 스케치 작성
- 구속조건

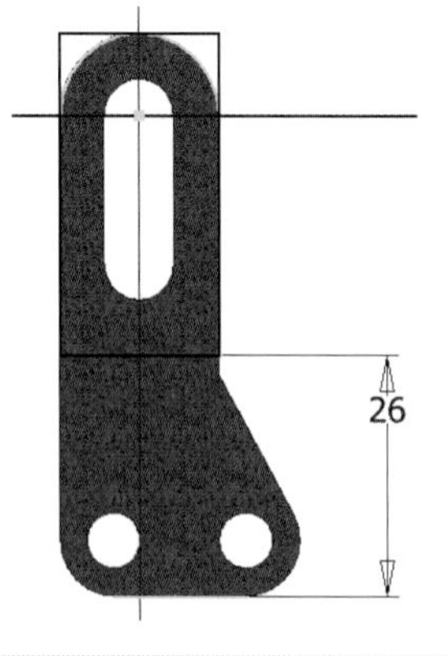

06.

- 스케치 마무리
- 돌출, 차집합, 거리 7, 대칭

07.

- 해당평면 우클릭 새 스케치
- 스케치 작성
- 구속조건

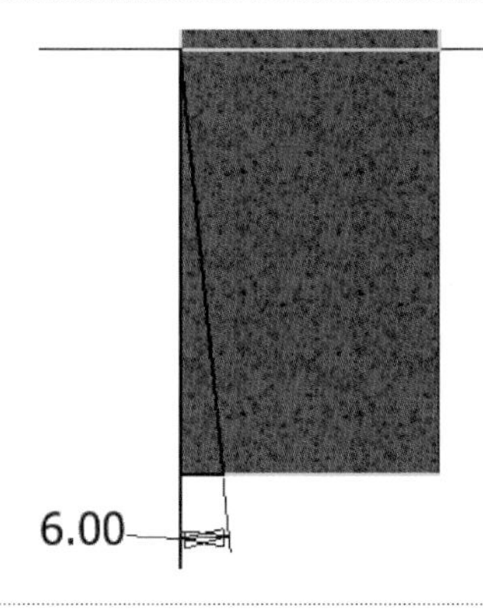

08.

- 스케치 마무리
- 돌출, 차집합, 전체, 대칭

09.

- 미러(대칭)

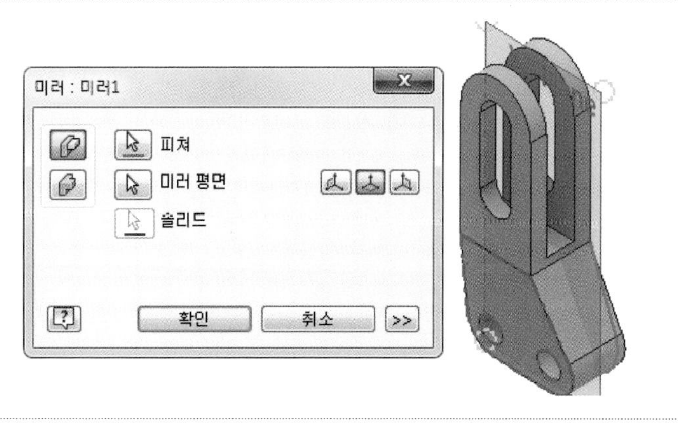

10.

- 해당평면 우클릭 새 스케치
- 문자 작성

참고

크기, 글자체, 깊이 규정 없음

11.

- 스케치 마무리
- 돌출, 차집합, 거리 1

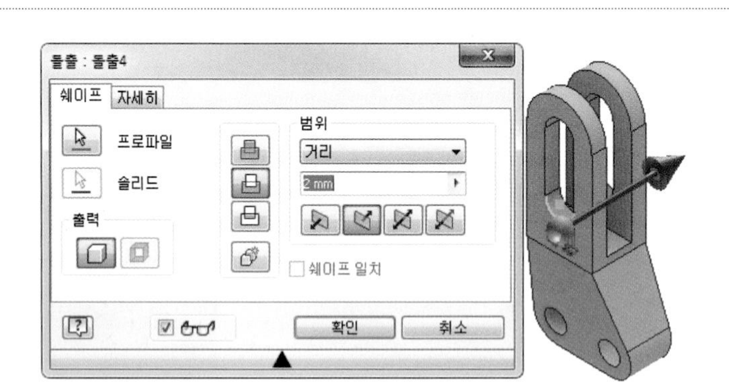

12.

- 생성된 비번호 폴더에 비번호－1.ipt 저장

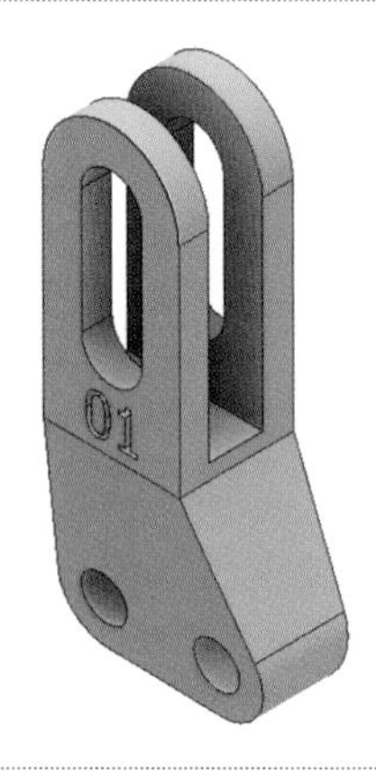

참고

인력공단에 문의 결과 요구사항에서는 부품은 저장하지 않으나 조립을 할 수 없기 때문에 저장해야 함. 시험시 감독관에게 문의 바람.

13.

- 새파일－Standard(mm).ipt

14.

- XZ평면 우클릭 새 스케치
- 스케치 작성
- 구속조건

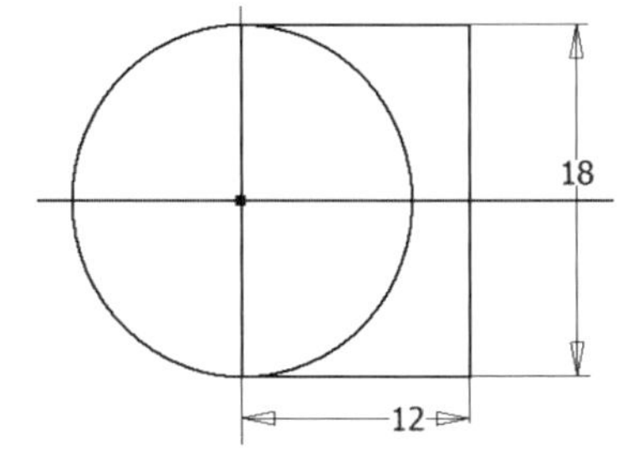

15.

- 스케치 마무리
- 돌출, 새 솔리드, 거리 6(공차적용), 대칭

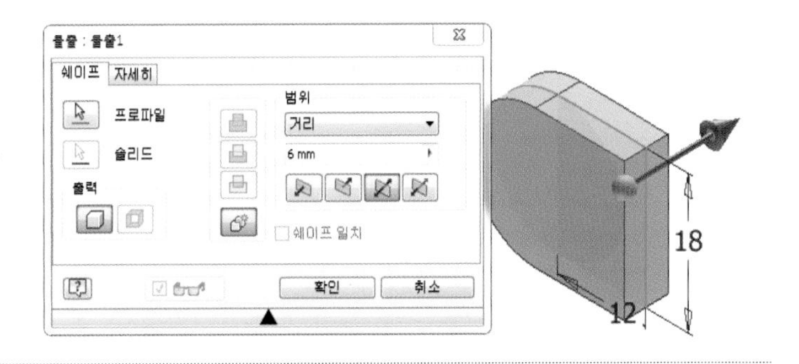

16.

- XZ평면 우클릭 새 스케치
- 스케치 작성(공차적용)
- 구속조건

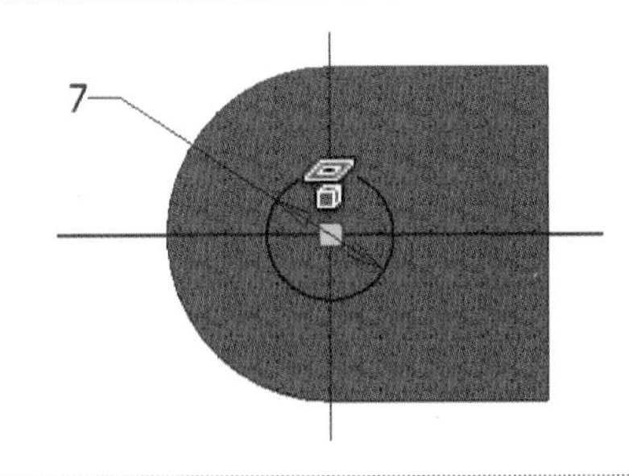

17.

- 스케치 마무리
- 돌출, 접합, 거리 15, 대칭

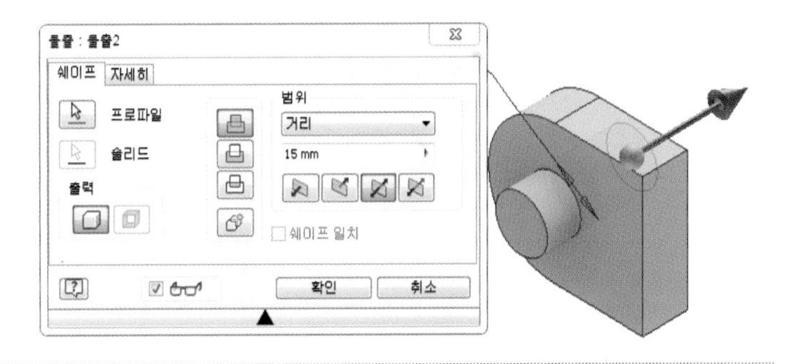

18.

- 모따기, C2

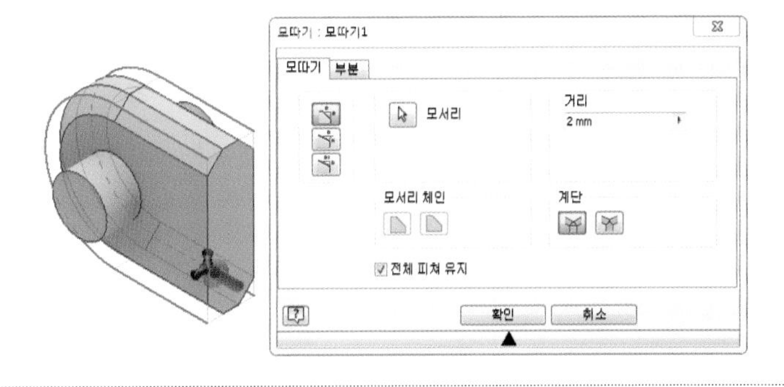

19.

- 해당평면 우클릭 새 스케치
- 스케치 작성
- 구속조건

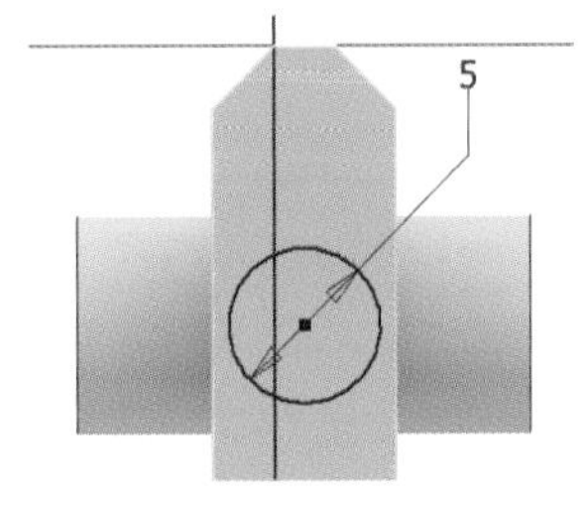

20.

- 스케치 마무리
- 돌출, 접합, 거리 6

21.

- 생성된 비번호 폴더에 비번호 – 2.ipt 저장

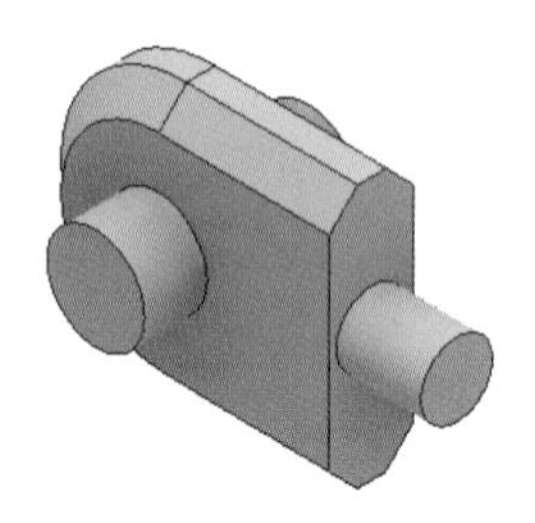

참고

인력공단에 문의 결과 요구사항에서는 부품은 저장하지 않으나 조립을 할 수 없기 때문에 저장해야 함. 시험시 감독관에게 문의 바람.

22.

- 조립 작성

23.

- 2개 부품을 드래그하여 위치
- 1번 부품 고정

24.

- 조립구속조건 삽입을 이용하여 조립

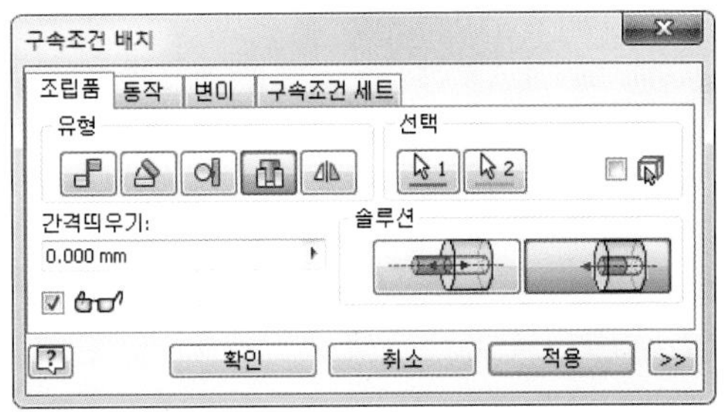

25.

- 조립구속조건 각도 – 지정각도를 이용하여 조립

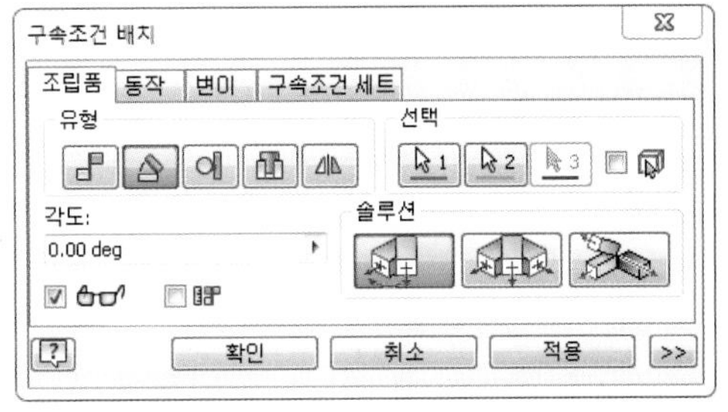

26.

- 생성된 비번호 폴더에 비번호.iam 저장
- 생성된 비번호 폴더에 비번호.stp 저장
- 생성된 비번호 폴더에 출력 고려하여 위치 변경 후 비번호.stl 저장

27.

- 해당 슬라이싱 프로그램에서 설정값 및 출력 방향 설정 후 저장 비번호.***

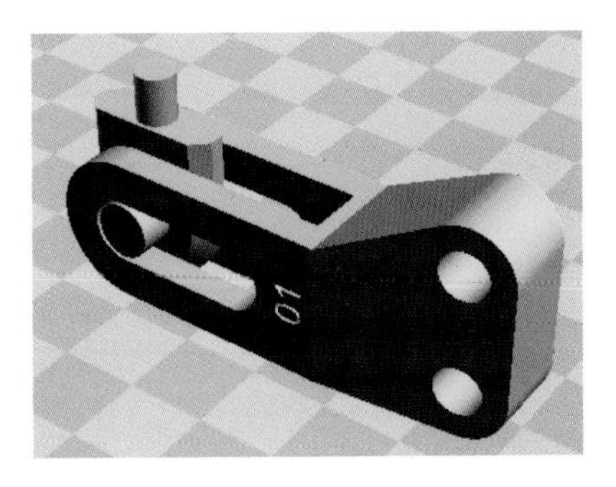

조립 방향, 설정값, 출력방향에 따라 출력 시간이 다릅니다. 수험자가 최적의 조건을 찾으시기 바랍니다.

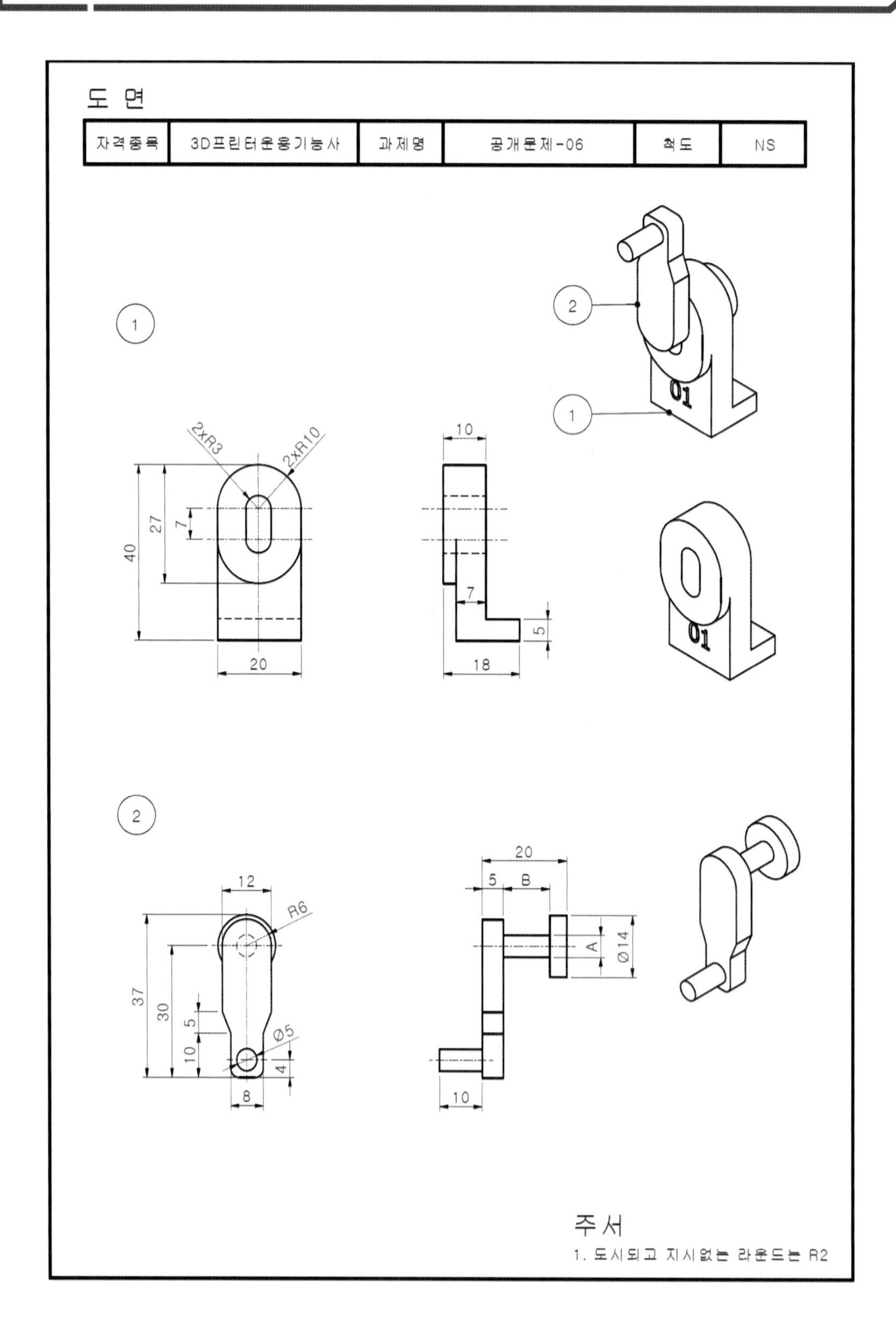

도 면
자격종목
3D프린터운용기능사
과제명
공개문제-06
척도
NS
1
2
2xR3
2xR10
40
27
7
20
10
7
5
18
01
12
R6
37
30
5
10
Ø5
4
8
20
5
B
A
Ø14
10
주서
1. 도시되고 지시없는 라운드는 R2

01.

- 바탕화면에 비번호 폴더 생성
- 새파일 – Standard(mm).ipt

02.

- YZ평면 우클릭 새 스케치
- 스케치 작성
- 구속조건

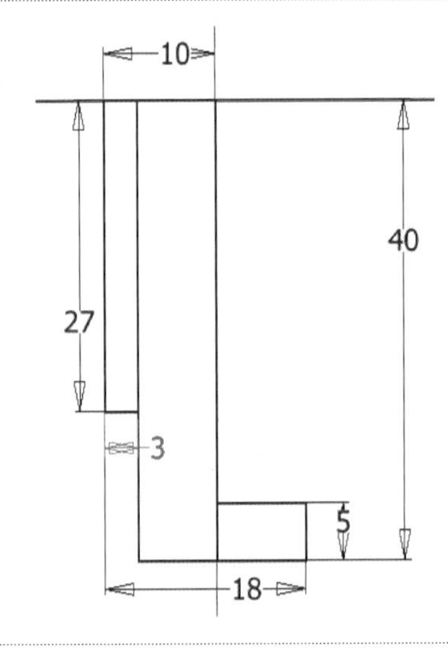

03.

- 스케치 마무리
- 돌출, 새 솔리드, 거리 20, 대칭

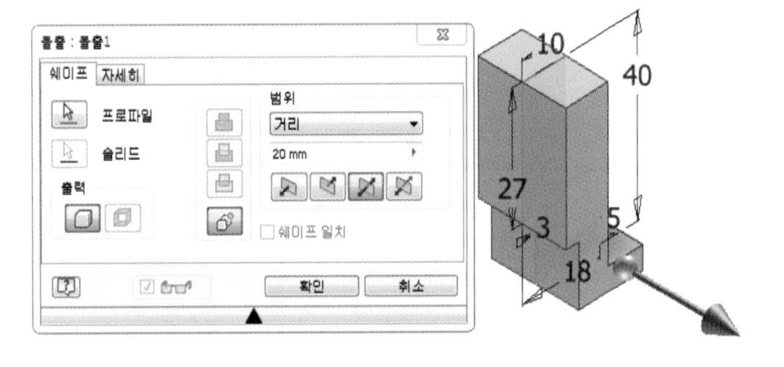

04.

- 모깎기, R10

05.

- 해당평면 우클릭 새 스케치
- 스케치 작성
- 구속조건

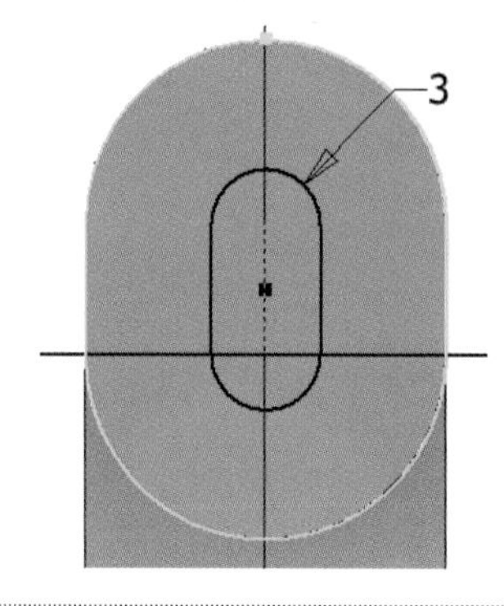

06.

- 스케치 마무리
- 돌출, 차집합, 전체

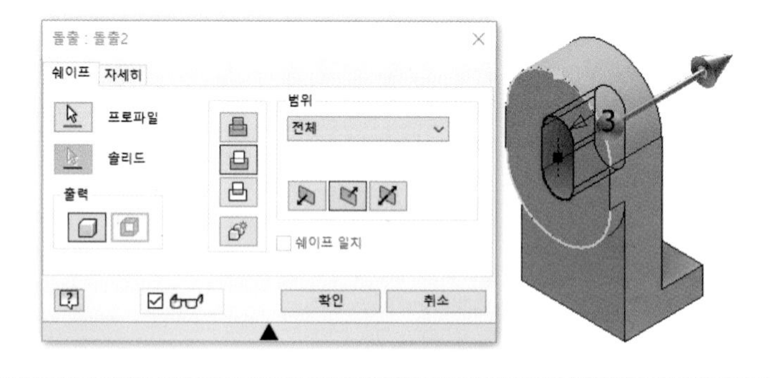

07.

- 해당평면 우클릭 새 스케치
- 문자 작성

참고

크기, 글자체, 깊이 규정 없음

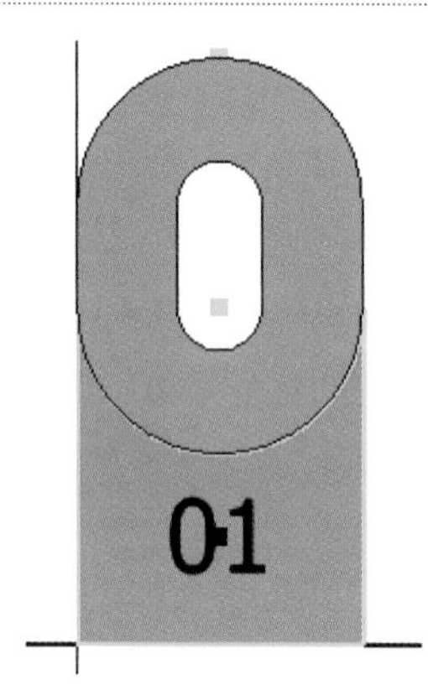

08.

- 스케치 마무리
- 돌출, 차집합, 거리 1

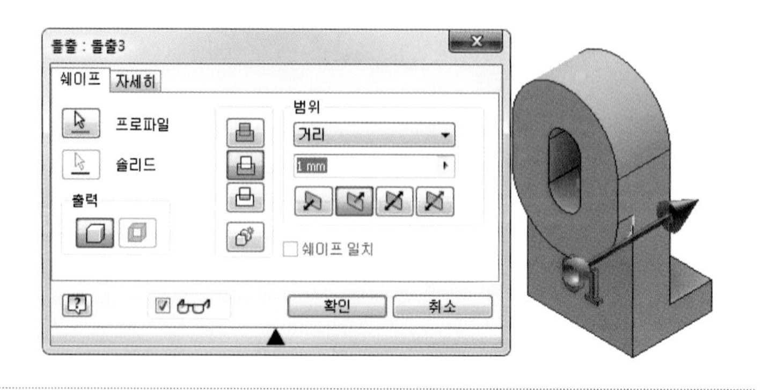

09.

- 생성된 비번호 폴더에 비번호-1.ipt 저장

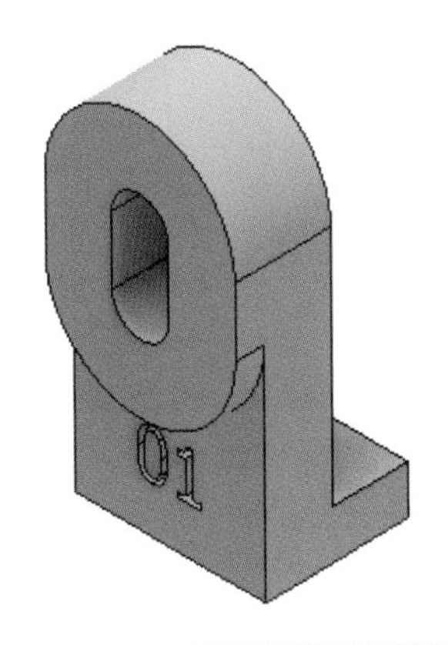

참고

인력공단에 문의 결과 요구사항에서는 부품은 저장하지 않으나 조립을 할 수 없기 때문에 저장해야 함. 시험시 감독관에게 문의 바람.

10.

- 새파일-Standard(mm).ipt

11.

- XZ평면 우클릭 새 스케치
- 스케치 작성
- 구속조건

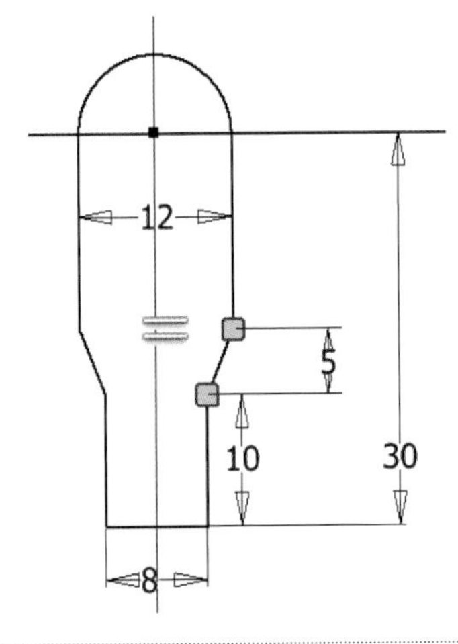

12.

- 스케치 마무리
- 돌출, 새 솔리드, 거리 5

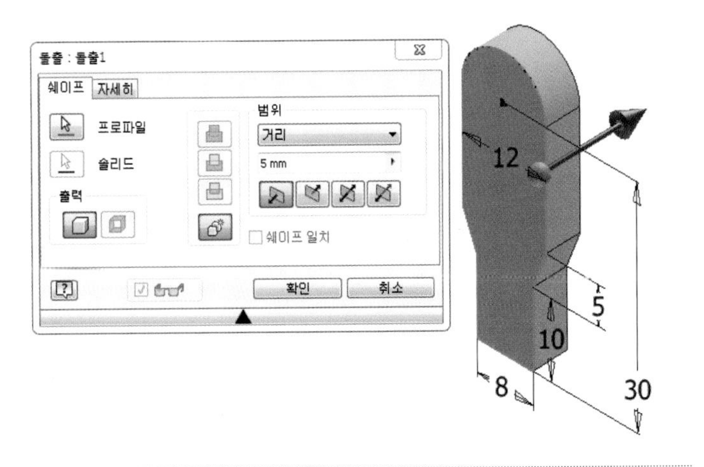

13.

- 해당평면 우클릭 새 스케치
- 스케치 작성(공차적용)
- 구속조건

14.

- 스케치 마무리
- 돌출, 접합, 거리 11(공차적용)

15.

- 해당평면 우클릭 새 스케치
- 스케치 작성
- 구속조건

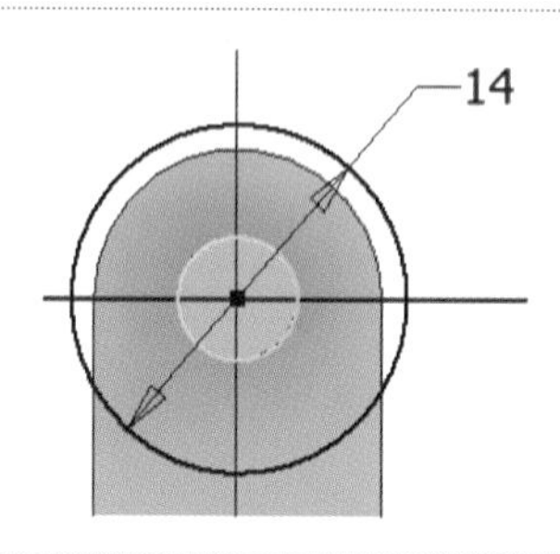

16.

- 스케치 마무리
- 돌출, 접합, 거리 4

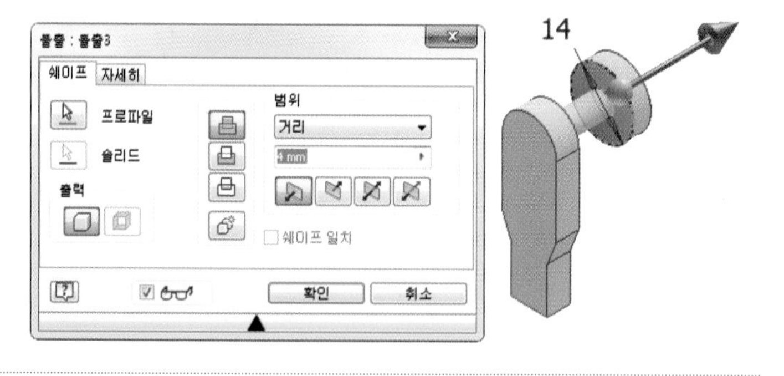

17.

- 모깎기, R2

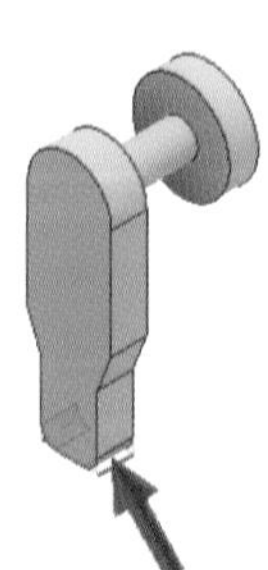

18.

- 해당평면 우클릭 새 스케치
- 스케치 작성
- 구속조건

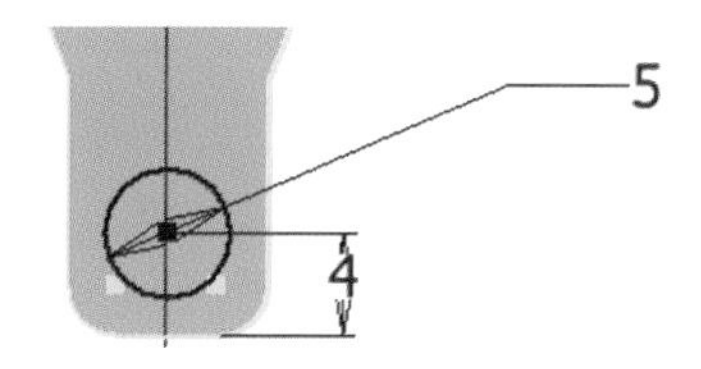

19.

- 스케치 마무리
- 돌출, 접합, 거리 10

20.

- 생성된 비번호 폴더에 비번호－2.ipt 저장

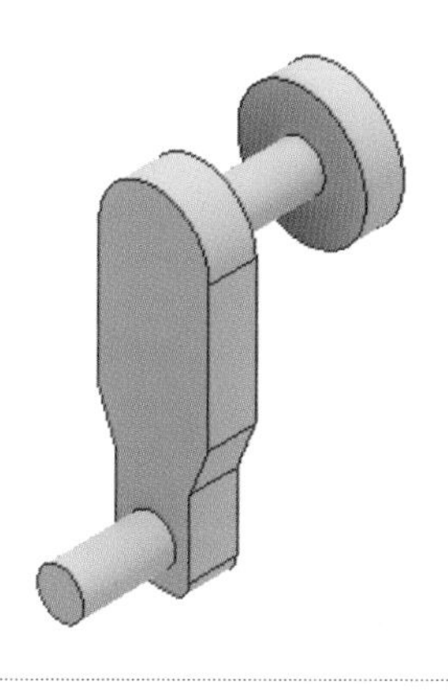

참고

인력공단에 문의 결과 요구사항에서는 부품은 저장하지 않으나 조립을 할 수 없기 때문에 저장해야 함. 시험시 감독관에게 문의 바람.

21.

- 조립 작성

22.

- 2개 부품을 드래그하여 위치
- 1번 부품 고정

23.

• 조립구속조건 메이트 – 메이트를 이용하여 조립

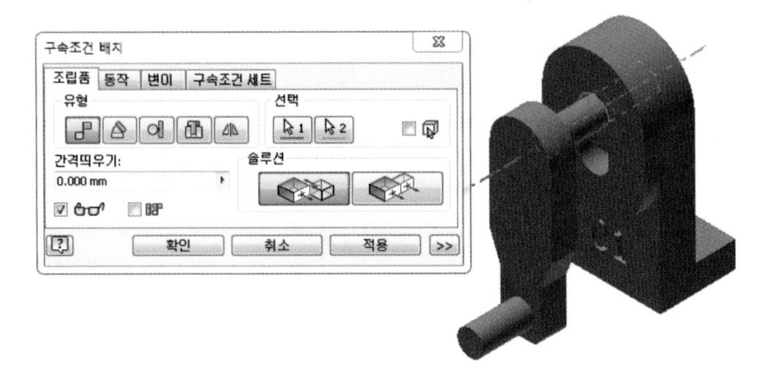

24.

• 조립구속조건 메이트 – 메이트를 이용하여 조립

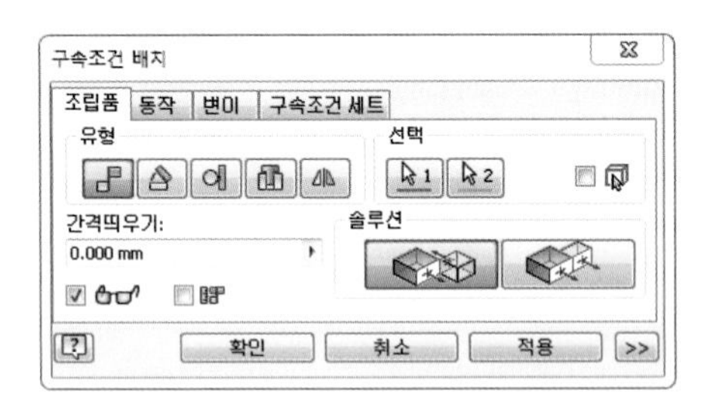

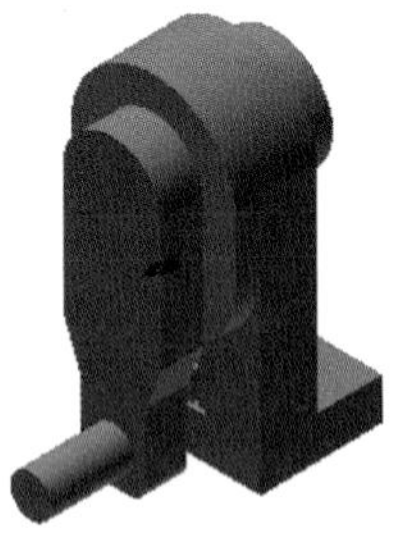

25.

• 조립구속조건 각도 – 지정각도를 이용하여 조립

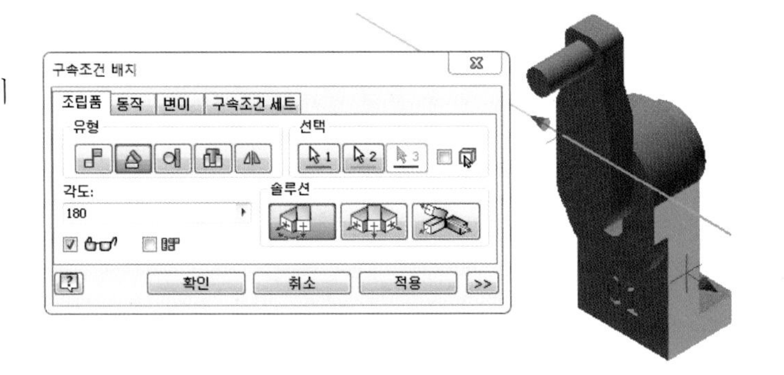

26.

• 생성된 비번호 폴더에 비번호.iam 저장
• 생성된 비번호 폴더에 비번호.stp 저장
• 생성된 비번호 폴더에 출력 고려하여 위치 변경 후 비번호.stl 저장

27.

- 해당 슬라이싱 프로그램에서 설정값 및 출력 방향 설정

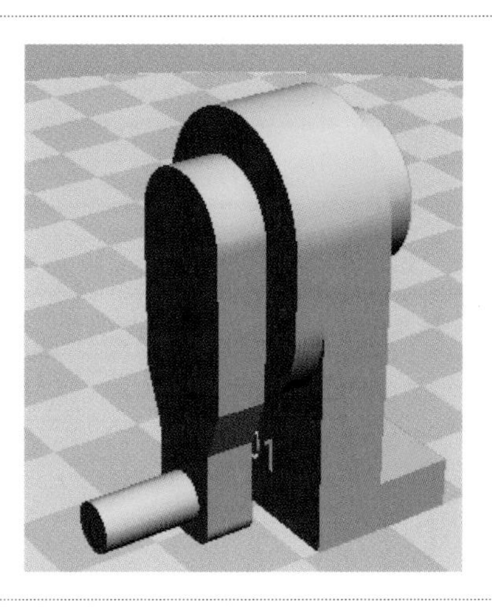

참고

조립 방향, 설정값, 출력방향에 따라 출력 시간이 다릅니다. 수험자가 최적의 조건을 찾으시기 바랍니다.

07 공개 도면 07

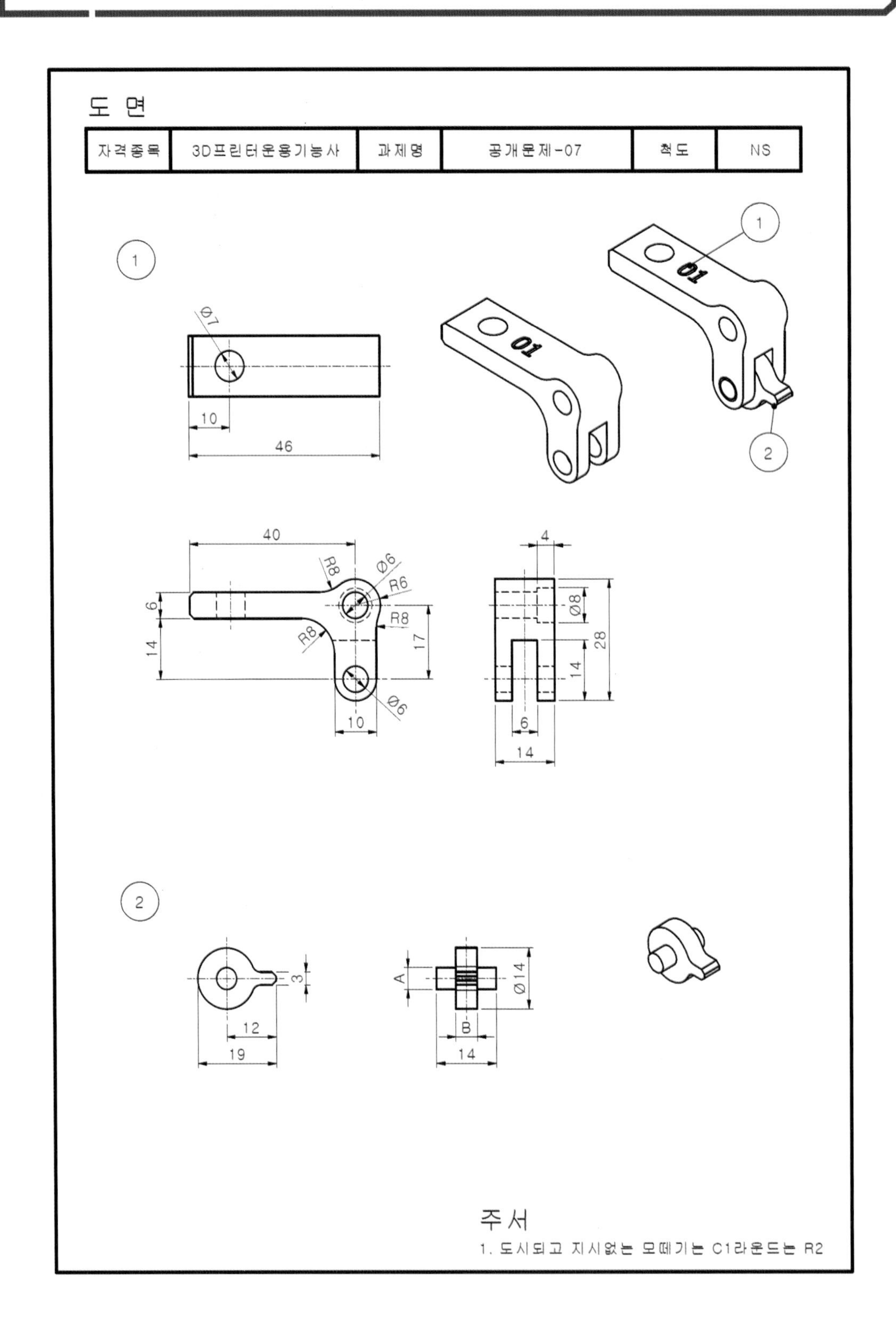

도 면
자격종목
3D프린터운용기능사
과제명
공개문제-07
척도
NS
1
2
Ø7
10
46
01
40
R8
Ø6
R6
R8
R8
6
14
17
Ø6
10
4
Ø8
28
14
6
14
3
12
19
A
B
Ø14
14
주서
1. 도시되고 지시없는 모떼기는 C1라운드는 R2

01.

- 바탕화면에 비번호 폴더 생성
- 새파일 – Standard(mm).ipt

02.

- XZ평면 우클릭 새 스케치
- 스케치 작성
- 구속조건

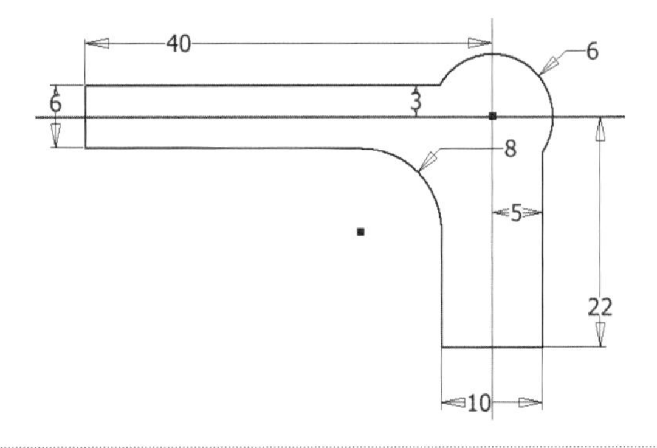

03.

- 스케치 마무리
- 돌출, 새 솔리드, 거리 14, 대칭

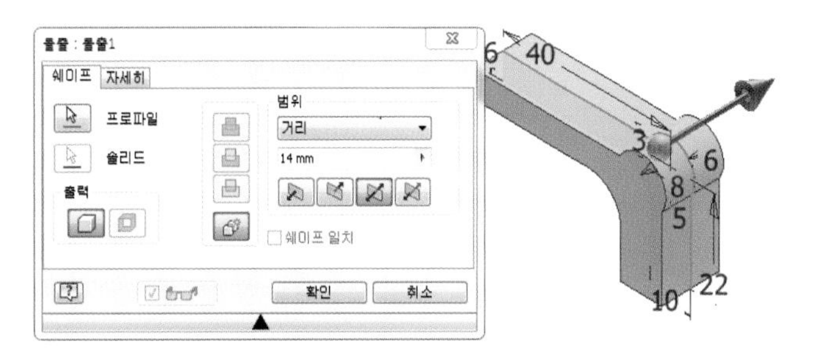

04.

- 모깎기, R8

05.

- 모따기, C1

06.

- 해당평면 우클릭 새 스케치
- 스케치 작성
- 구속조건

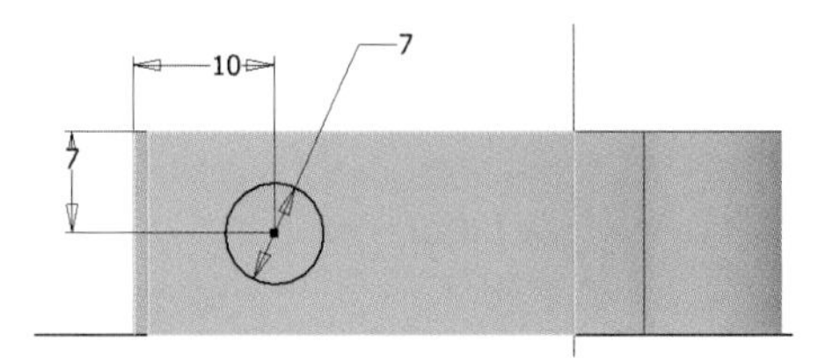

07.

- 스케치 마무리
- 돌출, 차집합, 전체

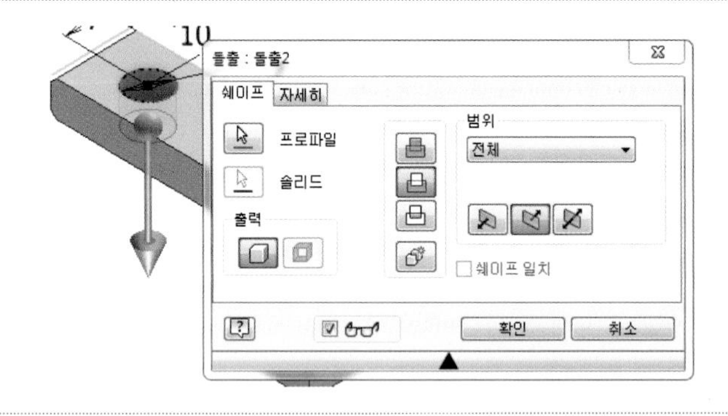

08.

- 구멍

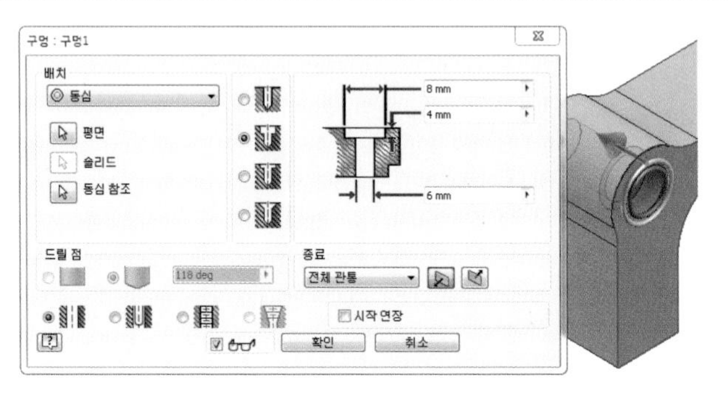

09.

- 모깎기, R5

10.

- XZ평면 우클릭 새 스케치
- 스케치 작성
- 구속조건

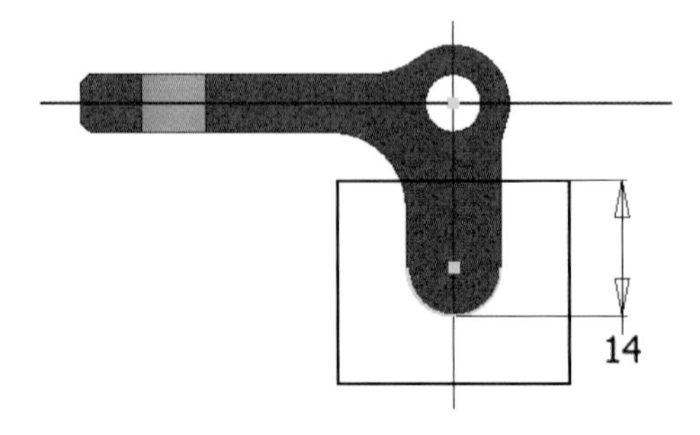

11.

- 스케치 마무리
- 돌출, 차집합, 거리 6, 대칭

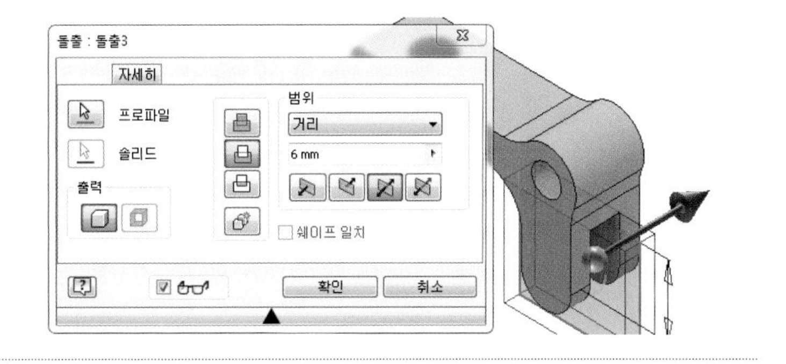

12.

- 구멍

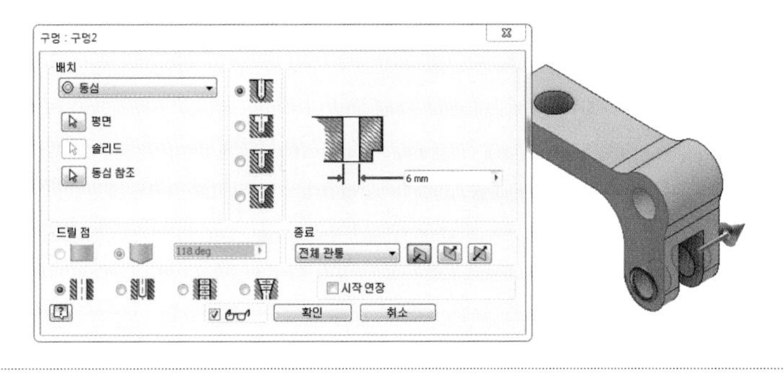

13.

- 해당평면 우클릭 새 스케치
- 문자 작성

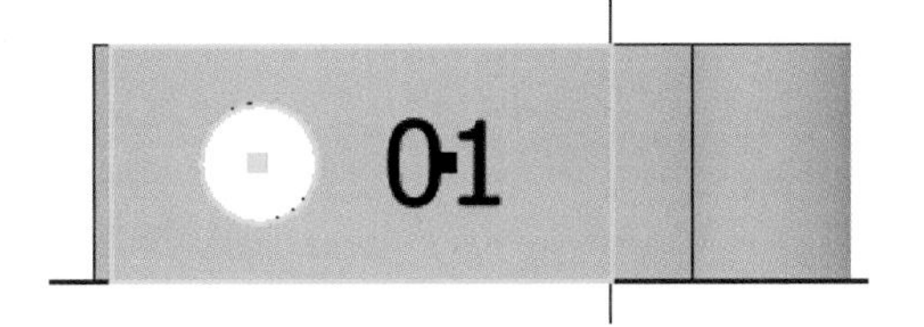

참고

크기, 글자체, 깊이 규정 없음

14.

- 스케치 마무리
- 돌출, 차집합, 거리 1

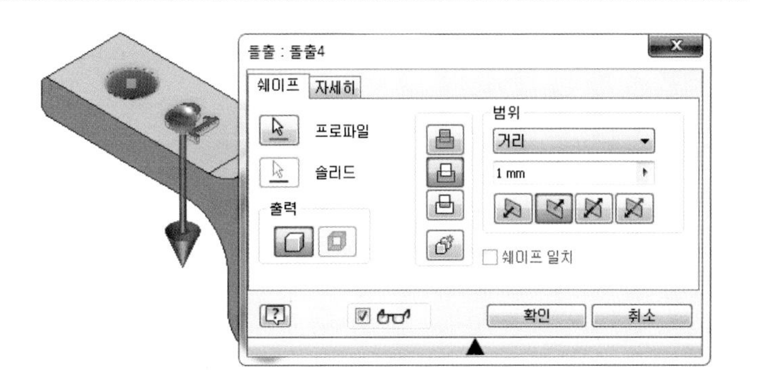

15.

- 생성된 비번호 폴더에 비번호－1.ipt 저장

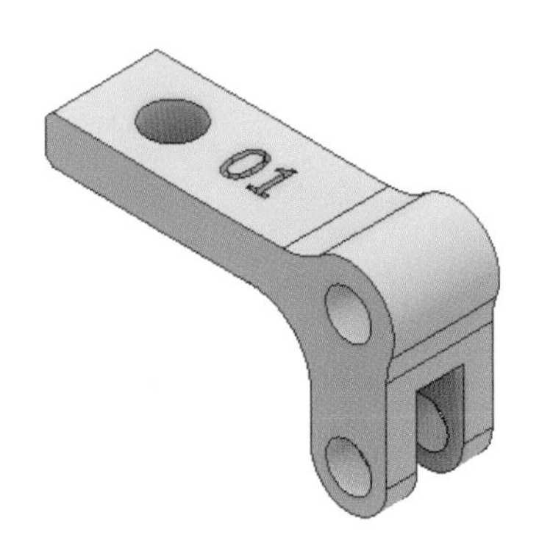

참고

인력공단에 문의 결과 요구사항에서는 부품은 저장하지 않으나 조립을 할 수 없기 때문에 저장해야 함. 시험시 감독관에게 문의 바람.

16.

- 새파일－Standard(mm).ipt

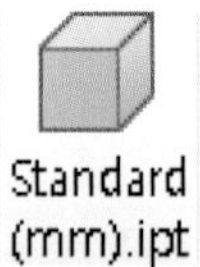

17.

- XZ평면 우클릭 새 스케치
- 스케치 작성
- 구속조건

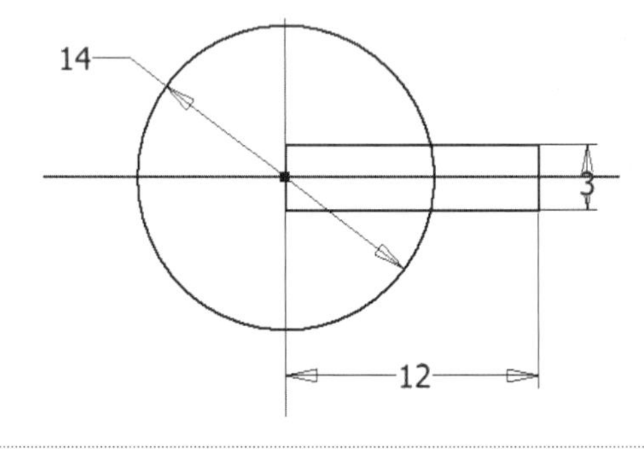

18.

- 스케치 마무리
- 돌출, 새 솔리드, 거리 5(공차적용), 대칭

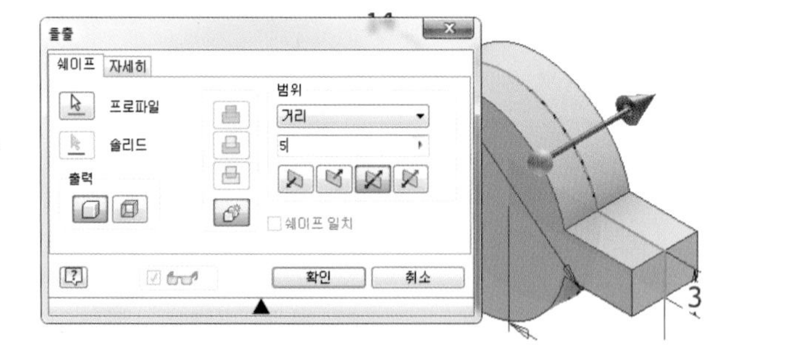

19.

- XZ평면 우클릭 새 스케치
- 스케치 작성(공차적용)
- 구속조건

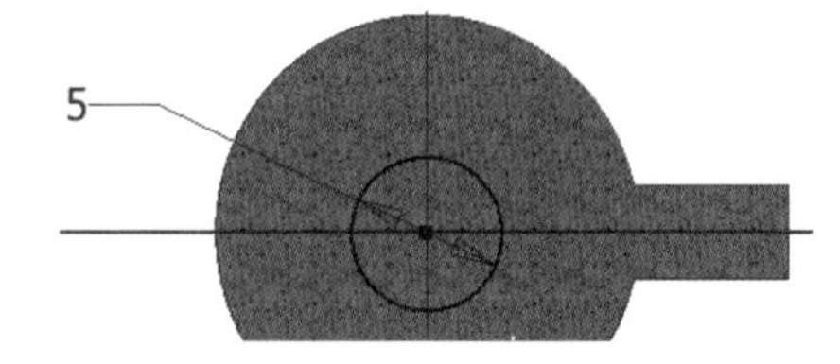

20.

- 스케치 마무리
- 돌출, 접합, 거리 14, 대칭

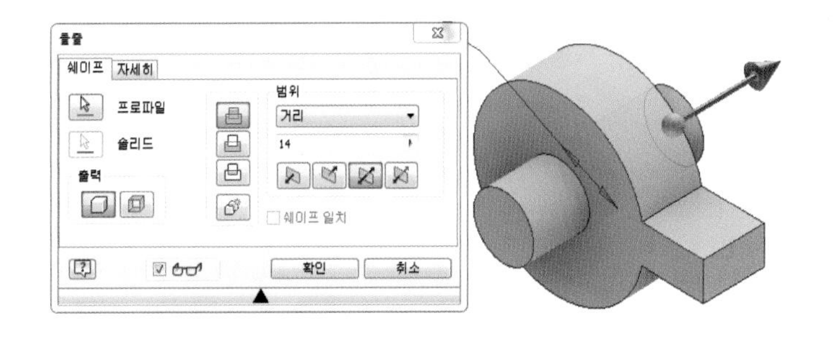

21.

- 모따기, C1

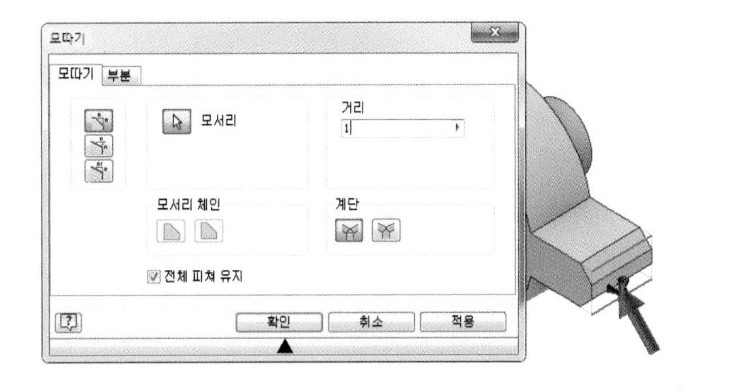

22.

- 모깎기, R2

23.

- 생성된 비번호 폴더에 비번호 – 2.ipt 저장

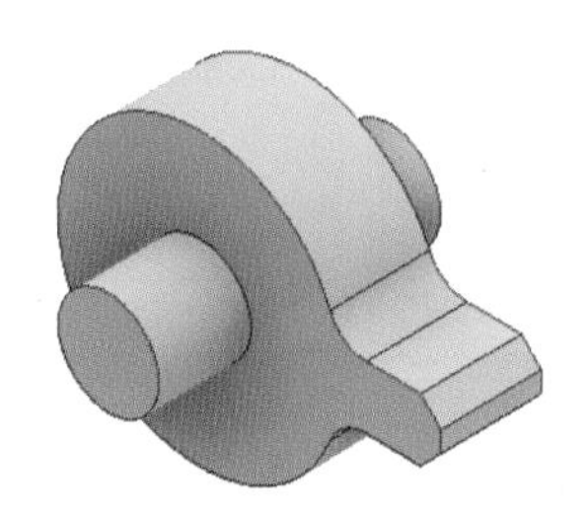

참고

인력공단에 문의 결과 요구사항에서는 부품은 저장하지 않으나 조립을 할 수 없기 때문에 저장해야 함. 시험시 감독관에게 문의 바람.

24.

• 조립 작성

25.

• 2개 부품을 드래그하여 위치
• 1번 부품 고정

26.

• 조립구속조건 삽입을 이용하여 조립

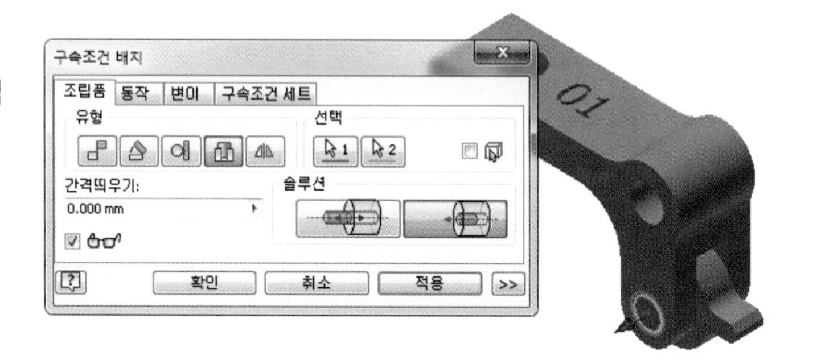

27.

• 조립구속조건 각도 – 지정각도를 이용하여 조립

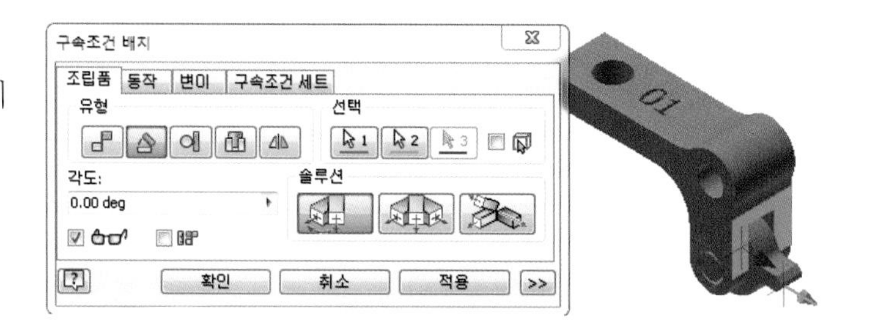

28.

• 생성된 비번호 폴더에 비번호.iam 저장
• 생성된 비번호 폴더에 비번호.stp 저장
• 생성된 비번호 폴더에 출력 고려하여 위치 변경 후 비번호.stl 저장

29.

- 해당 슬라이싱 프로그램에서 설정값 및 출력 방향 설정 후 저장 비번호.***

참고

조립 방향, 설정값, 출력방향에 따라 출력 시간이 다릅니다. 수험자가 최적의 조건을 찾으시기 바랍니다.

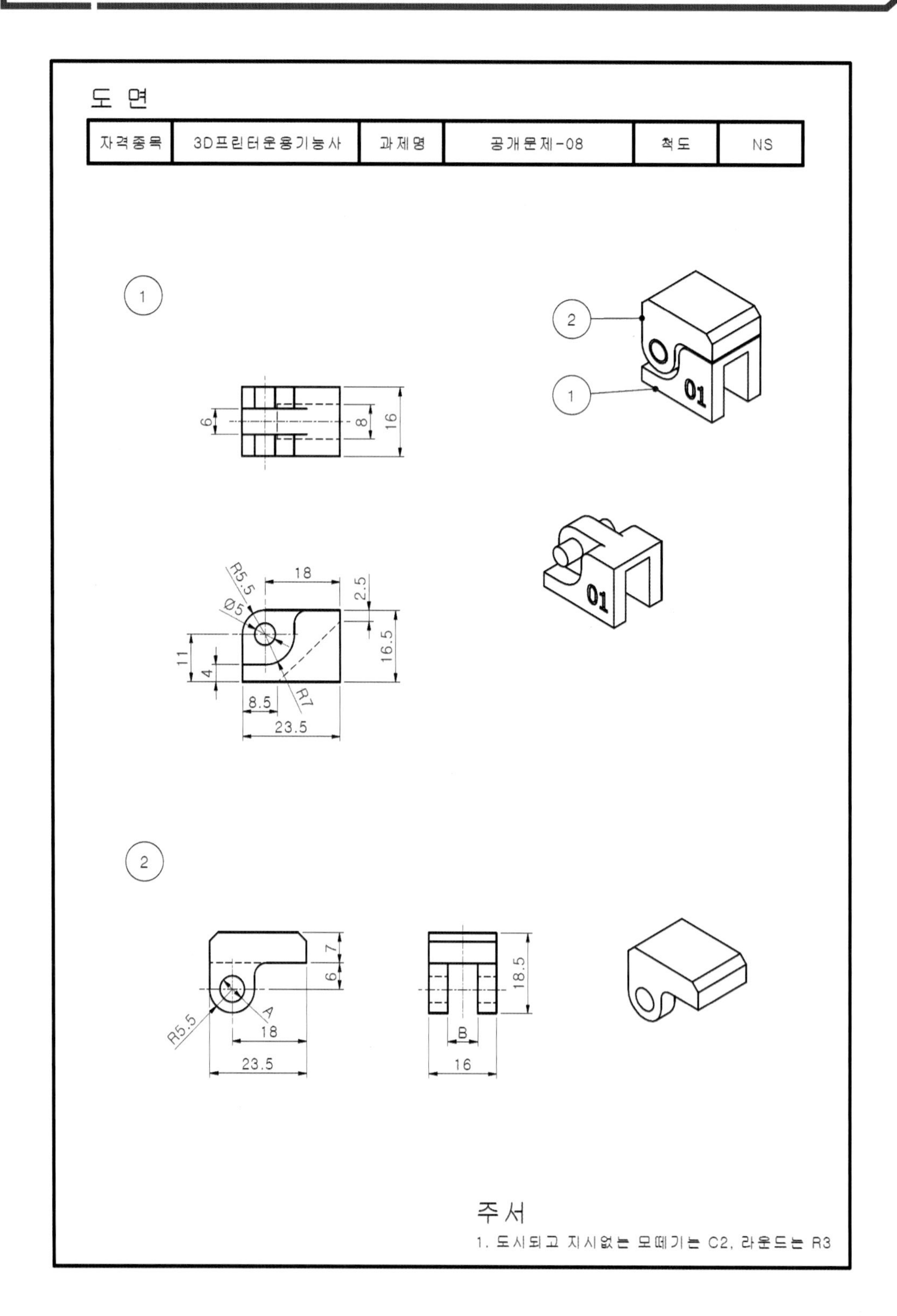
도 면
자격종목
3D프린터운용기능사
과제명
공개문제-08
척도
NS
1
2
6
8
16
01
R5.5
Ø5
18
2.5
16.5
11
4
8.5
R7
23.5
7
6
A
18.5
B
16
주서
1. 도시되고 지시없는 모떼기는 C2, 라운드는 R3

01.

• 바탕화면에 비번호 폴더 생성
• 새파일 – Standard(mm).ipt

02.

• XZ평면 우클릭 새 스케치
• 스케치 작성
• 구속조건

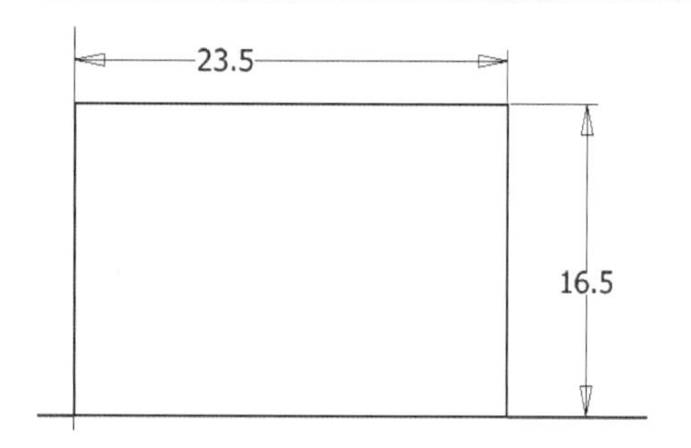

03.

• 스케치 마무리
• 돌출, 새 솔리드, 거리 16, 대칭

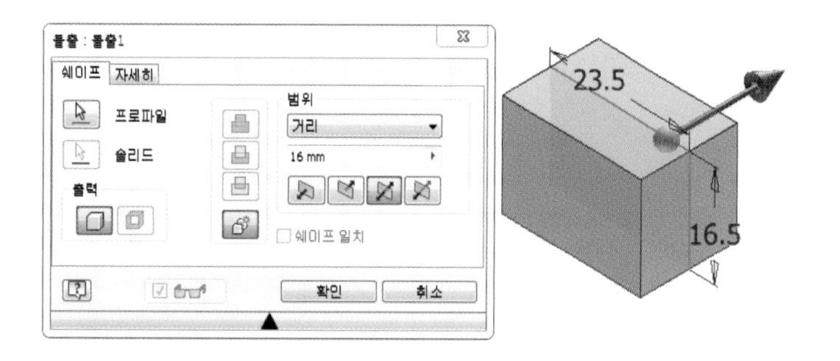

04.

• XZ평면 우클릭 새 스케치
• 스케치 작성
• 구속조건

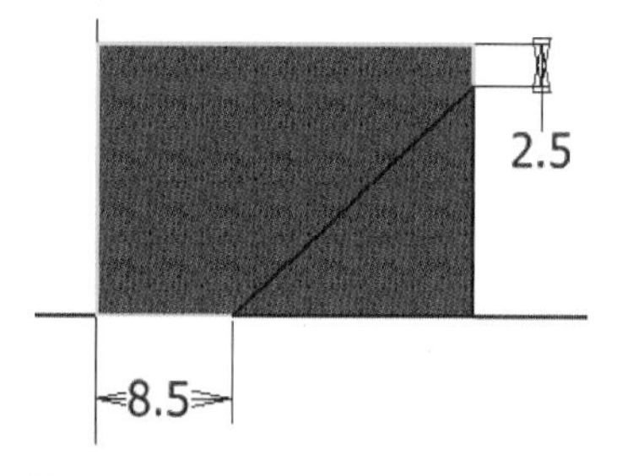

05.

• 스케치 마무리
• 돌출, 차집합, 거리 8, 대칭

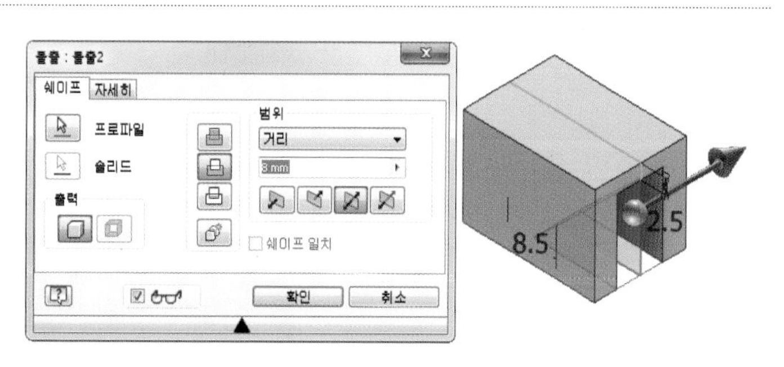

06.

- 모깎기, R5.5

07.

- 해당평면 우클릭 새 스케치
- 스케치 작성
- 구속조건

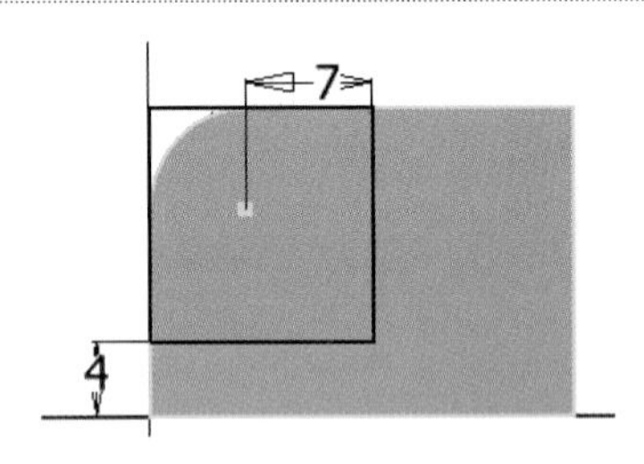

08.

- 스케치 마무리
- 돌출, 차집합, 거리 5

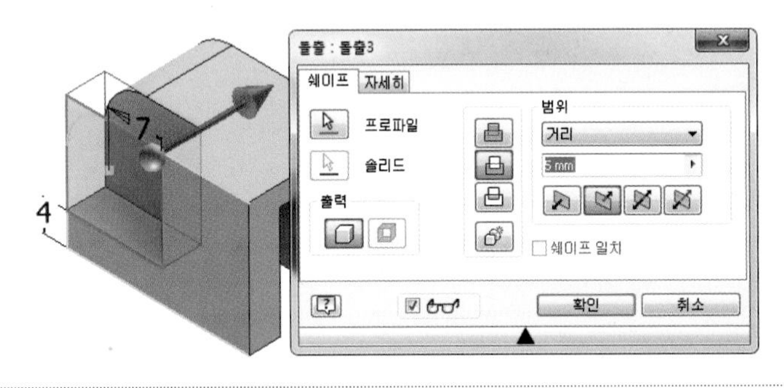

09.

- 미러(대칭)

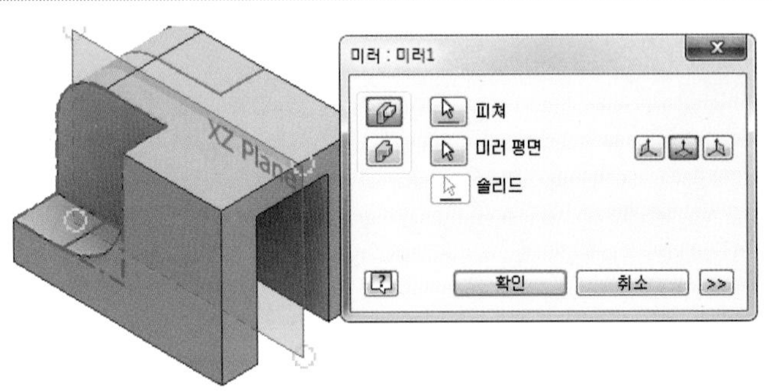

10.

- XZ평면 우클릭 새 스케치
- 스케치 작성
- 구속조건

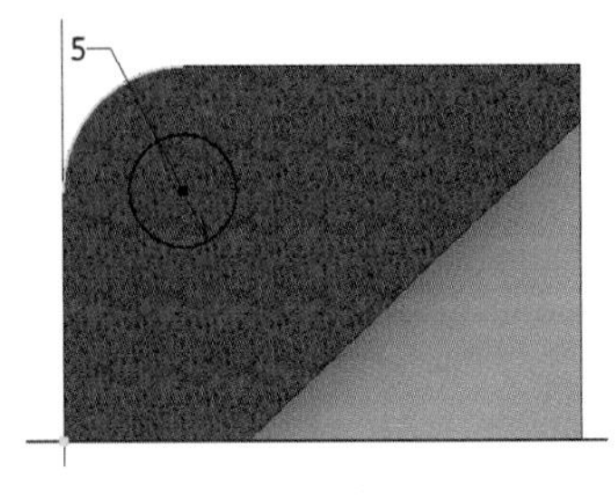

11.

- 스케치 마무리
- 돌출, 접합, 거리 16, 대칭

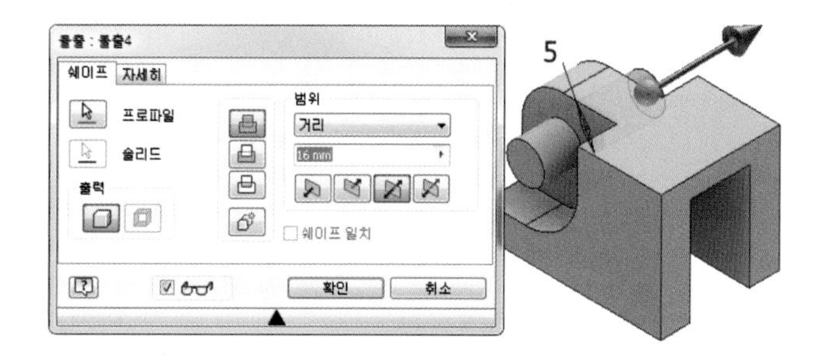

12.

- 모깎기, R3

13.

- 해당평면 우클릭 새 스케치
- 문자 작성

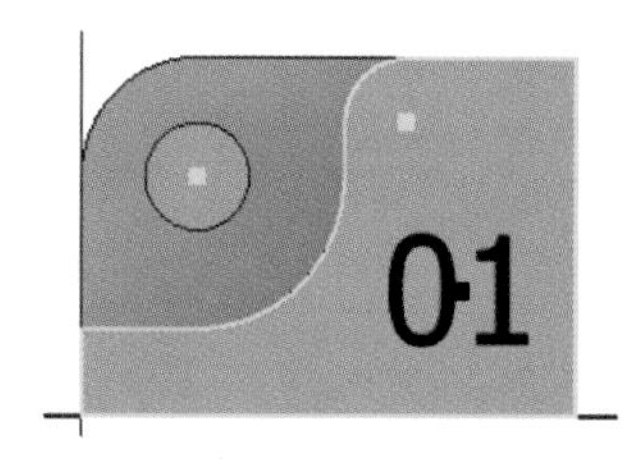

참고

크기, 글자체, 깊이 규정 없음

14.

- 스케치 마무리
- 돌출, 차집합, 거리 1

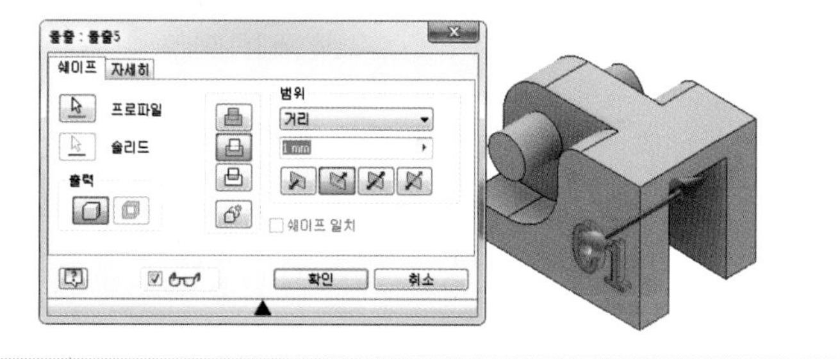

15.

- 생성된 비번호 폴더에 비번호－1.ipt 저장

참고

인력공단에 문의 결과 요구사항에서는 부품은 저장하지 않으나 조립을 할 수 없기 때문에 저장해야 함. 시험시 감독관에게 문의 바람.

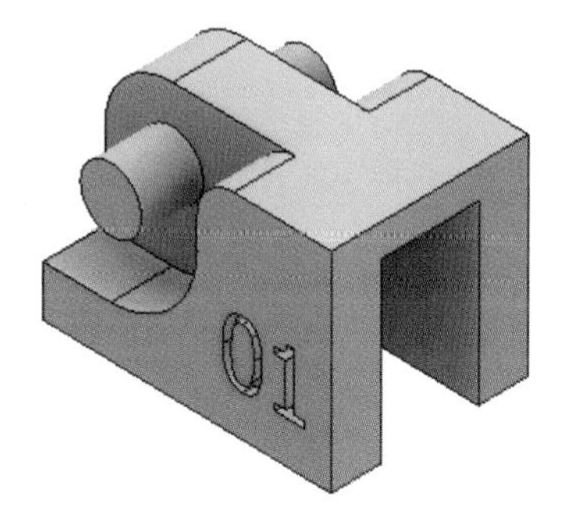

16.

• 새파일 – Standard(mm).ipt

17.

• XZ평면 우클릭 새 스케치
• 스케치 작성(공차적용)
• 구속조건

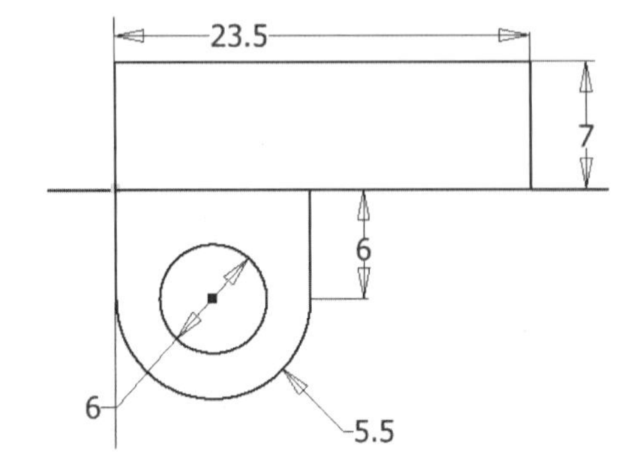

18.

• 스케치 마무리
• 돌출, 새 솔리드, 거리 16, 대칭

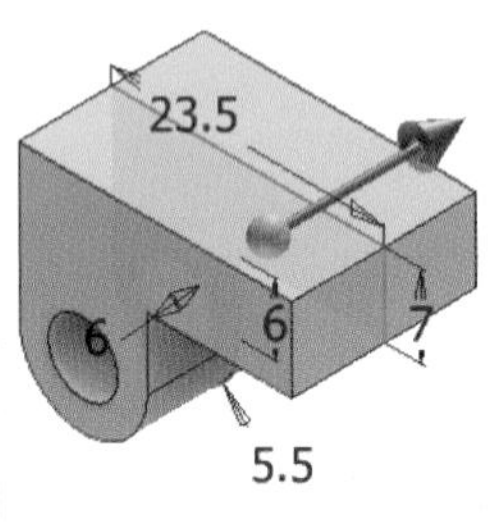

19.

• 모따기, C2

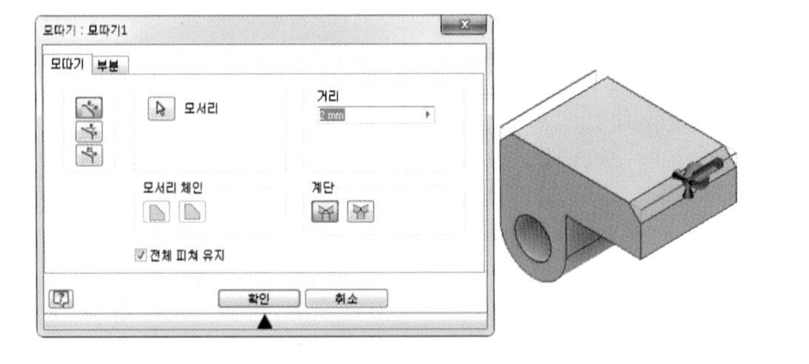

20.

• XZ평면 우클릭 새 스케치
• 스케치 작성
• 구속조건

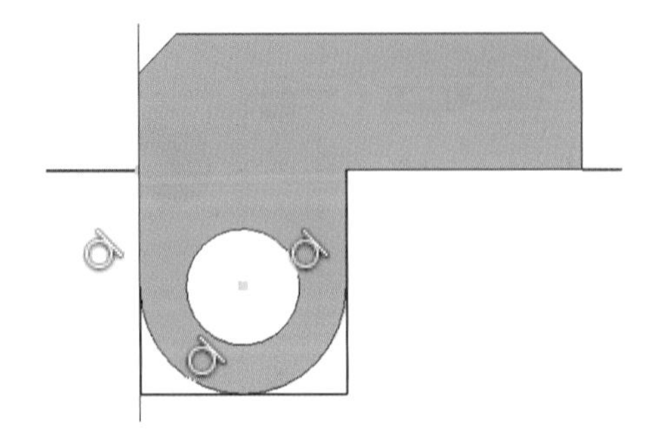

21.

- 스케치 마무리
- 돌출, 차집합, 거리 7(공차적용), 대칭

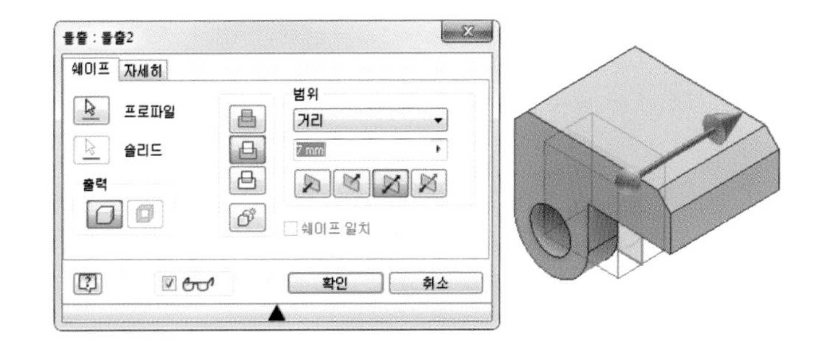

22.

- 모깎기, R3

23.

- 생성된 비번호 폴더에 비번호－2.ipt 저장

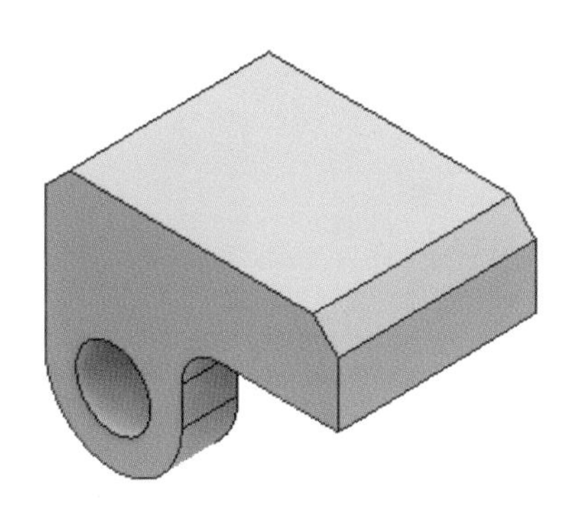

참고

인력공단에 문의 결과 요구사항에서는 부품은 저장하지 않으나 조립을 할 수 없기 때문에 저장해야 함. 시험시 감독관에게 문의 바람.

24.

- 조립 작성

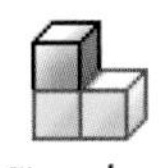

25.

- 2개 부품을 드래그하여 위치
- 1번 부품 고정

26.

- 조립구속조건 삽입을 이용하여 조립

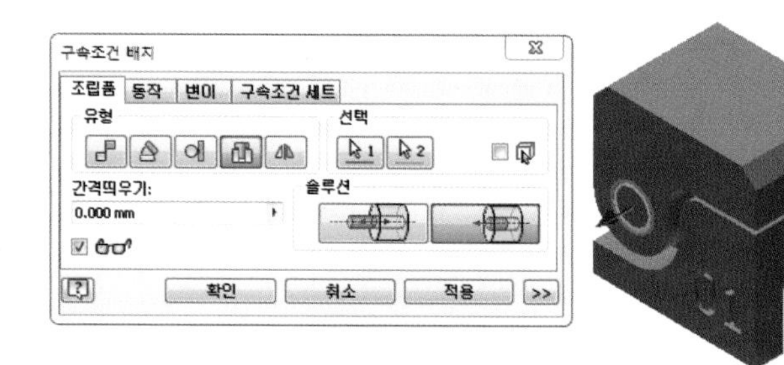

27.

- 조립구속조건 각도 – 지정각도 이용하여 조립

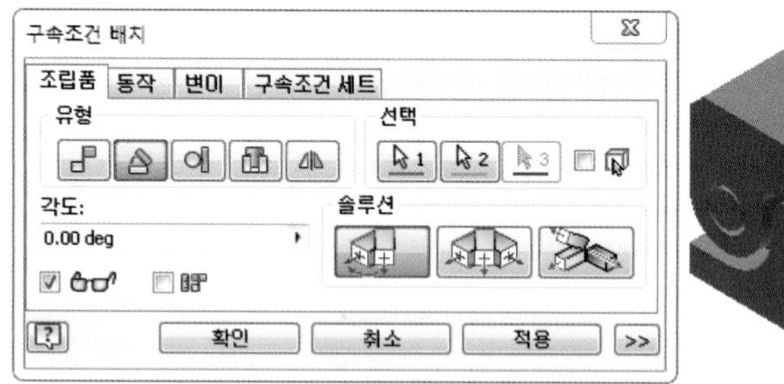

28.

- 생성된 비번호 폴더에 비번호.iam 저장
- 생성된 비번호 폴더에 비번호.stp 저장
- 생성된 비번호 폴더에 출력 고려하여 위치 변경 후 비번호.stl 저장

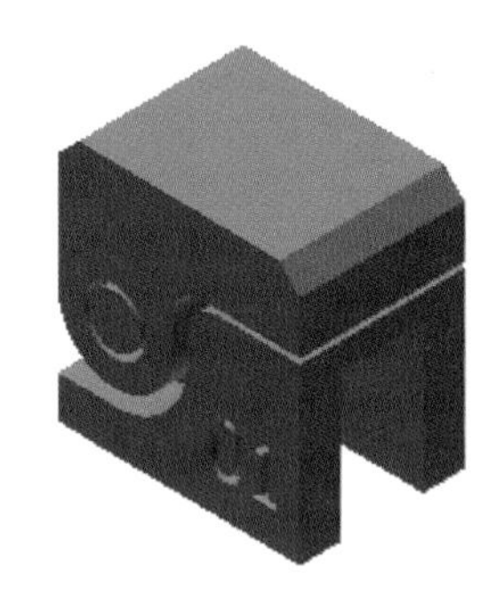

29.

- 해당 슬라이싱 프로그램에서 설정값 및 출력 방향 설정 후 저장 비번호.***

참고

조립 방향, 설정값, 출력방향에 따라 출력 시간이 다릅니다. 수험자가 최적의 조건을 찾으시기 바랍니다.

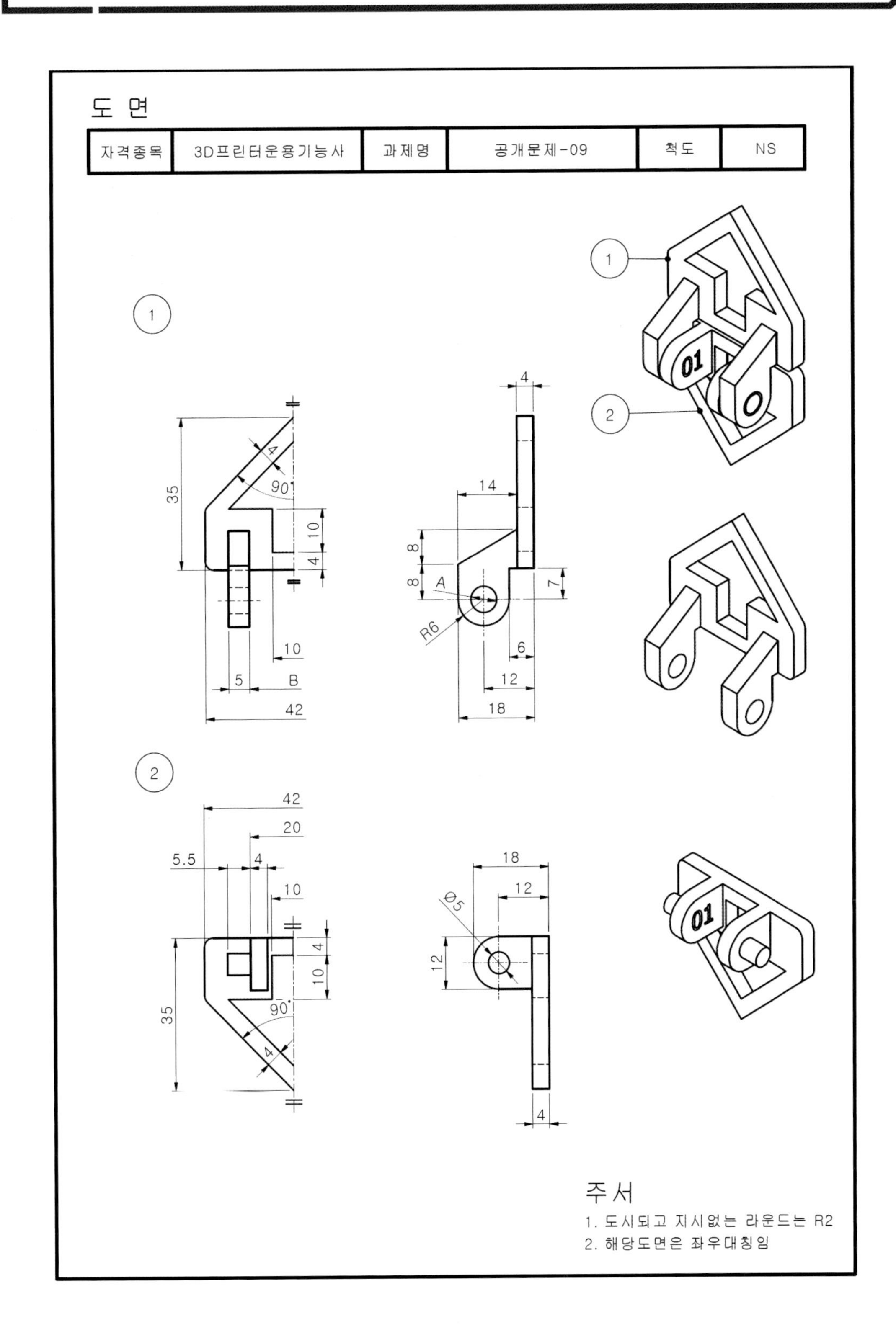
도 면
자격종목
3D프린터운용기능사
과제명
공개문제-09
척도
NS
1
2
01
35
4
90
10
4
5
B
42
14
8
8
A
R6
7
6
12
18
42
20
5.5
4
10
Ø5
12
4
10
35
90
4
주서
1. 도시되고 지시없는 라운드는 R2
2. 해당도면은 좌우대칭임

01.

- 바탕화면에 비번호 폴더 생성
- 새파일 – Standard(mm).ipt

02.

- XZ평면 우클릭 새 스케치
- 스케치 작성
- 구속조건

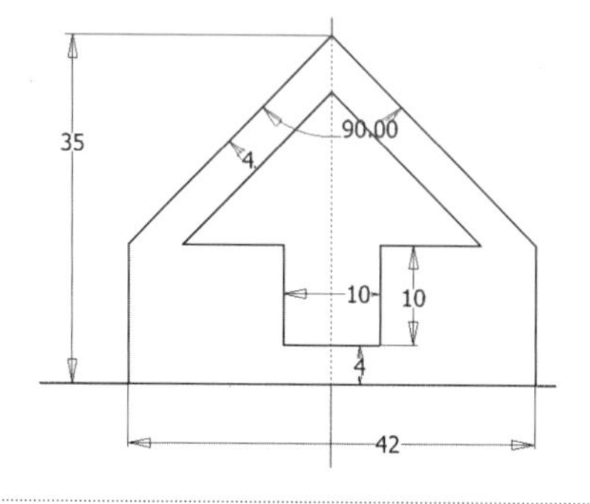

03.

- 스케치 마무리
- 돌출, 새 솔리드, 거리 4

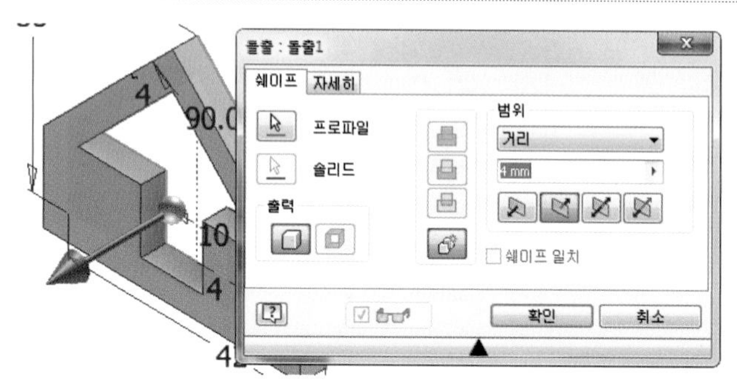

04.

- 모깎기, R2

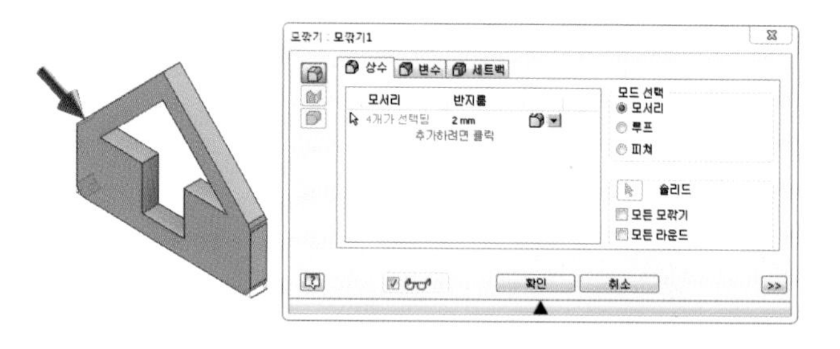

05.

- YZ평면 우클릭 새 스케치
- 스케치 작성(공차적용)
- 구속조건

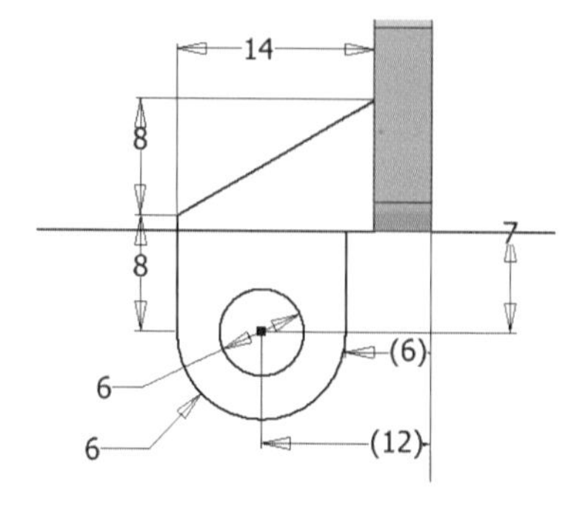

06.

- 스케치 마무리
- 돌출, 접합, 거리 31(공차적용), 대칭

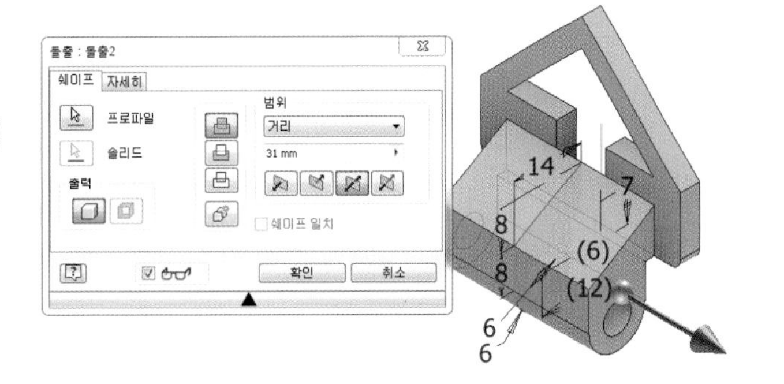

07.

- 우클릭 후 스케치 공유
- 돌출, 차집합, 거리 21(공차적용), 대칭
- 스케치 가시성 끄기

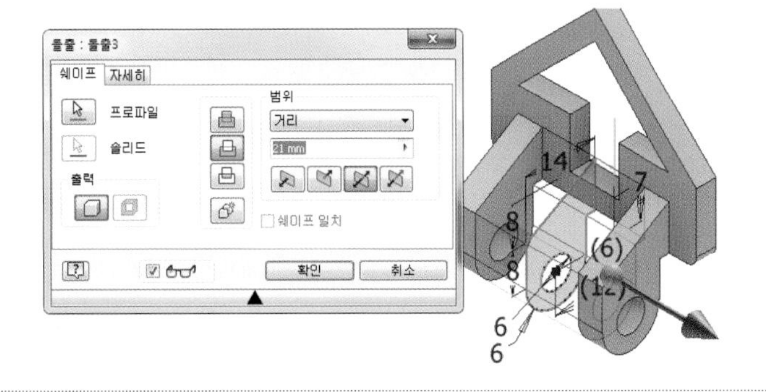

08.

- 생성된 비번호 폴더에 비번호－1.ipt 저장

참고

인력공단에 문의 결과 요구사항에서는 부품은 저장하지 않으나 조립을 할 수 없기 때문에 저장해야 함. 시험시 감독관에게 문의 바람.

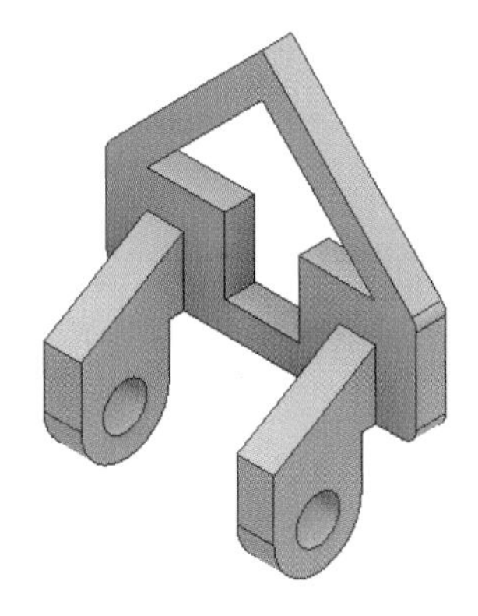

09.

- 다른 이름으로 저장－ 다른 이름으로 사본 저장. 비번호－2.ipt 저장
- 공통된 부분을 제외하고 삭제

참고

인력공단에 문의 결과 요구사항에서는 부품은 저장하지 않으나 조립을 할 수가 없기 때문에 저장해야 함. 시험시 감독관에게 문의 바람.

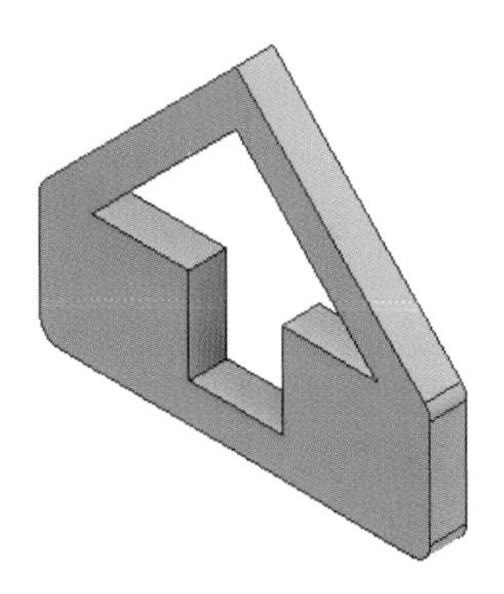

10.

• YZ평면 우클릭 새 스케치
• 스케치 작성
• 구속조건

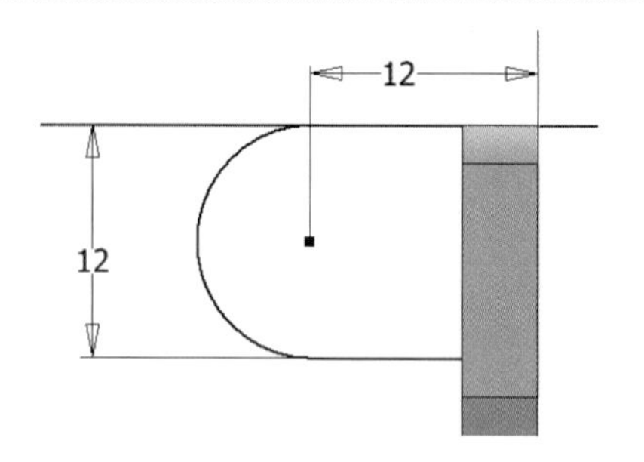

11.

• 스케치 마무리
• 돌출, 접합, 거리 20, 대칭

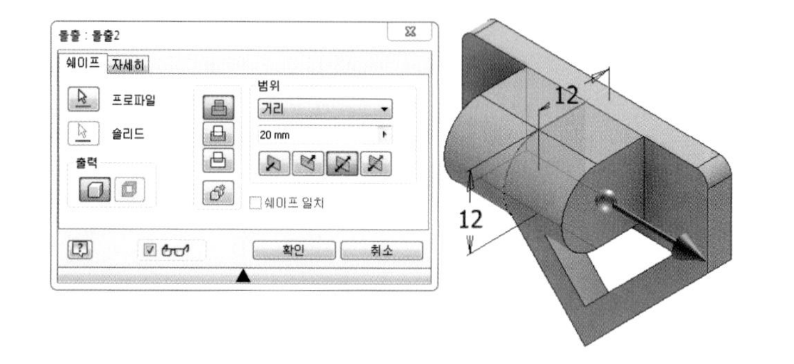

12.

• 스케치 공유
• 돌출, 차집합, 거리 12, 대칭

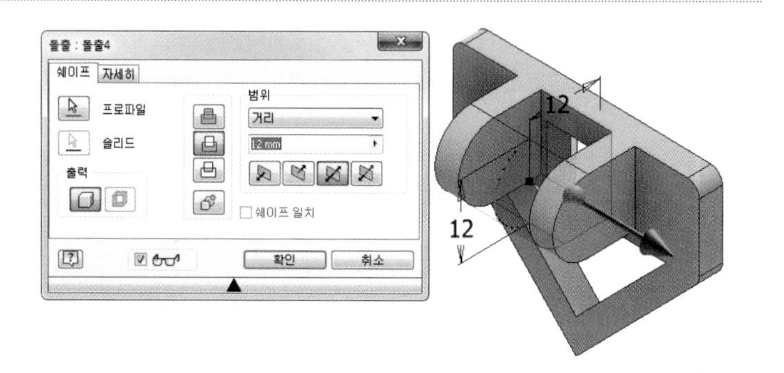

13.

• 스케치 가시성 끄기
• 해당평면 우클릭 새 스케치
• 스케치 작성
• 구속조건

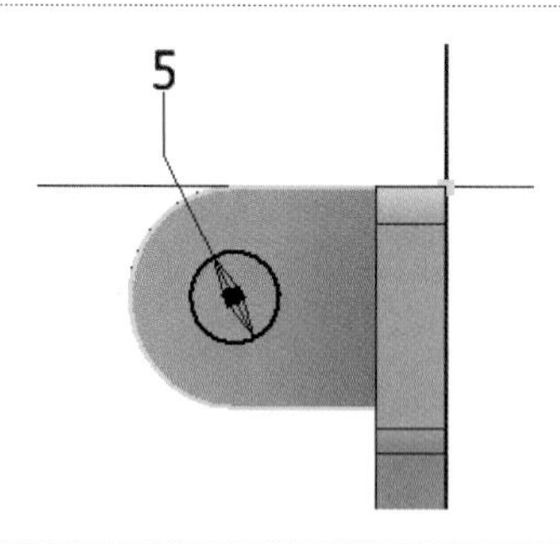

14.

- 스케치 마무리
- 돌출, 접합, 거리 5.5

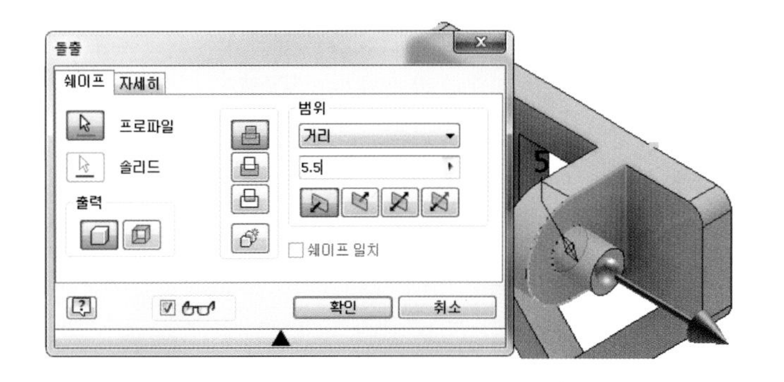

15.

- 미러(대칭)

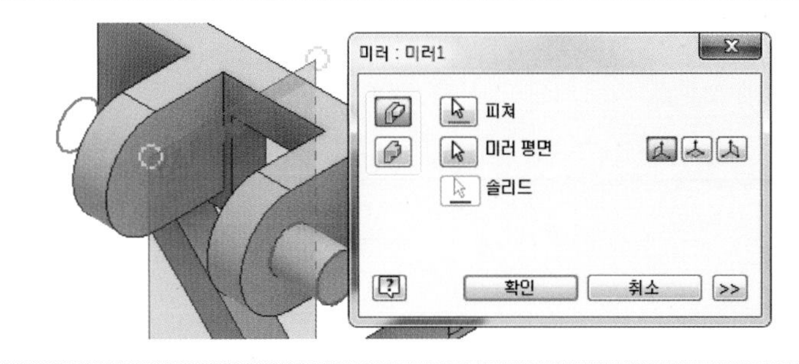

16.

- 해당평면 우클릭 새 스케치
- 문자 작성

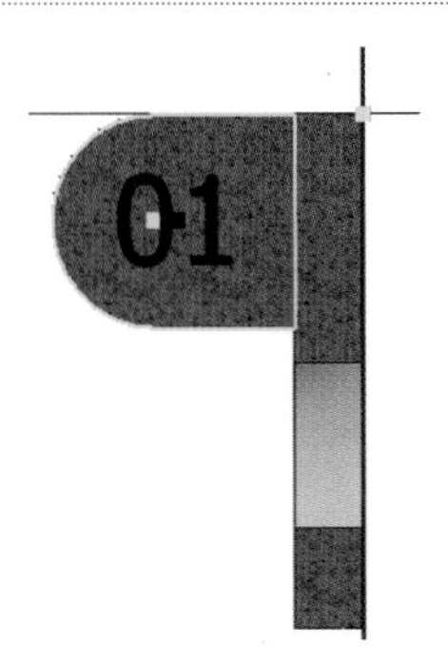

참고

크기, 글자체, 깊이 규정 없음

17.

- 스케치 마무리
- 돌출, 차집합, 거리 1

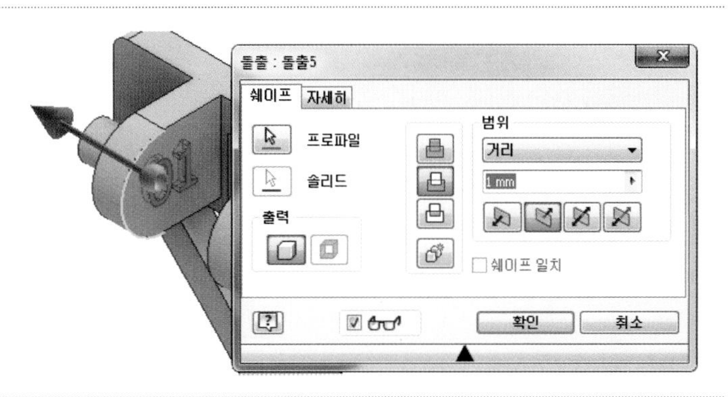

18.

• 저장 확인

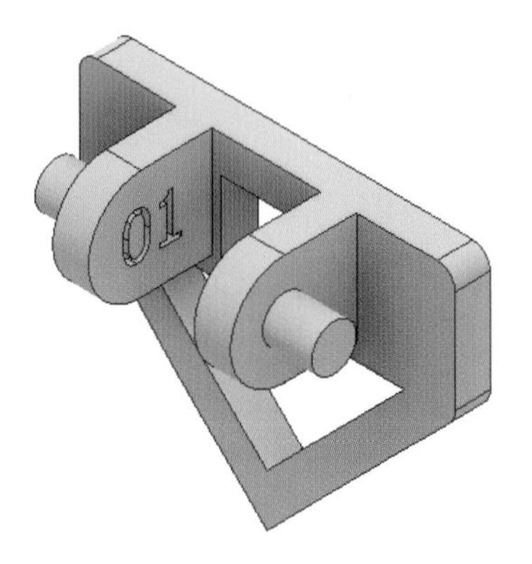

19.

• 조립 작성

20.

• 2개 부품을 드래그하여 위치
• 1번 부품 고정

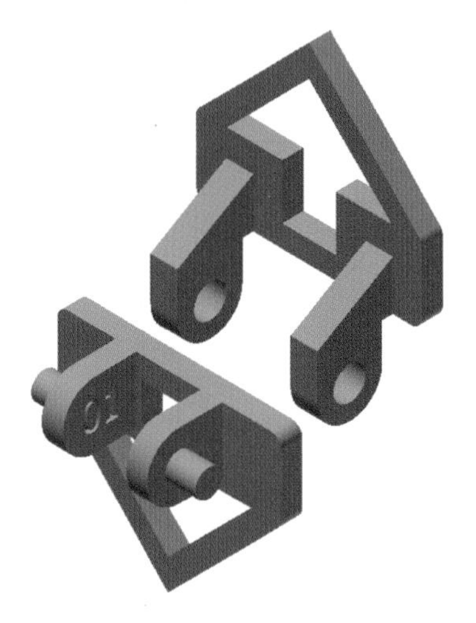

21.

• 조립구속조건 삽입을 이용하여 조립

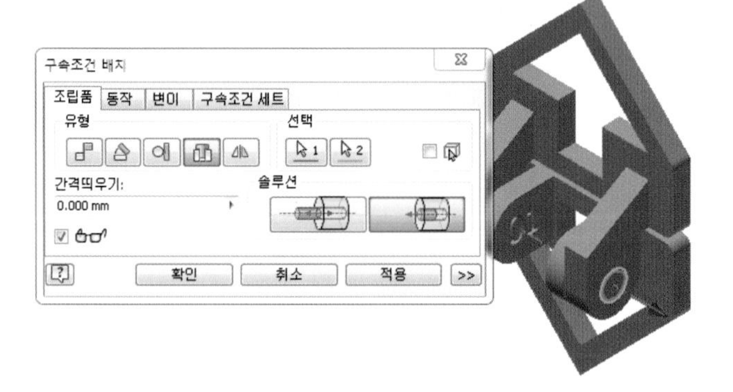

22.

- 조립구속조건 각도 – 지정각도를 이용하여 조립

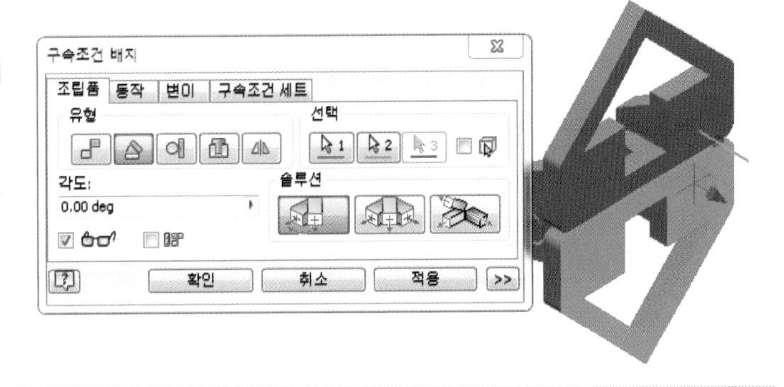

23.

- 생성된 비번호 폴더에 비번호.iam 저장
- 생성된 비번호 폴더에 비번호.stp 저장
- 생성된 비번호 폴더에 출력 고려하여 위치 변경 후 비번호.stl 저장

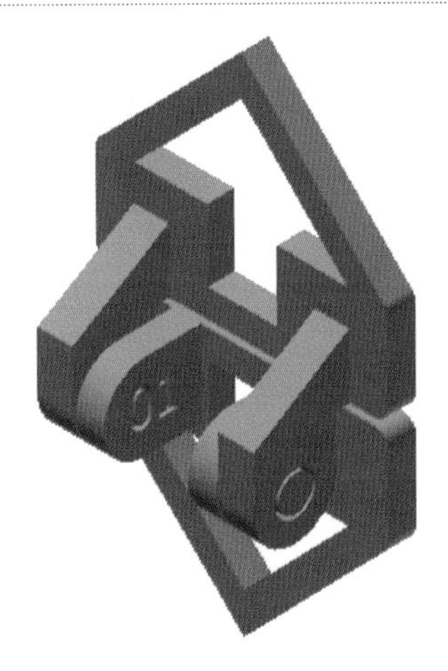

24.

- 해당 슬라이싱 프로그램에서 설정값 및 출력 방향 설정 후 저장 비번호.***

참고

조립 방향, 설정값, 출력방향에 따라 출력 시간이 다릅니다. 수험자가 최적의 조건을 찾으시기 바랍니다.

10 | 공개 도면 10

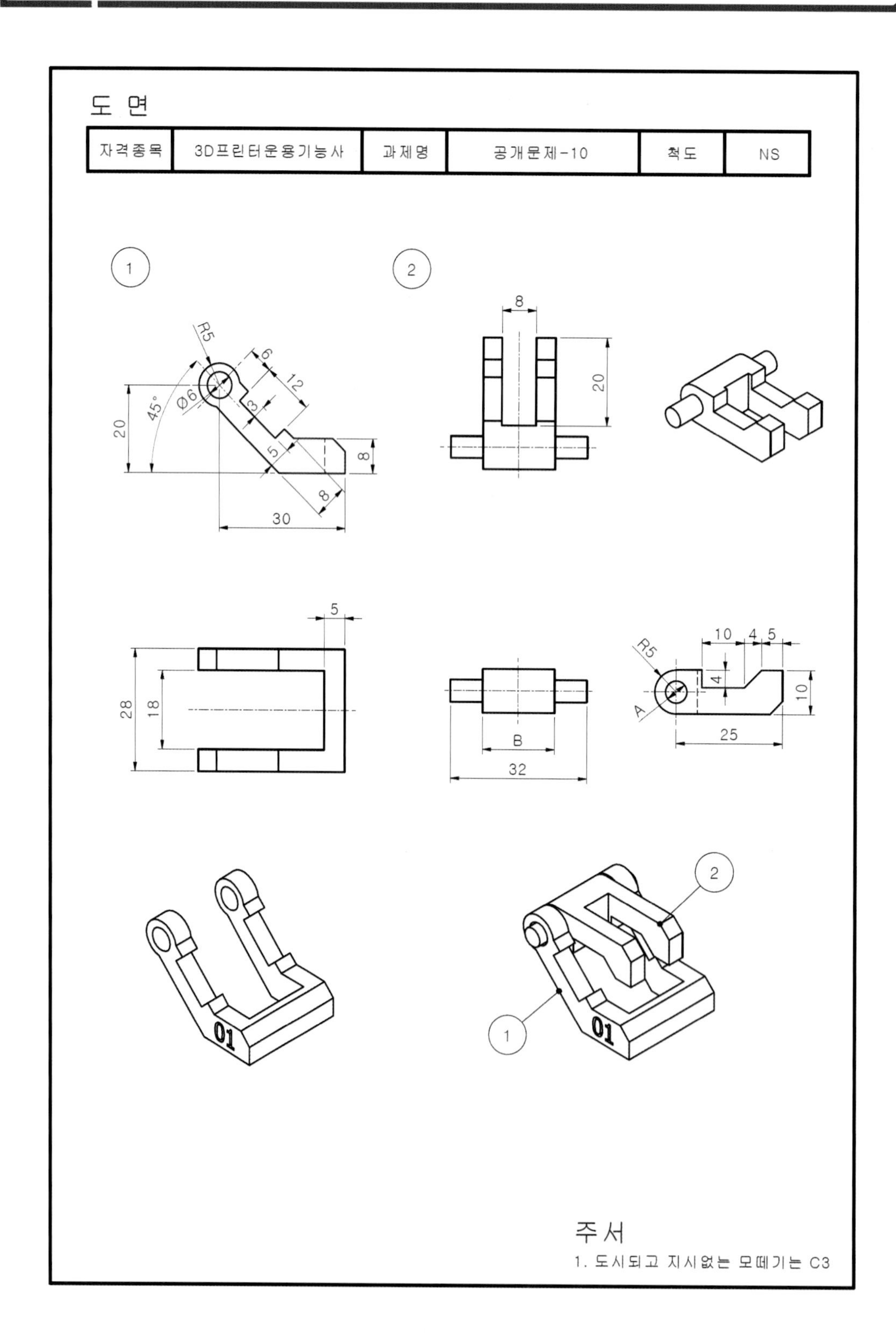

도 면
자격종목
3D프린터운용기능사
과제명
공개문제-10
척도
NS
R5
6
12
Ø6
45°
20
3
5
8
8
30
8
20
5
28
18
B
32
R5
10
4
5
4
10
A
25
01
2
1
주서
1. 도시되고 지시없는 모떼기는 C3

01.

- 바탕화면에 비번호 폴더 생성
- 새파일 – Standard(mm).ipt

02.

- XZ평면 우클릭 새 스케치
- 스케치 작성
- 구속조건

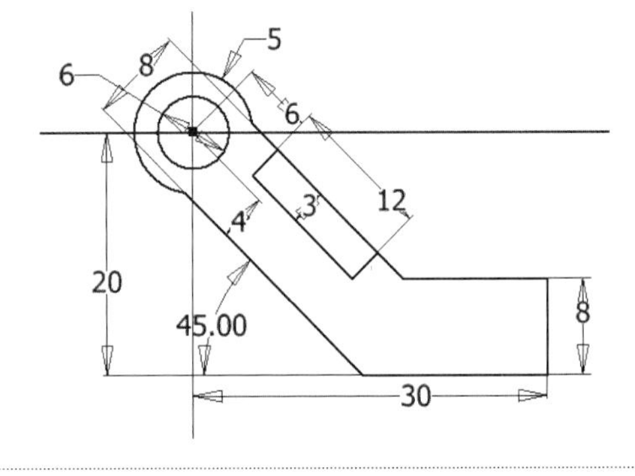

03.

- 스케치 마무리
- 돌출, 새 솔리드, 거리 28, 대칭

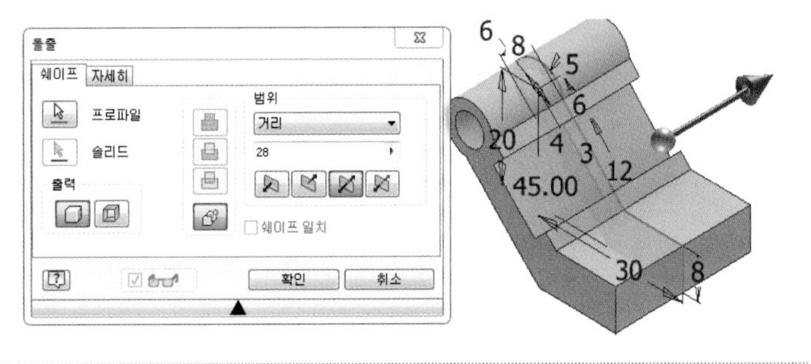

04.

- XZ평면 우클릭 새 스케치
- 스케치 작성
- 구속조건

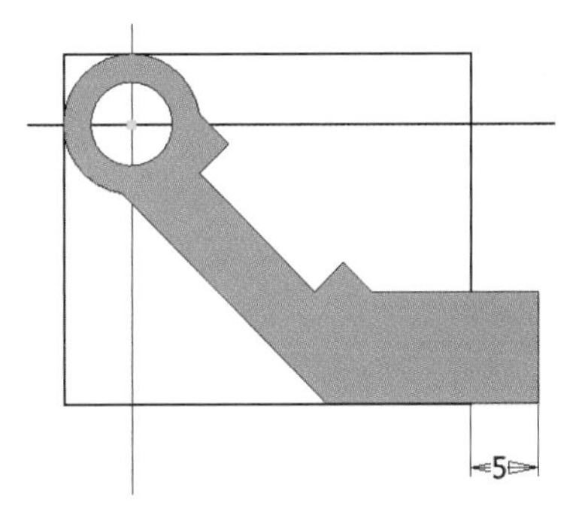

05.

- 스케치 마무리
- 돌출, 차집합, 거리 18, 대칭

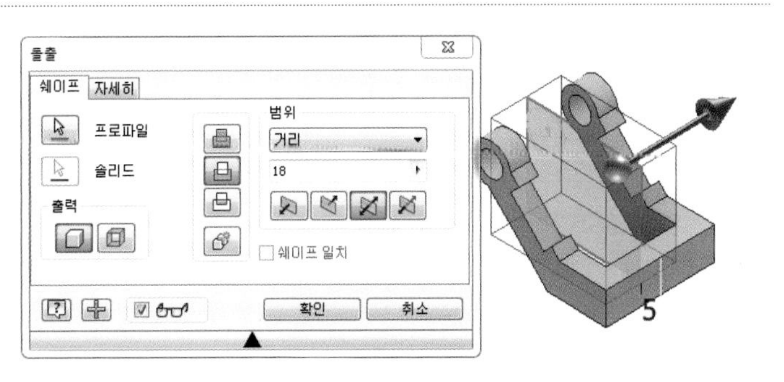

06.

- 모따기, C3

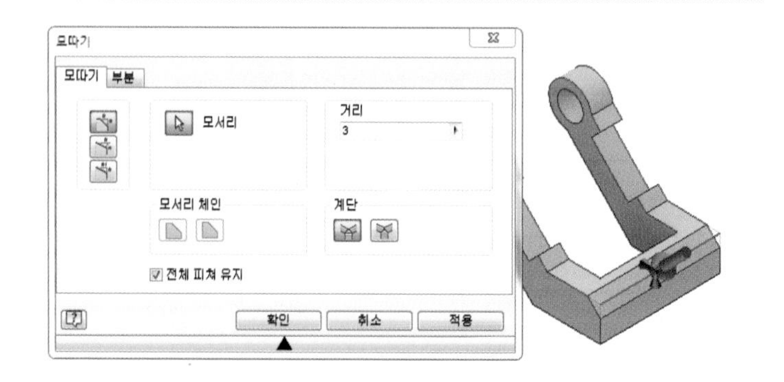

07.

- 해당평면 우클릭 새 스케치
- 문자 작성

참고

크기, 글자체, 깊이 규정 없음

08.

- 스케치 마무리
- 돌출, 차집합, 거리 1

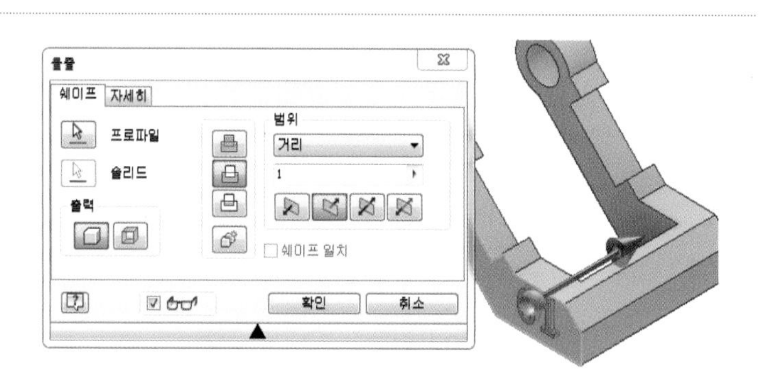

09.

- 생성된 비번호 폴더에 비번호－1.ipt 저장

참고

인력공단에 문의 결과 요구사항에서는 부품은 저장하지 않으나 조립을 할 수 없기 때문에 저장해야 함. 시험시 감독관에게 문의 바람.

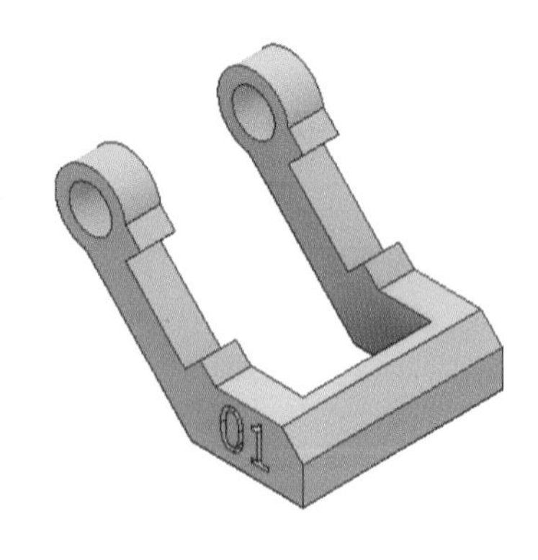

10.

• 새파일 – Standard(mm).ipt

11.

• XZ평면 우클릭 새 스케치
• 스케치 작성
• 구속조건

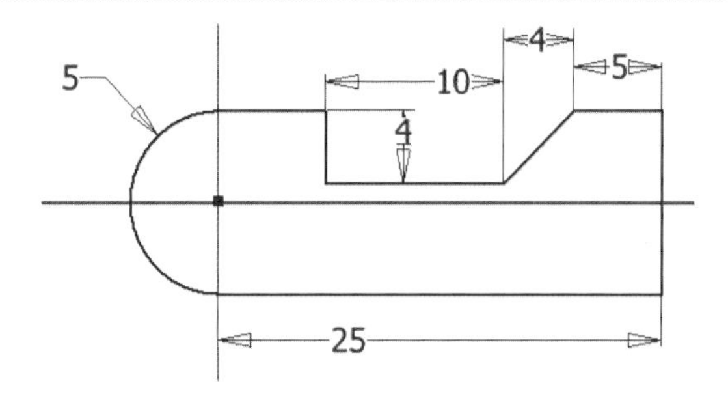

12.

• 스케치 마무리
• 돌출, 새 솔리드, 거리 17(공차적용), 대칭

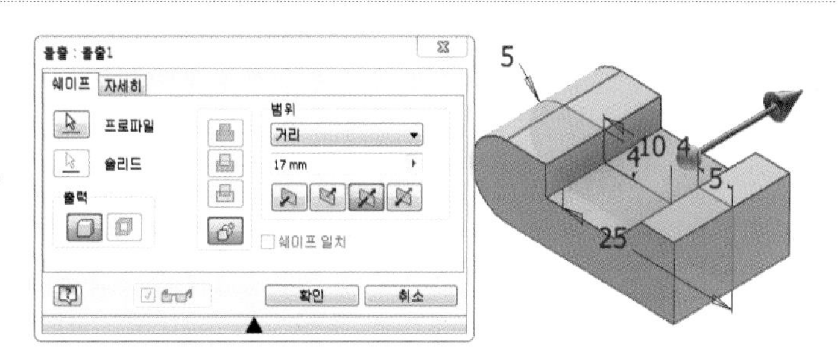

13.

• 모따기, C3

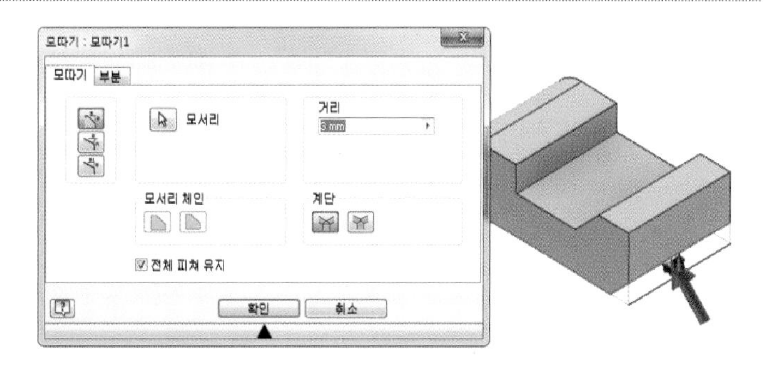

14.

• XZ평면 우클릭 새 스케치
• 스케치 작성(공차적용)
• 구속조건

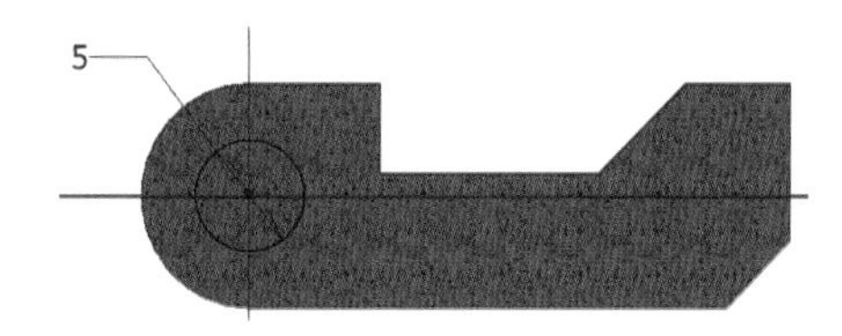

15.

- 스케치 마무리
- 돌출, 접합, 거리 32, 대칭

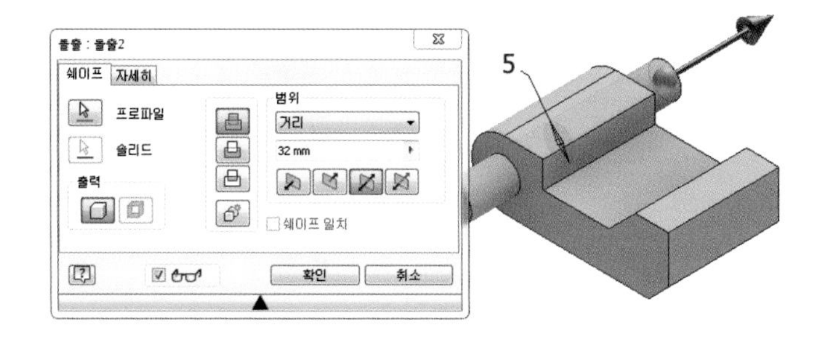

16.

- XZ평면 우클릭 새 스케치
- 스케치 작성(공차적용)
- 구속조건

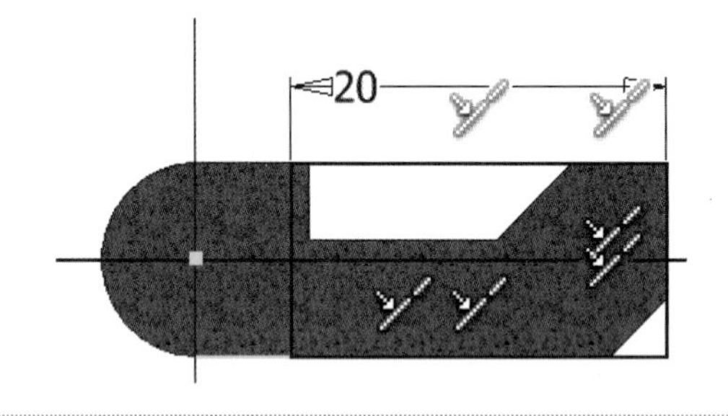

17.

- 스케치 마무리
- 돌출, 차집합, 거리 8, 대칭

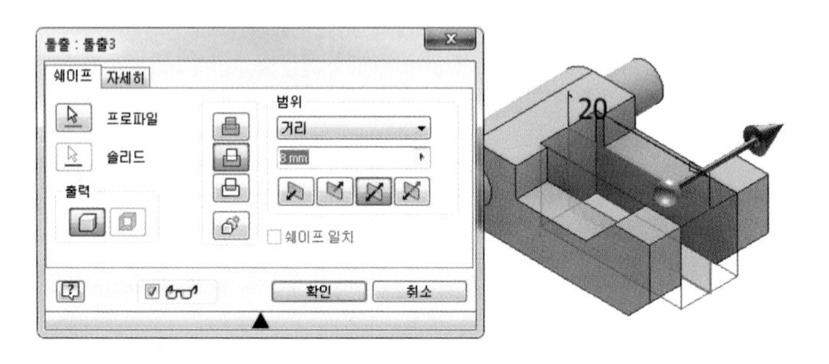

18.

- 생성된 비번호 폴더에 비번호－2.ipt 저장

참고

인력공단에 문의 결과 요구사항에서는 부품은 저장하지 않으나 조립을 할 수 없기 때문에 저장해야 함. 시험시 감독관에게 문의 바람.

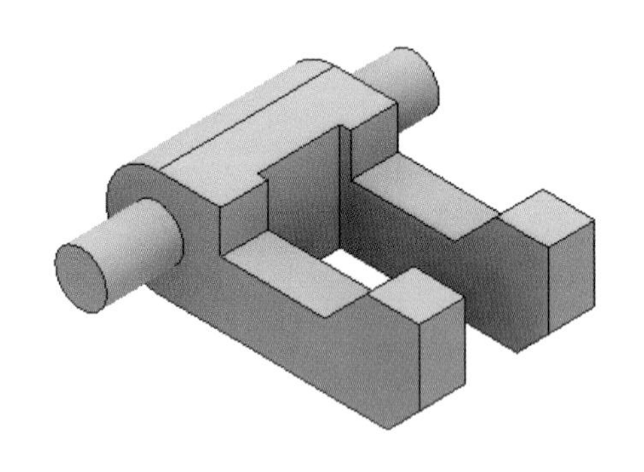

19.

- 조립 작성

20.

- 2개 부품을 드래그하여 위치
- 1번 부품 고정

21.

- 조립구속조건 메이트 – 메이트를 이용하여 조립

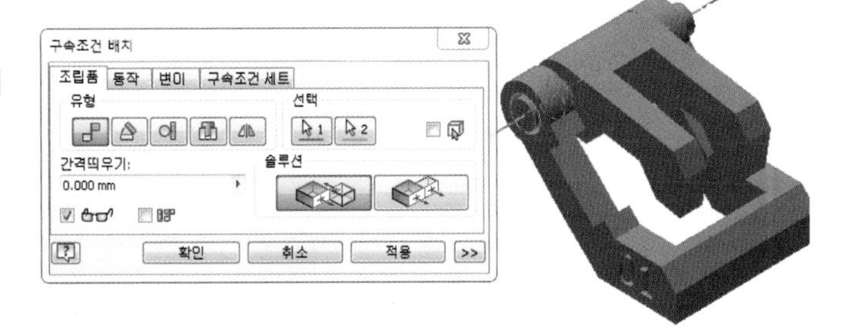

22.

- 조립구속조건 메이트 – 메이트를 이용하여 조립

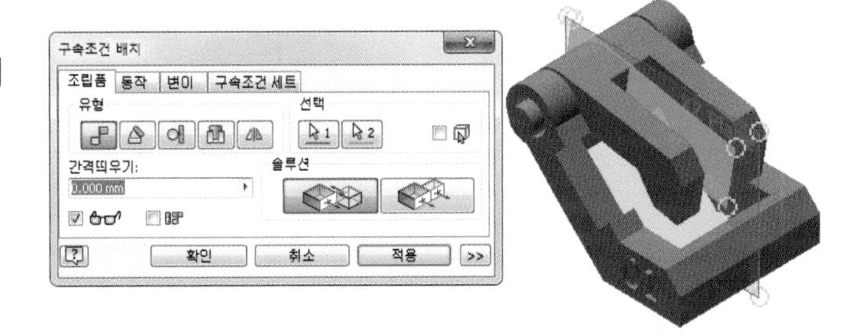

23.

- 조립구속조건 각도 – 지정각도를 이용하여 조립

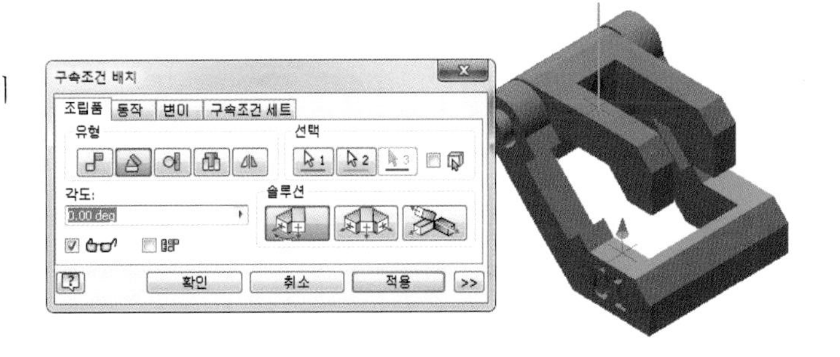

24.

- 생성된 비번호 폴더에 비번호.iam 저장
- 생성된 비번호 폴더에 비번호.stp 저장
- 생성된 비번호 폴더에 출력 고려하여 위치 변경 후 비번호.stl 저장

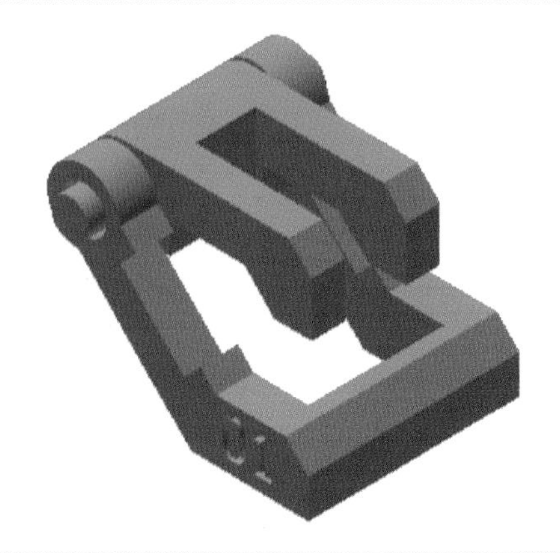

25.

- 해당 슬라이싱 프로그램에서 설정값 및 출력 방향 설정 후 저장 비번호.***

참고

조립 방향, 설정값, 출력방향에 따라 출력 시간이 다릅니다. 수험자가 최적의 조건을 찾으시기 바랍니다.

11 | 공개 도면 11

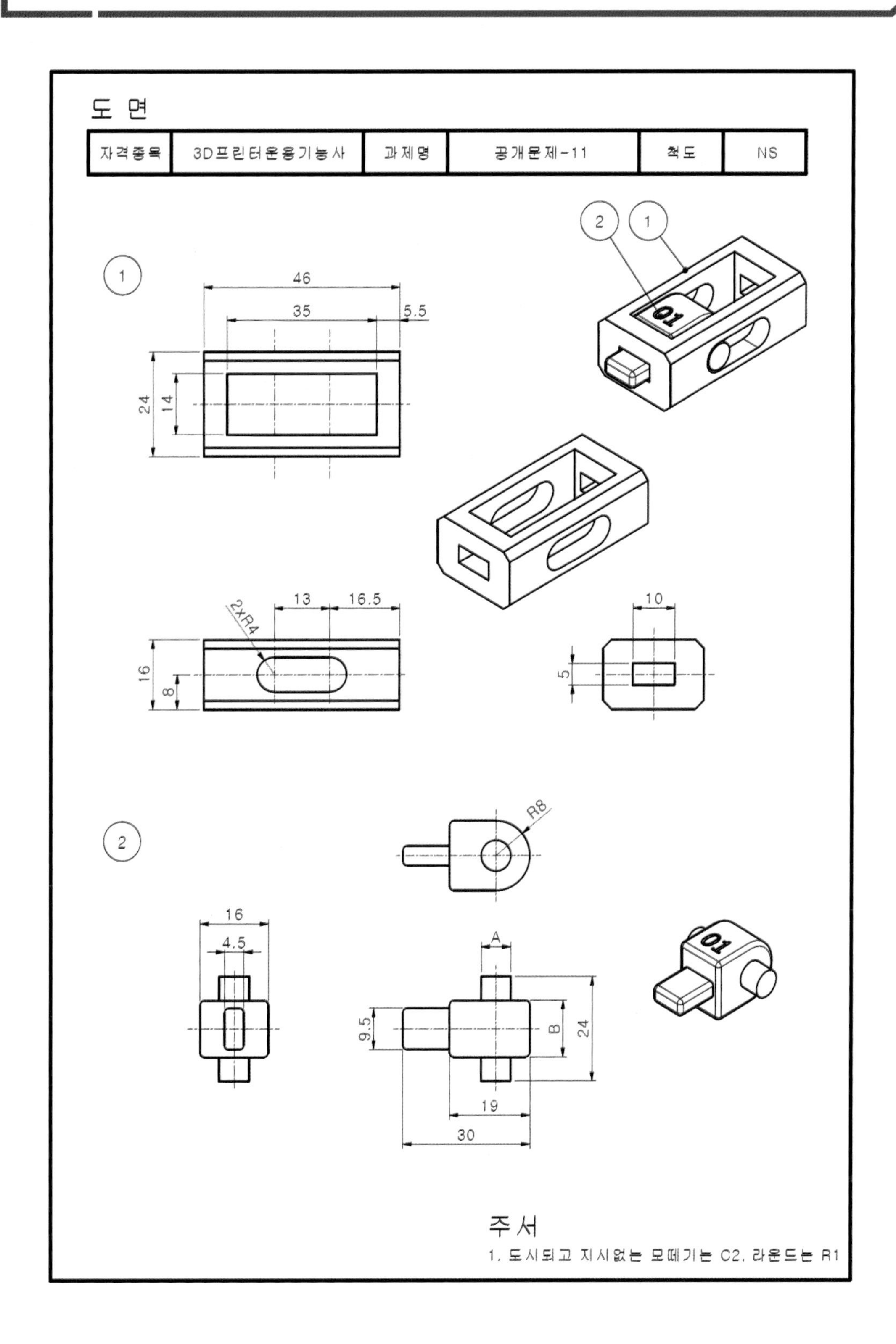

도 면
자격종목
3D프린터운용기능사
과제명
공개문제-11
척도
NS
주서
1. 도시되고 지시없는 모떼기는 C2, 라운드는 R1

01.

- 바탕화면에 비번호 폴더 생성
- 새파일 – Standard(mm).ipt

02.

- YZ평면 우클릭 새 스케치
- 스케치 작성
- 구속조건

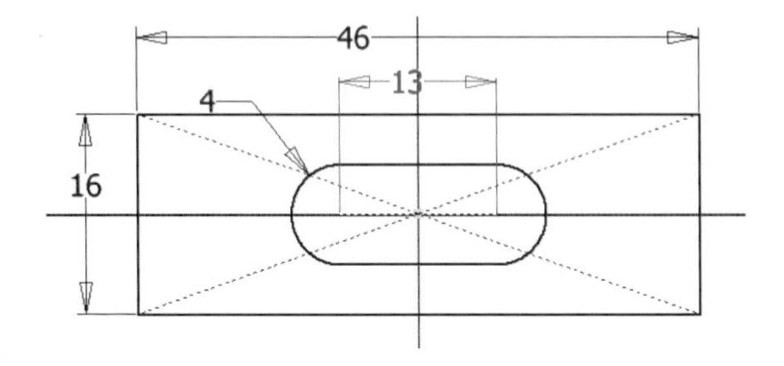

03.

- 스케치 마무리
- 돌출, 새 솔리드, 거리 24, 대칭

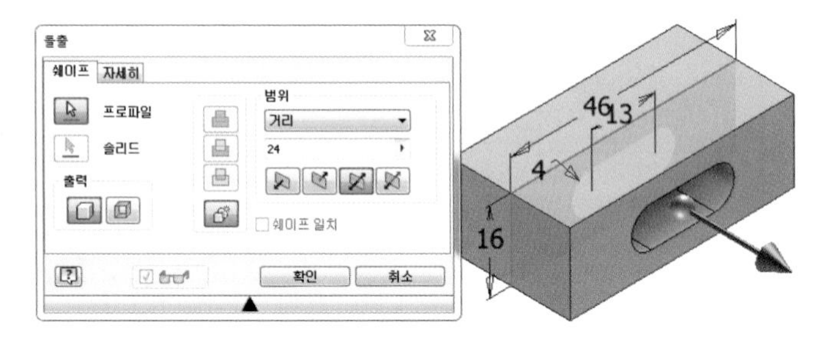

04.

- XY평면 우클릭 새 스케치
- 스케치 작성
- 구속조건

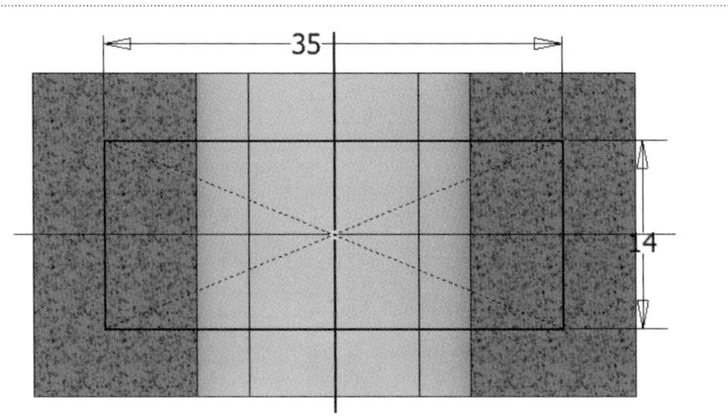

05.

- 스케치 마무리
- 돌출, 차집합, 전체, 대칭

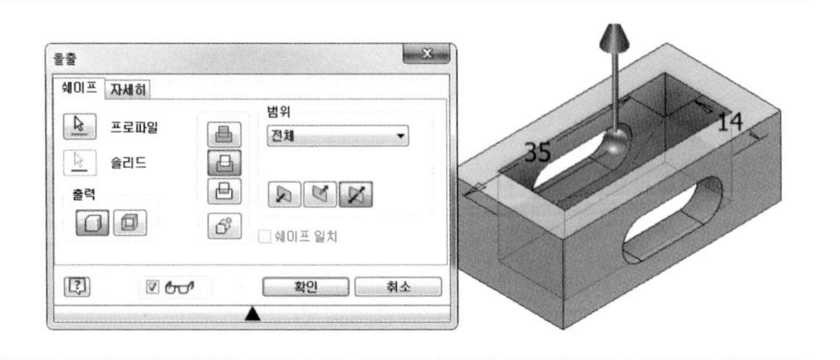

06.

- XZ평면 우클릭 새 스케치
- 스케치 작성
- 구속조건

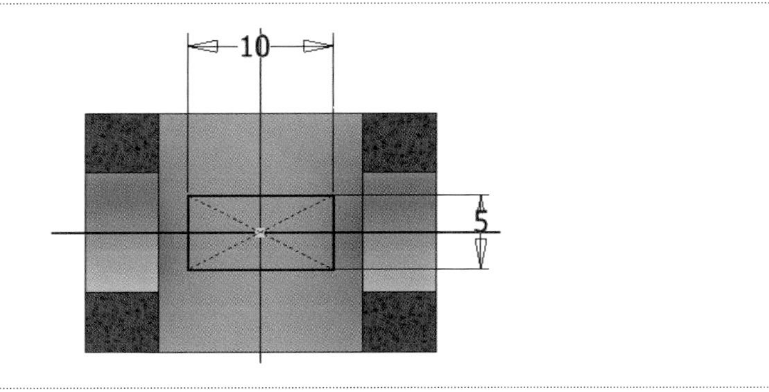

07.

- 스케치 마무리
- 돌출, 차집합, 전체, 대칭

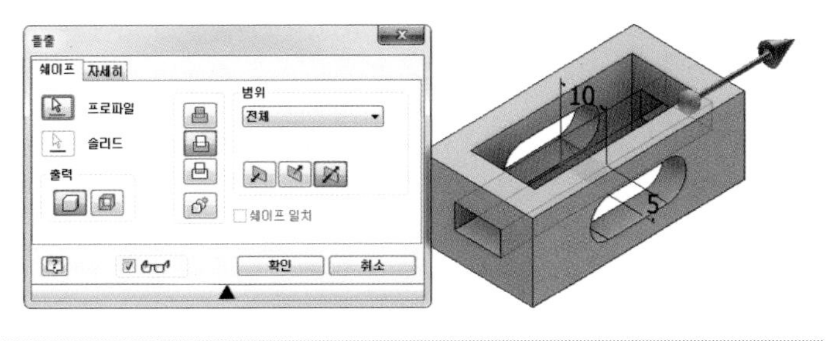

08.

- 모따기, C2

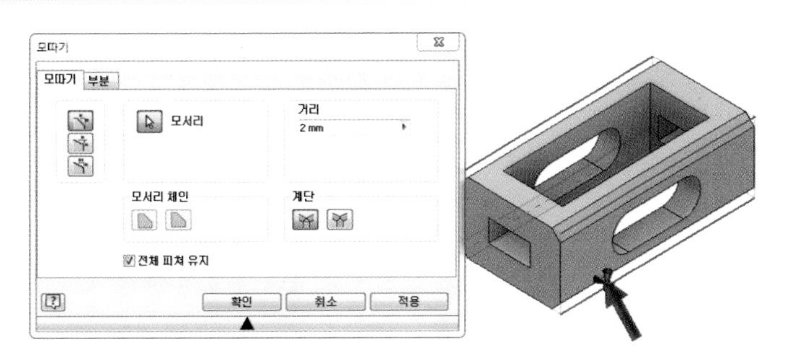

09.

- 생성된 비번호 폴더에 비번호－1.ipt 저장

참고

인력공단에 문의 결과 요구사항에서는 부품은 저장하지 않으나 조립을 할 수 없기 때문에 저장해야 함. 시험시 감독관에게 문의 바람.

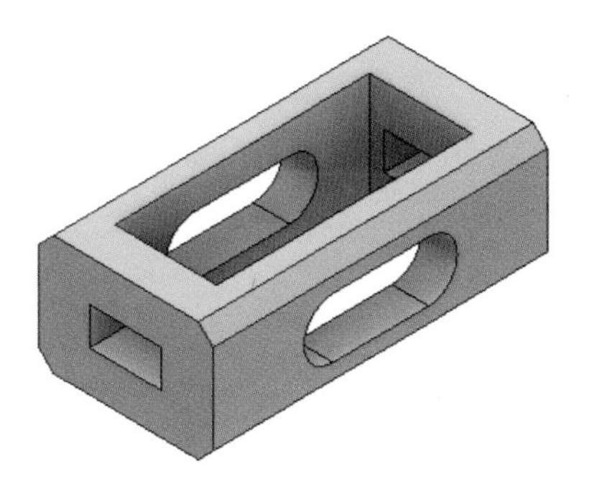

10.

- 새파일－Standard(mm).ipt

11.

- YZ평면 우클릭 새 스케치
- 스케치 작성
- 구속조건

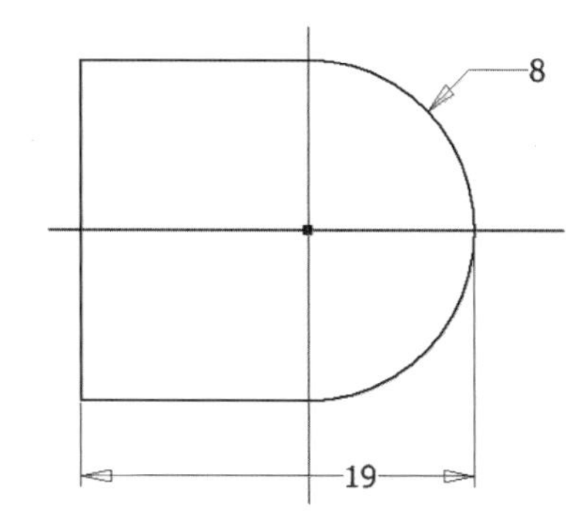

12.

- 스케치 마무리
- 돌출, 새 솔리드, 거리 13(공차적용), 대칭

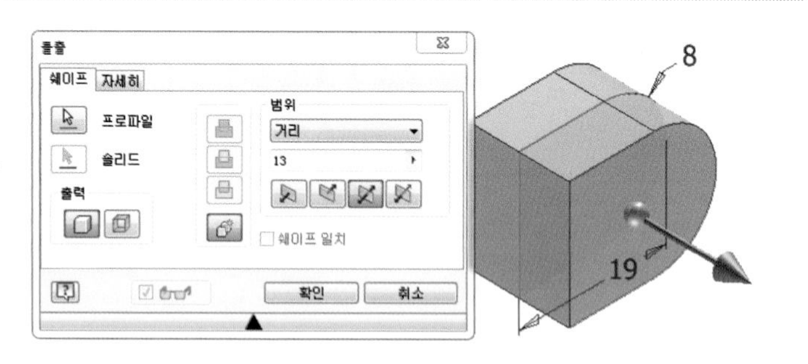

13.

- YZ평면 우클릭 새 스케치
- 스케치 작성(공차적용)
- 구속조건

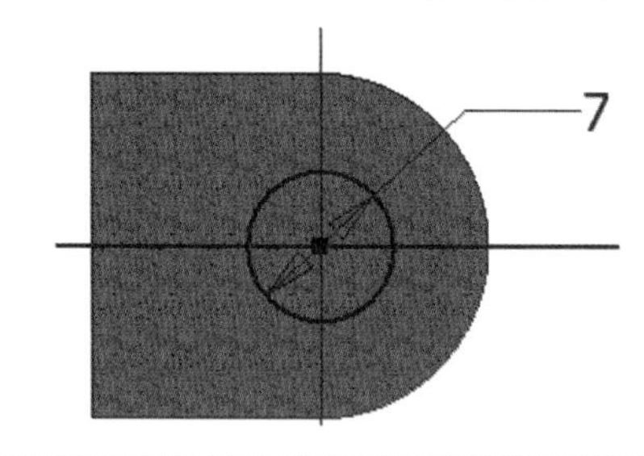

14.

- 스케치 마무리
- 돌출, 접합, 거리 24, 대칭 4

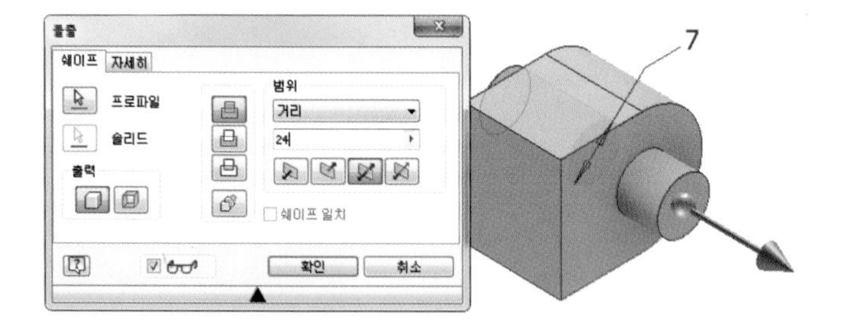

15.

- 해당평면 우클릭 새 스케치
- 스케치 작성
- 구속조건

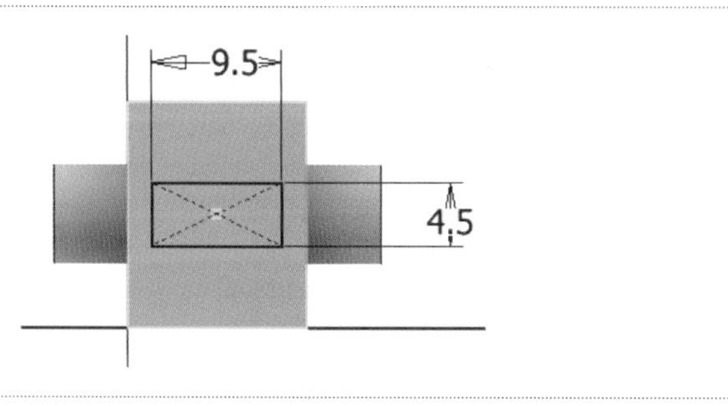

16.

- 스케치 마무리
- 돌출, 접합, 거리 11

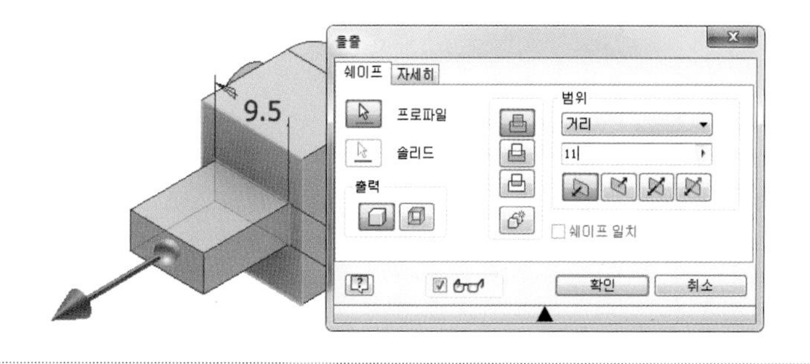

17.

- 모깎기, R1

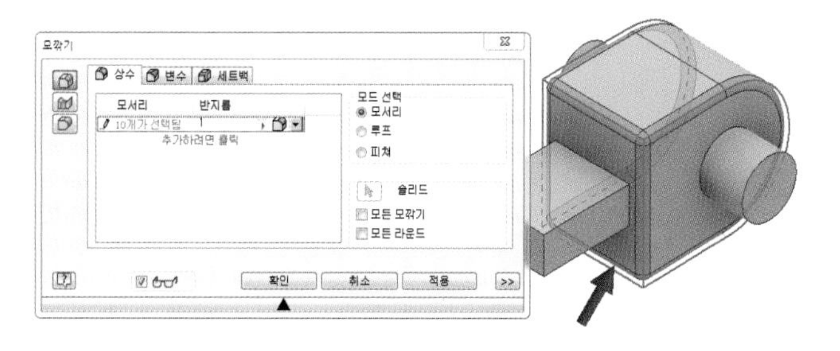

18.

- 모깎기, R1

19.

- 해당평면 우클릭 새 스케치
- 문자 작성

참고

크기, 글자체, 깊이 규정 없음

20.

- 스케치 마무리
- 돌출, 차집합, 거리 1

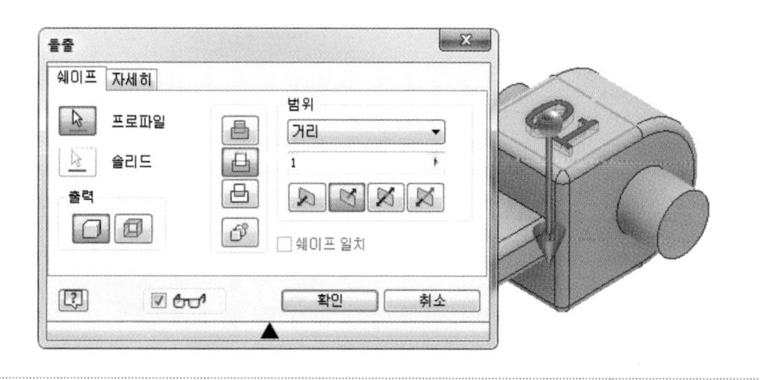

21.

• 생성된 비번호 폴더에 비번호 – 2.ipt 저장

참고

인력공단에 문의 결과 요구사항에서는 부품은 저장하지 않으나 조립을 할 수 없기 때문에 저장해야 함. 시험시 감독관에게 문의 바람.

22.

• 조립 작성

23.

• 2개 부품을 드래그하여 위치
• 1번 부품 고정

24.

• 조립구속조건 삽입을 이용하여 조립

25.

• 조립구속조건 각도 – 지정각도를 이용하여 조립

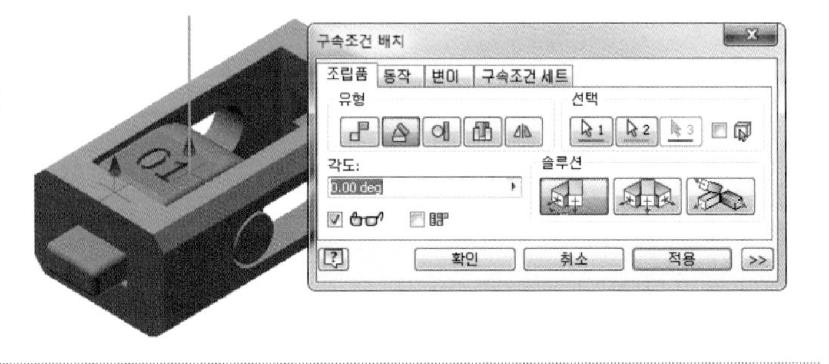

26.

- 생성된 비번호 폴더에 비번호.iam 저장
- 생성된 비번호 폴더에 비번호.stp 저장
- 생성된 비번호 폴더에 출력 고려하여 위치 변경 후 비번호.stl 저장

27.

- 해당 슬라이싱 프로그램에서 설정값 및 출력 방향 설정 후 저장 비번호.***

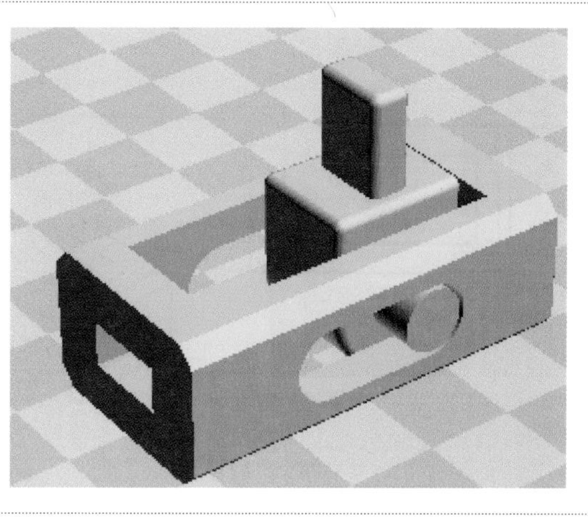

참고

조립 방향, 설정값, 출력방향에 따라 출력 시간이 다릅니다. 수험자가 최적의 조건을 찾으시기 바랍니다.

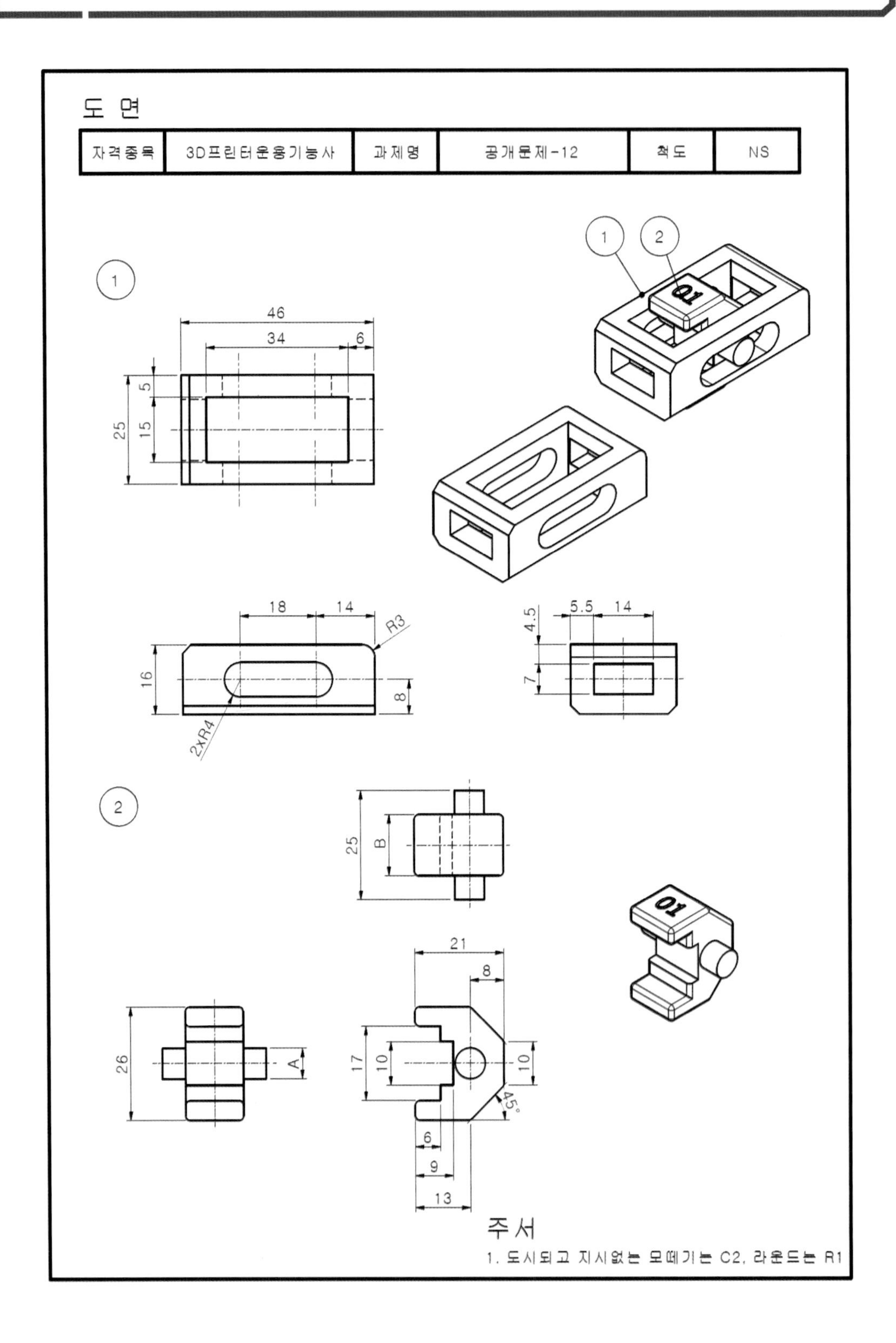
도 면
자격종목
3D프린터운용기능사
과제명
공개문제-12
척도
NS
1
2
46
34
6
5
15
25
18
14
R3
16
8
2xR4
5.5
4.5
7
25
B
21
8
26
A
17
10
10
45°
6
9
13
01
주서
1. 도시되고 지시없는 모떼기는 C2, 라운드는 R1

01.

- 바탕화면에 비번호 폴더 생성
- 새파일 – Standard(mm).ipt

02.

- YZ평면 우클릭 새 스케치
- 스케치 작성
- 구속조건

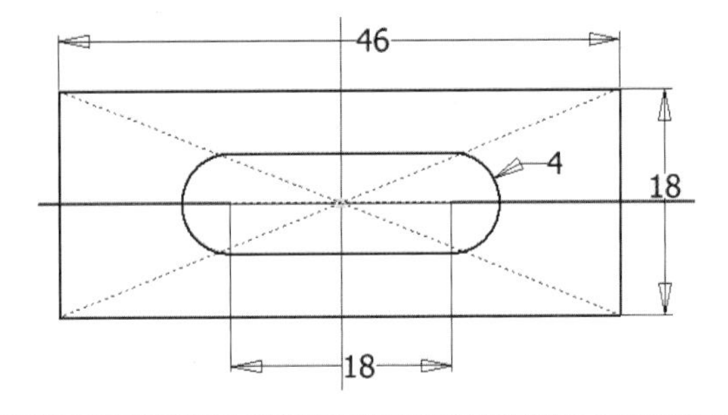

03.

- 스케치 마무리
- 돌출, 새 솔리드, 거리 25, 대칭

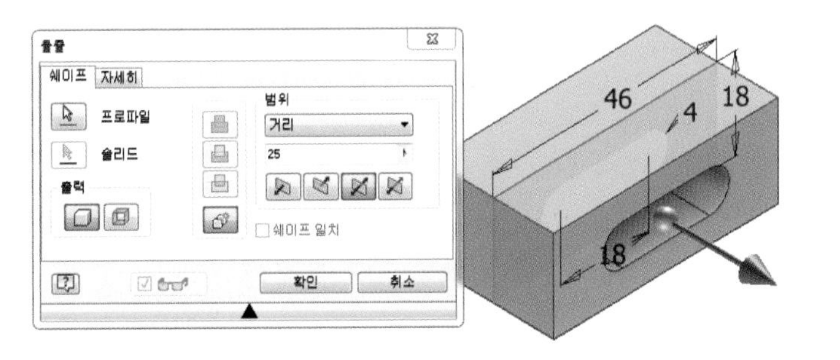

04.

- XY평면 우클릭 새 스케치
- 스케치 작성
- 구속조건

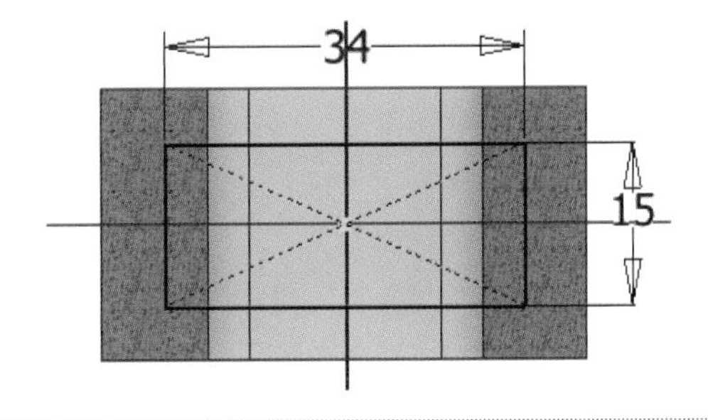

05.

- 스케치 마무리
- 돌출, 차집합, 전체, 대칭

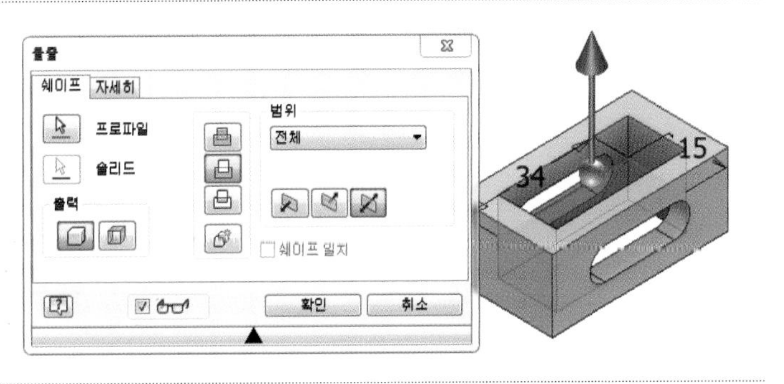

06.

- XZ평면 우클릭 새 스케치
- 스케치 작성
- 구속조건

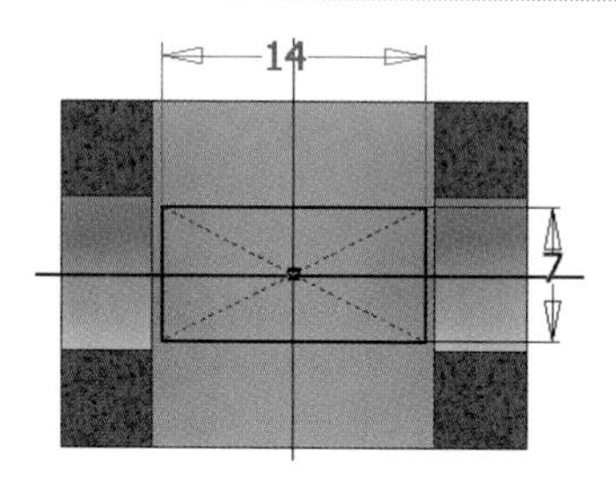

07.

- 스케치 마무리
- 돌출, 차집합, 전체, 대칭

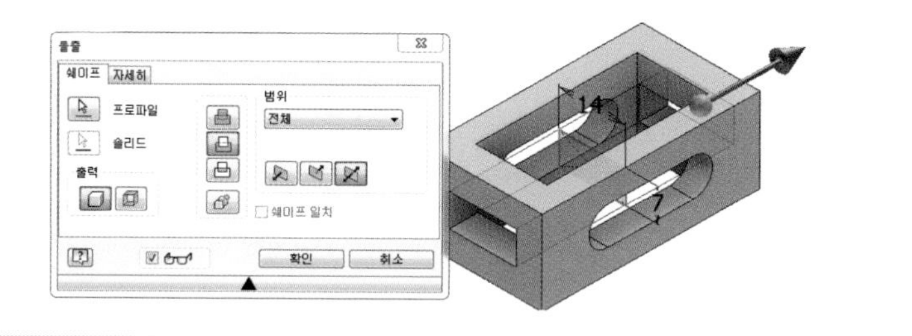

08.

- 모깎기, R3

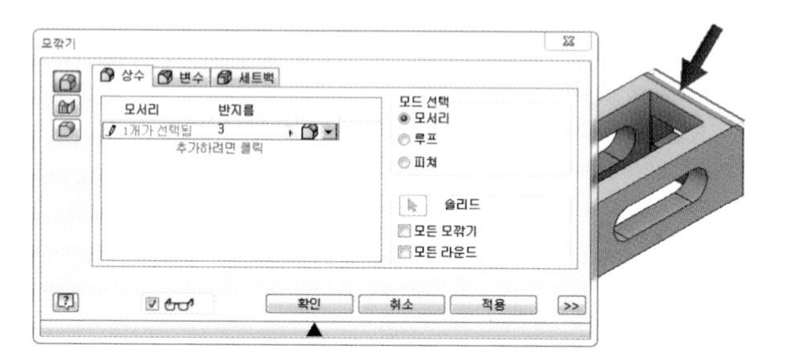

09.

- 모따기, C2

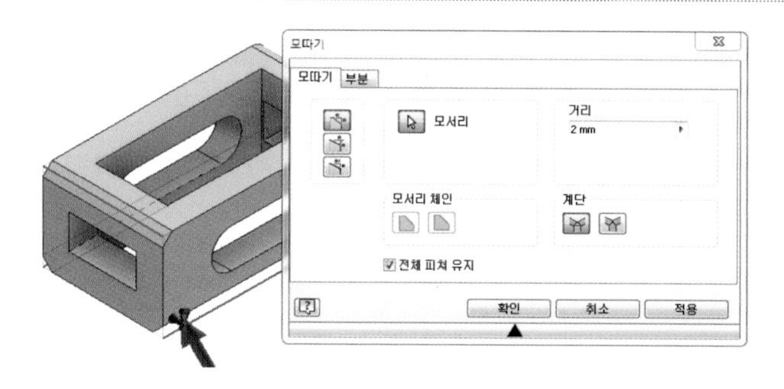

10.

- 생성된 비번호 폴더에 비번호 – 1.ipt 저장

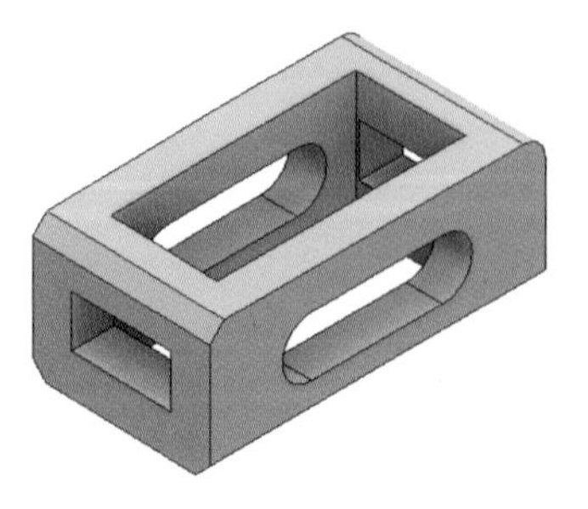

참고

인력공단에 문의 결과 요구사항에서는 부품은 저장하지 않으나 조립을 할 수 없기 때문에 저장해야 함. 시험시 감독관에게 문의 바람.

11.

• 새파일 – Standard(mm).ipt

12.

• YZ평면 우클릭 새 스케치
• 스케치 작성
• 구속조건

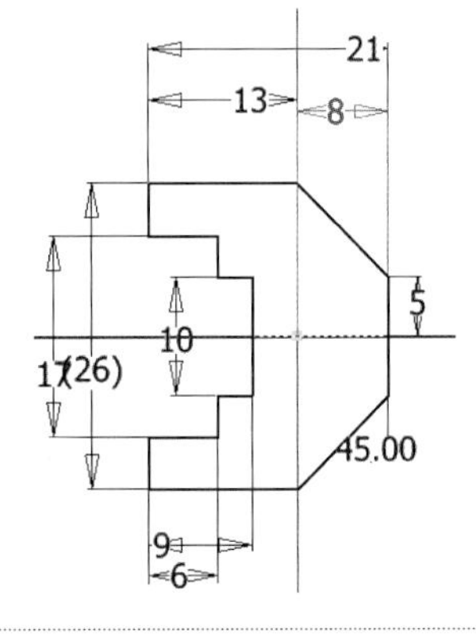

13.

• 스케치 마무리
• 돌출, 새 솔리드, 거리 14(공차적용), 대칭

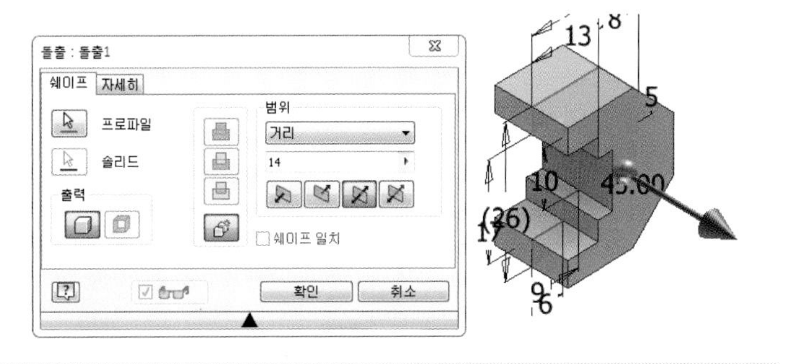

14.

• YZ평면 우클릭 새 스케치
• 스케치 작성(공차작용)
• 구속조건

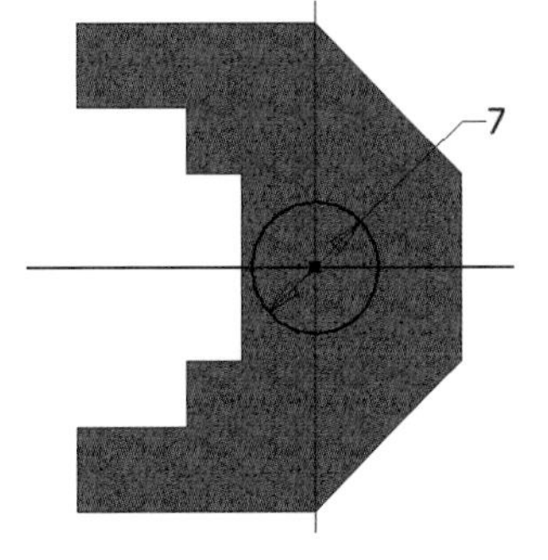

15.

• 스케치 마무리
• 돌출, 접합, 거리 25, 대칭

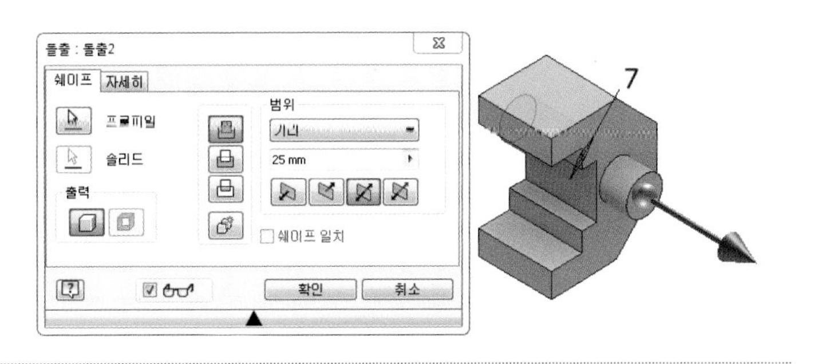

16.

• 모깎기, R1

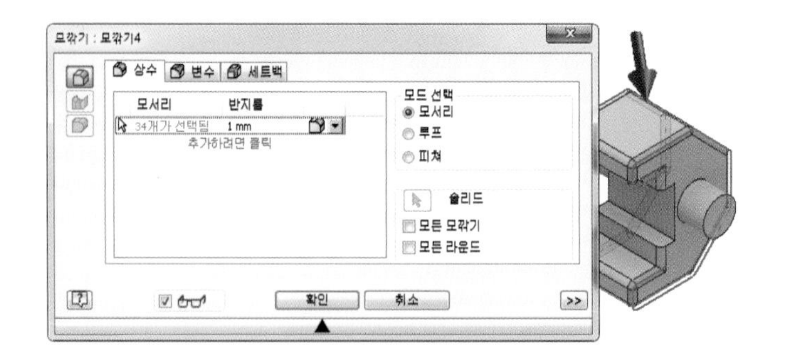

17.

• 해당평면 우클릭 새 스케치
• 문자 작성

참고

크기, 글자체, 깊이 규정 없음

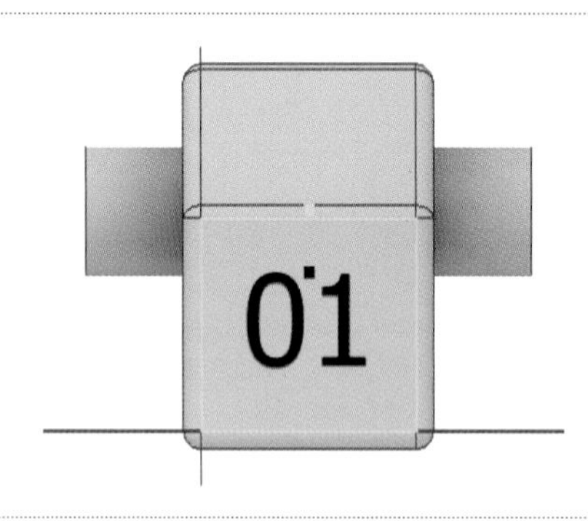

18.

• 스케치 마무리
• 돌출, 차집합, 거리 1

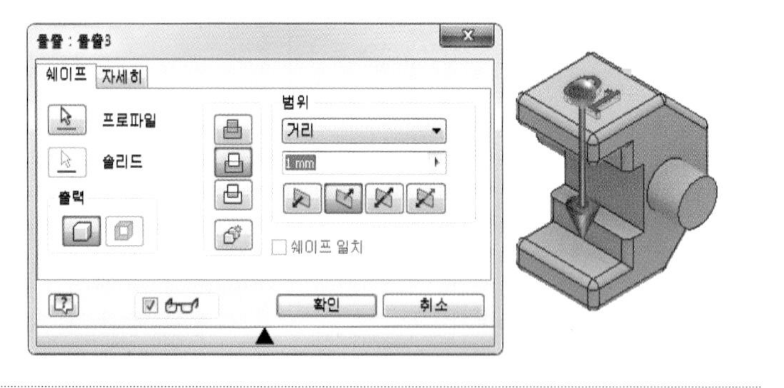

19.

• 생성된 비번호 폴더에
비번호–2.ipt 저장

참고

인력공단에 문의 결과 요구사항에서는 부품은 저장하지 않으나 조립을 할 수 없기 때문에 저장해야 함. 시험시 감독관에게 문의 바람.

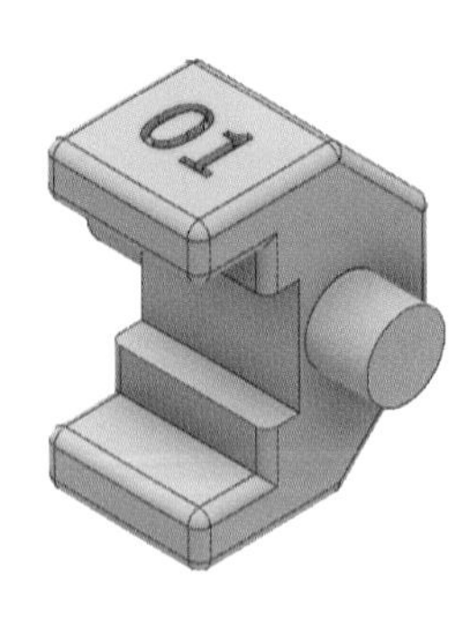

20.

- 조립 작성

21.

- 2개 부품을 드래그하여 위치
- 1번 부품 고정

22.

- 조립구속조건 삽입을 이용하여 조립

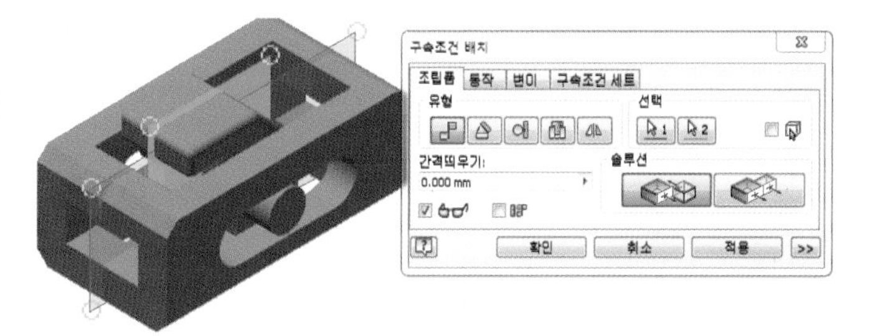

23.

- 조립구속조건 메이트 – 메이트를 이용하여 조립

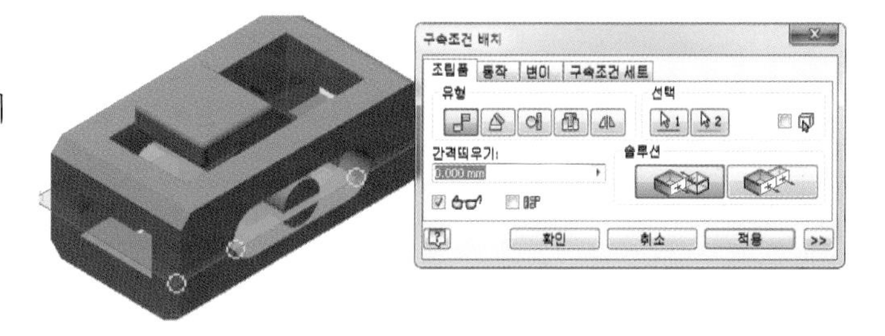

24.

- 생성된 비번호 폴더에 비번호.iam 저장
- 생성된 비번호 폴더에 비번호.stp 저장
- 생성된 비번호 폴더에 출력 고려하여 위치 변경 후 비번호.stl 저장

25.

- 해당 슬라이싱 프로그램에서 설정값 및 출력 방향 설정 후 저장 비번호.***

참고

조립 방향, 설정값, 출력방향에 따라 출력 시간이 다릅니다. 수험자가 최적의 조건을 찾으시기 바랍니다.

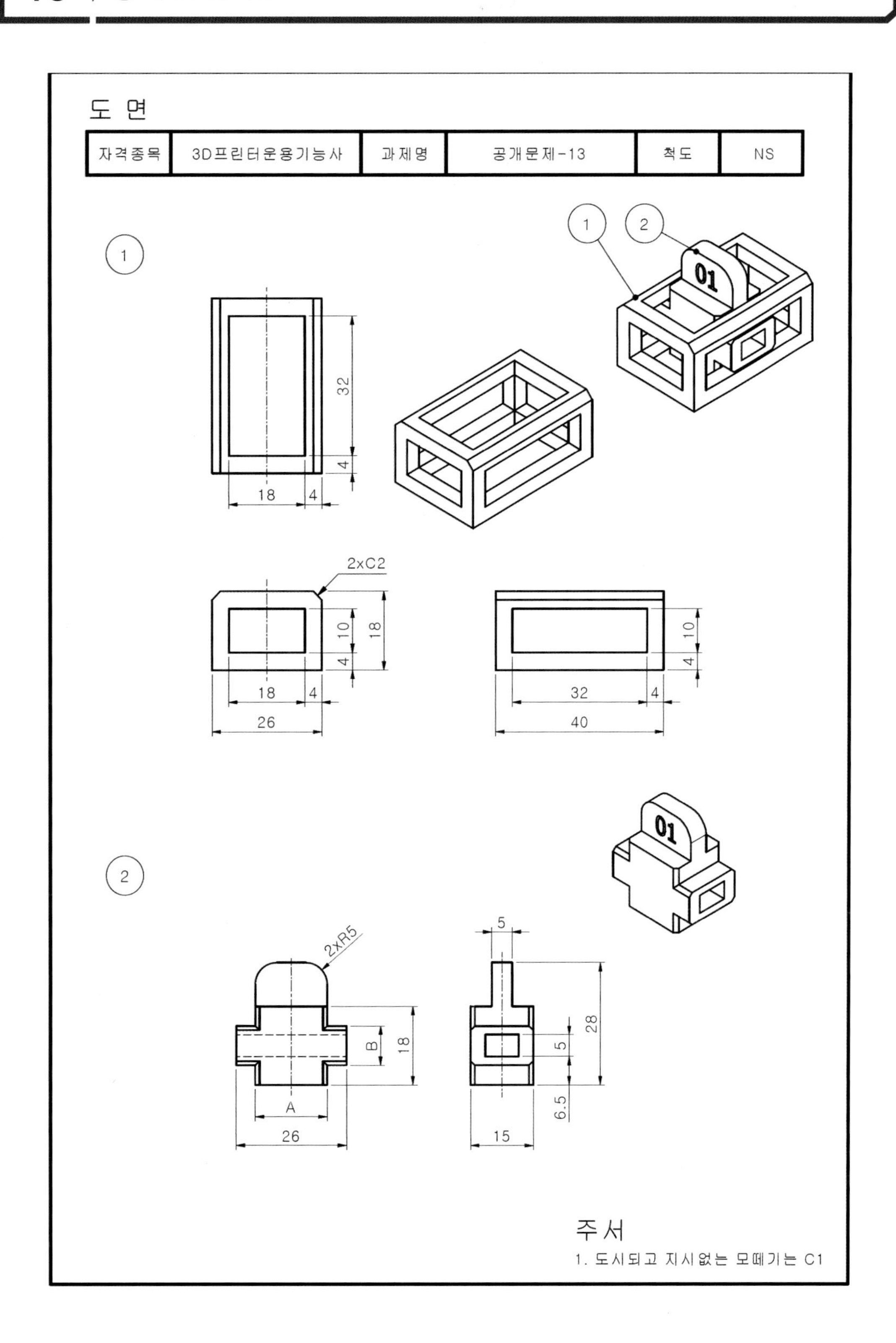
도 면
자격종목
3D프린터운용기능사
과제명
공개문제-13
척도
NS
1
2
01
32
4
18
4
2xC2
10
18
4
18
4
26
10
4
32
4
40
2xR5
5
B
18
28
5
A
26
6.5
15
주서
1. 도시되고 지시없는 모떼기는 C1

01.

- 바탕화면에 비번호 폴더 생성
- 새파일 – Standard(mm).ipt

02.

- YZ평면 우클릭 새 스케치
- 스케치 작성
- 구속조건

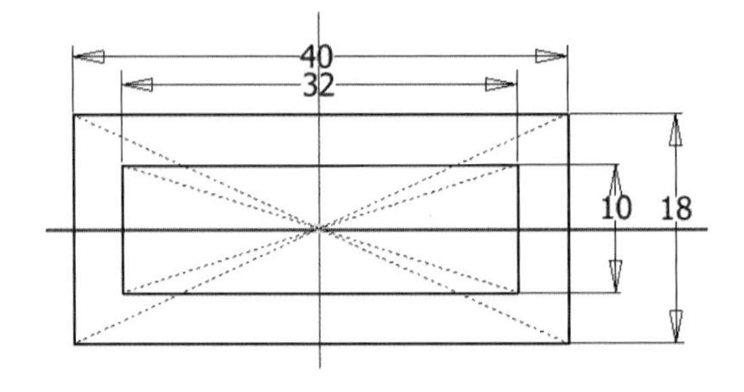

03.

- 스케치 마무리
- 돌출, 새 솔리드, 거리 26, 대칭

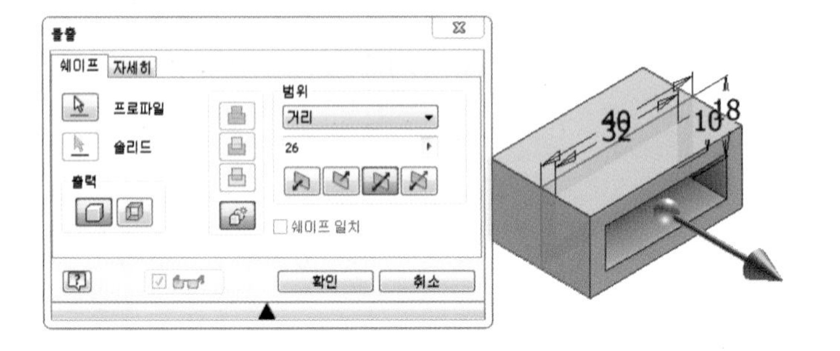

04.

- XY평면 우클릭 새 스케치
- 스케치 작성
- 구속조건

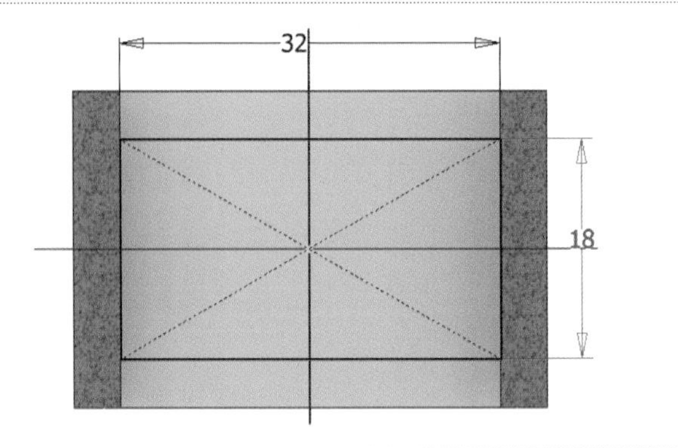

05.

- 스케치 마무리
- 돌출, 차집합, 전체, 대칭

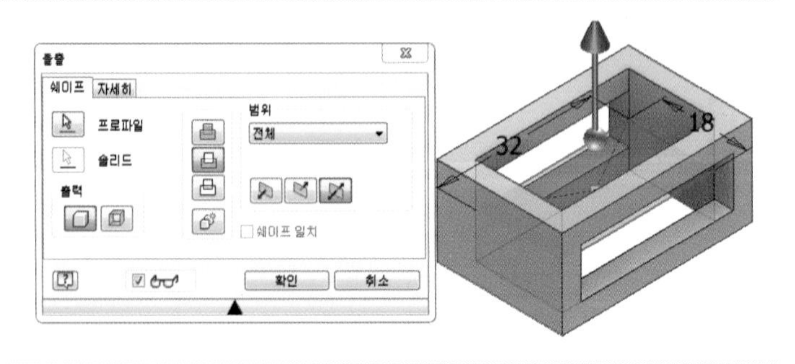

06.

- XZ평면 우클릭 새 스케치
- 스케치 작성
- 구속조건

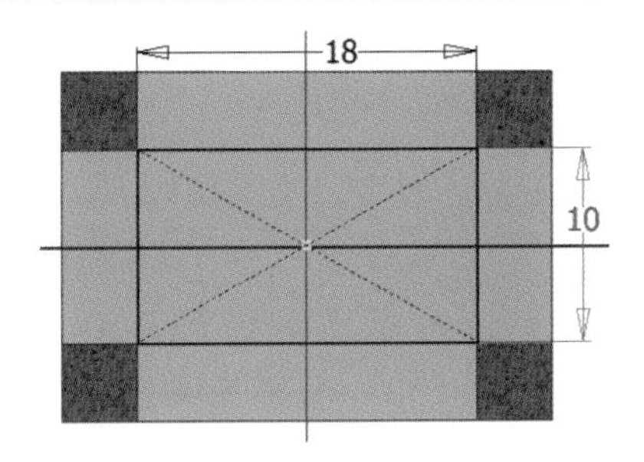

07.

- 스케치 마무리
- 돌출, 차집합, 전체, 대칭

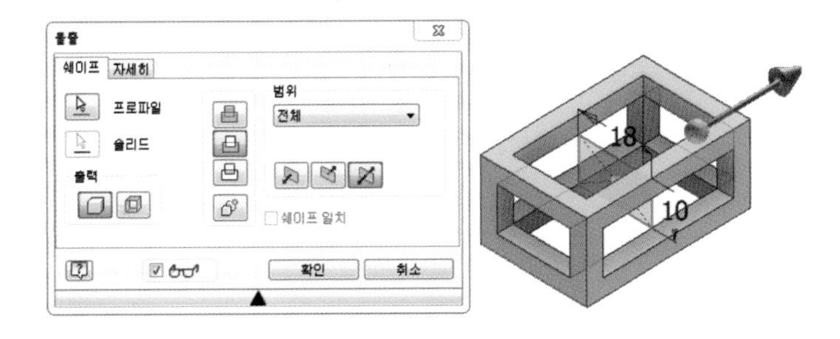

08.

- 모따기, C2

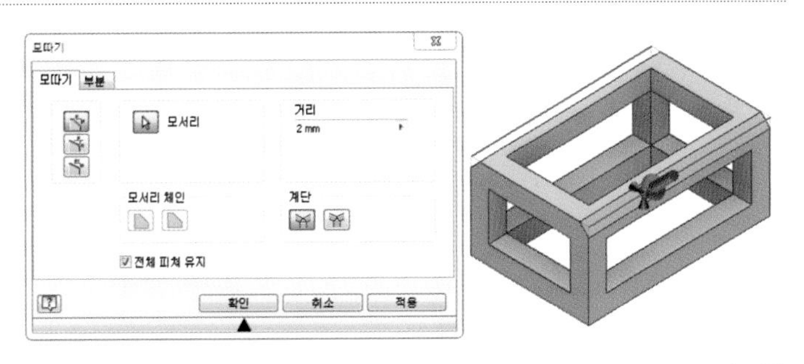

09.

- 생성된 비번호 폴더에 비번호 – 1.ipt 저장

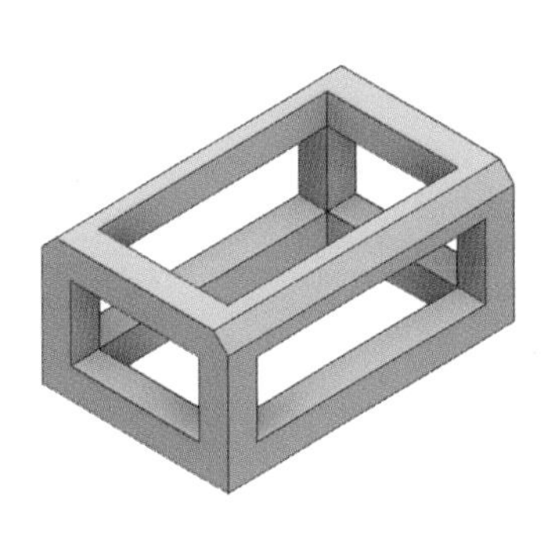

참고

인력공단에 문의 결과 요구사항에서는 부품은 저장하지 않으나 조립을 할 수 없기 때문에 저장해야 함. 시험시 감독관에게 문의 바람.

10.

- 새파일 – Standard(mm).ipt

11.

- XZ평면 우클릭 새 스케치
- 스케치 작성(공차적용)
- 구속조건

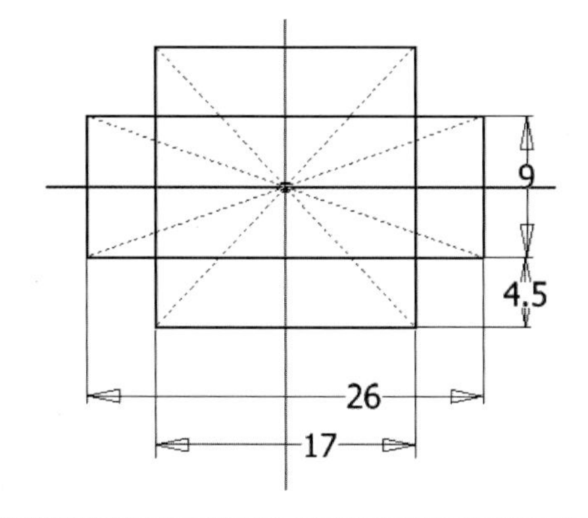

12.

- 스케치 마무리
- 돌출, 새 솔리드, 거리 15, 대칭

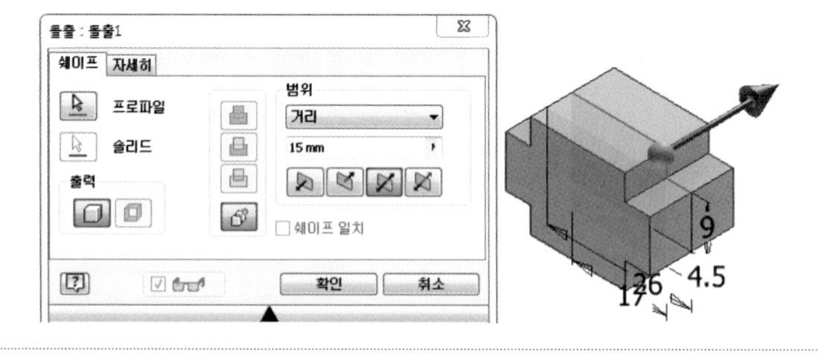

13.

- XZ평면 우클릭 새 스케치
- 스케치 작성
- 구속조건

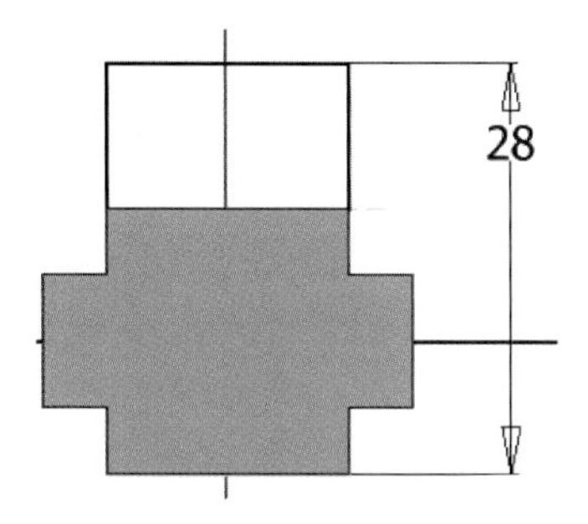

14.

- 스케치 마무리
- 돌출, 접합, 거리 5, 대칭

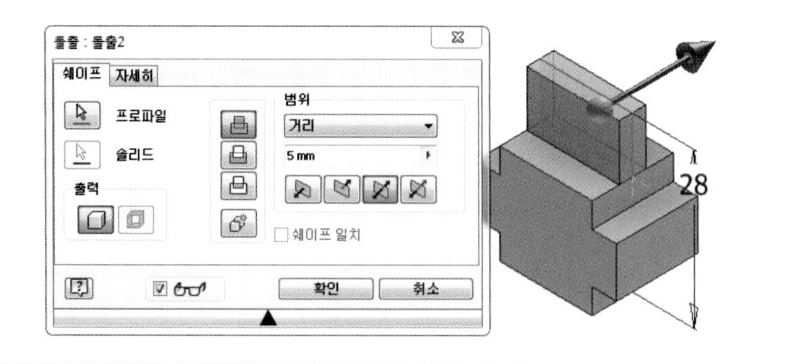

15.

- 모깎기, R5

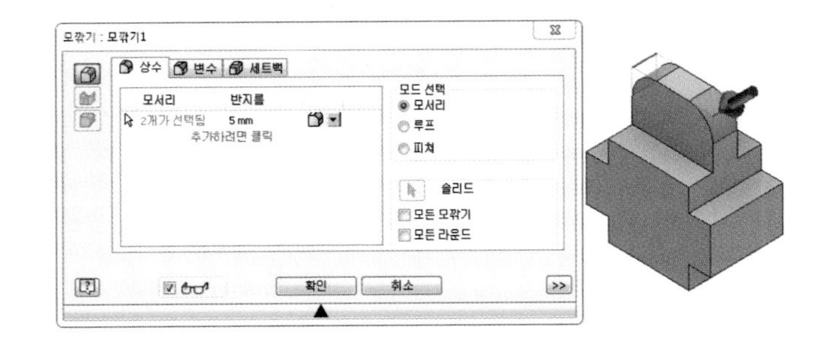

16.

- 모따기, C1

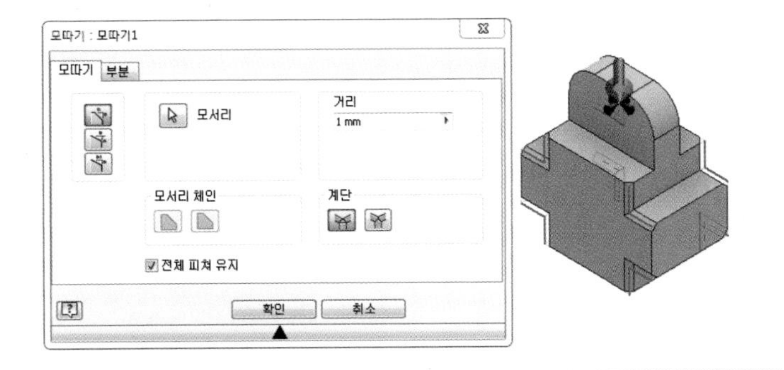

17.

- YZ평면 우클릭 새 스케치
- 스케치 작성
- 구속조건

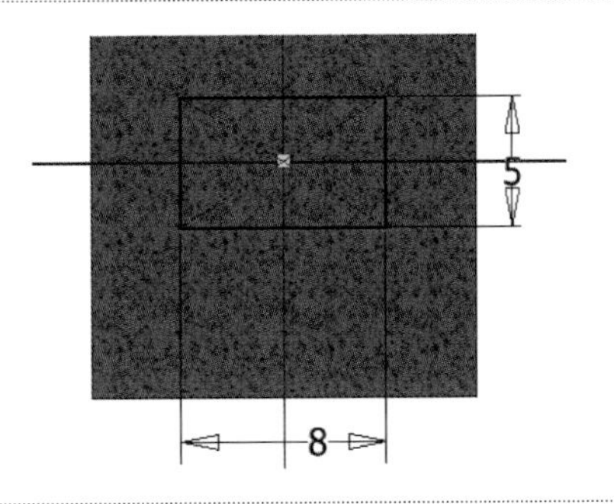

18.

- 스케치 마무리
- 돌출, 차집합, 전체, 대칭

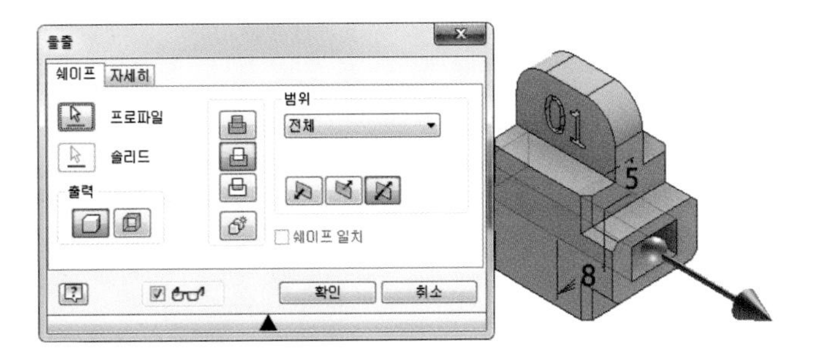

19.

- 해당평면 우클릭 새 스케치
- 스케치 작성
- 구속조건

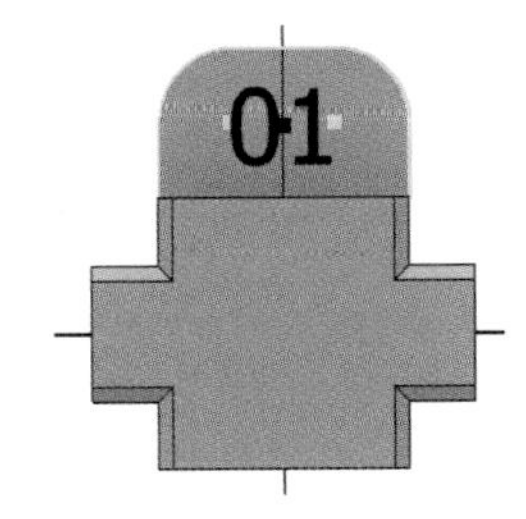

20.

- 스케치 마무리
- 돌출, 차집합, 거리 1

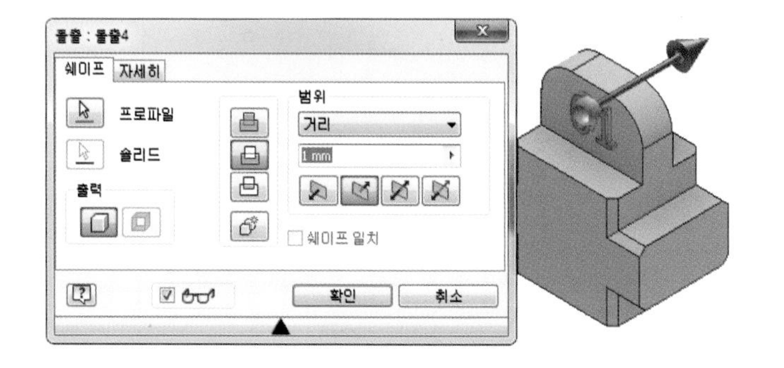

21.

- 생성된 비번호 폴더에 비번호－2.ipt 저장

참고

인력공단에 문의 결과 요구사항에서는 부품은 저장하지 않으나 조립을 할 수 없기 때문에 저장해야 함. 시험시 감독관에게 문의 바람.

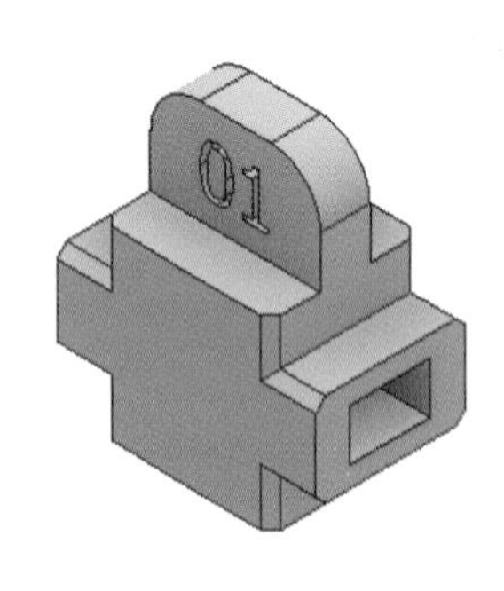

22.

- 조립 작성

Standard (mm).iam

23.

- 2개 부품을 드래그하여 위치
- 1번 부품 고정

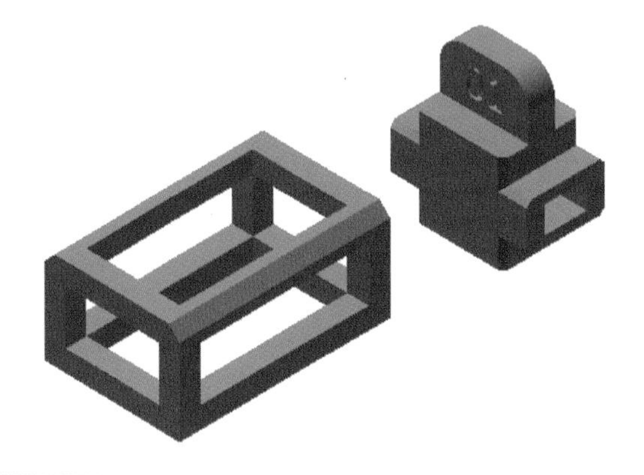

24.

- 조립구속조건 메이트 – 메이트를 이용하여 조립

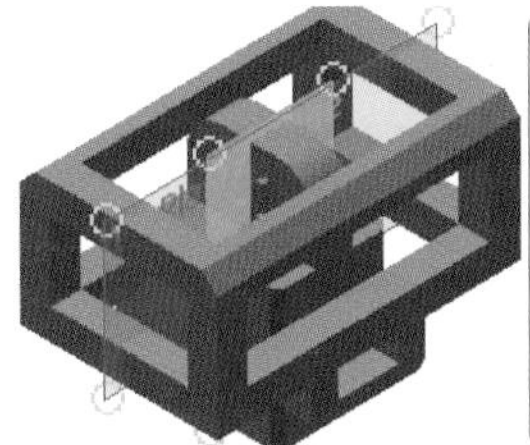

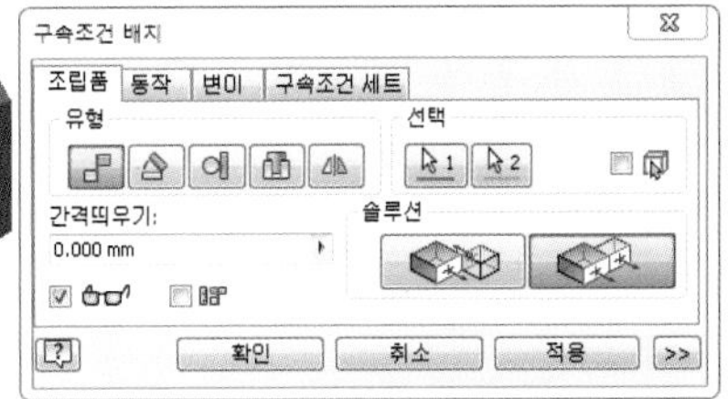

25.

- 조립구속조건 메이트 – 메이트를 이용하여 조립

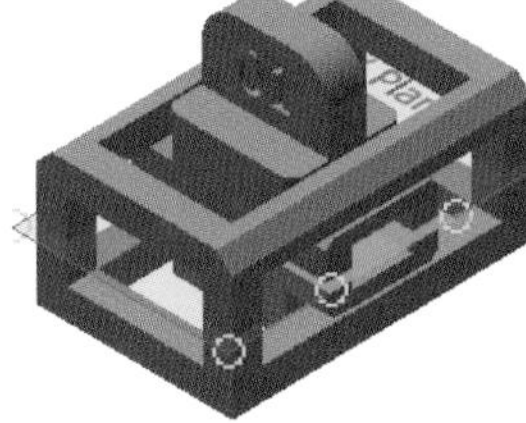

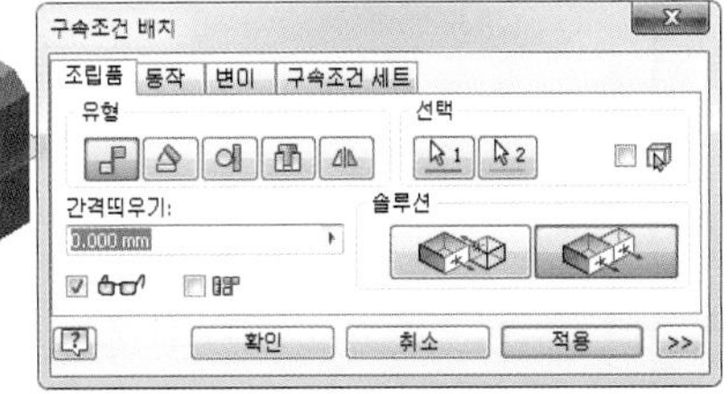

26.

- 생성된 비번호 폴더에 비번호.iam 저장
- 생성된 비번호 폴더에 비번호.stp 저장
- 생성된 비번호 폴더에 출력 고려하여 위치 변경 후 비번호.stl 저장

27.

- 해당 슬라이싱 프로그램에서 설정값 및 출력 방향 설정 후 저장 비번호.***

참고

조립 방향, 설정값, 출력방향에 따라 출력 시간이 다릅니다. 수험자가 최적의 조건을 찾으시기 바랍니다.

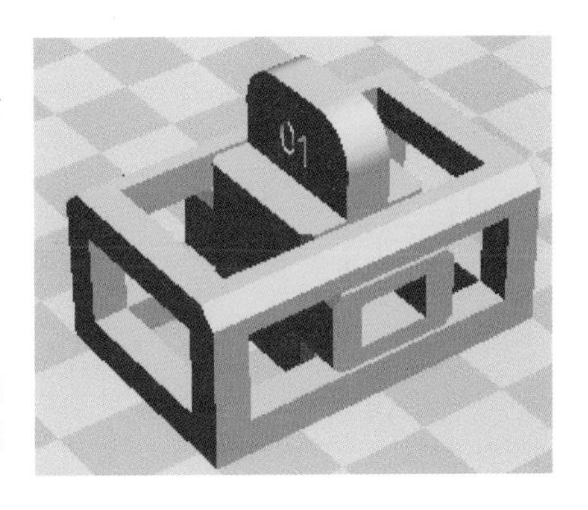

14 | 공개 도면 14

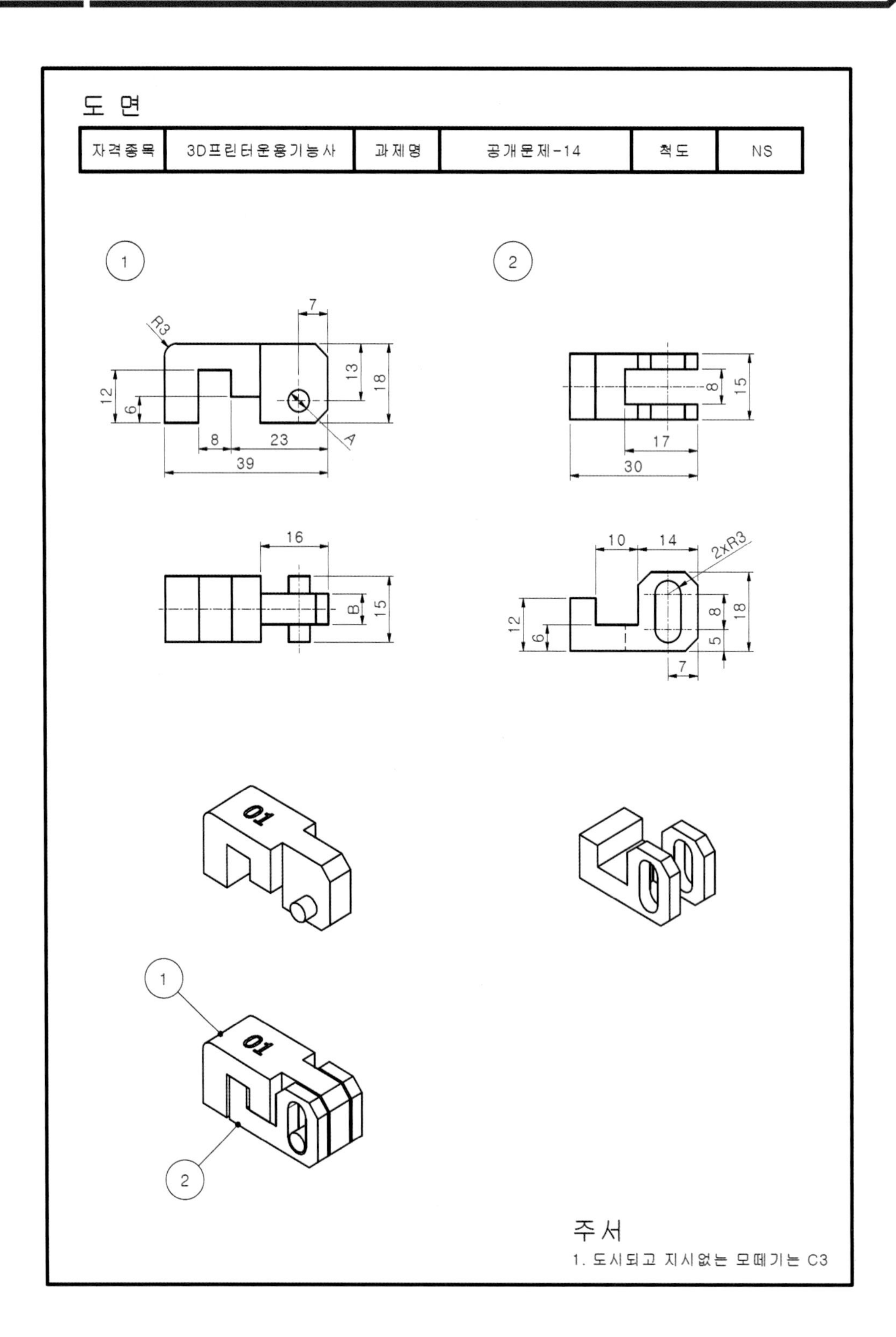
도 면
자격종목
3D프린터운용기능사
과제명
공개문제-14
척도
NS
1
2
R3
7
13
18
12
6
8
23
39
A
8
15
17
30
16
B
15
10
14
2xR3
12
6
8
5
18
7
01
주서
1. 도시되고 지시없는 모떼기는 C3

01.

- 바탕화면에 비번호 폴더 생성
- 새파일 – Standard(mm).ipt

02.

- XZ평면 우클릭 새 스케치
- 스케치 작성
- 구속조건

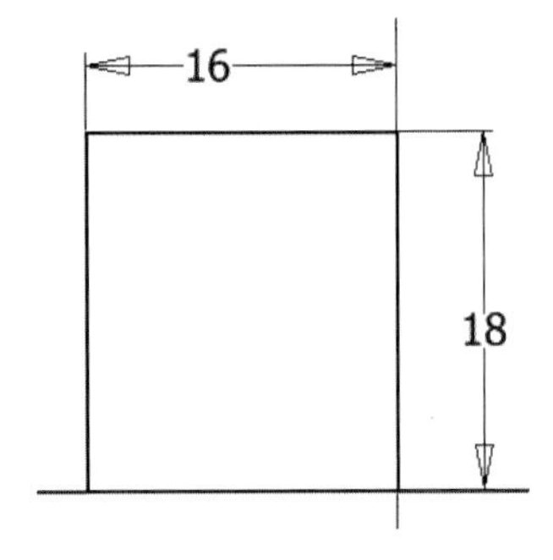

03.

- 스케치 마무리
- 돌출, 새 솔리드, 거리 7(공차적용), 대칭

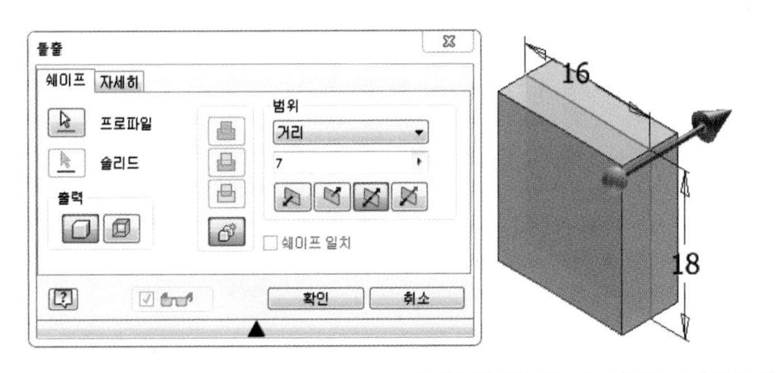

04.

- XZ평면 우클릭 새 스케치
- 스케치 작성
- 구속조건

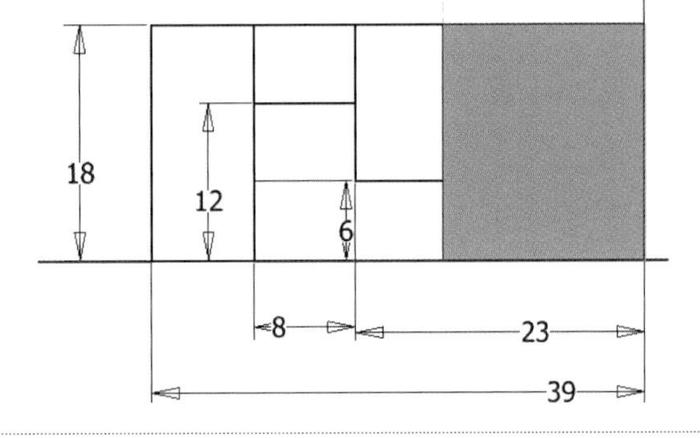

05.

- 스케치 마무리
- 돌출, 접합, 거리 15, 대칭

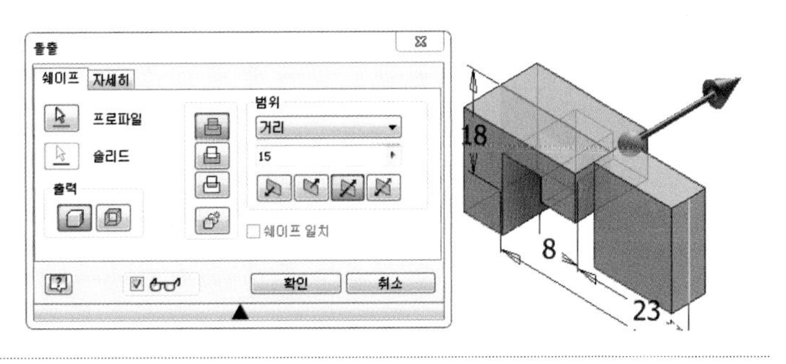

06.

• XZ평면 우클릭 새 스케치
• 스케치 작성(공차적용)
• 구속조건

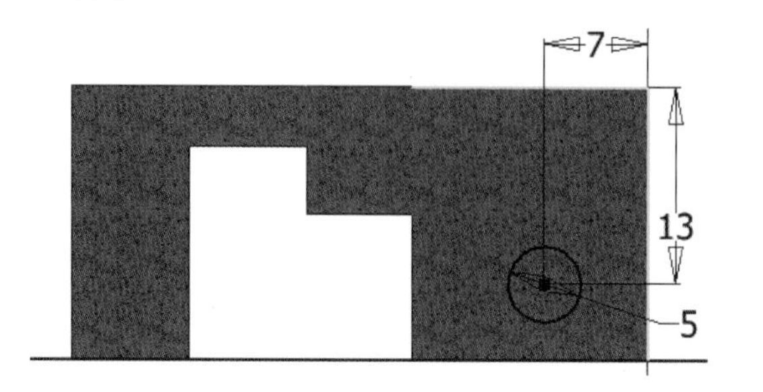

07.

• 스케치 마무리
• 돌출, 접합, 거리 15, 대칭

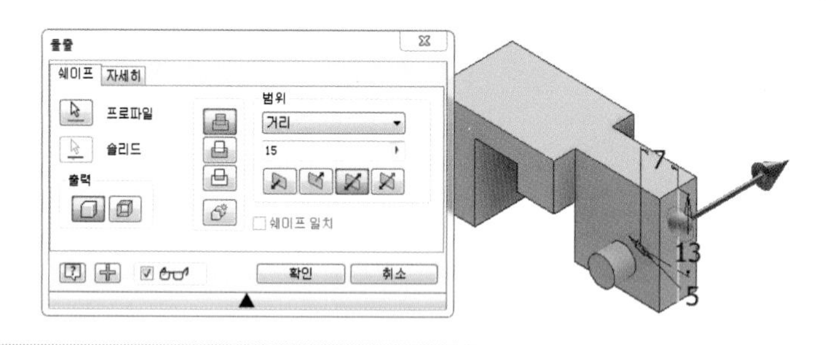

08.

• 모깎기, R3

09.

• 모따기, C3

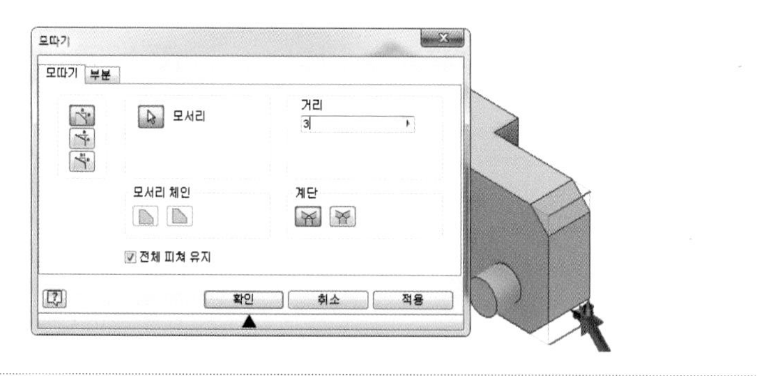

10.

• 해당평면 우클릭 새 스케치
• 문자 작성

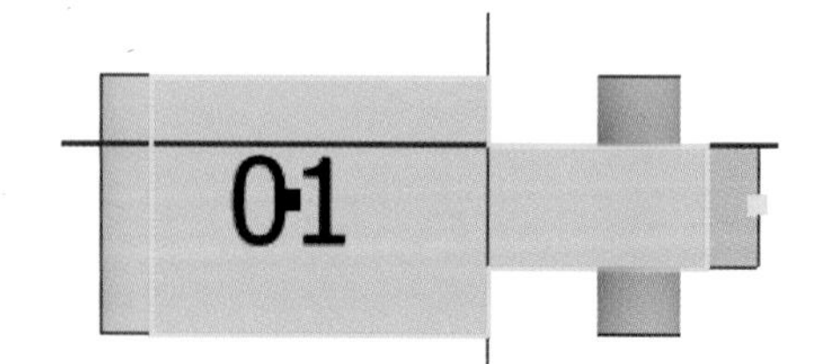

참고

크기, 글자체, 깊이 규정 없음

11.

- 스케치 마무리
- 돌출, 차집합, 거리 1

12.

- 생성된 비번호 폴더에 비번호－1.ipt 저장

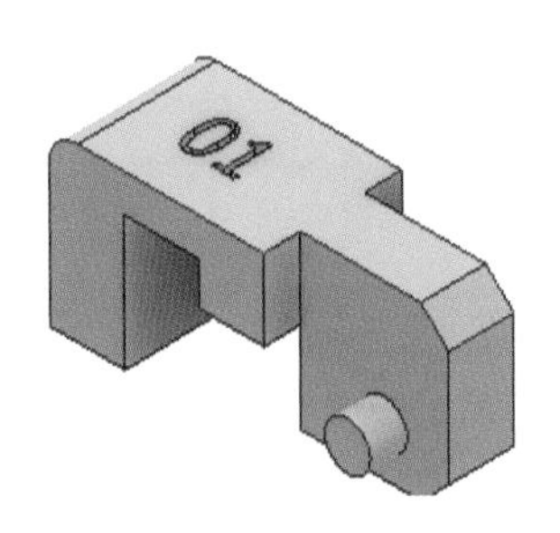

참고

인력공단에 문의 결과 요구사항에서는 부품은 저장하지 않으나 조립을 할 수 없기 때문에 저장해야 함. 시험시 감독관에게 문의 바람.

13.

- 2번 부품 작성
- 새파일－Standard(mm).ipt

14.

- XZ평면 우클릭 새 스케치
- 스케치 작성
- 구속조건

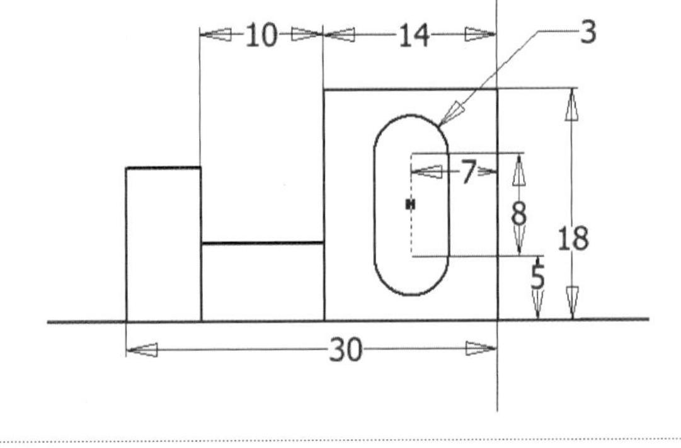

15.

- 스케치 마무리
- 돌출, 새 솔리드, 거리 15, 대칭

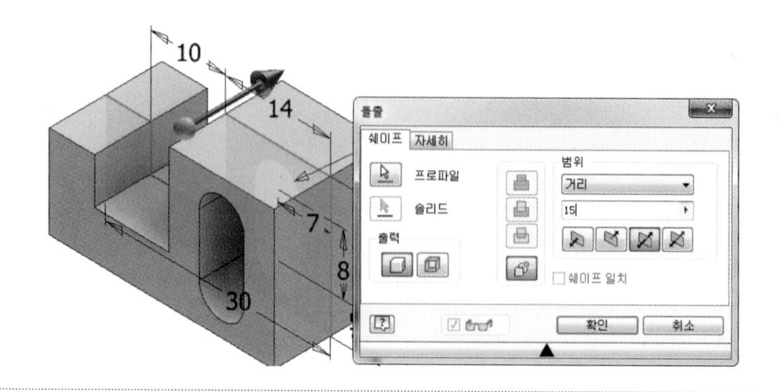

16.

- XZ평면 우클릭 새 스케치
- 스케치 작성
- 구속조건

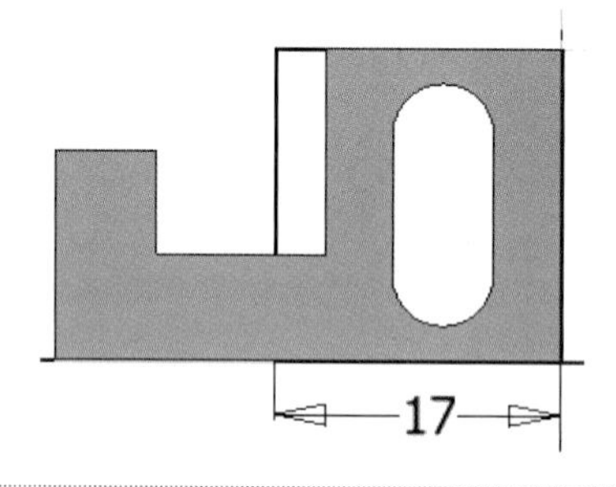

17.

- 스케치 마무리
- 돌출, 차집합, 거리 8, 대칭

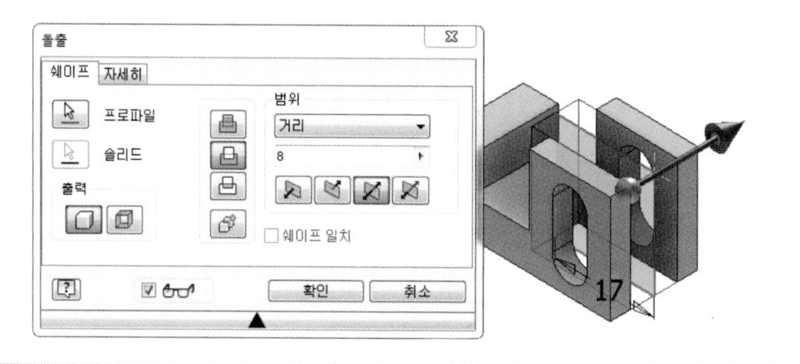

18.

- 모따기, C3

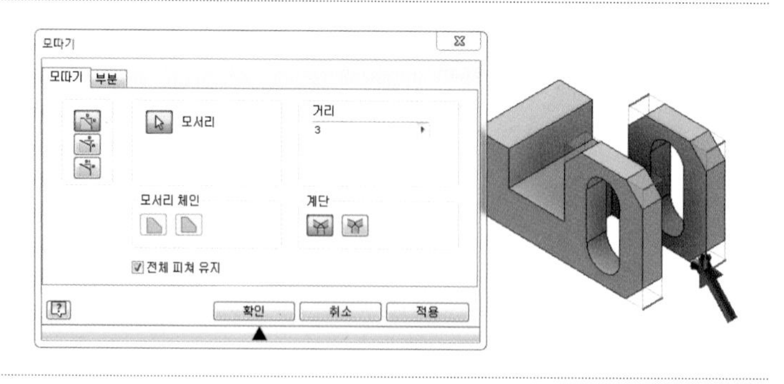

19.

- 생성된 비번호 폴더에 비번호－2.ipt 저장

참고

인력공단에 문의 결과 요구사항에서는 부품은 저장하지 않으나 조립을 할 수 없기 때문에 저장해야 함. 시험시 감독관에게 문의 바람.

20.

- 조립 작성

21.

- 2개 부품을 드래그하여 위치
- 2번 부품 고정

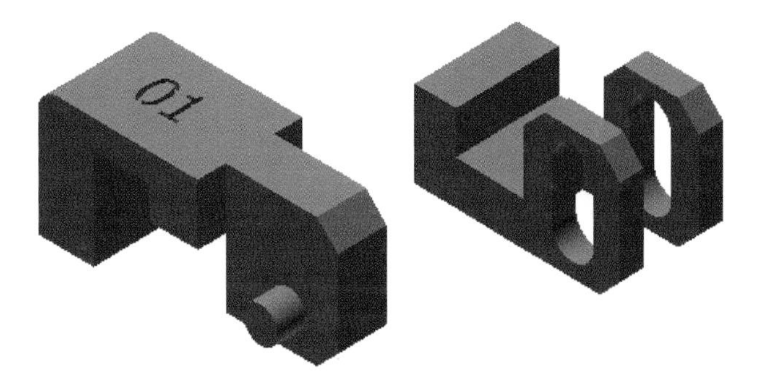

22.

- 조립구속조건 삽입을 이용하여 조립

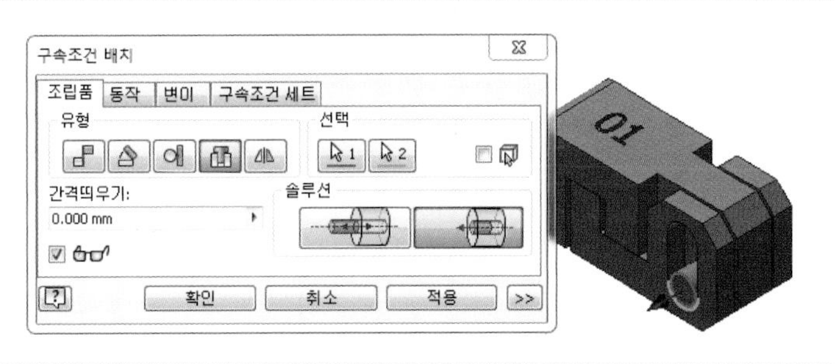

23.

- 조립구속조건 각도 – 지정각도를 이용하여 조립

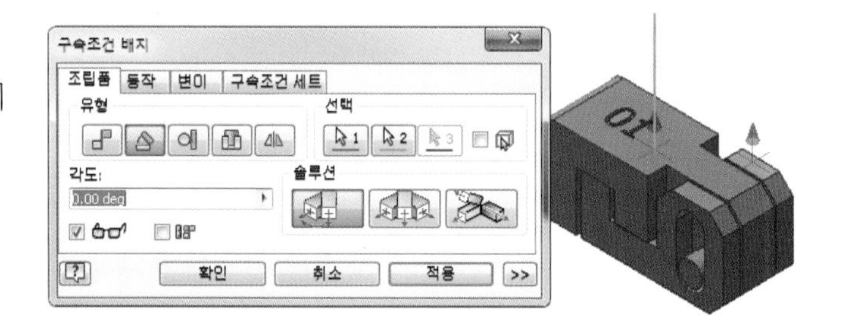

24.

- 생성된 비번호 폴더에 비번호.iam 저장
- 생성된 비번호 폴더에 비번호.stp 저장
- 생성된 비번호 폴더에 출력 고려하여 위치 변경 후 비번호.stl 저장

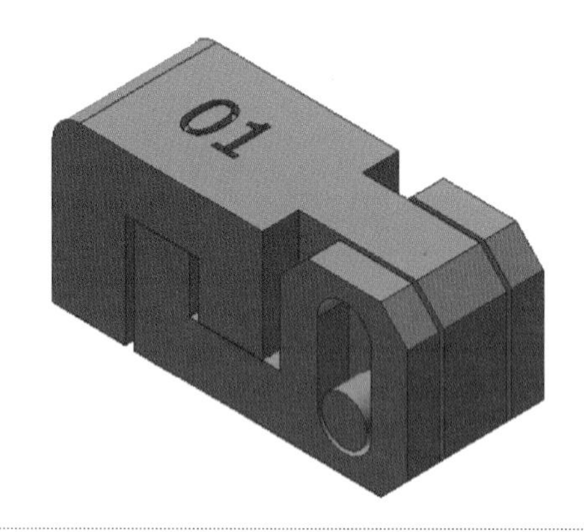

25.

- 해당 슬라이싱 프로그램에서 설정값 및 출력 방향 설정 후 저장
  비번호.***

참고

조립 방향, 설정값, 출력방향에 따라 출력 시간이 다릅니다. 수험자가 최적의 조건을 찾으시기 바랍니다.

15 | 공개 도면 15

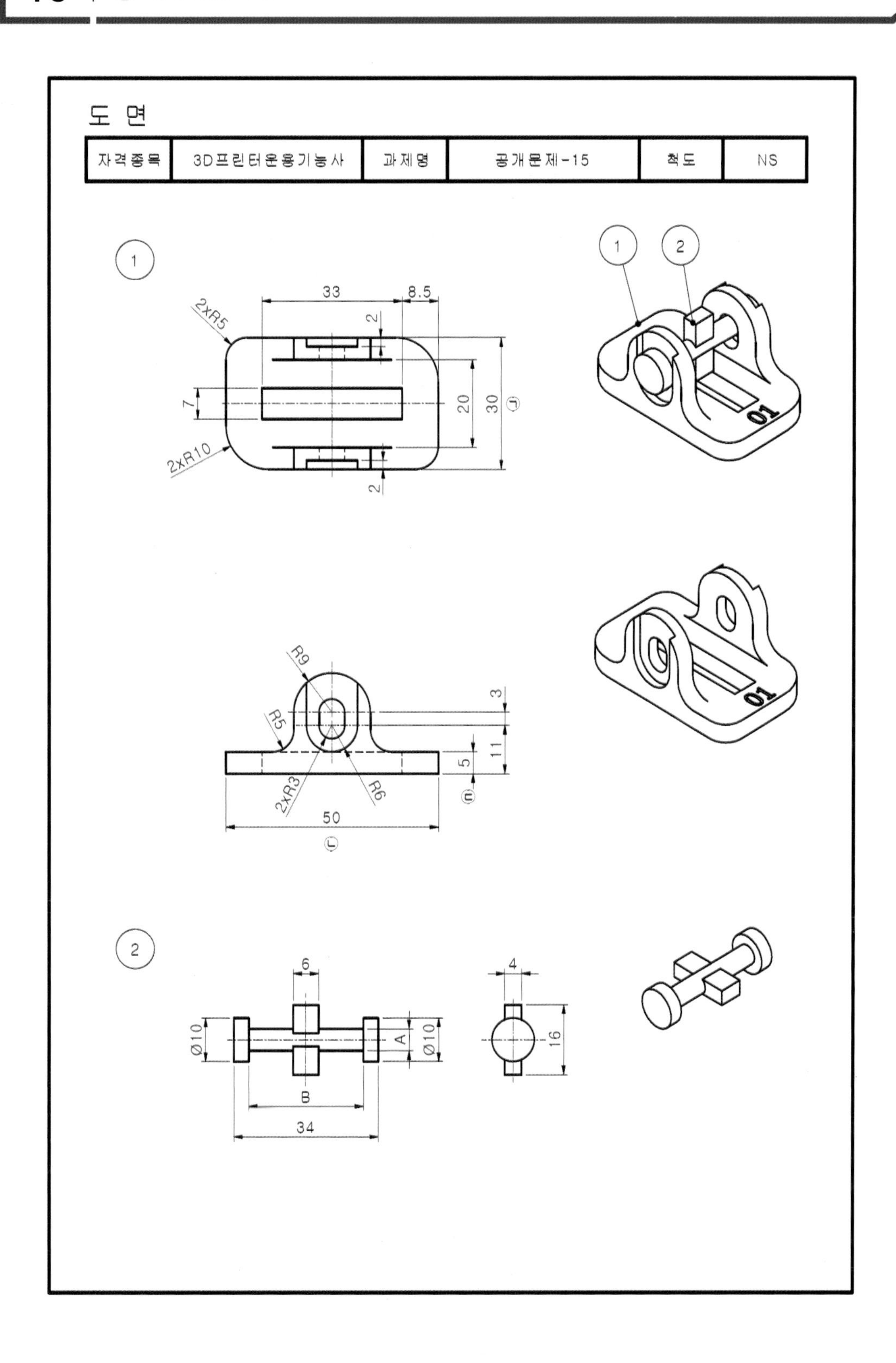

도 면
자격종목
3D프린터운용기능사
과제명
공개문제-15
척도
NS
1
2
33
8.5
2xR5
2
7
20
30
2xR10
R9
R5
3
11
5
2xR3
R6
50
6
4
Ø10
A
Ø10
16
B
34
01

01.

- 바탕화면에 비번호 폴더 생성
- 새파일 – Standard(mm).ipt

02.

- XY평면 우클릭 새 스케치
- 스케치 작성
- 구속조건

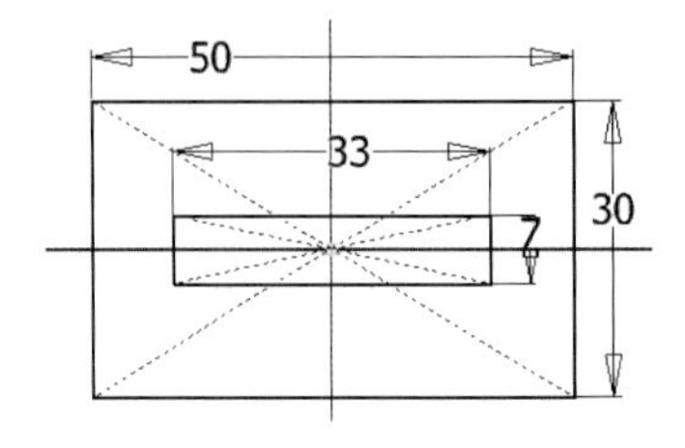

03.

- 스케치 마무리
- 돌출, 새 솔리드, 거리 5

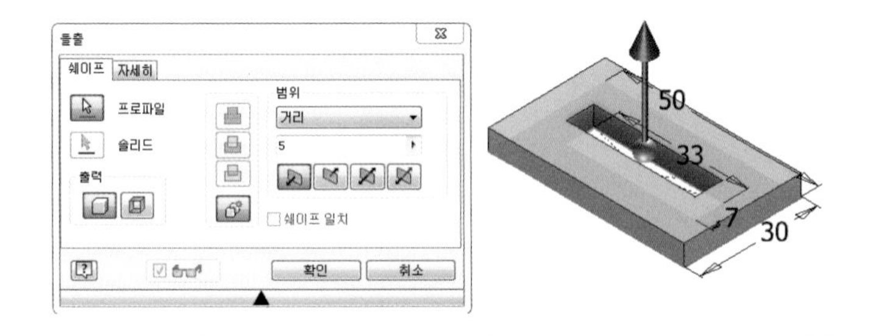

04.

- 모깎기, R5, R10

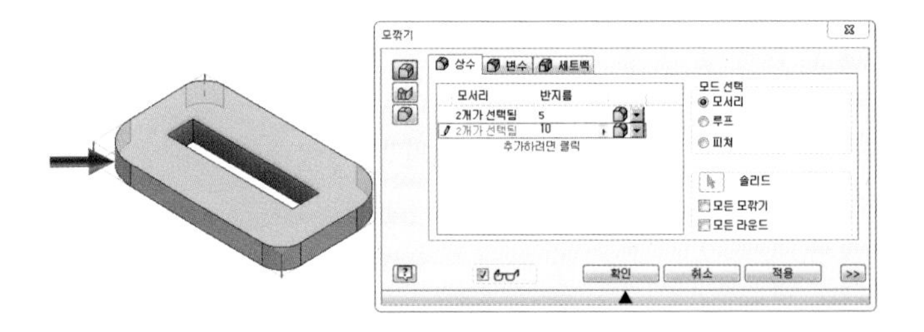

05.

- 해당평면 우클릭 새 스케치
- 스케치 작성
- 구속조건

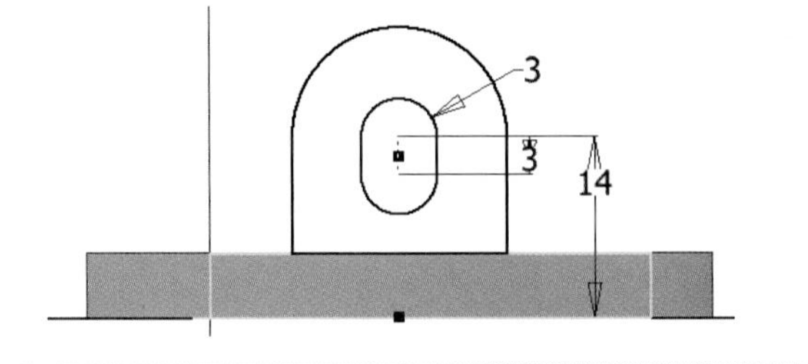

06.

- 스케치 마무리
- 돌출, 접합, 거리 5

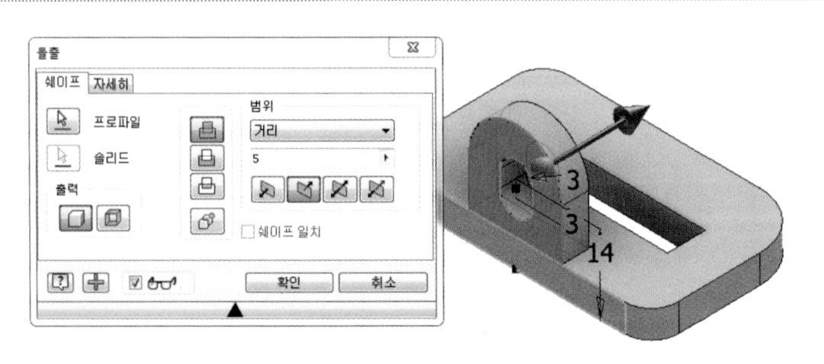

07.

- 해당평면 우클릭 새 스케치
- 스케치 작성
- 구속조건

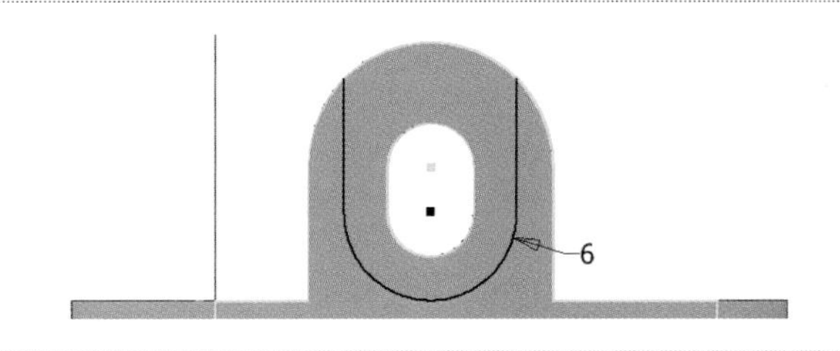

08.

- 스케치 마무리
- 돌출, 차집합, 거리 2

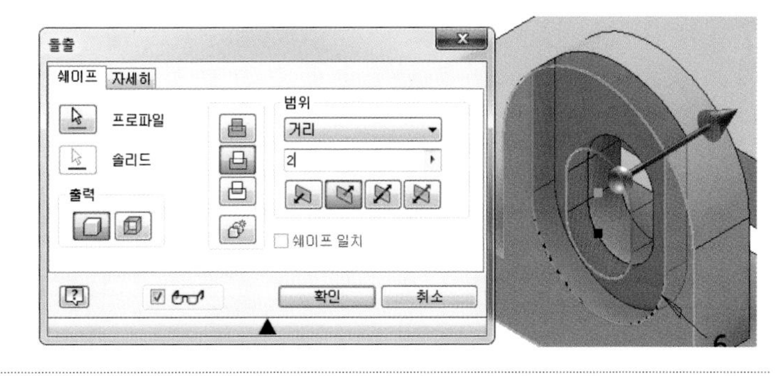

09.

- 모깎기, R5

10.

- 미러

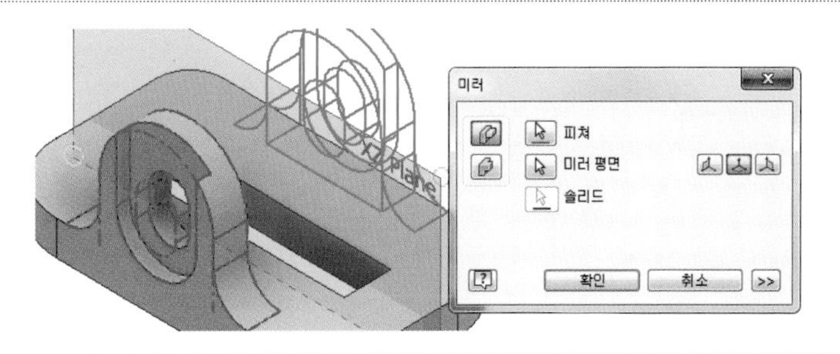

11.

- 해당평면 우클릭 새 스케치
- 문자 작성

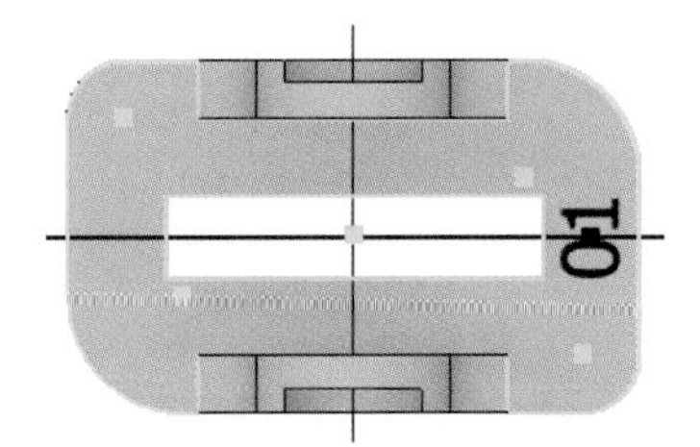

참고

크기, 글자체, 깊이 규정 없음

12.

- 스케치 마무리
- 돌출, 차집합, 거리 1

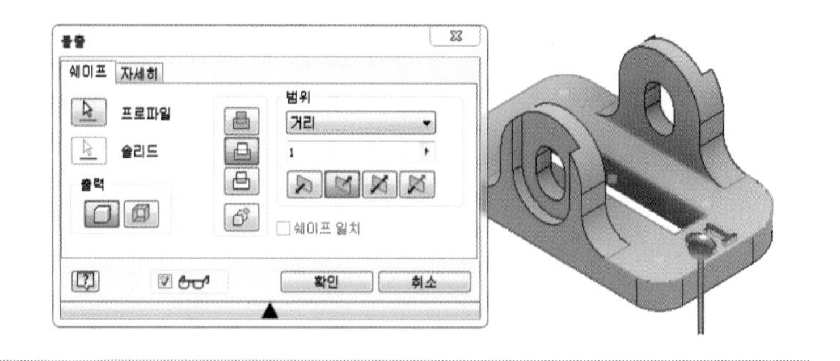

13.

- 생성된 비번호 폴더에 비번호－1.ipt 저장

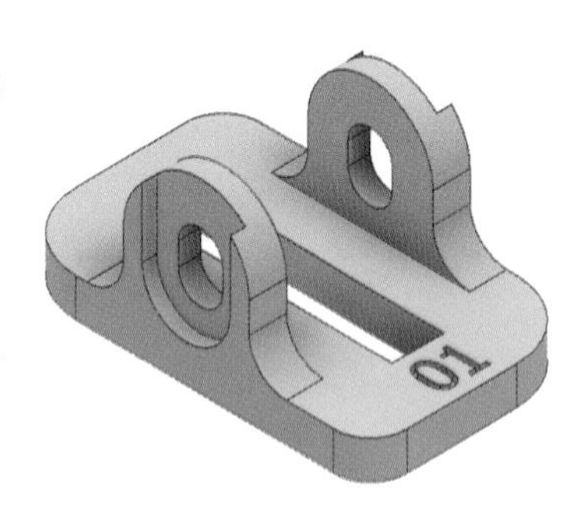

참고

인력공단에 문의 결과 요구사항에서는 부품은 저장하지 않으나 조립을 할 수 없기 때문에 저장해야 함. 시험시 감독관에게 문의 바람.

14.

- 새파일－Standard(mm).ipt

15.

- XZ평면 우클릭 새 스케치
- 스케치 작성(공차적용)
- 구속조건

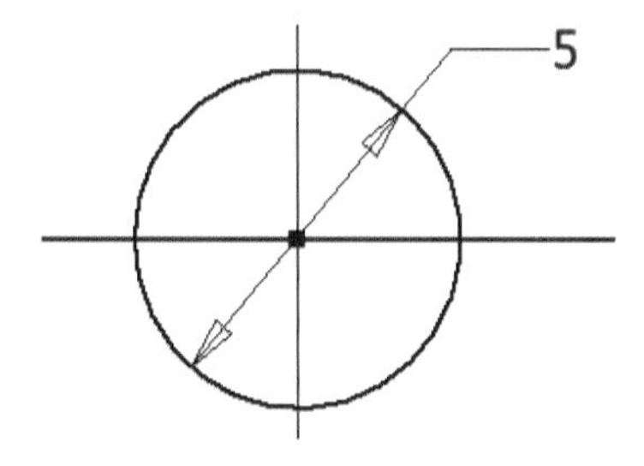

16.

- 스케치 마무리
- 돌출, 새 솔리드, 거리 27(공차적용), 대칭

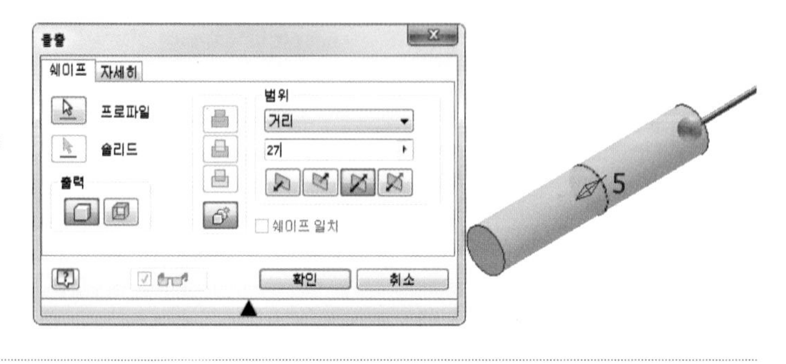

17.

- 해당평면 우클릭 새 스케치
- 스케치 작성
- 구속조건

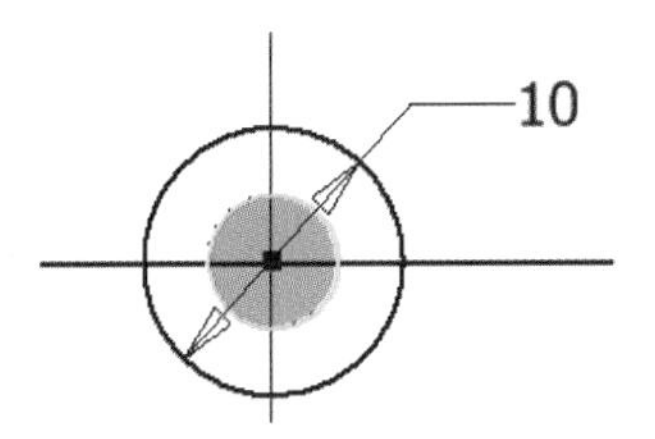

18.

- 스케치 마무리
- 돌출, 접합, 거리 3.5

19.

- 미러

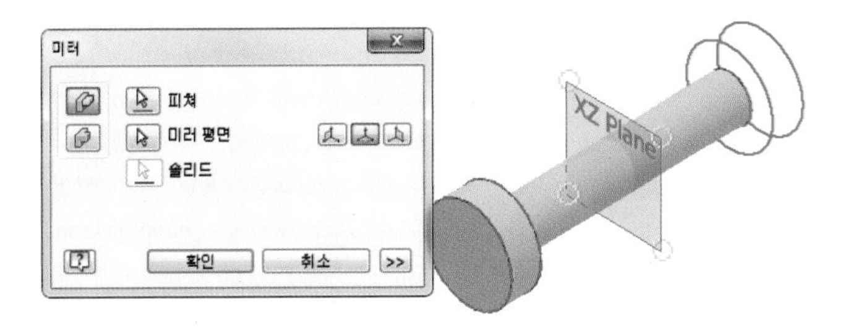

20.

- YZ평면 우클릭 새 스케치
- 스케치 작성
- 구속조건

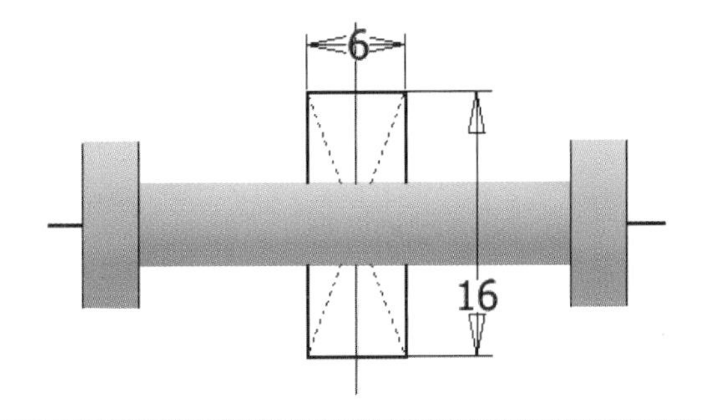

21.

- 스케치 마무리
- 돌출, 접합, 거리 4, 대칭

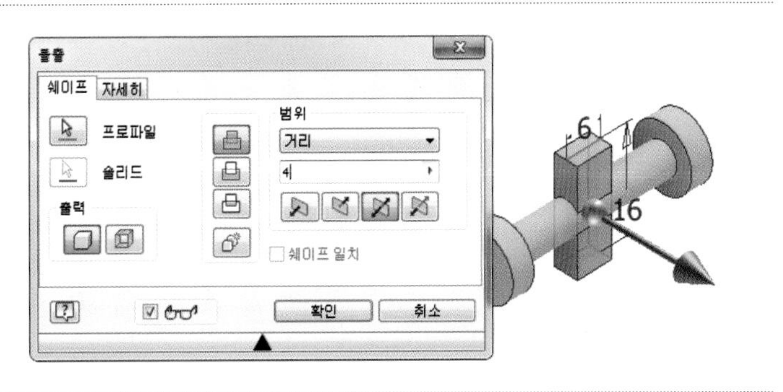

22.

생성된 비번호 폴더에 비번호－2.ipt 저장

참고

인력공단에 문의 결과 요구사항에서는 부품은 저장하지 않으나 조립을 할 수 없기 때문에 저장해야 함. 시험시 감독관에게 문의 바람.

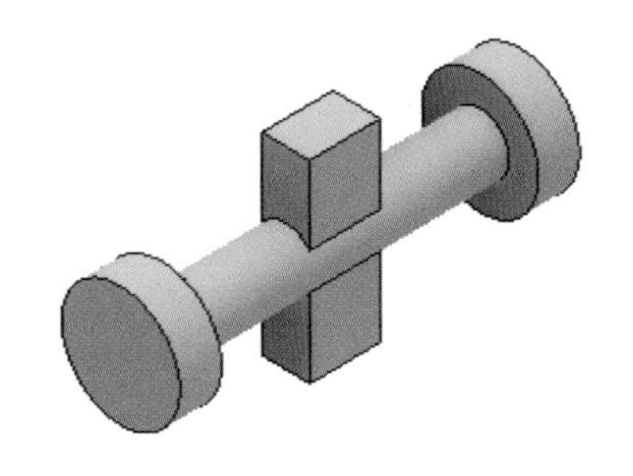

23.

• 조립 작성

Standard (mm).iam

24.

• 2개 부품을 드래그하여 위치
• 1번 부품 고정

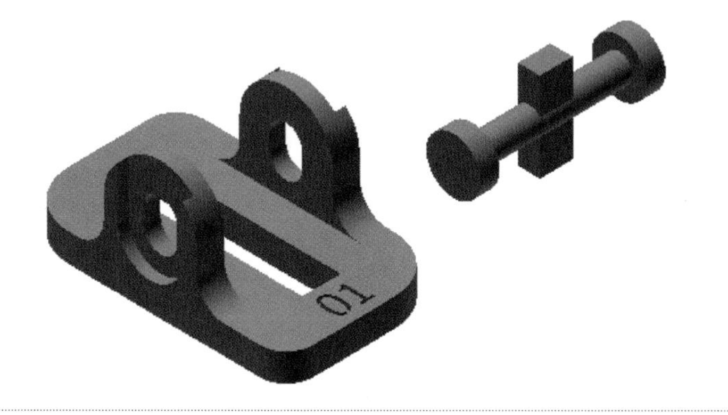

25.

• 조립구속조건 메이트－메이트를 이용하여 조립

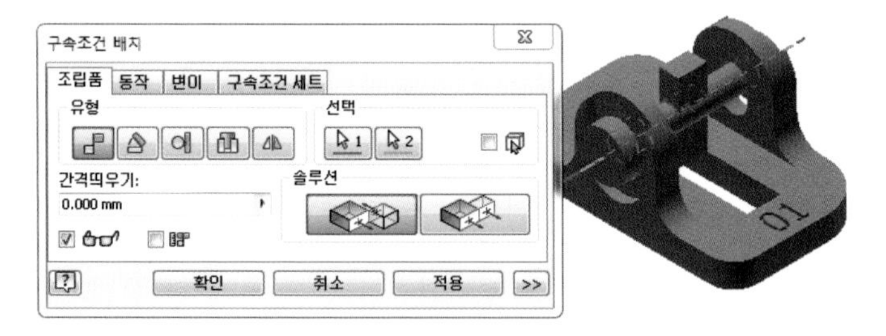

26.

• 조립구속조건 메이트－메이트를 이용하여 조립

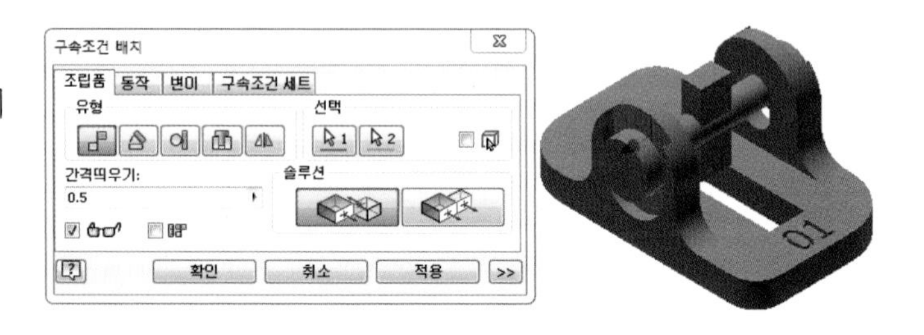

27.

- 조립구속조건 각도 – 지정각도를 이용하여 조립

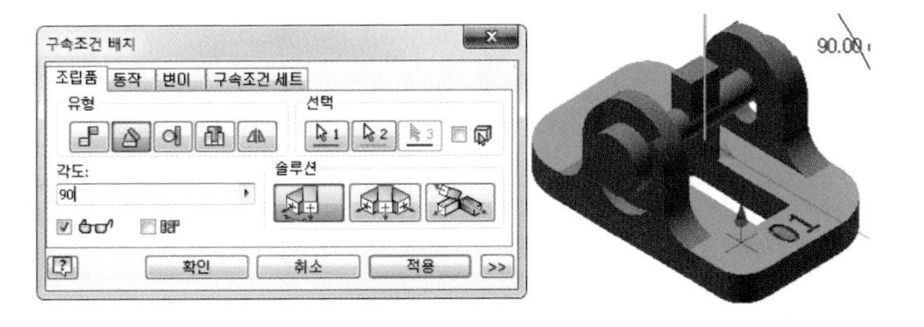

28.

- 생성된 비번호 폴더에 비번호.iam 저장
- 생성된 비번호 폴더에 비번호.stp 저장
- 생성된 비번호 폴더에 출력 고려하여 위치 변경 후 비번호.stl 저장

29.

- 해당 슬라이싱 프로그램에서 설정값 및 출력 방향 설정 후 저장
  비번호.***

참고

조립 방향, 설정값, 출력방향에 따라 출력 시간이 다릅니다. 수험자가 최적의 조건을 찾으시기 바랍니다.

16 | 공개 도면 16

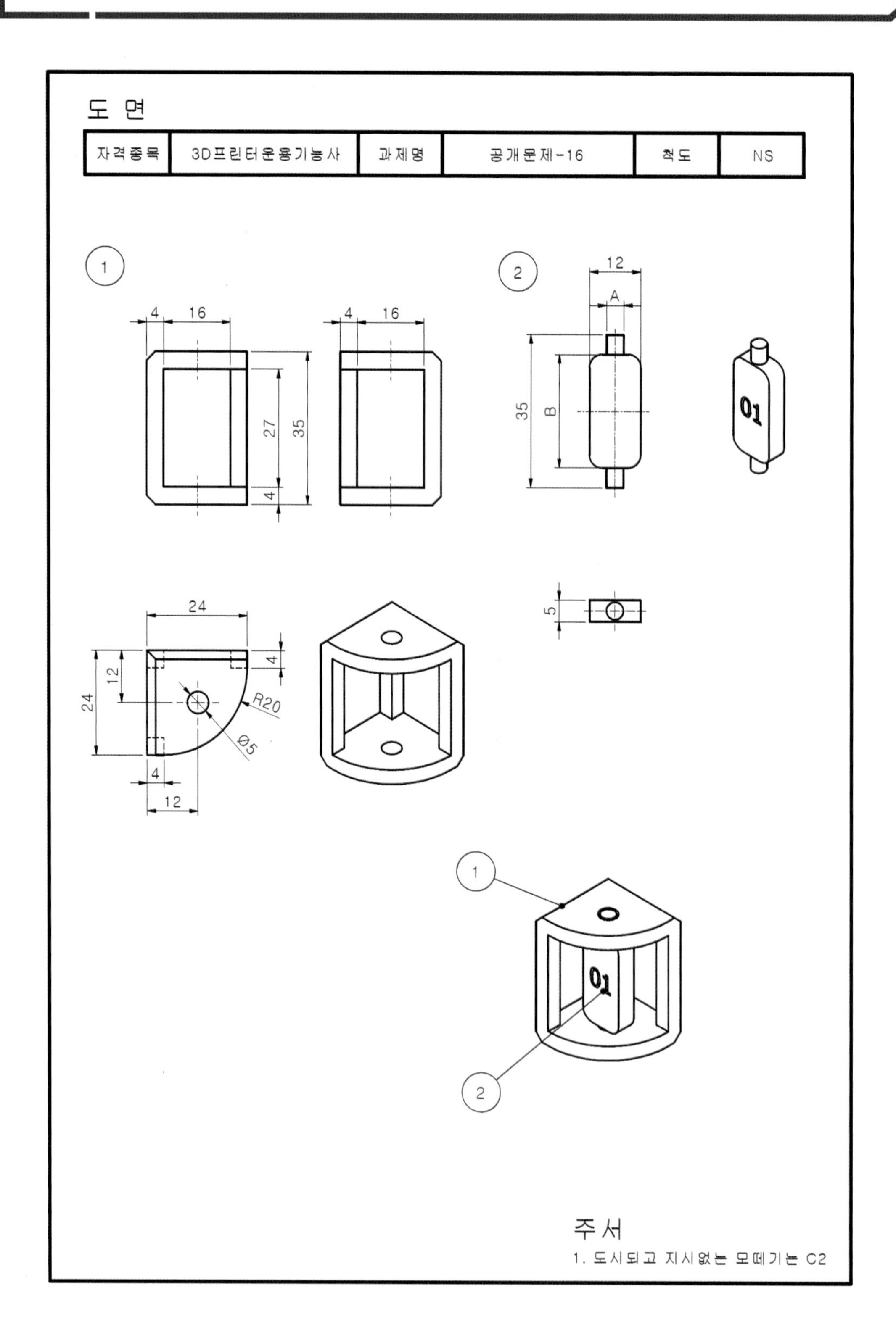

도 면
자격종목
3D프린터운용기능사
과제명
공개문제-16
척도
NS
1
4
16
27
35
24
12
R20
Ø5
2
12
A
B
5
01
주서
1. 도시되고 지시없는 모떼기는 C2

01.

- 바탕화면에 비번호 폴더 생성
- 새파일 – Standard(mm).ipt

02.

- XY평면 우클릭 새 스케치
- 스케치 작성
- 구속조건

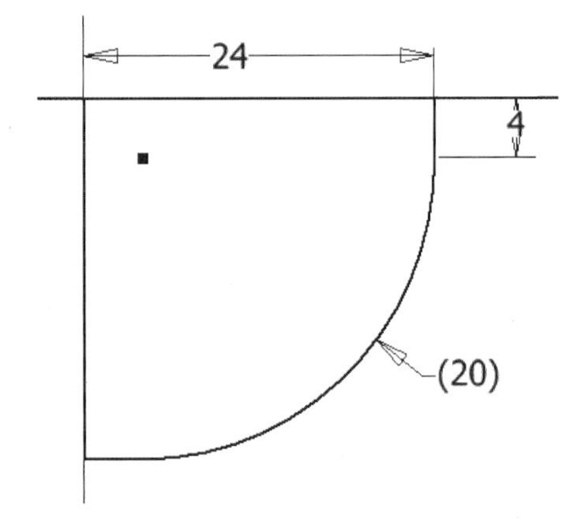

03.

- 스케치 마무리
- 돌출, 새 솔리드, 거리 35, 대칭

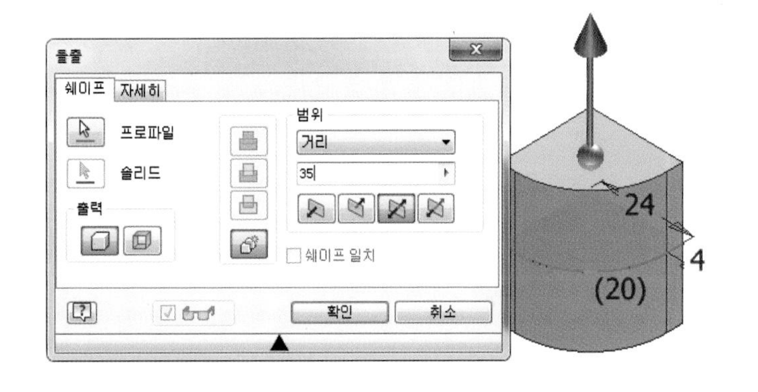

04.

- 스케치 공유

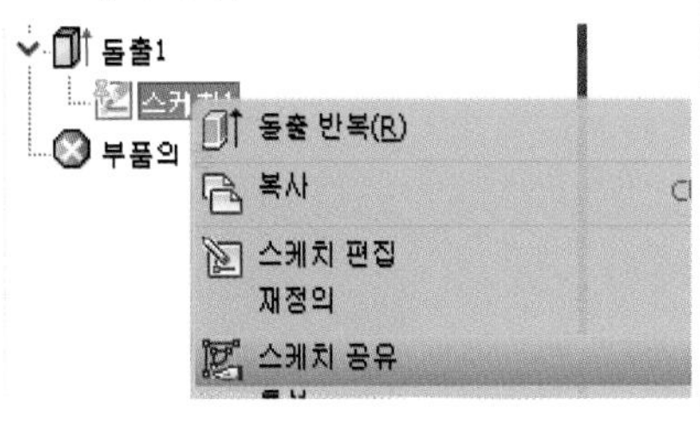

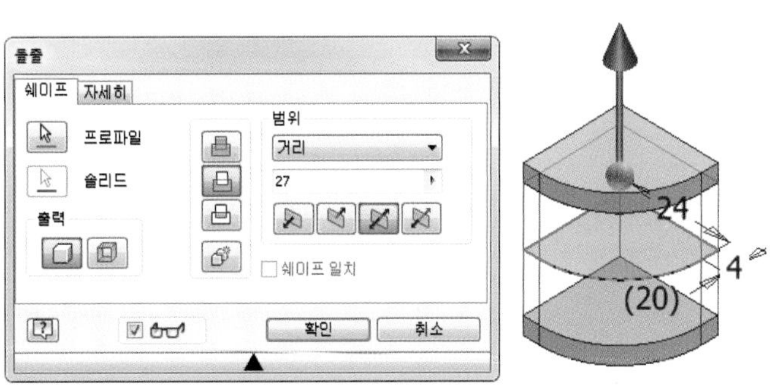

- 돌출, 차집합, 거리 27, 대칭
- 스케치 우클릭후 가시성 해제

05.

- 해당평면 우클릭 새 스케치
- 스케치 작성
- 구속조건

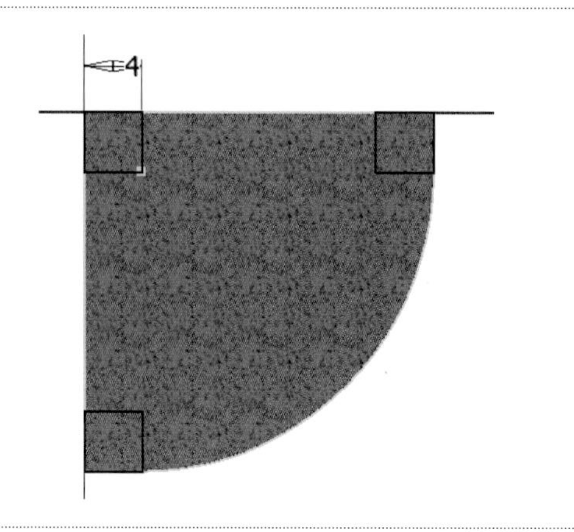

06.

- 스케치 마무리
- 돌출, 접합, 거리 27

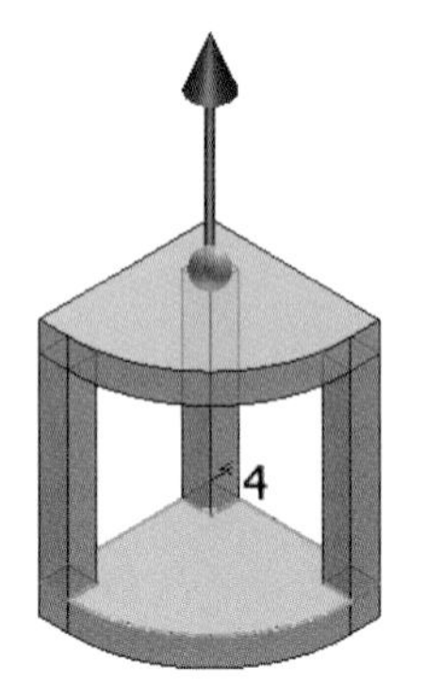

07.

- 윗면 우클릭 새 스케치
- 스케치 작성
- 구속조건

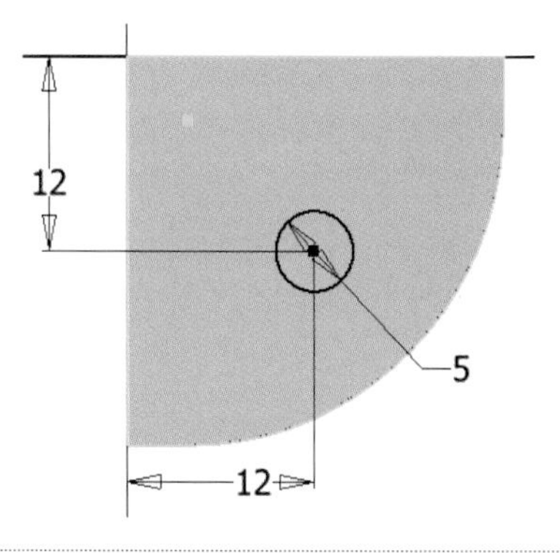

08.

- 스케치 마무리
- 돌출, 차집합, 전체

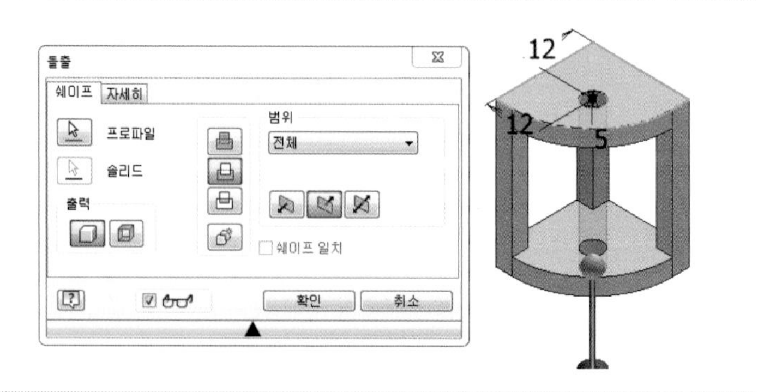

09.

• 모따기, C2

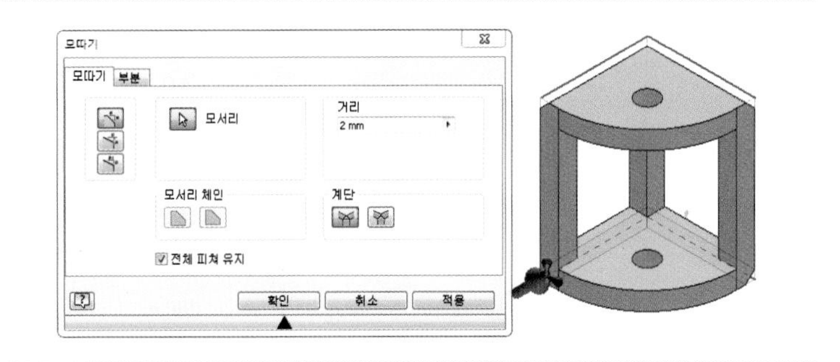

10.

• 생성된 비번호 폴더에 비번호−1.ipt 저장

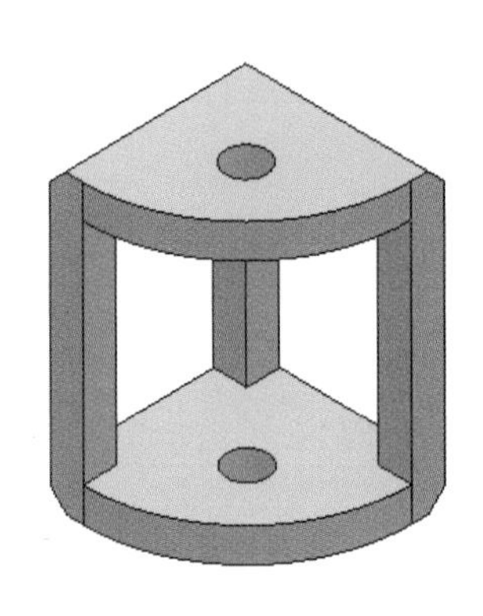

참고

인력공단에 문의 결과 요구사항에서는 부품은 저장하지 않으나 조립을 할 수 없기 때문에 저장해야 함. 시험시 감독관에게 문의 바람.

11.

• 새파일−Standard(mm).ipt

12.

• XY평면 우클릭 새 스케치
• 스케치 작성
• 구속조건

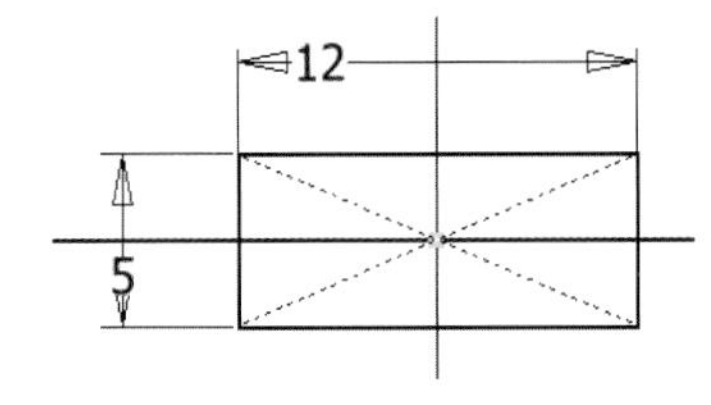

13.

• 스케치 마무리
• 돌출, 새 솔리드, 거리 26(공차적용), 대칭

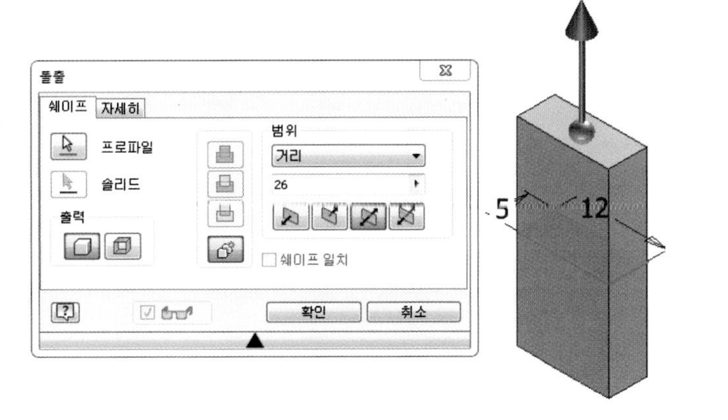

14.

- XY평면 우클릭 새 스케치
- 스케치 작성(공차적용)
- 구속조건

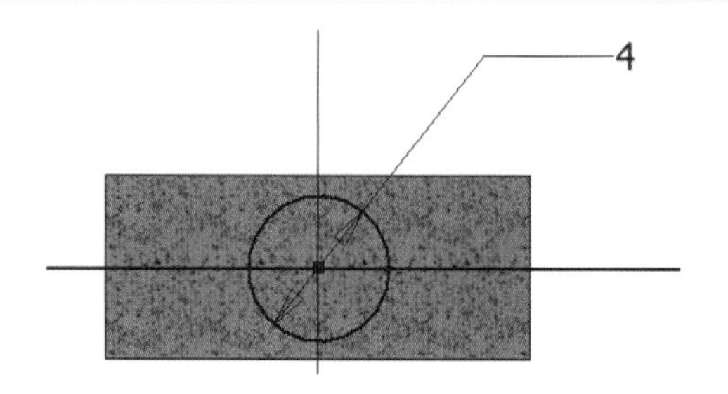

15.

- 스케치 마무리
- 돌출, 접합, 거리 35, 대칭

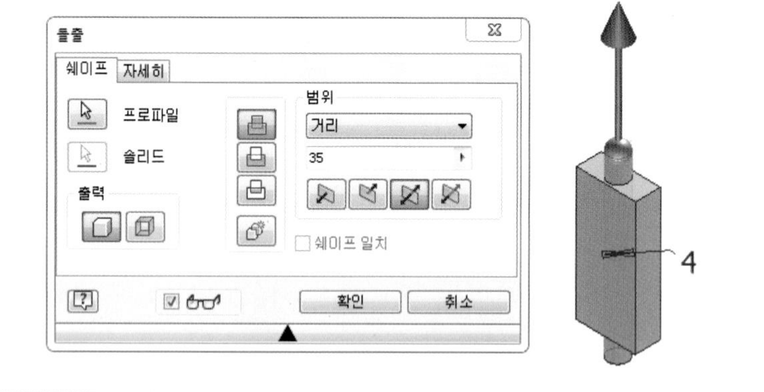

16.

- 모깎기, R3

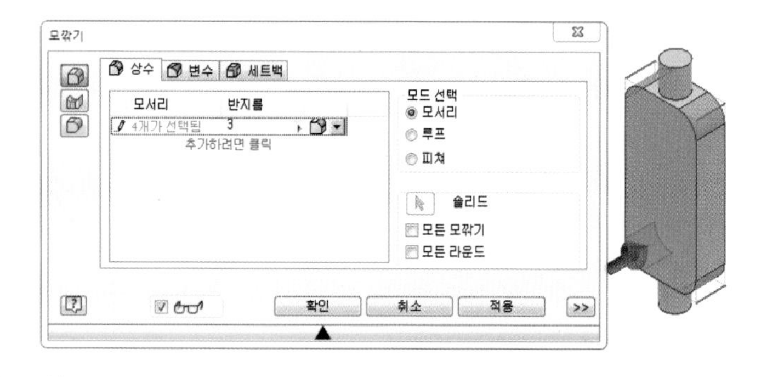

17.

- 해당평면 우클릭 새 스케치
- 문자 작성

참고

크기, 글자체, 깊이 규정 없음

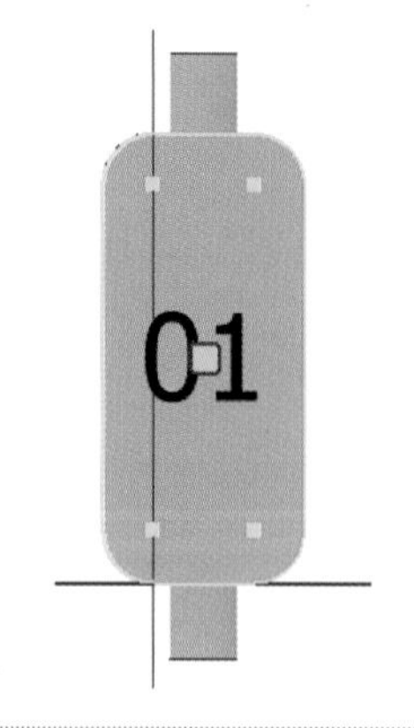

18.

- 스케치 마무리
- 돌출, 차집합, 거리 1

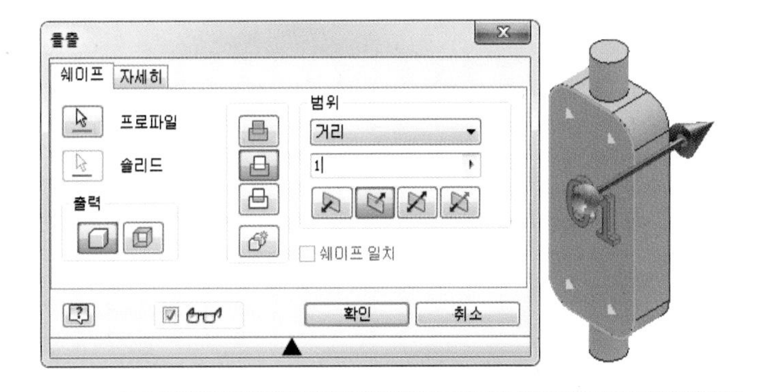

19.

- 생성된 비번호 폴더에 비번호－2.ipt 저장

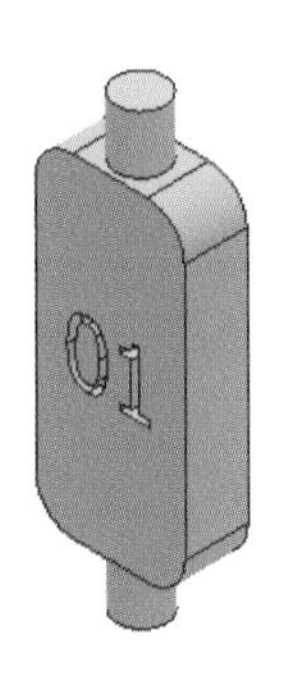

참고

인력공단에 문의 결과 요구사항에서는 부품은 저장하지 않으나 조립을 할 수 없기 때문에 저장해야 함. 시험시 감독관에게 문의 바람.

20.

- 조립 작성

21.

- 2개 부품을 드래그하여 위치
- 1번 부품 고정

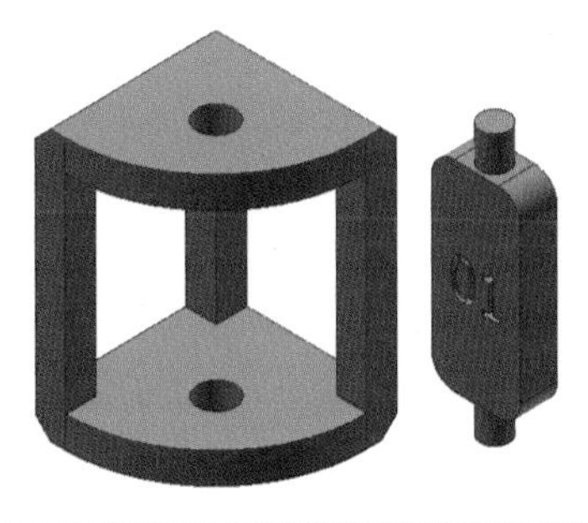

22.

- 조립구속조건 메이트 – 삽입을 이용하여 조립

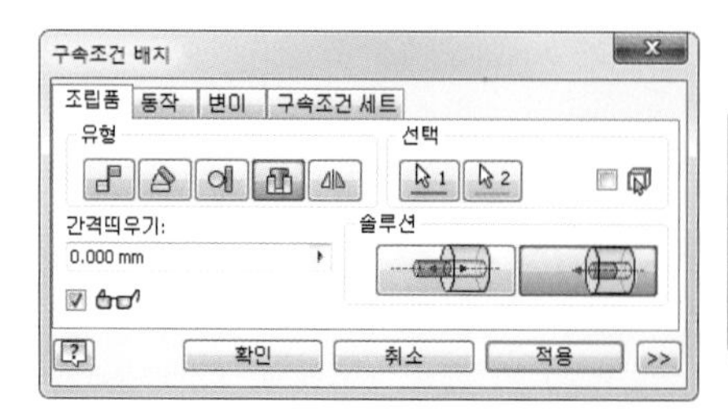

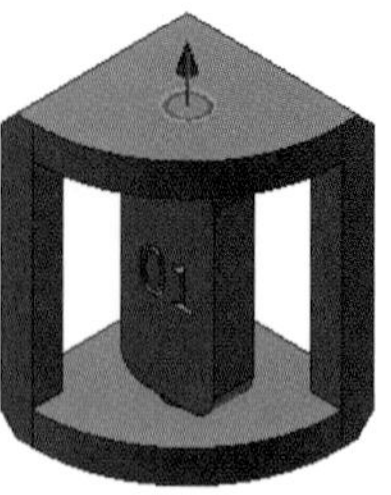

23.

- 조립구속조건 각도 – 지정각도를 이용하여 조립

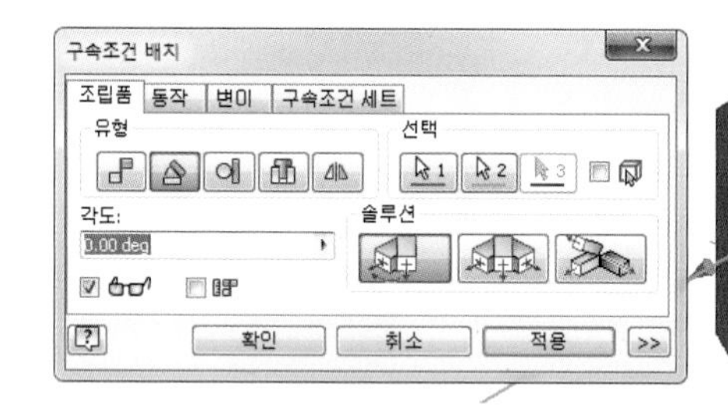

24.

- 생성된 비번호 폴더에 비번호.iam 저장
- 생성된 비번호 폴더에 비번호.stp 저장
- 생성된 비번호 폴더에 출력 고려하여 위치 변경 후 비번호.stl 저장

25.

- 해당 슬라이싱 프로그램에서 설정값 및 출력 방향 설정 후 저장 비번호.***

참고

조립 방향, 설정값, 출력방향에 따라 출력 시간이 다릅니다. 수험자가 최적의 조건을 찾으시기 바랍니다.

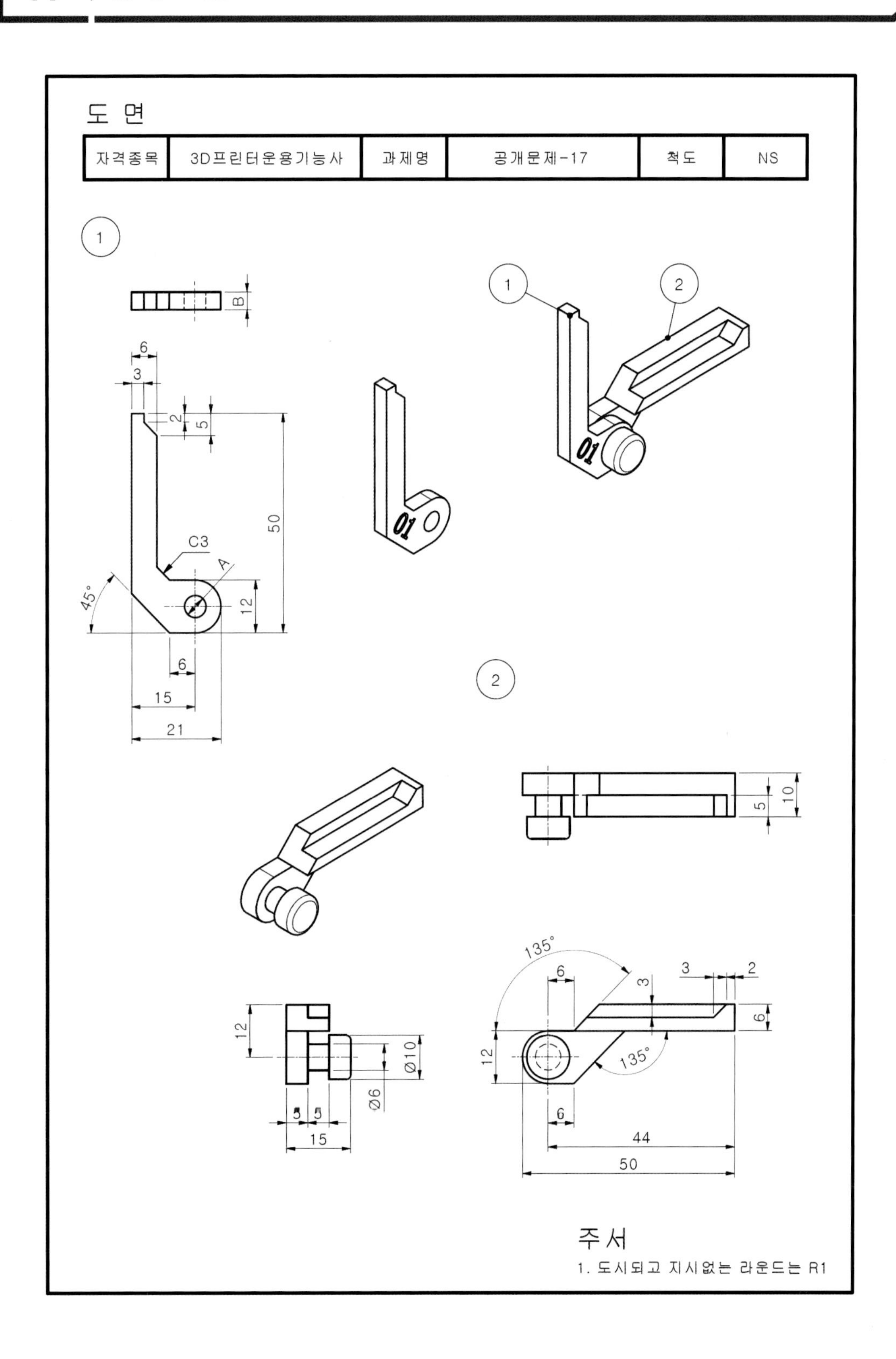
도 면
자격종목
3D프린터운용기능사
과제명
공개문제-17
척도
NS
1
2
B
6
3
2
5
50
C3
A
45°
12
6
15
21
01
135°
3
2
6
12
10
5
Ø10
Ø6
5
5
15
44
50
주서
1. 도시되고 지시없는 라운드는 R1

01.

- 바탕화면에 비번호 폴더 생성
- 새파일 – Standard(mm).ipt

02.

- YZ평면 우클릭 새 스케치
- 스케치 작성(공차적용)
- 구속조건

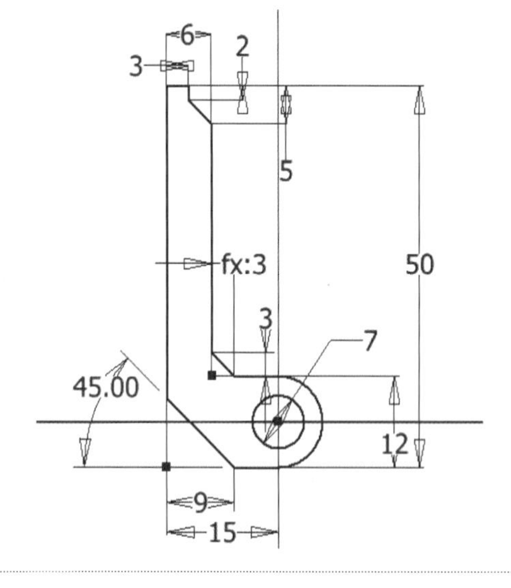

03.

- 돌출, 새 솔리드, 거리 4(공차적용), 대칭

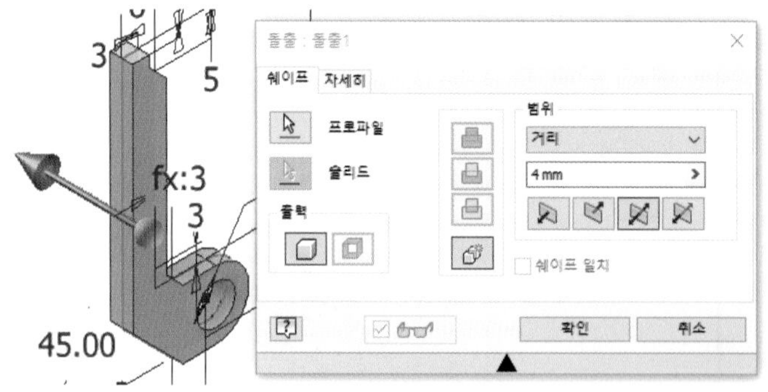

04.

- 해당평면 우클릭 새 스케치
- 문자 작성

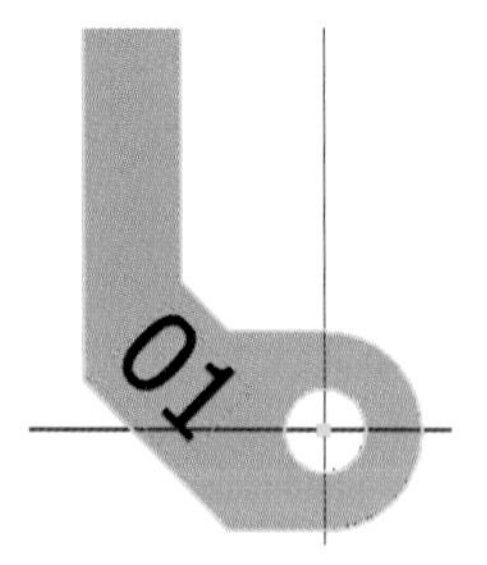

크기, 글자체, 깊이 규정 없음

05.

- 스케치 마무리
- 돌출, 차집합, 거리 1

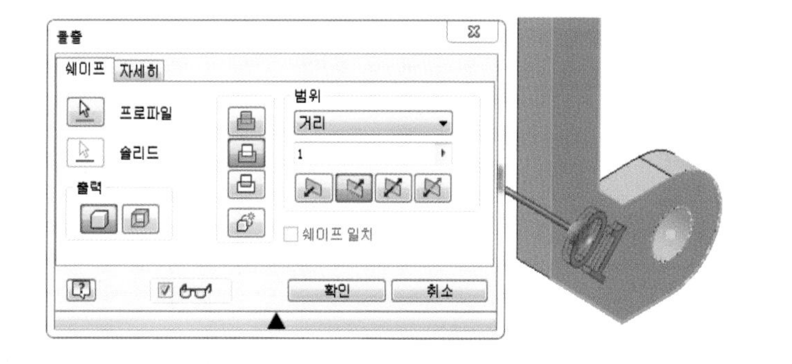

06.

- 생성된 비번호 폴더에 비번호－1.ipt 저장

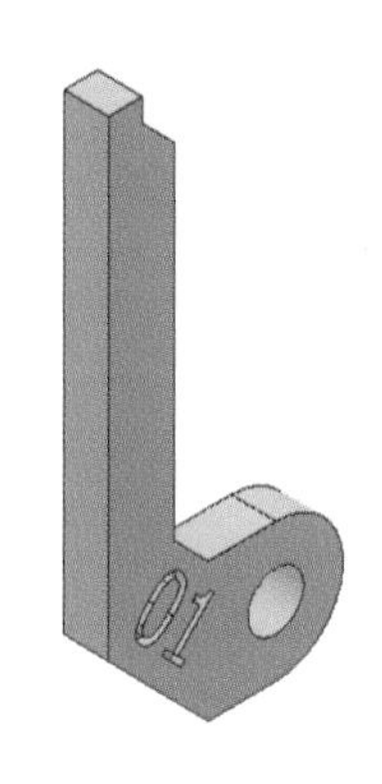

참고

인력공단에 문의 결과 요구사항에서는 부품은 저장하지 않으나 조립을 할 수 없기 때문에 저장해야 함. 시험시 감독관에게 문의 바람.

07.

- 새파일－Standard(mm).ipt

08.

- YZ평면 우클릭 새 스케치
- 스케치 작성
- 구속조건

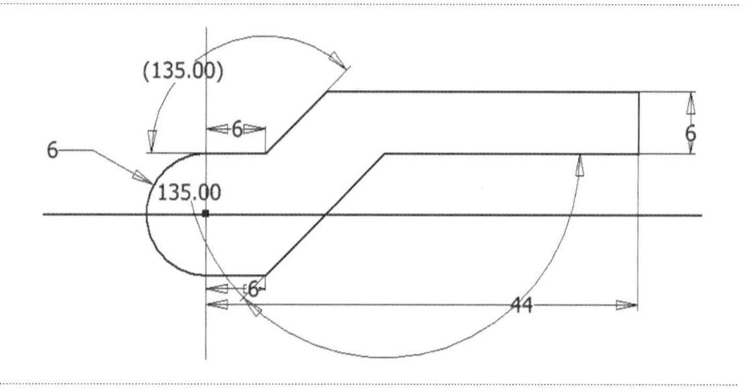

09.

- 스케치 마무리
- 돌출, 새 솔리드, 거리 5

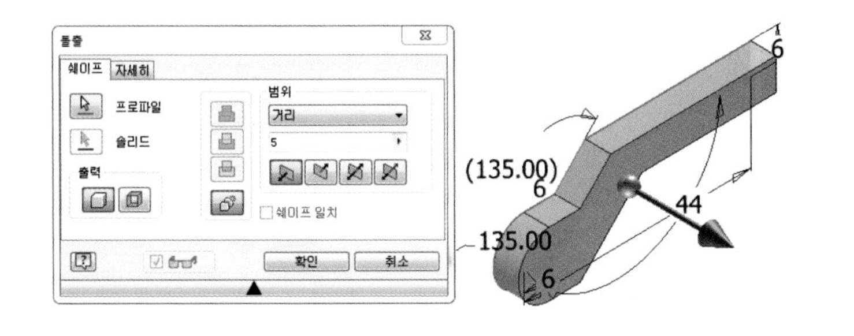

10.

- 해당평면 우클릭 새 스케치
- 스케치 작성
- 구속조건

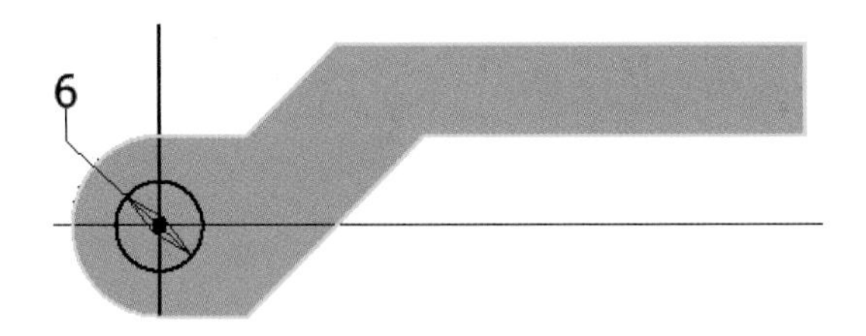

11.

- 스케치 마무리
- 돌출, 접합, 거리 5

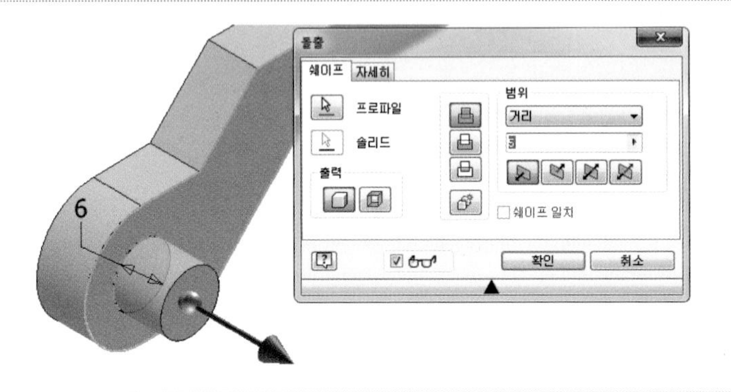

12.

- 해당평면 우클릭 새 스케치
- 스케치 작성
- 구속조건

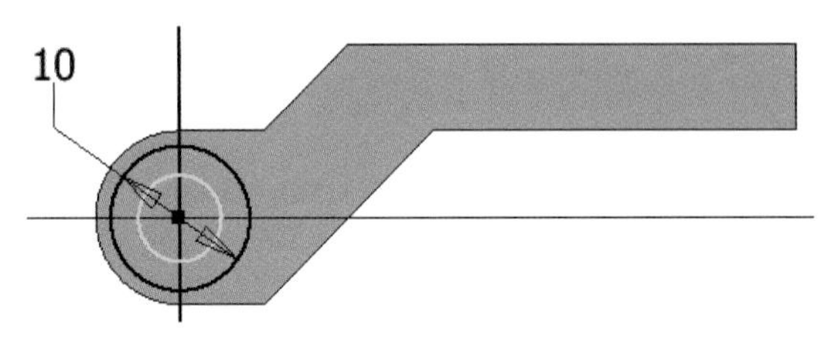

13.

- 스케치 마무리
- 돌출, 접합, 거리 5

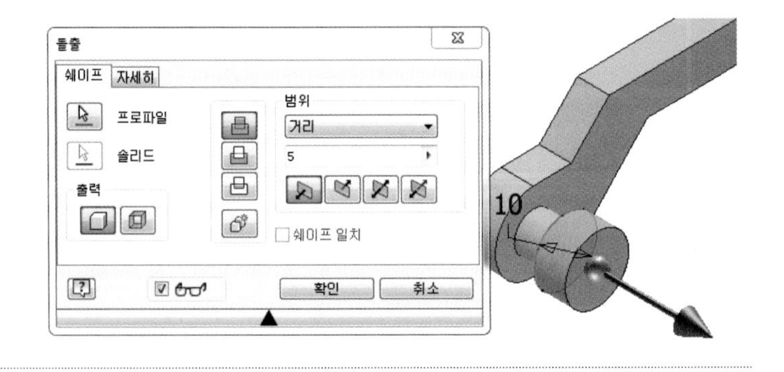

14.

• 모깎기, R1

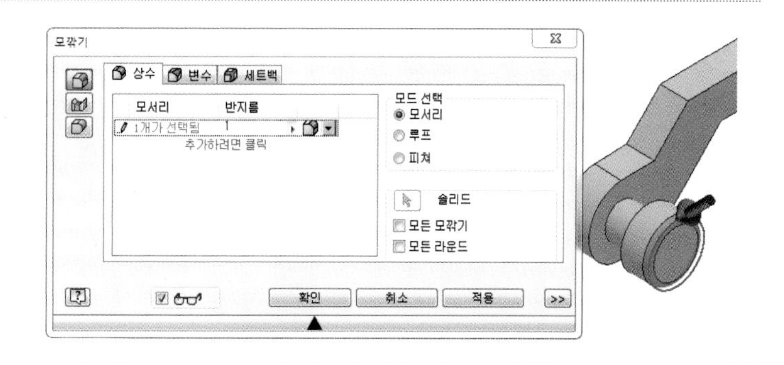

15.

• 해당평면 우클릭 새 스케치
• 스케치 작성
• 구속조건

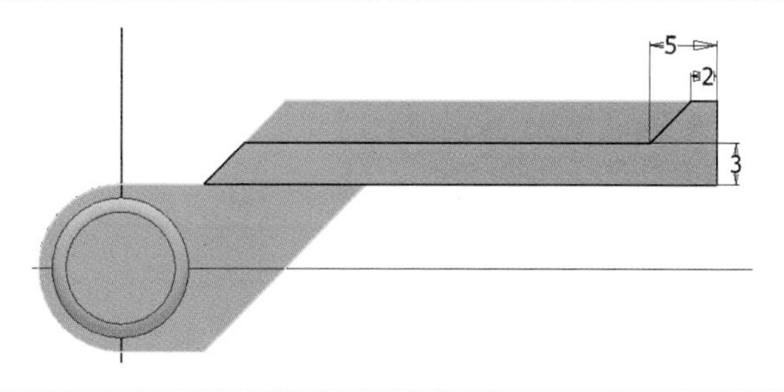

16.

• 스케치 마무리
• 돌출, 접합, 거리 5

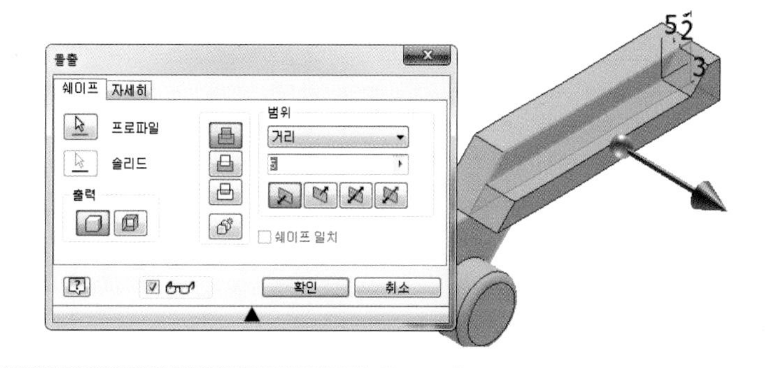

17.

• 생성된 비번호 폴더에 비번호－2.ipt 저장

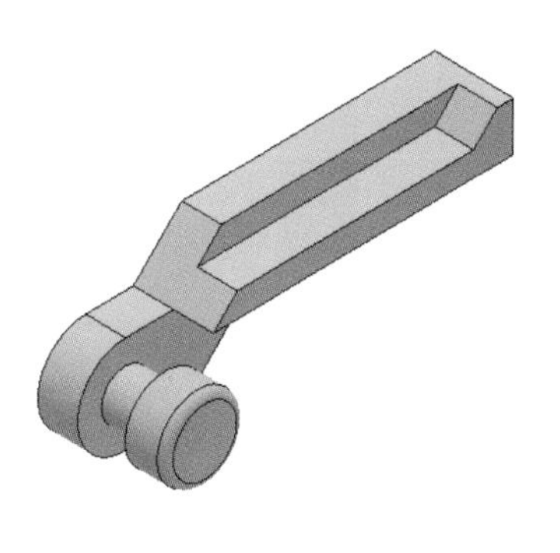

참고

인력공단에 문의 결과 요구사항에서는 부품은 저장하지 않으나 조립을 할 수 없기 때문에 저장해야 함. 시험시 감독관에게 문의 바람.

18.

• 조립 작성

19.

- 2개 부품을 드래그하여 위치
- 1번 부품 고정

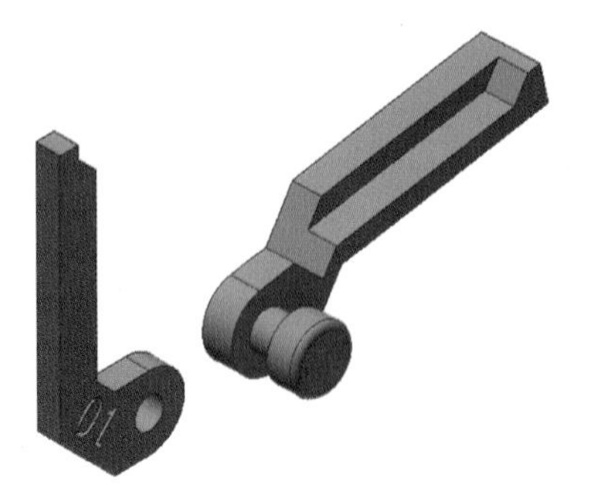

20.

- 조립구속조건 삽입을 이용하여 조립

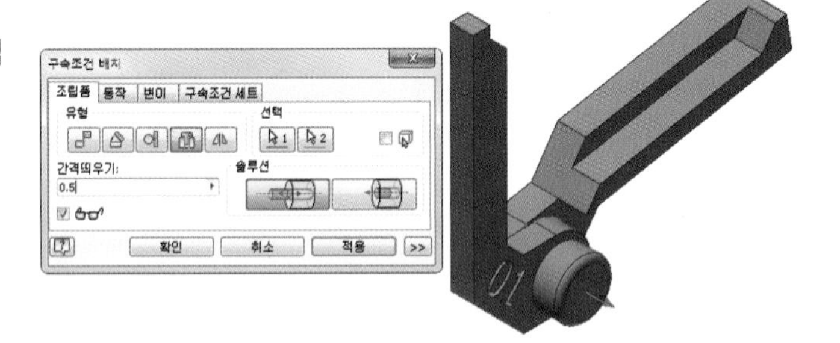

21.

- 조립구속조건 각도 – 지정각도를 이용하여 조립

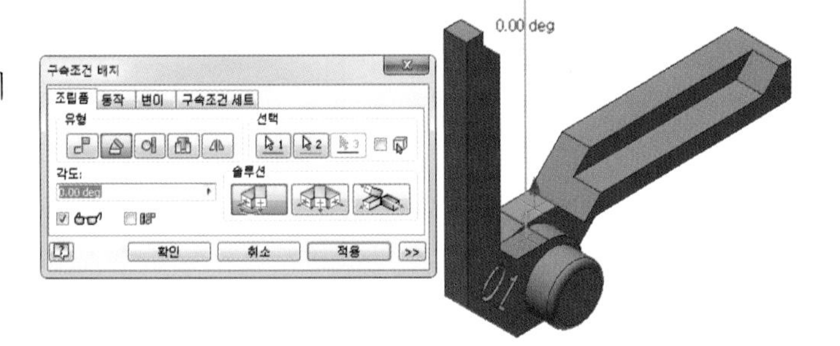

22.

- 생성된 비번호 폴더에 비번호.iam 저장
- 생성된 비번호 폴더에 비번호.stp 저장
- 생성된 비번호 폴더에 출력 고려하여 위치 변경 후 비번호.stl 저장

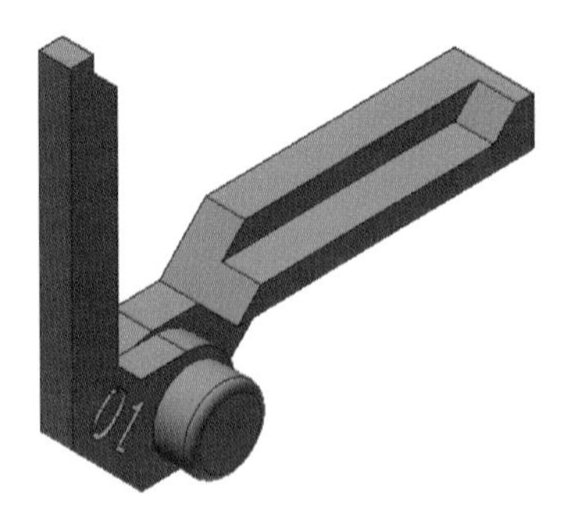

23.

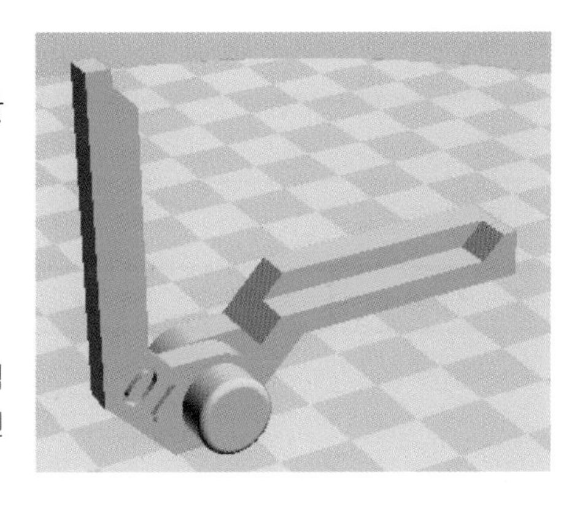

- 해당 슬라이싱 프로그램에서 설정값 및 출력 방향 설정 후 저장
  비번호.***

참고

조립 방향, 설정값, 출력방향에 따라 출력 시간이 다릅니다. 수험자가 최적의 조건을 찾으시기 바랍니다.

18 | 공개 도면 18

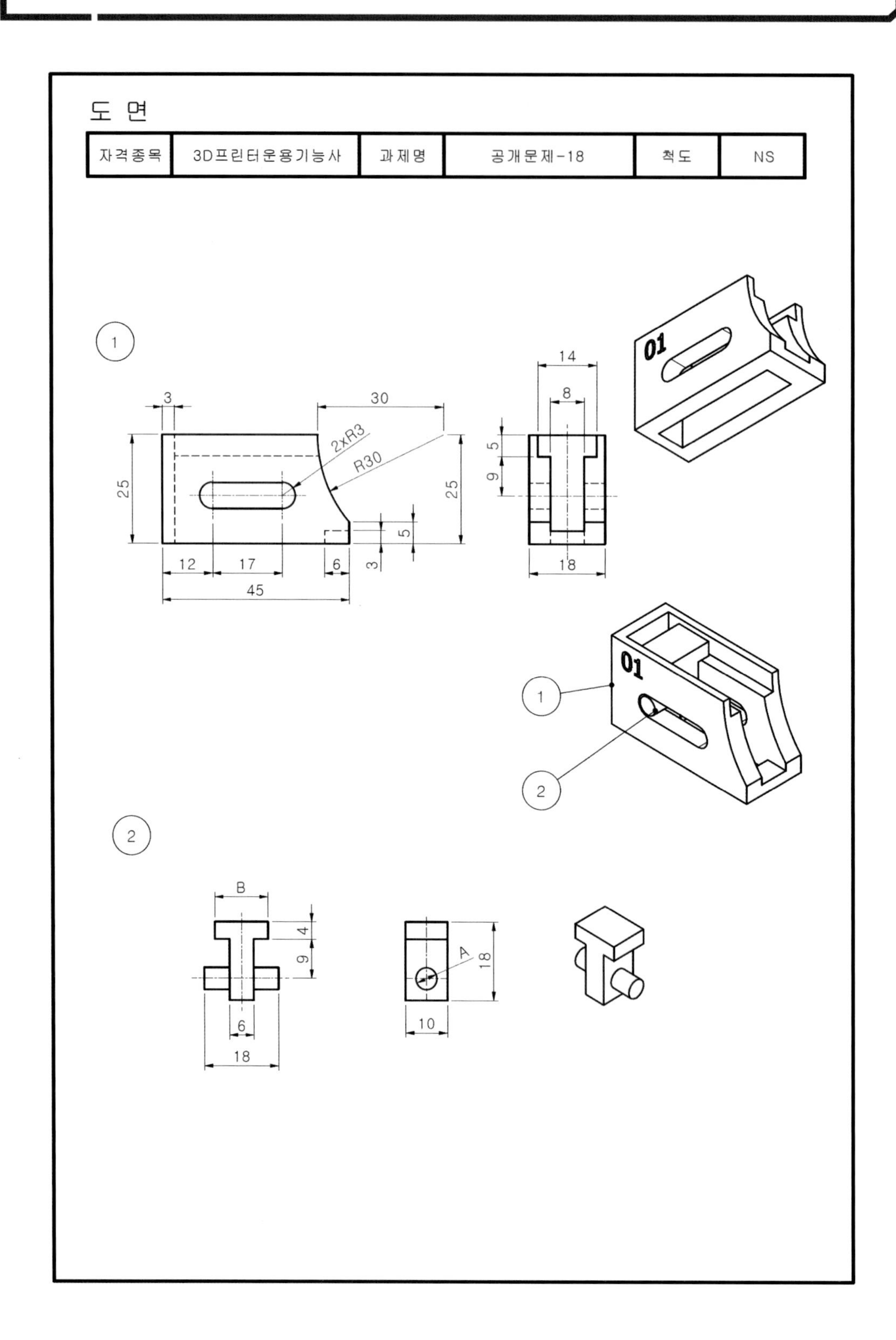

01.

- 바탕화면에 비번호 폴더 생성
- 새파일 – Standard(mm).ipt

02.

- XZ평면 우클릭 새 스케치
- 스케치 작성
- 구속조건

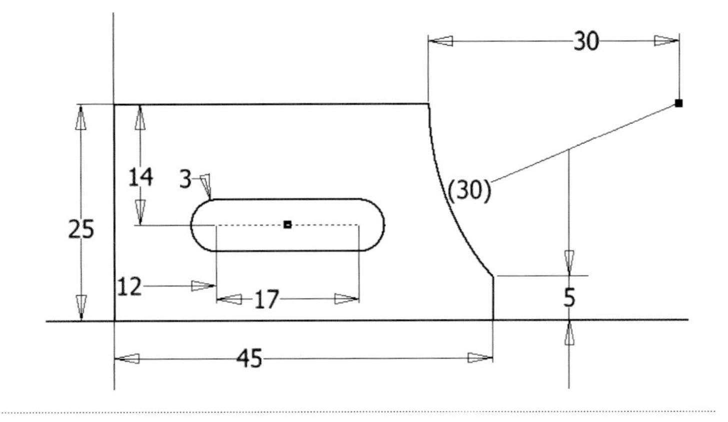

03.

- 스케치 마무리
- 돌출, 새 솔리드, 거리 18, 대칭

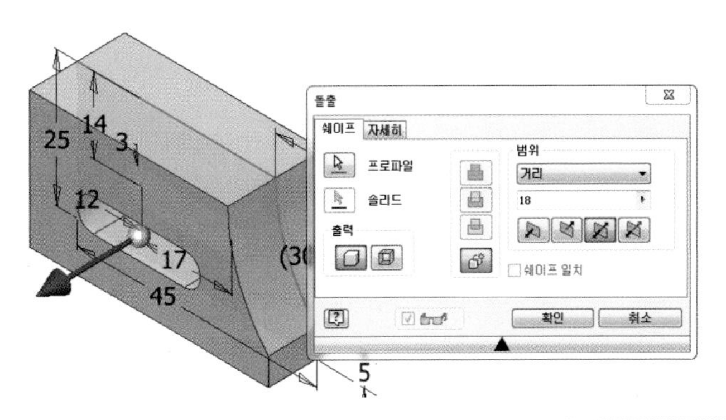

04.

- 해당평면 우클릭 새 스케치
- 스케치 작성
- 구속조건

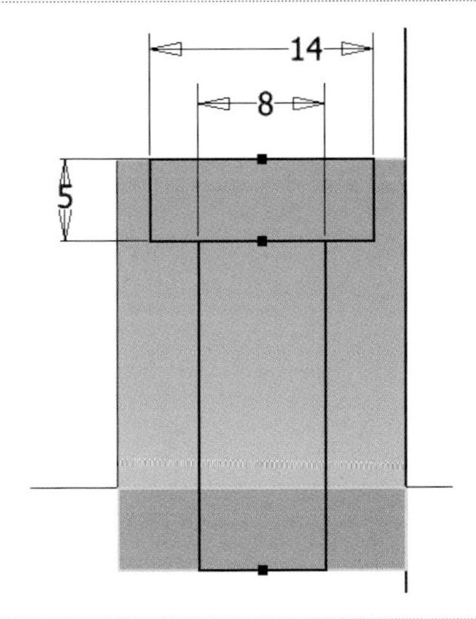

05.

- 스케치 마무리
- 돌출, 차집합, 거리 42

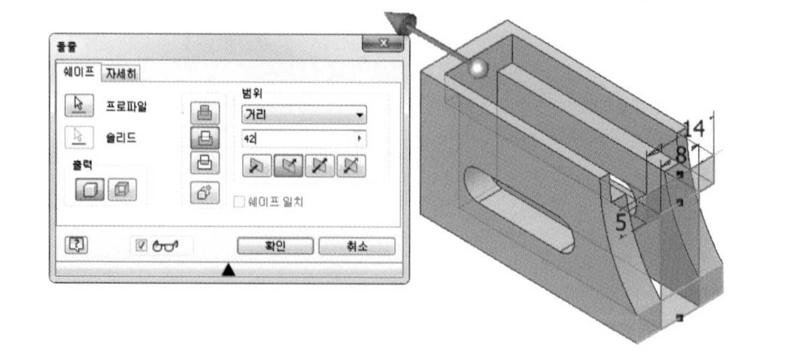

06.

- 해당평면 우클릭 새 스케치
- 스케치 작성
- 구속조건

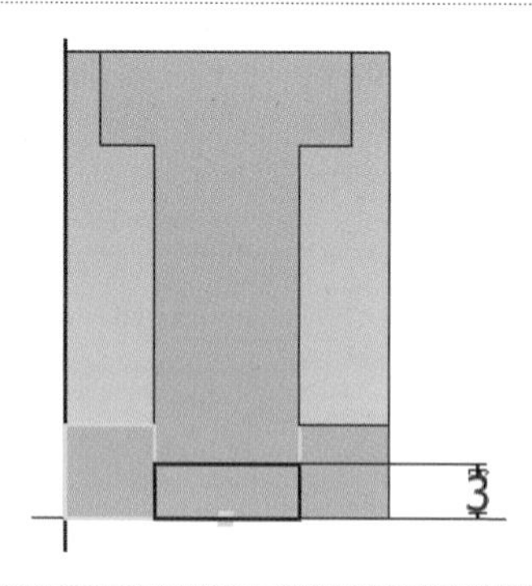

07.

- 스케치 마무리
- 돌출, 접합, 거리 6

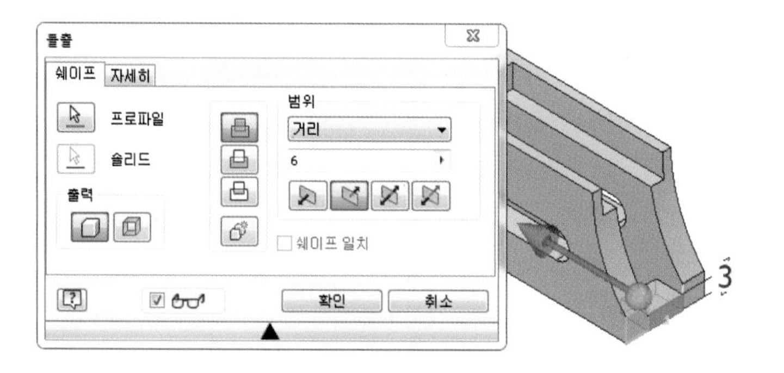

08.

- 해당평면 우클릭 새 스케치
- 문자 작성

참고

크기, 글자체, 깊이 규정 없음

09.

- 스케치 마무리
- 돌출, 차집합, 거리 1

10.

- 생성된 비번호 폴더에 비번호 – 1.ipt 저장

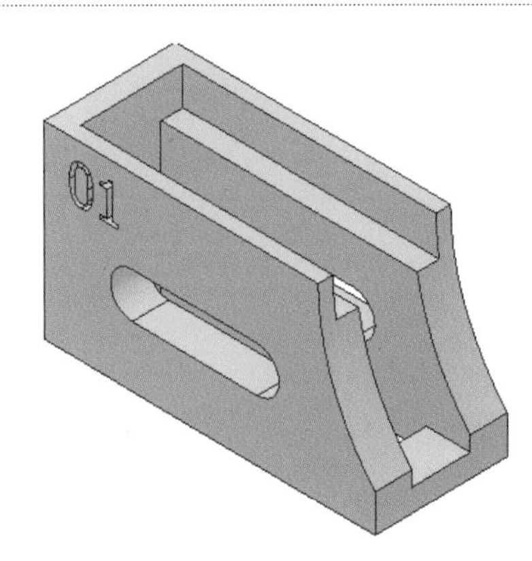

참고

인력공단에 문의 결과 요구사항에서는 부품은 저장하지 않으나 조립을 할 수 없기 때문에 저장해야 함. 시험시 감독관에게 문의 바람.

11.

- 새파일 – Standard(mm).ipt

12.

- YZ평면 우클릭 새 스케치
- 스케치 작성(공차적용)
- 구속조건

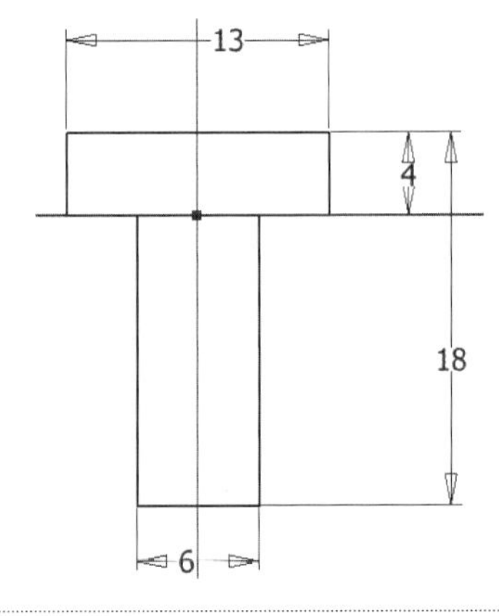

13.

- 스케치 마무리
- 돌출, 새 솔리드, 거리 10, 대칭

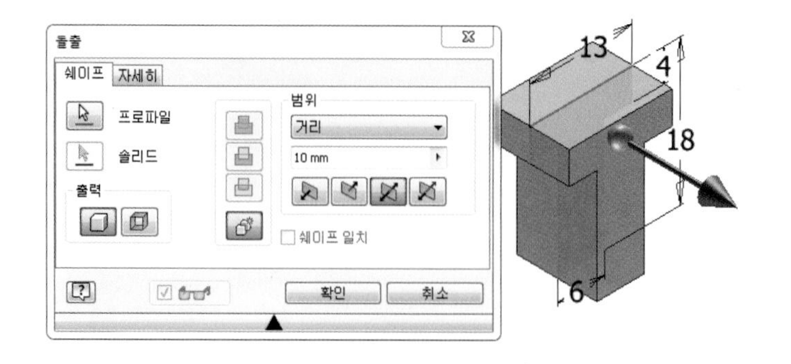

14.

- XZ평면 우클릭 새 스케치
- 스케치 작성(공차적용)
- 구속조건

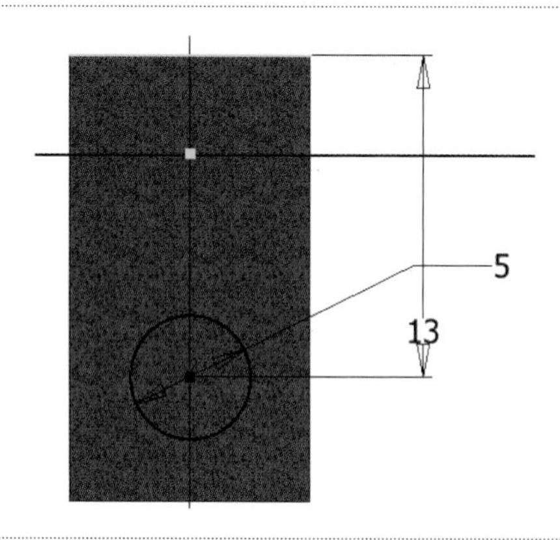

15.

- 스케치 마무리
- 돌출, 접합, 거리 18, 대칭

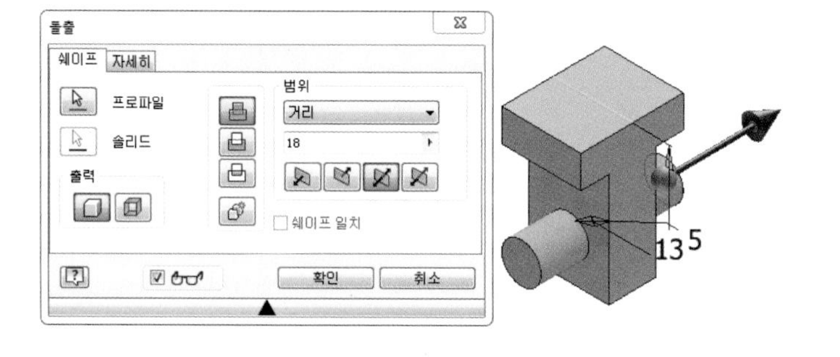

16.

- 생성된 비번호 폴더에 비번호－2.ipt 저장

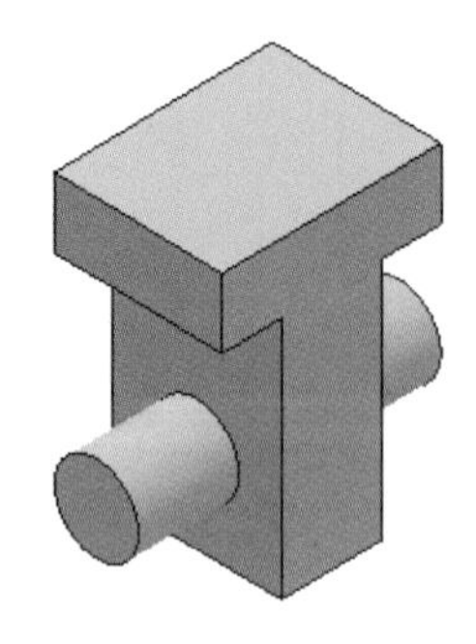

참고

인력공단에 문의 결과 요구사항에서는 부품은 저장하지 않으나 조립을 할 수 없기 때문에 저장해야 함. 시험시 감독관에게 문의 바람.

17.

• 조립 작성

18.

• 2개 부품을 드래그하여 위치
• 1번 부품 고정

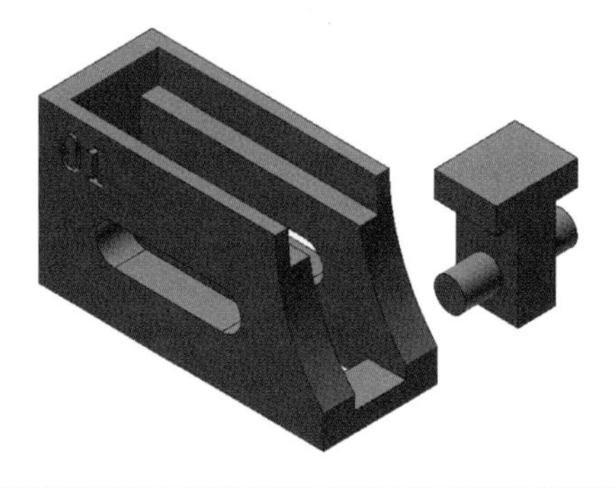

19.

• 조립구속조건 삽입을 이용하여 조립

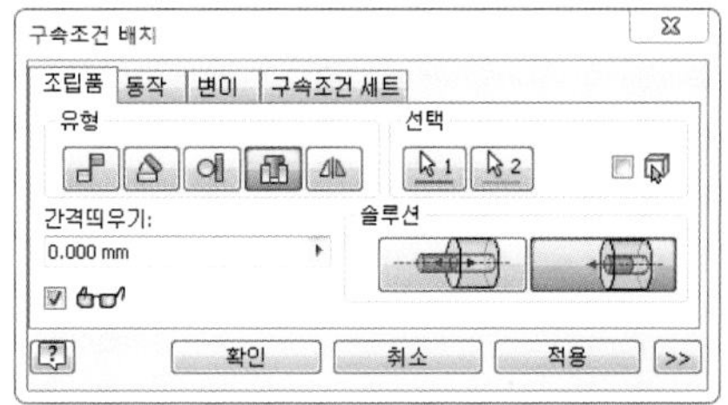

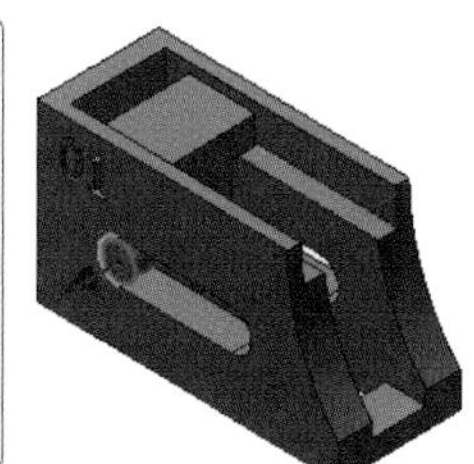

20.

• 조립구속조건 각도 – 지정각도를 이용하여 조립

21.

• 생성된 비번호 폴더에 비번호.iam 저장
• 생성된 비번호 폴더에 비번호.stp 저장
• 생성된 비번호 폴더에 출력 고려하여 위치 변경 후 비번호.stl 저장

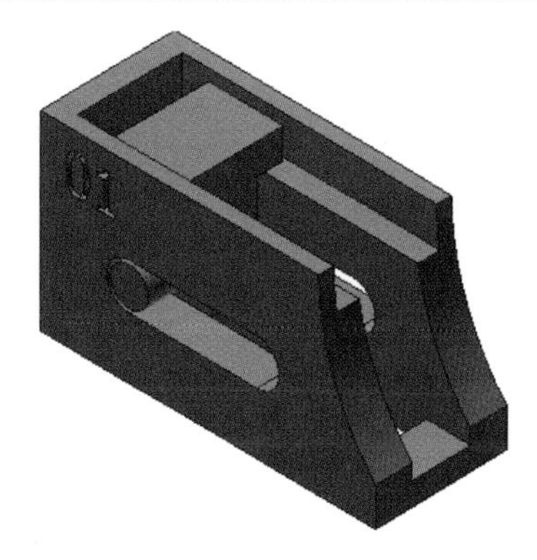

22.

- 해당 슬라이싱 프로그램에서 설정값 및 출력 방향 설정 후 저장 비번호.***

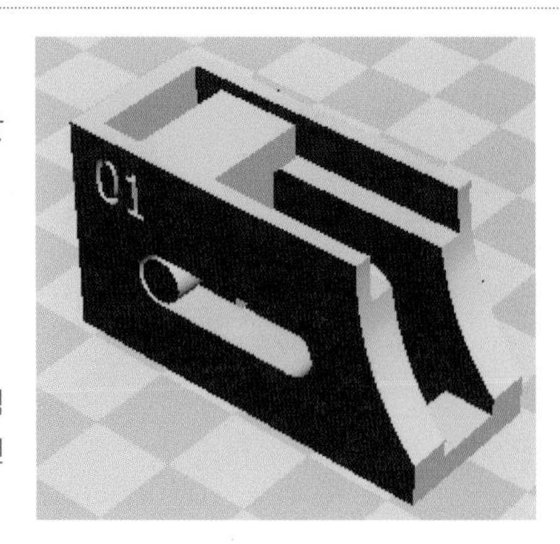

참고

조립 방향, 설정값, 출력방향에 따라 출력 시간이 다릅니다. 수험자가 최적의 조건을 찾으시기 바랍니다.

19 | 공개 도면 19(유사)

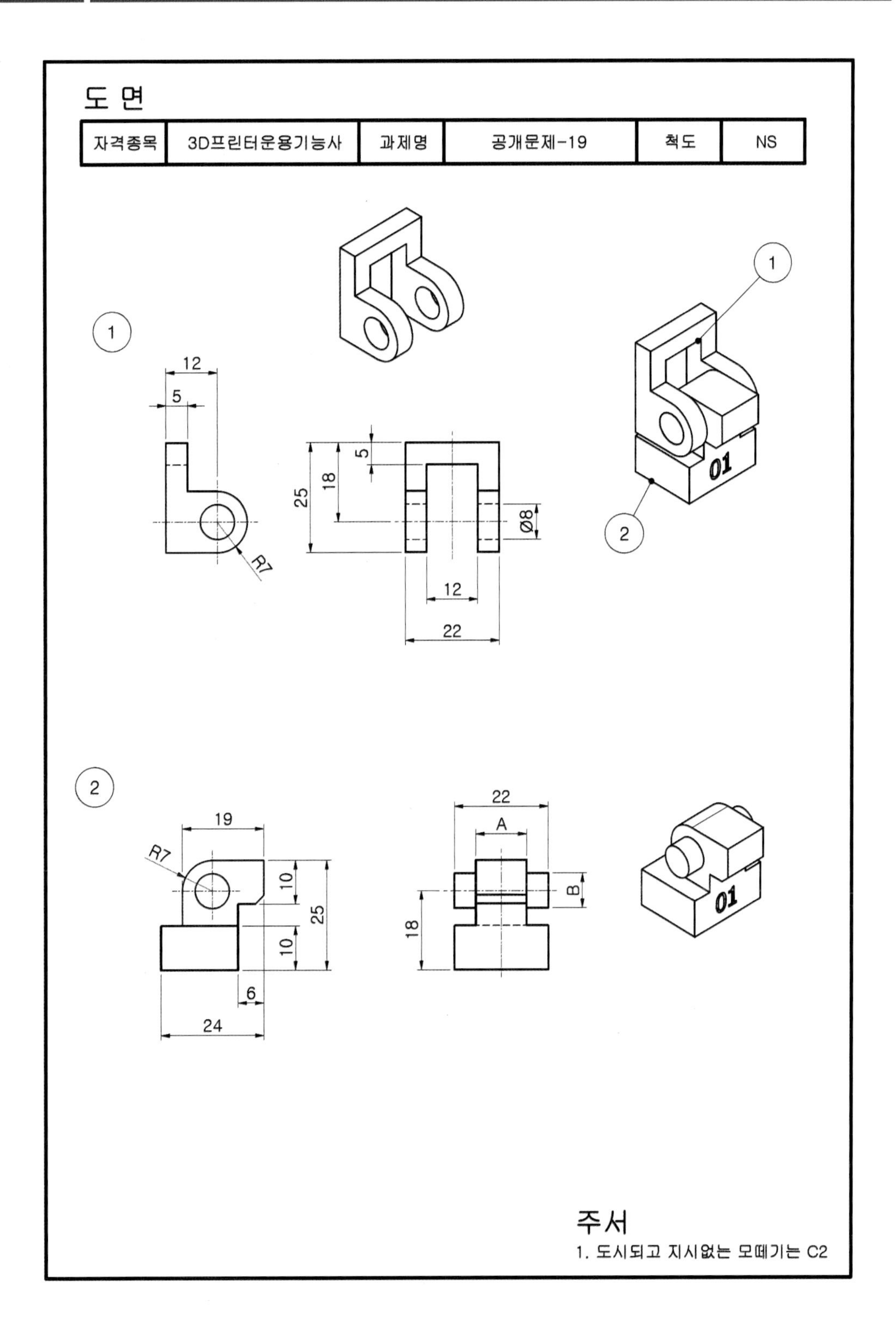

도 면
자격종목
3D프린터운용기능사
과제명
공개문제-19
척도
NS
1
12
5
R7
25
18
5
Ø8
12
22
1
2
01
2
19
R7
10
25
10
6
24
22
A
B
18
01
주서
1. 도시되고 지시없는 모떼기는 C2

01.

- 바탕화면에 비번호 폴더 생성
- 새파일 – Standard(mm).ipt

02.

- XZ평면 우클릭 새 스케치
- 스케치 작성
- 구속조건

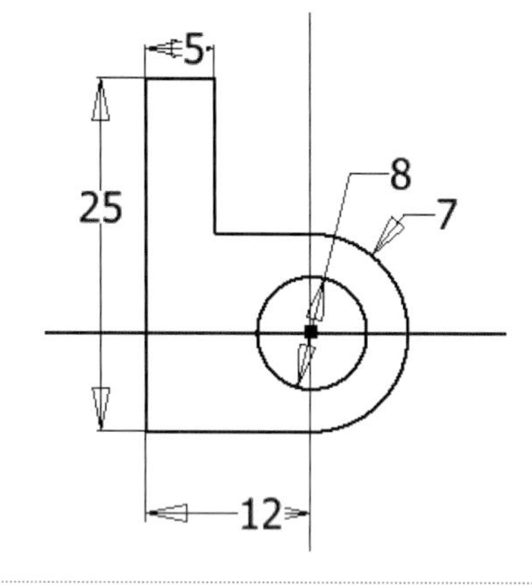

03.

- 스케치 마무리
- 돌출, 새 솔리드, 거리 22, 대칭

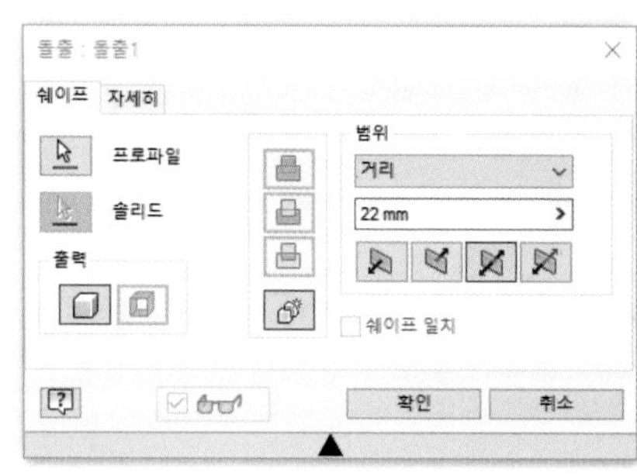

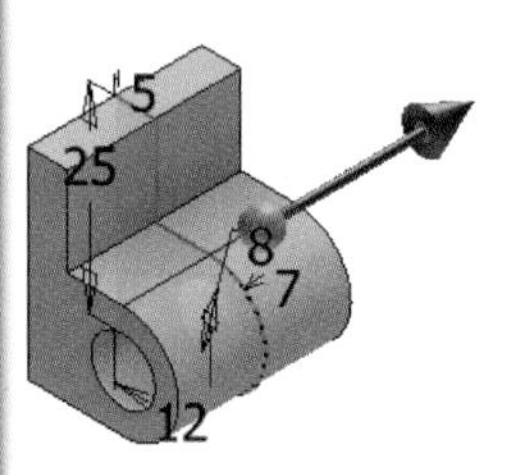

04.

- XZ평면 우클릭 새 스케치
- 스케치 작성
- 구속조건

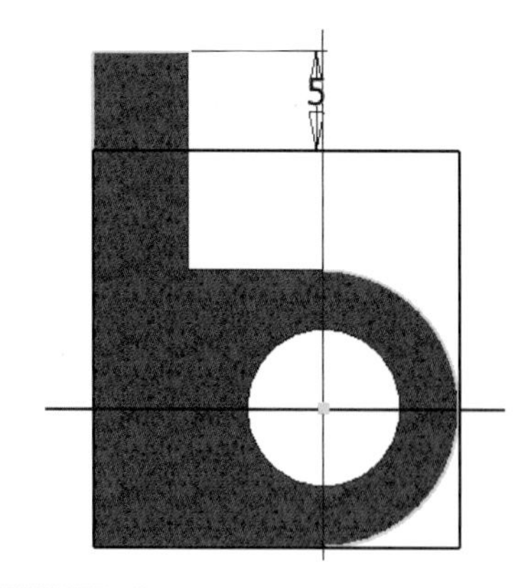

05.

- 스케치 마무리
- 돌출, 차집합, 거리 12, 대칭

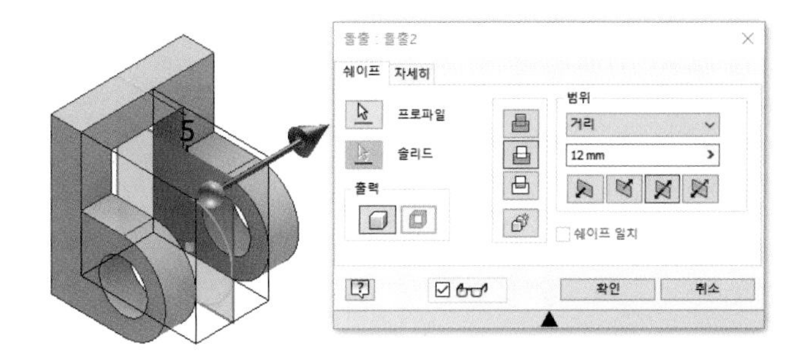

06.

- 생성된 비번호 폴더에 비번호−1.ipt 저장

참고

인력공단에 문의 결과 요구사항에서는 부품은 저장하지 않으나 조립을 할 수 없기 때문에 저장해야 함. 시험시 감독관에게 문의 바람.

07.

- 새파일−Standard(mm).ipt

08.

- XZ평면 우클릭 새 스케치
- 스케치 작성
- 구속조건

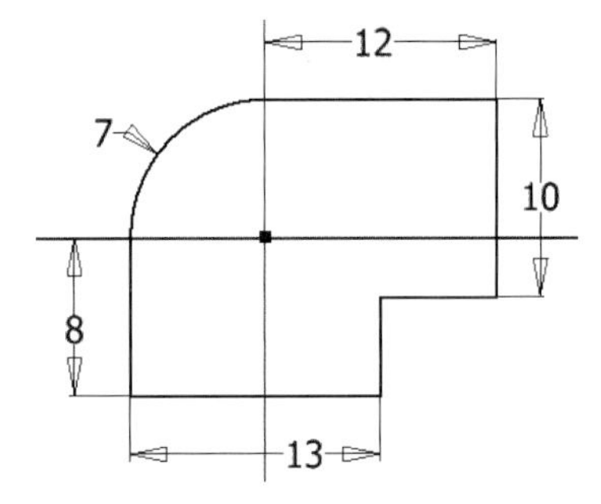

09.

- 스케치 마무리
- 돌출, 새 솔리드, 거리 11(공차적용), 대칭

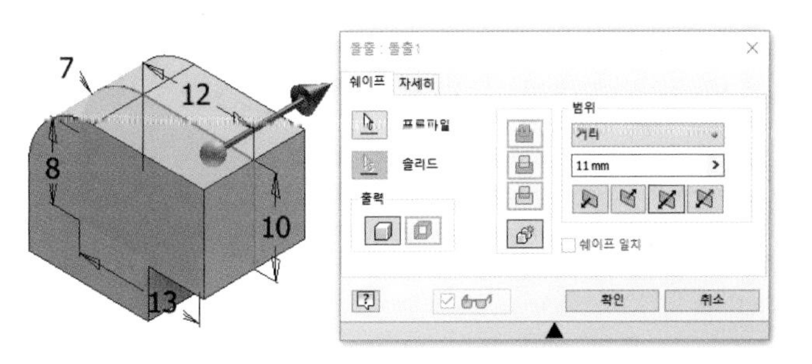

10.

- XZ평면 우클릭 새 스케치
- 스케치 작성
- 구속조건

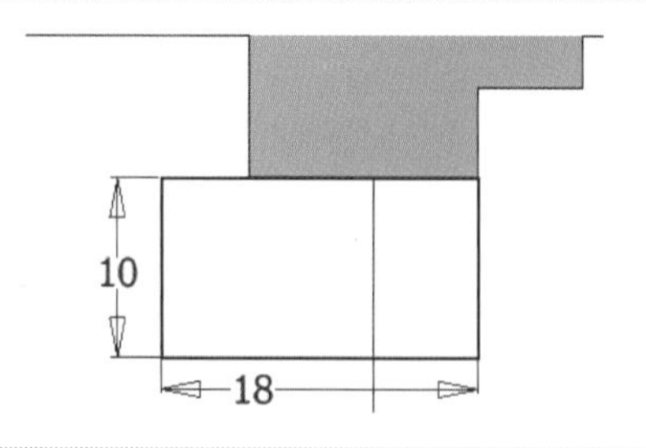

11.

- 스케치 마무리
- 돌출, 접합, 거리 22, 대칭

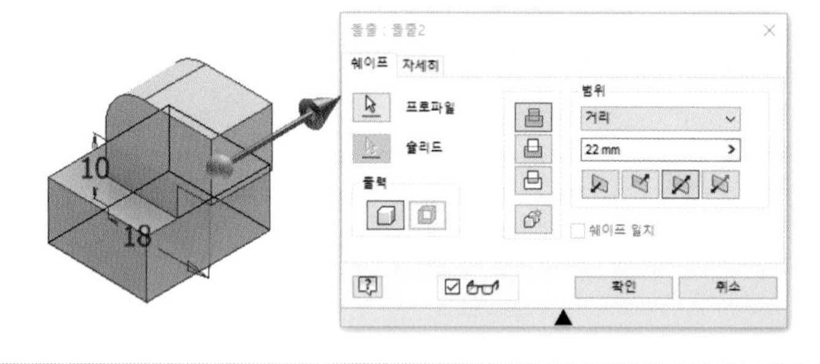

12.

- XZ평면 우클릭 새 스케치
- 스케치 작성(공차적용)
- 구속조건

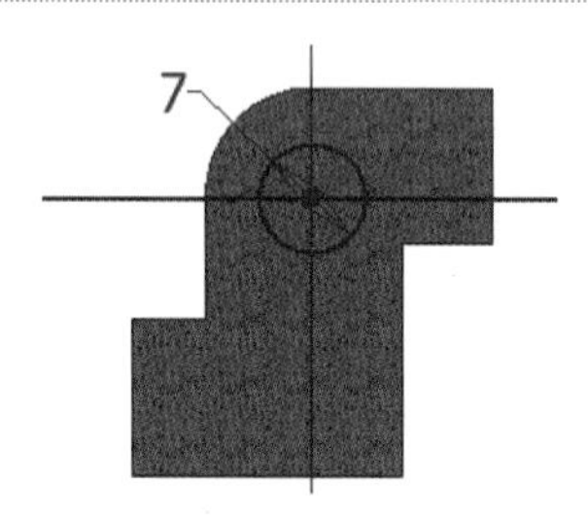

13.

- 스케치 마무리
- 돌출, 접합, 거리 22, 대칭

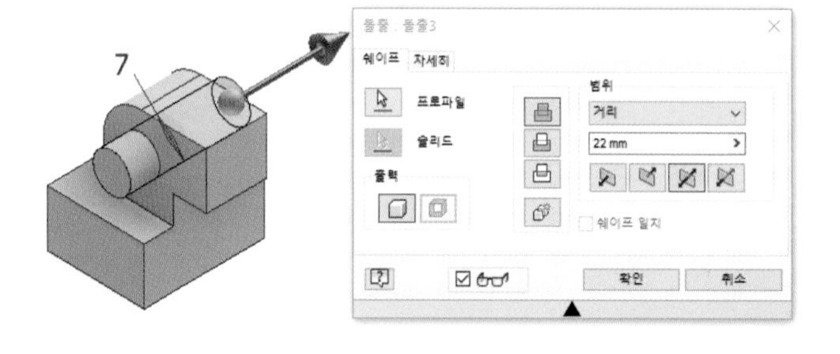

14.

- 모따기, C2

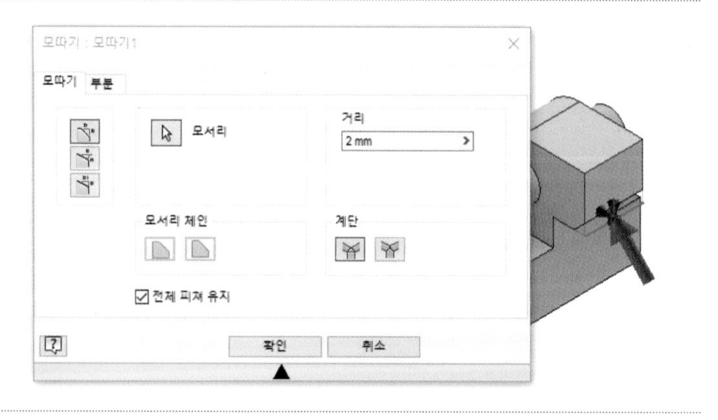

15.

- 해당평면 우클릭 새 스케치
- 문자 작성

참고

크기, 글자체, 깊이 규정 없음

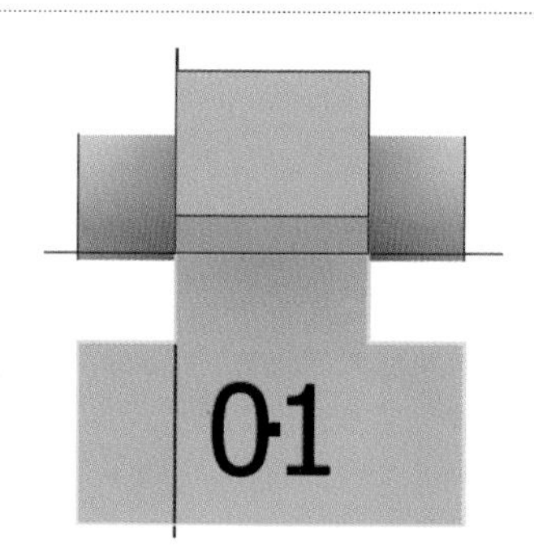

16.

- 스케치 마무리
- 돌출, 차집합, 거리 1

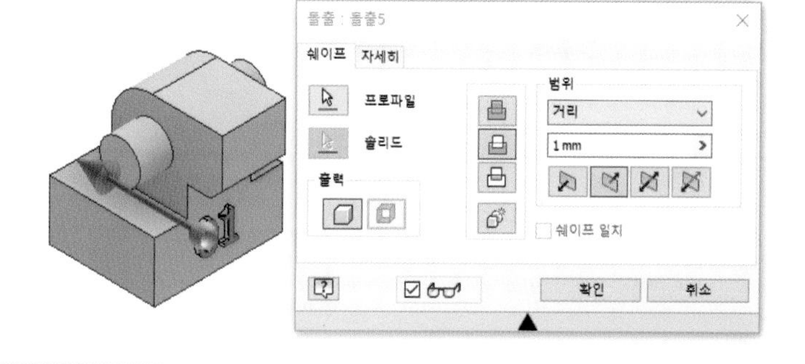

17.

- 생성된 비번호 폴더에 비번호－2.ipt 저장

참고

인력공단에 문의 결과 요구사항에서는 부품은 저장하지 않으나 조립을 할 수 없기 때문에 저장해야 함. 시험시 감독관에게 문의 바람.

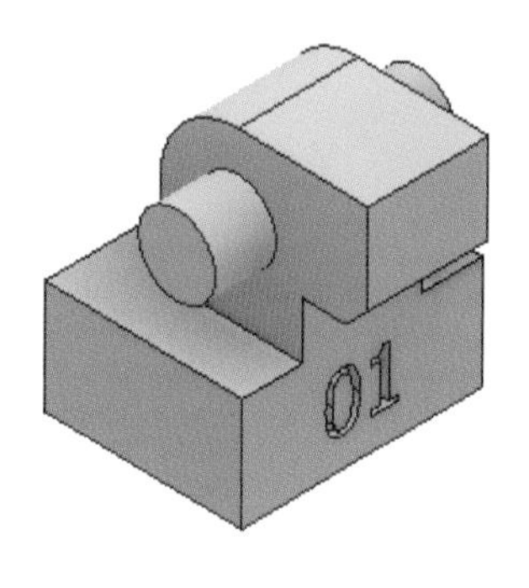

18.

- 조립 작성

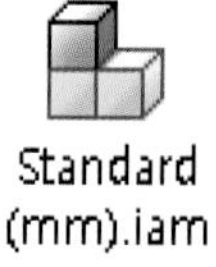

19.

- 2개 부품을 드래그하여 위치
- 1번 부품 고정

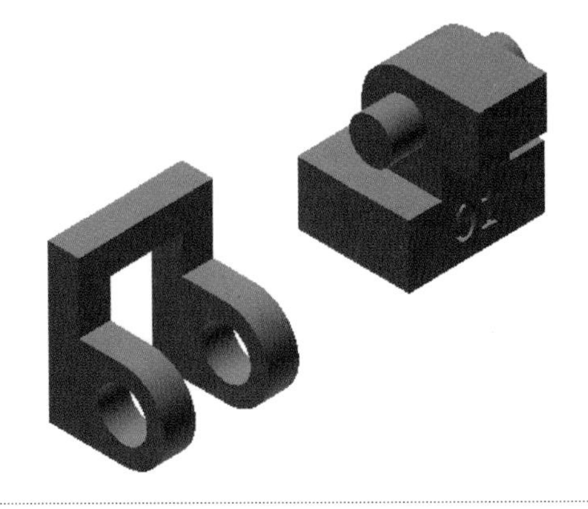

20.

- 조립구속조건 삽입을 이용하여 조립

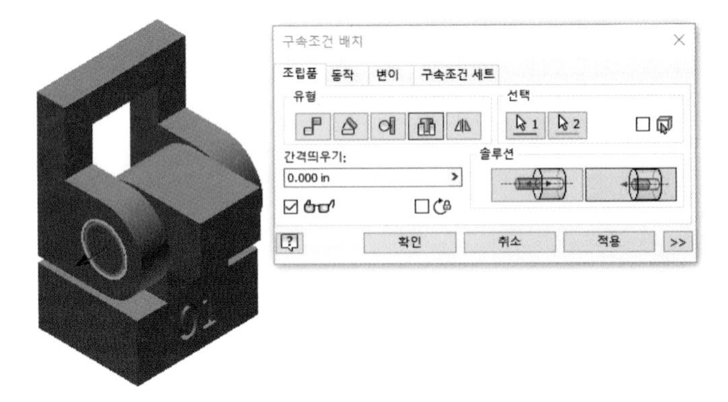

21.

- 조립구속조건 각도 – 지정각도를 이용하여 조립

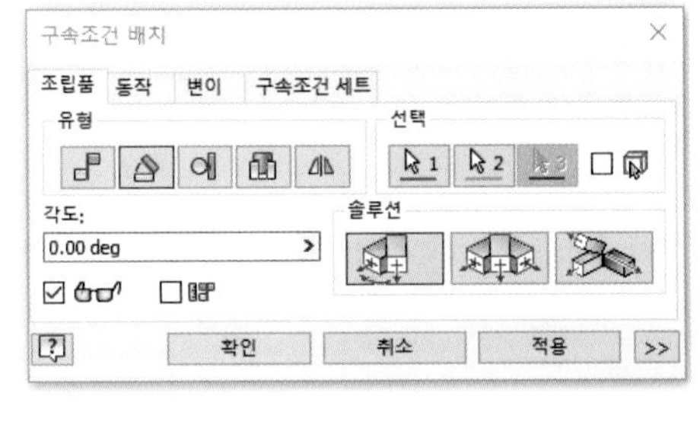

22.

- 생성된 비번호 폴더에 비번호.iam 저장
- 생성된 비번호 폴더에 비번호.stp 저장
- 생성된 비번호 폴더에 출력 고려하여 위치 변경 후 비번호.stl 저장

23.

• 해당 슬라이싱 프로그램에서 설정값 및 출력 방향 설정 후 저장 비번호.***

참고

조립 방향, 설정값, 출력방향에 따라 출력 시간이 다릅니다. 수험자가 최적의 조건을 찾으시기 바랍니다.

20 | 공개 도면 20(유사)

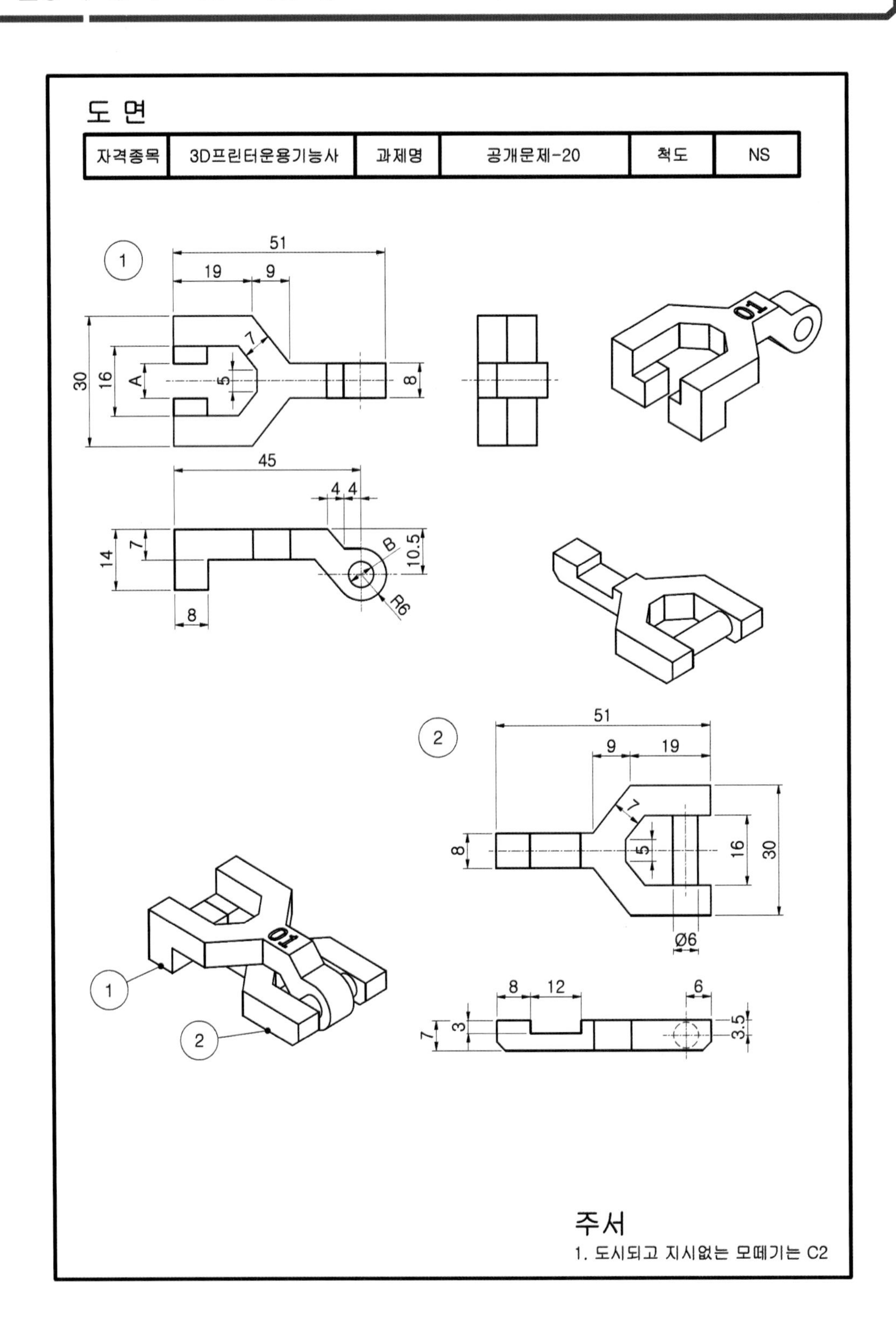

도 면
자격종목
3D프린터운용기능사
과제명
공개문제-20
척도
NS
51
19
9
7
30
16
A
5
8
45
4 4
14
7
B
10.5
R6
8
01
9
19
Ø6
12
6
3
3.5
주서
1. 도시되고 지시없는 모떼기는 C2

01.

- 바탕화면에 비번호 폴더 생성
- 새파일 – Standard(mm).ipt

02.

- XY평면 우클릭 새 스케치
- 스케치 작성(공차적용)
- 구속조건

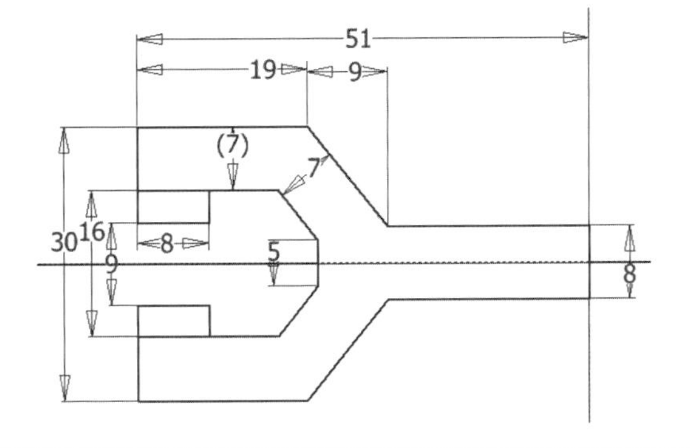

03.

- 스케치 마무리
- 돌출, 새 솔리드, 거리 16.5

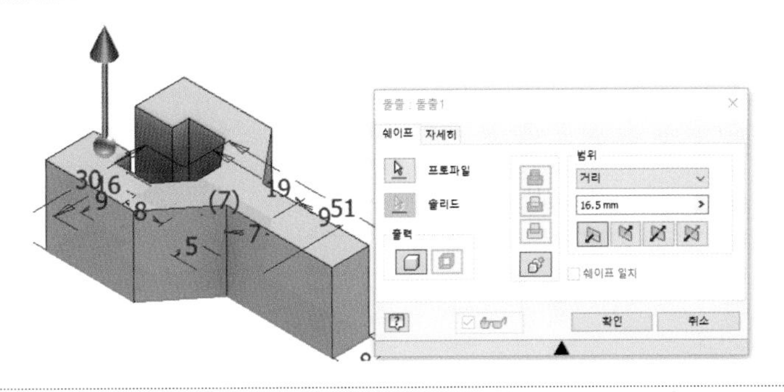

04.

- 해당평면 우클릭 새 스케치
- 스케치 작성
- 구속조건

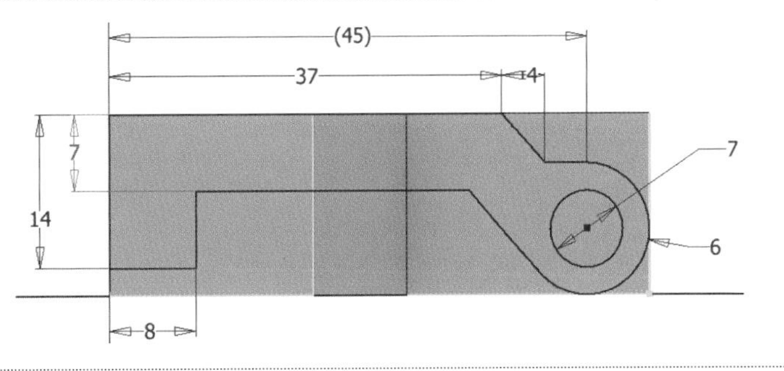

05.

- 스케치 마무리
- 돌출, 교집합, 전체

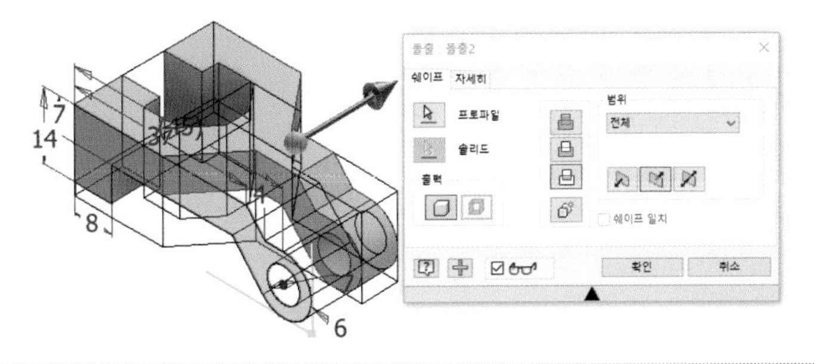

06.

- 해당평면 우클릭 새 스케치
- 스케치 작성
- 구속조건

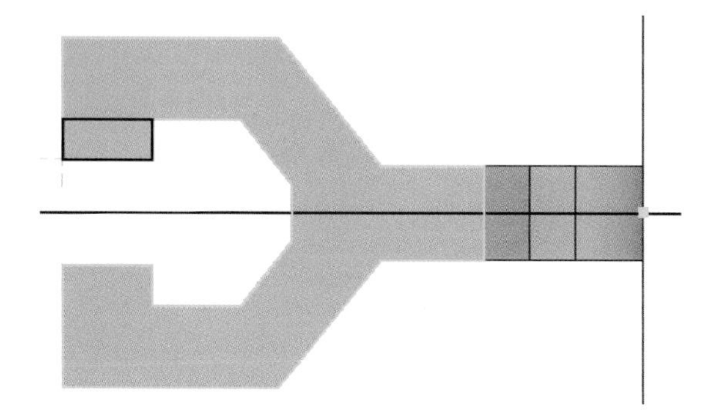

07.

- 스케치 마무리
- 돌출, 차집합, 거리 7

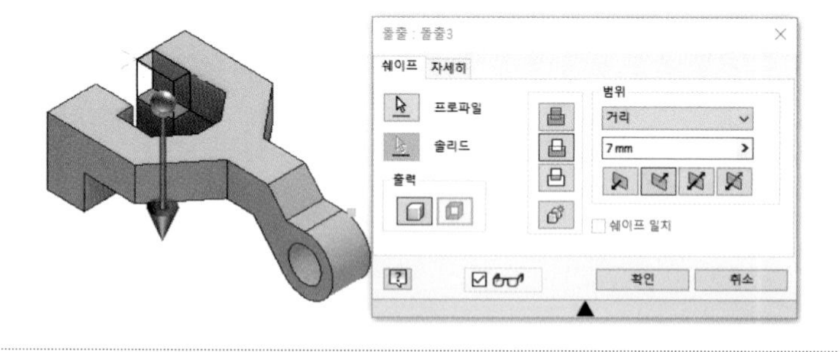

08.

- 미러

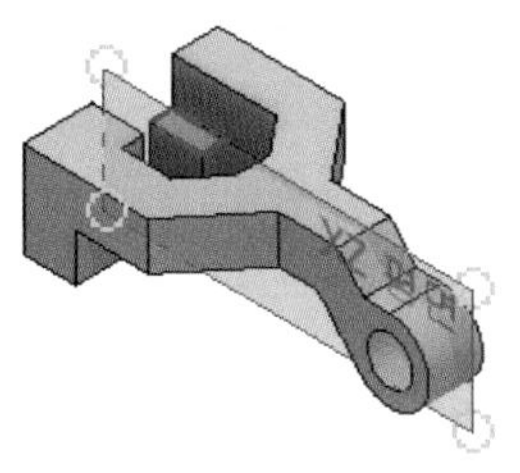
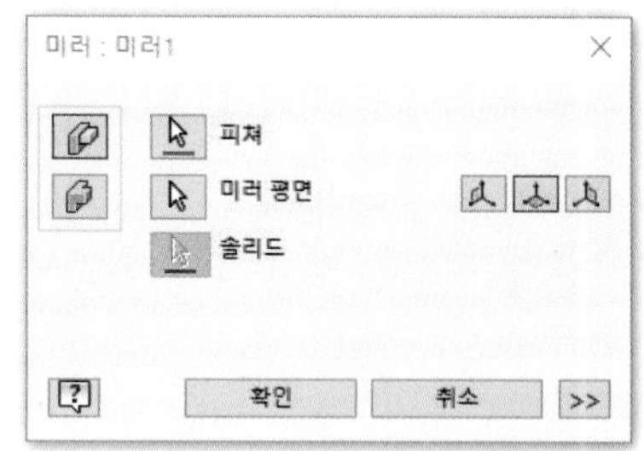

09.

- 해당평면 우클릭 새 스케치
- 문자 작성

참고

크기, 글자체, 깊이 규정 없음

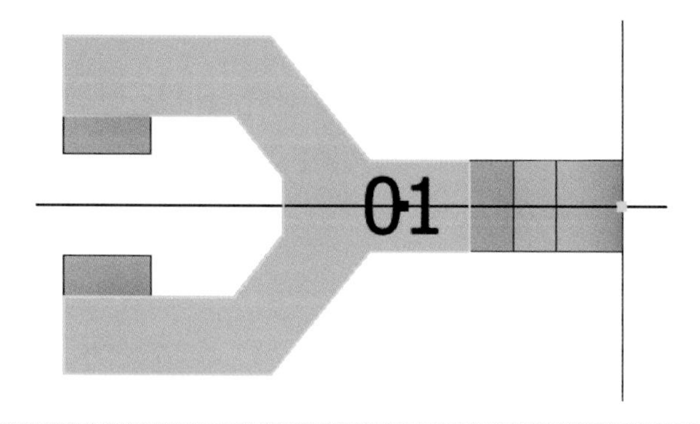

10.

- 스케치 마무리
- 돌출, 차집합, 거리 1

11.

- 생성된 비번호 폴더에 비번호－1.ipt 저장

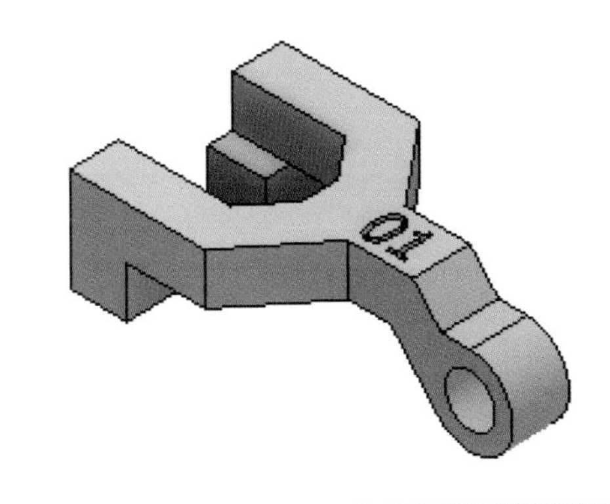

참고

인력공단에 문의 결과 요구사항에서는 부품은 저장하지 않으나 조립을 할 수 없기 때문에 저장해야 함. 시험시 감독관에게 문의 바람.

12.

- 새파일－Standard(mm).ipt

13.

- XY평면 우클릭 새 스케치
- 스케치 작성
- 구속조건

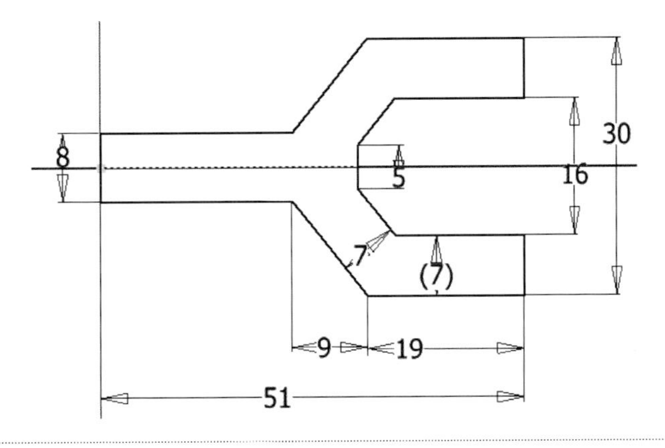

14.

- 스케치 마무리
- 돌출, 새 솔리드, 거리 7

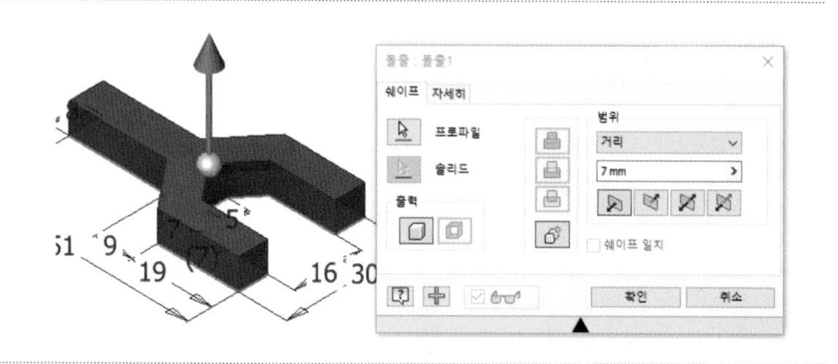

15.

- 모따기, C2

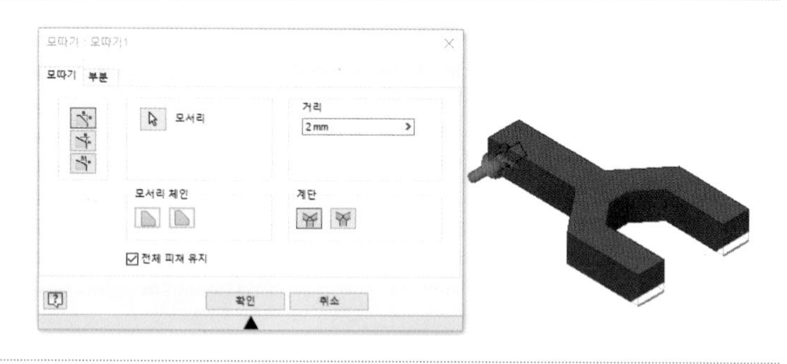

16.

- 해당평면 우클릭 새 스케치
- 스케치 작성
- 구속조건

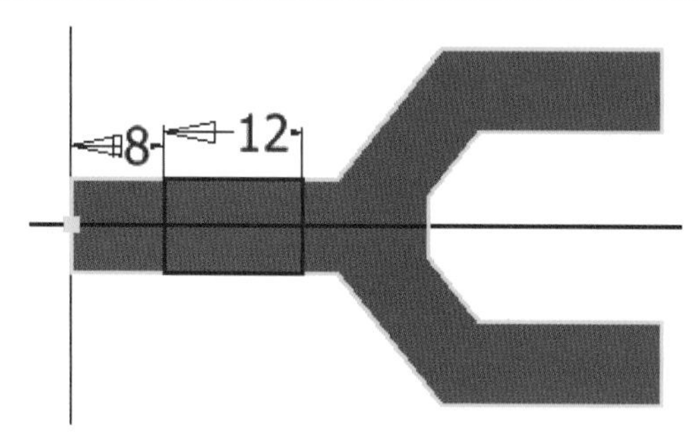

17.

- 스케치 마무리
- 돌출, 차집합, 거리 3

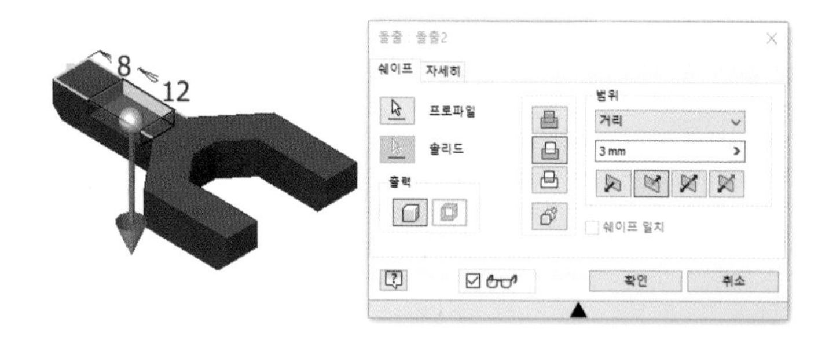

18.

- XZ평면 우클릭 새 스케치
- 스케치 작성
- 구속조건

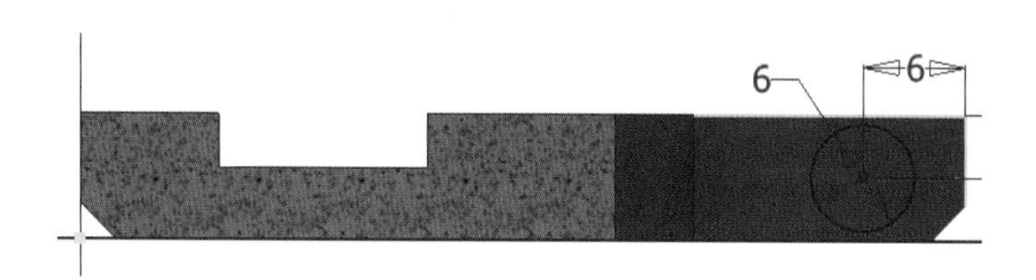

19.

- 스케치 마무리
- 돌출, 접합, 전체

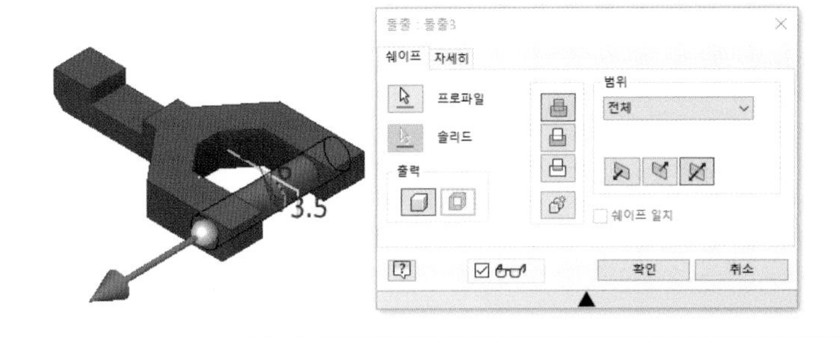

20.

- 생성된 비번호 폴더에 비번호 – 2.ipt 저장

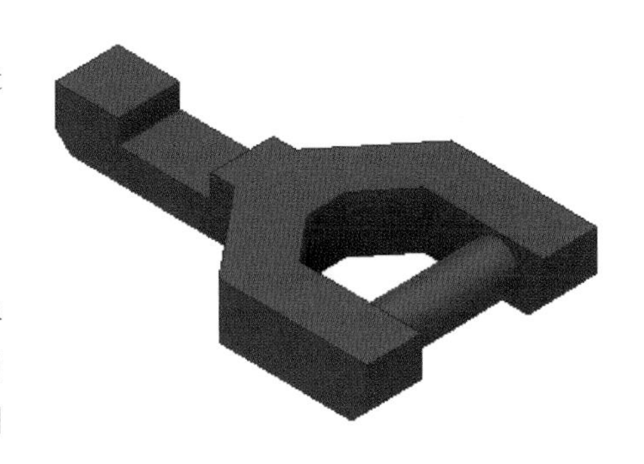

참고

인력공단에 문의 결과 요구사항에서는 부품은 저장하지 않으나 조립을 할 수 없기 때문에 저장해야 함. 시험시 감독관에게 문의 바람.

21.

- 조립 작성

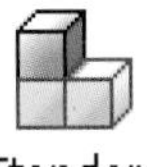

22.

- 2개 부품을 드래그하여 위치
- 1번 부품 고정

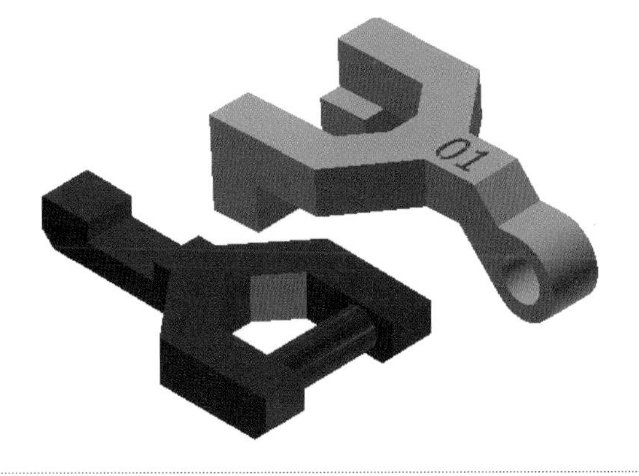

23.

- 조립구속조건 메이트 – 메이트를 이용하여 조립

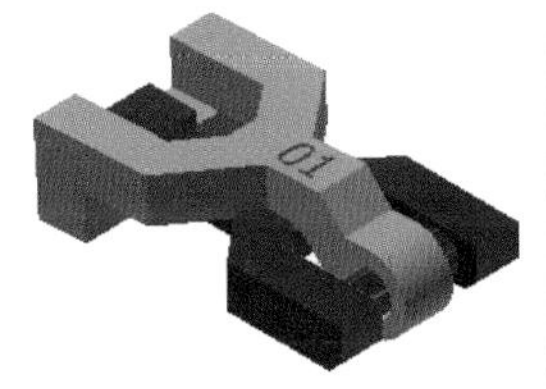

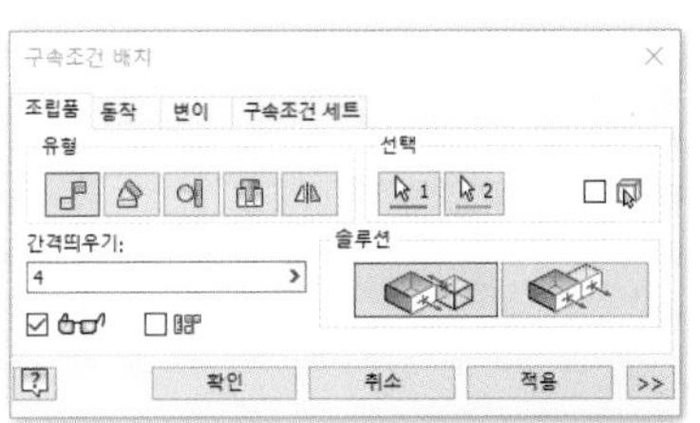

24.

- 조립구속조건 각도 – 지정각도를 이용하여 조립

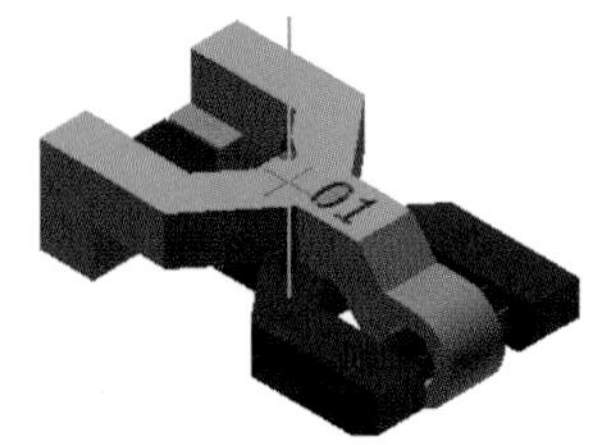

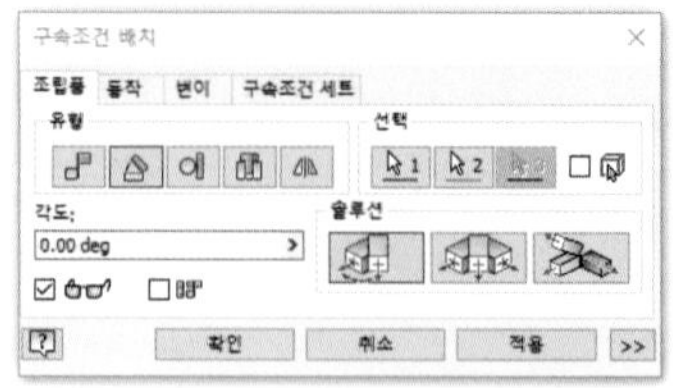

25.

- 생성된 비번호 폴더에 비번호.iam 저장
- 생성된 비번호 폴더에 비번호.stp 저장
- 생성된 비번호 폴더에 출력 고려하여 위치 변경 후 비번호.stl 저장

26.

- 해당 슬라이싱 프로그램에서 설정값 및 출력 방향 설정 후 저장 비번호.***

참고

조립 방향, 설정값, 출력방향에 따라 출력 시간이 다릅니다. 수험자가 최적의 조건을 찾으시기 바랍니다.

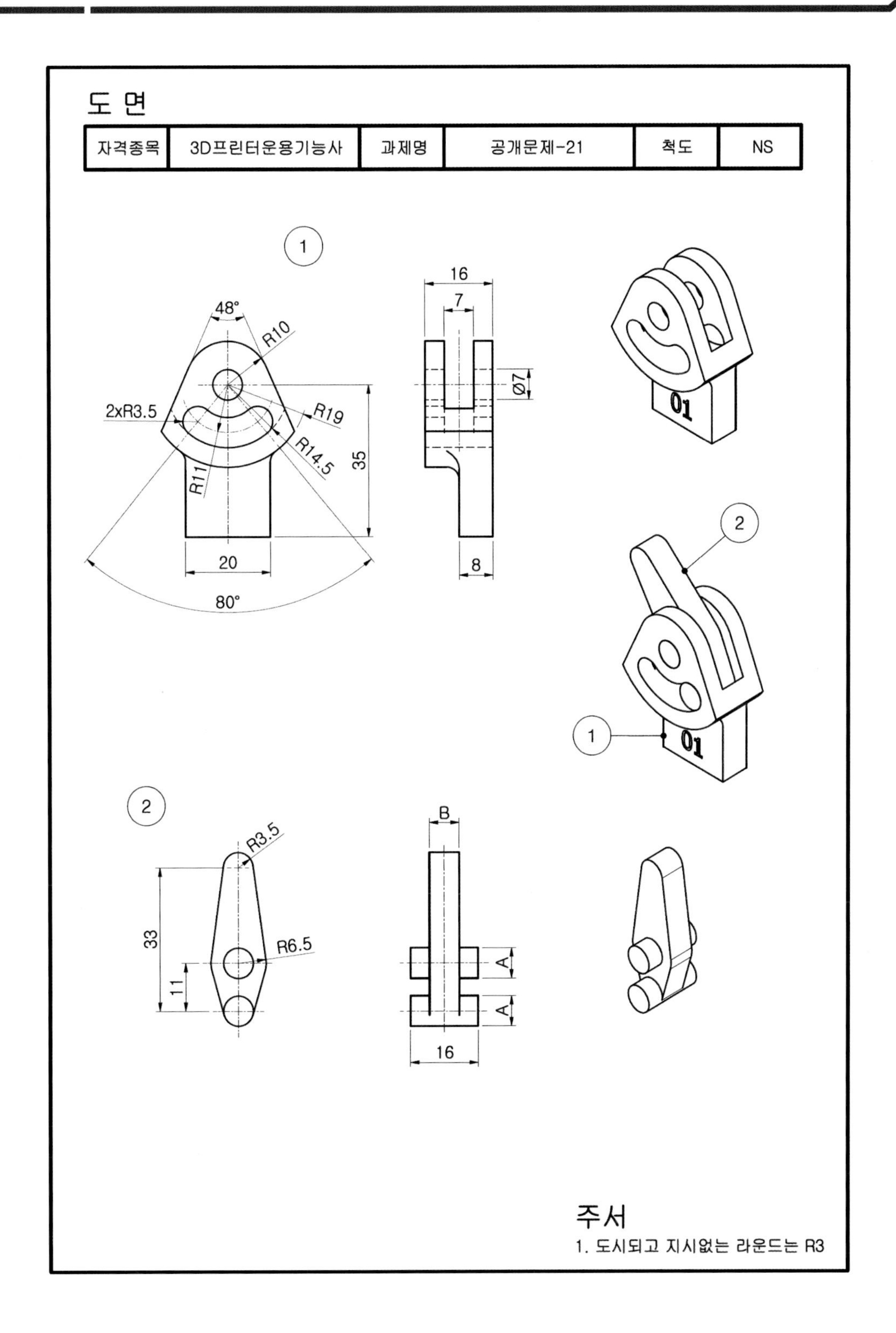
도 면
자격종목
3D프린터운용기능사
과제명
공개문제-21
척도
NS
1
48°
R10
2xR3.5
R19
R14.5
R11
35
20
80°
16
7
Ø7
8
01
2
1
2
R3.5
R6.5
33
11
B
A
A
16
주서
1. 도시되고 지시없는 라운드는 R3

01.

- 바탕화면에 비번호 폴더 생성
- 새파일 – Standard(mm).ipt

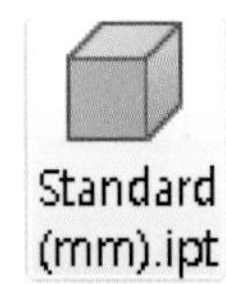

02.

- XZ평면 우클릭 새 스케치
- 스케치 작성
- 구속조건

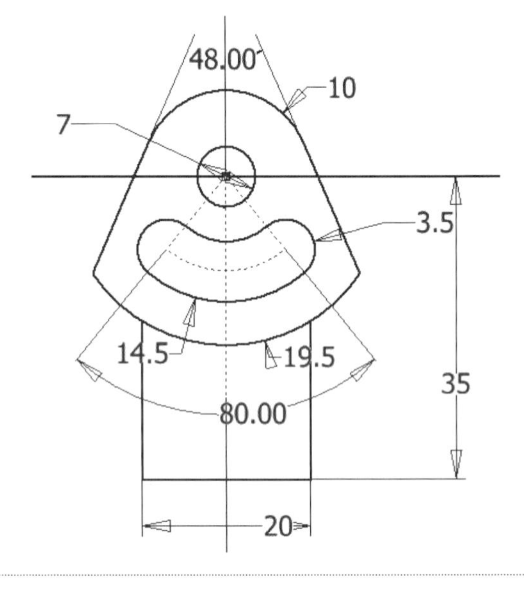

03.

- 스케치 마무리
- 돌출, 새 솔리드, 거리 16, 대칭

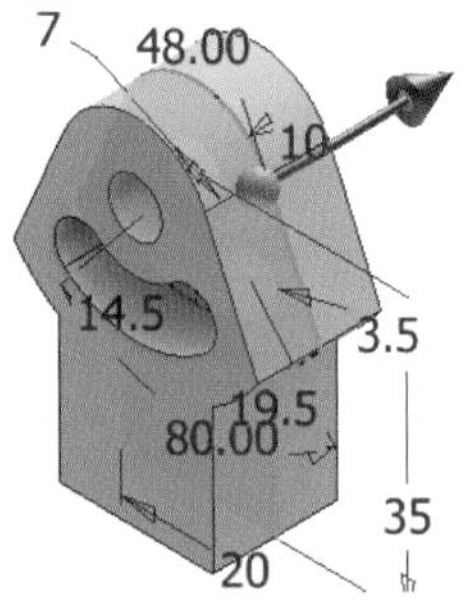

04.

- 스케치 공유
- 돌출, 전체, 차집합
- 스케치 가시성 해제

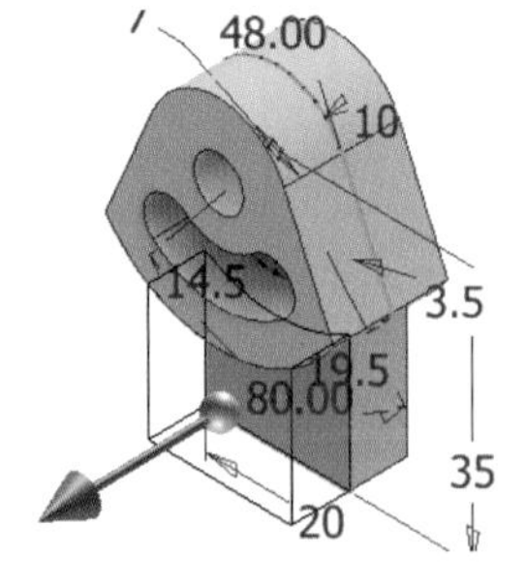

05.

- 모깎기, R3

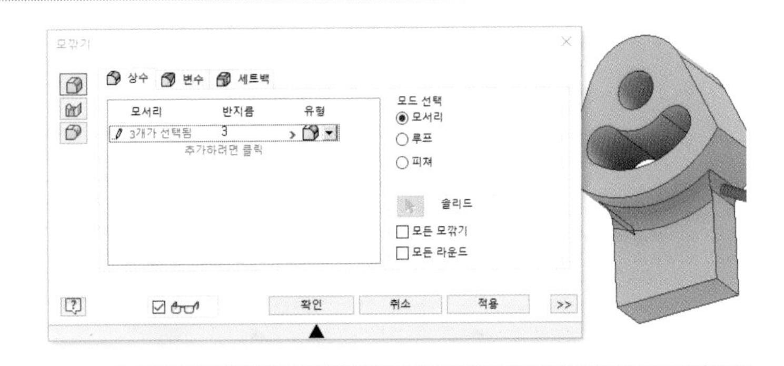

06.

- XZ평면 우클릭 새 스케치
- 스케치 작성
- 구속조건

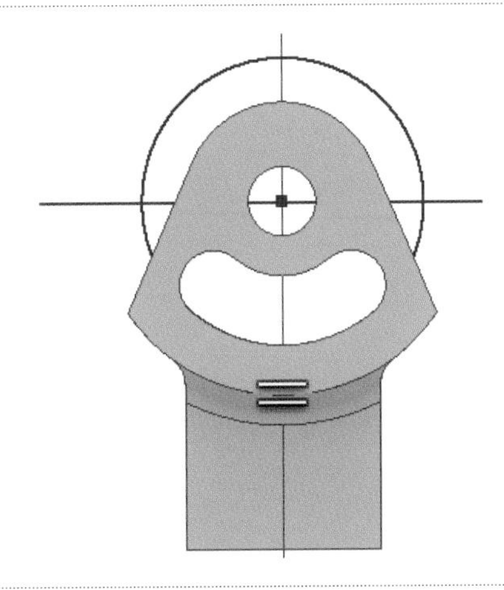

07.

- 스케치 마무리
- 돌출, 차집합, 거리 7, 대칭

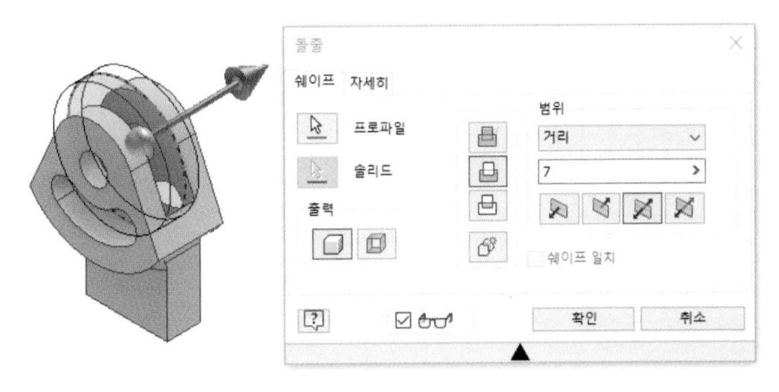

08.

- 해당평면 우클릭 새 스케치
- 문자 작성

참고

크기, 글자체, 깊이 규정 없음

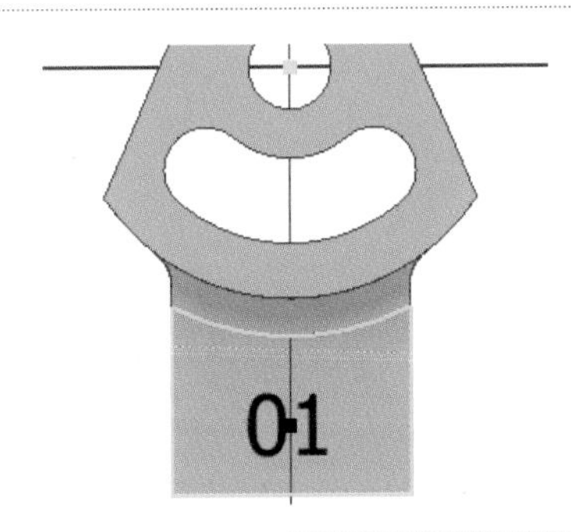

09.

- 스케치 마무리
- 돌출, 차집합, 거리 1

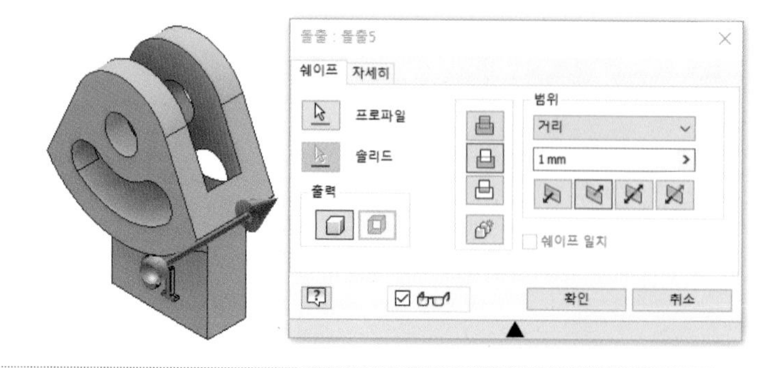

10.

- 생성된 비번호 폴더에 비번호 – 1.ipt 저장

참고

인력공단에 문의 결과 요구사항에서는 부품은 저장하지 않으나 조립을 할 수 없기 때문에 저장해야 함. 시험시 감독관에게 문의 바람.

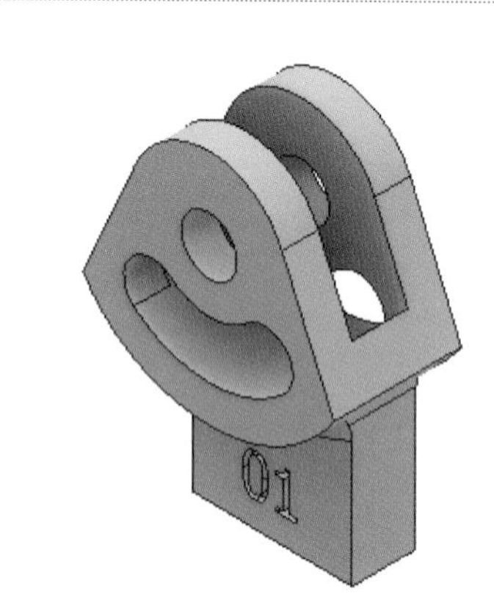

11.

- 새파일 – Standard(mm).ipt

12.

- XZ평면 우클릭 새 스케치
- 스케치 작성(공차적용)
- 구속조건

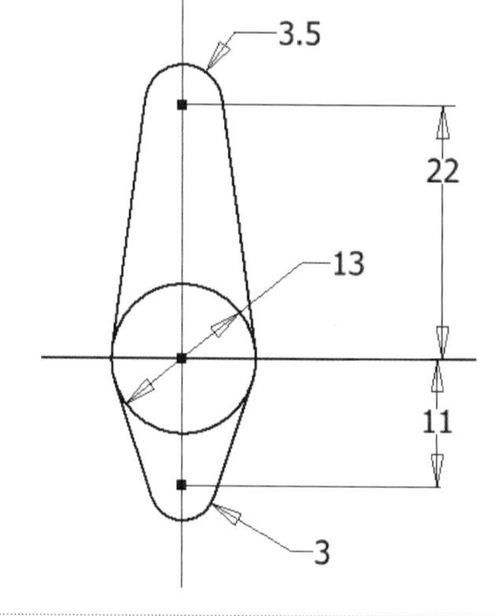

13.

- 스케치 마무리
- 돌출, 새 솔리드, 거리 6(공차적용), 대칭

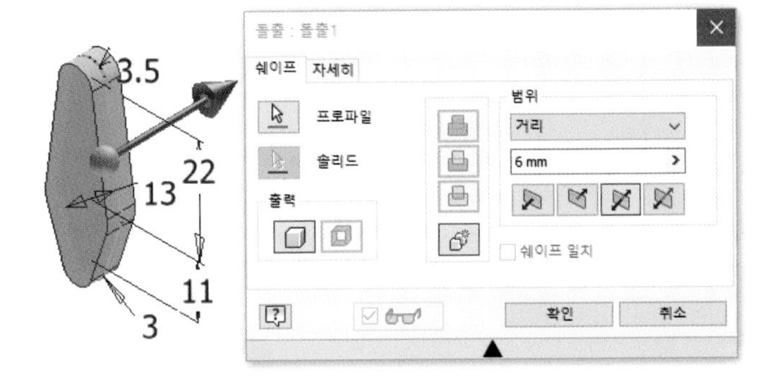

14.

- XZ 우클릭 새 스케치
- 스케치 작성(공차적용)
- 구속조건

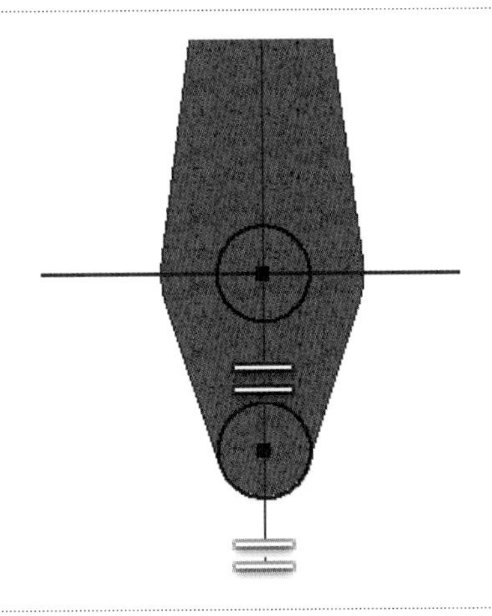

15.

- 스케치 마무리
- 돌출, 접합, 거리 16, 대칭

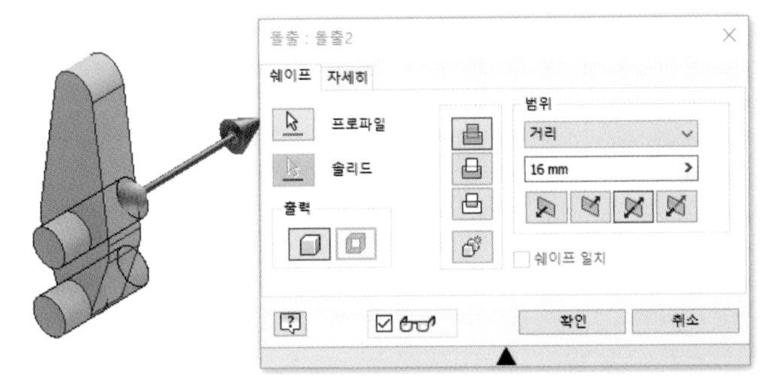

16.

- 생성된 비번호 폴더에 비번호－2.ipt 저장

참고

인력공단에 문의 결과 요구사항에서는 부품은 저장하지 않으나 조립을 할 수 없기 때문에 저장해야 함. 시험시 감독관에게 문의 바람.

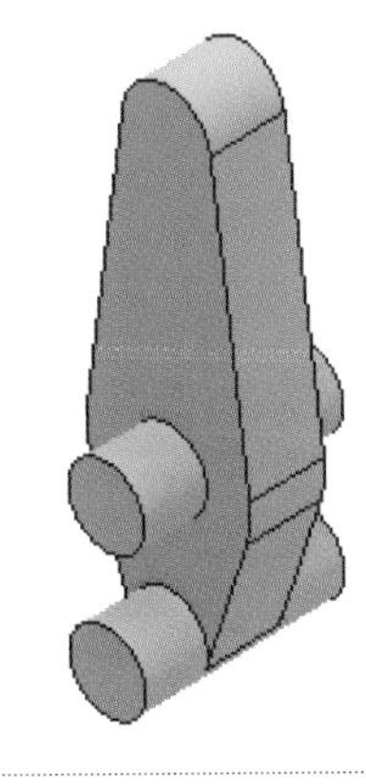

17.

• 조립 작성

18.

• 2개 부품을 드래그하여 위치
• 1번 부품 고정

19.

• 조립구속조건 삽입을 이용하여 조립

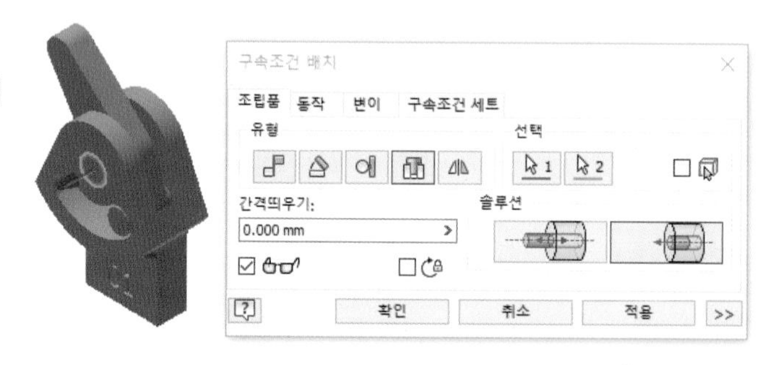

20.

• 조립구속조건 각도 – 지정각도를 이용하여 조립

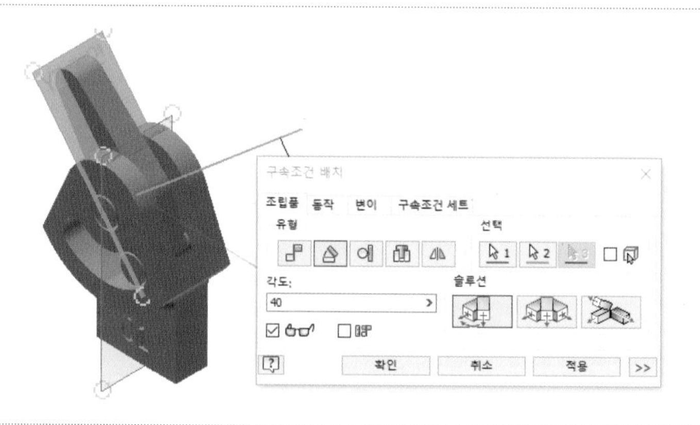

21.

- 생성된 비번호 폴더에 비번호.iam 저장
- 생성된 비번호 폴더에 비번호.stp 저장
- 생성된 비번호 폴더에 출력 고려하여 위치 변경 후 비번호.stl 저장

22.

- 해당 슬라이싱 프로그램에서 설정값 및 출력 방향 설정 후 저장 비번호.***

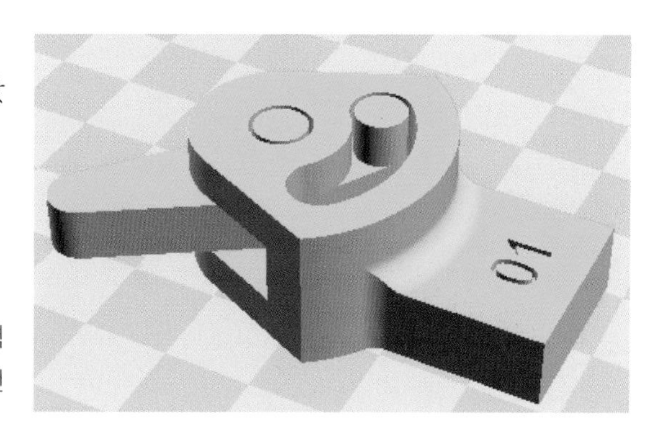

참고

조립 방향, 설정값, 출력방향에 따라 출력 시간이 다릅니다. 수험자가 최적의 조건을 찾으시기 바랍니다.

Memo

PART

05

연습문제

01 | 연습문제 01

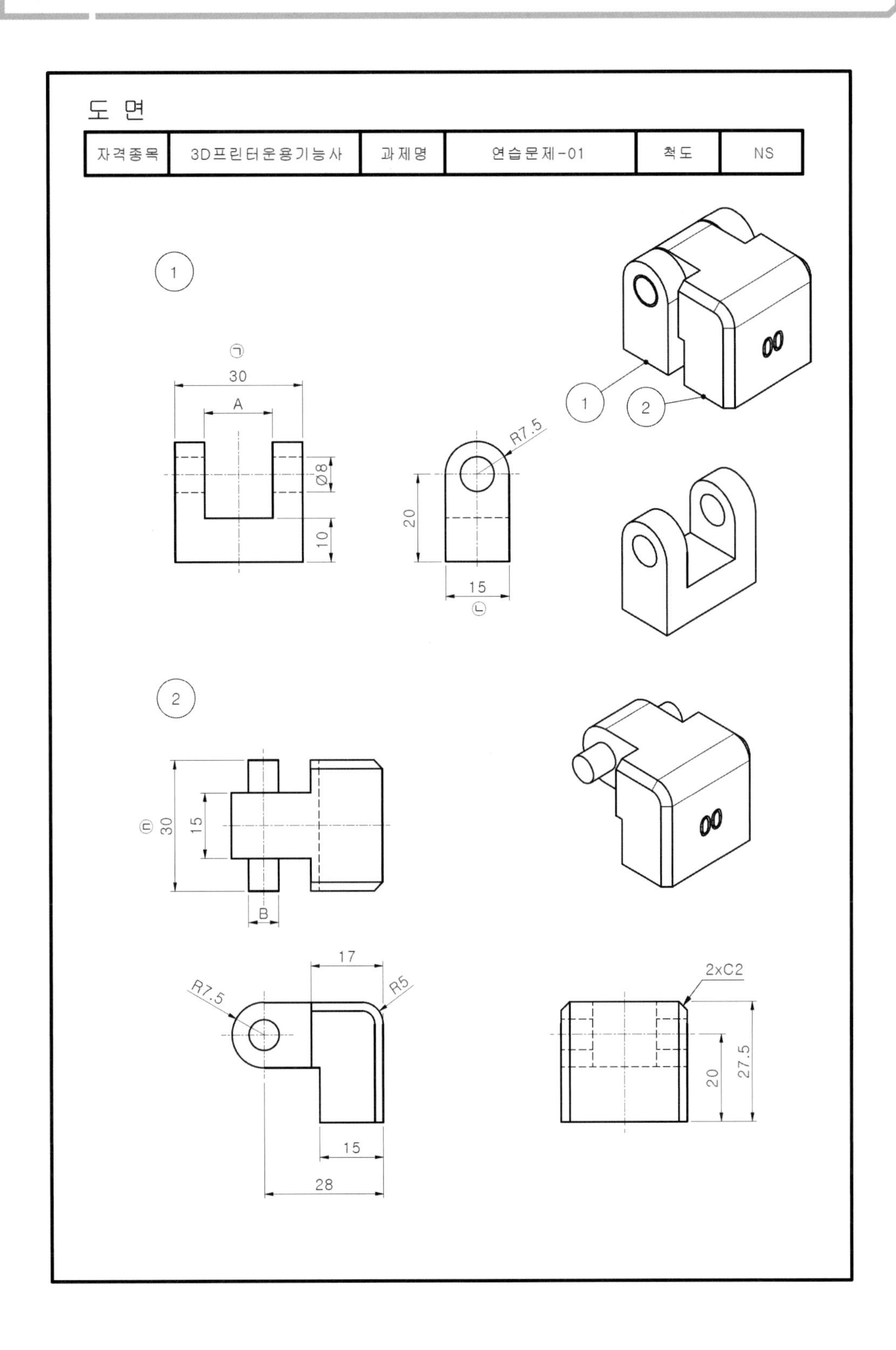

도 면
자격종목
3D프린터운용기능사
과제명
연습문제-01
척도
NS
1
㉠
30
A
Ø8
10
R7.5
20
15
㉡
1
2
2
㉢
30
15
B
17
R7.5
R5
15
28
2xC2
20
27.5

02 | 연습문제 02

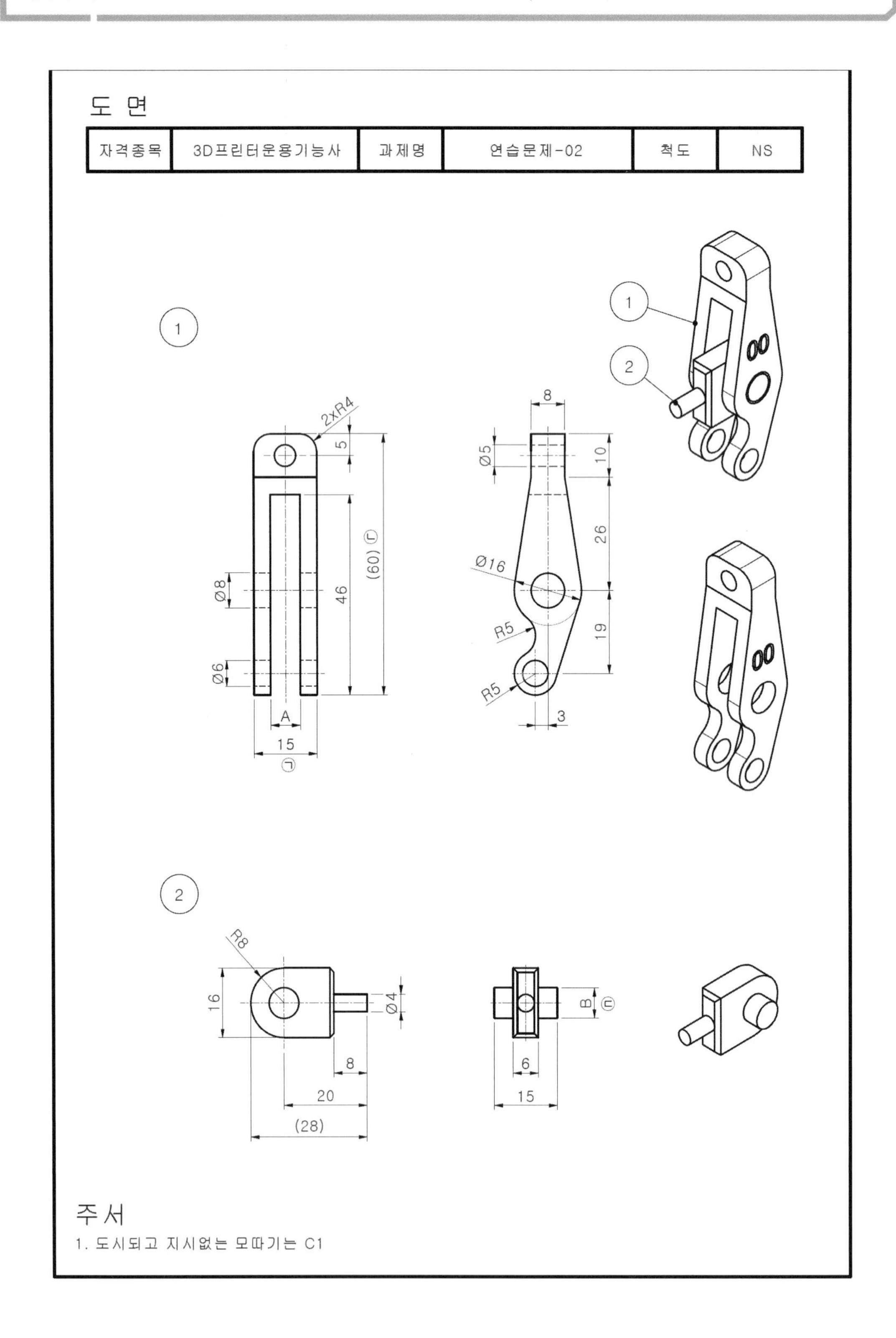

도 면
자격종목
3D프린터운용기능사
과제명
연습문제-02
척도
NS
1
2
2xR4
5
(60) ㄷ
46
Ø8
Ø6
A
15
ㄱ
8
Ø5
10
26
Ø16
R5
19
R5
3
R8
16
Ø4
8
20
(28)
B
ㄴ
6
15
주 서
1. 도시되고 지시없는 모따기는 C1

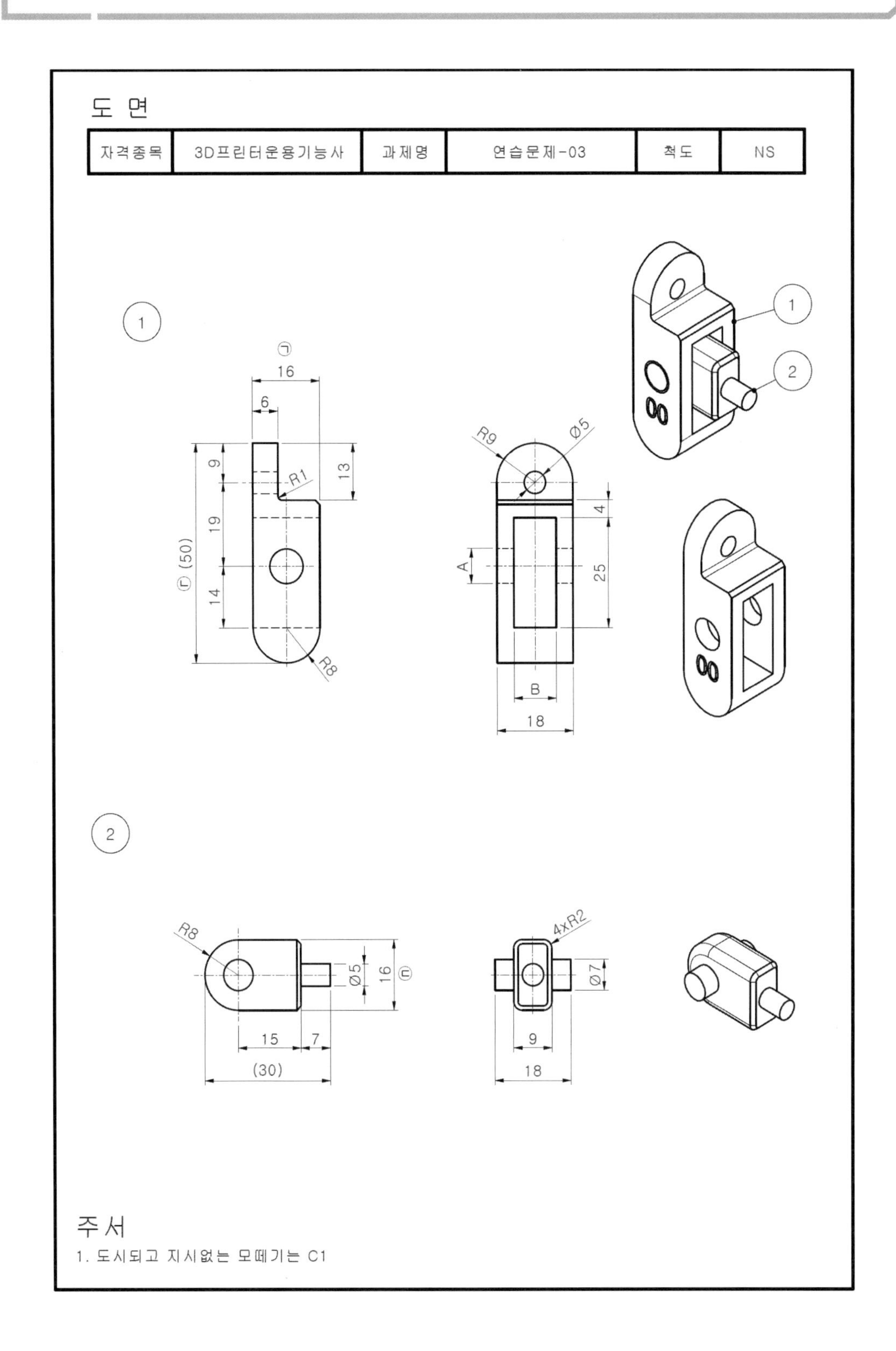
도 면
자격종목
3D프린터운용기능사
과제명
연습문제-03
척도
NS
1
2
16
6
9
13
R1
19
㉡ (50)
14
R8
R9
Ø5
4
A
25
B
18
R8
Ø5
16
㉢
15
7
(30)
4xR2
Ø7
9
18
주 서
1. 도시되고 지시없는 모떼기는 C1

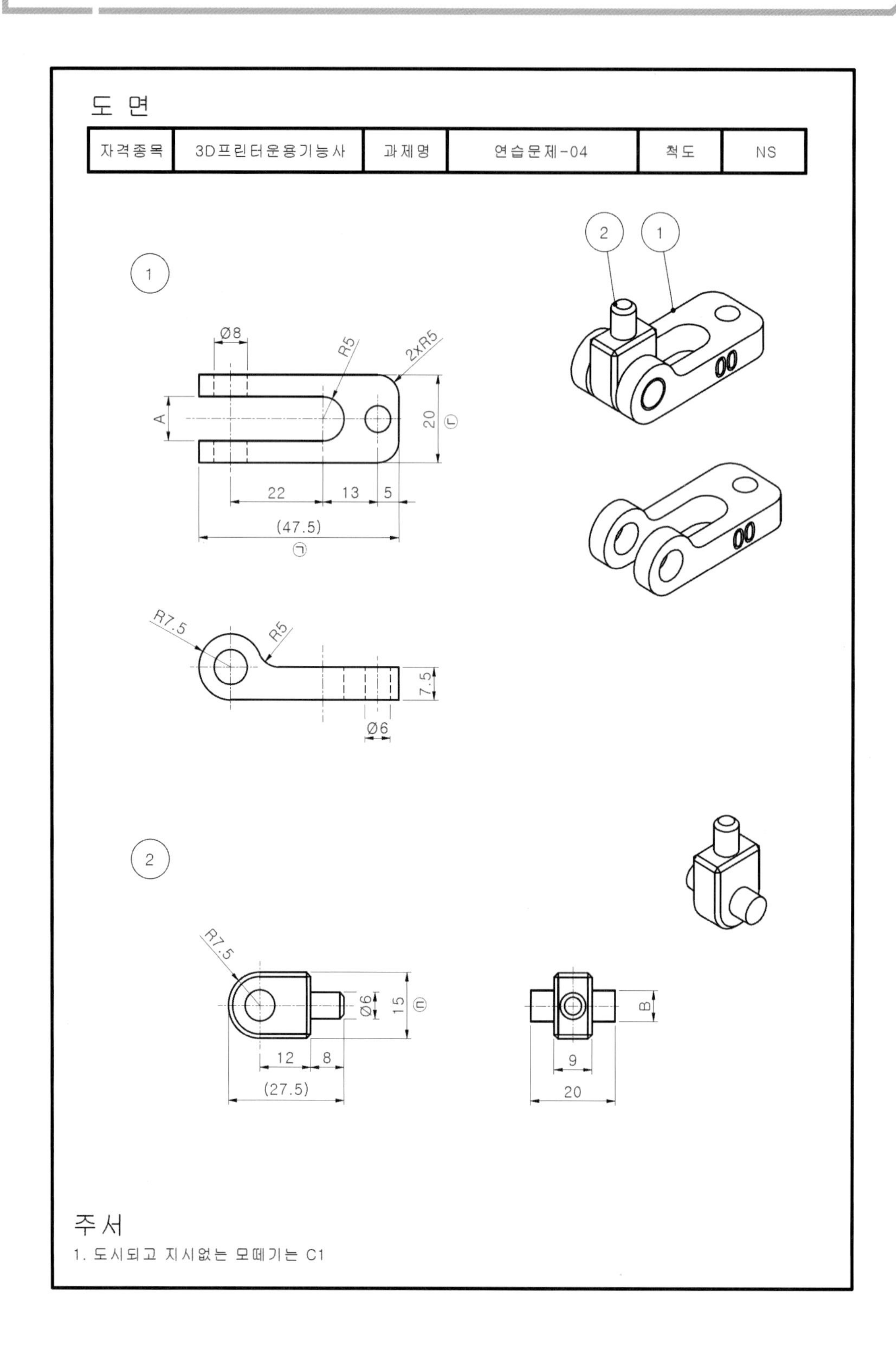
도 면
자격종목
3D프린터운용기능사
과제명
연습문제-04
척도
NS
1
2
Ø8
R5
2xR5
A
20
ㄷ
22
13
5
(47.5)
ㄱ
R7.5
R5
7.5
Ø6
R7.5
Ø6
15
ㅁ
12
8
(27.5)
B
9
20
주 서
1. 도시되고 지시없는 모떼기는 C1

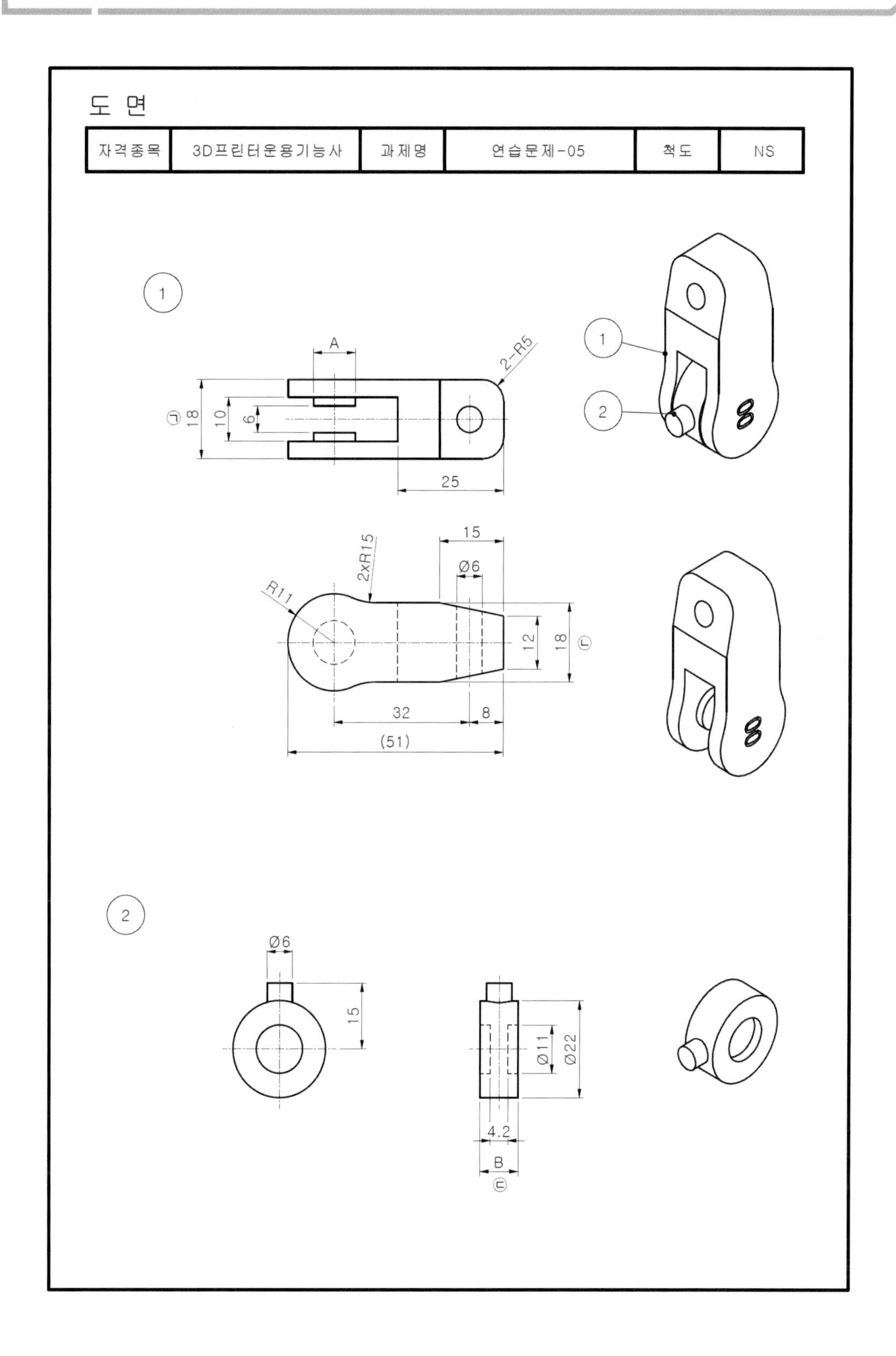

도 면

자격종목	3D프린터운용기능사	과제명	연습문제-05	척도	NS

06 | 연습문제 06

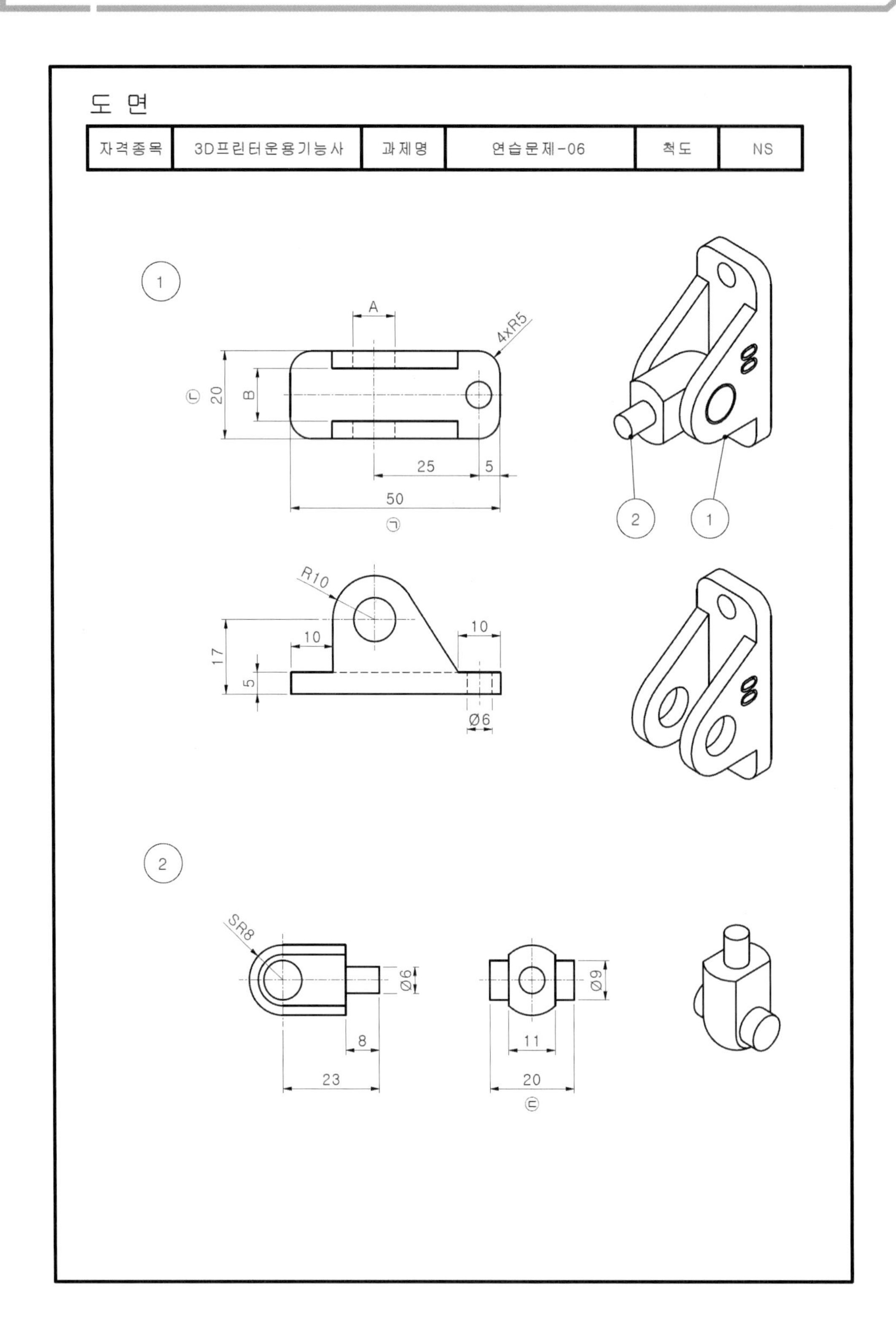
도 면
자격종목
3D프린터운용기능사
과제명
연습문제-06
척도
NS
1
A
4xR5
㉡
20
B
25
5
50
㉠
2
1
R10
10
10
17
5
Ø6
2
SR8
Ø6
8
23
Ø9
11
20
㉢

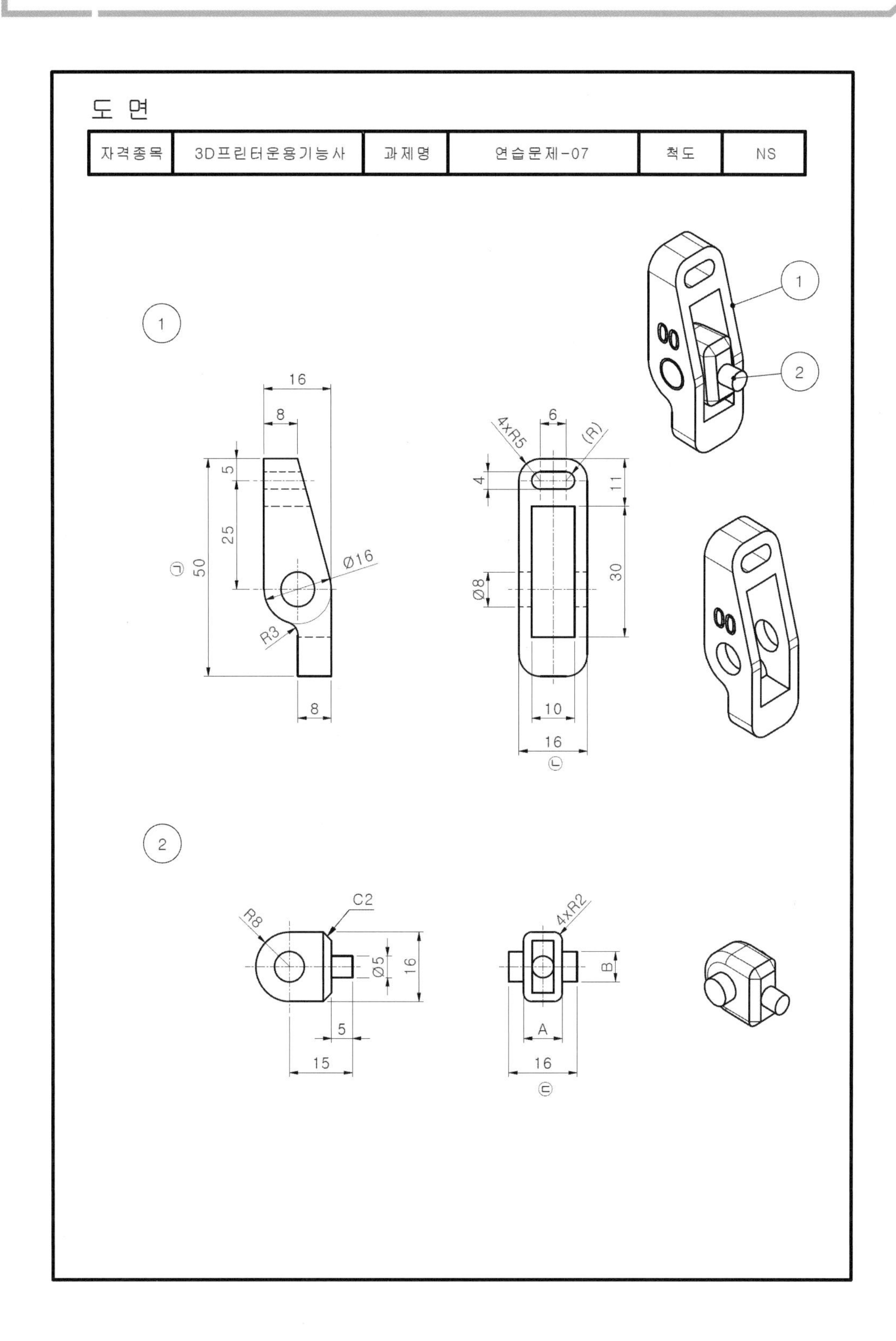

도 면
자격종목
3D프린터운용기능사
과제명
연습문제-07
척도
NS
1
16
8
5
25
50
Ø16
R3
8
6
4xR5
(R)
4
11
30
Ø8
10
16
2
C2
R8
Ø5
16
5
15
4xR2
B
A
16

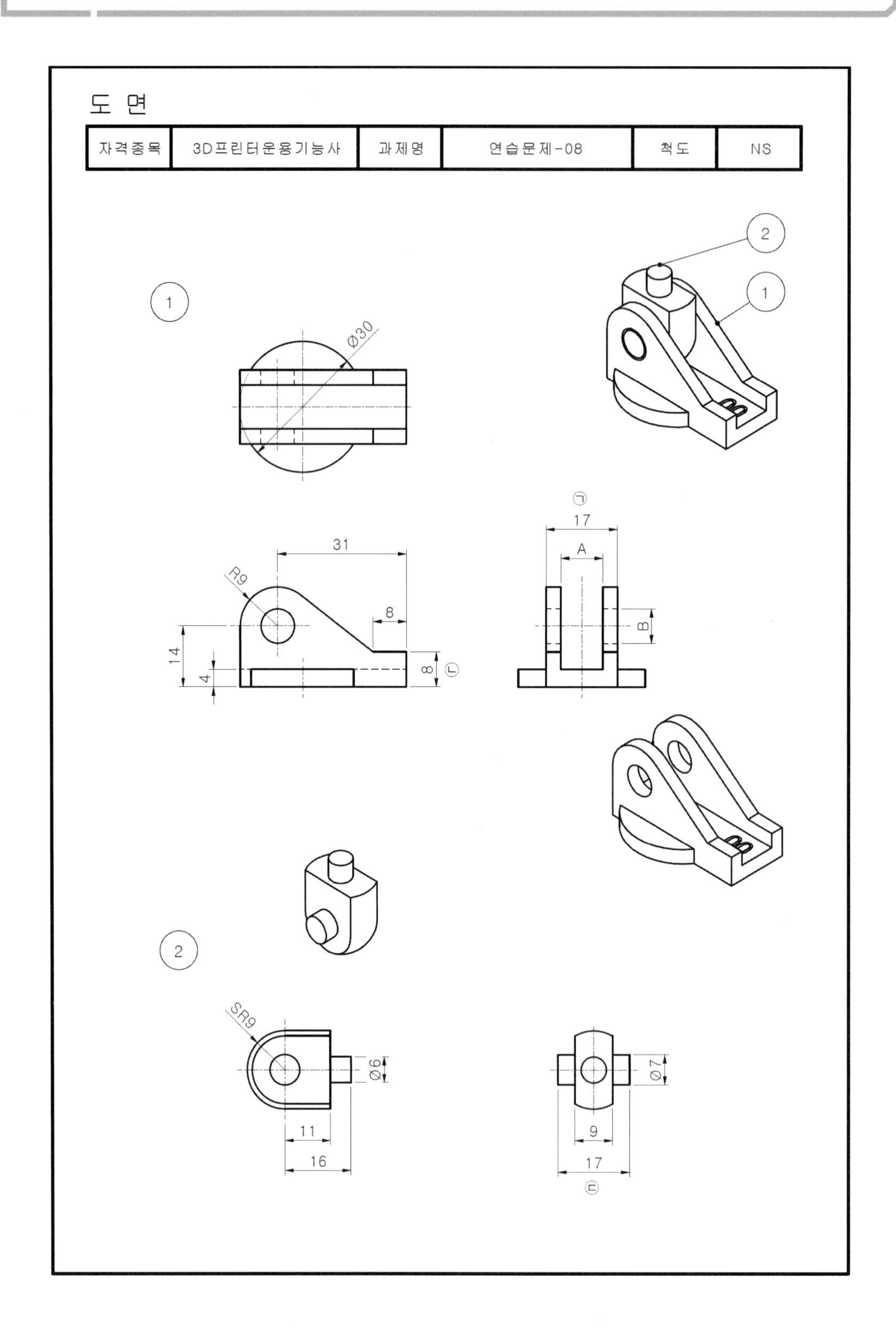

도 면

자격종목	3D프린터운용기능사	과제명	연습문제-08	척도	NS

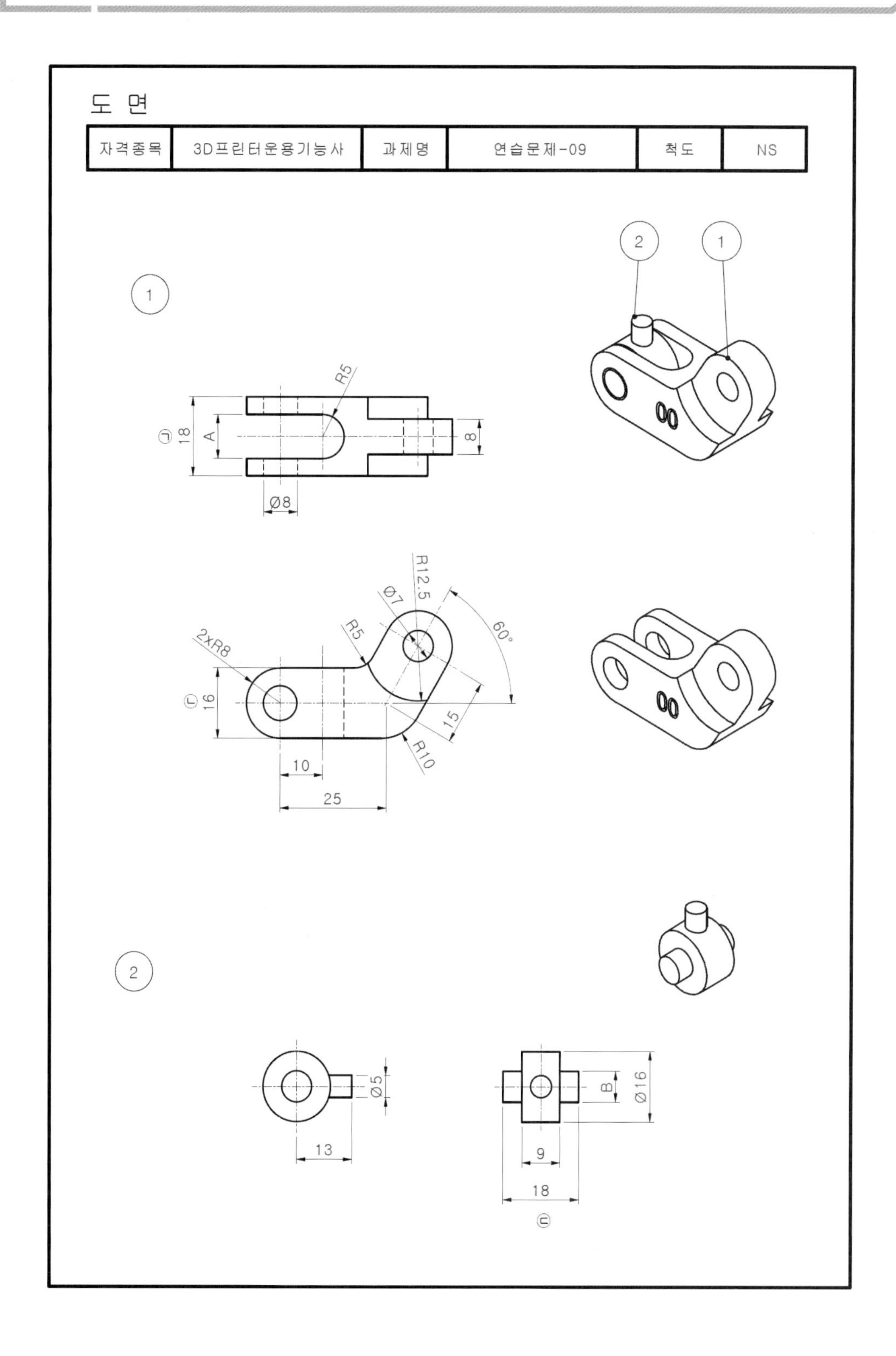
도 면
자격종목
3D프린터운용기능사
과제명
연습문제-09
척도
NS
1
2
R5
18
A
8
Ø8
R12.5
Ø7
R5
2xR8
60°
16
15
R10
10
25
Ø5
13
B
Ø16
9
18

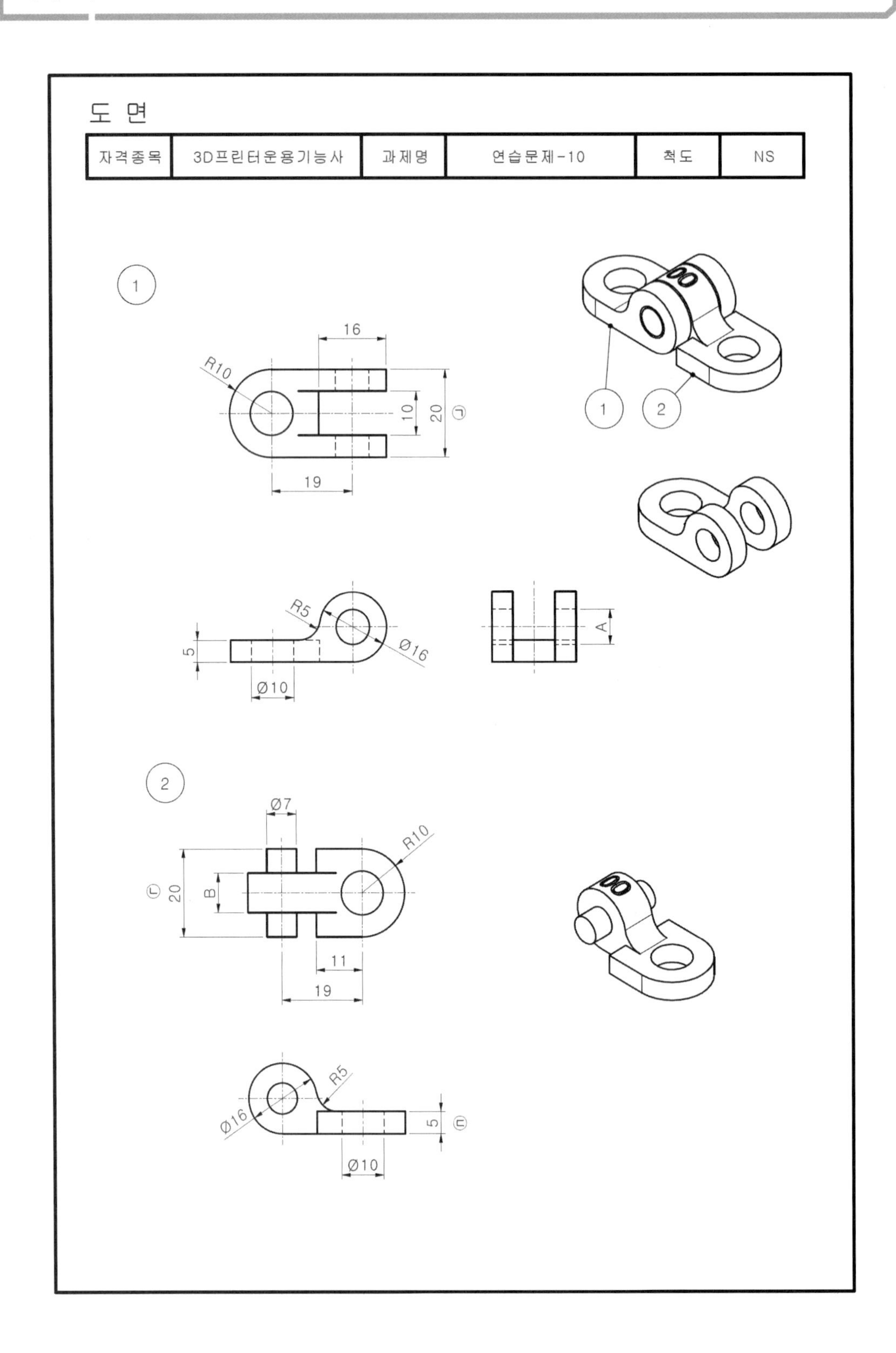
도 면
자격종목
3D프린터운용기능사
과제명
연습문제-10
척도
NS
1
16
R10
10
20
㉠
19
1
2
R5
Ø16
5
Ø10
A
2
Ø7
R10
㉡
20
B
11
19
R5
Ø16
5
㉢
Ø10

11 | 연습문제 11

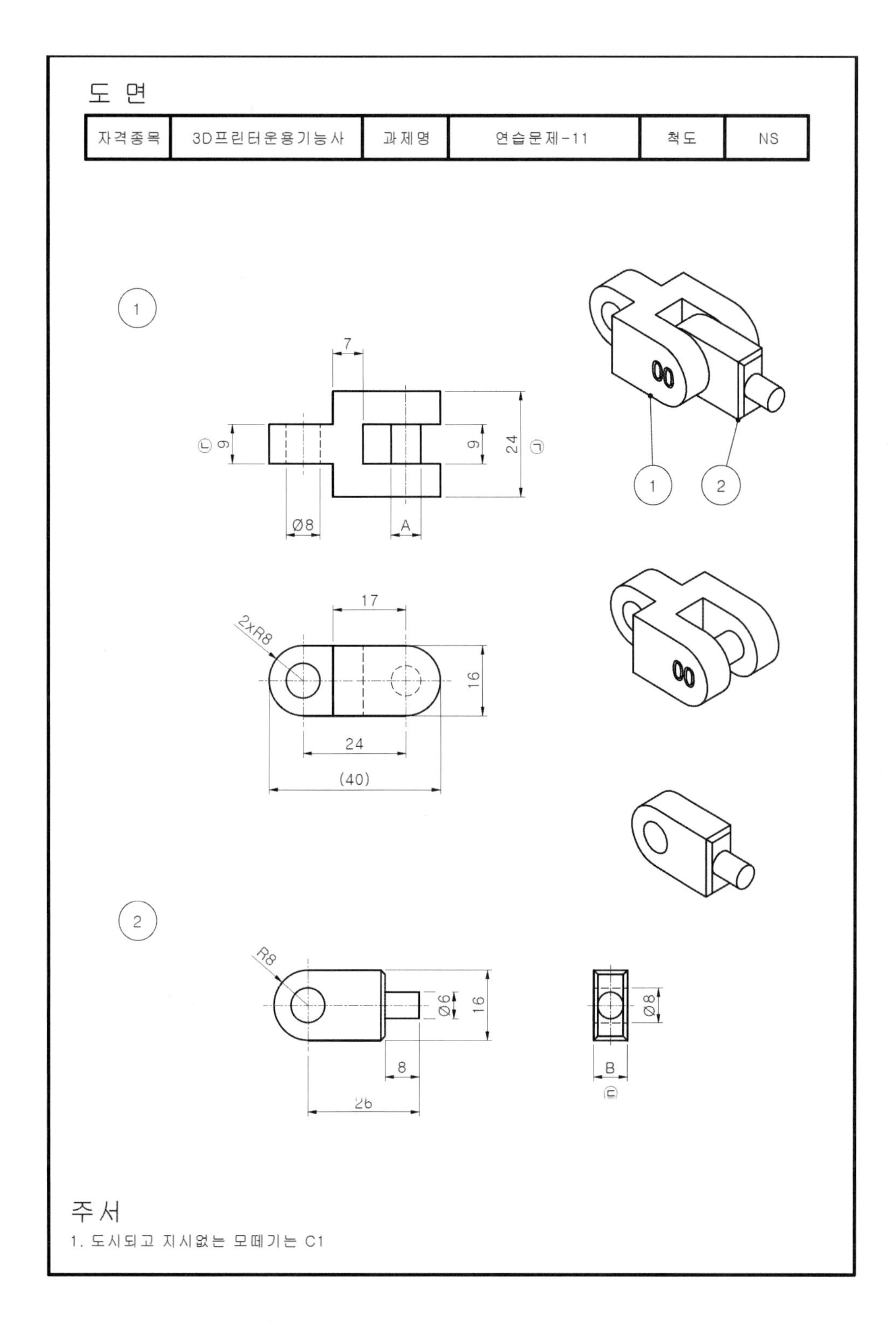
도 면
자격종목
3D프린터운용기능사
과제명
연습문제-11
척도
NS
1
7
9
9
24
Ø8
A
17
2xR8
16
24
(40)
1
2
2
R8
Ø6
16
8
26
Ø8
B
주 서
1. 도시되고 지시없는 모떼기는 C1

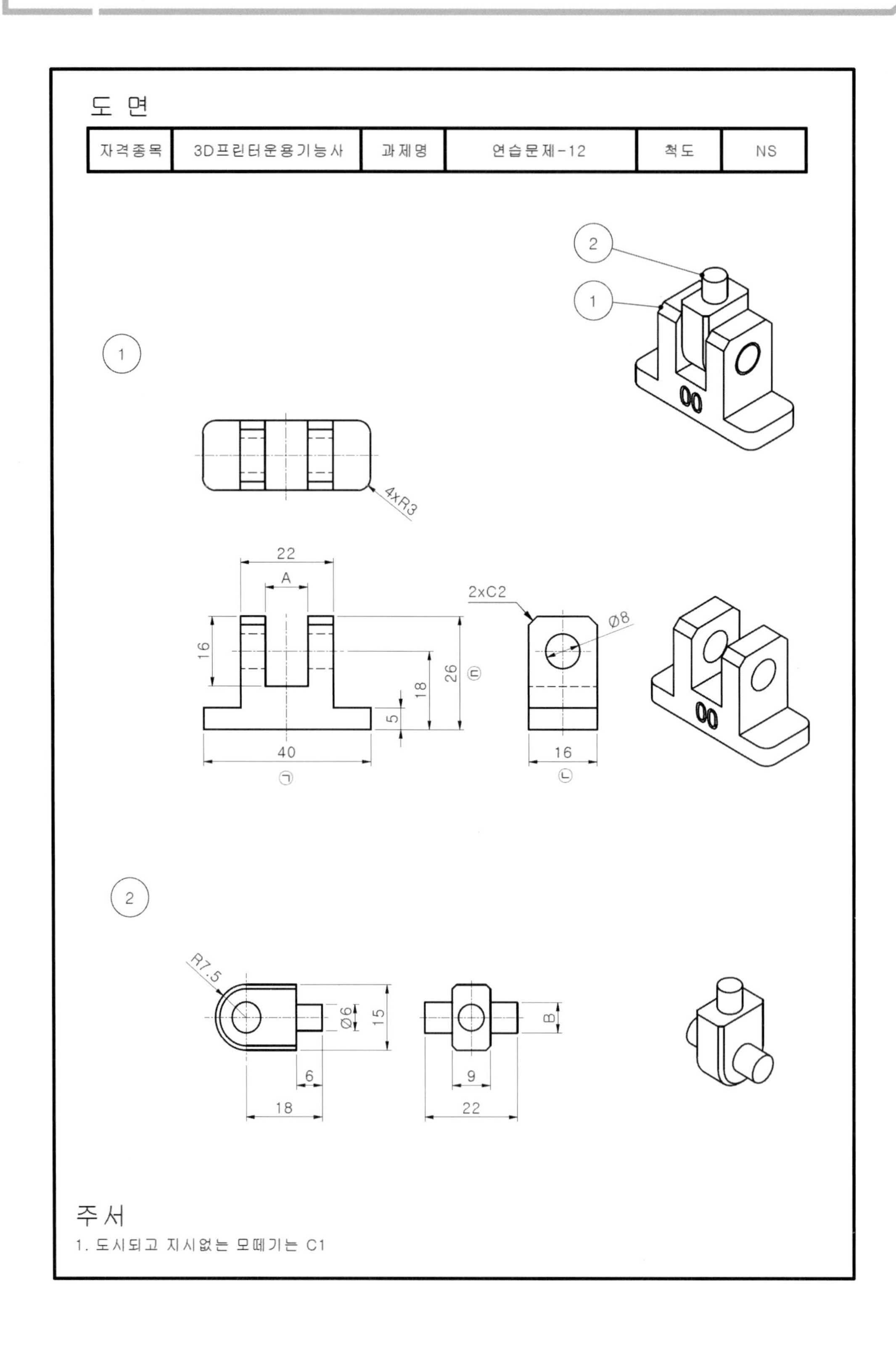

도 면
자격종목
3D프린터운용기능사
과제명
연습문제-12
척도
NS
1
2
4xR3
22
A
16
18
26
5
40
㉠
2xC2
Ø8
16
㉡
㉢
R7.5
Ø6
15
6
18
9
22
B
주서
1. 도시되고 지시없는 모떼기는 C1

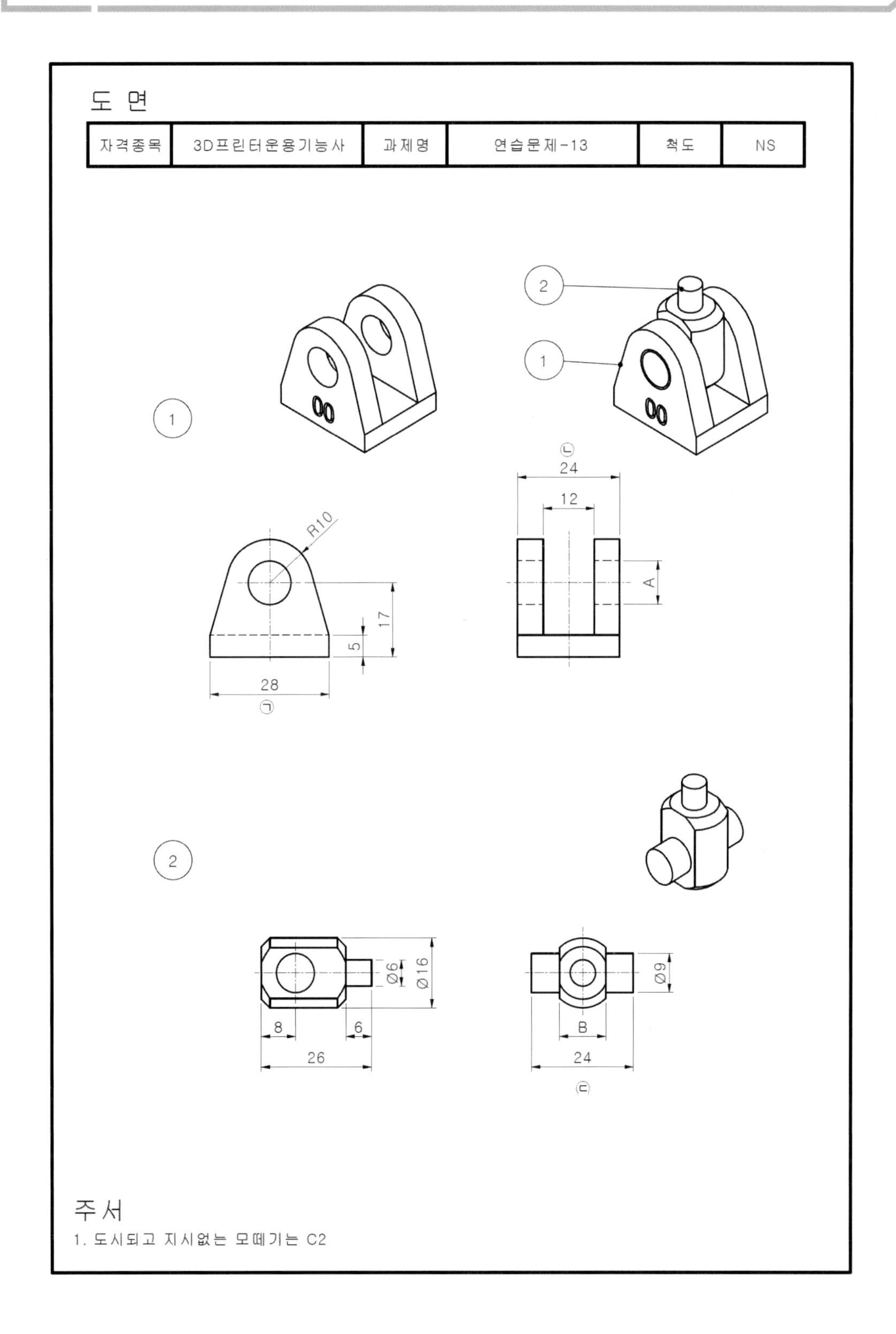
도 면
자격종목
3D프린터운용기능사
과제명
연습문제-13
척도
NS
1
2
R10
17
5
28
㉠
㉡
24
12
A
Ø6
Ø16
8
6
26
Ø9
B
24
㉢
주서
1. 도시되고 지시없는 모떼기는 C2

14 | 연습문제 14

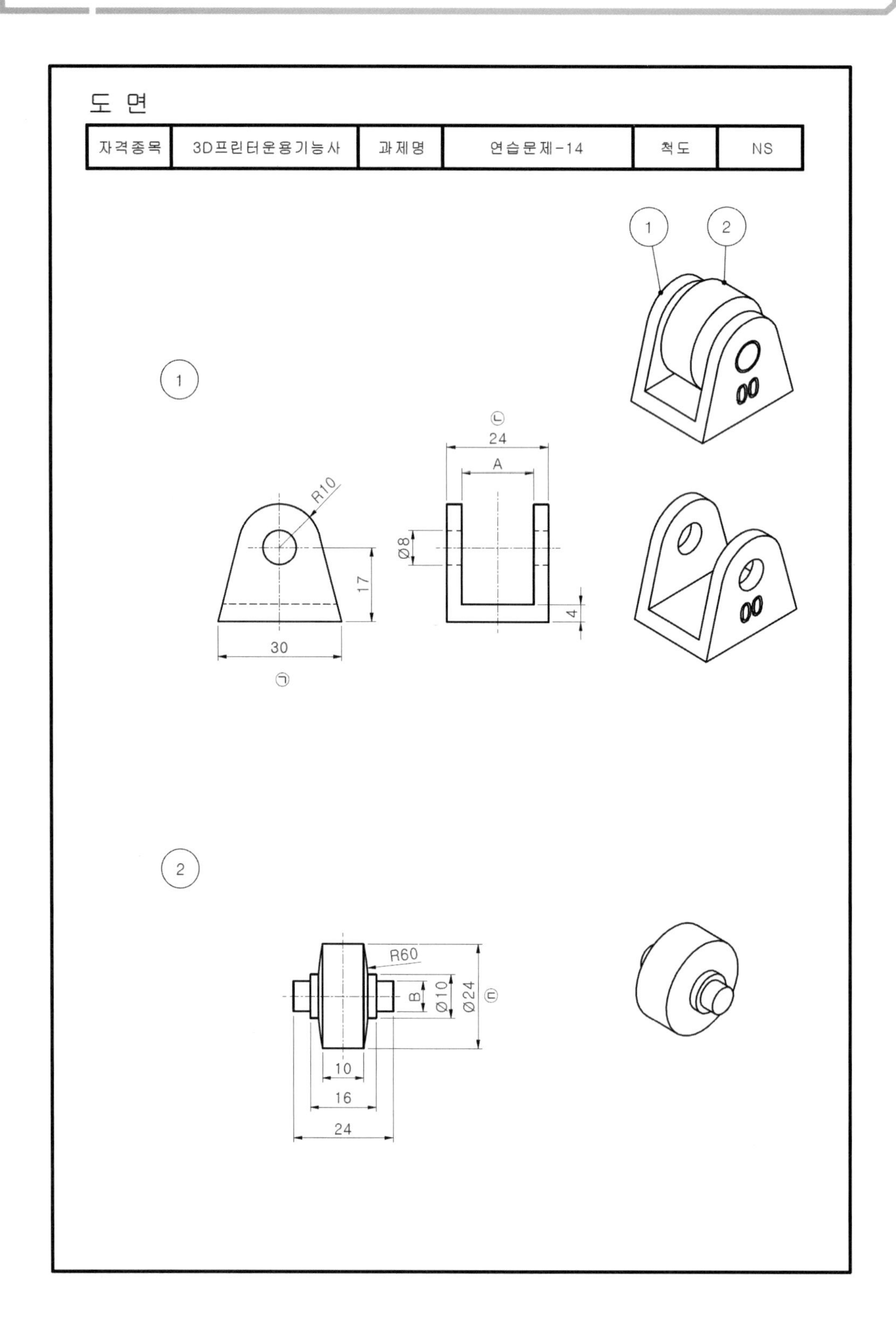

도 면
자격종목
3D프린터운용기능사
과제명
연습문제-14
척도
NS
1
2
R10
17
30
㉠
㉡
24
A
Ø8
4
R60
B
Ø10
Ø24
㉢
10
16
24

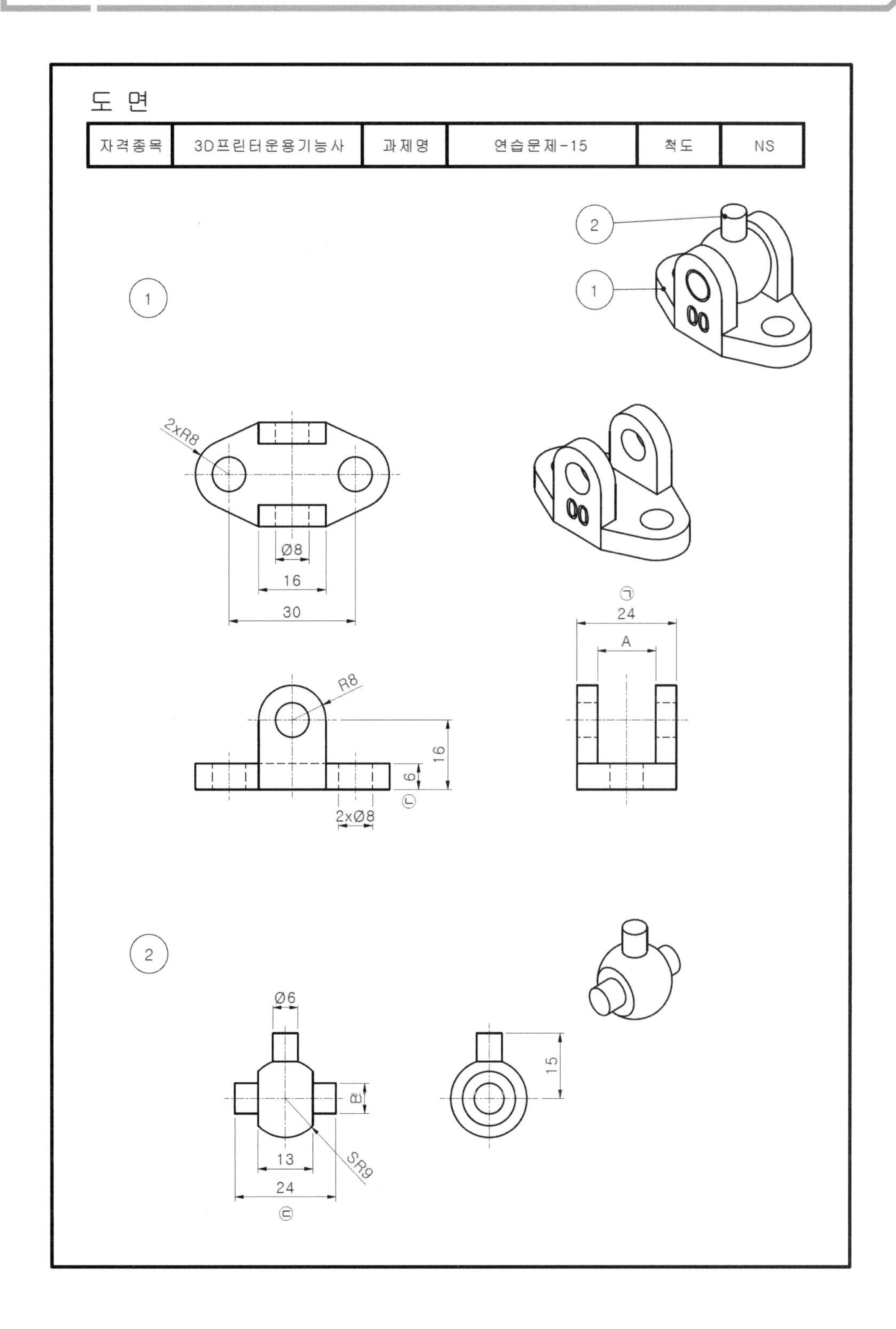
도 면
자격종목
3D프린터운용기능사
과제명
연습문제-15
척도
NS
2
1
1
2xR8
Ø8
16
30
㉠
24
A
R8
16
6
㉡
2xØ8
2
Ø6
B
15
13
24
SR9
㉢

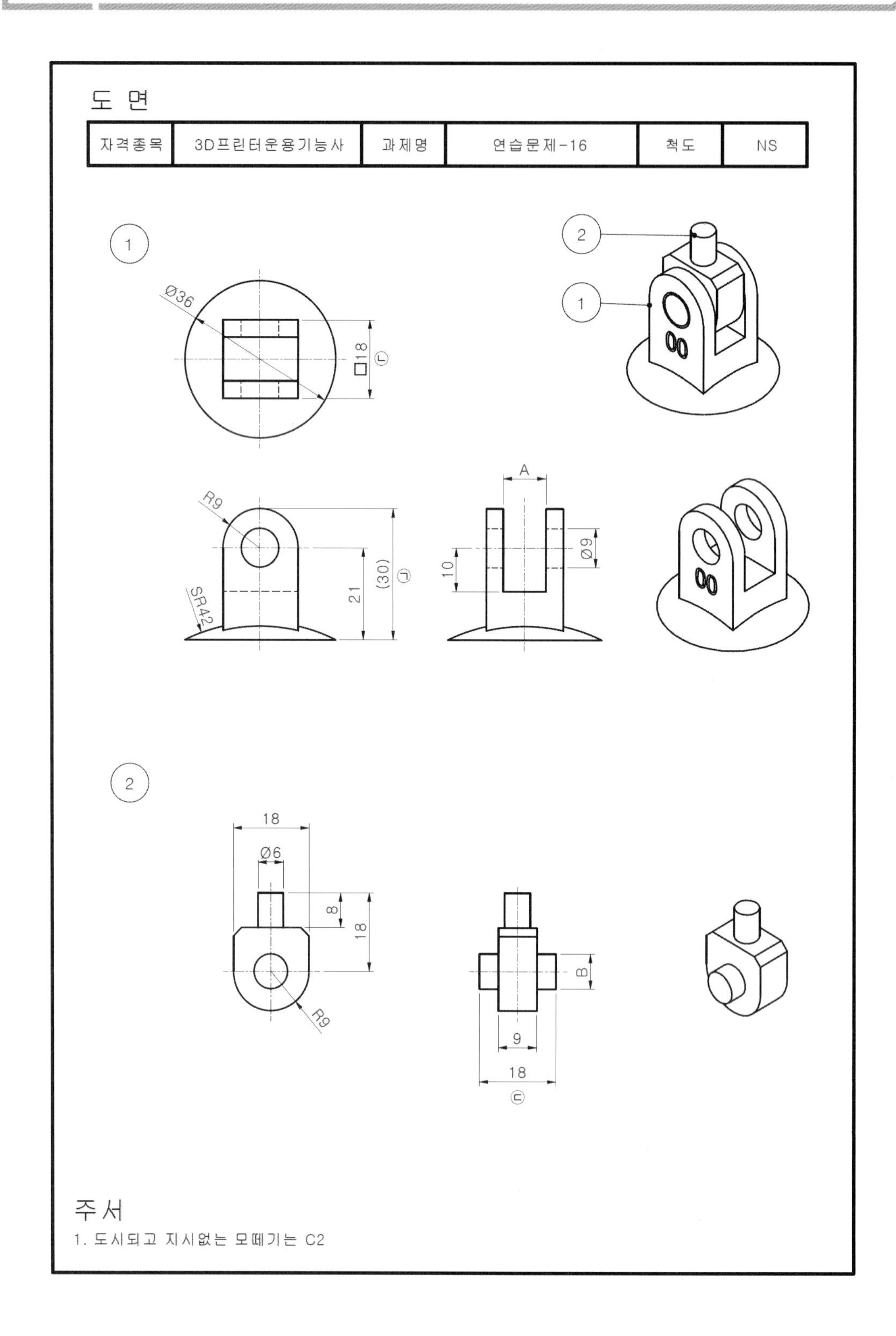
도 면
자격종목
3D프린터운용기능사
과제명
연습문제-16
척도
NS
1
2
Ø36
□18
㉢
R9
SR42
21
(30)
㉠
A
10
Ø9
18
Ø6
8
18
R9
B
9
18
㉡
주서
1. 도시되고 지시없는 모떼기는 C2

도 면

자격종목	3D프린터운용기능사	과제명	연습문제-17	척도	NS

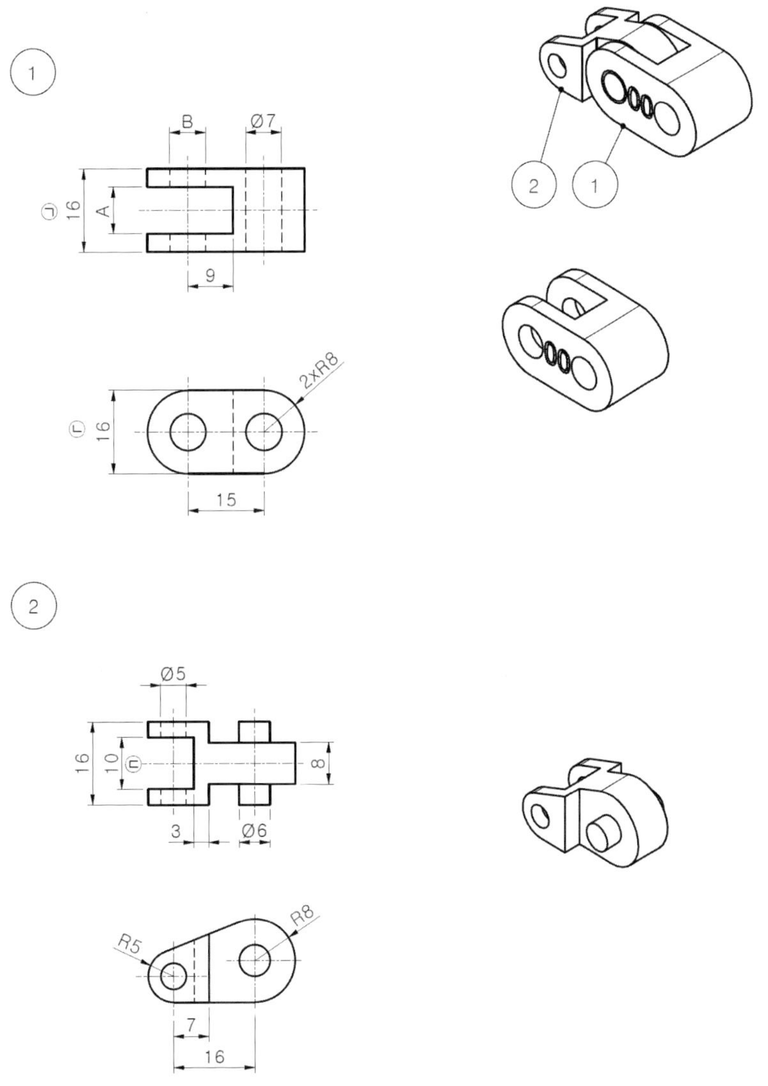

1

B Ø7 16 A 9 ㉠

2xR8 16 15 ㉡

2 1

2

Ø5 16 10 8 3 Ø6 ㉢

R5 R8 7 16

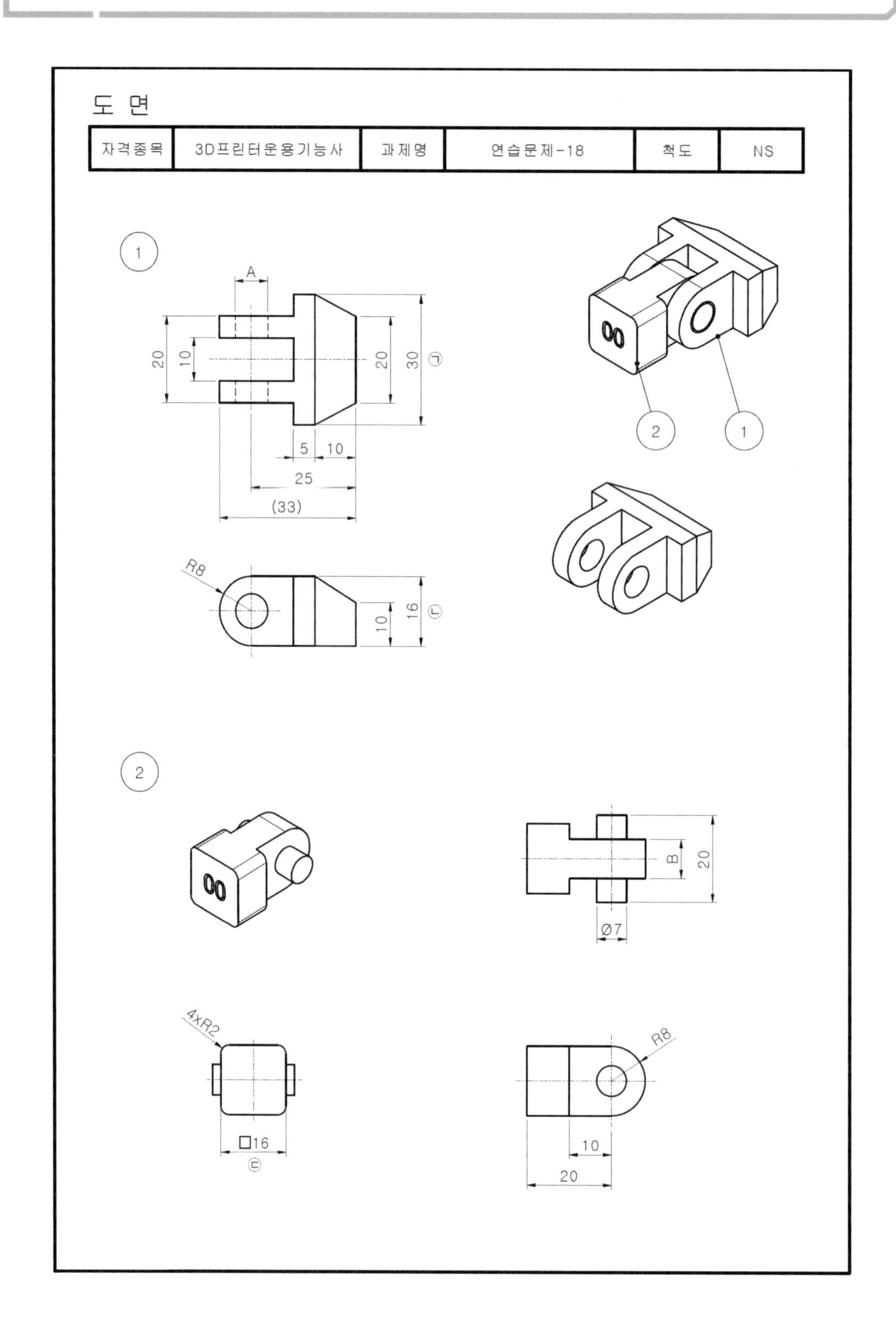
도 면
자격종목
3D프린터운용기능사
과제명
연습문제-18
척도
NS
1
A
20
10
20
30
㉠
5
10
25
(33)
R8
10
16
㉡
2
1
2
B
20
Ø7
4xR2
□16
㉢
R8
10
20

19 | 연습문제 19

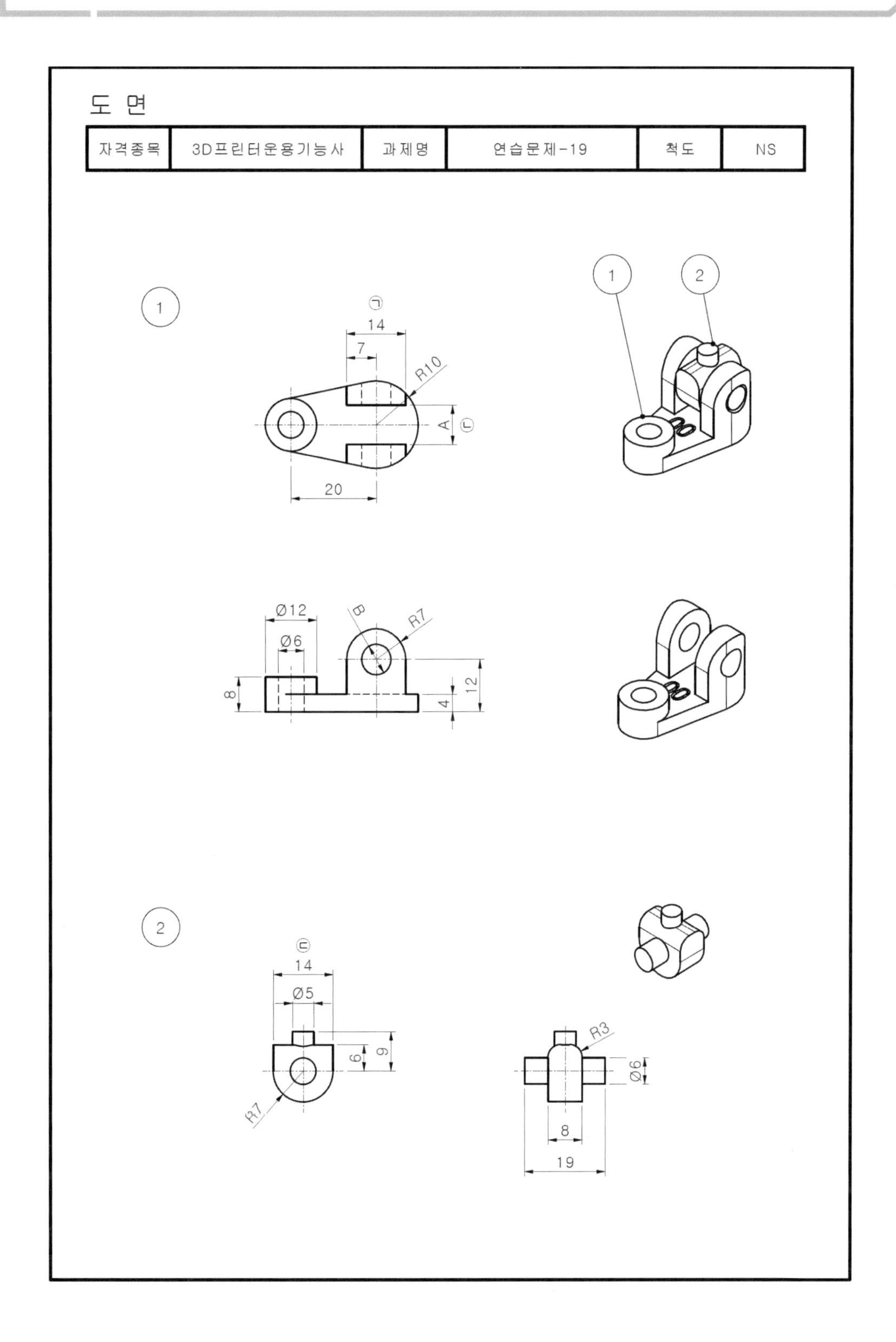
도 면
자격종목
3D프린터운용기능사
과제명
연습문제-19
척도
NS
1
2
ㄱ
14
7
R10
A
ㄷ
20
Ø12
Ø6
B
R7
8
4
12
ㄷ
14
Ø5
6
9
R7
R3
Ø6
8
19

20 | 연습문제 20

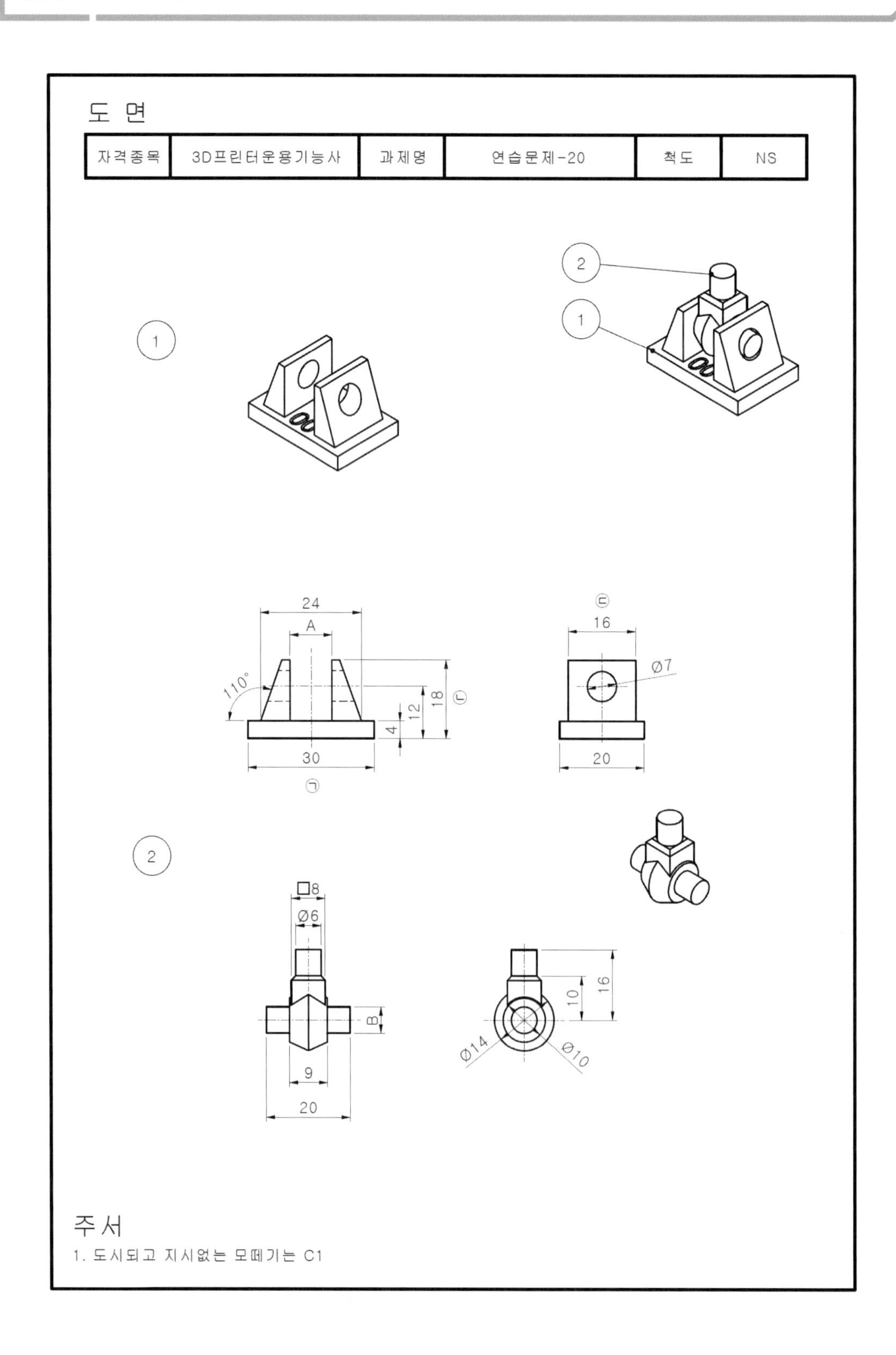

도 면
자격종목
3D프린터운용기능사
과제명
연습문제-20
척도
NS
2
1
1
24
A
110°
12
18
4
30
㉠
㉡
㉢
16
Ø7
20
2
□8
Ø6
B
9
20
10
16
Ø14
Ø10
주 서
1. 도시되고 지시없는 모떼기는 C1

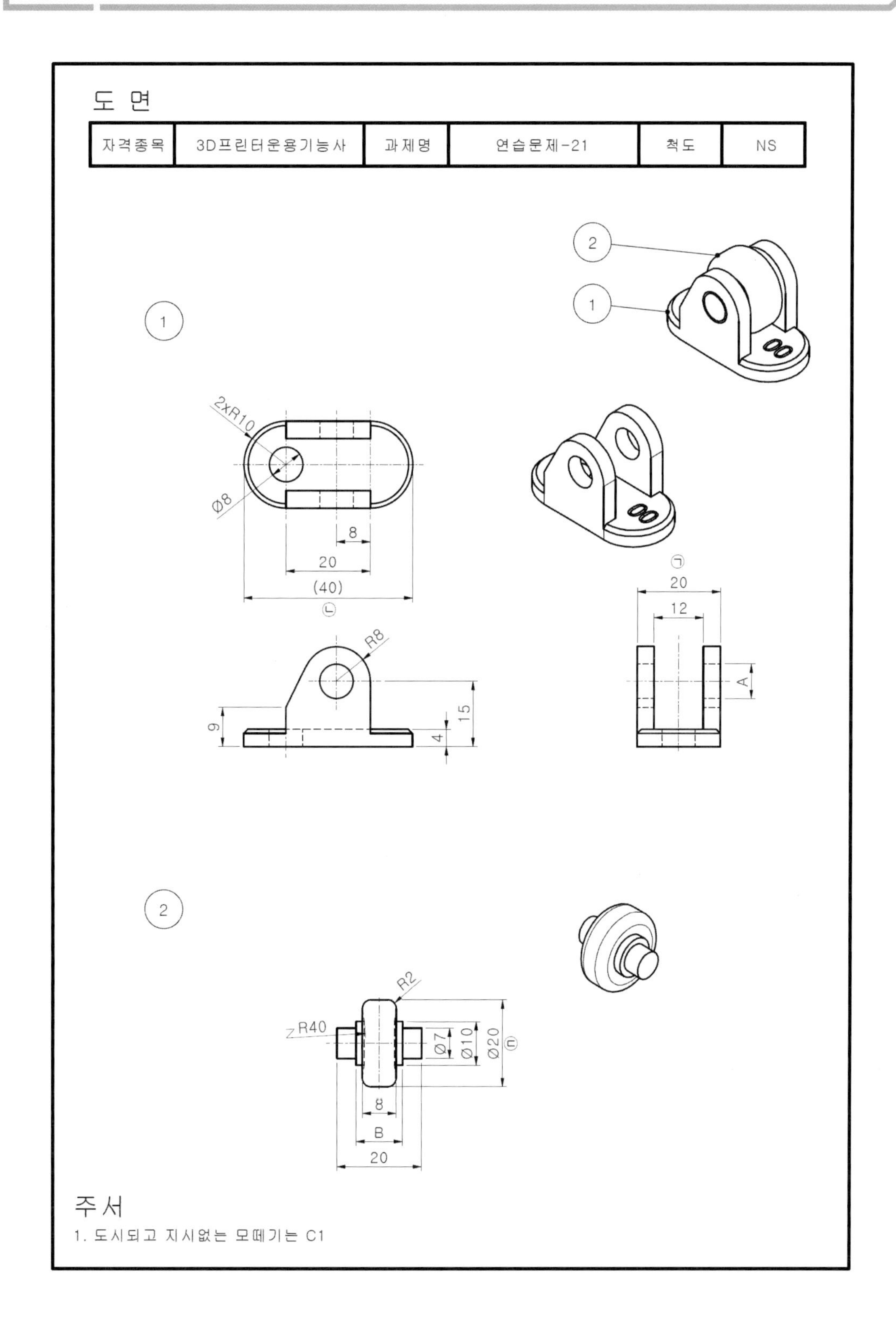
도 면
자격종목
3D프린터운용기능사
과제명
연습문제-21
척도
NS
1
2
2xR10
Ø8
8
20
(40)
R8
9
4
15
20
12
A
R2
R40
Ø7
Ø10
Ø20
B
주서
1. 도시되고 지시없는 모떼기는 C1

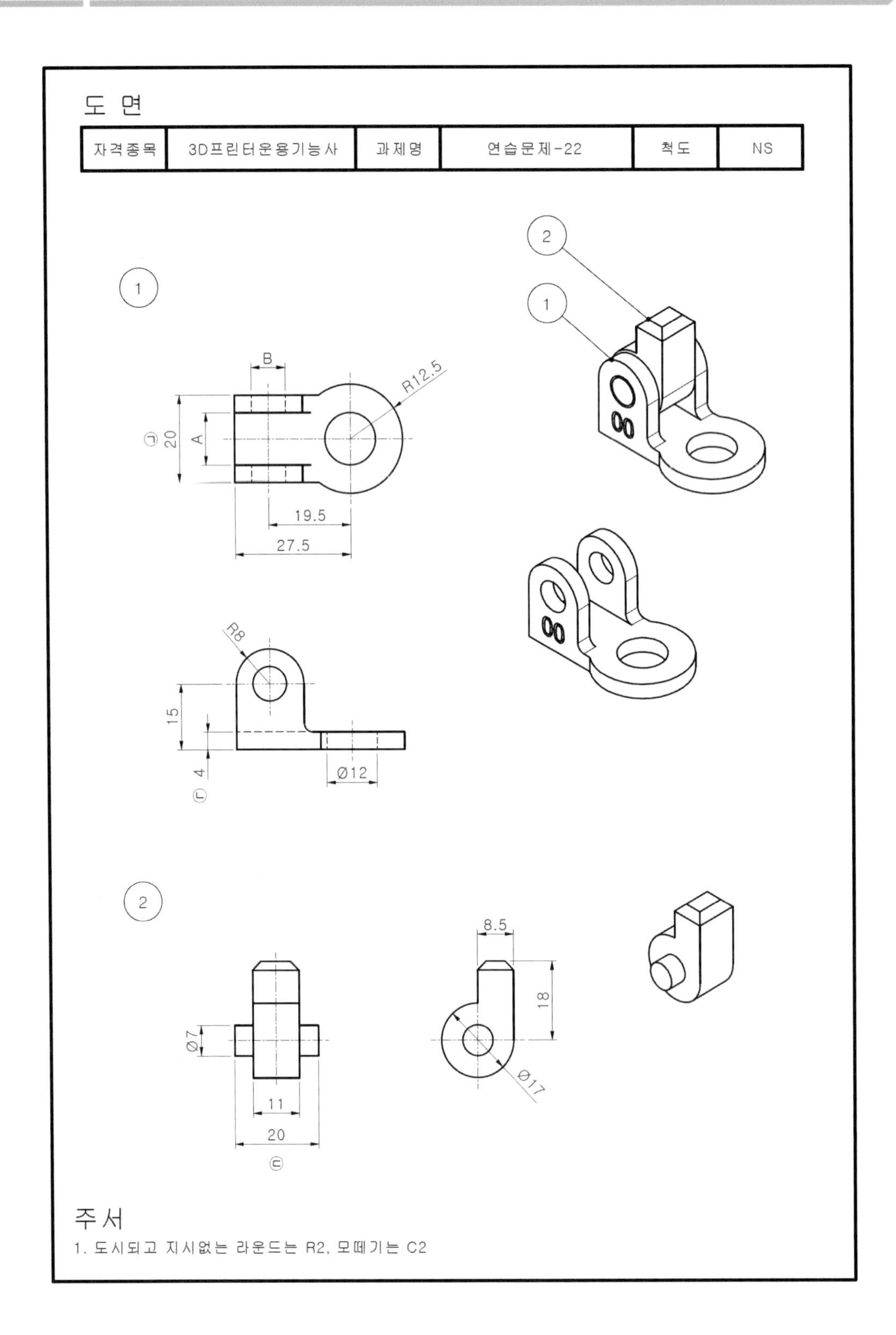
도 면
자격종목
3D프린터운용기능사
과제명
연습문제-22
척도
NS
1
2
B
R12.5
20
A
19.5
27.5
R8
15
4
Ø12
8.5
18
Ø7
11
20
Ø17
주서
1. 도시되고 지시없는 라운드는 R2, 모떼기는 C2

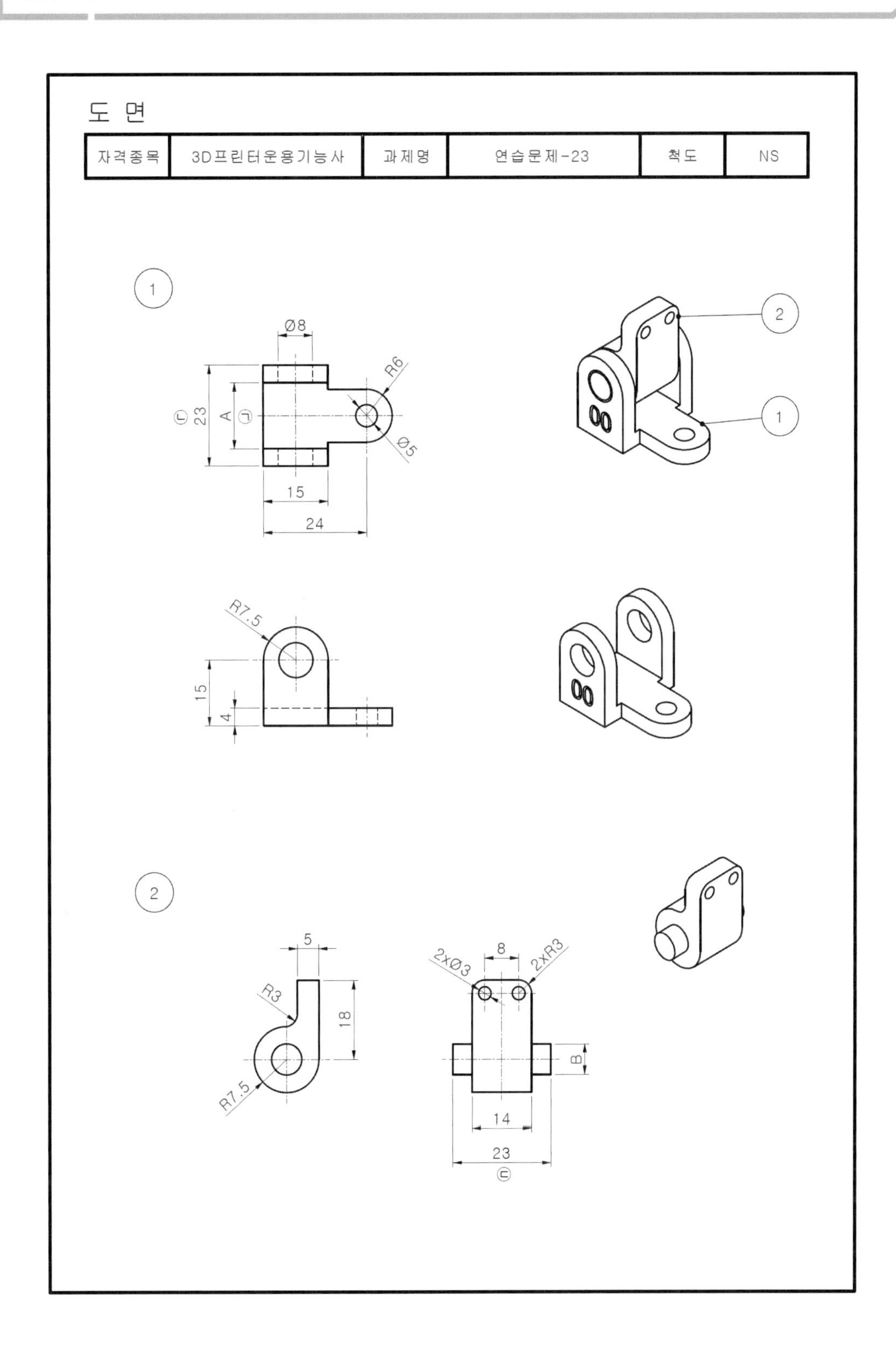

도 면

자격종목	3D프린터운용기능사	과제명	연습문제-23	척도	NS

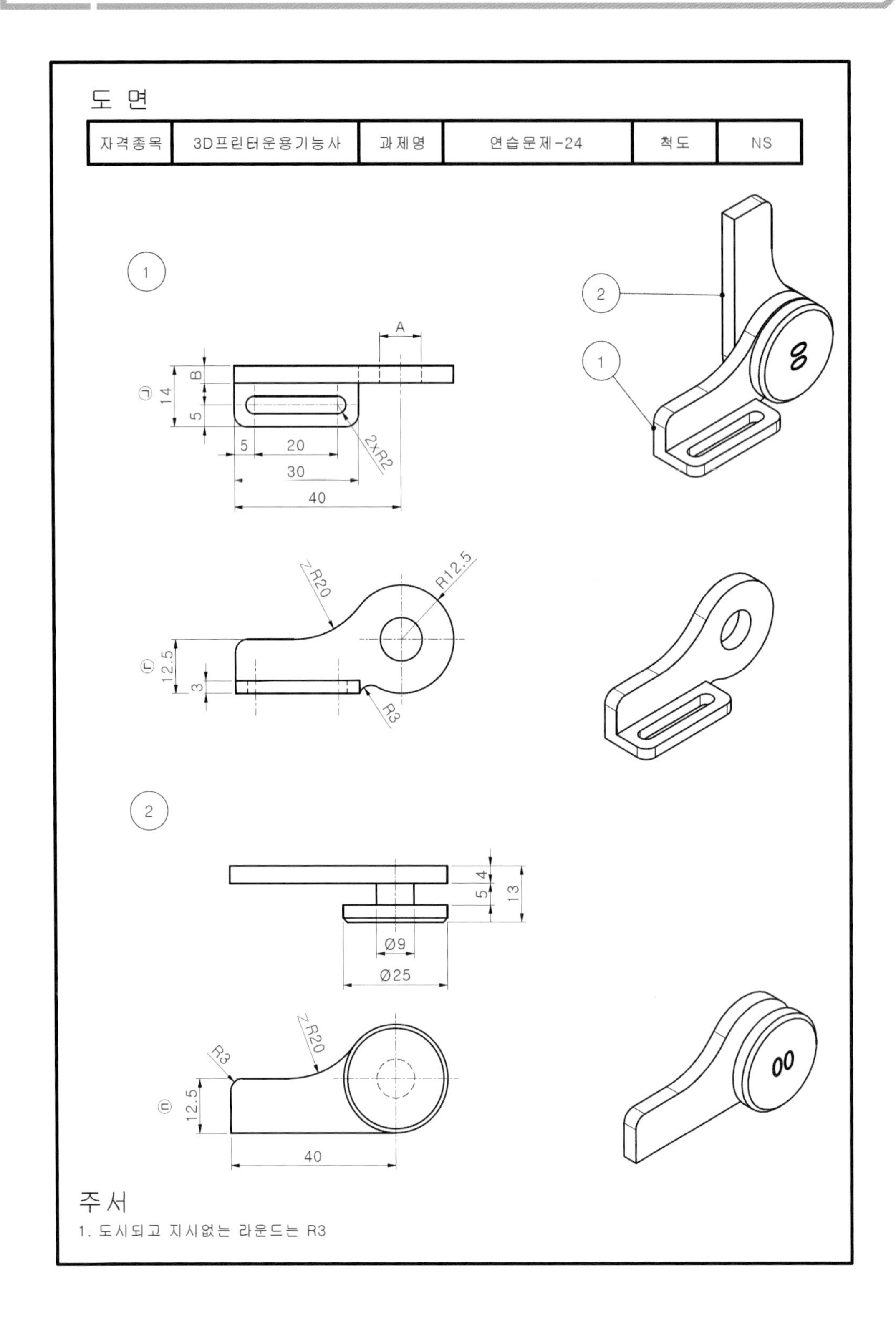
도 면
자격종목
3D프린터운용기능사
과제명
연습문제-24
척도
NS
1
2
A
B
14
5
5
20
30
40
2xR2
R20
R12.5
12.5
3
R3
5.4
5.4
13
Ø9
Ø25
R3
R20
12.5
40
주서
1. 도시되고 지시없는 라운드는 R3

25 | 연습문제 25

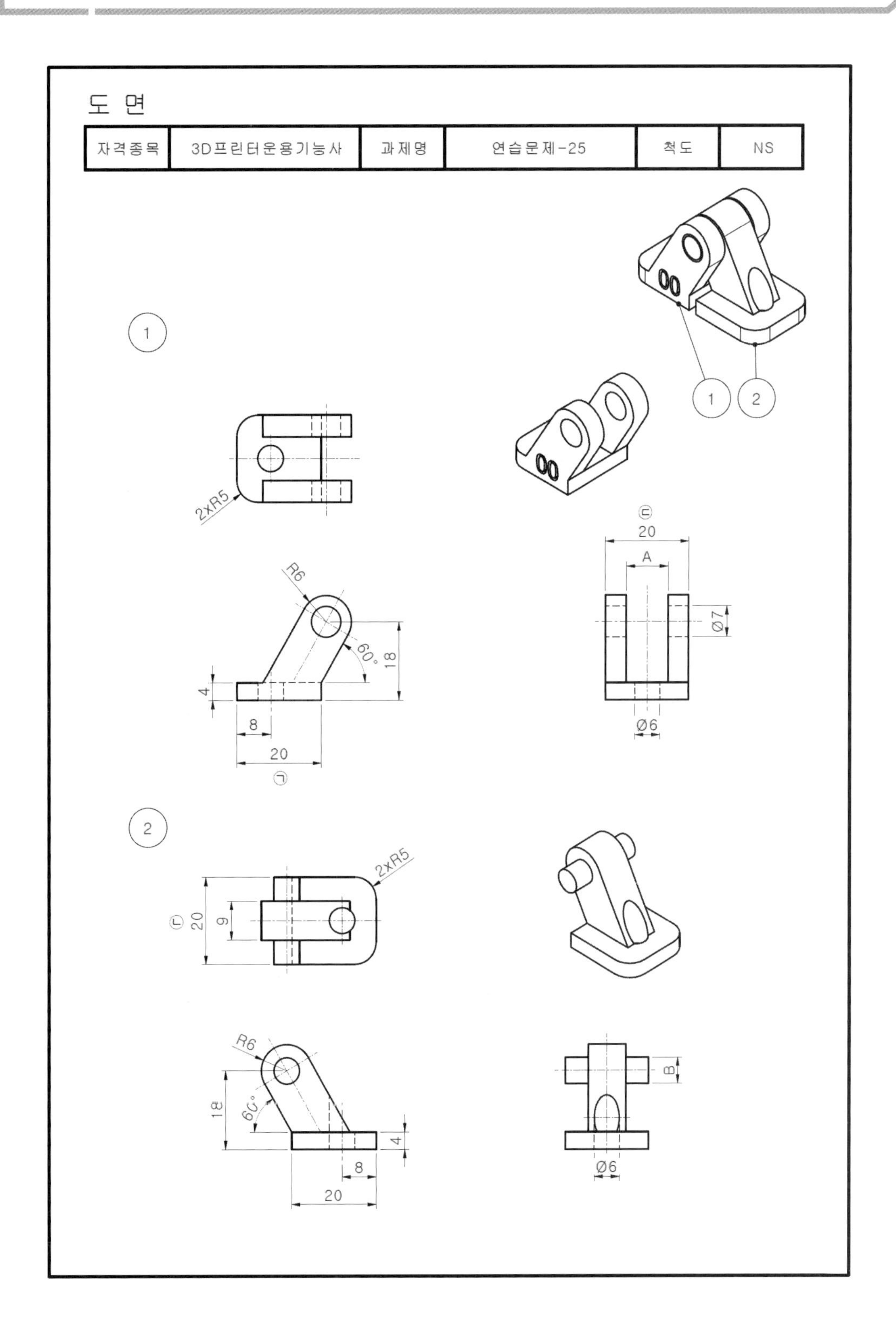

자격종목	3D프린터운용기능사	과제명	연습문제-25	척도	NS

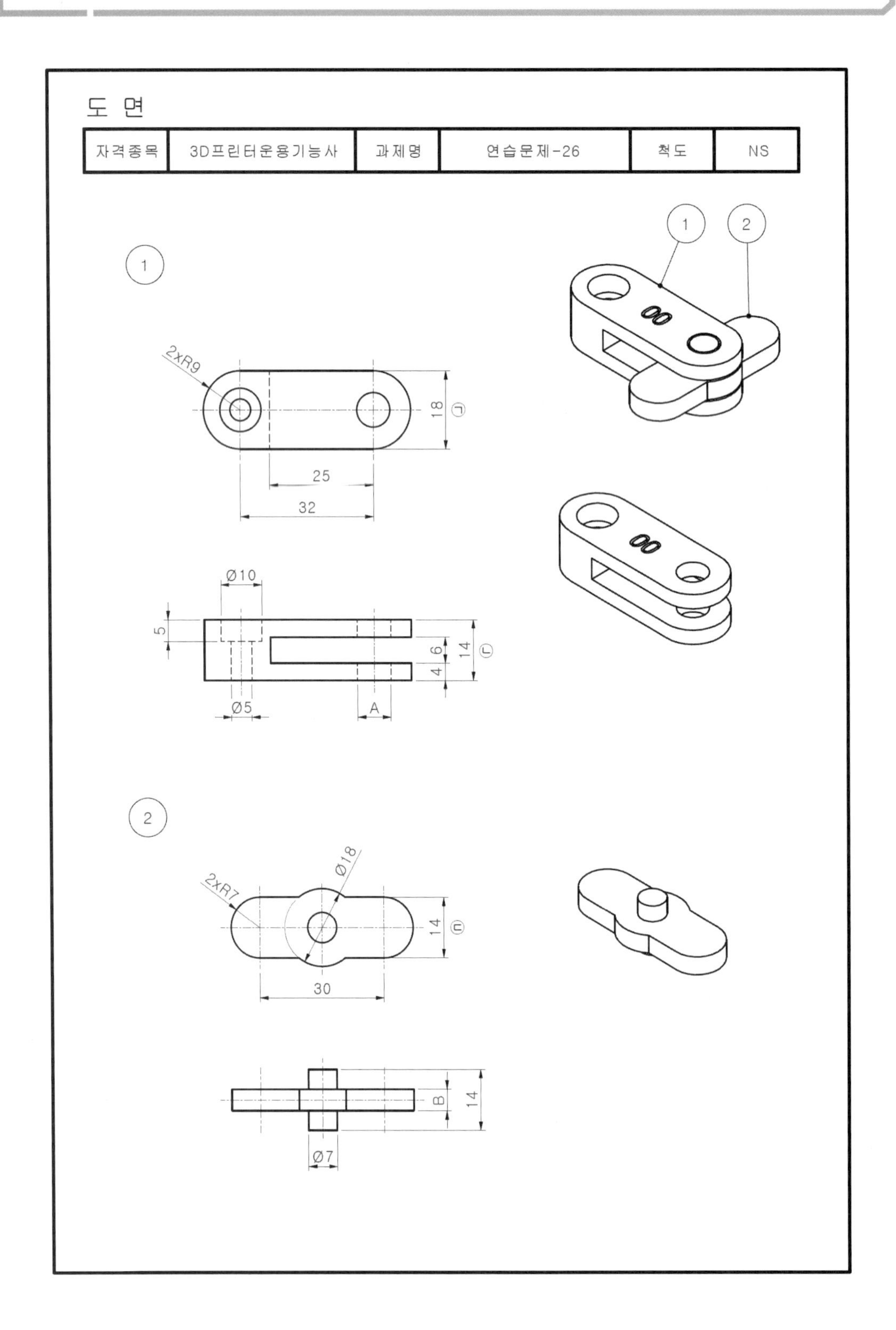
도 면
자격종목
3D프린터운용기능사
과제명
연습문제-26
척도
NS
1
2
2xR9
18
㉠
25
32
Ø10
5
6
14
4
㉡
Ø5
A
2xR7
Ø18
14
㉢
30
B
14
Ø7

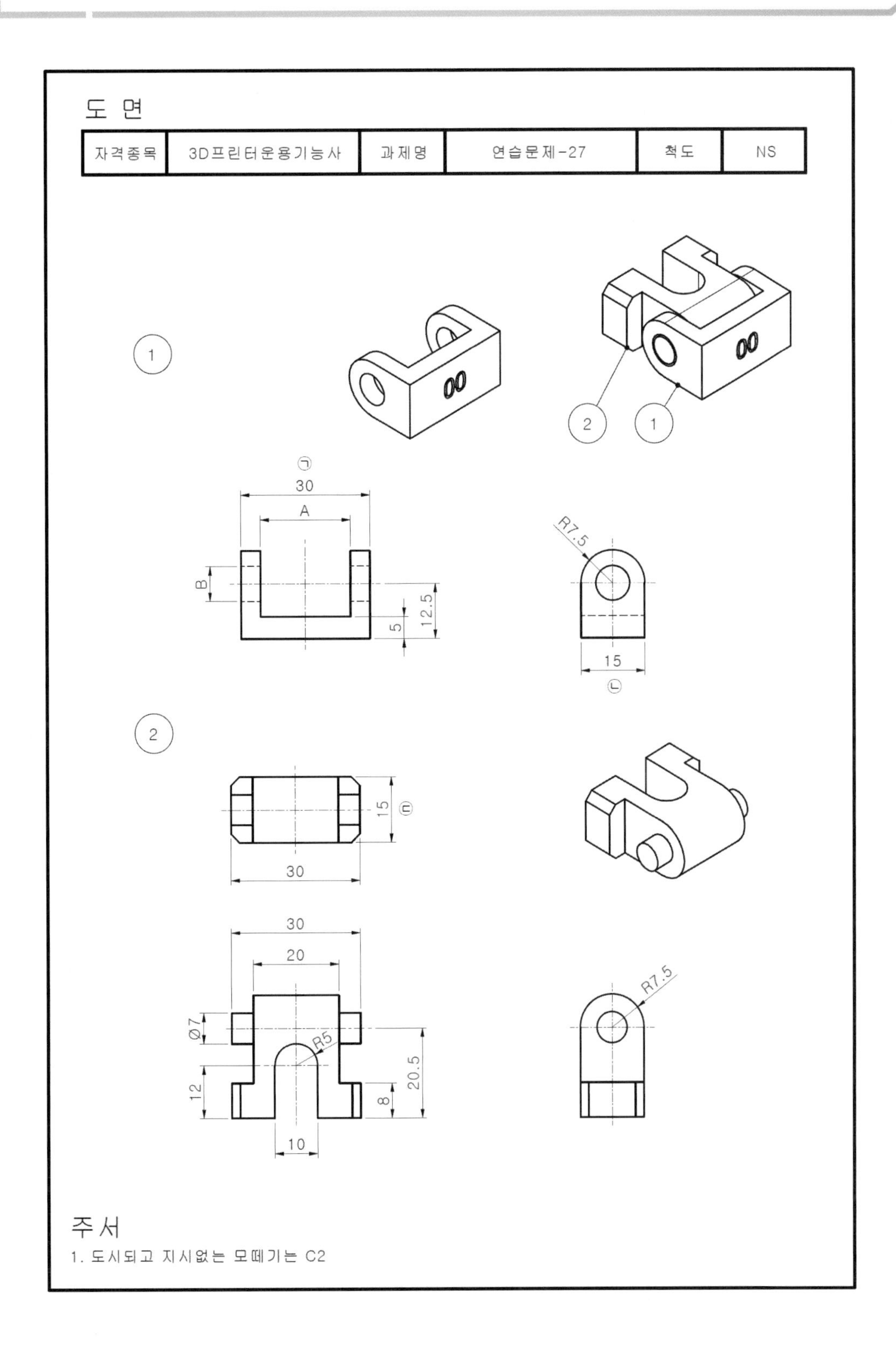
도 면
자격종목
3D프린터운용기능사
과제명
연습문제-27
척도
NS
1
2
㉠
30
A
B
5
12.5
R7.5
15
㉡
15
㉢
30
30
20
Ø7
R5
12
8
20.5
10
R7.5
주 서
1. 도시되고 지시없는 모떼기는 C2

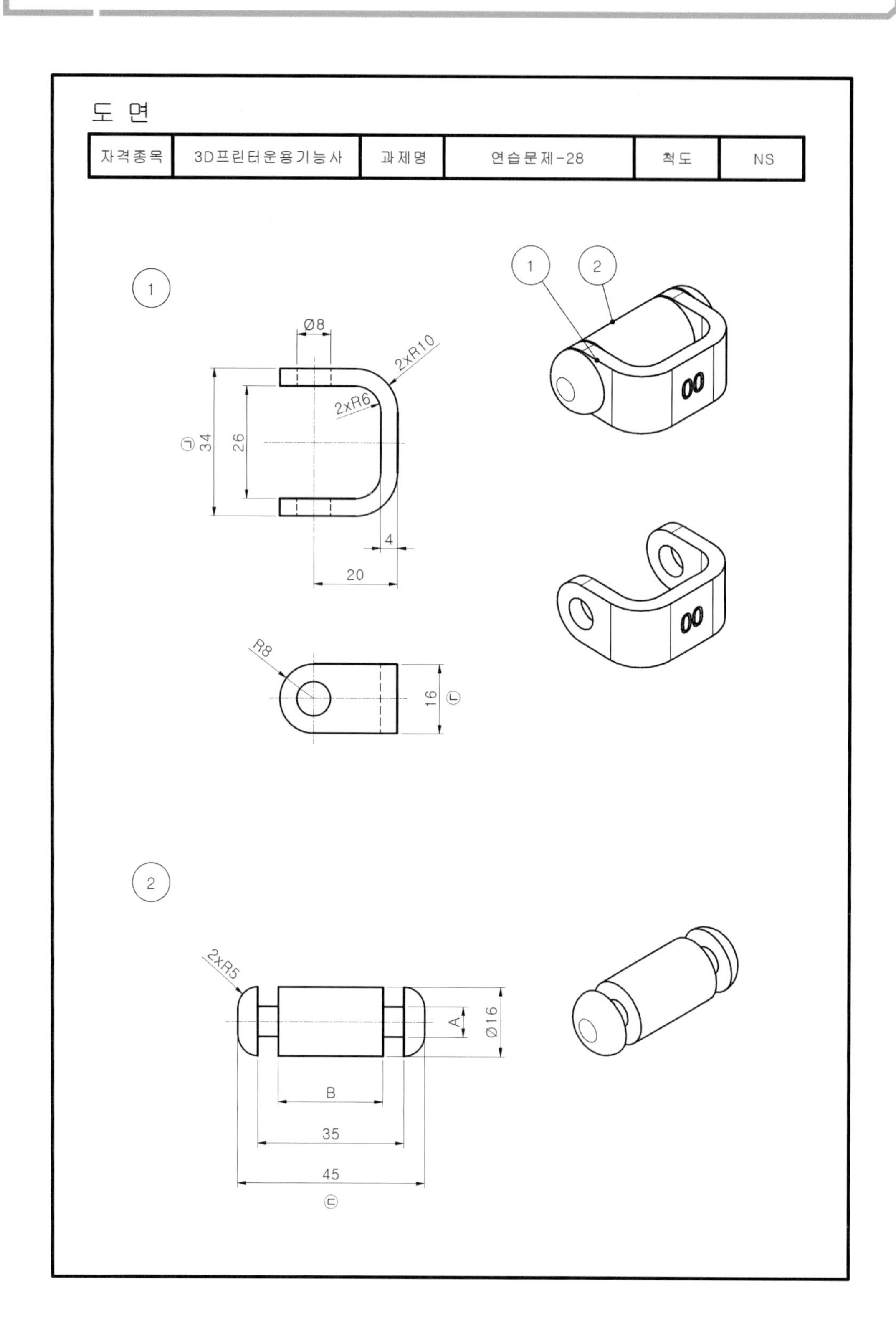
도 면
자격종목
3D프린터운용기능사
과제명
연습문제-28
척도
NS
1
2
Ø8
2xR10
2xR6
㉠
34
26
4
20
R8
16
㉡
2xR5
A
Ø16
B
35
45
㉢

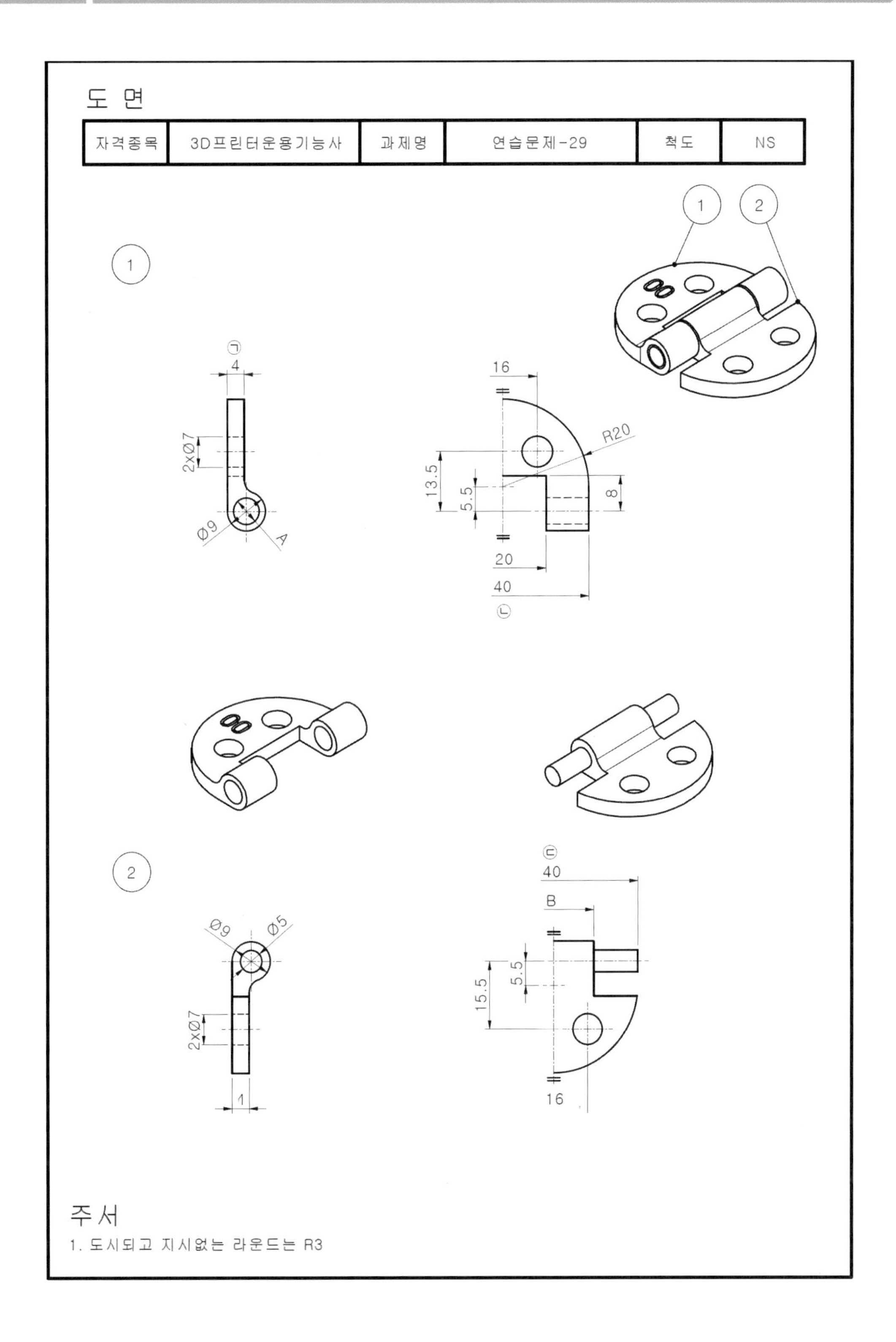
도 면
자격종목
3D프린터운용기능사
과제명
연습문제-29
척도
NS
1
2
㉠
4
2xØ7
Ø9
A
16
R20
13.5
5.5
8
20
40
㉡
㉢
40
B
5.5
15.5
Ø9
Ø5
2xØ7
4
16
주 서
1. 도시되고 지시없는 라운드는 R3

30 | 연습문제 30

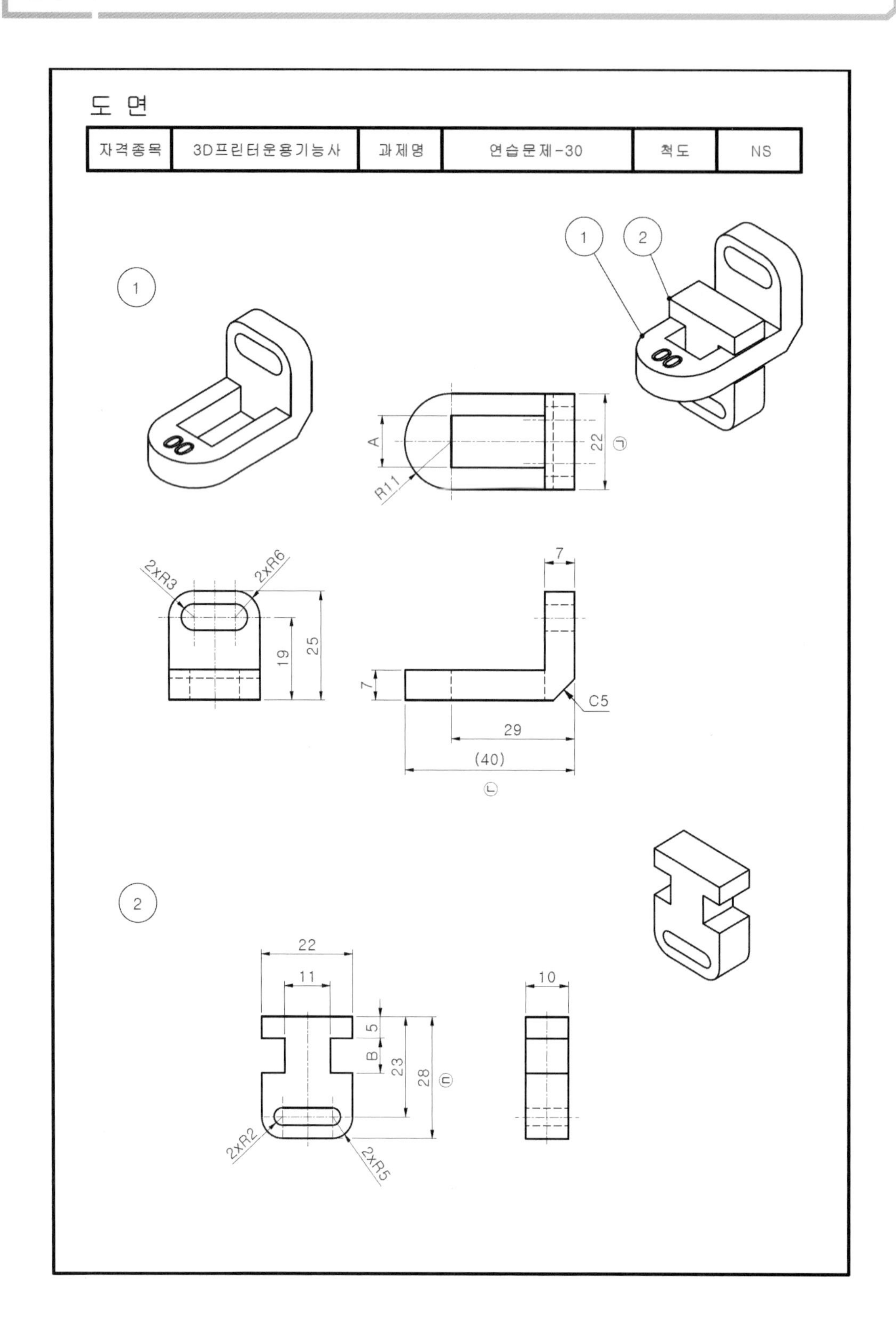
도 면
자격종목
3D프린터운용기능사
과제명
연습문제-30
척도
NS
1
2
A
R11
22
㉠
2xR3
2xR6
19
25
7
7
C5
29
(40)
㉡
22
11
5
B
23
28
㉢
10
2xR2
2xR5

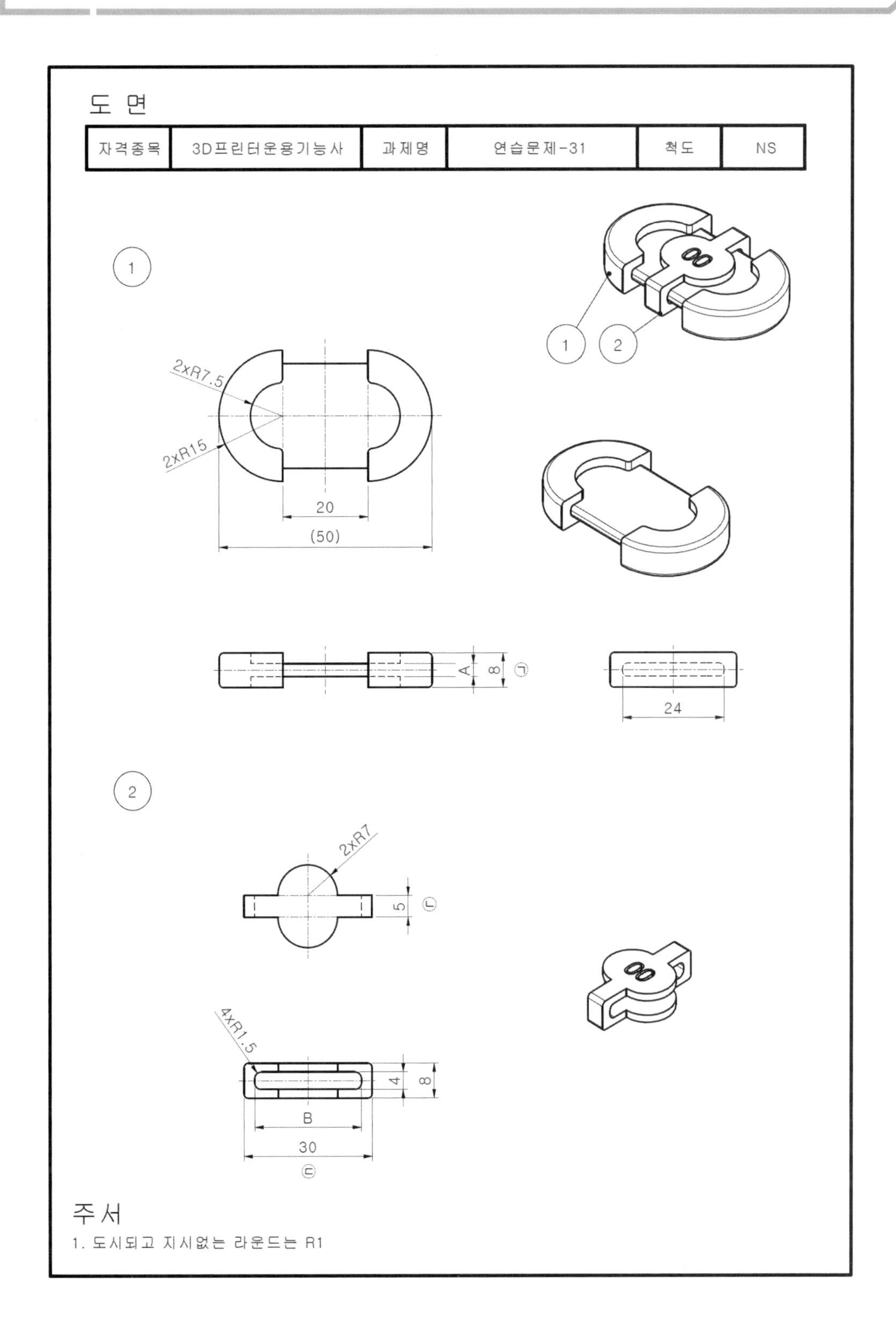
도 면
자격종목
3D프린터운용기능사
과제명
연습문제-31
척도
NS
1
2
2xR7.5
2xR15
20
(50)
A
8
㉠
24
2xR7
5
㉡
4xR1.5
4
8
B
30
㉢
주서
1. 도시되고 지시없는 라운드는 R1

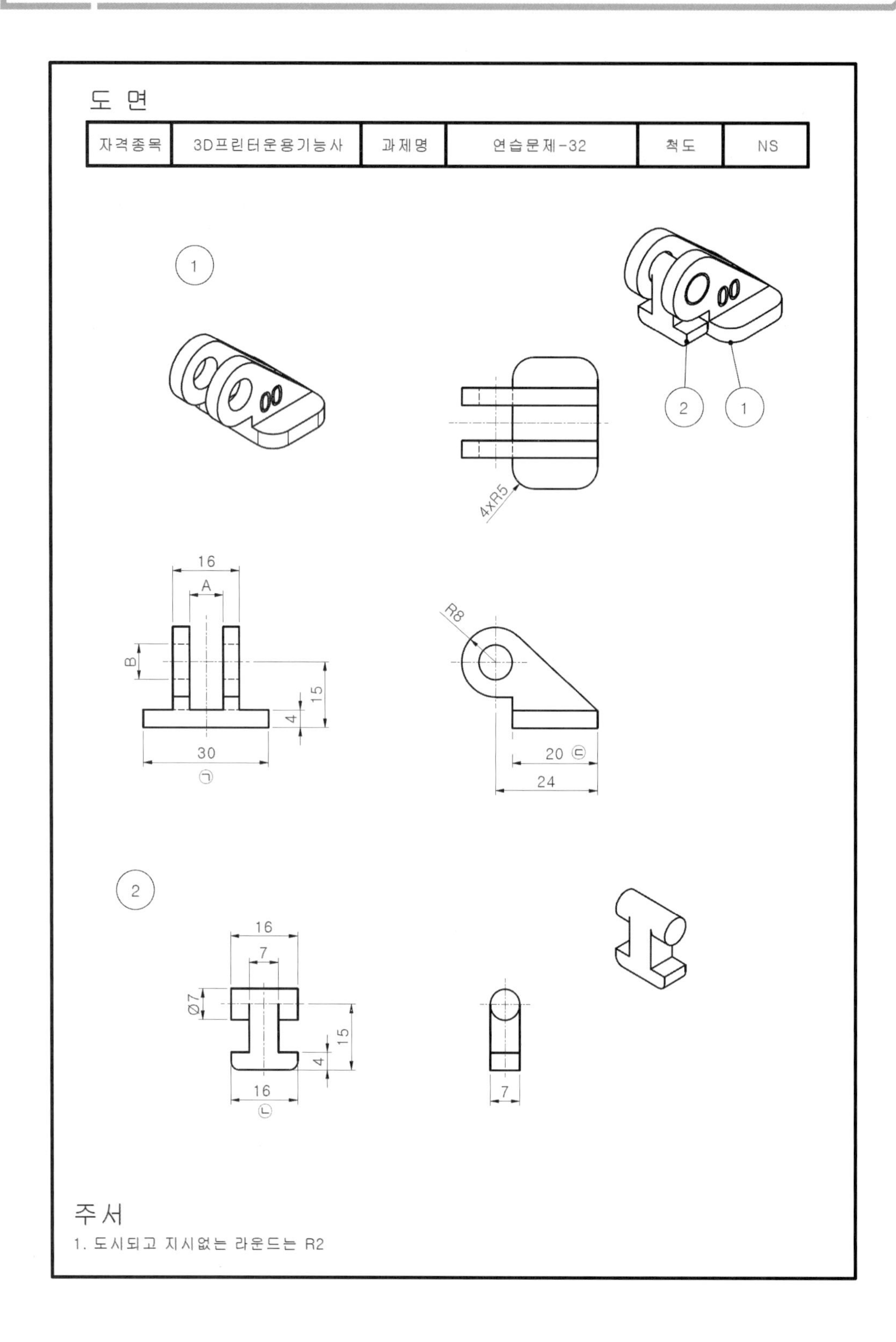

도 면
자격종목
3D프린터운용기능사
과제명
연습문제-32
척도
NS
1
2
1
4xR5
16
A
B
15
4
30
㉠
R8
20 ㉢
24
2
16
7
Ø7
15
4
16
㉡
7
주 서
1. 도시되고 지시없는 라운드는 R2

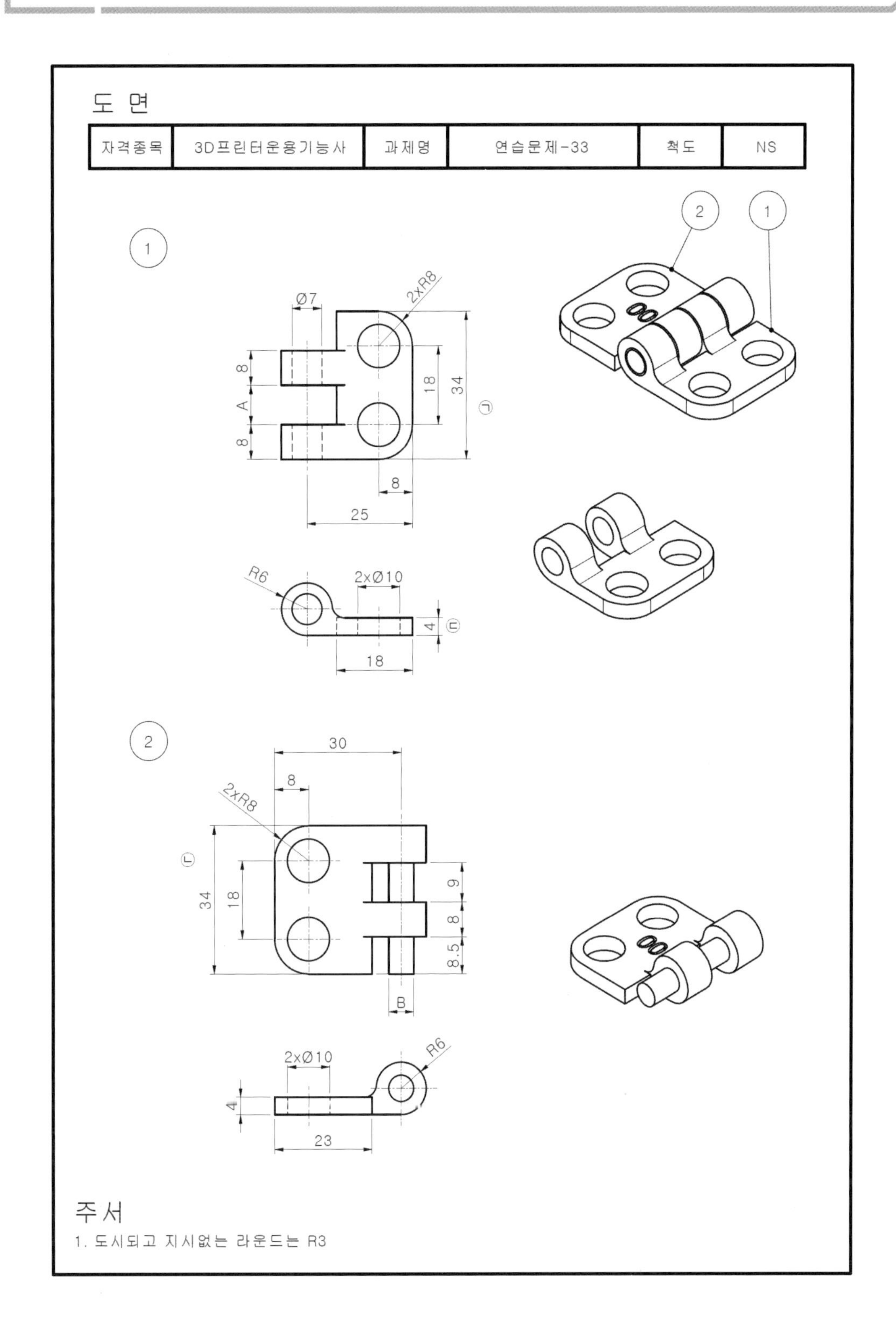
도 면
자격종목
3D프린터운용기능사
과제명
연습문제-33
척도
NS
1
2
Ø7
2xR8
8
A
18
34
㉠
25
R6
2xØ10
4
㉡
30
㉢
9
8.5
B
23
주서
1. 도시되고 지시없는 라운드는 R3

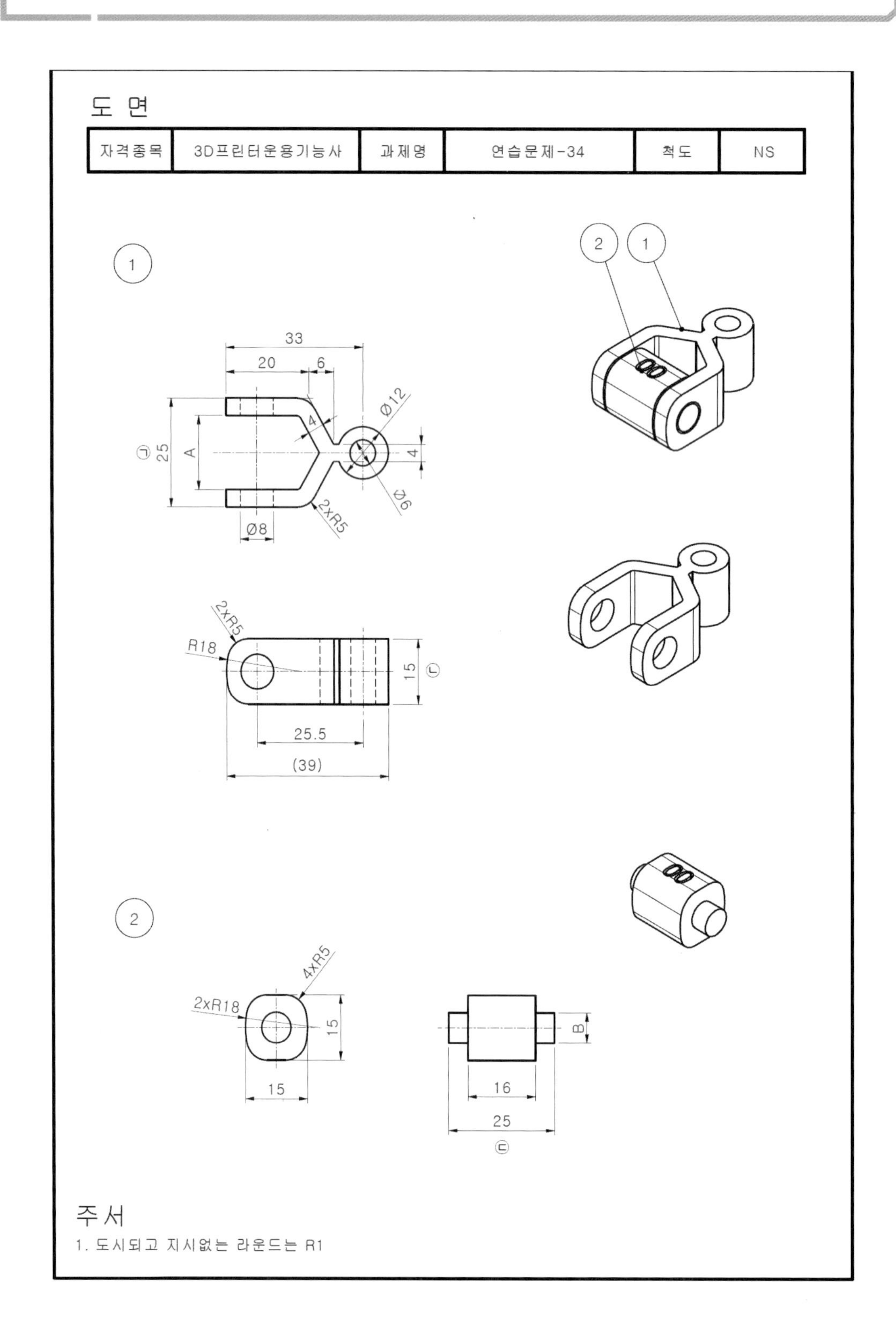
도 면
자격종목
3D프린터운용기능사
과제명
연습문제-34
척도
NS
1
2
33
20
6
Ø12
4
25
A
4
Ø6
2xR5
Ø8
R18
15
25.5
(39)
4xR5
2xR18
15
16
25
B
주서
1. 도시되고 지시없는 라운드는 R1

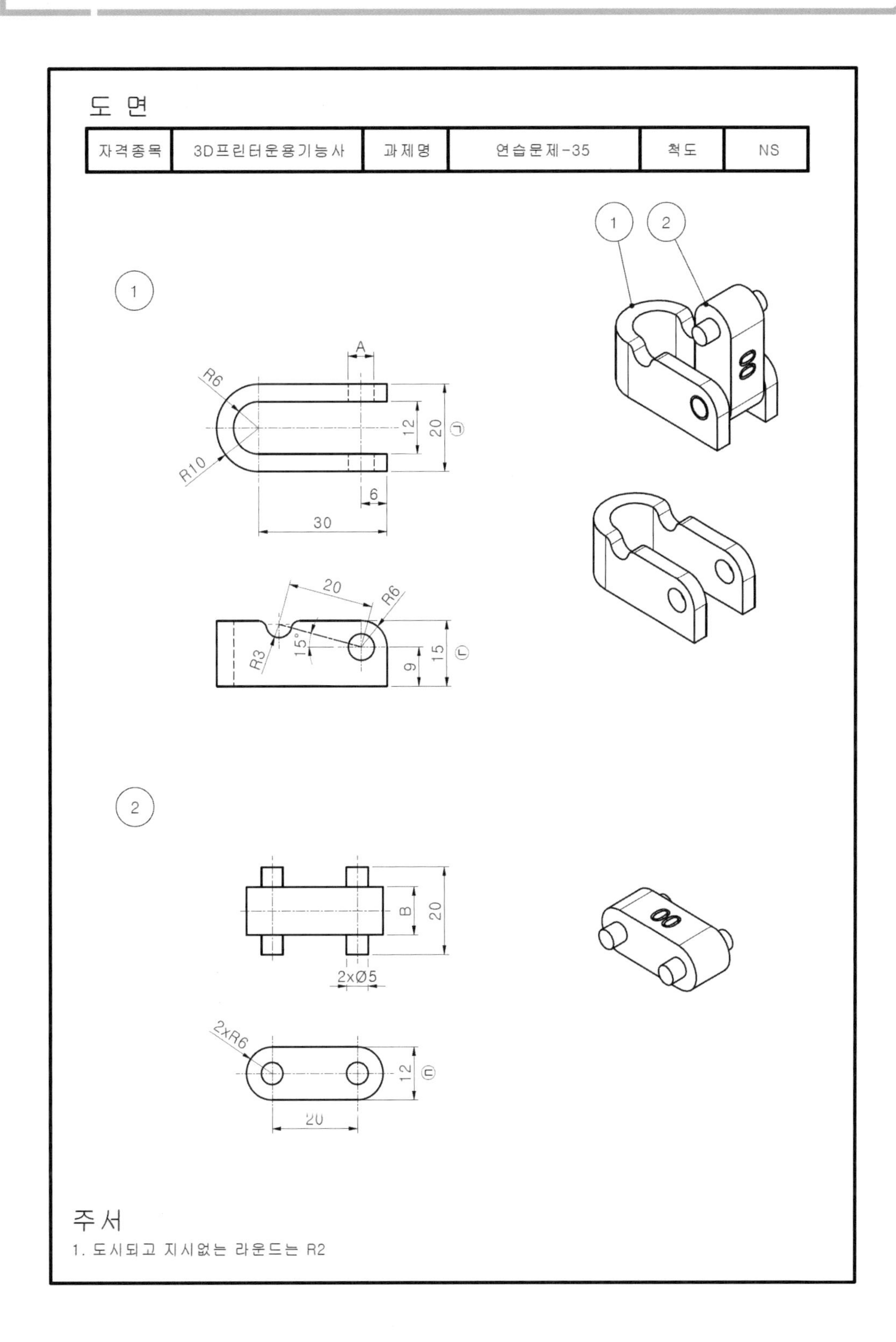
도 면
자격종목
3D프린터운용기능사
과제명
연습문제-35
척도
NS
1
2
A
R6
R10
12
20
㉠
6
30
20
R6
R3
15°
9
15
㉡
B
20
2xØ5
2xR6
12
㉢
20
주서
1. 도시되고 지시없는 라운드는 R2

36 | 연습문제 36

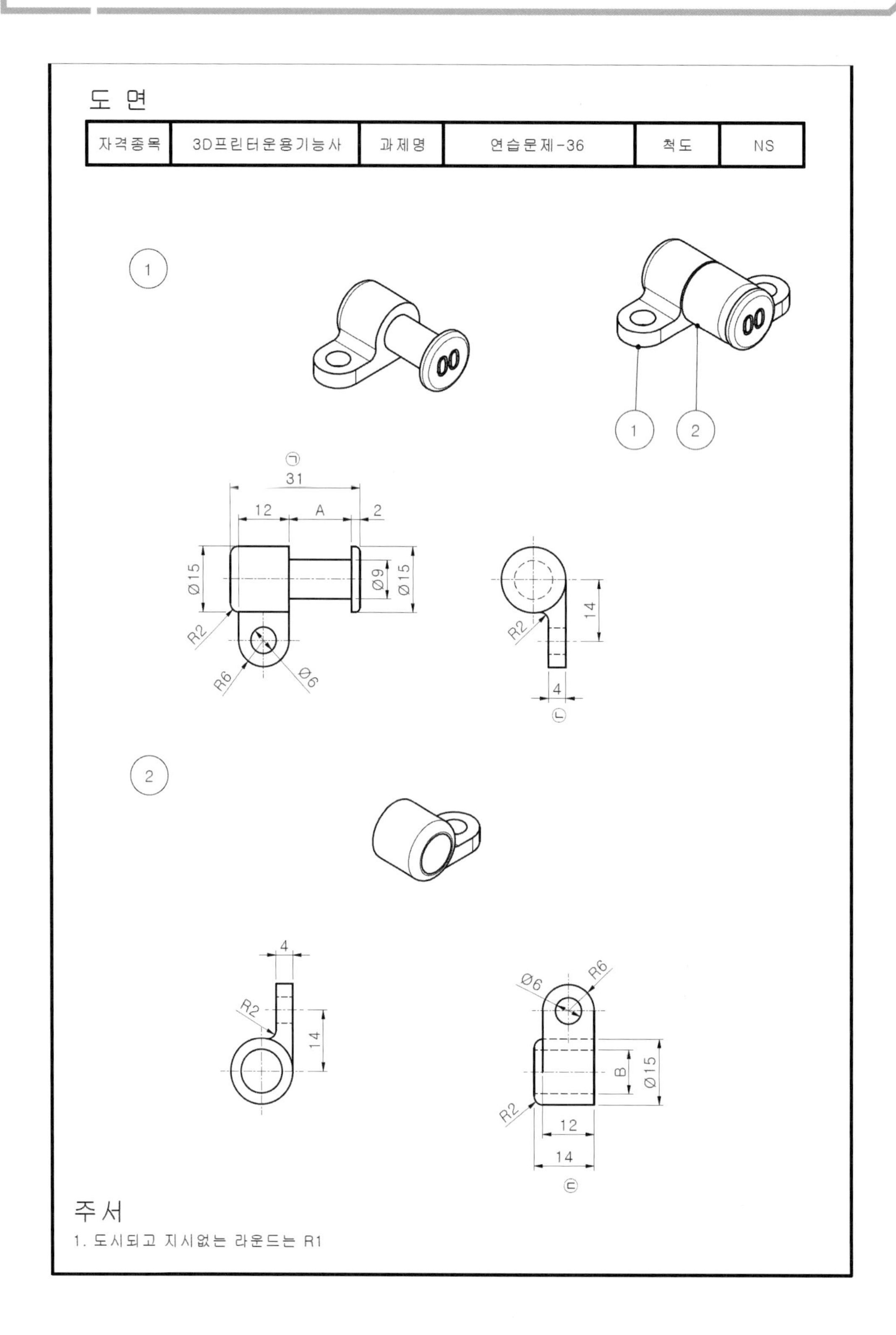
도 면
자격종목
3D프린터운용기능사
과제명
연습문제-36
척도
NS
1
2
㉠
31
12
A
2
Ø15
Ø9
Ø15
R2
R6
Ø6
14
4
㉡
2
4
R2
14
Ø6
R6
B
Ø15
R2
12
14
㉢
주 서
1. 도시되고 지시없는 라운드는 R1

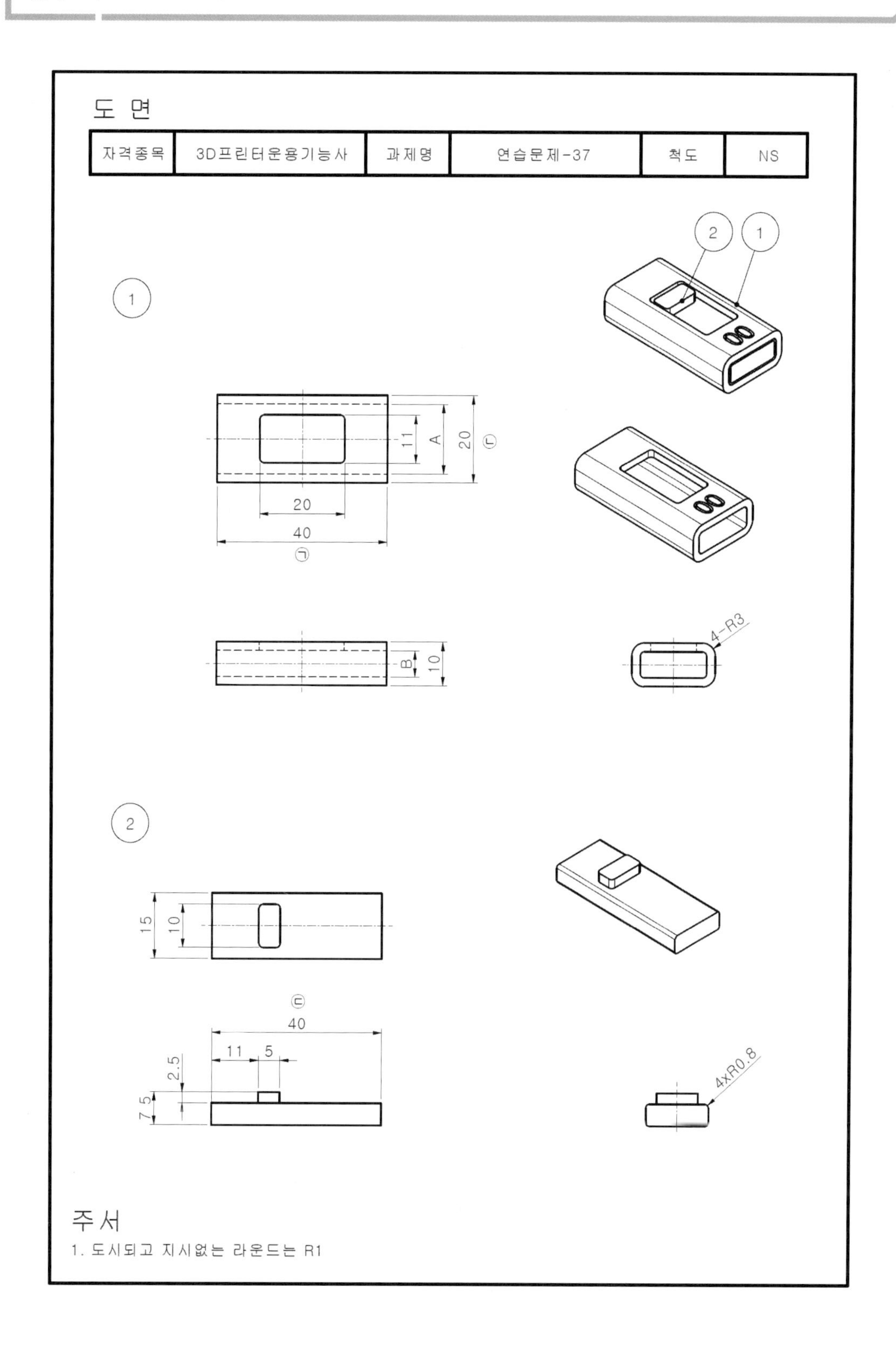
도 면
자격종목
3D프린터운용기능사
과제명
연습문제-37
척도
NS
1
2
1
20
40
11
A
20
B
10
4-R3
2
15
10
40
11
5
2.5
7.5
4xR0.8
주 서
1. 도시되고 지시없는 라운드는 R1

38 | 연습문제 38

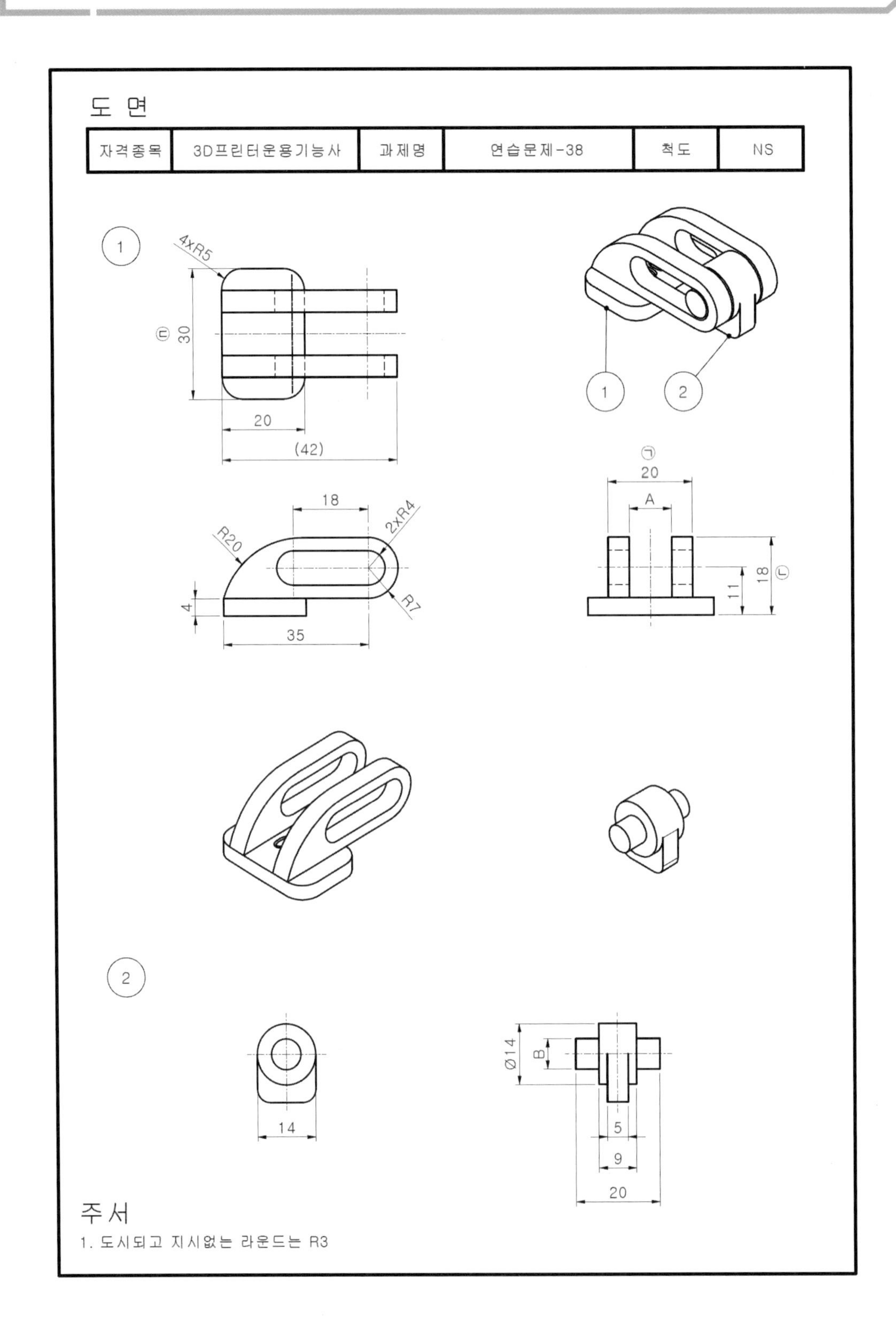
도 면
자격종목
3D프린터운용기능사
과제명
연습문제-38
척도
NS
1
4xR5
30
㉢
20
(42)
1
2
㉠
20
A
18
11
㉡
18
R20
2xR4
R7
4
35
2
14
Ø14
B
5
9
20
주서
1. 도시되고 지시없는 라운드는 R3

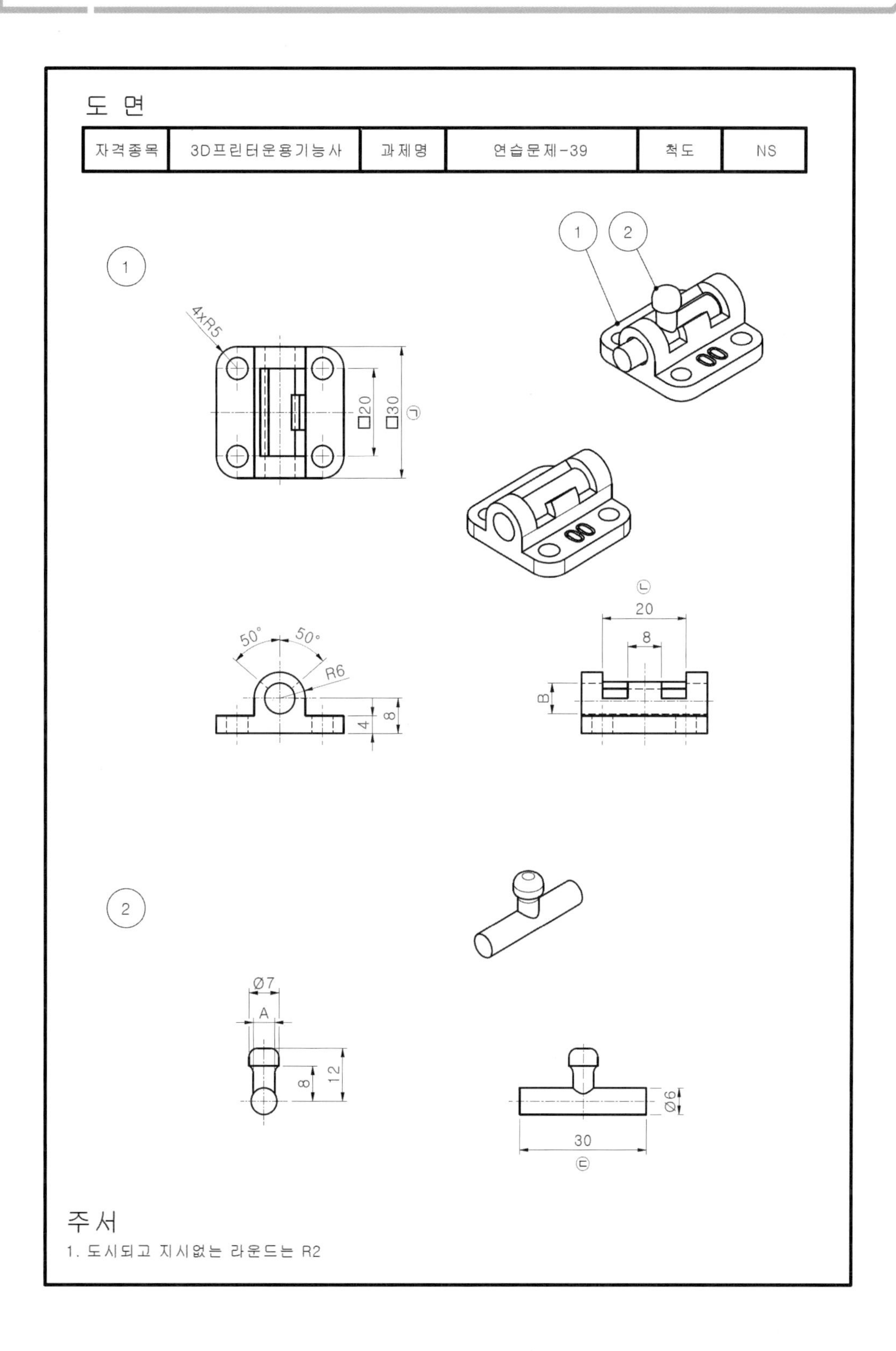

도 면
자격종목
3D프린터운용기능사
과제명
연습문제-39
척도
NS
1
2
4xR5
□20
□30
㉠
50°
50°
R6
4
8
㉡
20
8
B
Ø7
A
8
12
Ø6
30
㉢
주서
1. 도시되고 지시없는 라운드는 R2

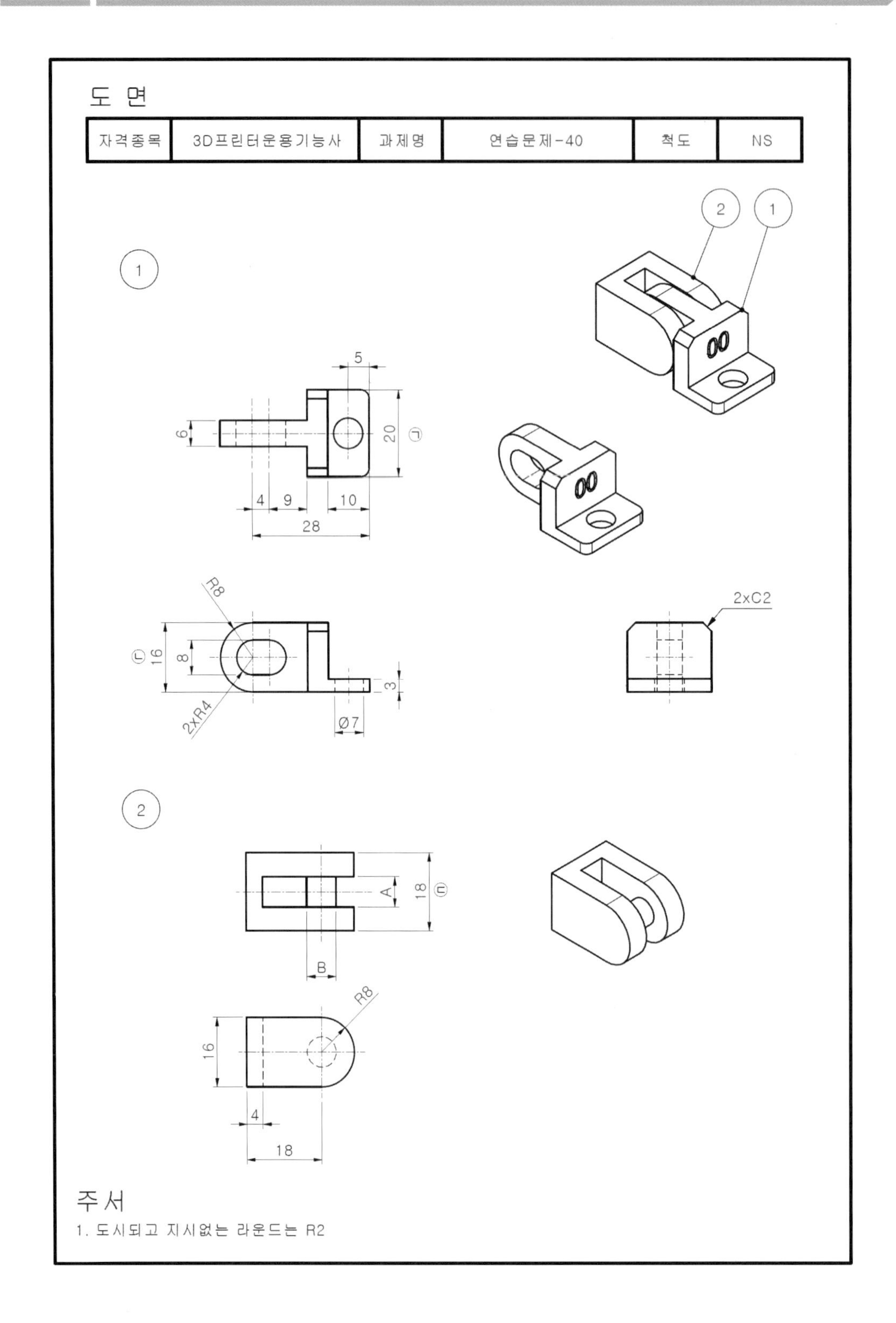
도 면
자격종목
3D프린터운용기능사
과제명
연습문제-40
척도
NS
2
1
1
5
6
20
㉠
4
9
10
28
R8
㉡
16
8
2xR4
3
Ø7
2xC2
2
A
18
㉢
B
R8
16
4
18
주 서
1. 도시되고 지시없는 라운드는 R2

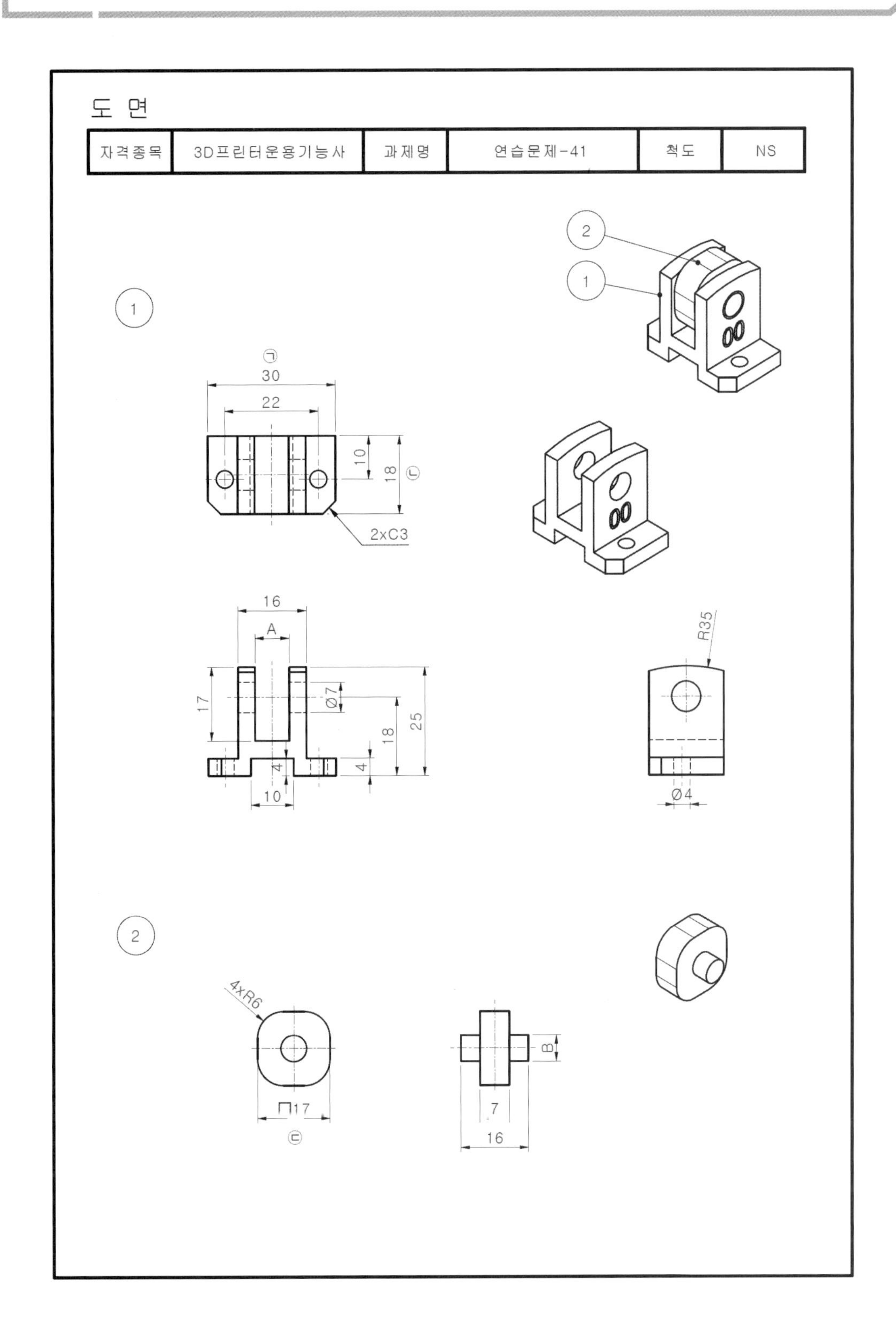
도 면
자격종목
3D프린터운용기능사
과제명
연습문제-41
척도
NS
1
2
㉠
30
22
10
18
㉡
2xC3
16
A
17
Ø7
18
25
4
4
10
R35
Ø4
4xR6
□17
㉢
B
7
16

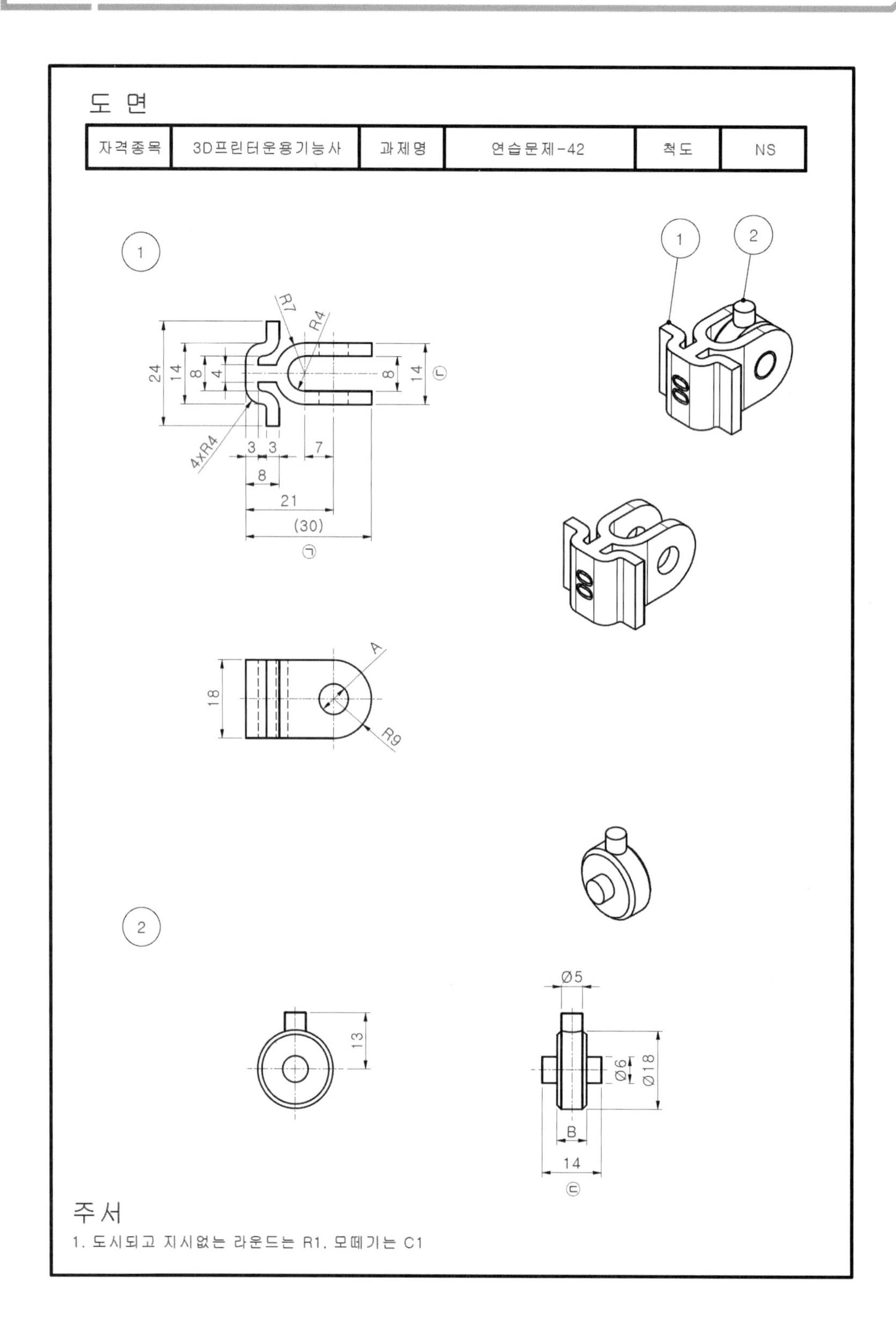
도 면
자격종목
3D프린터운용기능사
과제명
연습문제-42
척도
NS
1
2
R7
R4
24
14
8
4
8
14
4xR4
3 3
7
8
21
(30)
㉠
㉡
A
18
R9
13
Ø5
Ø6
Ø18
B
14
㉢
주서
1. 도시되고 지시없는 라운드는 R1, 모떼기는 C1

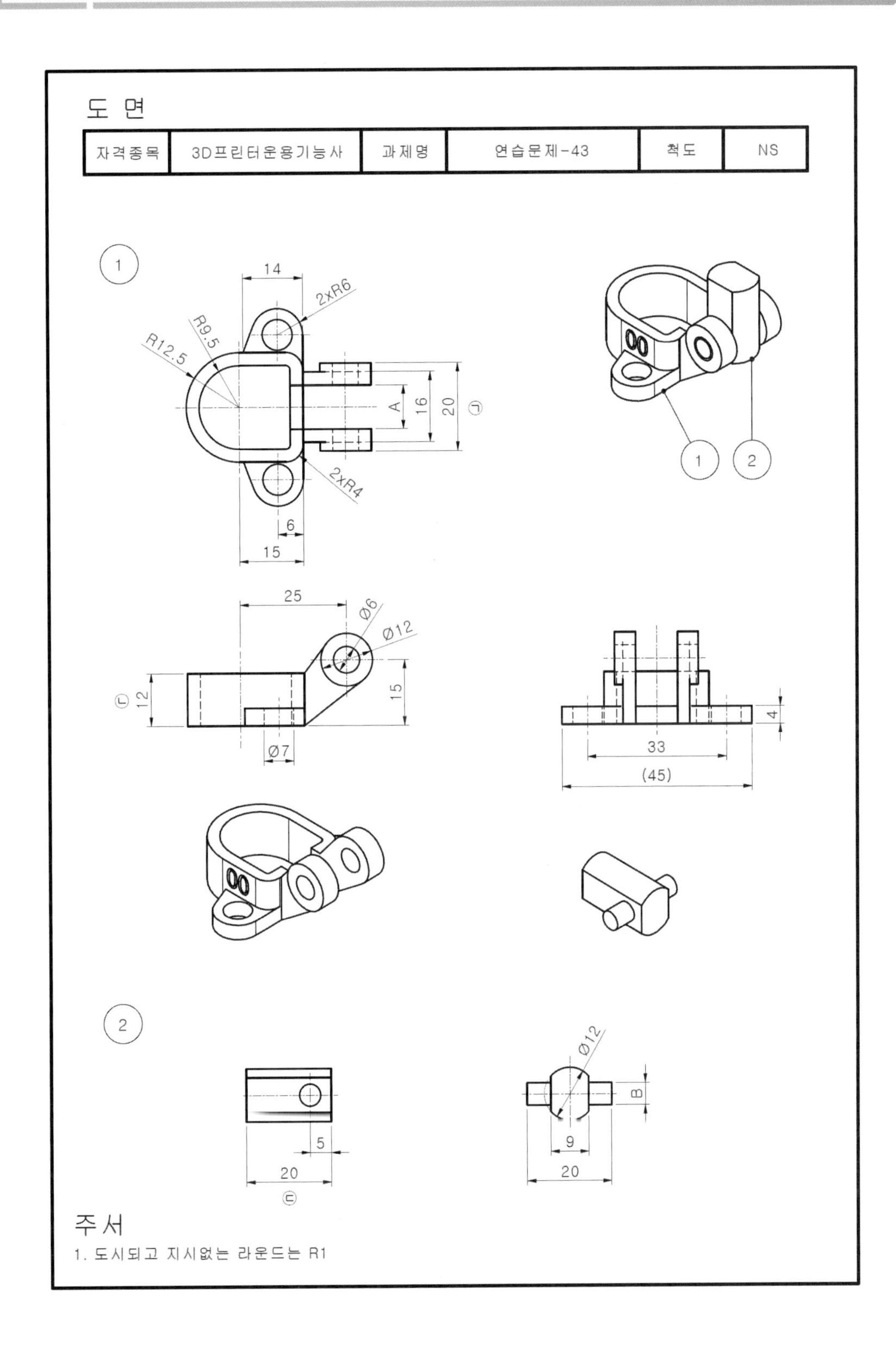
도 면
자격종목
3D프린터운용기능사
과제명
연습문제-43
척도
NS
1
14
2xR6
R9.5
R12.5
A
16
20
㉠
2xR4
6
15
1
2
25
Ø6
Ø12
15
㉡
12
Ø7
4
33
(45)
2
Ø12
B
5
20
㉢
9
20
주 서
1. 도시되고 지시없는 라운드는 R1

도 면
자격종목
3D프린터운용기능사
과제명
연습문제-44
척도
NS
1
2
1
SR12.5
A
11.5
5
14
20
29
㉠
2
Ø8
2xR5
2xR9
Ø8
B
29
㉡
㉢
14
4
17
24
R7

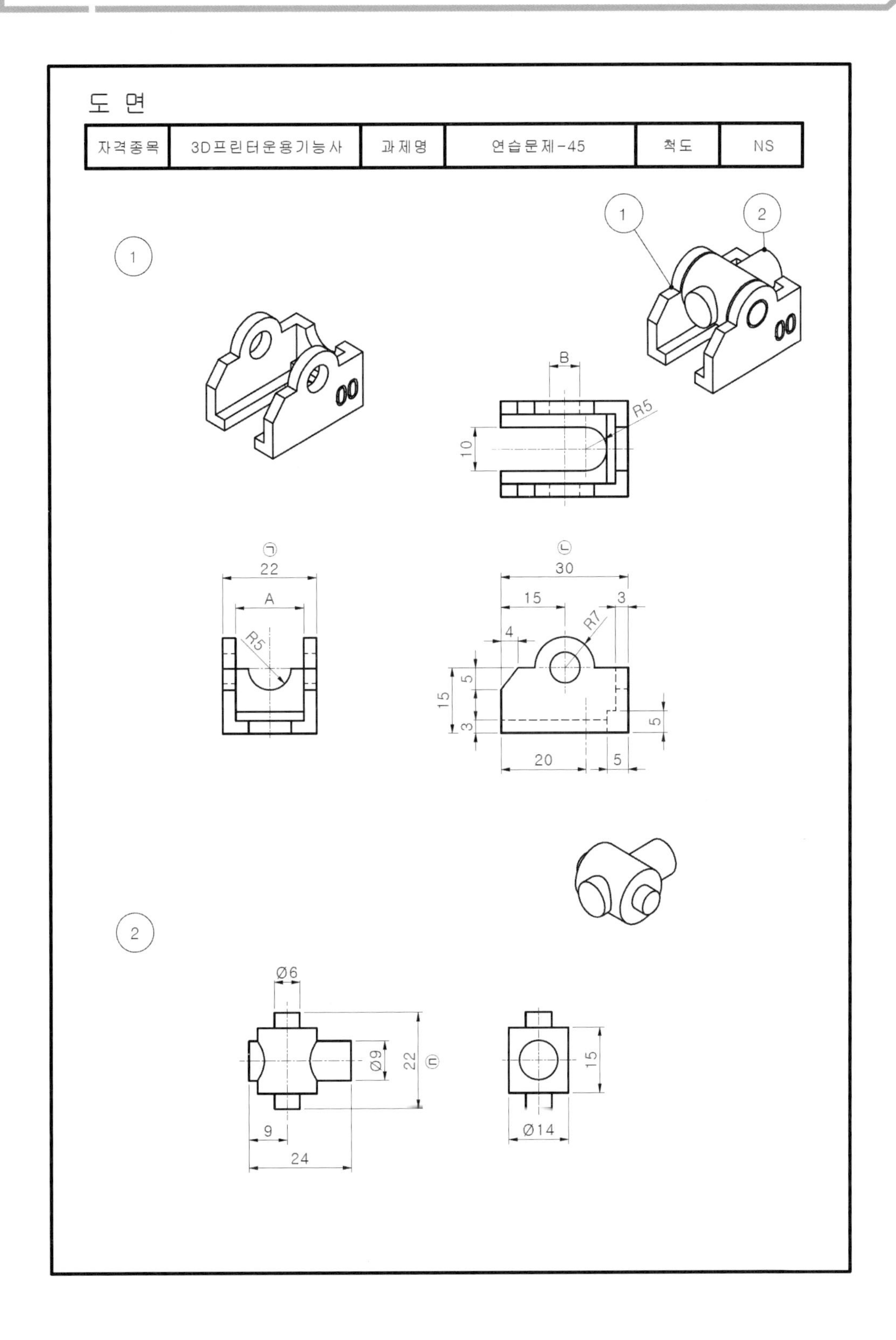
도 면
자격종목
3D프린터운용기능사
과제명
연습문제-45
척도
NS
1
2
B
R5
10
㉠
22
A
R5
㉡
30
15
3
R7
4
5
15
3
5
20
5
Ø6
Ø9
22
㉢
15
9
24
Ø14

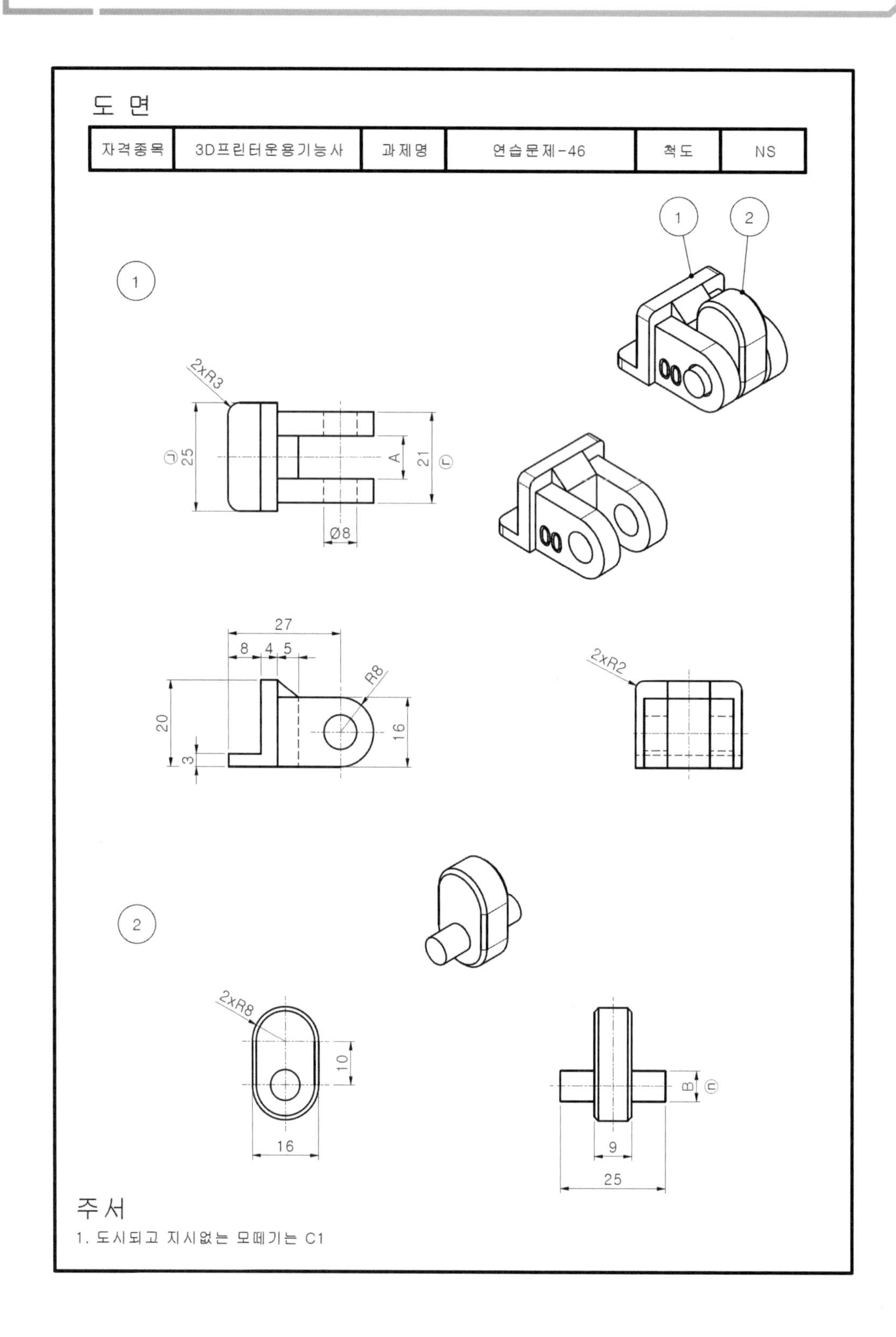
도 면
자격종목
3D프린터운용기능사
과제명
연습문제-46
척도
NS
1
2
1
2xR3
25
A
21
Ø8
27
8
4
5
R8
20
16
3
2xR2
2
2xR8
10
16
B
9
25
주 서
1. 도시되고 지시없는 모떼기는 C1

47 | 연습문제 47

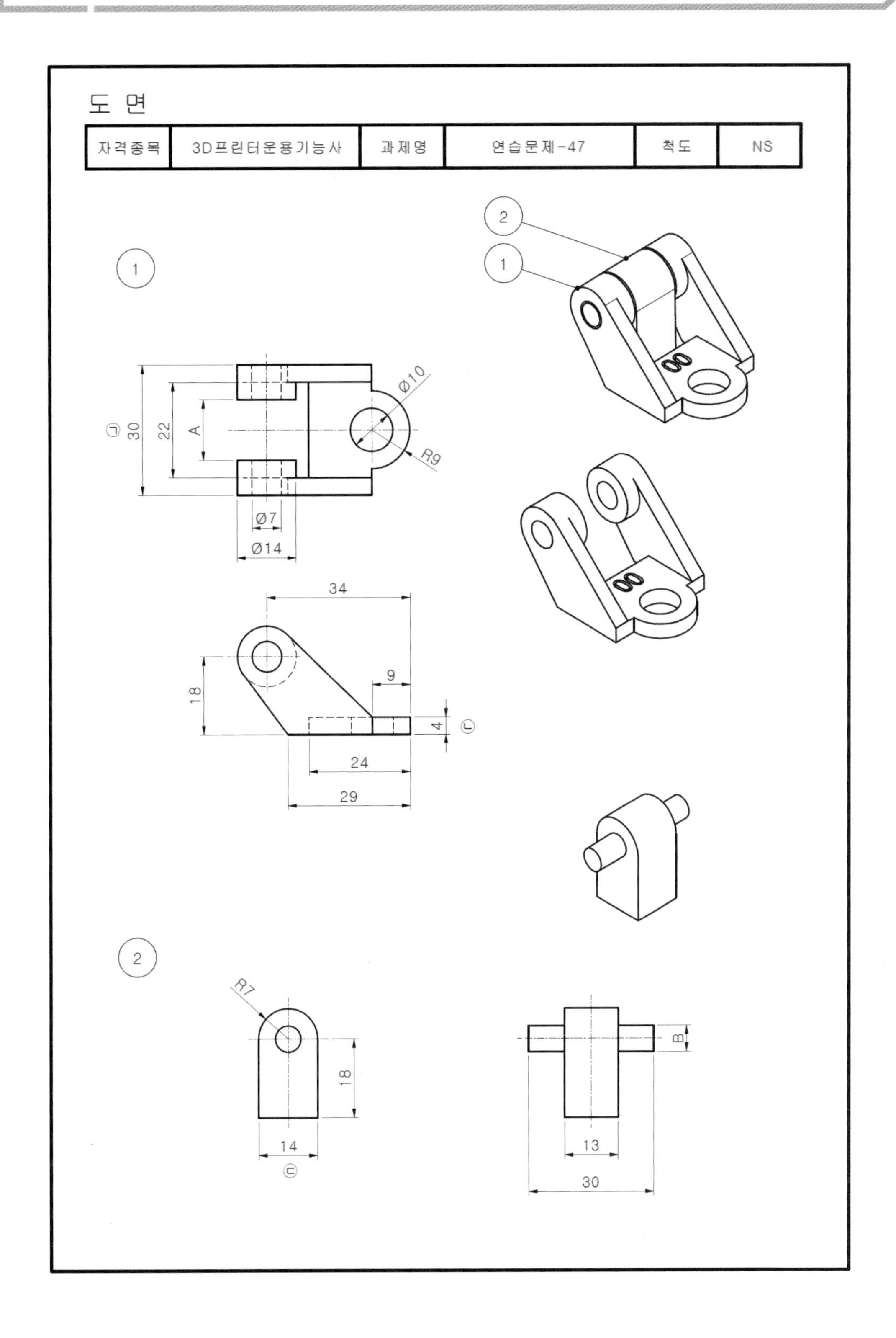

도 면
자격종목
3D프린터운용기능사
과제명
연습문제-47
척도
NS
1
2
30
22
A
Ø10
R9
Ø7
Ø14
34
9
18
4
24
29
R7
18
14
B
13
30

48 | 연습문제 48

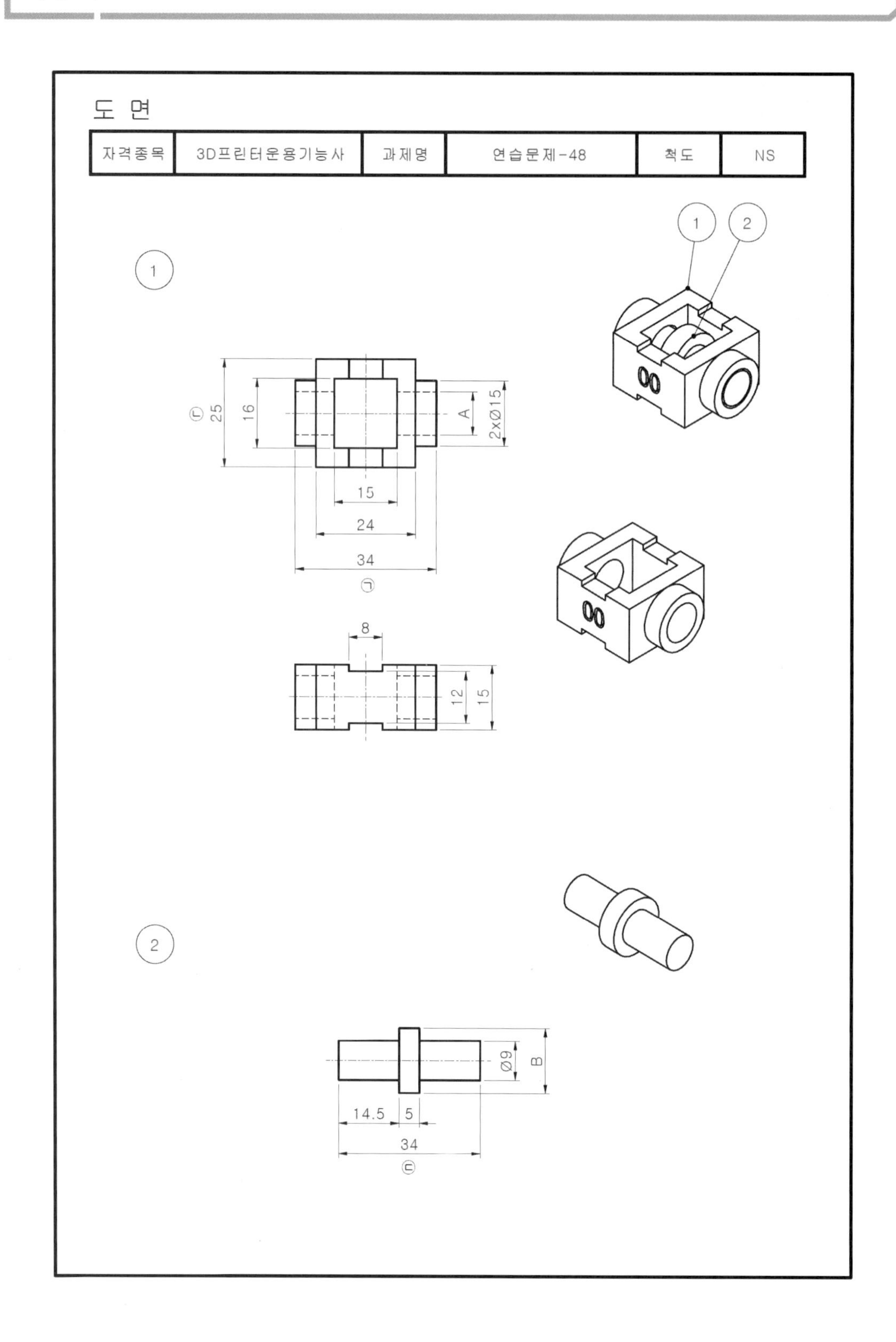

도 면
자격종목
3D프린터운용기능사
과제명
연습문제-48
척도
NS
1
2
1
25
16
A
2xØ15
15
24
34
㉠
㉡
㉢
8
12
15
2
Ø9
B
14.5
5
34
㉢

49 | 연습문제 49

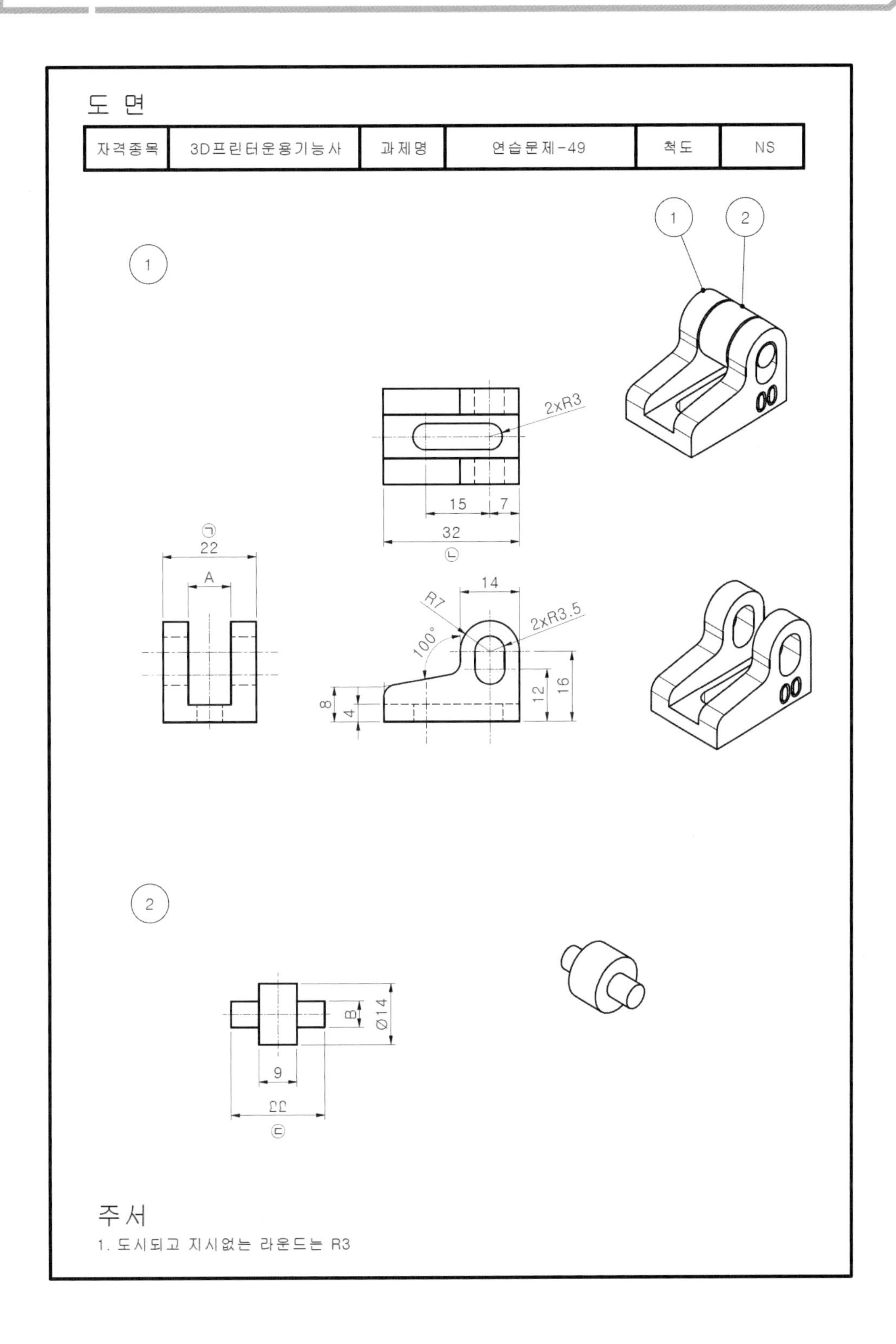

도 면
자격종목
3D프린터운용기능사
과제명
연습문제-49
척도
NS
1
2
1
2xR3
15
7
32
㉡
㉠
22
A
14
R7
2xR3.5
100°
8
4
12
16
2
B
Ø14
9
33
㉢
주 서
1. 도시되고 지시없는 라운드는 R3

50 | 연습문제 50

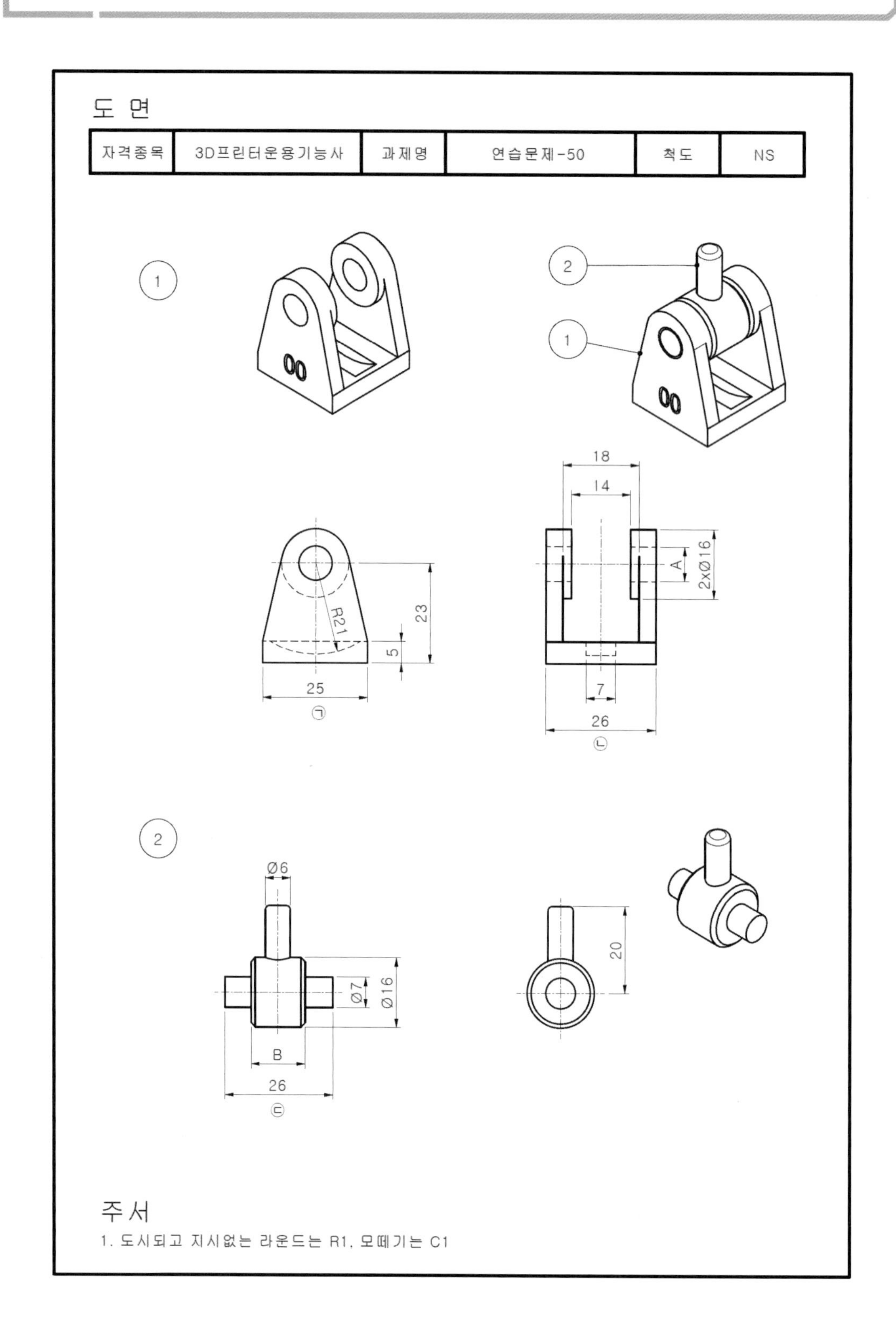
도 면
자격종목
3D프린터운용기능사
과제명
연습문제-50
척도
NS
1
2
1
18
14
A
2xØ16
R21
23
5
25
㉠
7
26
㉡
2
Ø6
Ø7
Ø16
20
B
26
㉢
주 서
1. 도시되고 지시없는 라운드는 R1, 모떼기는 C1

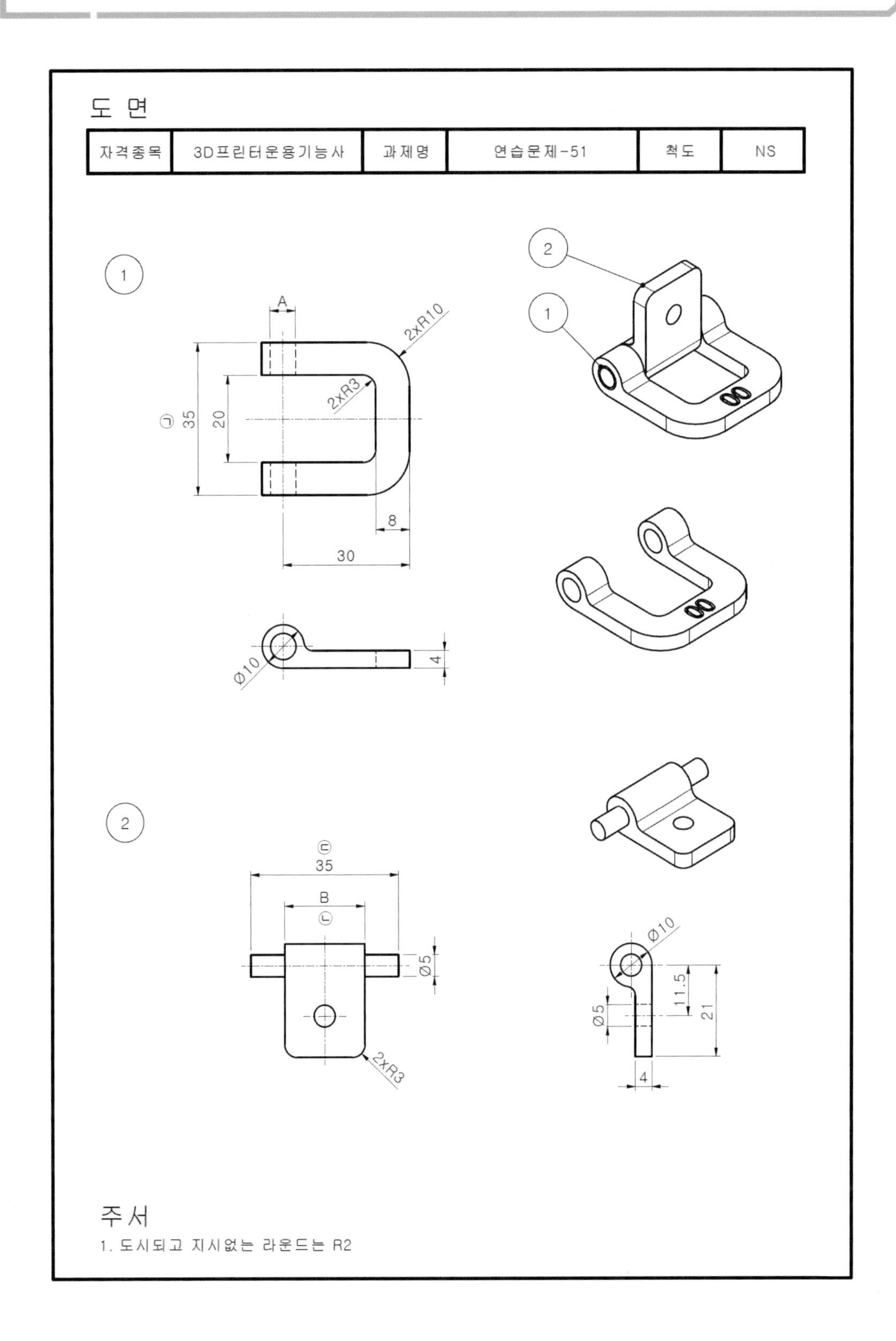
도 면
자격종목
3D프린터운용기능사
과제명
연습문제-51
척도
NS
1
A
2xR10
2xR3
㉠
35
20
8
30
Ø10
4
2
1
2
㉢
35
B
㉡
Ø5
2xR3
Ø10
Ø5
11.5
21
4
주 서
1. 도시되고 지시없는 라운드는 R2

52 | 연습문제 52

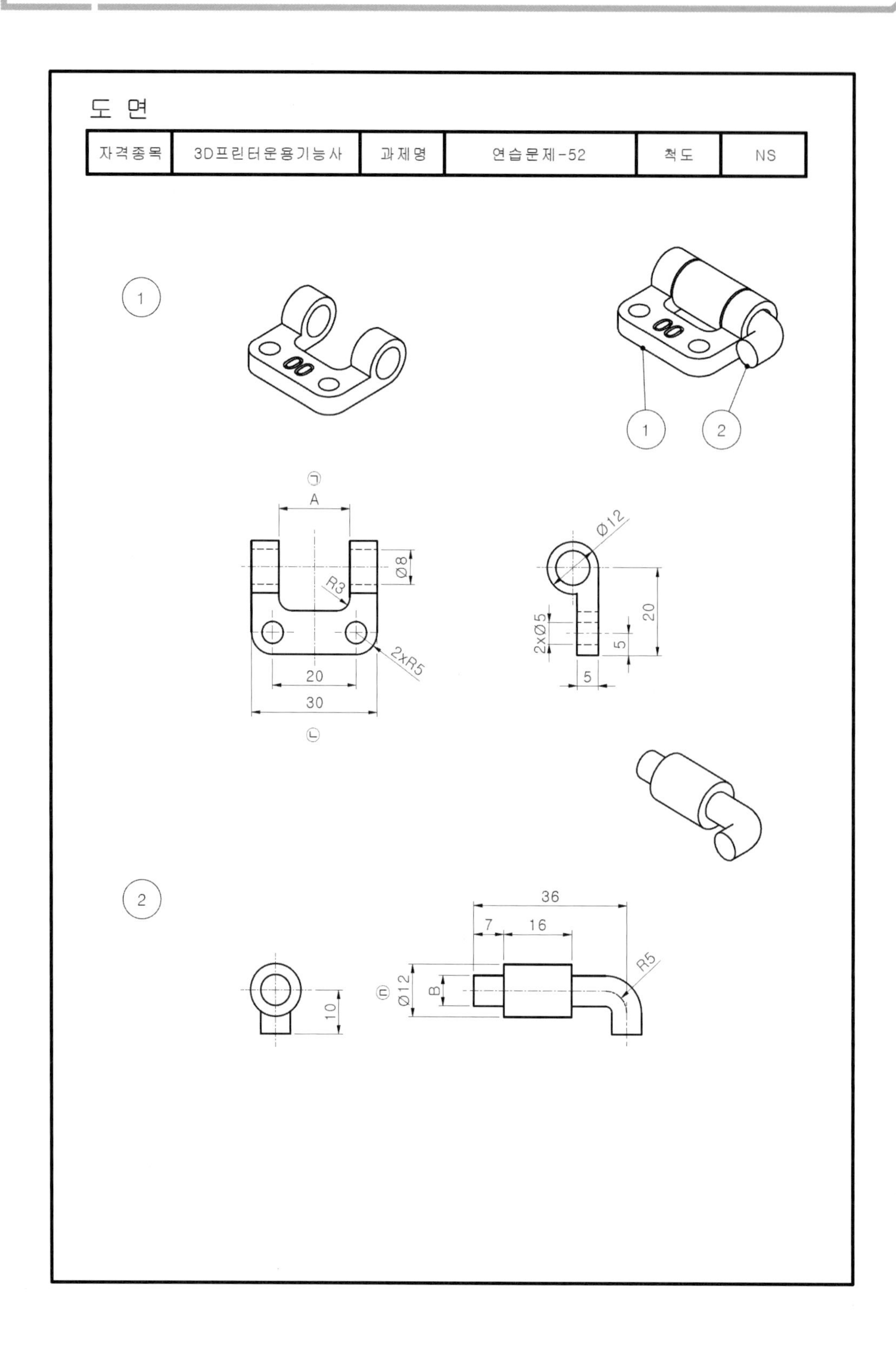

도 면
자격종목
3D프린터운용기능사
과제명
연습문제-52
척도
NS
1
1
2
㉠
A
Ø8
R3
2xR5
20
30
㉡
Ø12
20
2xØ5
5
5
2
36
7
16
R5
㉢
Ø12
B
10

53 | 연습문제 53

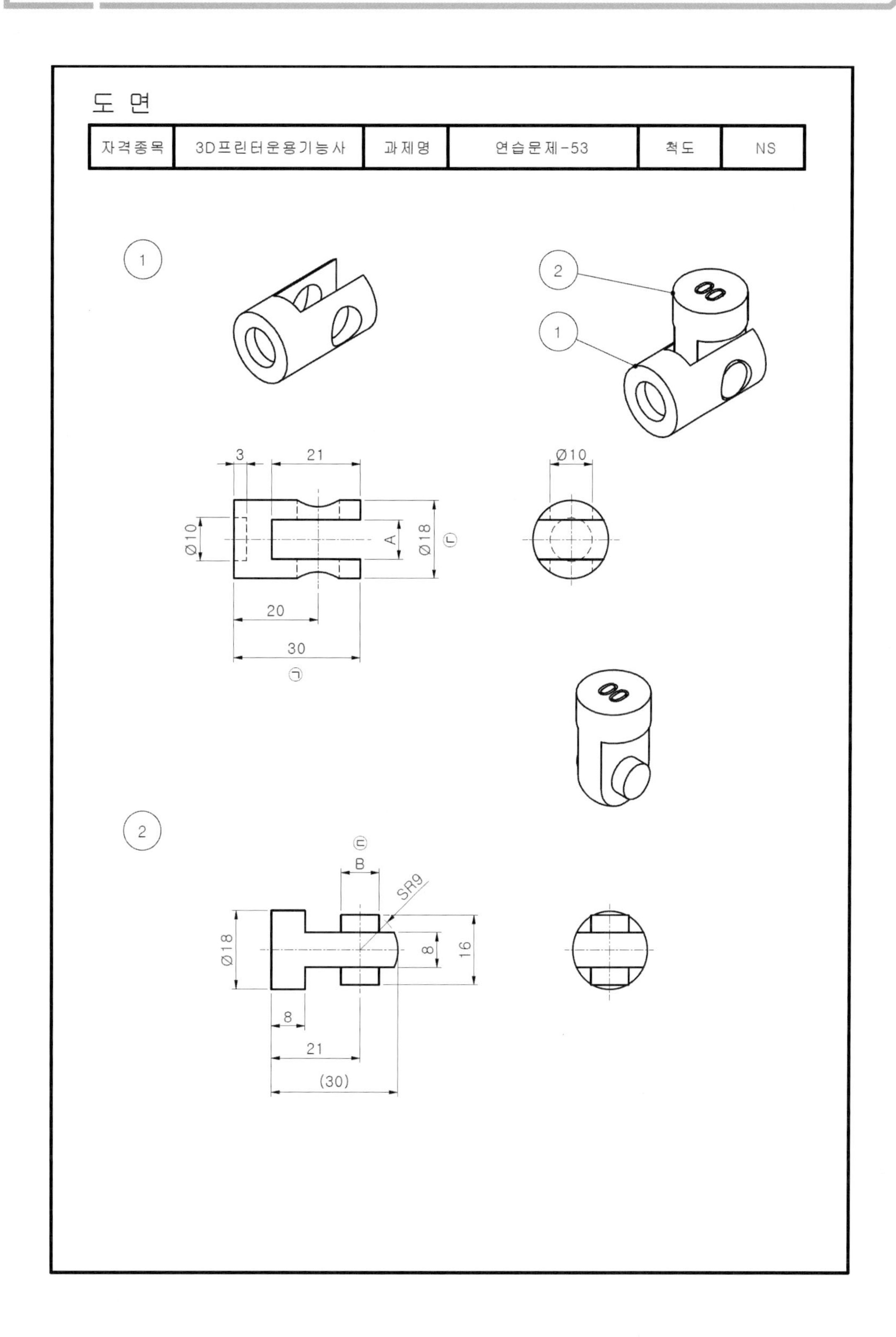
도 면
자격종목
3D프린터운용기능사
과제명
연습문제-53
척도
NS
1
2
1
3
21
Ø10
A
Ø18
㉢
20
30
㉠
Ø10
2
㉡
B
SR9
Ø18
8
16
8
21
(30)

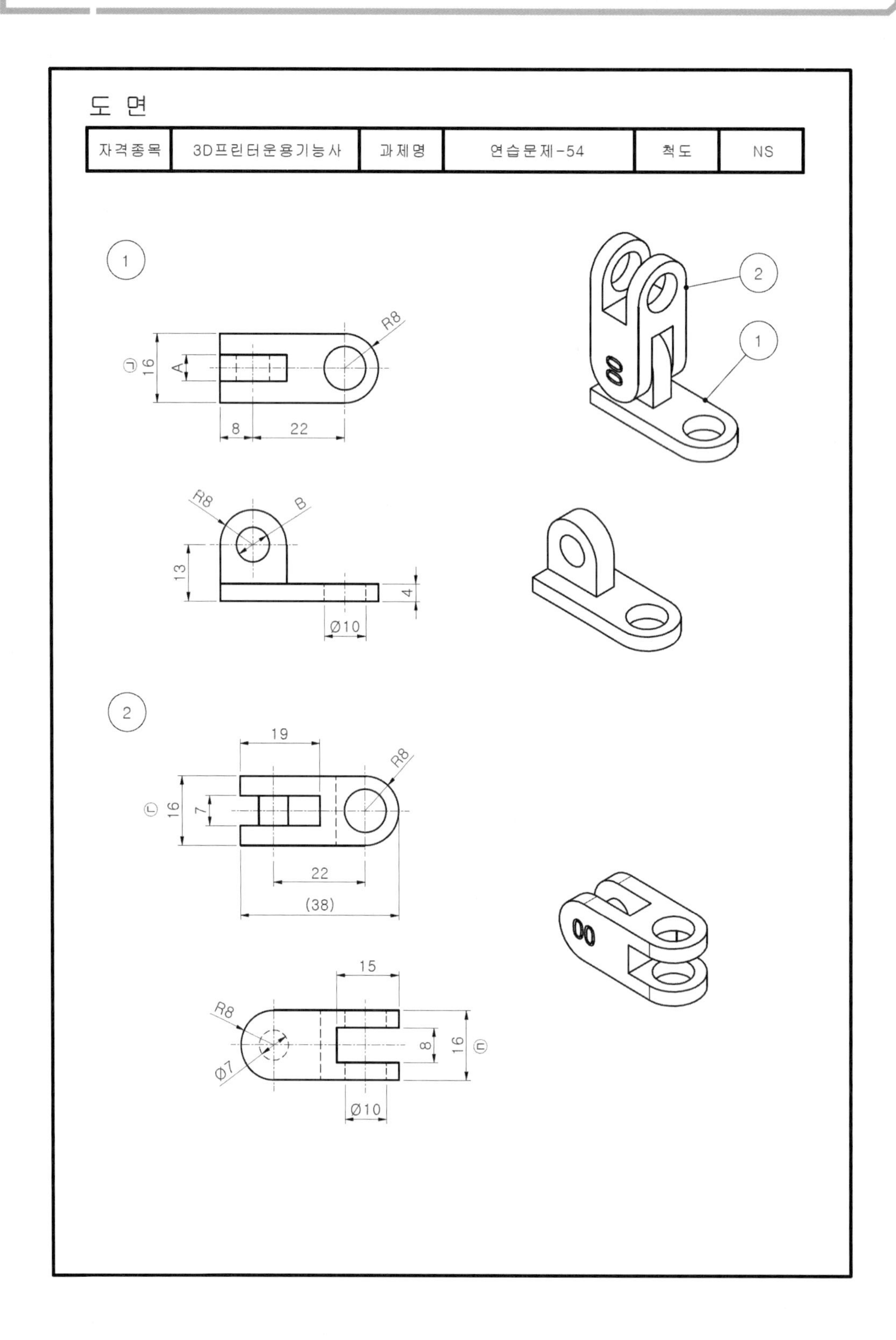
도 면
자격종목
3D프린터운용기능사
과제명
연습문제-54
척도
NS
1
2
R8
㉠
16
A
8
22
R8
B
13
4
Ø10
19
R8
㉡
16
7
22
(38)
15
R8
Ø7
8
16
㉢
Ø10

55 | 연습문제 55

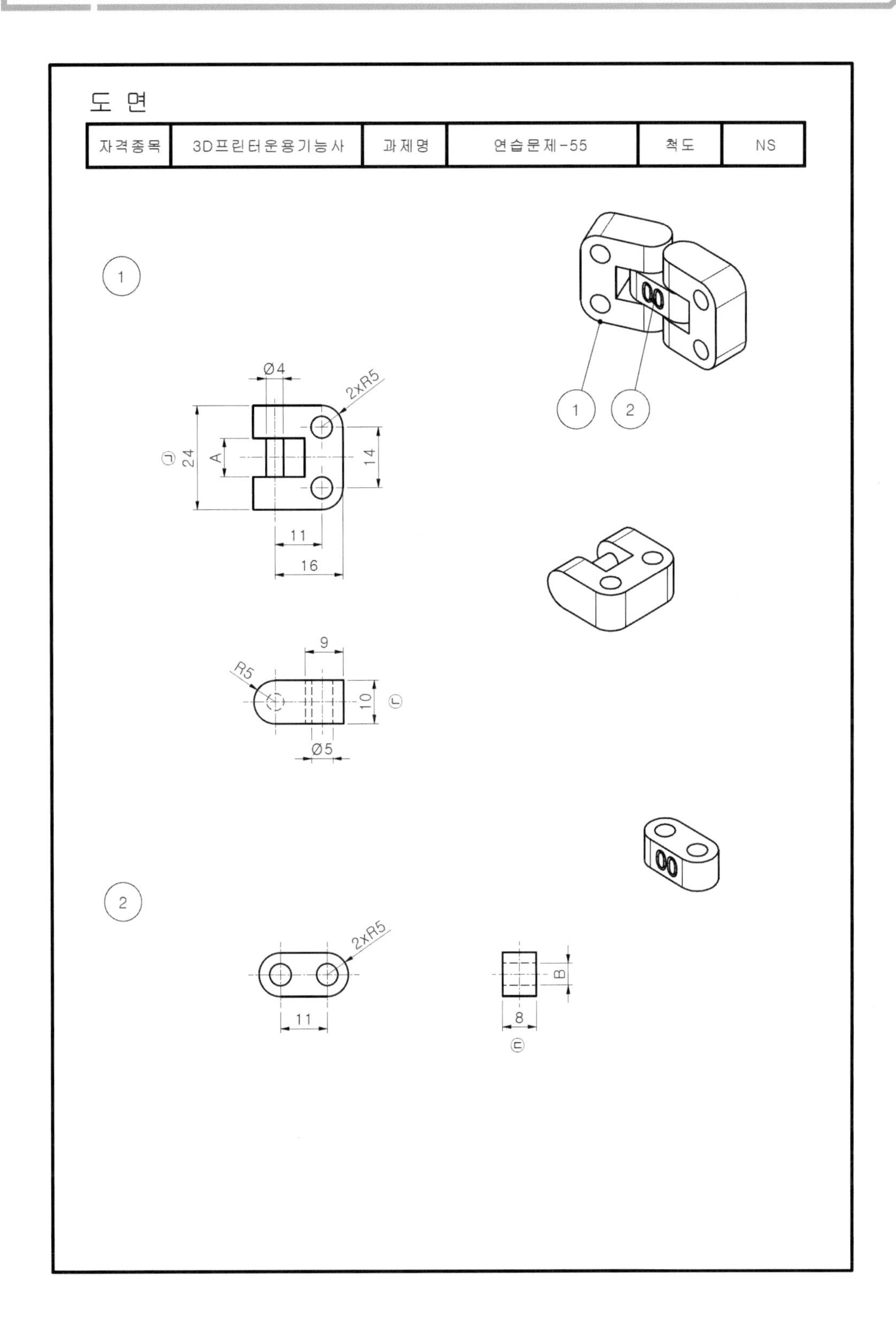

도 면
자격종목
3D프린터운용기능사
과제명
연습문제-55
척도
NS
1
2
Ø4
2xR5
24
A
14
11
16
9
R5
10
Ø5
2xR5
11
B
8

56 | 연습문제 56

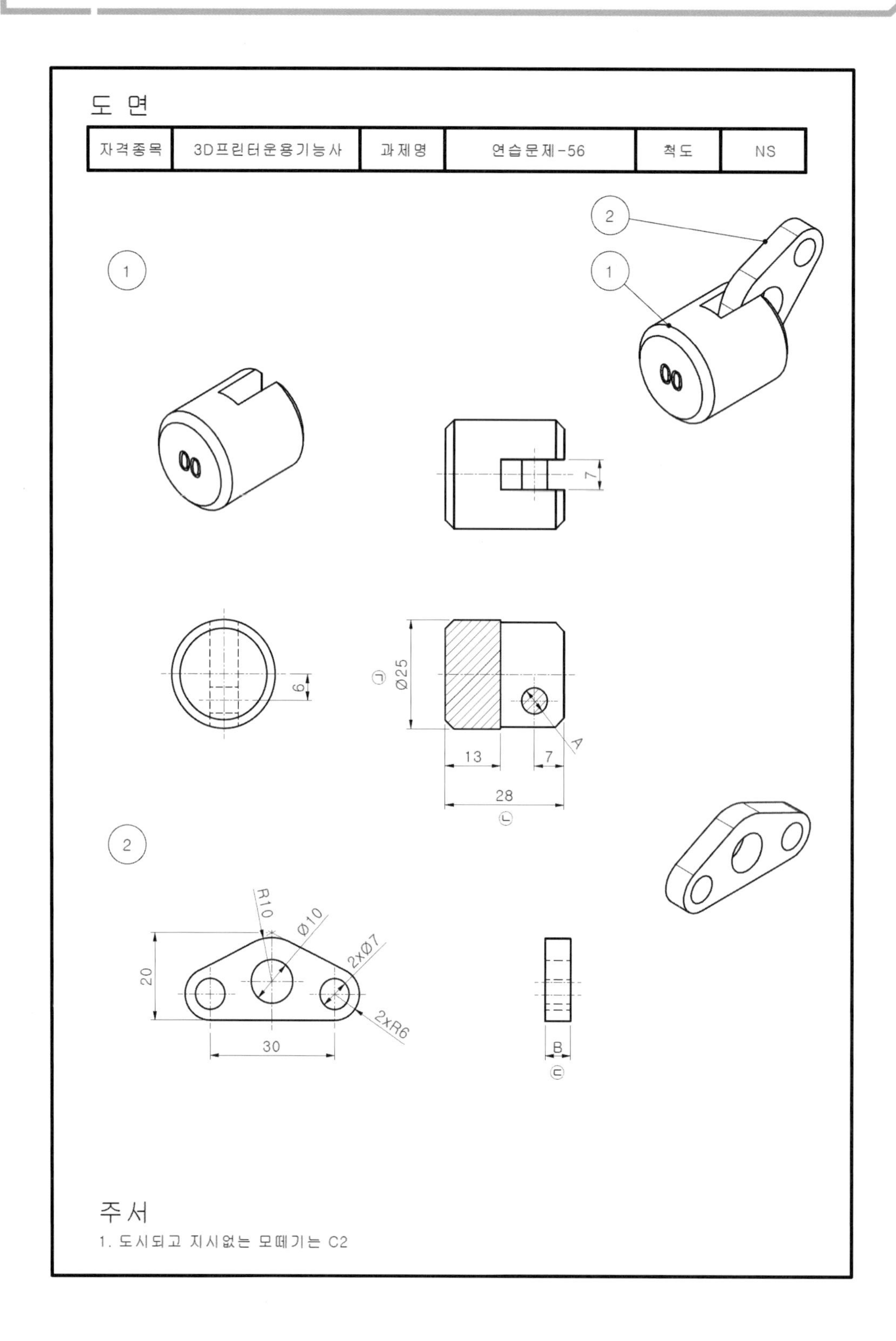

도 면
자격종목
3D프린터운용기능사
과제명
연습문제-56
척도
NS
1
2
Ø25
13
7
28
A
6
R10
Ø10
2xØ7
2xR6
20
30
B
㉠
㉡
㉢
주서
1. 도시되고 지시없는 모떼기는 C2

57 | 연습문제 57

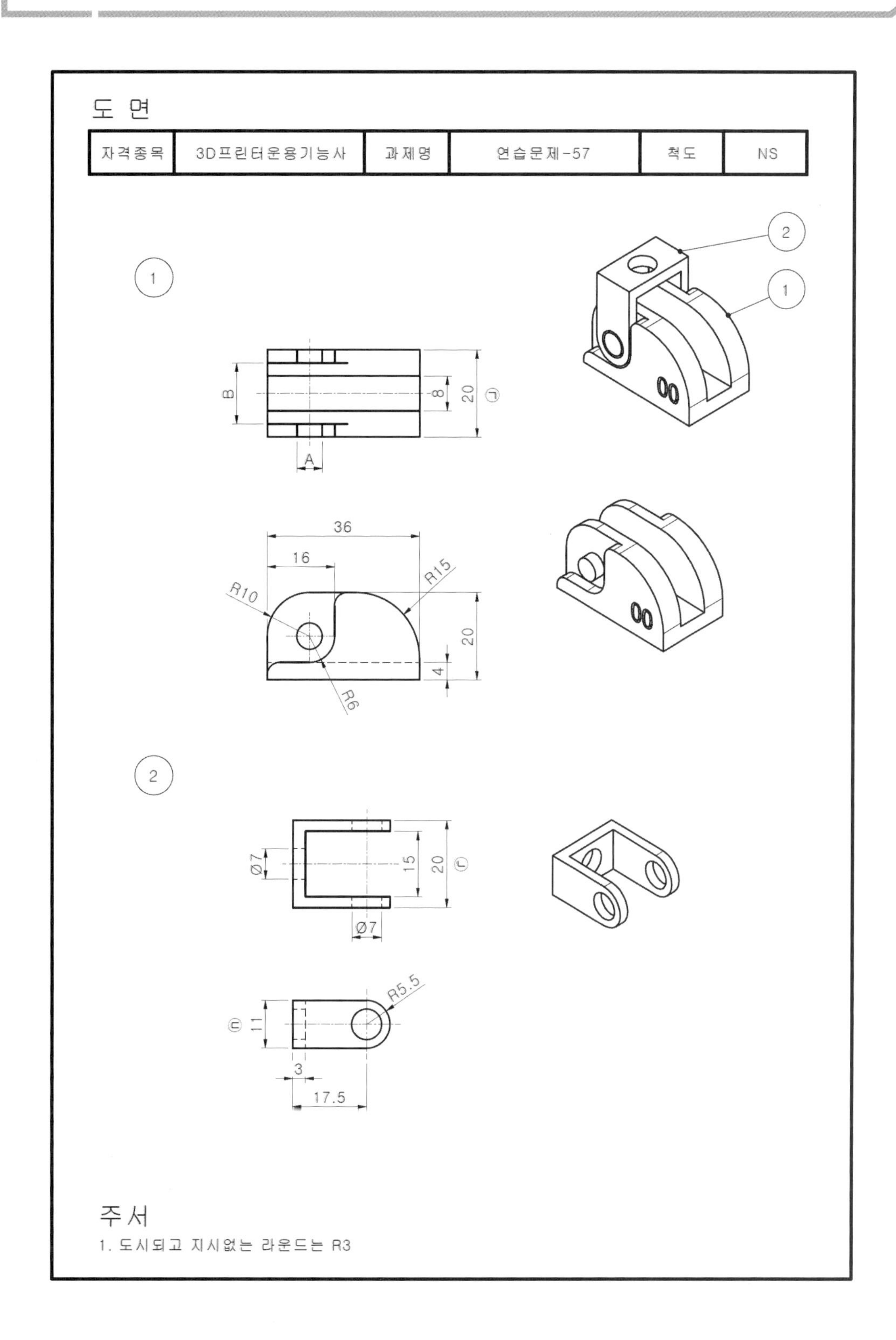
도 면
자격종목
3D프린터운용기능사
과제명
연습문제-57
척도
NS
1
2
B
A
8
20
㉠
36
16
R10
R15
20
4
R6
Ø7
15
20
㉢
Ø7
R5.5
㉡
11
3
17.5
주 서
1. 도시되고 지시없는 라운드는 R3

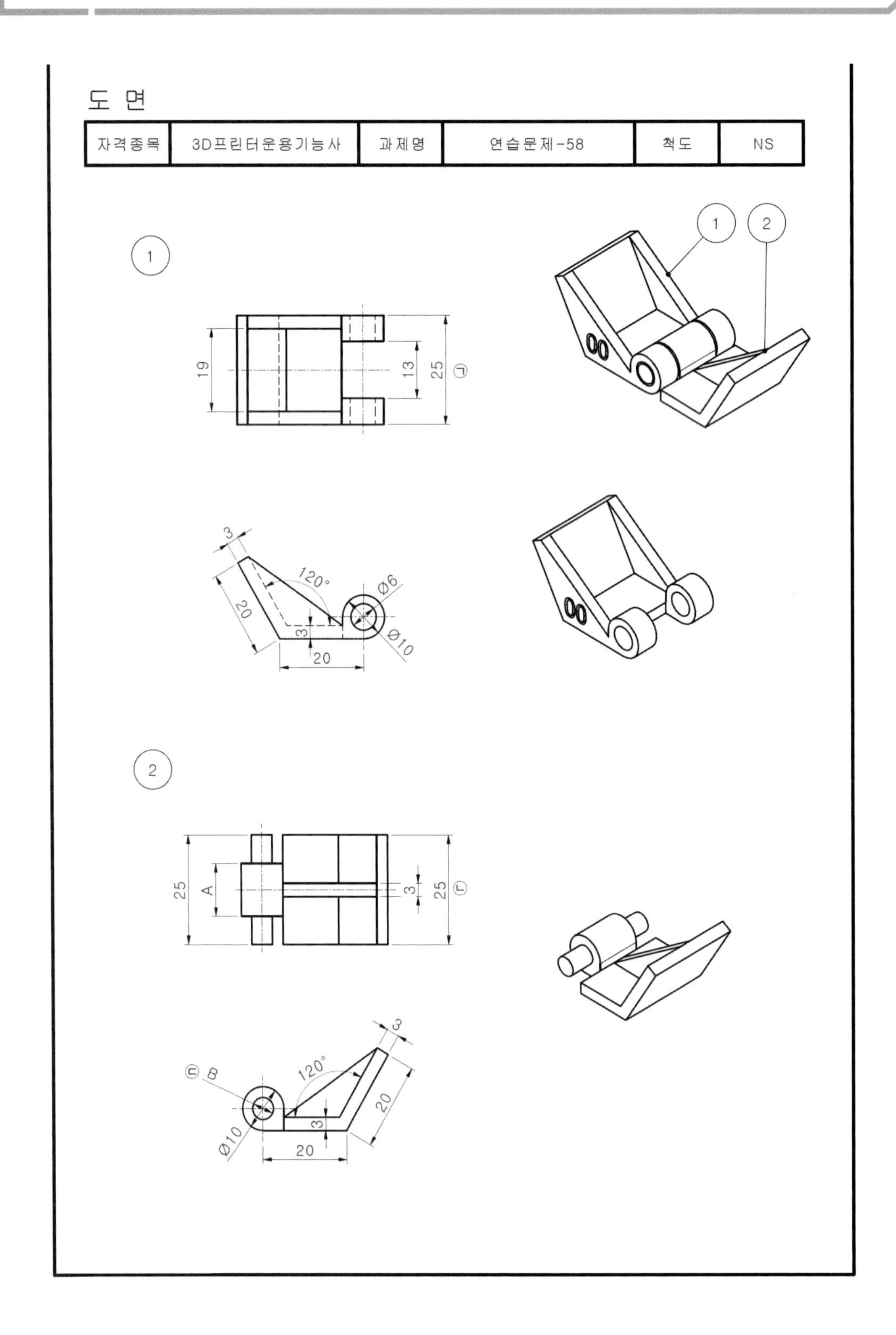
도 면
자격종목
3D프린터운용기능사
과제명
연습문제-58
척도
NS
1
2
19
13
25
㉠
3
120°
Ø6
20
3
20
Ø10
25
A
3
25
㉡
㉢ B
120°
3
20
Ø10
3
20

59 | 연습문제 59

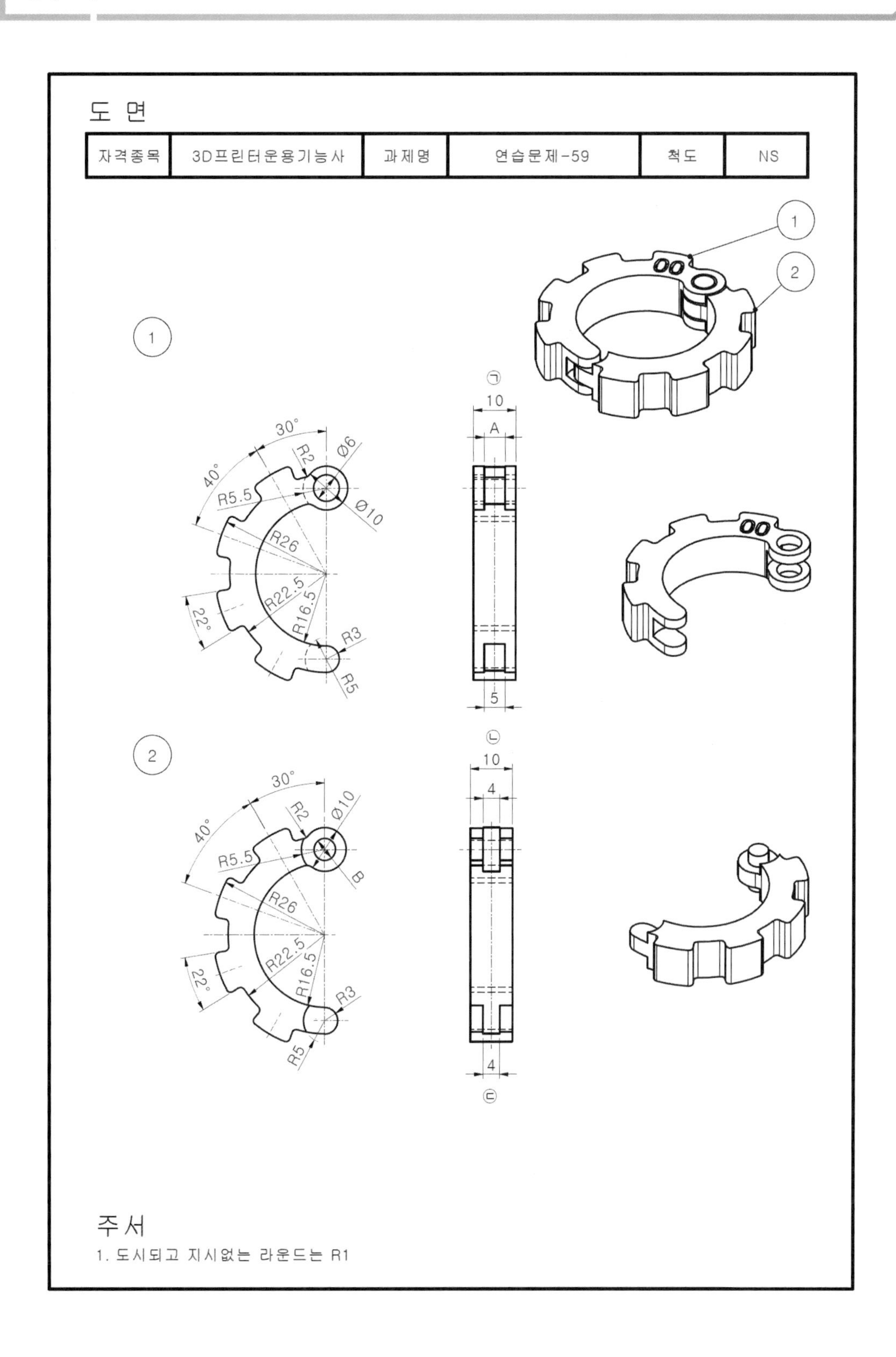
도 면
자격종목
3D프린터운용기능사
과제명
연습문제-59
척도
NS
1
2
10
A
5
30°
40°
22°
R2
Ø6
Ø10
R5.5
R26
R22.5
R16.5
R3
R5
4
B
주서
1. 도시되고 지시없는 라운드는 R1

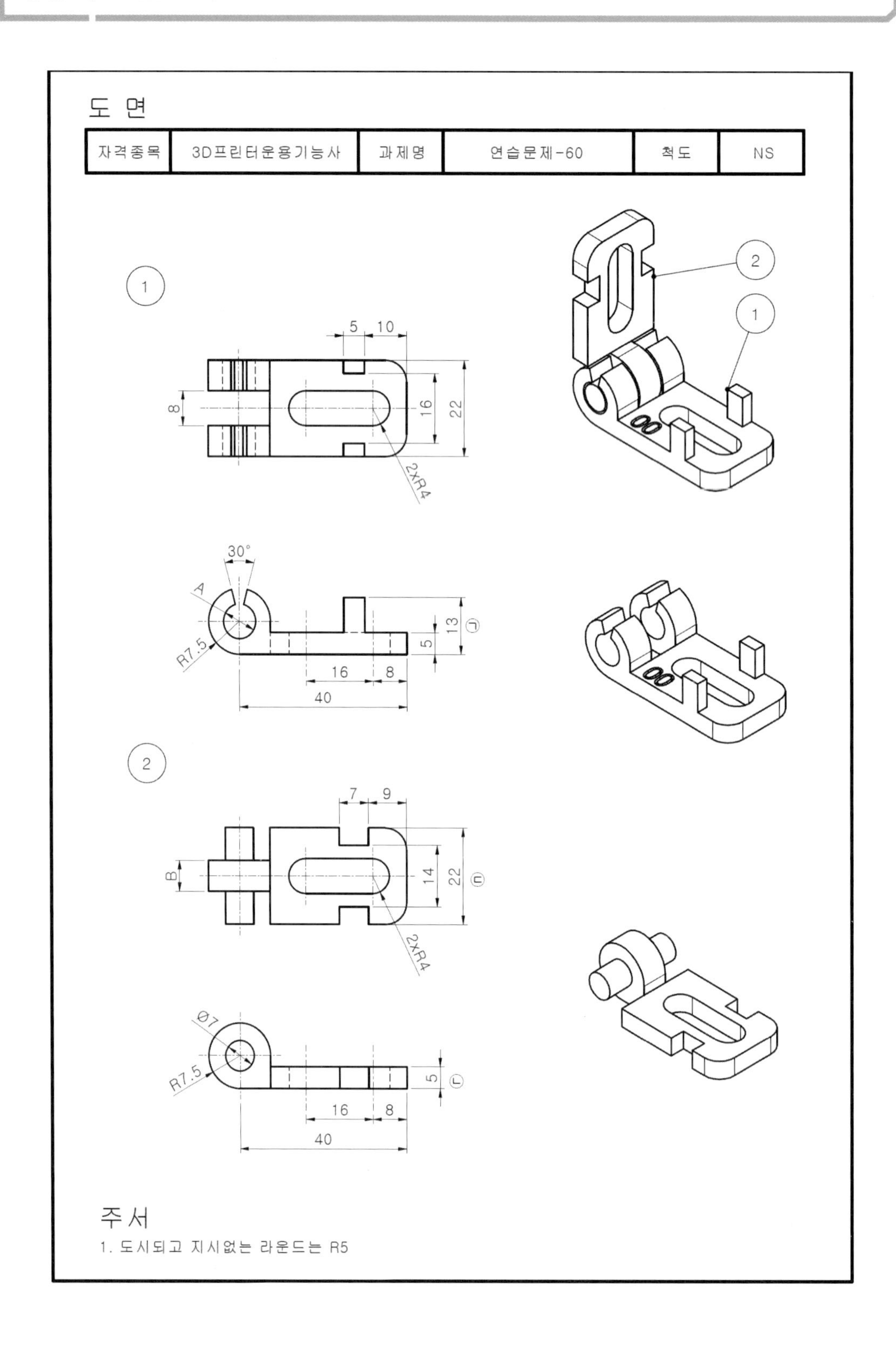
도 면
자격종목
3D프린터운용기능사
과제명
연습문제-60
척도
NS
1
2
5
10
8
16
22
2xR4
30°
A
R7.5
13
5
16
8
40
㉠
7
9
B
14
22
㉡
Ø7
5
㉢
주서
1. 도시되고 지시없는 라운드는 R5

61 | 연습문제 61

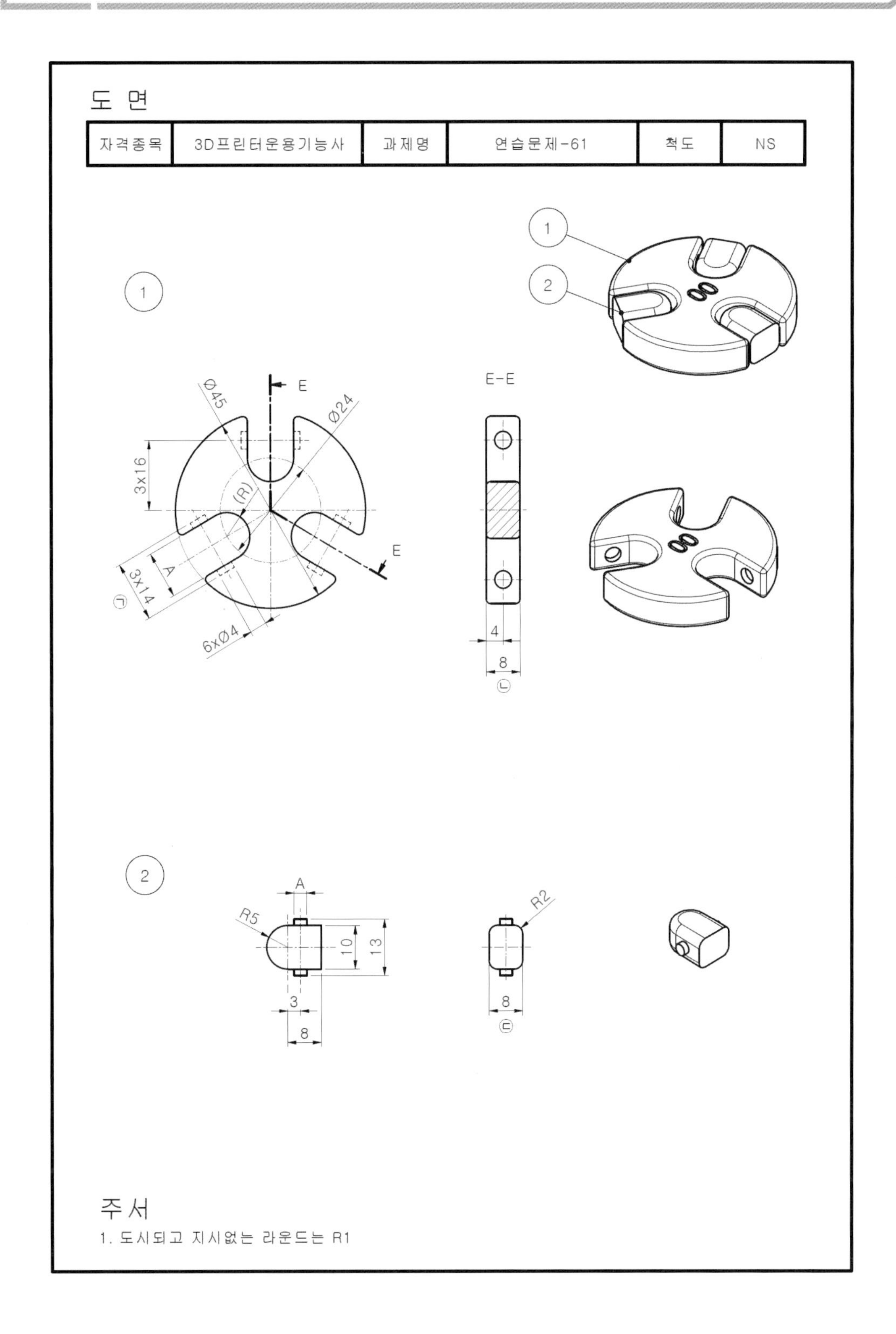

도 면

자격종목	3D프린터운용기능사	과제명	연습문제-61	척도	NS

주서

1. 도시되고 지시없는 라운드는 R1

62 | 연습문제 62

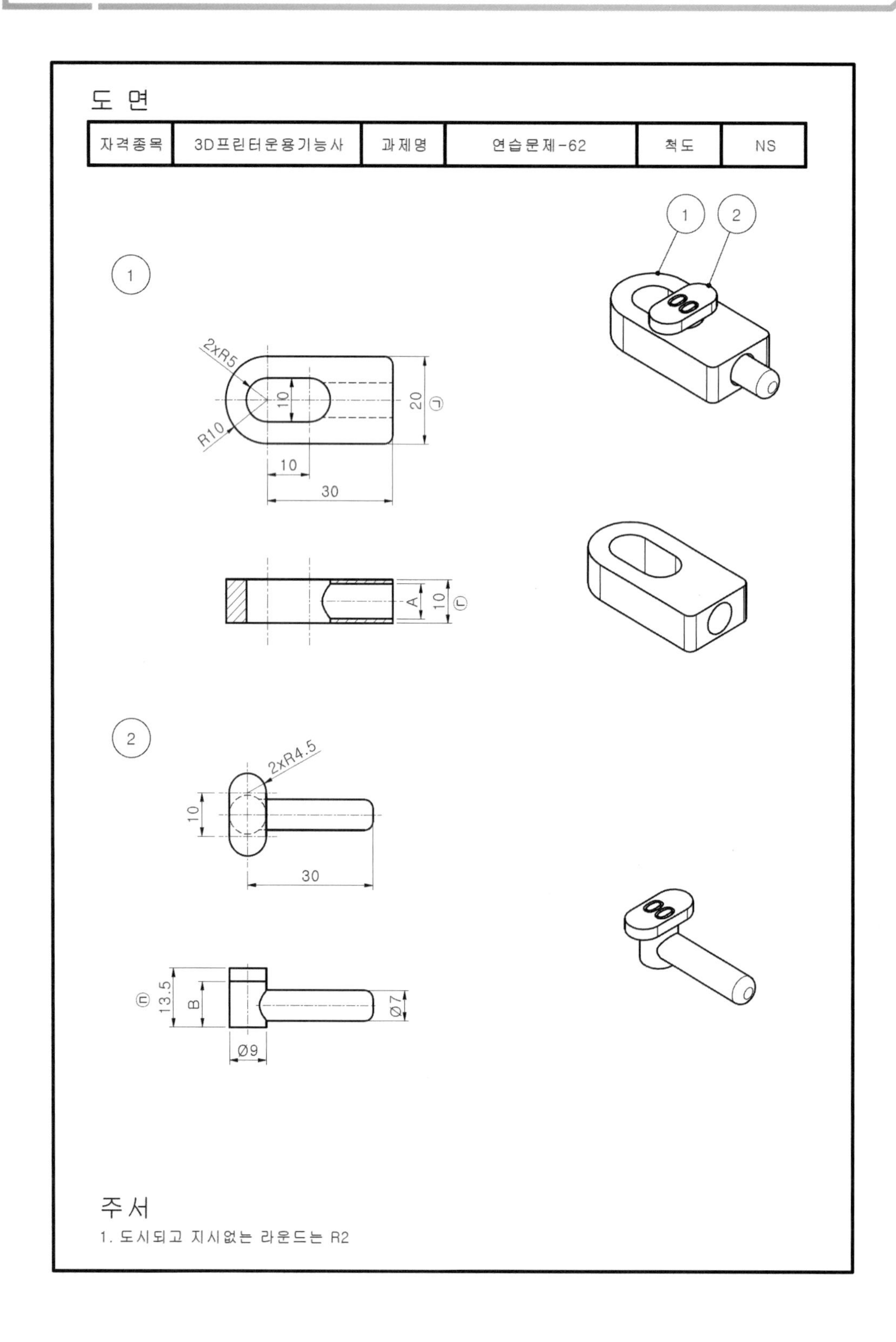
도 면
자격종목
3D프린터운용기능사
과제명
연습문제-62
척도
NS
1
2
2xR5
R10
10
20
10
30
A
10
2xR4.5
10
30
13.5
B
Ø7
Ø9
주 서
1. 도시되고 지시없는 라운드는 R2

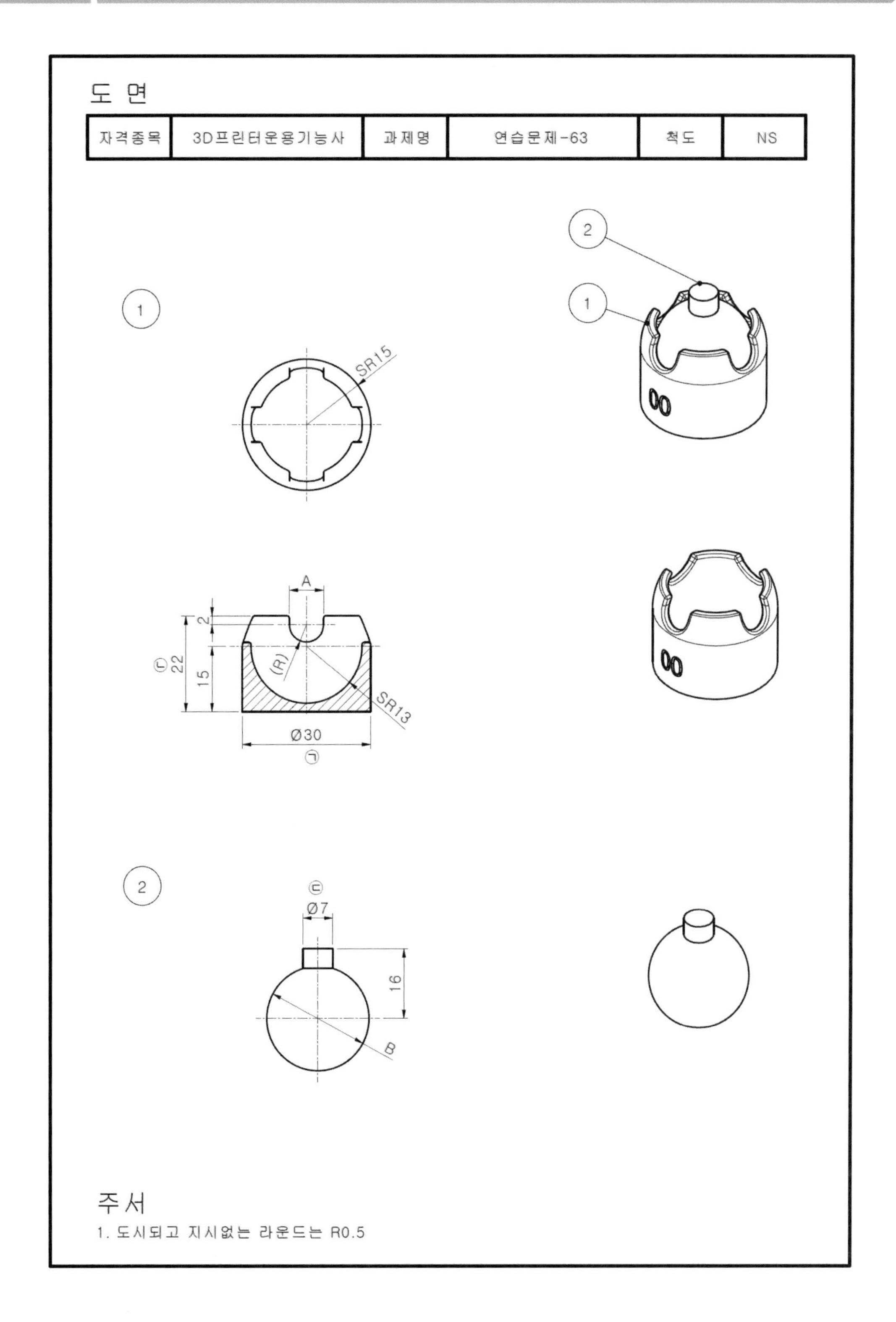
도 면
자격종목
3D프린터운용기능사
과제명
연습문제-63
척도
NS
1
2
SR15
A
2
15
22
㉢
(R)
SR13
Ø30
㉠
㉢
Ø7
16
B
주서
1. 도시되고 지시없는 라운드는 R0.5

64 | 연습문제 64

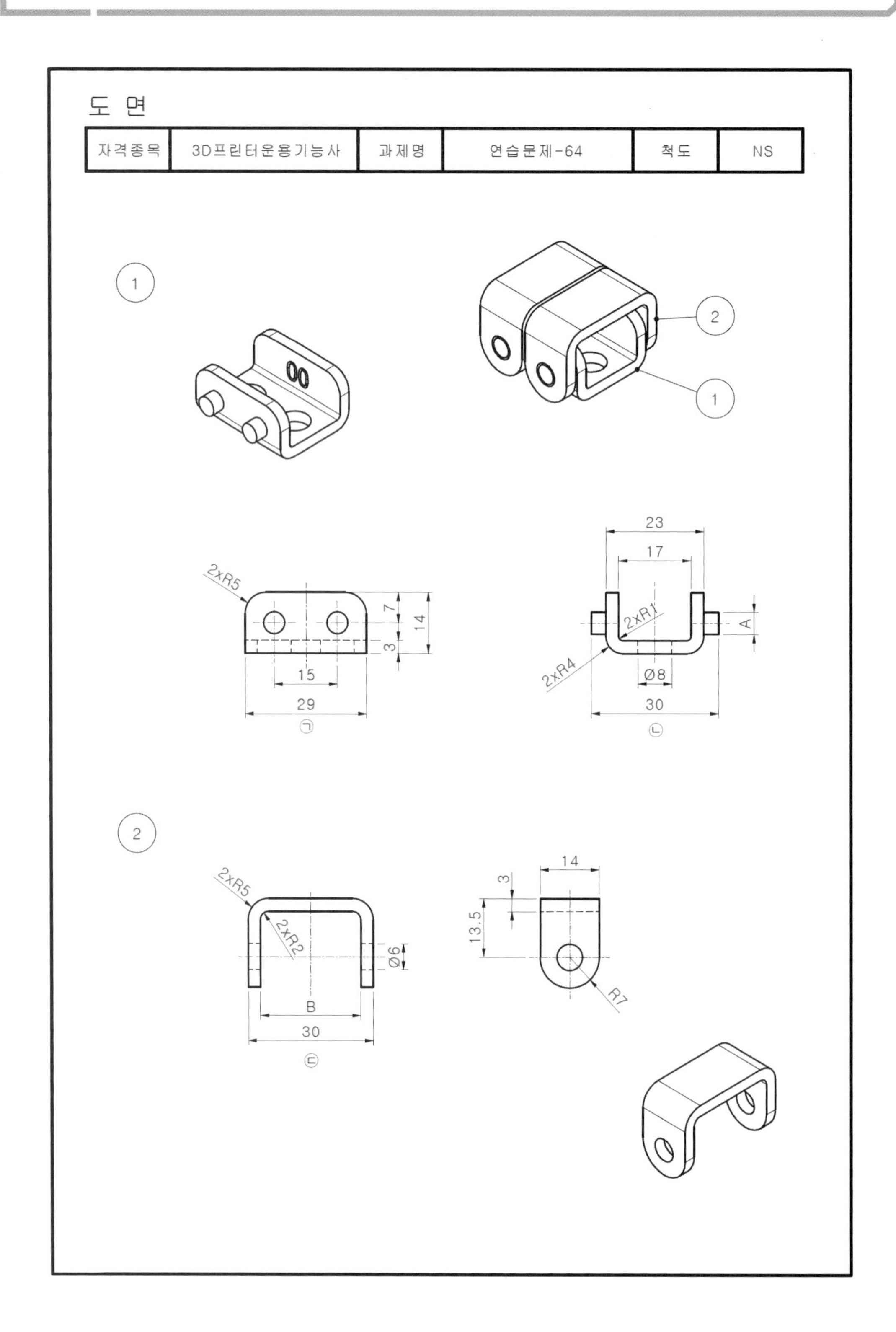
도 면
자격종목
3D프린터운용기능사
과제명
연습문제-64
척도
NS
1
2
1
2xR5
7
14
3
15
29
㉠
23
17
2xR1
A
2xR4
Ø8
30
㉡
2
2xR5
2xR2
Ø6
B
30
㉢
14
3
13.5
R7

65 | 연습문제 65

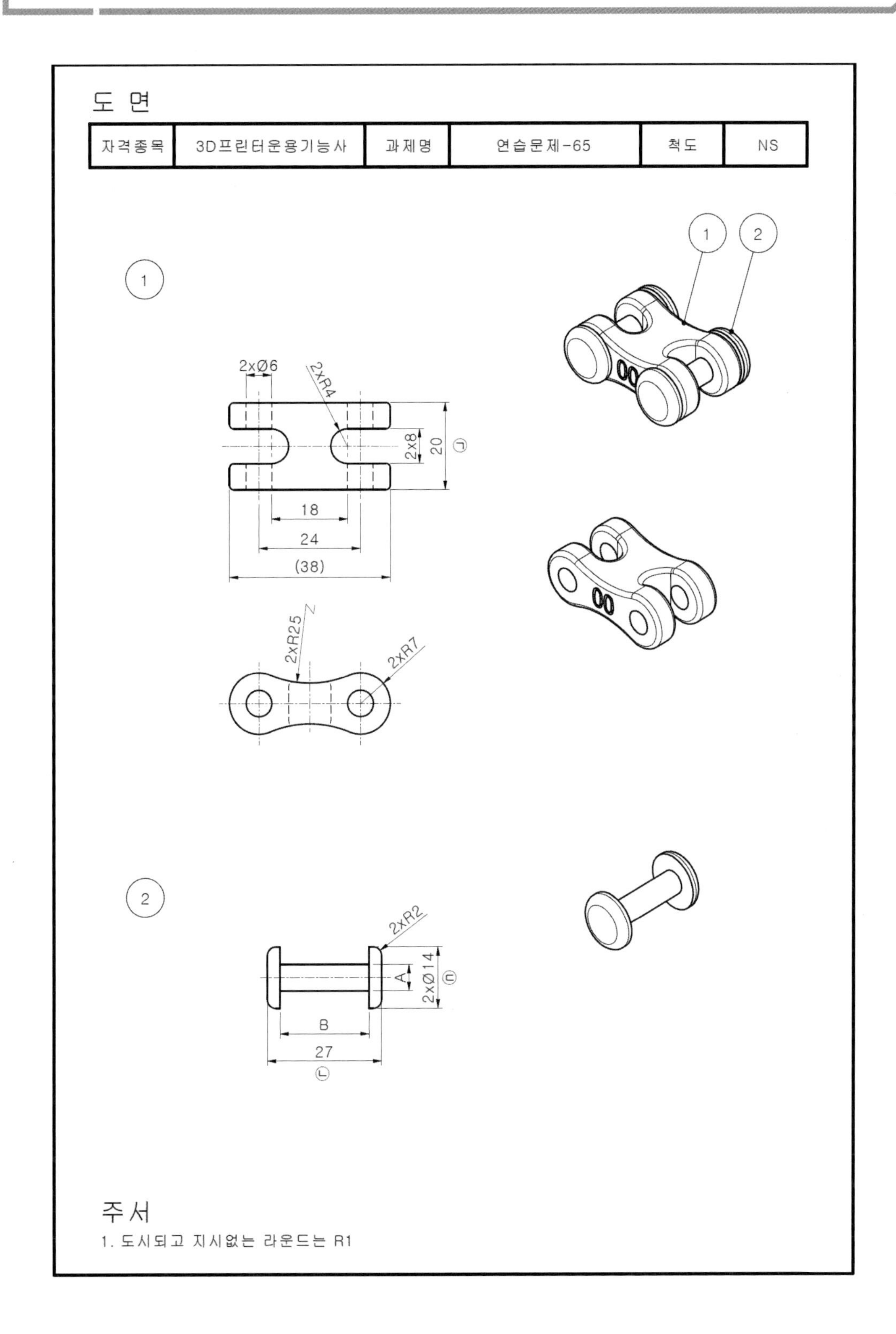

도 면
자격종목
3D프린터운용기능사
과제명
연습문제-65
척도
NS
1
2
2xØ6
2xR4
2x8
20
㉠
18
24
(38)
2xR25
2xR7
2xR2
A
2xØ14
㉡
B
27
㉢
주서
1. 도시되고 지시없는 라운드는 R1

66 | 연습문제 66

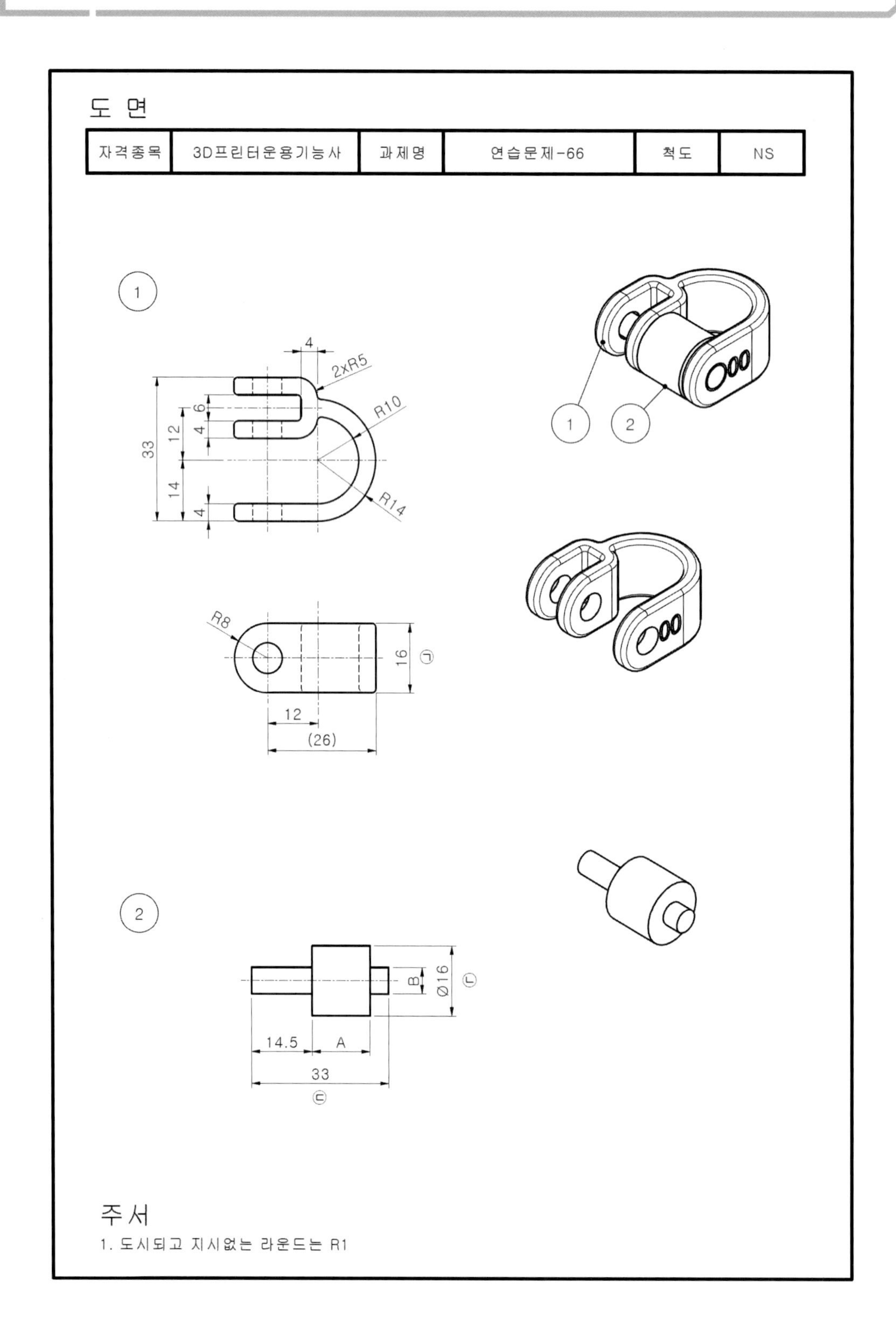
도 면
자격종목
3D프린터운용기능사
과제명
연습문제-66
척도
NS
1
4
2xR5
R10
6
4
12
33
14
4
R14
R8
16
12
(26)
2
B
Ø16
14.5
A
33
주 서
1. 도시되고 지시없는 라운드는 R1

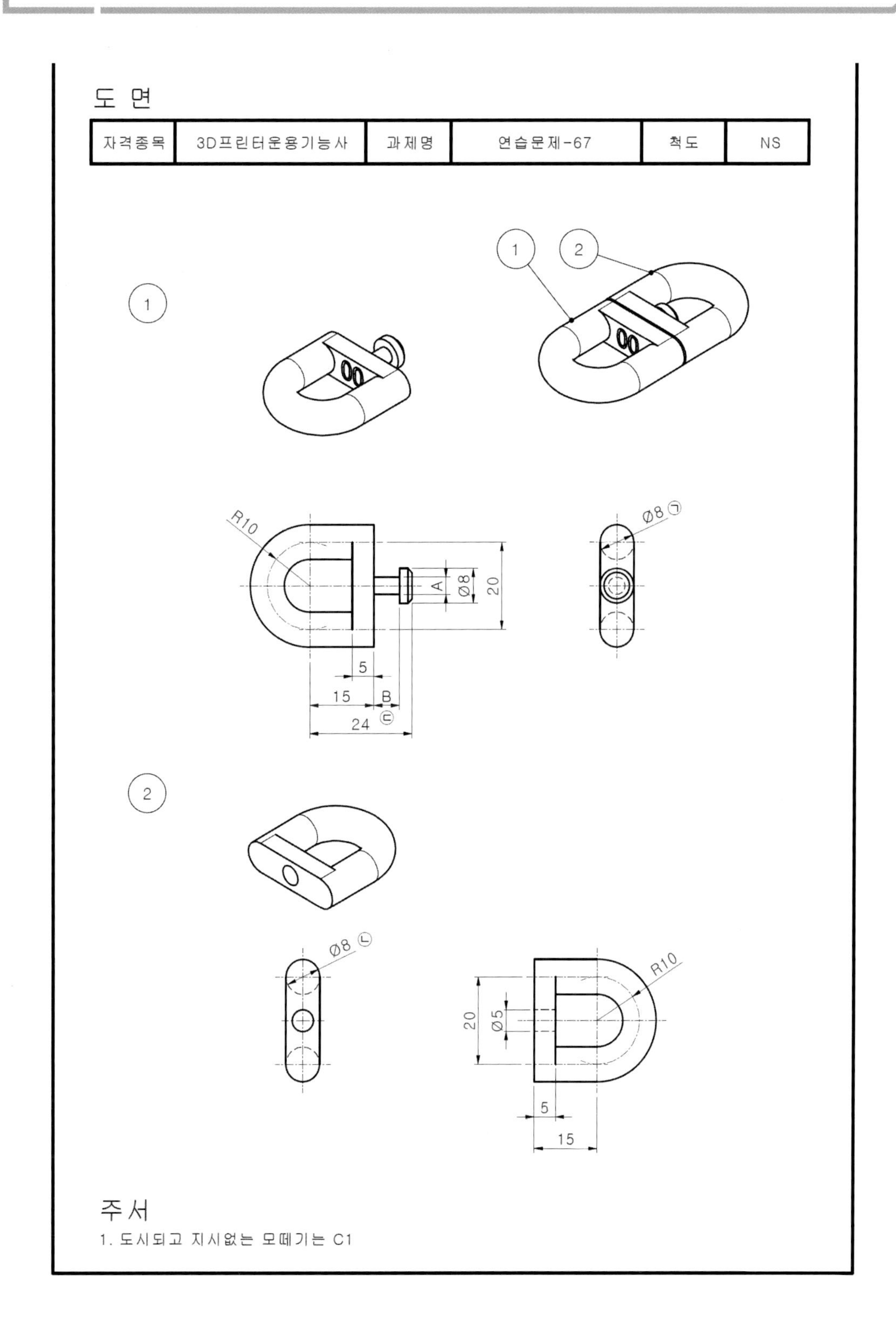
도 면
자격종목
3D프린터운용기능사
과제명
연습문제-67
척도
NS
1
2
R10
Ø8 ㉠
A
Ø8
20
5
15
B
24 ㉢
Ø8 ㉡
R10
20
Ø5
5
15
주 서
1. 도시되고 지시없는 모떼기는 C1

68 | 연습문제 68

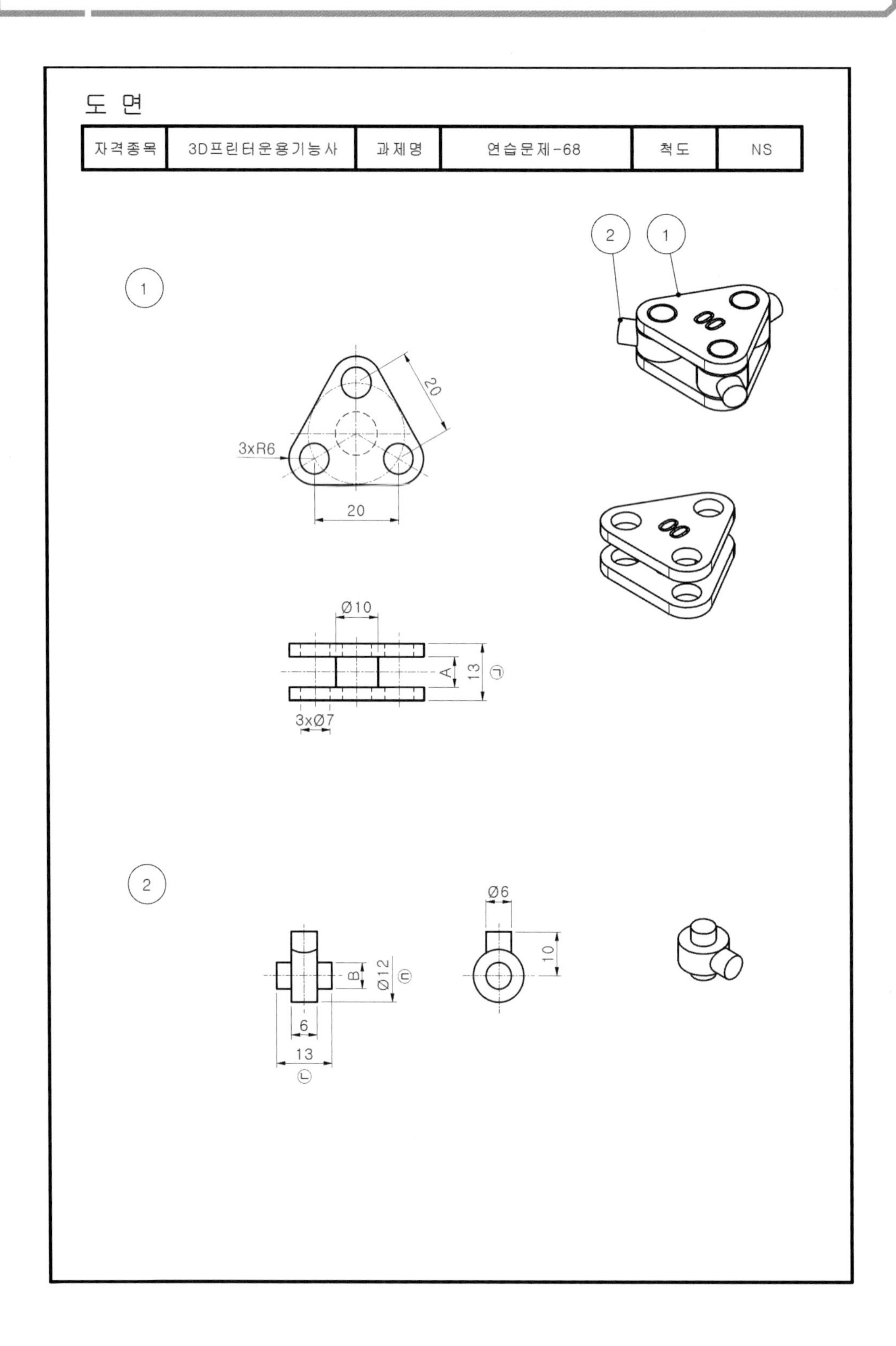
도 면
자격종목
3D프린터운용기능사
과제명
연습문제-68
척도
NS
1
2
3xR6
20
20
Ø10
A
13
㉠
3xØ7
Ø6
B
Ø12
㉢
10
6
13
㉡

69 | 연습문제 69

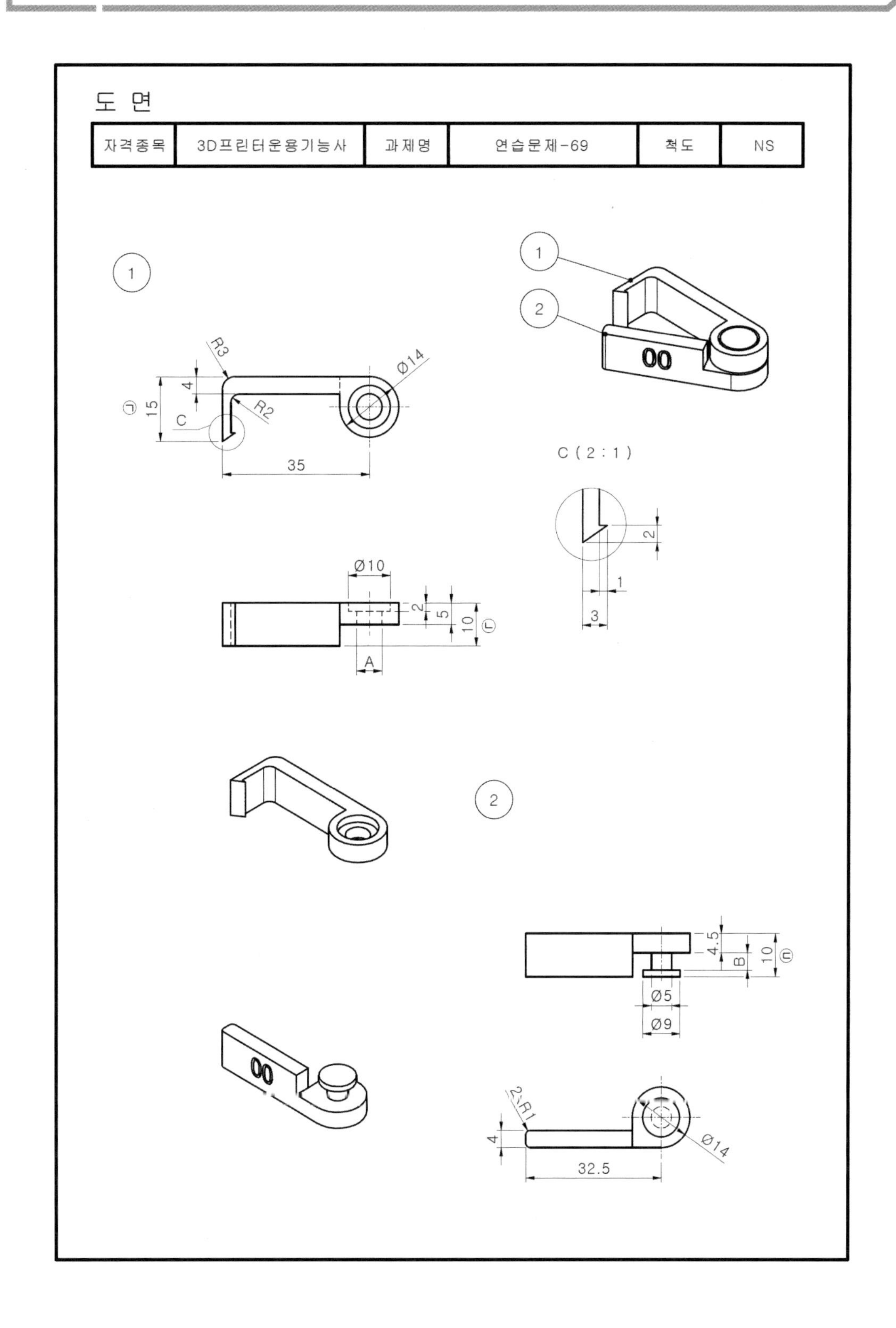

도 면
자격종목
3D프린터운용기능사
과제명
연습문제-69
척도
NS
1
2
R3
4
Ø14
R2
15
C
35
C (2 : 1)
2
1
3
Ø10
2
5
10
A
Ø5
Ø9
4.5
B
10
2-R1
4
32.5
00

70 | 연습문제 70

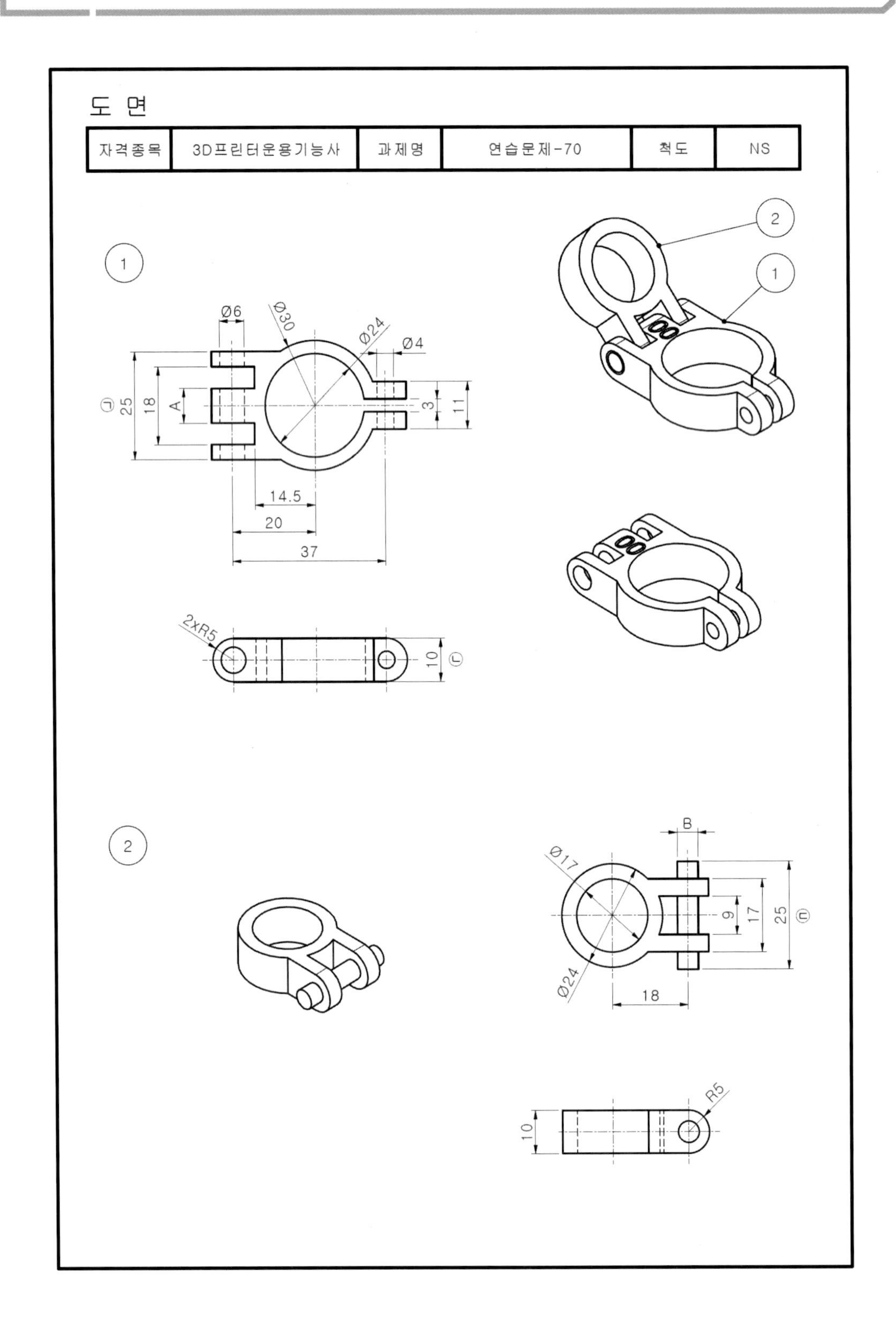

도 면
자격종목
3D프린터운용기능사
과제명
연습문제-70
척도
NS
1
2
Ø6
Ø30
Ø24
Ø4
25
18
A
3
11
14.5
20
37
2xR5
10
B
Ø17
9
17
25
Ø24
18
R5
10

PART

06

모의고사

01 | 모의고사 01

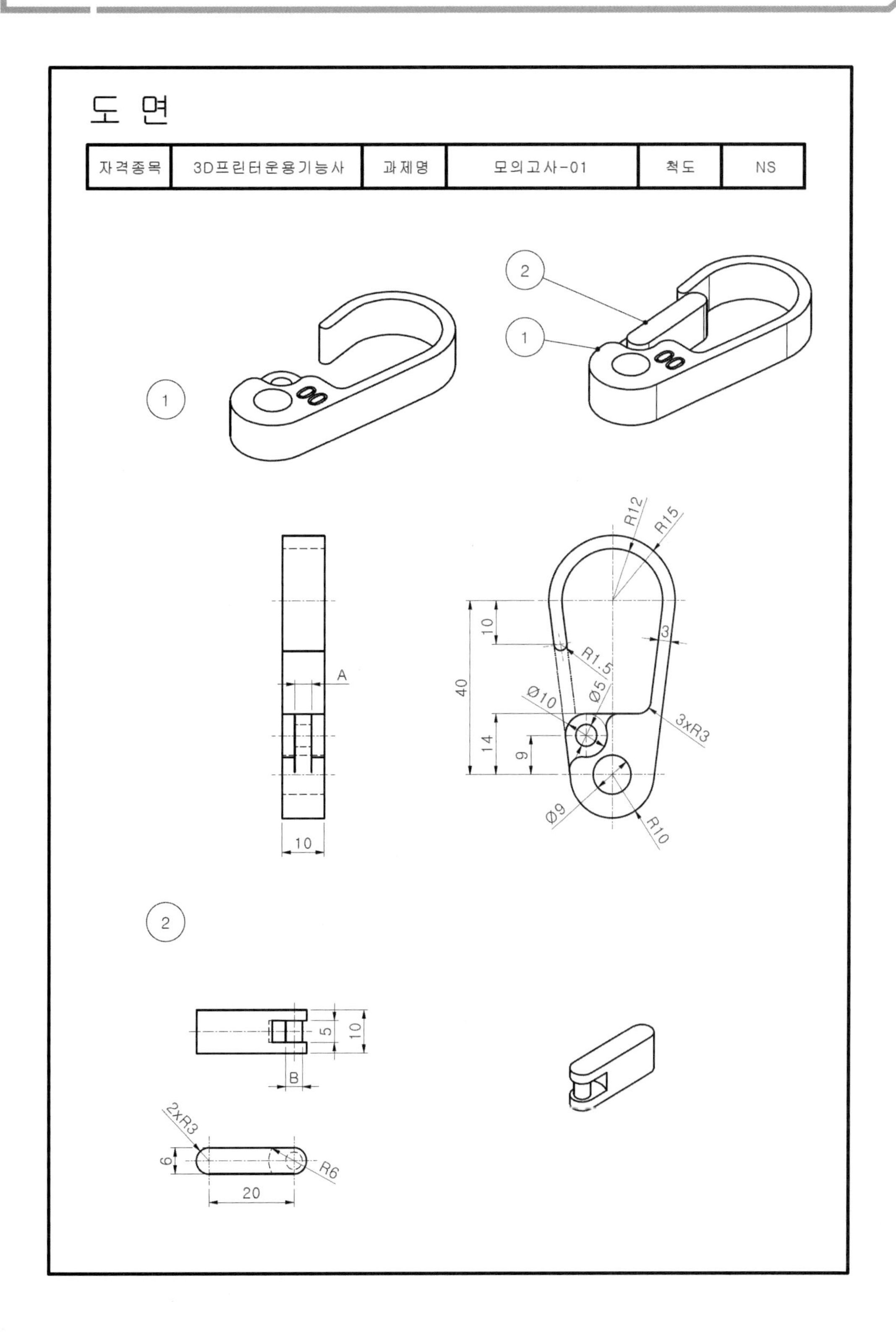
도 면
자격종목
3D프린터운용기능사
과제명
모의고사-01
척도
NS
1
2
1
A
10
R12
R15
10
3
R1.5
40
Ø10
Ø5
3xR3
14
9
Ø9
R10
2
5
10
B
2xR3
6
R6
20

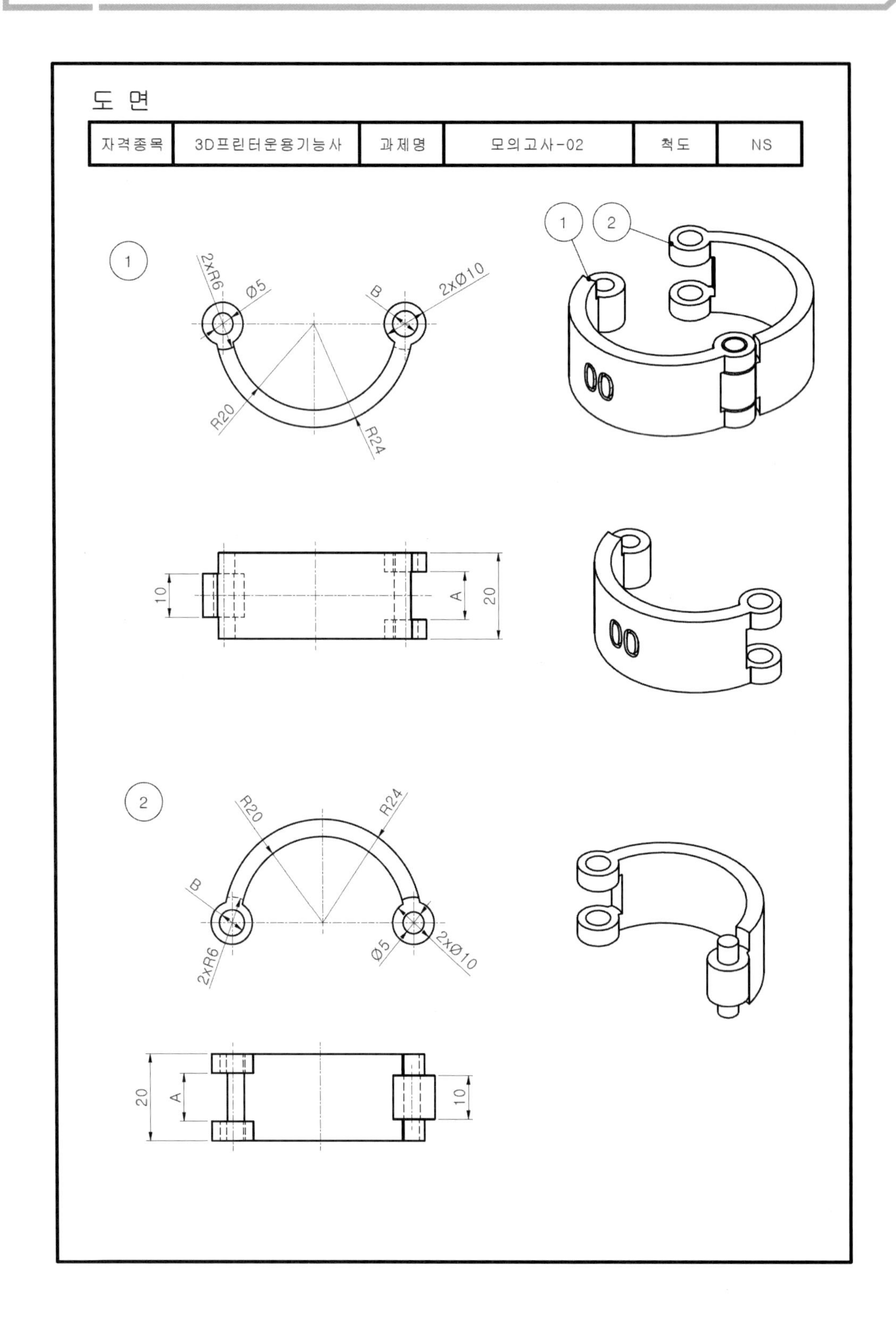
도 면
자격종목
3D프린터운용기능사
과제명
모의고사-02
척도
NS
1
2
2xR6
Ø5
B
2xØ10
R20
R24
10
A
20

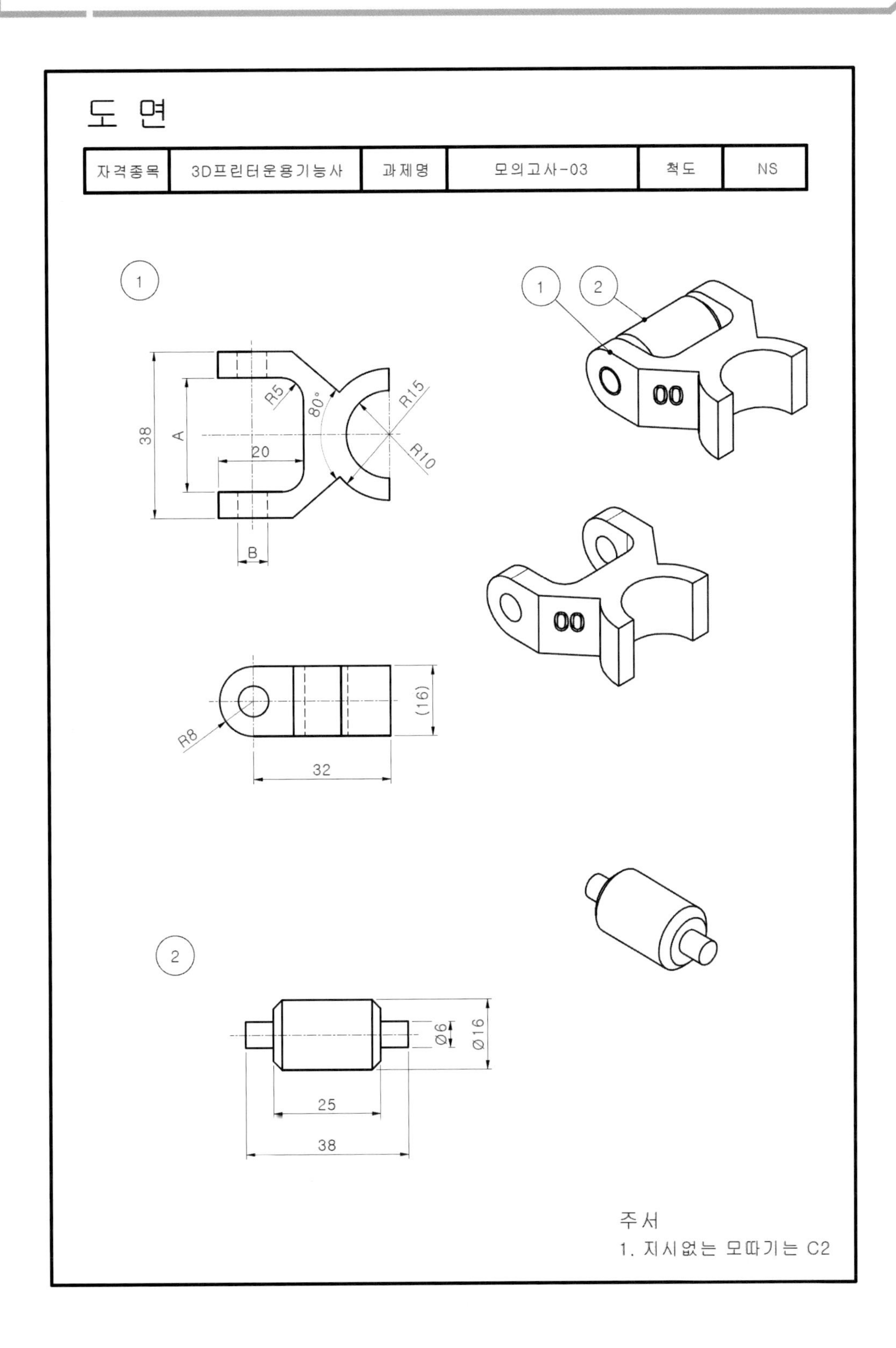
도 면
자격종목
3D프린터운용기능사
과제명
모의고사-03
척도
NS
1
2
38
A
20
R5
80°
R15
R10
B
R8
(16)
32
Ø6
Ø16
25
38
00
주서
1. 지시없는 모따기는 C2

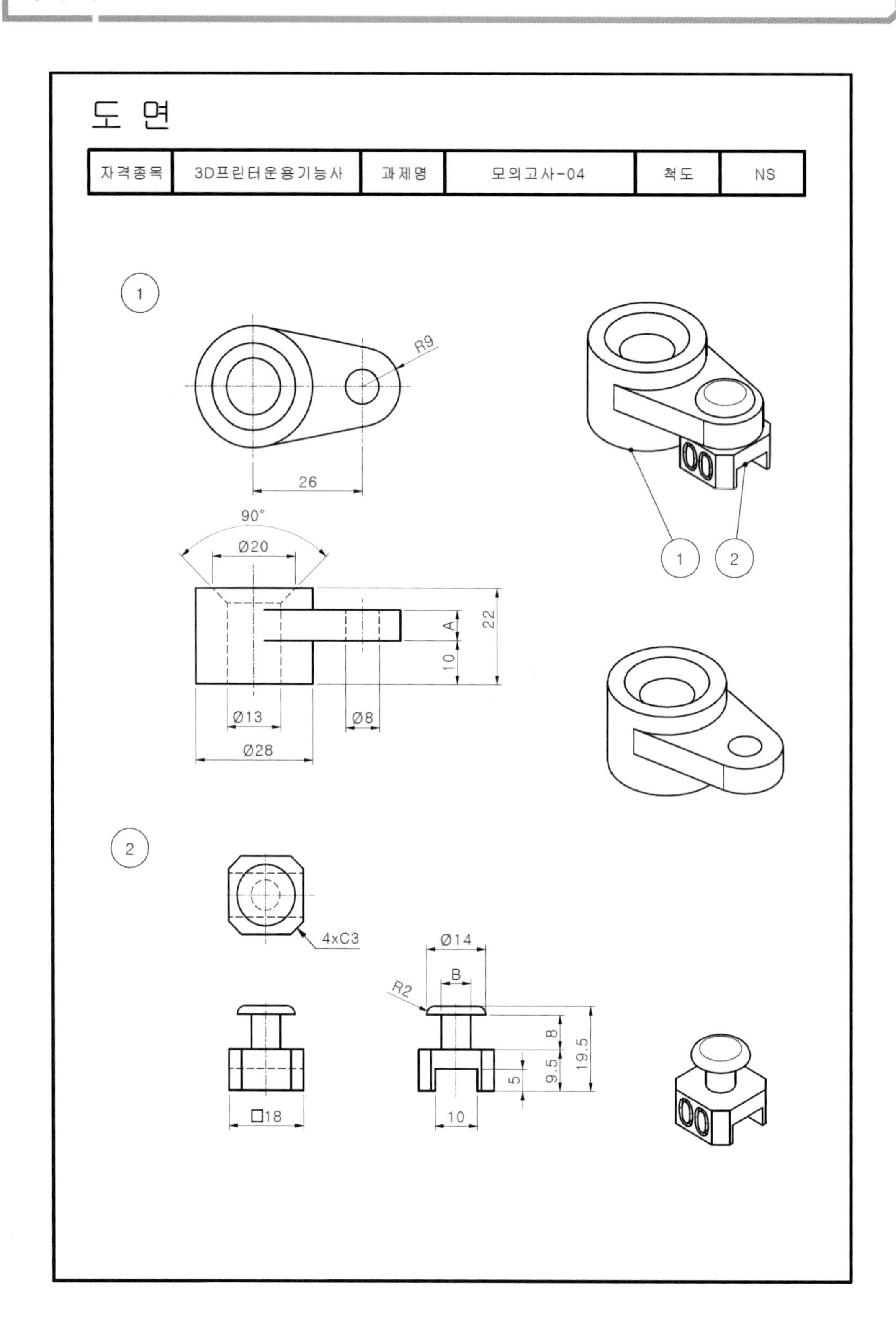
도 면
자격종목
3D프린터운용기능사
과제명
모의고사-04
척도
NS
1
R9
26
90°
Ø20
A
22
10
Ø13
Ø8
Ø28
1
2
2
4xC3
Ø14
B
R2
8
9.5
19.5
5
□18
10

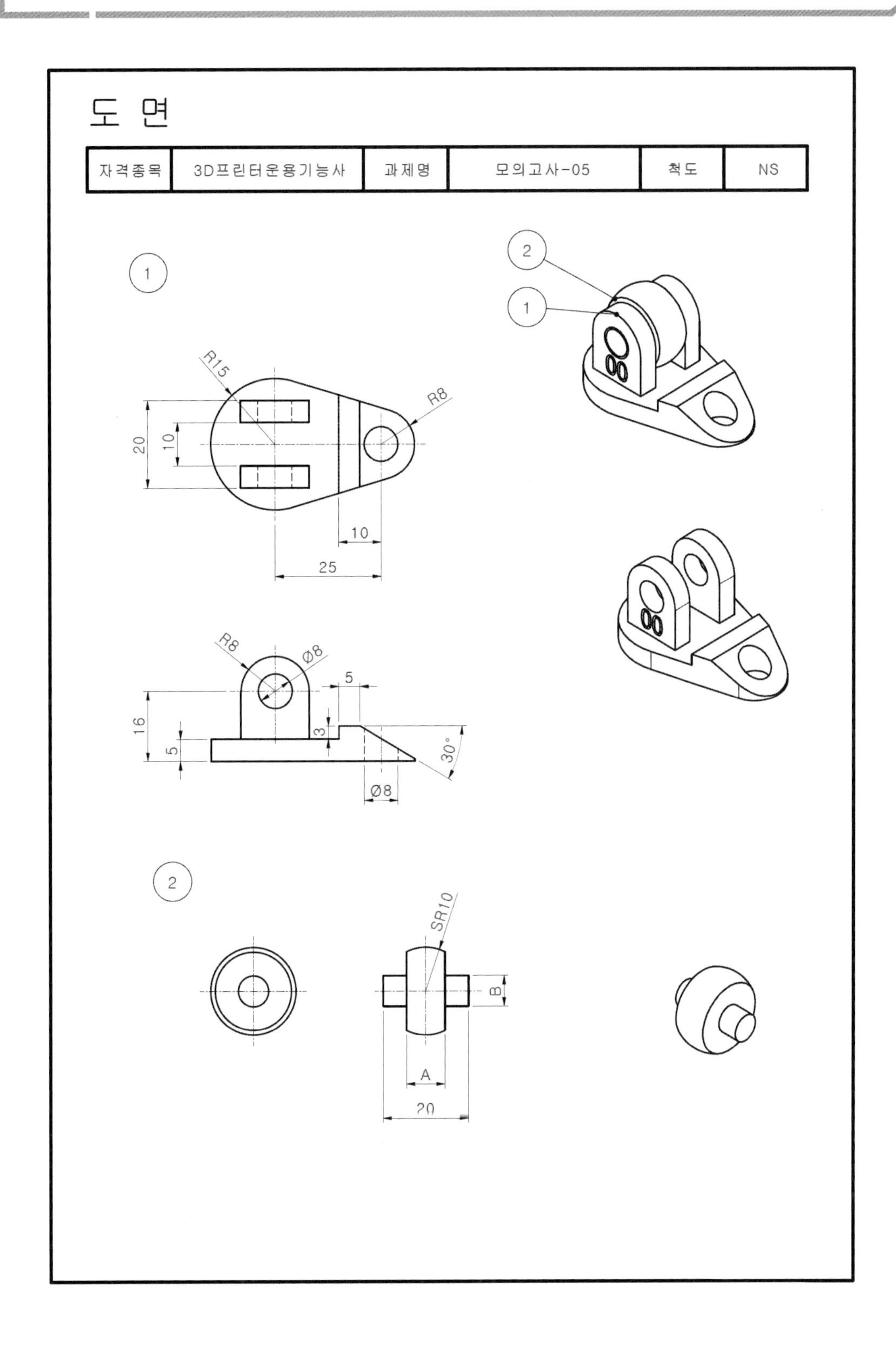
도 면
자격종목
3D프린터운용기능사
과제명
모의고사-05
척도
NS
1
2
R15
R8
20
10
10
25
Ø8
5
16
5
3
30°
Ø8
SR10
B
A
20

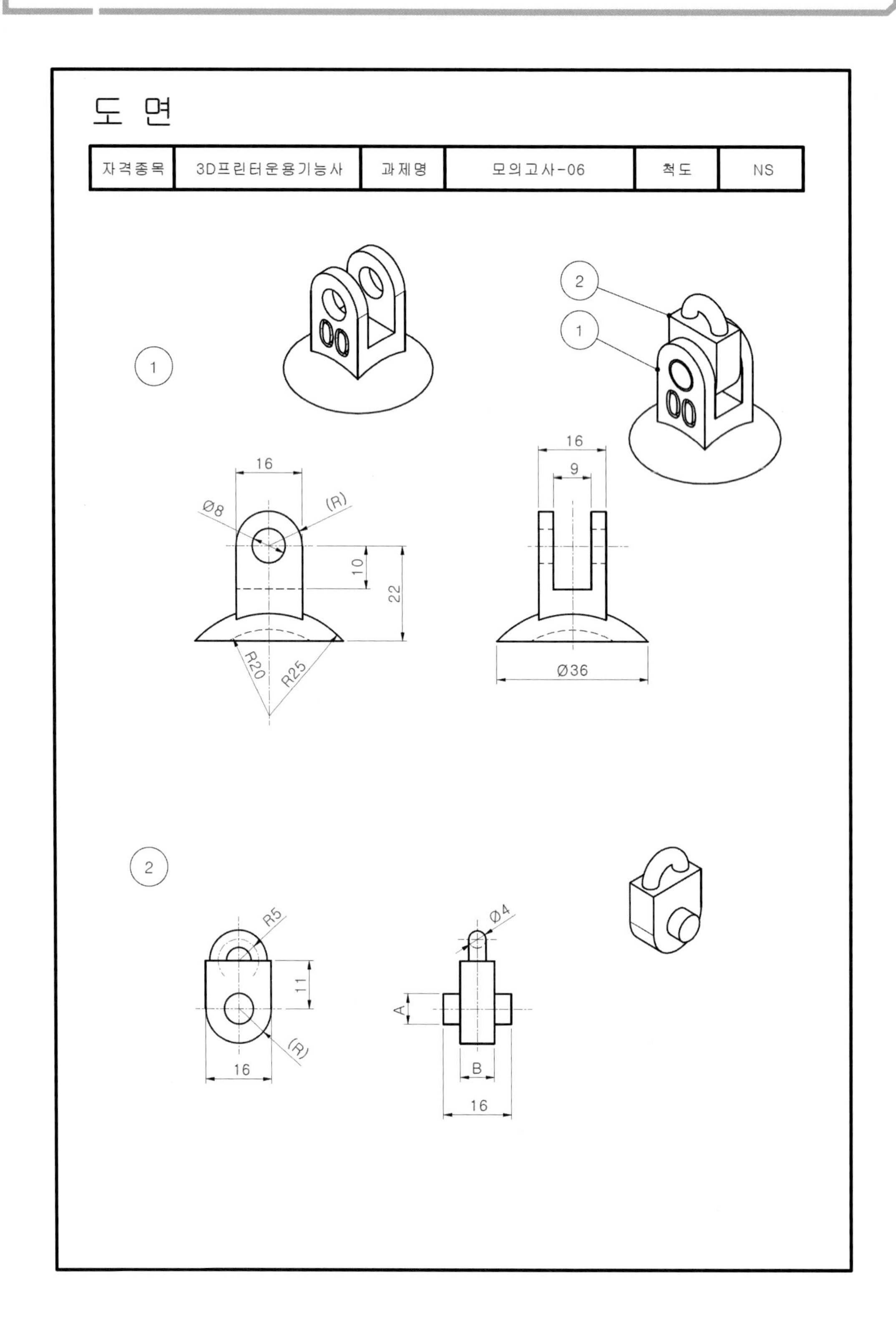
도 면
자격종목
3D프린터운용기능사
과제명
모의고사-06
척도
NS
1
2
16
Ø8
(R)
10
22
R20
R25
16
9
Ø36
R5
11
(R)
16
Ø4
A
B
16

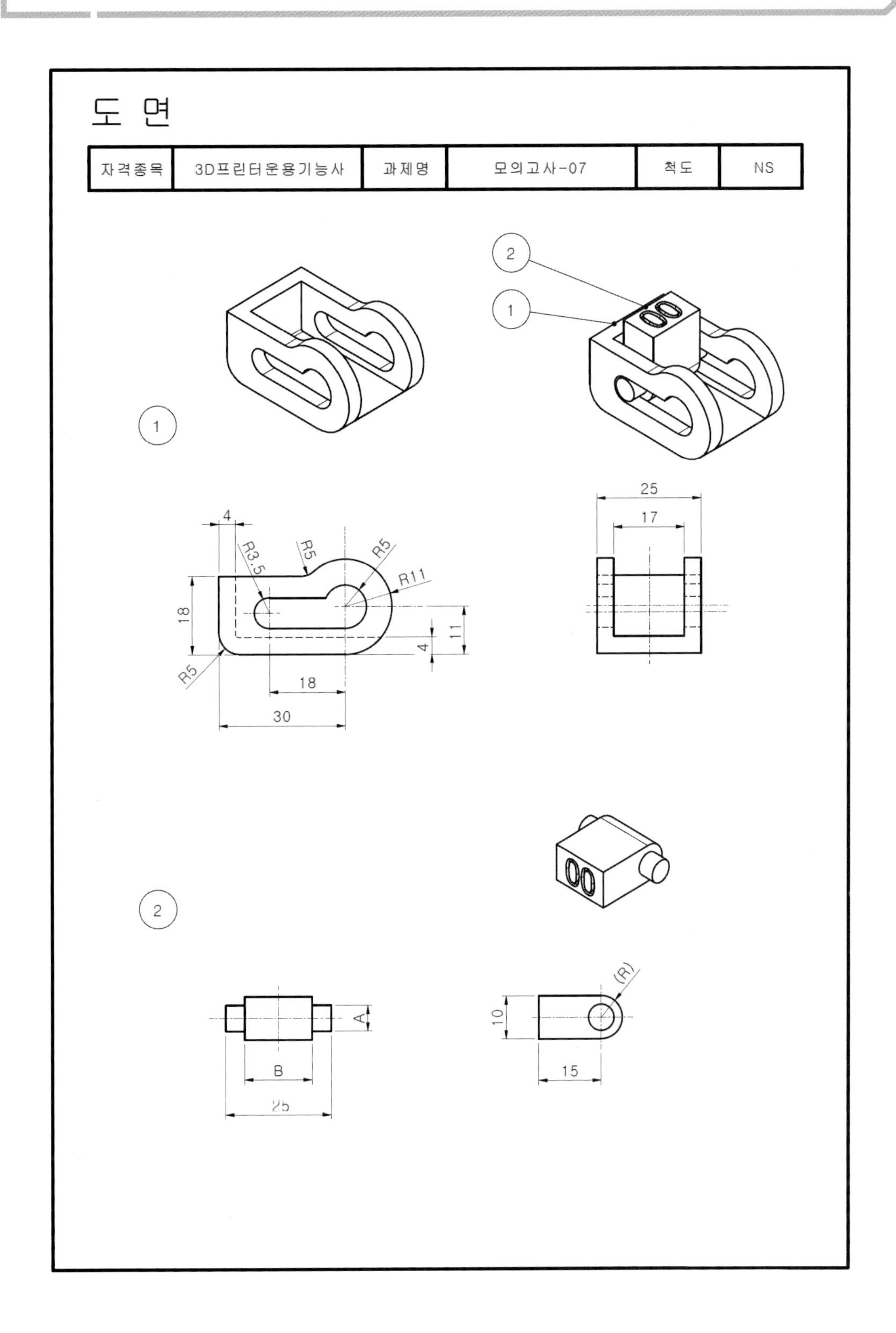
도 면
자격종목
3D프린터운용기능사
과제명
모의고사-07
척도
NS
1
2
1
2
4
R3.5
R5
R5
R11
18
4
11
R5
18
30
25
17
A
B
25
(R)
10
15

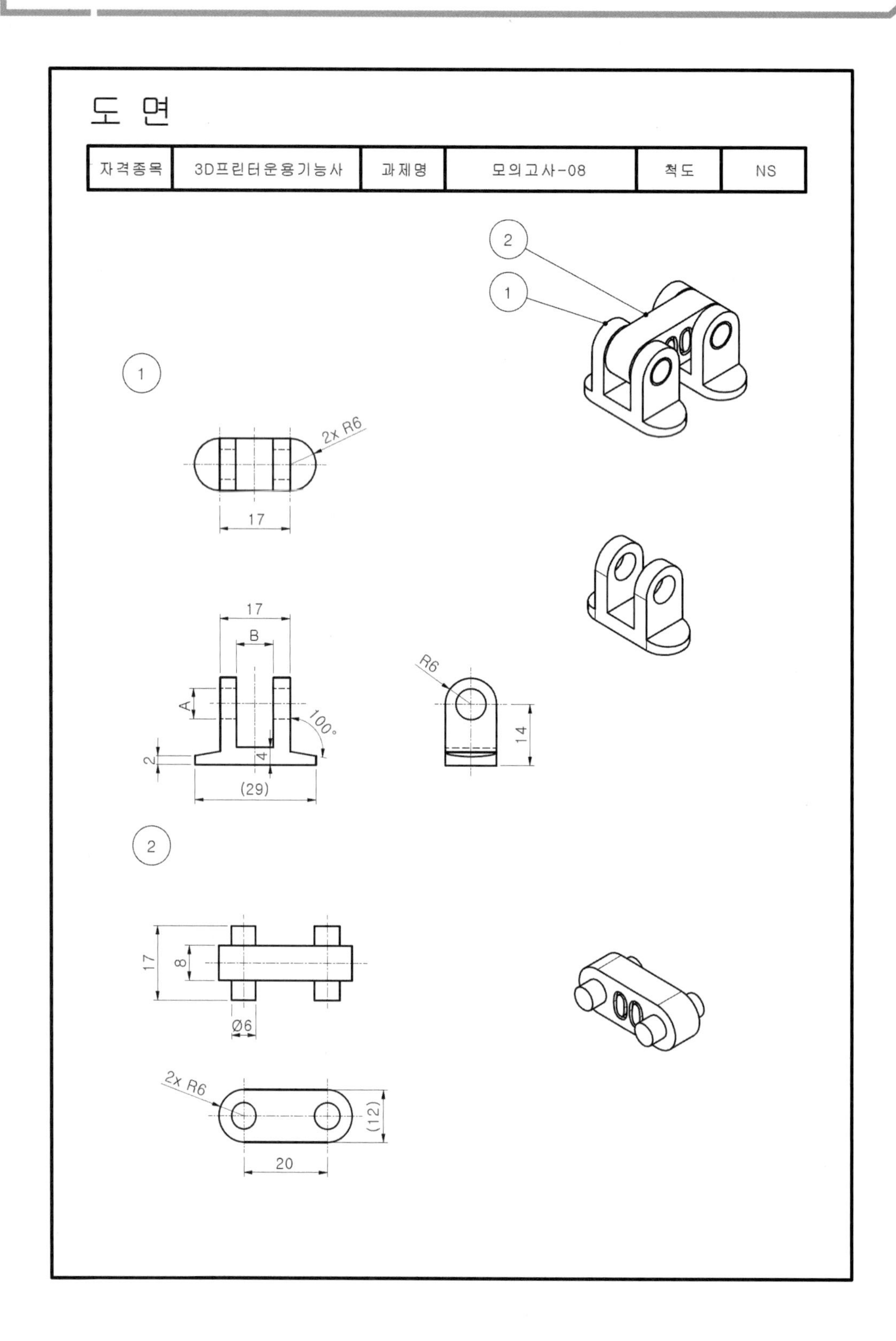
도 면
자격종목
3D프린터운용기능사
과제명
모의고사-08
척도
NS
2
1
1
2x R6
17
17
B
A
100°
2
4
(29)
R6
14
2
17
8
Ø6
2x R6
(12)
20

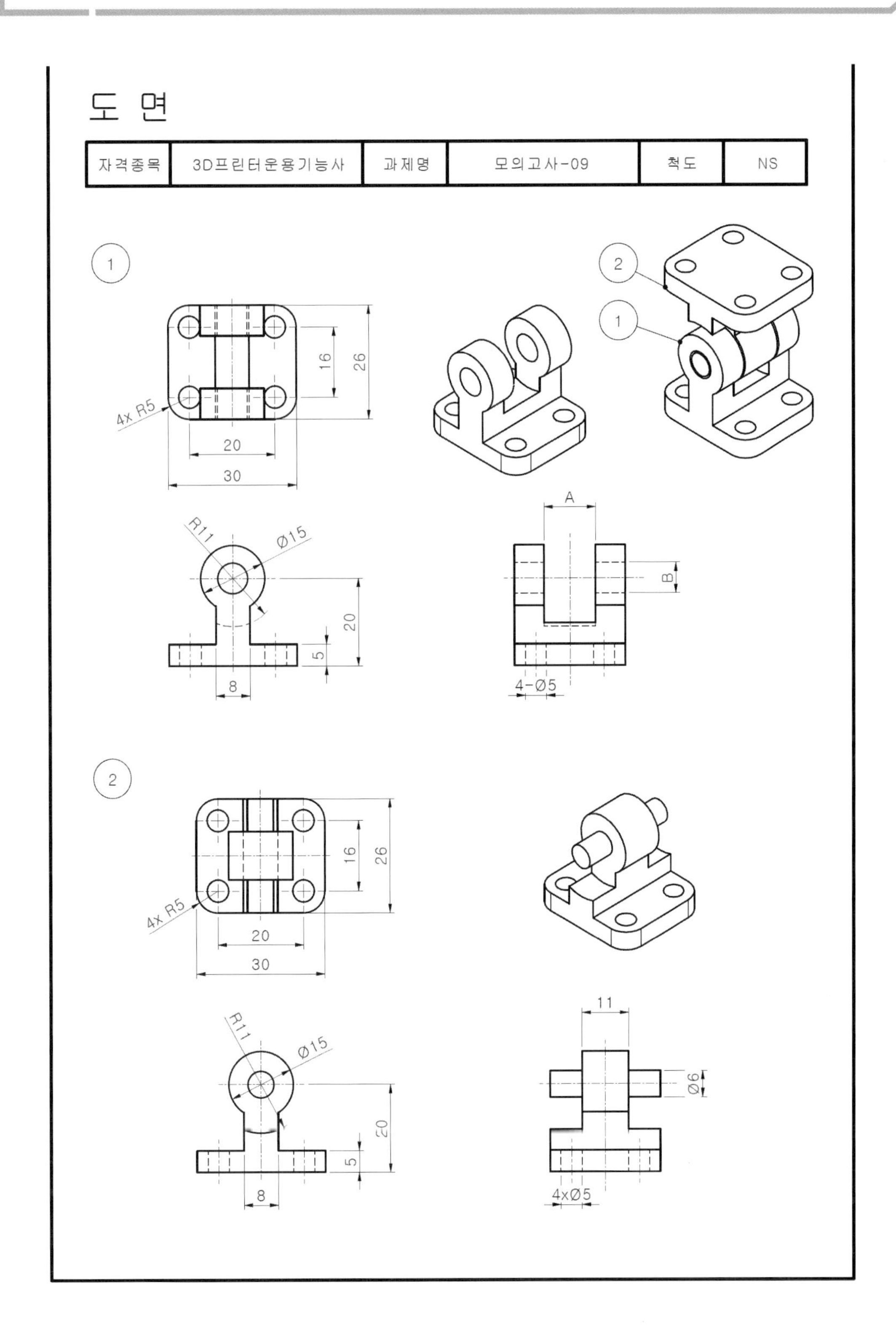

도 면
자격종목
3D프린터운용기능사
과제명
모의고사-09
척도
NS
1
2
1
4x R5
20
30
16
26
R11
Ø15
20
5
8
A
B
4-Ø5
2
4x R5
20
30
16
26
R11
Ø15
20
5
8
11
Ø6
4xØ5

10 | 모의고사 10

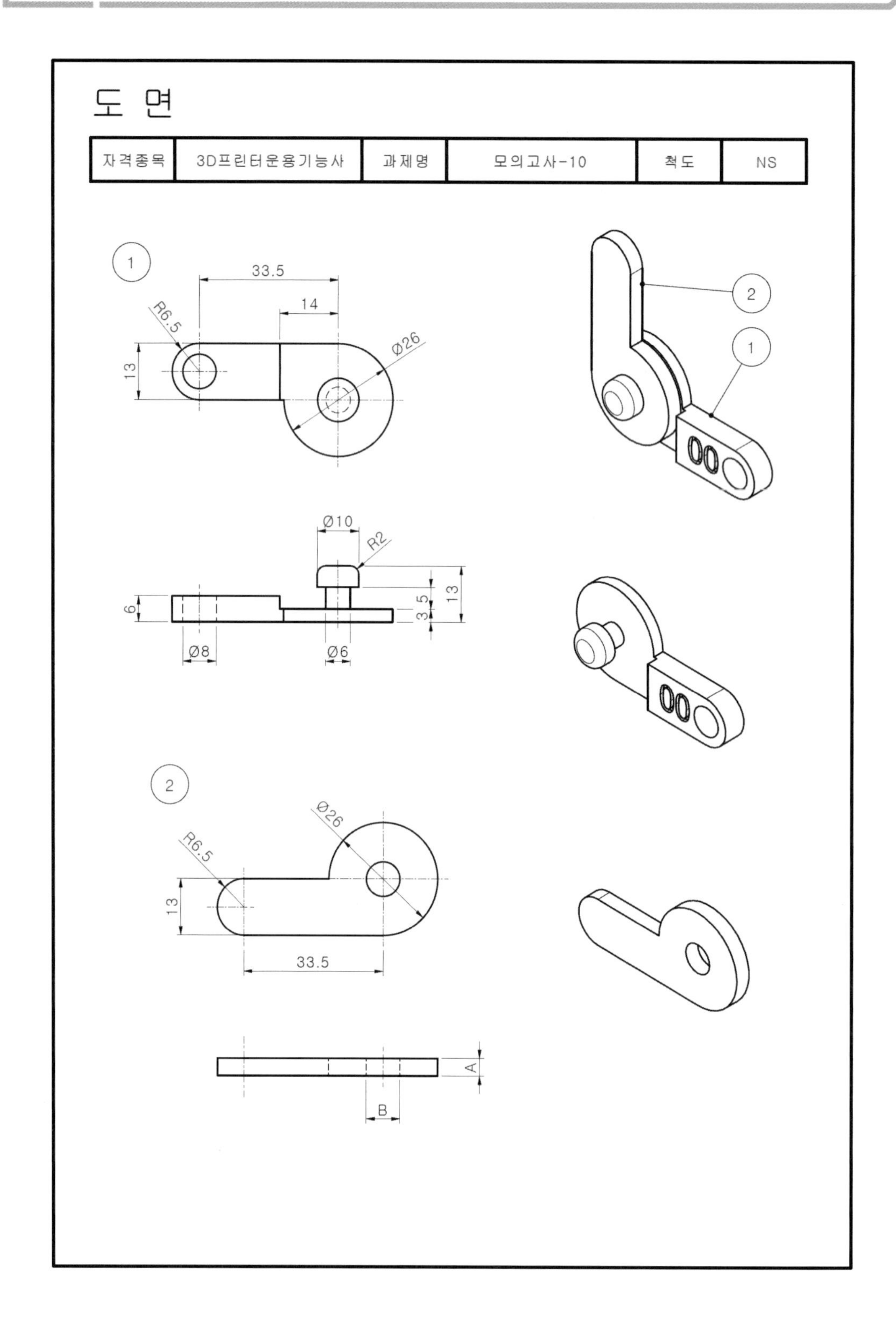

자격종목	3D프린터운용기능사	과제명	모의고사-10	척도	NS

도 면

자격종목	3D프린터운용기능사	과제명	모의고사-11	척도	NS

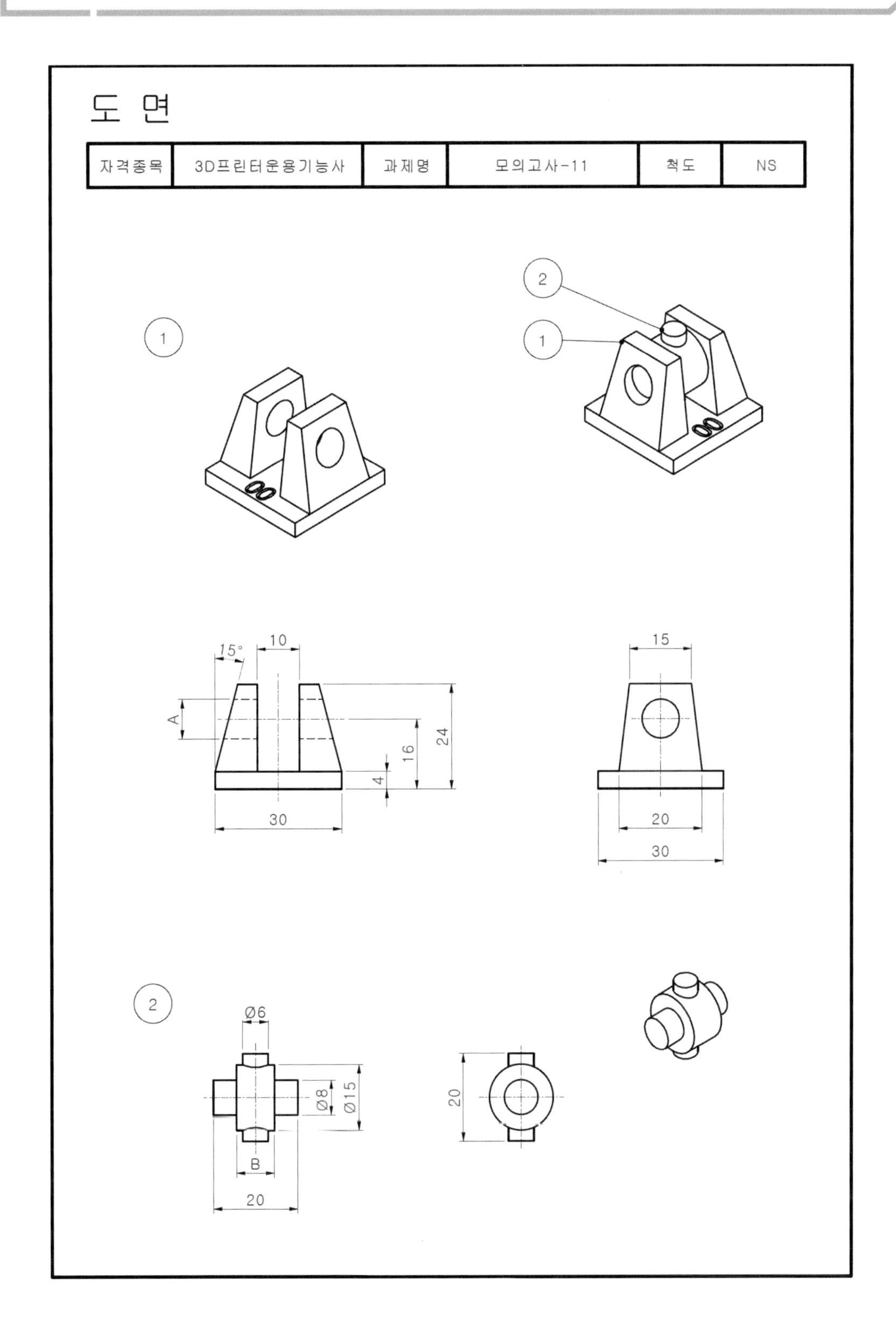

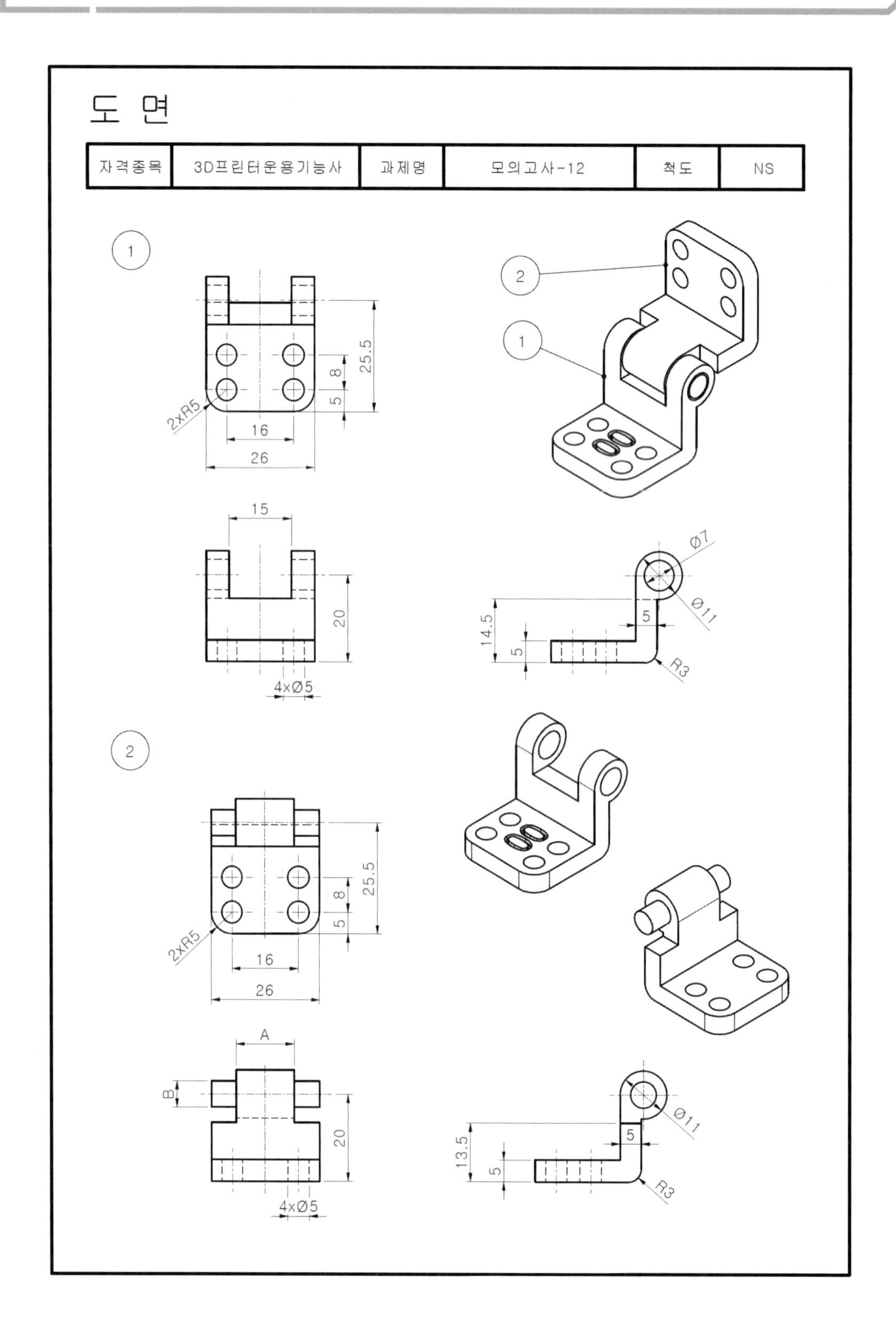
도 면
자격종목
3D프린터운용기능사
과제명
모의고사-12
척도
NS
1
2
25.5
8
5
2xR5
16
26
15
20
4xØ5
Ø7
Ø11
14.5
5
R3
A
B
13.5

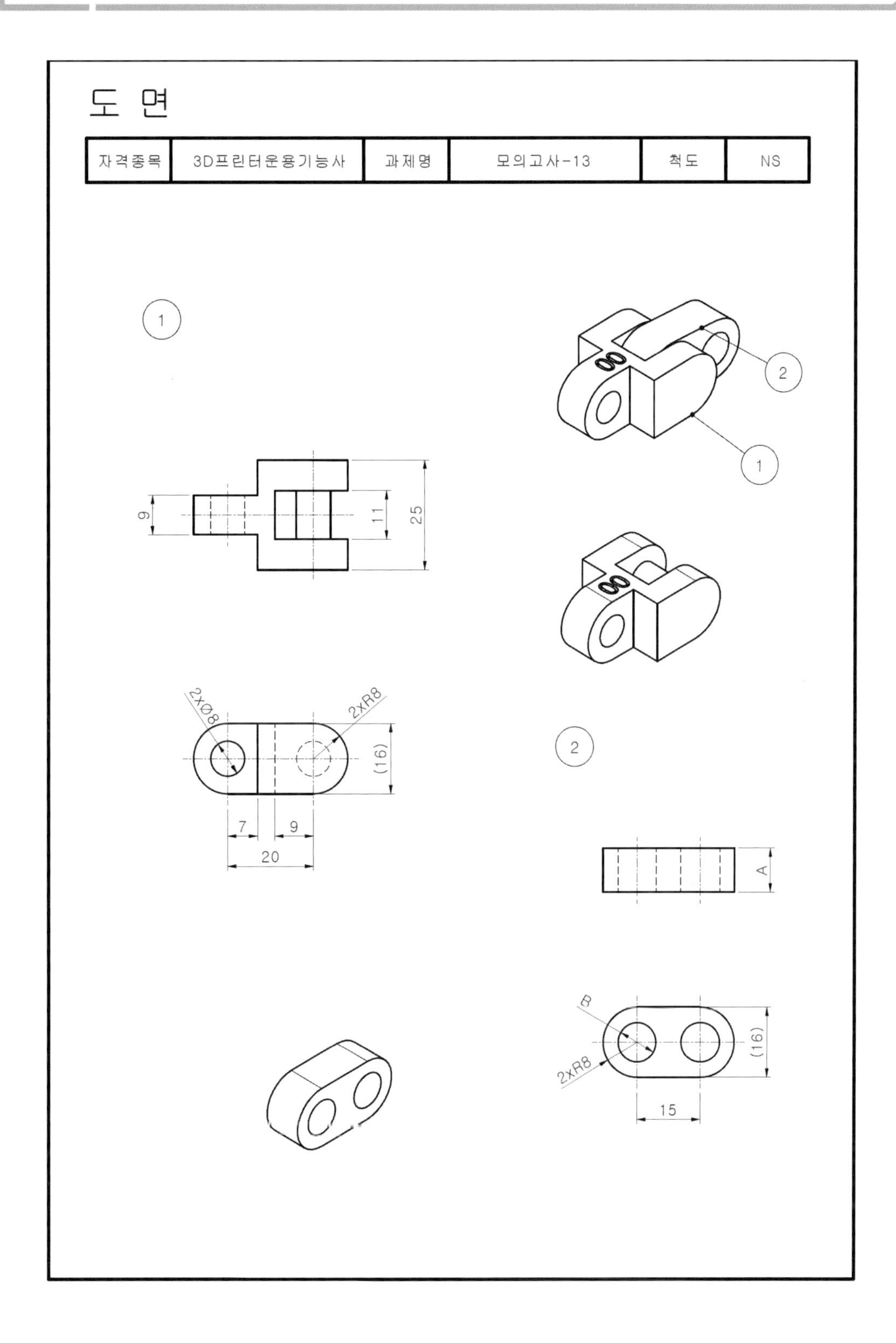
도 면
자격종목
3D프린터운용기능사
과제명
모의고사-13
척도
NS
1
2
1
9
11
25
2xØ8
2xR8
(16)
7
9
20
2
A
R
2xR8
(16)
15

14 | 모의고사 14

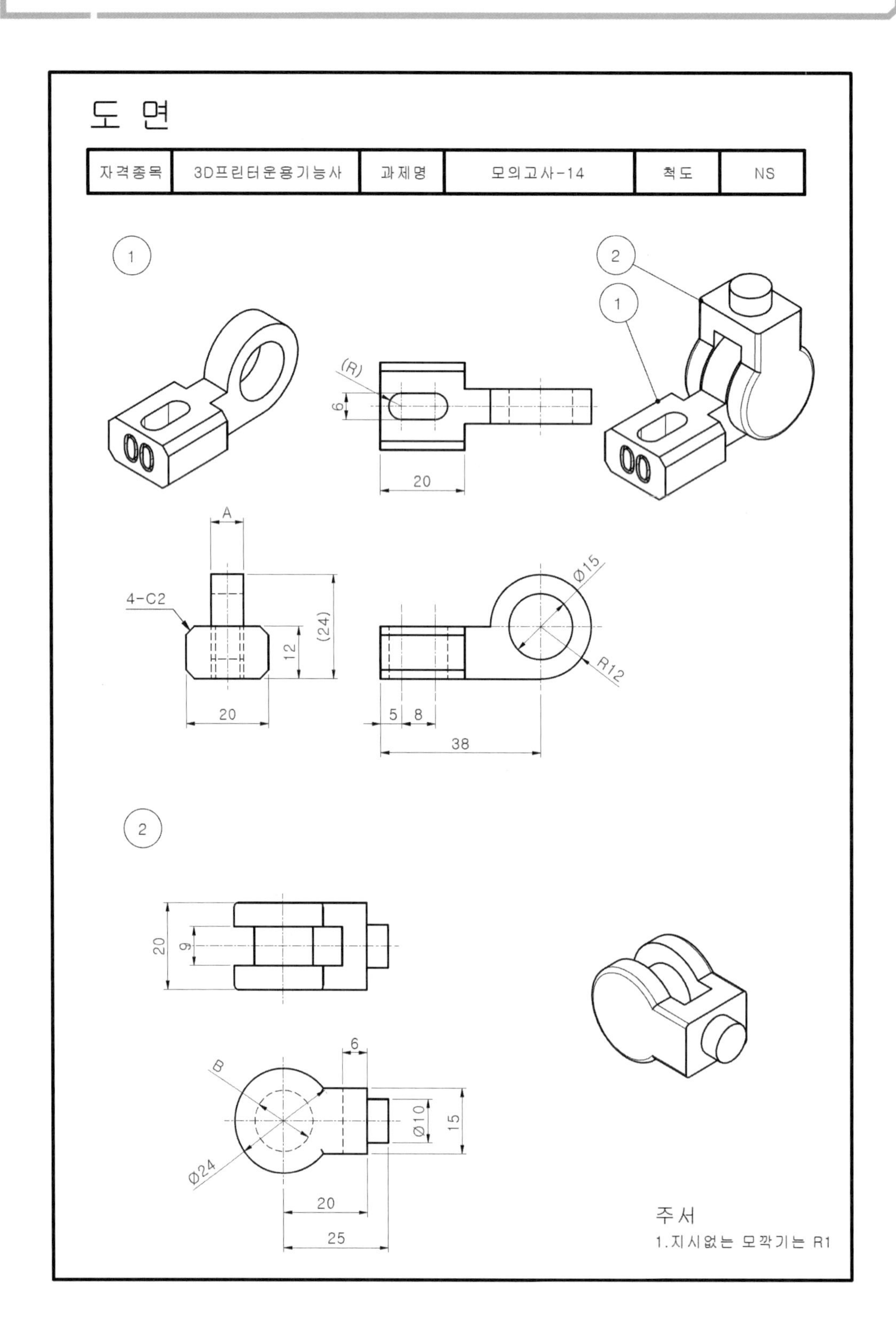

도 면
자격종목
3D프린터운용기능사
과제명
모의고사-14
척도
NS
1
2
(R)
6
20
A
4-C2
12
(24)
Ø15
R12
5
8
38
9
B
Ø24
Ø10
15
25
주 서
1.지시없는 모깍기는 R1

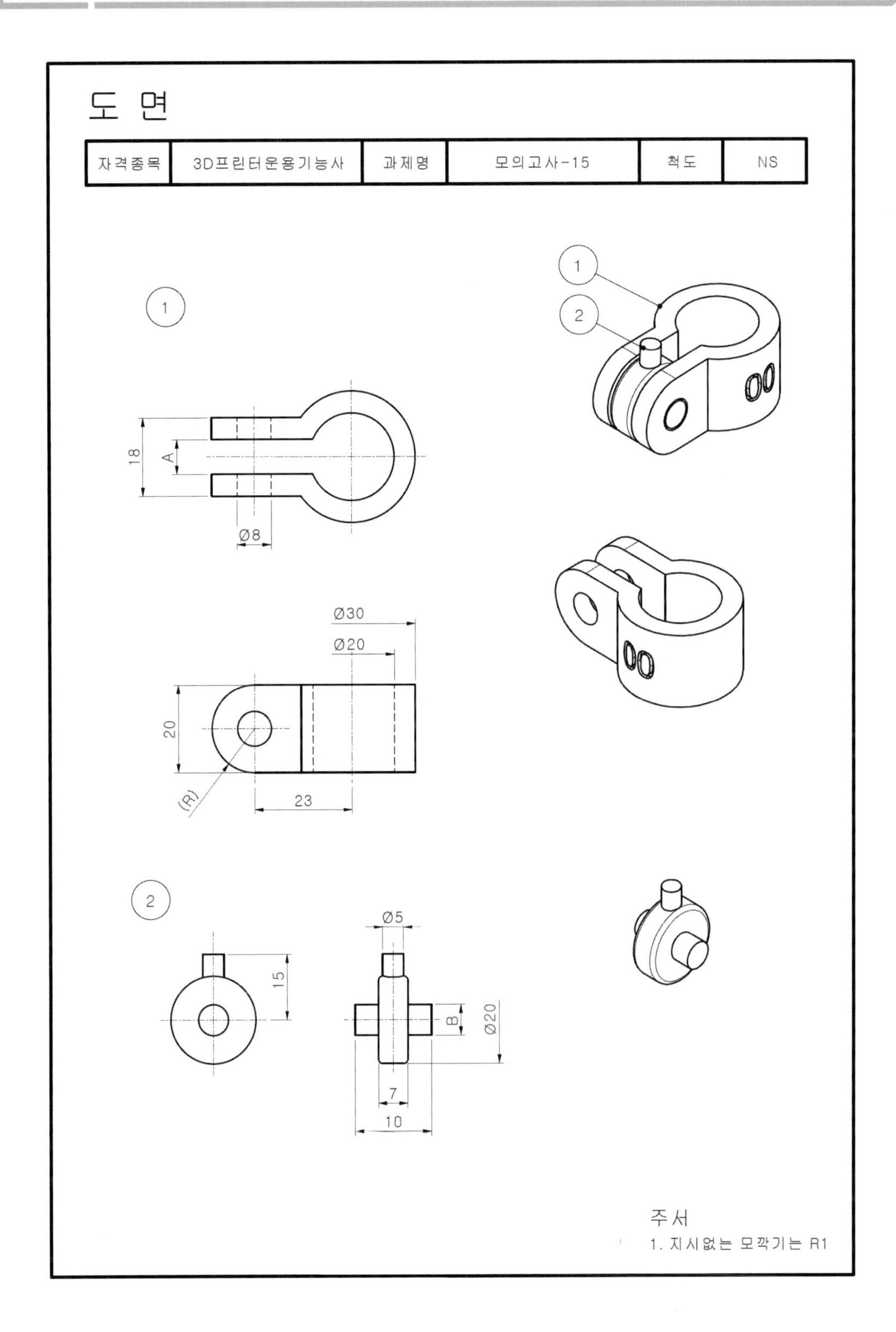
도 면
자격종목
3D프린터운용기능사
과제명
모의고사-15
척도
NS
1
2
18
A
Ø8
Ø30
Ø20
20
(R)
23
Ø5
15
B
Ø20
7
10
주서
1. 지시없는 모깍기는 R1

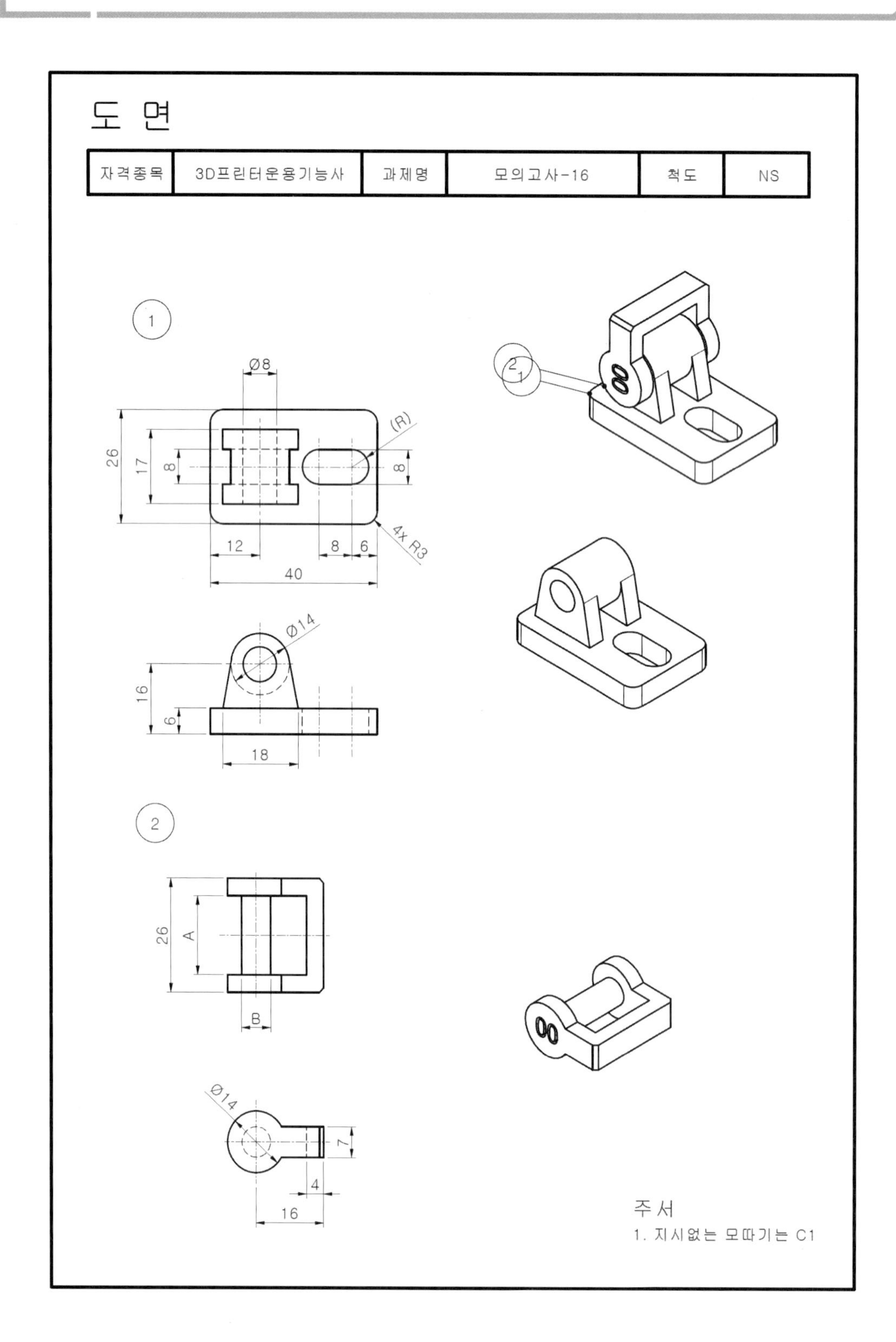
도 면
자격종목
3D프린터운용기능사
과제명
모의고사-16
척도
NS
1
Ø8
(R)
26
17
8
8
12
8
6
4x R3
40
Ø14
16
6
18
2
26
A
B
Ø14
7
4
16
주서
1. 지시없는 모따기는 C1

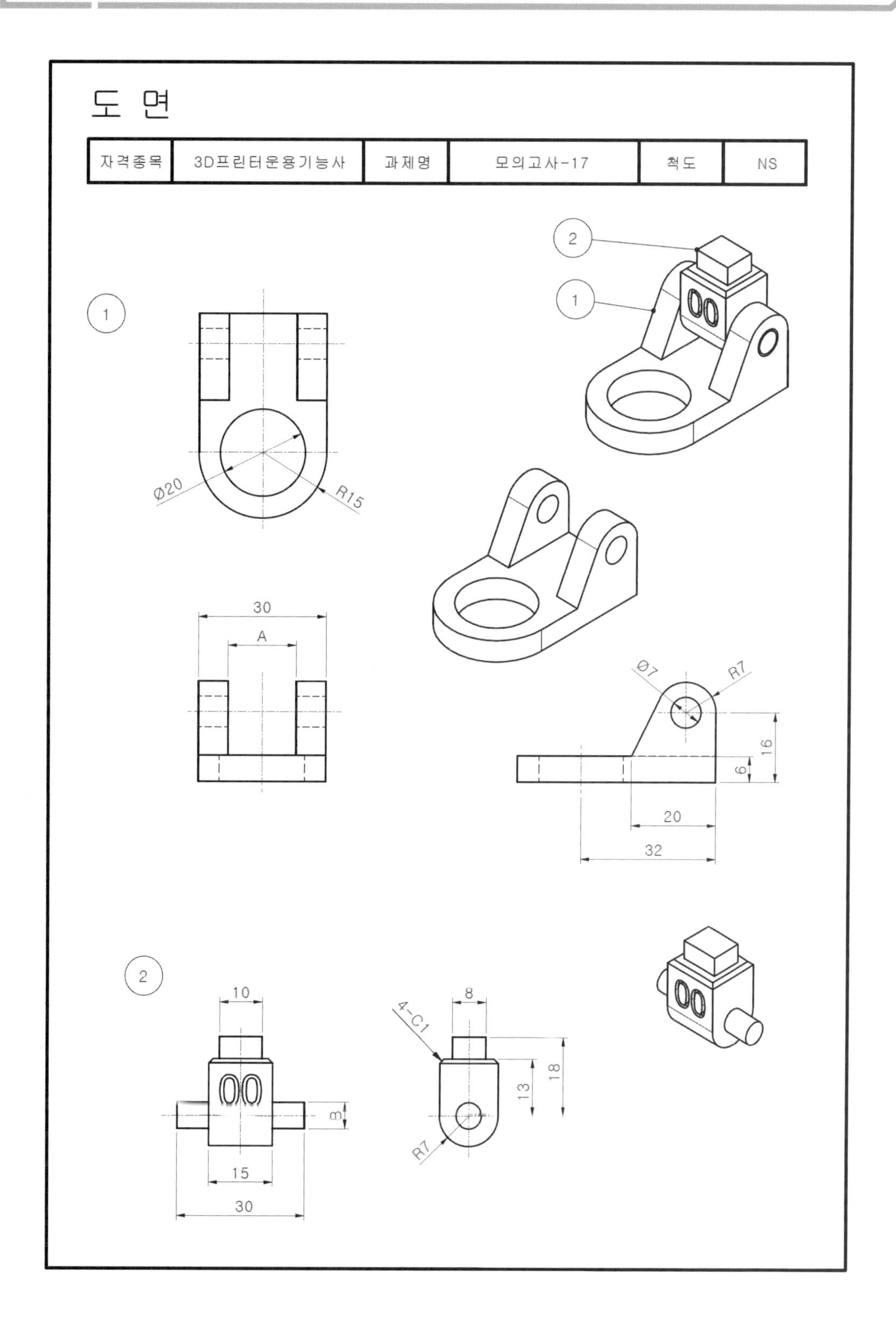
도 면
자격종목
3D프린터운용기능사
과제명
모의고사-17
척도
NS
1
2
Ø20
R15
30
A
Ø7
R7
16
6
20
32
10
8
4-C1
13
18
8
R7
15
30

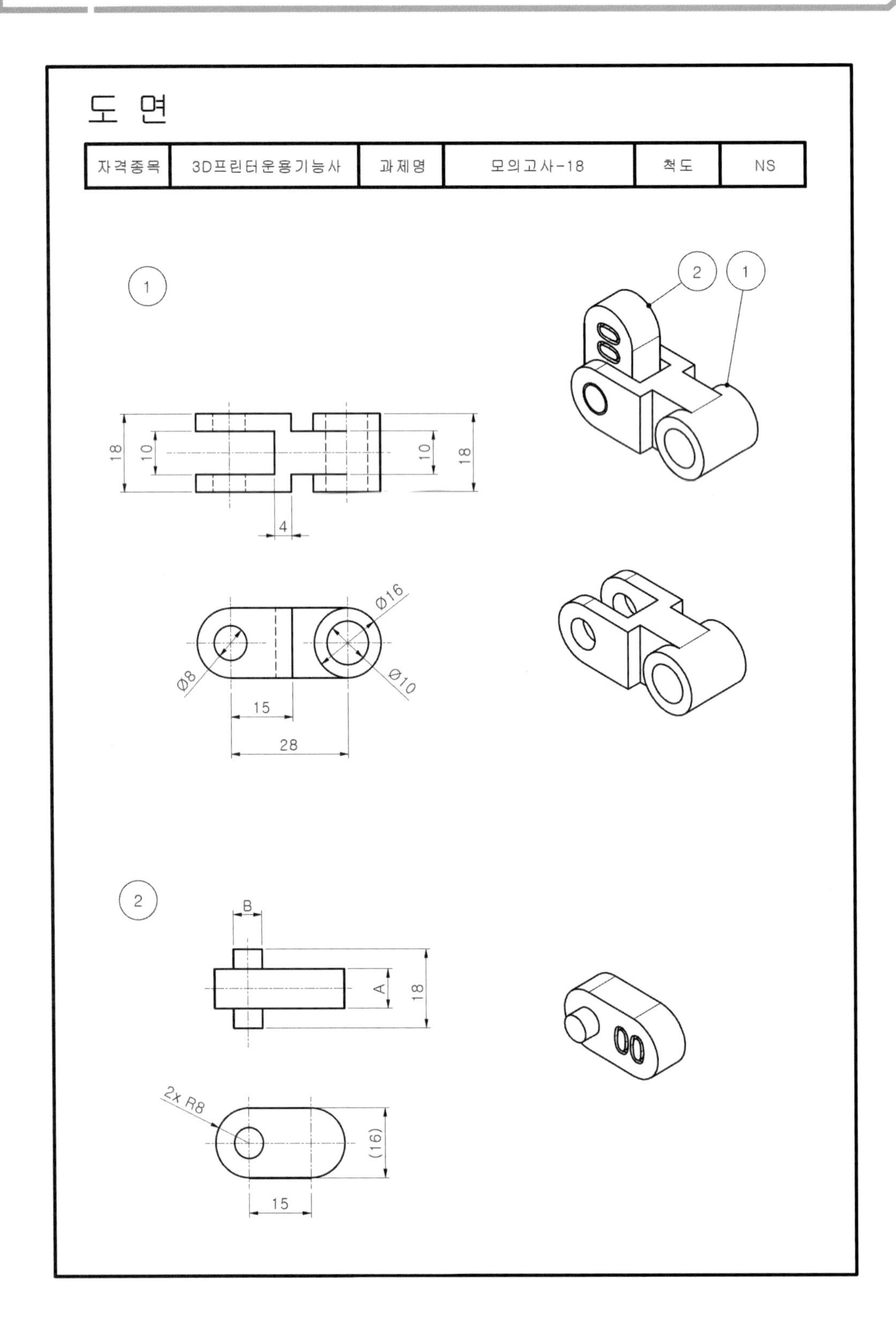

도 면

자격종목	3D프린터운용기능사	과제명	모의고사-18	척도	NS

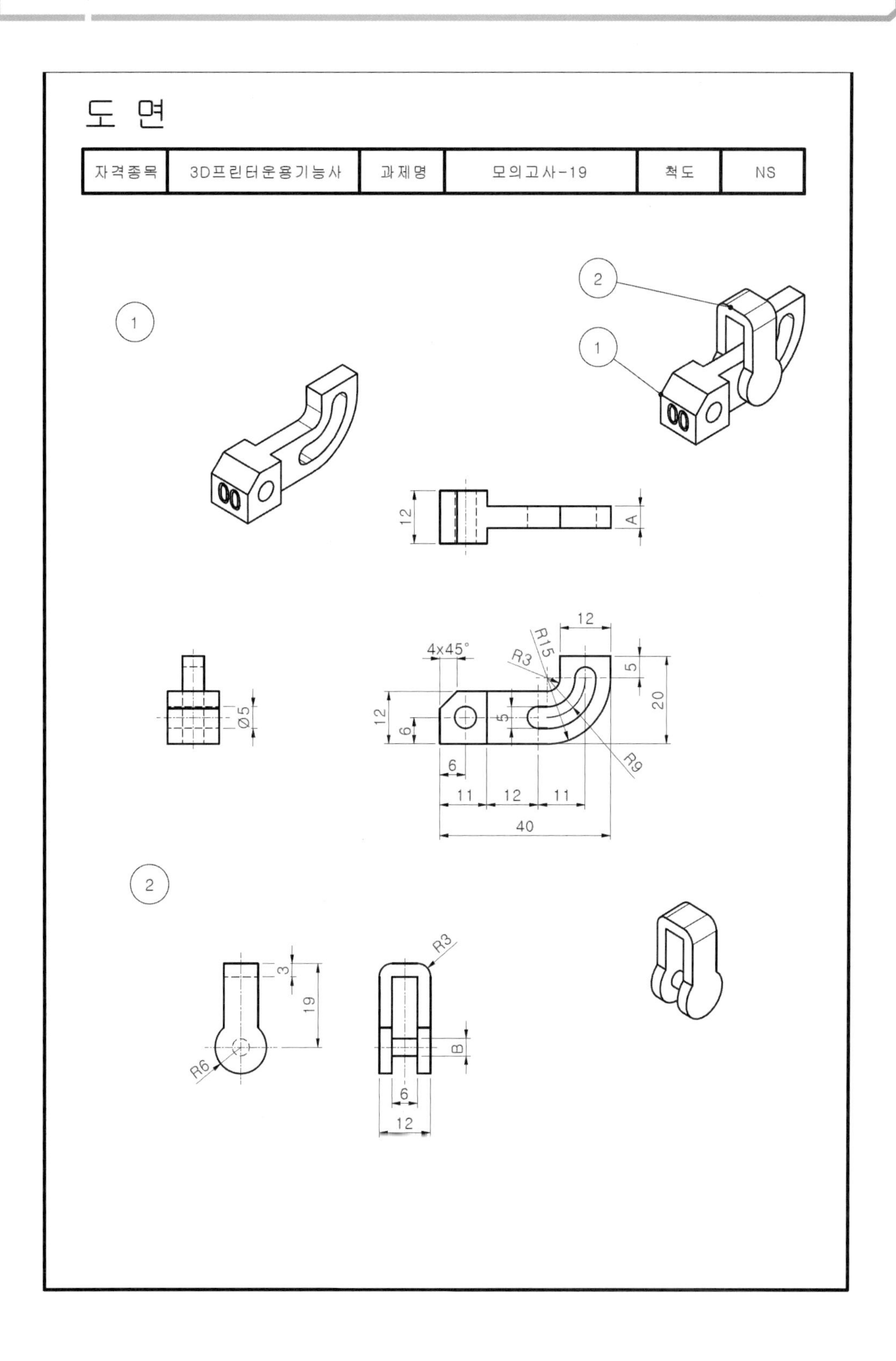

도 면
자격종목
3D프린터운용기능사
과제명
모의고사-19
척도
NS
1
2
1
12
A
12
4x45°
R3
R15
5
20
12
6
5
R9
Ø5
6
11
12
11
40
2
3
19
R6
R3
B
6
12

20 | 모의고사 20

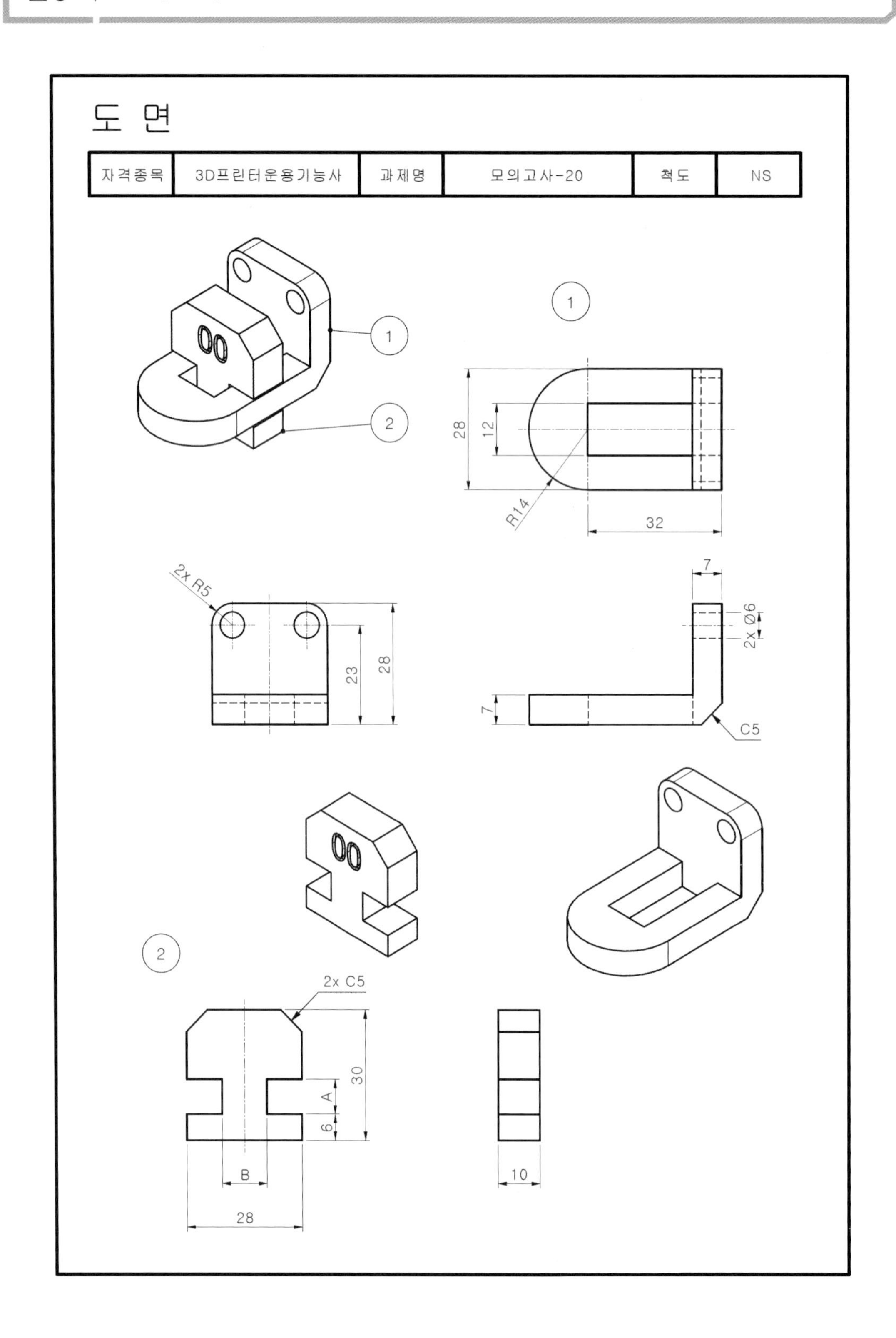
도 면
자격종목
3D프린터운용기능사
과제명
모의고사-20
척도
NS
1
2
28
12
R14
32
2x R5
23
28
7
2x Ø6
7
C5
2x C5
30
A
6
B
28
10

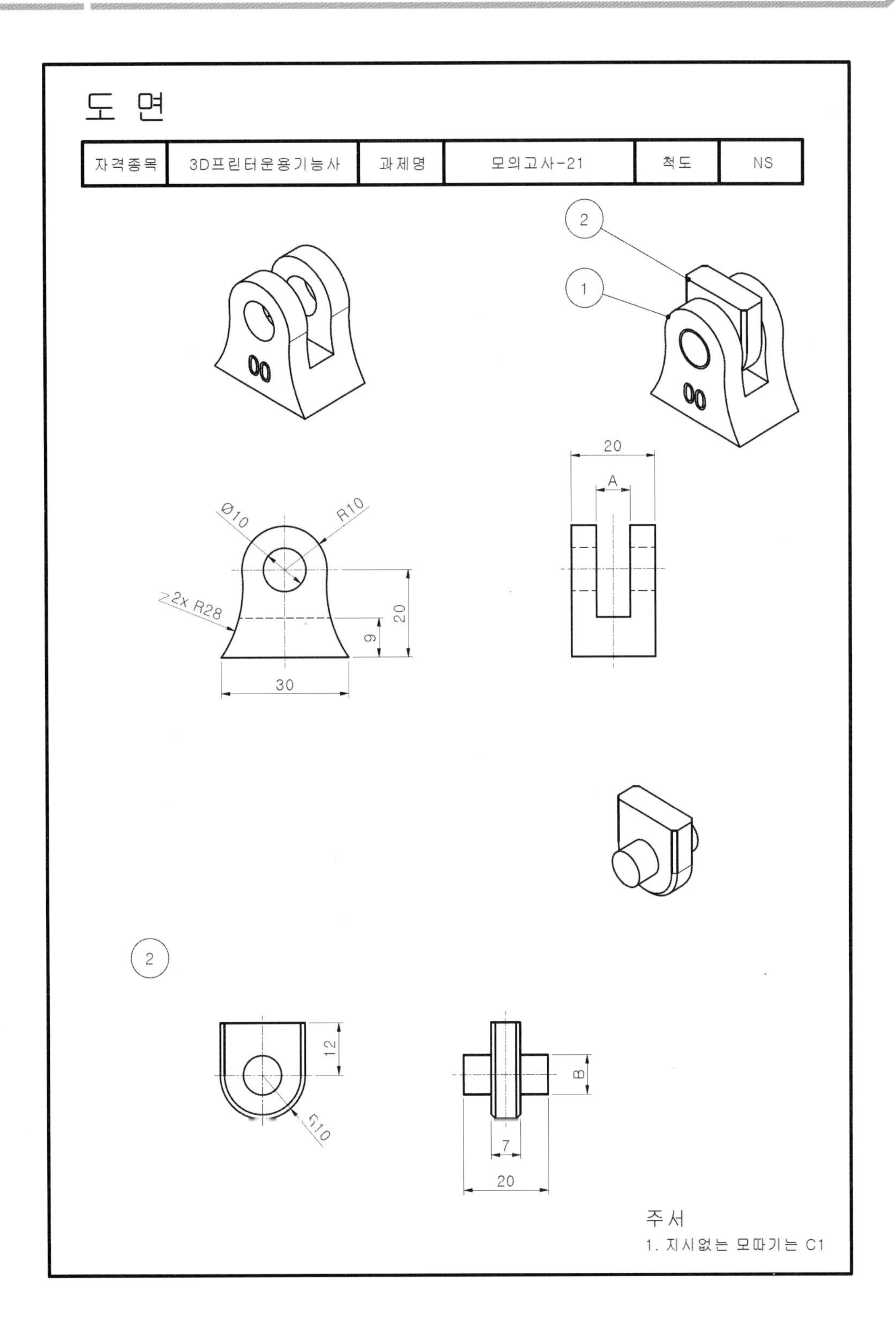
도 면
자격종목
3D프린터운용기능사
과제명
모의고사-21
척도
NS
2
1
20
A
Ø10
R10
2x R28
20
9
30
2
12
R10
B
7
20
주서
1. 지시없는 모따기는 C1

22 | 모의고사 22

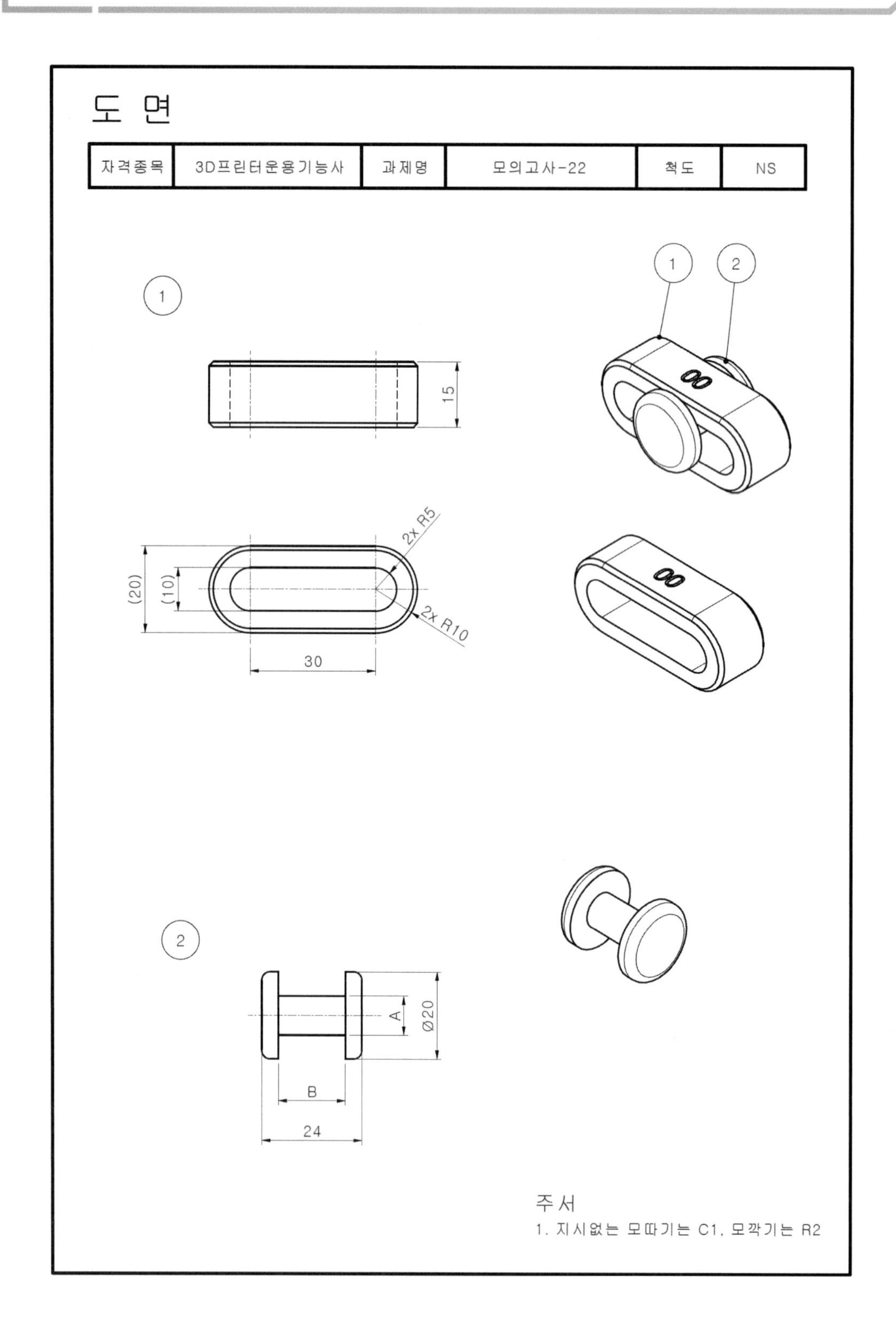

도 면
자격종목
3D프린터운용기능사
과제명
모의고사-22
척도
NS
1
2
15
2x R5
2x R10
(20)
(10)
30
A
Ø20
B
24
주서
1. 지시없는 모따기는 C1, 모깍기는 R2

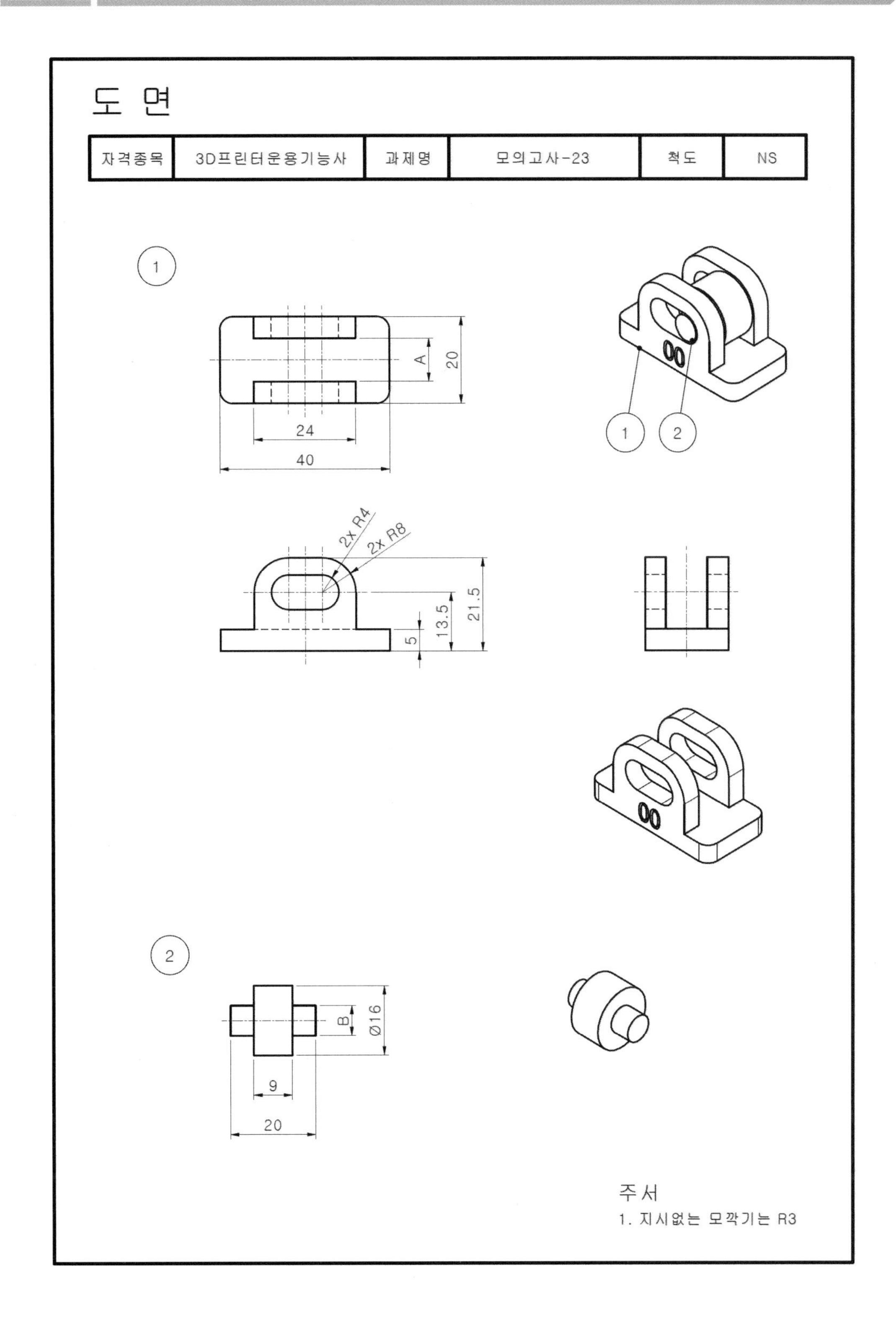
도 면
자격종목
3D프린터운용기능사
과제명
모의고사-23
척도
NS
1
A
20
24
40
1
2
2x R4
2x R8
21.5
13.5
5
2
B
Ø16
9
20
주서
1. 지시없는 모깍기는 R3

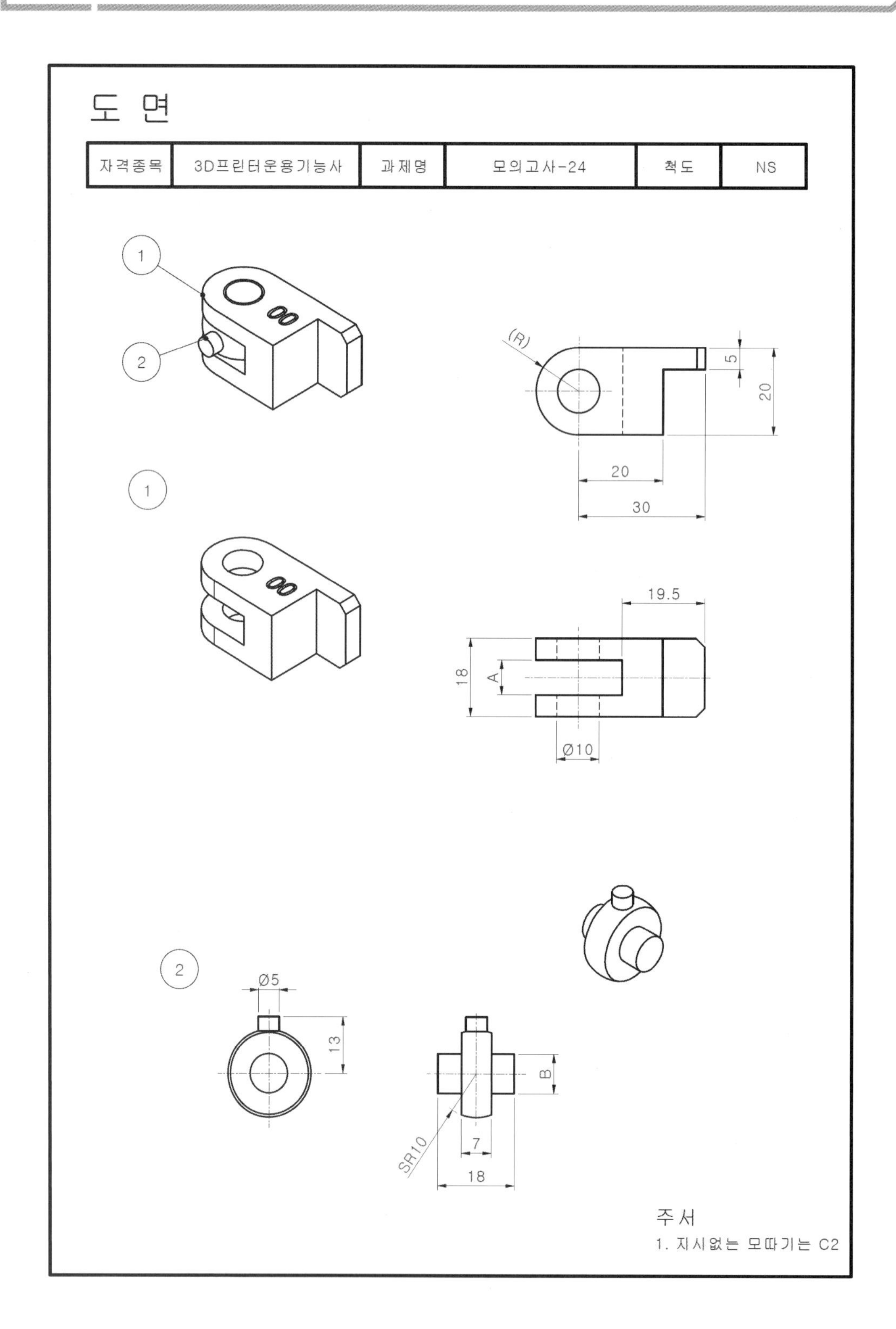
도 면
자격종목
3D프린터운용기능사
과제명
모의고사-24
척도
NS
1
2
(R)
5
20
20
30
1
19.5
18
A
Ø10
2
Ø5
13
B
SR10
7
18
주서
1. 지시없는 모따기는 C2

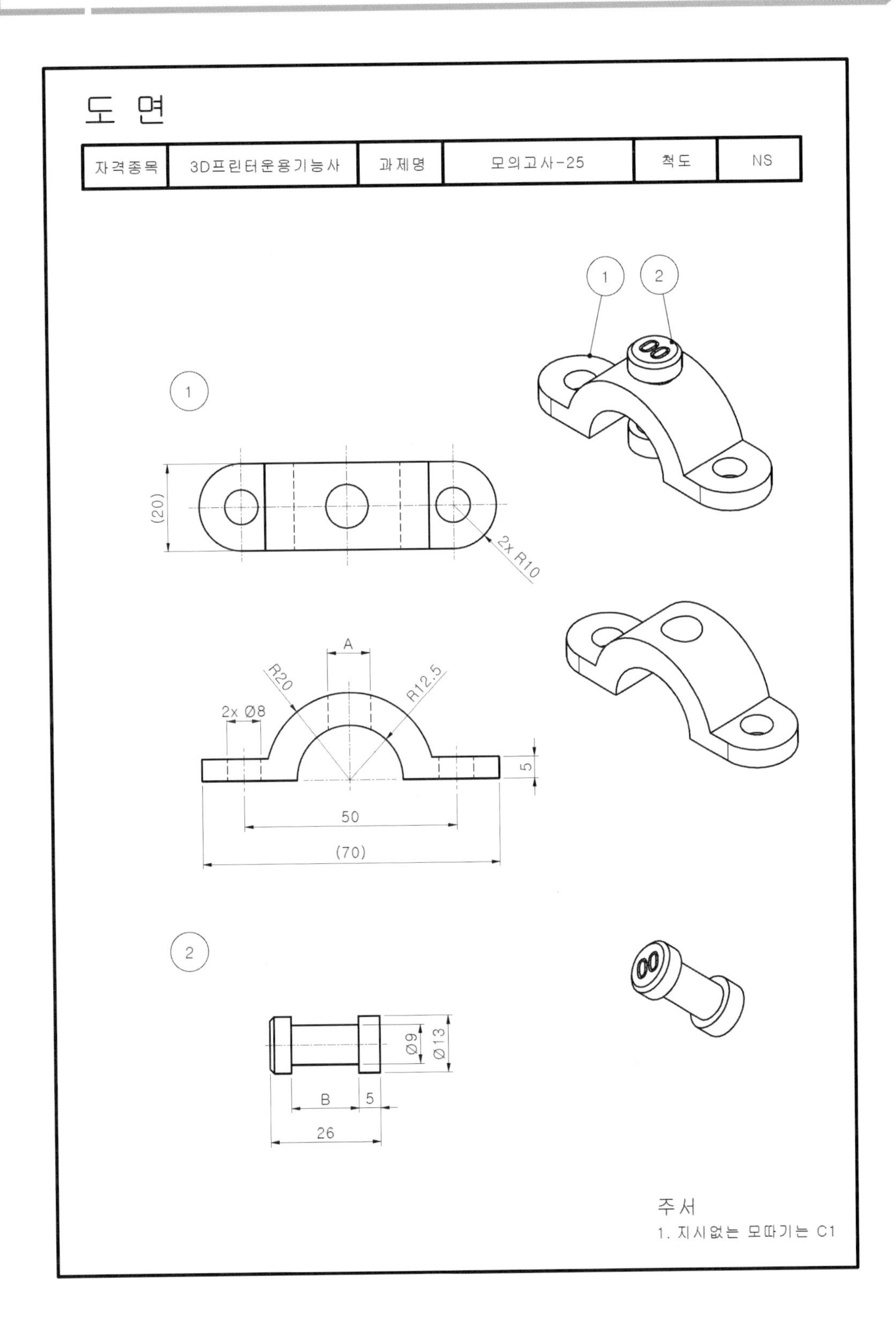
도 면
자격종목
3D프린터운용기능사
과제명
모의고사-25
척도
NS
1
2
(20)
2x R10
A
R20
R12.5
2x Ø8
5
50
(70)
Ø9
Ø13
B
5
26
주서
1. 지시없는 모따기는 C1

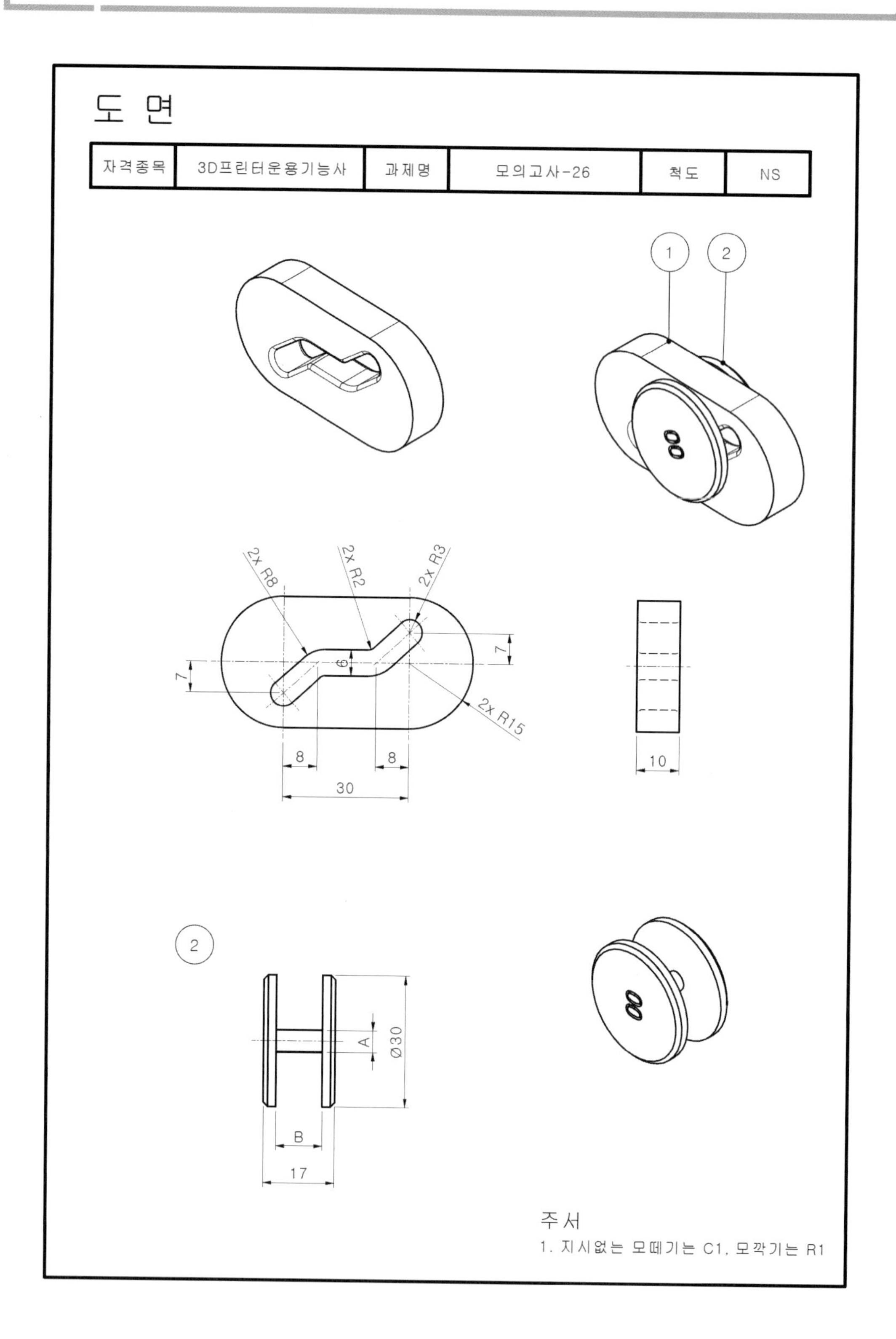

도 면
자격종목
3D프린터운용기능사
과제명
모의고사-26
척도
NS
1
2
2x R8
2x R2
2x R3
7
6
7
2x R15
8
8
30
10
2
A
Ø30
B
17
주서
1. 지시없는 모떼기는 C1, 모깍기는 R1

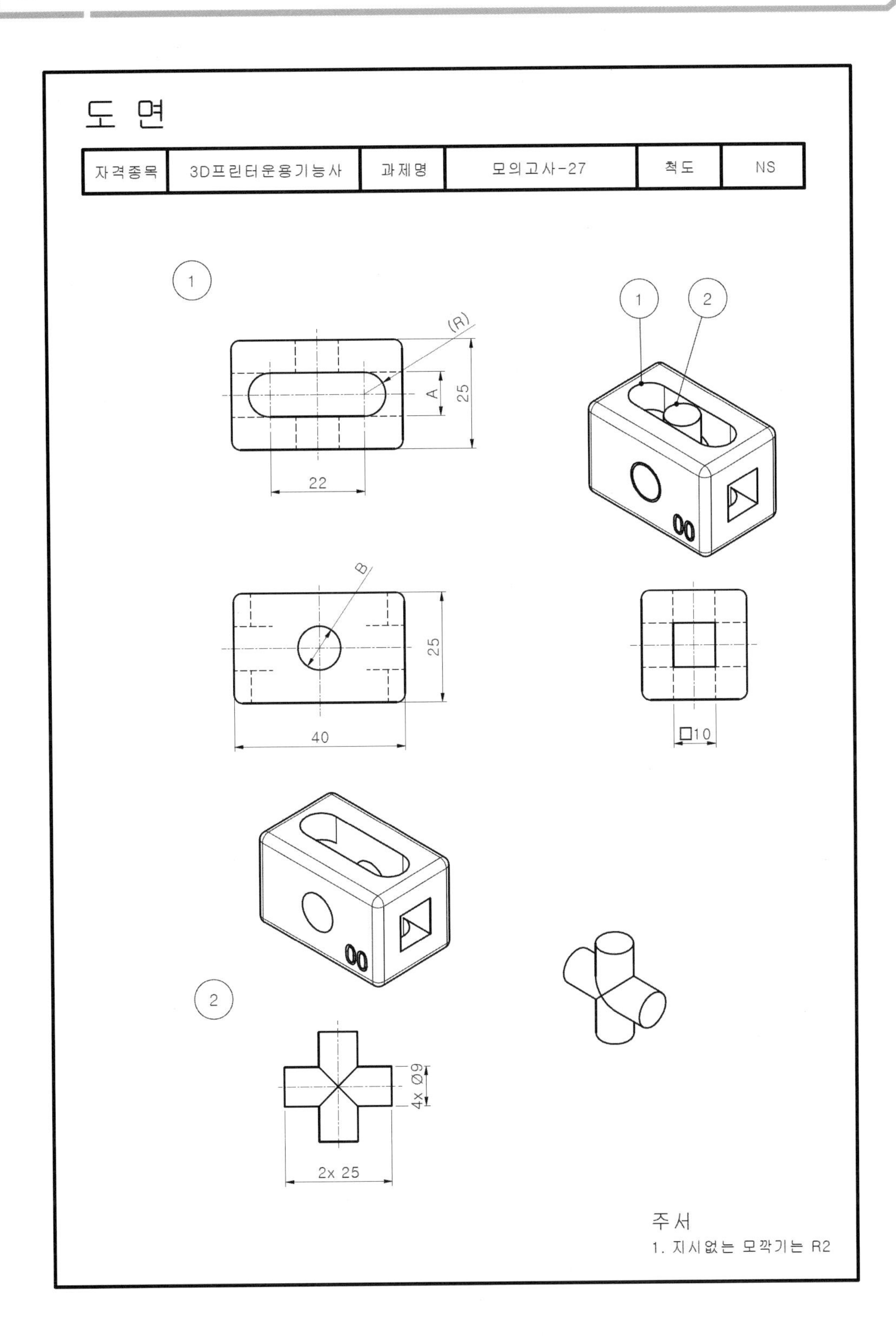
도 면
자격종목
3D프린터운용기능사
과제명
모의고사-27
척도
NS
1
2
(R)
A
25
22
B
25
40
□10
4x Ø9
2x 25
주서
1. 지시없는 모깍기는 R2

28 | 모의고사 28

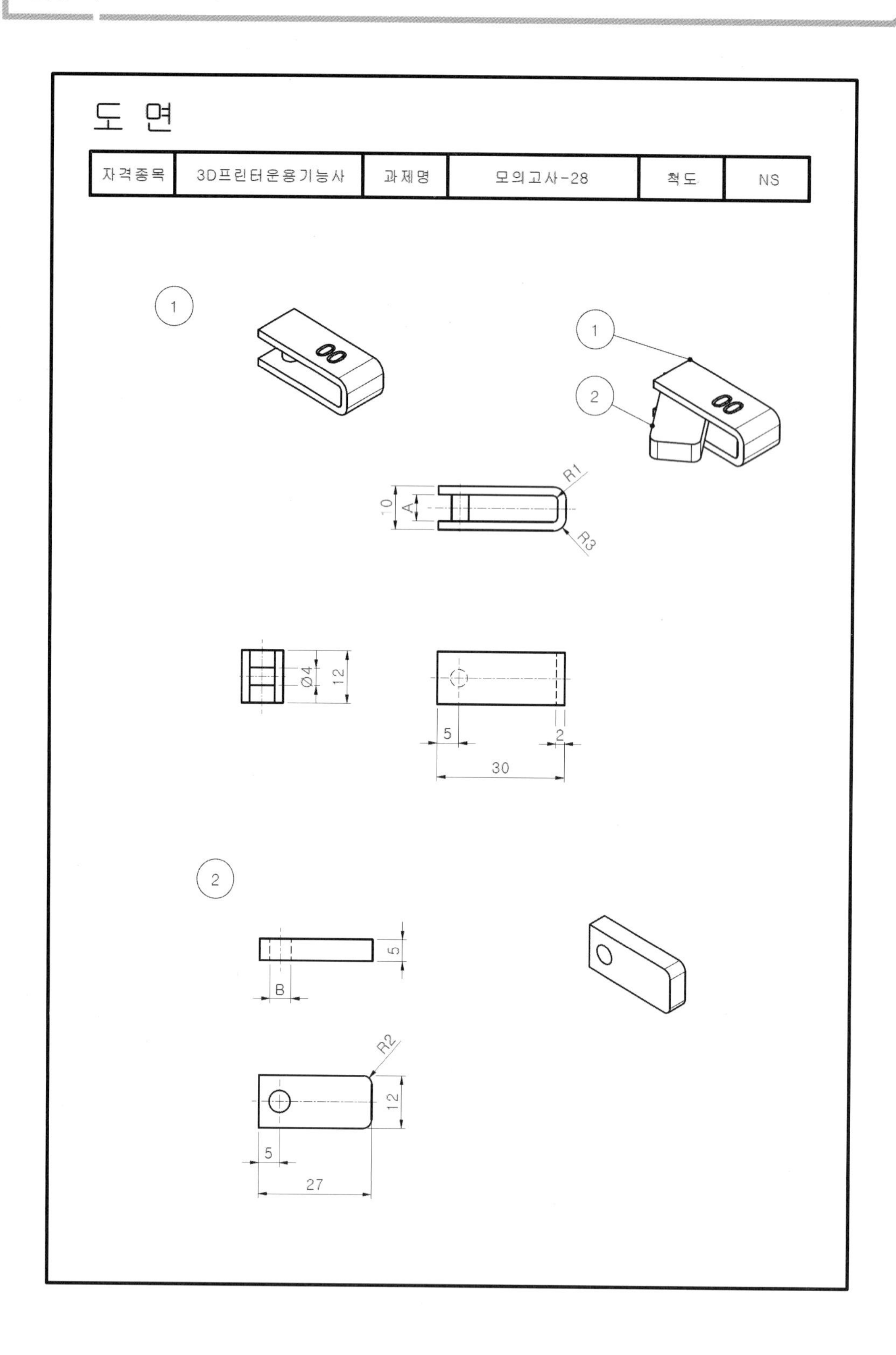

도 면
자격종목
3D프린터운용기능사
과제명
모의고사-28
척도
NS
1
1
2
R1
10
A
R3
Ø4
12
5
2
30
2
5
B
R2
12
5
27

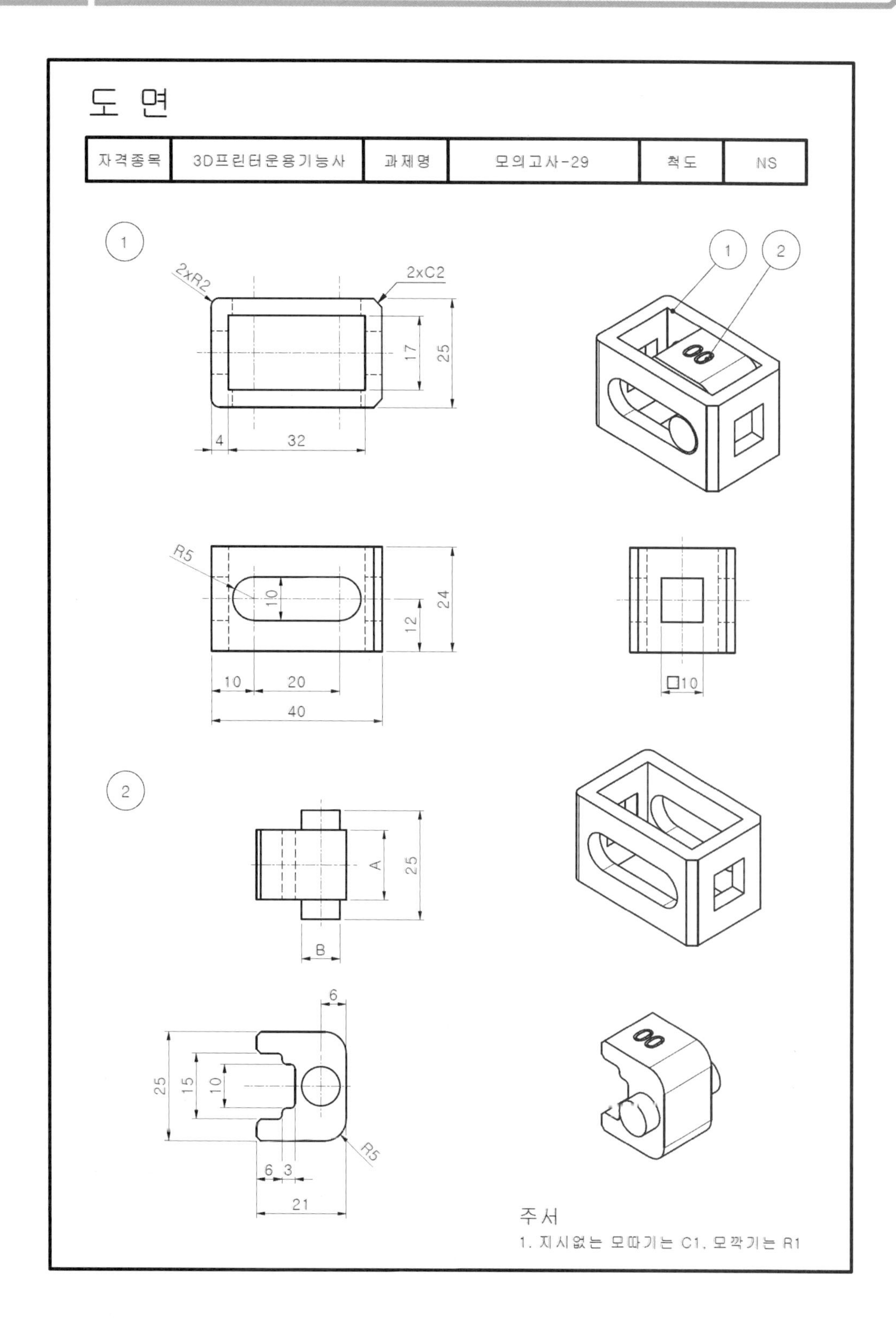

도 면
자격종목
3D프린터운용기능사
과제명
모의고사-29
척도
NS
1
2
2xR2
2xC2
17
25
4
32
R5
10
12
24
10
20
40
□10
A
25
B
6
25
15
10
R5
6 3
21
00
주서
1. 지시없는 모따기는 C1, 모깍기는 R1

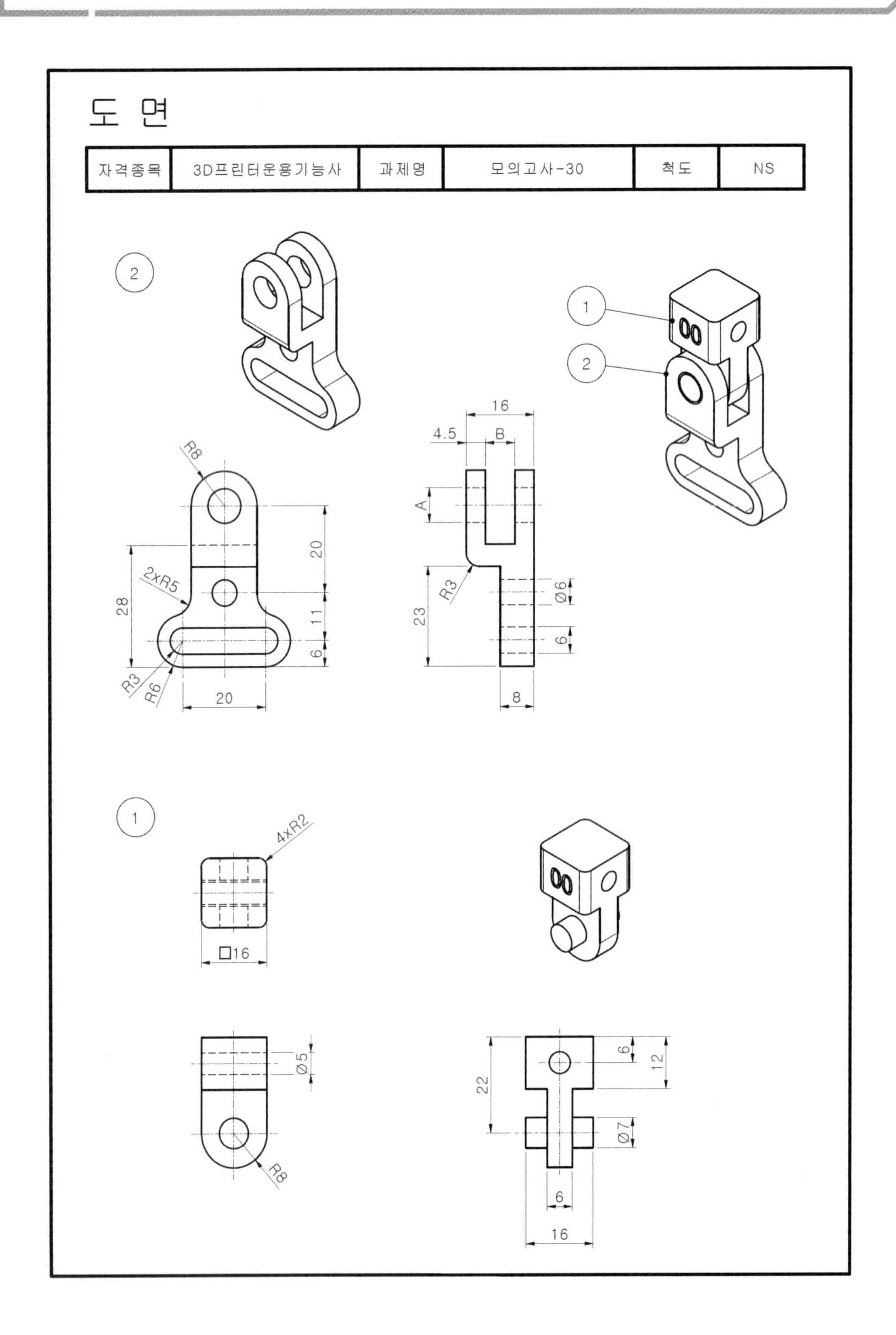
도 면
자격종목
3D프린터운용기능사
과제명
모의고사-30
척도
NS
2
1
2
16
4.5
B
R8
A
20
2xR5
28
11
R3
23
Ø6
6
6
R3
R6
20
8
1
4xR2
□16
Ø5
R8
6
12
22
Ø7
6
16

저자약력

- 원광대학교 기계공학과 졸업
- 동양매직 가전연구소 연구원
- 우석직업전문학교 기계설계 및 제도, 토목제도, 건축제도 분야 강의
- 성심직업전문학교 기계설계 및 제도, 제품모델링, 3D프린터 분야 강의
- 호원대, 전북대, 익산폴리텍 대학, 전주정보문화산업진흥원 등 3D프린터 특강
- 군장대, 원광대 기계제도 및 기계설계 특강
- 기계설계, 3D프린터개발 등 12개 직업능력개발훈련교사
- 일반기계기사, 건설기계기사, 소방기계기사 등 40여 개 자격증
- 3D프린터운용기능사 필기 핵심단기완성 저술
- AutoCAD도면작성 실기실무 활용서 저술
- 퓨전360 3D 모델링 & 제품디자인 활용편 저술
- 전산응용토목제도기능사 실기 저술
- 3D프린터개발산업기사 필기 문제집 저술
- I－TOP 경진대회 3D설계실무능력평가, CAD설계실무능력평가 최우수상 수상

NCS 학습모듈에 의한

3D프린터운용기능사

공개문제 모델링 실기 및 연습문제 예제집

발　행 | 2020년 1월 10일 (초판 1쇄)
2022년 6월 30일 (개정 1쇄)
저　자 | 김진원
발 행 인 | 최영민
발 행 처 | 피앤피북
주　소 | 경기도 파주시 신촌로 16
전　화 | 031-8071-0088
팩　스 | 031-942-8688
전자우편 | pnpbook@naver.com
출판등록 | 2015년 3월 27일
등록번호 | 제406－2015－31호

값 : 29,000원

ISBN 979－11－91188－98－1 93550